Digitale Filter

Eine Einführung

Von Dr.-Ing. Wolfgang Hess
Professor an der Universität Bonn

2., vollständig überarbeitete
und erweiterte Auflage
mit 182 Bildern

Springer Fachmedien Wiesbaden GmbH 1993

Prof. Dr.-Ing. Wolfgang Hess

Geboren 1940 in Stuttgart. Von 1960 bis 1965 Studium der Elektrotechnik (Schwerpunkt Theoretische Nachrichtentechnik) an der TH Stuttgart. Von 1966 bis 1972 wiss. Assistent, von 1972 bis 1986 Oberingenieur am Lehrstuhl für Datenverarbeitung der TU München. Promotion 1972, Habilitation 1979 mit dem Lehrgebiet Digitale Signalverarbeitung, Ernennung zum Privatdozenten im Jahr 1980. Seit 1986 Professor für Kommunikationsforschung und Phonetik an der Universität Bonn.

Die Deutsche Bibliothek – CIP-Einheitsaufnahme

Hess, Wolfgang:
Digitale Filter : eine Einführung / von Wolfgang Hess. –
2., vollst. überarb. und erw. Aufl.
   (Teubner Studienbücher : Elektrotechnik)
   ISBN 978-3-519-16121-9   ISBN 978-3-322-96768-8 (eBook)
   DOI 10.1007/978-3-322-96768-8

© Springer Fachmedien Wiesbaden 1993
Ursprünglich erschienen bei B. G. Teubner Stuttgart 1993

Gesamtherstellung: Druckhaus Beltz, Hemsbach/Bergstraße
Umschlaggestaltung: M. Koch, Reutlingen

Vorwort zur 2. Auflage

Das vorliegende Buch ist aus den Skripten zu einigen meiner Vorlesungen an der TU München (bis 1986) und an der Universität Bonn hervorgegangen. Die 1. Auflage erschien im Herbst 1988.

Konzipiert ist das Buch in erster Linie als Einführung für Informations- und Nachrichtentechniker, insbesondere auch für Studentinnen und Studenten dieser Fachrichtung an Universitäten und Fachhochschulen. Jedoch reicht heutzutage das Interesse an der digitalen Signalverarbeitung im allgemeinen und an digitalen Filtern im besonderen weit über die Nachrichtentechnik hinaus. Anwendungen ergeben sich aus spezifischen Aufgabenstellungen beispielsweise der Informatik, der Biologie, der Medizin, der Musikwissenschaft oder der Experimentalphonetik. Bei diesem Leserkreis kann die Kenntnis der Netzwerk- und Systemtheorie kontinuierlicher Systeme selbstverständlich nicht in dem Maß vorausgesetzt werden wie bei einem Nachrichtentechniker. Aus diesem Grund versucht das Buch, die digitalen Filter unabhängig von der Theorie kontinuierlicher Systeme rein von der *digitalen* Seite, also von den diskreten Systemen her zu erschließen; Ausblicke in den kontinuierlichen Bereich sind sozusagen "Blicke über den Zaun."

Das Buch ist in 9 Kapitel gegliedert. Das einleitende Kapitel 1 stellt Grundbegriffe und Grundaufgaben digitaler Filter vor und definiert die Zustandsgleichung, also die Beschreibung im Zeitbereich. Kapitel 2 behandelt die Grundlagen für die Analyse und Beschreibung digitaler Filter. Nach einer Einführung in die z-Transformation wird die Übertragungsfunktion als wichtigste Kenngröße im Frequenzbereich definiert; mit dem Abtasttheorem wird die grundlegende Verbindung zwischen diskreten und kontinuierlichen Systemen hergestellt. Die Diskussion von Frequenzgang und Impulsantwort schließt sich an; weiterhin wird ein Matrizenverfahren zur Strukturbeschreibung vorgestellt. Kapitel 3 ist den digitalen Filtern 1. und 2. Grades, den Allpässen sowie den minimal- und linearphasigen Filtern gewidmet. Kapitel 4 beschäftigt sich mit Fragen realer digitaler Filter. Es behandelt zunächst anhand einiger Beispiele die Auswirkung der Quantisierung auf das Filterverhalten und stellt dann einige grundlegende Methoden der Filterrealisierung vor. Eine Auswahl von Entwurfsverfahren − vornehmlich für frequenzselektive Filter − schließt sich in Kapitel 5 an; besonderer Raum ist den Entwurfsverfahren für linearphasige und minimalphasige nichtrekursive Filter gewidmet. Kapitel 6 stellt mit der linearen Prädiktion ein gängiges Verfahren der adaptiven Filterung vor, das besonders in der Sprachsignalverarbeitung weite Anwendung gefunden hat. Sozusagen als Nebenprodukt erhalten wir einen einfach durchzuführenden Stabilitätstest sowie eine arithmetisch besonders günstige Filterstruktur. Kapitel 7 behandelt die Frage aufwandsgünstiger Filterung unter Veränderung der Abtastfrequenz (*multirate filtering*), und in Kapitel 8 werden komplexe Signale sowie Filter mit komplexen

Koeffizienten vorgestellt. Mit der Diskussion der Wellendigitalfilter und ihrer Realisierung bildet Kapitel 9 den Abschluß.

Der Text ist als einführendes Lehrbuch konzipiert. Manche theoretischen Grundlagen — z.B. z-Transformation, Abtasttheorem oder Grundzüge der Signaltheorie — sind bewußt knapp behandelt oder ganz weggelassen. Ihnen ist in anderen Bänden der gleichen Reihe (Böhme, 1993; Fettweis, 1990b; Kammeyer und Kroschel, [2]1992) breiterer Raum gewidmet.

Über die im Text vermittelten Kenntnisse hinaus will das Buch auch zum Weiterstudium anregen. Diesem Zweck dienen die zahlreichen eingestreuten Literaturhinweise (die allerdings keinen Anspruch auf Vollständigkeit erheben) sowie eine kleine Bibliographie, die grob nach den Abschnitten des Buches klassifiziert ist. Häufig sind auch Hinweise auf Lehrbücher der Netzwerk- und Systemtheorie kontinuierlicher Systeme sowie auf mathematische Nachschlagewerke gegeben, dies in erster Linie als Hilfestellung für den Nichtnachrichtentechniker. Hinweise auf andere Lehrbücher der digitalen Signalverarbeitung sind im wesentlichen nur dann eingestreut, wenn das behandelte Gebiet in dem jeweiligen Lehrbuch besonders ausführlich dargestellt ist oder ein spezielles Forschungsgebiet des jeweiligen Autors darstellt.

Am Ende der Kapitel 2, 3, 4 und 6 sind einige Übungsaufgaben (mit Angabe der Lösungen) eingestreut. In den Kapiteln 5, 7 und 9 sind die Übungsaufgaben ersetzt durch die Behandlung eines konkreten Filterentwurfsbeispiels (siehe Abschnitt 5.2.3); das gleiche Filter wird in verschiedenen Ausführungen mit verschiedenen Verfahren entworfen, und die einzelnen Varianten werden einander gegenübergestellt.

Neben der Beseitigung einiger offensichtlicher Mängel sowie der Umstellung der Vorlage auf ein zeitgemäßes Textverarbeitungssystem tragen die Erweiterungen der 2. Auflage vor allem neueren Entwicklungen auf dem Gebiet der Filterentwurfsverfahren Rechnung. Erweitert wurden u.a. die Abschnitte über Allpässe, Passivität und Verlustfreiheit, Überlaufverhalten, Systeme zur Veränderung der Abtastfrequenz sowie Brückenwellendigitalfilter. Neu hinzugekommen sind u.a. Abschnitte über abstimmbare Filter, zur Eigenwertmethode für den Entwurf nichtrekursiver Filter sowie über Polyphasenfilter und IFIR-Filter, eine Diskussion zur Übertragbarkeit von Entwurfsverfahren für frequenzselektive Filter auf den Entwurf von Entzerrerfiltern und schließlich die Lösungen zu den Übungsaufgaben. Der Gesamtumfang des Buches ist gegenüber der Erstauflage um etwa 12% gewachsen.

Allen Personen, die die Entstehung dieses Buches gefördert haben, darf ich an dieser Stelle herzlich danken. Zuerst gilt mein Dank Herrn Dr. Schlembach vom Teubner-Verlag, der die Erstellung beider Auflagen mit Rat und Tat unterstützt hat. Ohne seine Anfrage und Anregung wäre das Manuskript wohl als Vorlesungsskript in meiner Schreibtischschublade liegengeblieben. Des weiteren danke ich den Herren Kollegen Heute und Fettweis (beide in Bochum) sowie meinem Mitarbeiter, Herrn Dipl.Phys. D. Lancé, für ihre Mühe und ihre konstruktive Kritik bei der Durchsicht des Manuskripts zur Erstauflage. Den Hörerinnen und Hörern meiner Vorlesungen sei für ihre Fragen und Diskussionsbeiträge gedankt. Insbesondere danke ich jedoch meiner Frau Helga und meinen beiden Töchtern Patrizia und Eurydice für ihre Liebe und Geduld und für ihren Beitrag in Form von Manuskriptabenden und -wochenenden, ohne die keine der beiden Auflagen hätte fertiggestellt werden können.

Bonn und München, im August 1993   Wolfgang Hess

Inhaltsverzeichnis

1. Einleitung; Grundbegriffe der Signalverarbeitung

In Systemen der digitalen Signalverarbeitung werden die zu verarbeitenden Signale numerisch als Zahlenfolgen dargestellt, nicht wie in herkömmlichen "kontinuierlichen" Systemen der Nachrichtentechnik als elektrische Spannungen oder Ströme. Die Behandlung und Manipulation der Signale erfolgt dabei durch arithmetische und logische Operationen, wie Addition, Multiplikation, oder Vergleich.

Digitale Filter stellen eine wichtige Teilmenge der Systeme zur digitalen Signalverarbeitung dar. Sie übernehmen in diesem Bereich alle Aufgaben, die auch in kontinuierlichen Systemen den Filtern zugewiesen sind: Bandbreitenbeschränkung, Entzerrung oder Trennung von Signalen, um nur einige Beispiele zu nennen.

Digitale Filter wurden in den frühen 60er Jahren in den USA zunächst vorrangig zum Zweck der Simulation von Systemen der Meß- und Regelungstechnik mit Hilfe digitaler Rechenanlagen sowie für militärische Zwecke entwickelt (Kaiser, 1966). (Aus dem zeitweiligen Nebeneinander von Simulationsverfahren auf analogen und digitalen Rechenanlagen für gleichartige Aufgaben stammt auch die häufig − und ebenfalls in diesem Buch − verwendete Bezeichnung "analog" für kontinuierliche Systeme im Gegensatz zu den diskreten "digitalen" Systemen.) Mit dem Fortschritt auf dem Gebiet der (digitalen) Schaltkreistechnik und der immer weiteren Verbreitung des Computers wurden auch der digitalen Signalverarbeitung neue Anwendungsbereiche erschlossen. Im Audiobereich beispielsweise sind mit der Einführung der digitalen Musikaufzeichnungsverfahren (Compact Disk, Digital Audio Tape) und des digitalen Hörrundfunks die Systeme der digitalen Signalverarbeitung − und mit ihnen die digitalen Filter − dabei, die "analogen" Systeme und Baugruppen zu ersetzen und zu verdrängen; im Videobereich hat eine ähnliche Entwicklung eingesetzt. Mit der Einführung von ISDN und insbesondere mit der Einführung des digitalen Mobilfunks haben Verfahren der digitalen Signalverarbeitung und digitale Filter Einzug in den Bereich der Telekommunikation gehalten. Stellvertretend für viele weitere Anwendungsgebiete, in denen die Methoden der digitalen Signalverarbeitung zunehmend eine dominierende Rolle spielen, sei die Verarbeitung und Auswertung von Signalen aller Art genannt, die von einem lebenden Individuum ausgehen (Sprachsignale, Elektrokardiogramme, Elektroencephalogramme, Meßdaten von Bewegungsabläufen usw.).

Digitale Filter weisen gegenüber analogen Filtern eine Anzahl von Vorteilen auf:

- hohen Störabstand, keine Schwankungen der Filterparameter durch Temperatur- oder Alterungseffekte;
- exakte Reproduzierbarkeit des Übertragungsverhaltens, d.h., keine Bauteiletoleranzen, die sich auf die Kennwerte eines individuellen Filters niederschlagen;
- hohe Flexibilität des Übertragungsverhaltens mit einer einzigen Anordnung;
- vergleichsweise einfache Realisierung von Filtern, die mit herkömmlichen Netzwerken nur schwer oder überhaupt nicht zu realisieren sind (exakt linearphasige Filter, extrem schmalbandige Filter, Allpässe, Filter mit sehr steilen Flanken oder für sehr niedrige Frequenzen).

Dem stehen als Nachteile gegenüber

- durch die Laufzeit der arithmetischen Operationen bedingte, vergleichsweise niedrige obere Frequenzgrenze;
- für einfache Aufgaben ein vergleichsweise hoher Schaltungsaufwand. Dieses Argument wird allerdings durch den rasanten Fortschritt in der Schaltkreistechnik und die Möglichkeiten der Rechnersimulation immer mehr relativiert.

In diesem einleitenden Kapitel soll der Leser zunächst mit einigen Grundbegriffen der digitalen Signalverarbeitung vertraut gemacht werden.[1] Abschnitt 1.1 ist dem Begriff des Signals und seiner Darstellung gewidmet. Abschnitt 1.2 beschäftigt sich mit dem Systembegriff; hierbei werden insbesondere die vier Grundeigenschaften Linearität, Kausalität, Stabilität und Zeitinvarianz für den Fall diskreter (digitaler) Systeme definiert. In Abschnitt 1.3 schließlich werden die Bauelemente linearer digitaler Filter vorgestellt, und die grundsätzliche Beschreibung im Zeitbereich durch die Zustandsgleichung wird hergeleitet. Abschließend werden in einer kurzen Zusammenfassung die verschiedenen Filtertypen umrissen.

1.1 Signal und Signaldarstellung

1.1.1 Der Begriff des Signals. Ein *Signal* ist "das Erscheinungsbild einer physikalischen Information" (Kunt, 1980). Darstellbar ist es als Funktion einer oder mehrerer Veränderlicher; hierbei wird der Begriff der Funktion jedoch wesentlich weiter gefaßt als in der Mathematik. Ein Signal ist beispielsweise beschreibbar durch

---

[1] Die Diskussion der Grundlagen der Signalverarbeitung in diesem Kapitel sowie die Behandlung der z-Transformation (Abschnitt 2.1) und der diskreten Fouriertransformation (Abschnitte 2.4 und 4.3) sind bewußt knapp gehalten. Diesen Fragen wird in einem Band der gleichen Reihe (Kammeyer und Kroschel, [2]1992) breiterer Raum gewidmet; weiterhin sei auf allgemeine netzwerktheoretische Lehrbücher verwiesen (z.B. Schüßler, [3]1991b), die auch digitale Systeme behandeln. Zu Fragen der Signaltheorie siehe z.B. Böhme (1993). Weitere Literatur ist in den einzelnen Abschnitten angegeben.

- eine mathematische Funktion im strengen Sinn, also einen analytischen Zusammenhang (in geschlossener Form);
- ein Verteilungsgesetz (z.B. für ein stochastisches Signal). Hier ist der Augenblickswert des Signals nicht bekannt, da die Verteilungsfunktion nur globale Signaleigenschaften beschreibt;
- empirisch durch eine Meßreihe. Die meisten Signale in der Praxis gehören zu dieser Kategorie.

Ist ein Signal Funktion nur einer Veränderlichen, so sprechen wir von einem *eindimensionalen Signal*, ansonsten von einem *mehrdimensionalen Signal*. Eindimensionale Signale liegen meist als *Zeitfunktionen* [*"Vorgänge"* (Meyer-Eppler, 1969)] vor. Sie seien im folgenden als $x(t)$ bezeichnet. Der Wert $x(t)$ stellt die *Augenblicksamplitude*, den *Momentanwert* oder einfach den *Wert* des Signals zu einem bestimmten Zeitpunkt t dar. Beispiele für eindimensionale Signale sind: Sprachsignale, akustische Signale aller Art (Musik, Geräusch), biologische Signale (Elektrokardiogramm, Elektroencephalogramm usw.), physikalische Signale (z.B. seismische Wellen) oder Radarsignale. Den wichtigsten Fall mehrdimensionaler Signale stellen zweidimensionale Bildsignale sowie dreidimensionale Bildfolgen (mit der Zeit als dritter Dimension) dar.

In diesem Buch wollen wir uns ausschließlich mit eindimensionalen Signalen und Filtern für eindimensionale Signale beschäftigen.

1.1.2 Darstellung digitaler Signale. Die Darstellung eines *digitalen Signals* (siehe Bild 1.1) kann nur in Form einer *Zahlenfolge* erfolgen:

$$x(t) \;\rightarrow\; \{x_i\} \; . \tag{1.1}$$

Das digitale Signal ist demnach *diskret* im doppelten Sinn: zum einen bezüglich der unabhängigen Variablen t, zum anderen bezüglich der abhängigen Variablen x. Der Übergang von der kontinuierlichen zur diskreten Darstellung wird allgemein als *Quantisierung* bezeichnet.

Quantisierung der Werte der unabhängigen Variablen ergibt *Abtastung* und zerlegt das Signal in eine Folge von *Abtastwerten*:

$$x(t) \;\rightarrow\; \{... \; x(t_1), \; x(t_2), \; ...\} \; . \tag{1.2}$$

Als zusätzliche voraussetzende Vereinbarung gelte, daß die Abtastung *gleichförmig*, d.h., stets *in gleichen Intervallen der unabhängigen Variablen* erfolgen soll:

$$x(n) \; := \; x(nT); \quad n = -\infty \; ... \; -1, \; 0, \; 1, \; ... \; \infty \quad [\text{ganzzahlig}] \tag{1.3}$$
$$T : [\text{Abtastintervall}]$$

Das *Abtastintervall* T kann in der Bezeichnung $x(n)$ für das Signal weggelassen werden. Dementsprechend ist n nur noch indirekt ein Maß für die Zeit; daher sei n als

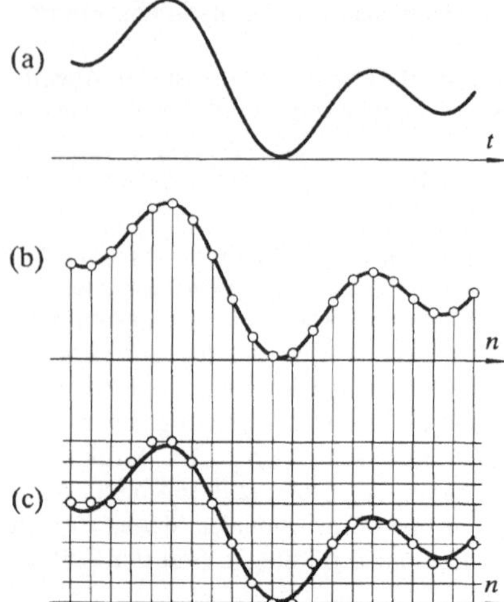

Bild 1.1a-c. Vom kontinuierlichen ("analogen") Signal zum digitalen Signal. (a) Analoges Signal, (b) abgetastetes Signal, (c) digitales Signal

Index oder *Adresse* des Abtastwertes (*Meßwertadresse*) bezeichnet. Welchen Wert das Abtastintervall T für ein gegebenes Signal annehmen muß, soll im Zusammenhang mit dem Abtasttheorem in Abschnitt 2.3 betrachtet werden.

Wegen endlicher Wortlänge bei Verarbeitung und Speicherung abgetasteter Signale erfolgt *Quantisierung* auch im Bereich der *abhängigen Variablen* (Bild 1.2):

$$[x(n)]_Q = k(n) \cdot Q ; \quad k \text{ ganzzahlig.} \tag{1.4}$$

Bei *linearer* oder (besser) *gleichförmiger Quantisierung* ist Q eine Konstante, die *Quantisierungsstufe*. Die Bezeichnung *Quantisierung* wird bei der abhängigen Variablen im Gegensatz zur unabhängigen Variablen beibehalten. Im allgemeinen ist k auch noch betragsmäßig begrenzt; bei binärer Darstellung beispielsweise ergibt sich die Zahl der unterscheidbaren Amplitudenstufen zu

$$N = 2^W ; \tag{1.5}$$

W ist die *Wortlänge* (in bit). Durch die Quantisierung im Bereich der abhängigen Variablen ergibt sich ein *Quantisierungsfehler* als Differenz des tatsächlichen und des quantisierten Wertes (siehe Bild 1.2). Auf Fragen und Probleme der Quantisierung wird in Abschnitt 4.1 näher eingegangen.

Erst Abtastung *und* Quantisierung machen aus einer Zeitfunktion ein *digitales Signal*. Bei theoretischen Betrachtungen in der Signalverarbeitung werden die Proble-

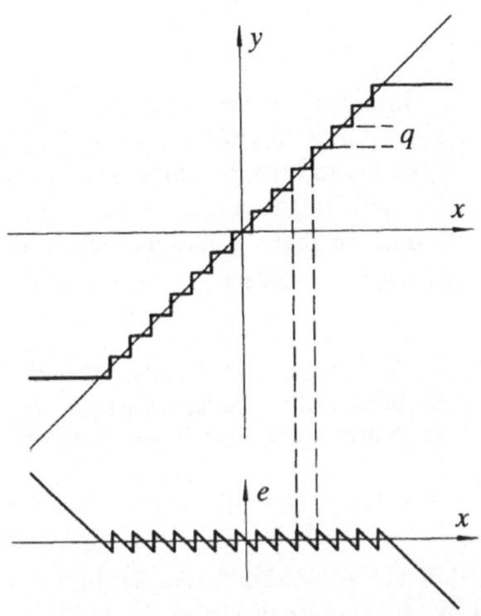

Bild 1.2. Zur Quantisierung digitaler Signale. (x) Eingangssignal, (y) Ausgangssignal, (q) Quantisierungsstufe, (e) Quantisierungsfehler

me der Quantisierung zunächst meist vernachlässigt, nie jedoch die Probleme, die sich aus der Abtastung ergeben.[2]

Bild 1.3 zeigt einige Signale, die in der Signalverarbeitung eine besondere Bedeutung haben.

Einheitsimpuls	Einheitssprung	Sinusförmiges Signal
$\delta(n) = \begin{cases} 1 & n = 0 \\ 0 & n \neq 0 \end{cases}$	$s(n) = \begin{cases} 1 & n \geq 0 \\ 0 & n < 0 \end{cases}$	$x(n) = \cos(\Omega_0 n + \phi_0)$

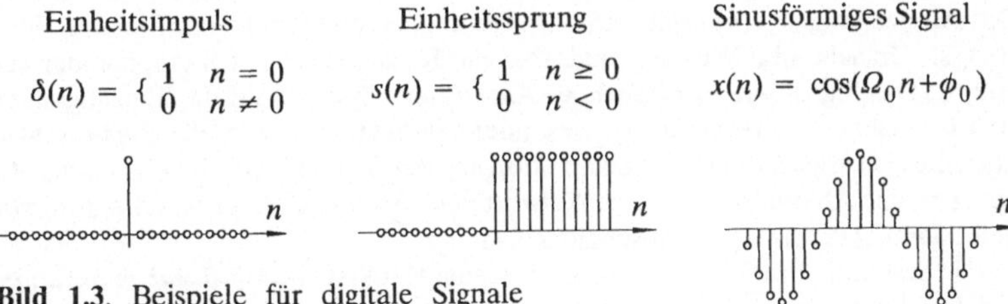

Bild 1.3. Beispiele für digitale Signale (hier als abgetastete Signale gezeichnet)

---

[2] Bei graphischer Darstellung digitaler oder abgetasteter Signale wird sogar häufig eine (quasi-)analoge Darstellung gewählt, wenn es nur darauf ankommt, die Signalform als solche darzustellen, nicht aber die einzelnen Abtastwerte. Hiervon wird auch in diesem Buch Gebrauch gemacht.

1.2 Der Begriff des Systems

1.2.1 Definition und grundlegende Eigenschaften. Unter einem *System* (Bild 1.4) verstehen wir eine Vorrichtung, die nach einer bestimmten Rechenvorschrift **S** ein Signal x (eindeutig) in ein Signal y umwandelt. Hierbei wird x als *Eingangssignal*, y als *Ausgangssignal* bezeichnet. Die Signale x und y können Funktionen der gleichen unabhängigen Variablen sein; dies ist jedoch nicht unabdingbar. In verallgemeinerter Form kann ein System auch mehrere Ein- oder Ausgänge haben.[3]

Bild 1.4. Blockdiagramm (Blockschaltbild) eines Systems mit Rechenvorschrift **S**. [$x(n)$] Eingangssignal, [$y(n)$] Ausgangssignal

Die Systemtheorie betrachtet und behandelt die Auswirkung der Rechenvorschrift **S** auf die Signale unabhängig von der tatsächlichen Realisierung des Systems. **S** wird auch gelegentlich als *Transformationsvorschrift* oder als *Operator* bezeichnet:

$$y(n) \ = \ \mathbf{S}\{x(n)\} \ ; \tag{1.6}$$

$\{x(n)\}$ bedeutet die endliche bzw. abzählbar unendliche Menge der Abtastwerte des Eingangssignals, wohingegen $y(n)$ den einzelnen Abtastwert des Ausgangssignals zum Zeitpunkt n kennzeichnet.

Bezüglich Ein- und Ausgangssignal gilt das Prinzip von Ursache und Wirkung. Das Ausgangssignal $y(n)$ ergibt sich als Wirkung, deren Ursache das Eingangssignal $x(n)$ ist. Ursache und Wirkung sind über die Rechenvorschrift **S** miteinander verknüpft. Das Signal $y(n)$ wird auch als *Antwort* des Systems auf das Eingangssignal $x(n)$ bezeichnet (*Systemantwort*). Besondere Bedeutung besitzt die *Impulsantwort* $h(n)$, die sich ergibt, wenn man an den Eingang des Systems den Einheitsimpuls $\delta(n)$ anlegt (siehe Abschnitt 2.5.2). Die Antwort des Systems auf den Einheitssprung $s(n)$ heißt *Sprungantwort* (siehe Abschnitt 2.3.1).

Die Systemtheorie behandelt im einfachsten Fall Systeme, die *linear, zeitinvariant, stabil* und *kausal* sind. Die Bedeutung dieser Grunddefinitionen wird im folgenden erklärt.

---

[3] Schüßler ([3]1991b:2) definiert das *System* wie folgt: "Ein System ist ein mathematisches Modell eines Gebildes mit Eingängen und Ausgängen, das die Beziehungen zwischen den Eingangs- und Ausgangsgrößen beschreibt."

Linearität. Ein System ist *linear,* wenn es das *Superpositionsprinzip* erfüllt. D.h., wenn

$$y_1(n) = S\{x_1(n)\} \quad \text{sowie} \quad y_2(n) = S\{x_2(n)\} \,,$$

dann ist das Superpositionsprinzip erfüllt, wenn gilt

$$k_1 y_1(n) + k_2 y_2(n) = S\{k_1 x_1(n) + k_2 x_2(n)\} \; ; \tag{1.7}$$

k_1 und k_2 sind hierbei Konstante. Legt man also an den Eingang eines Systems die (gewichtete) Summe zweier Ursachen an, so addieren sich am Ausgang die zugehörigen Wirkungen. Systeme, die das Superpositionsprinzip nicht erfüllen, werden als *nichtlinear* bezeichnet.

Die Linearität ist eine der wichtigsten Voraussetzungen für zahlreiche Aufgaben in der Nachrichtentechnik besonders bei der Filterung und Übertragung von Signalen. Von ihr hängen ab: der Typ der Definitionsgleichung eines Systems (Zustandsgleichung; Abschnitt 1.3.2) sowie der Typ der Übertragungsfunktion (Abschnitt 2.2.1). Unter zusätzlichen einschränkenden Voraussetzungen (Passivität, Abschnitt 1.3.1) ist es möglich, einzelne Komponenten eines Systems zu Teilsystemen zusammenzufassen oder ihre Reihenfolge zu ändern.

Wir beschäftigen uns in diesem Buch fast ausschließlich mit linearen Systemen.

In der Theorie wird davon ausgegangen, daß die Bedingung der Linearität streng eingehalten ist. In der Praxis der digitalen Systeme treten durch begrenzte Wortlängen bei der Darstellung von Signalen und bei arithmetischen Operationen Effekte auf, die das realisierte System insgesamt *schwach nichtlinear* machen. Hierauf kommen wir in Abschnitt 4.1 zurück.

Nichtlineare Systeme zeichnen sich dadurch aus, daß sie ein Signal *nichtlinear verzerren.* Insbesondere entstehen durch nichtlineare Verzerrungen Signale mit neuen, in den Eingangssignalen nicht enthaltenen Frequenzen, aus denen sich die ursprünglichen Frequenzverhältnisse nicht mehr ohne weiteres rekonstruieren lassen.

Beispiel für ein nichtlineares System. Gegeben sei ein Signal $s(t) = \cos at + \cos bt$; es werde über ein System geschickt, das das Eingangssignal quadriert; wir erhalten also

$$S: \; y(t) = [x(t)]^2 \,,$$

und im Fall unseres Signals $s(t)$

$$y(t) = [\cos at + \cos bt]^2 = \cos^2 at + \cos^2 bt + 2\cos at \cos bt$$
$$= 1 + \tfrac{1}{2}\cos 2at + \tfrac{1}{2}\cos 2bt + \cos\frac{(a+b)t}{2} + \cos\frac{(a-b)t}{2} \,.$$

Das Superpositionsprinzip gilt hier nicht. Gegenüber dem Eingangssignal umfaßt das Ausgangssignal fünf bisher nicht vorhandene Kreisfrequenzen

$$\omega_1 \dots \omega_5 = 2a, \; 2b, \; \frac{a+b}{2}, \; \frac{a-b}{2} \quad \text{sowie Null} \,.$$

Die ursprünglichen Kreisfrequenzen a und b sind im Ausgangssignal nicht mehr enthalten.

Kausalität. Ein System ist *kausal*, wenn jeder Abtastwert des Ausgangssignals $y(n)$ nur von zeitlich zurückliegenden, höchstens aber gleichzeitigen Abtastwerten des Eingangssignals $x(n)$ abhängt:

$$y(n) = y\,[\,x(k), k = \ldots (1)\, n\,]\;. \tag{1.8}$$

Anders ausgedrückt: Sind alle Abtastwerte eines Eingangssignals $x(n)$ Null für $n < n_0$, so kann auch das Ausgangssignal für $n < n_0$ keine von Null verschiedenen Abtastwerte besitzen.

Alle in der Praxis realisierten Systeme sind kausal. Für theoretische Betrachtungen bei digitalen Filtern ist es in bestimmten Fällen sinnvoll, das Kausalitätsprinzip (vorübergehend) zu verletzen (siehe z.B. Abschnitt 3.5.2), ebenso bei finiten Signalen. In beiden Fällen kann die Kausalität durch Hinzufügen eines Verzögerungsgliedes endlicher Dauer wiederhergestellt werden.

Es ist üblich geworden, den Kausalitätsbegriff auch auf *Signale* auszudehnen. Ein Signal wird dann als *kausal* bezeichnet, wenn es für $n < 0$ identisch verschwindet. Umgekehrt spricht man von einem *antikausalen* Signal, wenn dieses für $n \geq 0$ identisch verschwindet und nur für $n < 0$ von Null verschiedene Werte aufweist (in der Regel allerdings nur dann, wenn das Signal für $n \to -\infty$ zeitlich nicht begrenzt ist).

Zeitinvarianz. Ein System ist *zeitinvariant*, wenn ein gegebenes Eingangssignal $x(n)$ zu allen Zeiten auf das gleiche Ausgangssignal $y(n)$ führt; d.h., wenn

$$y(n) = \mathbf{S}\{x(n)\}\;, \tag{1.9}$$

dann gilt

$$y(n-k) = \mathbf{S}\{x(n-k)\}\;,$$

unabhängig von der (als beliebig, aber fest angenommenen) Verzögerung k.

Erfüllt das System die Bedingung (1.9) nicht, so wird es als *zeitveränderlich* oder *zeitvariant* bezeichnet.

Es ist üblich geworden, den Begriff der Zeitveränderlichkeit auch auf Signale auszudehnen. Ein Signal wird dann als *zeitveränderlich* bezeichnet, wenn es nur durch ein zeitveränderliches System dargestellt bzw. approximiert werden kann. Ein Beispiel hierzu wird in Abschnitt 6.2.1 diskutiert.

Stabilität. Ein System ist *stabil*, wenn es auf jedes wertemäßig beschränkte Eingangssignal $x(n)$ mit einem beschränkten Ausgangssignal $y(n)$ reagiert:

$$|x(n)| < M_x \;\to\; |y(n)| < M_y \;;\quad M_x, M_y \text{ endlich}\;. \tag{1.10}$$

Diese Stabilitätsbedingung ist für wertkontinuierliche Systeme notwendig und hinreichend. Quantisierungseffekte können bei realen digitalen Filtern (also in wertdiskreter Realisierung) jedoch bewirken, daß ein Filter nicht stabil ist, obwohl die theoretische Stabilität nach (1.10) gewährleistet ist. In solchen Fällen muß die Stabilität anders definiert werden; man gelangt dabei zum Begriff der *asymptotischen Stabilität* (*Ljapunow*-Stabilität). Hier wird verlangt, daß, sofern das Eingangssignal zu Null wird, auch das Ausgangssignal gegen Null strebt:

$$x(n) \equiv 0 \ \text{für} \ n > n_1 \ \rightarrow \ y(n) \rightarrow 0 \ \text{für} \ n \rightarrow \infty . \tag{1.11}$$

Auf die Frage der Stabilität wird in Abschnitt 2.5.3 näher eingegangen.

1.2.2 Grundsätzlicher Aufbau eines Systems der digitalen Signalverarbeitung. Grundsätzlich besteht ein digitales System − wie auch ein analoges − aus einer Quelle, einer Senke und dem dazwischenliegenden Verarbeitungssystem (Bild 1.5). Hinzu kommen noch die notwendigen Analog-Digital- und Digital-Analog-Wandler (kurz als A/D- und D/A-Wandler bezeichnet). Die Quelle des Signals ist meist analog (Ausnahme: z.B. Sprachsynthese), die Senke kann auch analog sein. Beim Verarbeitungssystem kann eine Speicherung einbegriffen sein. Ist dies der Fall, so muß das Signal in der Regel auch *zeitlich bandbegrenzt*, d.h. *finit*, also von endlicher Dauer sein.

Der *Analog-Digitalwandler* (grundsätzlicher Aufbau in Bild 1.6 dargestellt) ist im Prinzip das schwächste Glied der Kette. Die Zahl N der unterscheidbaren Amplitudenstufen des Signals wird im wesentlichen durch ihn bestimmt. Übliche Werte für N bzw. die Wortlänge am Wandlerausgang sind: 10 bis 12 bit für Sprachsignale, 6 bis 9 bit für Videosignale, 16 bis (derzeit gerade erreichbar) 22 bit für Musiksignale.

Aus Platzgründen kann auf die Frage der Analog-Digitalwandlung nicht näher eingegangen werden; hierzu sei auf die Literatur verwiesen [(Seitzer, 1977; Jaeger, 1982a-c; Jayant und Noll, 1984:666f., Sheingold, 1986; Higgins, 1990:293ff.) sowie zahlreiche Einzelbeschreibungen in Fachzeitschriften (z.B. IEEE Journal on Solid-State Circuits)].

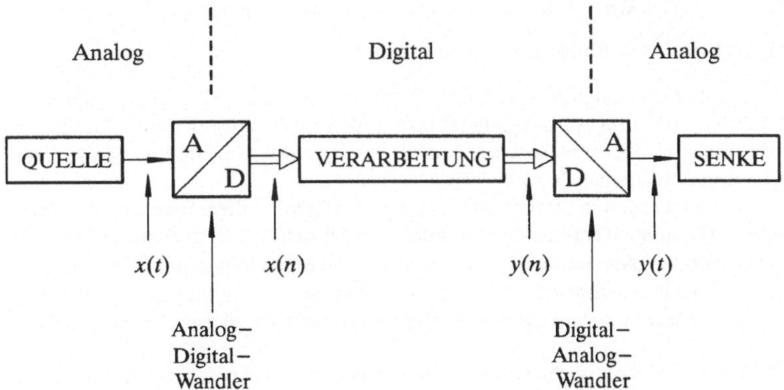

Bild 1.5. Grundsätzlicher Aufbau eines Systems zur digitalen Signalverarbeitung

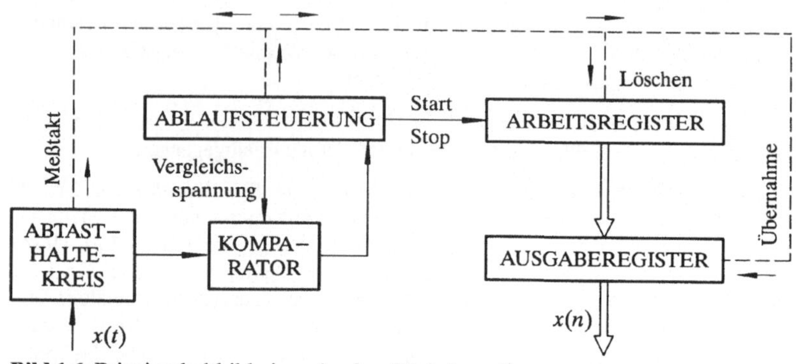

Bild 1.6. Prinzipschaltbild eines Analog-Digitalwandlers

1.3 Grundstruktur und Zustandsgleichung linearer digitaler Filter

1.3.1 Elemente digitaler Filter. Gegeben sei ein digitales Signal $x(n)$. Als *digitales Filter* wird jedes signalverarbeitende System bezeichnet, das aus diesem Signal $x(n)$ nach bestimmten Gesetzen ein neues Signal $y(n)$ bildet (Bild 1.7), ohne dabei den Zeitbereich verlassen zu müssen.

Eingangssignal   DIGITALES FILTER   Ausgangssignal
$x(n)$ $y(n)$

Bild 1.7. Prinzipschaltbild eines digitalen Filters

Gegenüber dem allgemeineren Begriff des Systems ist der Begriff des Filters eingeschränkt. Ein- und Ausgangssignal haben als unabhängige Variable die gleiche physikalische Größe, und auch der Prozeß der Filterung läuft durchweg mit dieser Größe als unabhängiger Variabler ab.

Behandelt werden in diesem Buch nur *lineare* digitale Filter. Eine weitere wichtige Einschränkung im Rahmen linearer digitaler Filter ist mit dem Konzept der *Passivität*[4] verbunden. Als *passive Filter* werden Systeme betrachtet, deren Übertragungsfunktion (siehe Abschnitt 2.2) im Bereich kontinuierlicher Signale grundsätzlich durch ein lineares passives elektrisches Netzwerk realisiert werden kann, also durch

---

[4] Fettweis (1972b) spricht in diesem Zusammenhang von *Pseudopassivität*, da digitale Filter keine realen linearen elektrischen Netzwerke sind. Wir werden im vorliegenden Buch diesen Terminus gelegentlich übernehmen.

Addition und Subtraktion
zweier Signale

Multiplikation mit
konstantem Faktor
(Filterkoeffizienten)

Speicherung und Verzögerung
(um 1 Abtastintervall)

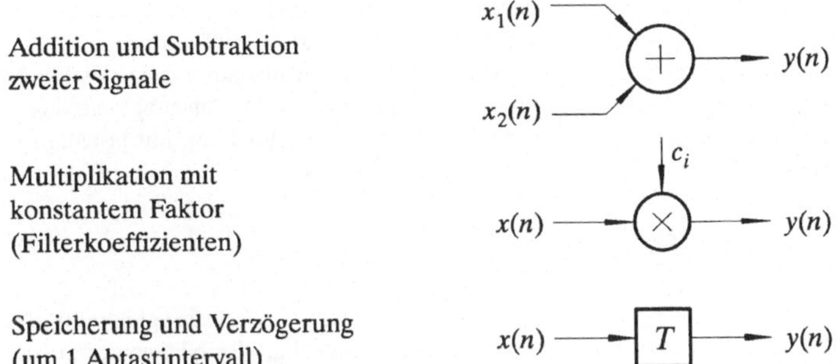

Bild 1.8. Elemente linearer (passiver) digitaler Filter (die Kennzeichnung der Verzögerungselemente durch das Abtastintervall T wird ab Abschnitt 2.2 durch das übliche Symbol z^{-1} ersetzt)

ein Netzwerk, das nur aus Ohm'schen Widerständen, Spulen und Kondensatoren besteht. Derartige Systeme zeichnen sich u.a. dadurch aus, daß ein sinusförmiges Eingangssignal $x(t) = \hat{x}\cos(\omega t + \phi)$ stets derart in ein sinusförmiges Ausgangssignal $y(t) = \hat{y}\cos(\omega t + \psi)$ umgewandelt wird, daß sich Amplitude und Phase dabei ändern können, nicht aber die Frequenz des Signals. In Abschnitt 3.3.2 wird auf diese Frage erneut eingegangen.

Die Elemente, aus denen ein (passives) digitales Filter aufgebaut ist, zeigt Bild 1.8. Erlaubt sind demnach nur die Grundrechenarten *Addition* und *Subtraktion*, die *Multiplikation mit konstanten Koeffizienten* sowie die Speicherung um einen oder mehrere Taktzyklen, die einer *Verzögerung um ein oder mehrere Abtastintervalle* gleichzusetzen ist. Nur diese Operationen garantieren die Linearität des Filters. Alle anderen Rechenoperationen führen zu nichtlinearen Filtern. Insbesondere ergeben sich nichtlineare Filter, wenn Signale miteinander multipliziert oder potenziert werden.

Nicht mit ausschließlich passiven elektrischen Netzwerken realisiert werden können beispielsweise Systeme zur Modulation von Signalen, auch wenn diese bei bestimmten Modulationsarten (z.B. Amplitudenmodulation) zu den linearen Systemen gehören, da auch dort das Superpositionsprinzip Anwendung findet. Hierbei kommen als weitere erlaubte Funktionen vor: a) Multiplikation mit einer stationären Exponentialschwingung $\cos \Omega_0 n$ oder $\exp(j\Omega_0 n)$; b) die affine Dehnung oder Stauchung der Zeitachse des digitalen Signals (dies entspricht einer Veränderung der Abtastfrequenz). In den Kapiteln 7 und 8 werden wir im Zusammenhang mit der digitalen Veränderung der Abtastfrequenz sowie der spektralen Rotation solche Systeme kennenlernen.

1.3.2 Grundstruktur, Zustandsgleichung, Systemeigenschaften. Die Anwendung der drei in Abschnitt 1.3.1 genannten Rechenvorschriften (Addition/Subtraktion, Multiplikation mit konstanten Koeffizienten sowie Verzögerung um ganzzahlige Vielfache des Abtastintervalls) auf das Eingangssignal $x(n)$ sowie auf das Ausgangssignal $y(n)$ führt auf die *Zustandsgleichung*, eine lineare Differenzengleichung mit konstanten Koeffizienten:

$$y(n) = \sum_{i=0}^{k} d_i\, x(n-i) - \sum_{i=1}^{k} g_i\, y(n-i) \, . \tag{1.12}$$

Diese Gleichung, die allgemeinste Form einer linearen Differenzengleichung der Ordnung k, läßt sich direkt und (im Grenzfall) exakt als digitales Netzwerk realisieren (Bild 1.9). Diese digitale Realisierung erfordert im allgemeinen k Verzögerungsglieder für das Eingangssignal und weitere k Verzögerungsglieder für das Ausgangssignal. Sämtliche Koeffizienten g_i können verschwinden, wohingegen mindestens ein Koeffizient d_i von Null verschieden sein muß. Das Filter zerfällt in den *nichtrekursiven Teil*, der nur vom Eingangssignal $x(n)$ abhängt, sowie den *rekursiven Teil*, der nur vom Ausgangssignal $y(n)$ abhängt

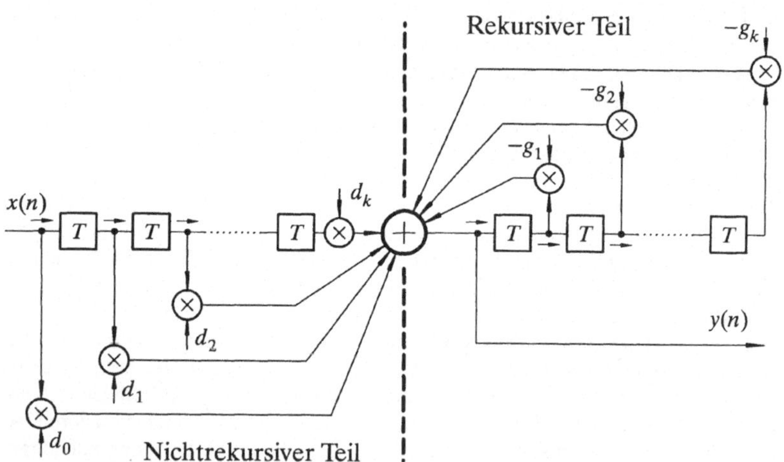

Bild 1.9. Digitales Filter in direkter Struktur (die Kennzeichnung der Verzögerungselemente durch das Abtastintervall T wird ab Abschnitt 2.2 durch das übliche Symbol z^{-1} ersetzt)

Gleichung (1.12) stellt die in Abschnitt 1.2 definierte Rechenvorschrift S für das lineare digitale Filter dar. Geht es nur darum, aus einem gegebenen Eingangssignal $x(n)$ ein Ausgangssignal $y(n)$ auszurechnen, so ist bei gegebener Vorschrift S die Aufgabe durch direkte Implementierung der Differenzengleichung leicht zu lösen. Damit ist jedoch noch nichts über die Eigenschaften des Systems gesagt. Insbesondere suchen wir nach einem Maß für das *Übertragungsverhalten* des Filters, d.h., eine Aussage darüber, in welcher Weise ein Eingangssignal $x(n)$ in seiner Gesamtheit durch die Vorschrift S beeinflußt wird; damit wird dann eine ähnlich globale Aussage über das Ausgangssignal $y(n)$ möglich. Wie bei analogen Filtern definieren wir zu diesem Zweck eine *Übertragungsfunktion*, die nur noch Eigenschaften des Filters beschreibt und von den Signalen $x(n)$ und $y(n)$ nicht mehr abhängt. Eine derartige Beschreibung des Filters wird ermöglicht durch die in Abschnitt 2.1 beschriebene *z-Transformation*, die in der Mathematik insbesondere zur Lösung von Differenzengleichungen herangezogen wird.

1.3.3 Die wichtigsten Filtertypen. Die Einsatzmöglichkeiten für (digitale) Filter sind äußerst vielfältig; dementsprechend zahlreich sind die verschiedenen Filtertypen. Drei Klassen von Filtern lassen sich jedoch unterscheiden: *frequenzselektive* Filter, *Entzerrer*filter sowie Filter *für spezielle Aufgaben*.

Frequenzselektive Filter (Bild 1.10). Diese Filter haben die Aufgabe, einzelne Teile des Frequenzbandes möglichst gut durchzulassen, andere Teile des Frequenzbandes aber möglichst gut zu sperren, d.h., zu blockieren. Die wesentlichen Vertreter dieser Filter sind *Tiefpaß* (tiefe Frequenzen werden durchgelassen, hohe gesperrt), *Hochpaß* (hohe Frequenzen werden durchgelassen, tiefe gesperrt), *Bandpaß* (nur ein bestimmtes Frequenzband, das die Frequenz Null nicht enthält, wird durchgelassen, alles übrige gesperrt) sowie *Bandsperre* (nur ein bestimmtes Frequenzband, das die Frequenz Null nicht enthält, wird gesperrt, alles übrige durchgelassen). Einen Spezialfall der Bandsperre bilden ganz schmalbandige Bandsperren, deren Aufgabe darin besteht, eine einzige Frequenz vollständig zu unterdrücken und alles andere durchzulassen (*Kerbfilter,* "*notch filter*"). Das Gegenstück hierzu ist das *Resonanzfilter*, das nur eine einzige Frequenz verstärkt und alle anderen unterdrückt.

Die Menge aller Frequenzen, die das Filter durchläßt, bezeichnet man als den *Durchlaßbereich*, die Menge aller Frequenzen, die das Filter nicht durchläßt, wird als *Sperrbereich* bezeichnet. Zwischen Durchlaß- und Sperrbereich befindet sich in realen Filtern stets ein *Übergangsbereich*, in dem der Betrag der Übertragungsfunktion (siehe hierzu Abschnitt 2.2) Zwischenwerte annimmt. Der Übergangsbereich ist notwendig, weil die Übertragungsfunktion linearer digitaler Filter eine gebrochen rationale Funktion ist und stetig verläuft. Daher kann insbesondere der Betrag $|H(\Omega)|$ der Übertragungsfunktion (siehe hierzu Abschnitt 2.5) nicht in einem beliebig kleinen Intervall von 1 auf Null springen. Es hängt vom Grad des Filters (und

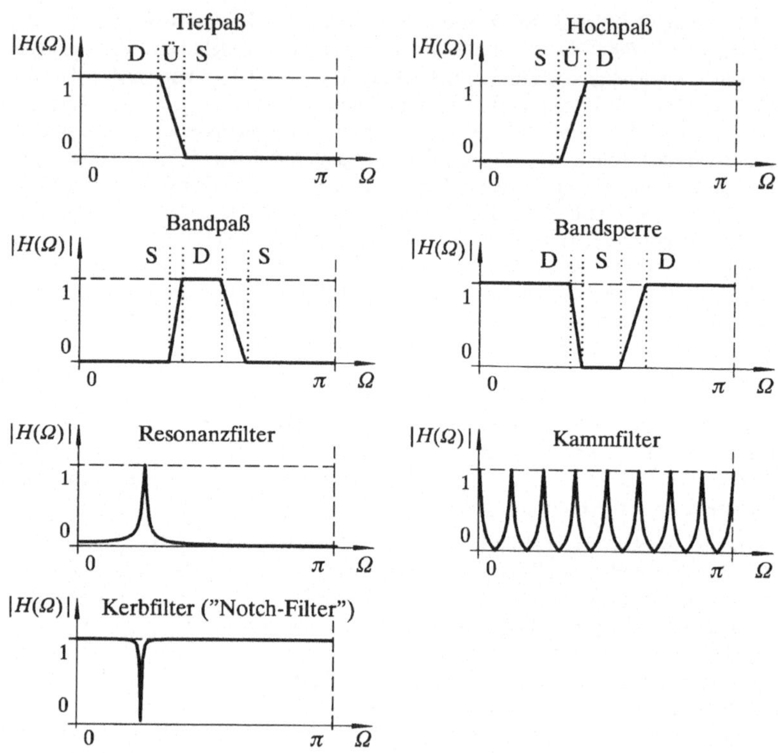

Bild 1.10. Verschiedene Typen frequenzselektiver Filter. (D) Durchlaßbereich, (S) Sperrbereich, (Ü) Übergangsbereich, $[|H(\Omega)|]$ Frequenzgang (Betrag der Übertragungsfunktion auf dem Einheitskreis der z-Ebene; siehe Abschnitt 2.2). Die normierte Frequenz Ω (siehe hierzu ebenfalls Abschnitt 2.2) ist von 0 bis π aufgetragen. $\Omega=0$ entspricht der Frequenz Null, $\Omega=\pi$ der halben Abtastfrequenz des Signals

damit vom Rechenaufwand) sowie von der Lage des Durchlaß- und Sperrbereichs ab, wie breit der Übergangsbereich im Einzelfall wirklich ist bzw. sein kann und muß. Bild 1.10 zeigt einige qualitative Beispiele für den Frequenzgang frequenzselektiver Filter. Quantitative Beispiele werden in den folgenden Kapiteln gegeben, speziell in Kap. 5, 7 und 8.

Ein Grenzfall frequenzselektiver Filter ist das *Kammfilter*. Es ist in der Regel aus mehreren Resonanzfiltern (oder "Notch"-Filtern) zusammengesetzt und dient dazu, mehrere nicht zusammenhängende Frequenzen oder Frequenzbänder durchzulassen bzw. zu sperren. Sind z.B. die durchzulassenden Frequenzen ganzzahlige Vielfache einer gegebenen Grundfrequenz F_0, so werden nur solche Signale durchgelassen, die eine harmonische Struktur besitzen, deren Komponenten also ausschließlich bei ganzzahligen Vielfachen $k \cdot F_0$ der Grundfrequenz von Null verschieden sind; alles andere wird gesperrt.

Entzerrerfilter. Diese Filter versuchen, dem Frequenzgang eine bestimmte Form zu geben (bekanntestes Beispiel: Klangfarbenregler am Audio-Verstärker), ohne daß einzelne Frequenzen oder Frequenzbänder völlig unterdrückt werden. In diese Kategorie fallen auch Filter, die den Frequenzgang bestimmter Systeme (z.B. des menschlichen Sprechtrakts) modellieren oder kompensieren sollen. Über ein mogliches Verfahren, derartige Filter bei gegebenen Signalen zu entwerfen, berichtet Kapitel 6. Weiterhin lassen sich zahlreiche Verfahren zum Entwurf nichtrekursiver Filter, die in Kap. 5 im Zusammenhang mit frequenzselektiven Filtern diskutiert werden, auch auf den Entwurf von Entzerrerfiltern anwenden [beispielsweise das Frequenzabtastverfahren (Abschnitt 5.5.3) oder die Tschebyscheffapproximation (Abschnitt 5.6)]. Eine zusammenfassende Diskussion zu diesem Thema erfolgt in Abschnitt 5.8.

Filter für spezielle Aufgaben. Hierzu gehören alle Filter, die in keine der obigen beiden Filtertypen fallen. Dies sind beispielsweise differenzierende oder integrierende Filter; d.h., Systeme, die den Differentialquotienten oder die Integralfunktion eines Signals bilden. Weiter zählt hierzu der Allpaß (Abschnitt 3.3), der alle Frequenzen gleichermaßen durchläßt, aber durch seinen Phasengang zur Entzerrung von Phasenverzerrungen (und damit Laufzeitverzerrungen) herangezogen werden kann. Das Hilbert-Filter (siehe Abschnitt 8.2) schließlich läßt (außer der Frequenz Null) auch alle Frequenzen gleichermaßen durch und dreht unabhängig von der Frequenz die Phase des Eingangssignals um 90°.

Charakteristisch für digitale Systeme sind Filter zur *Dezimation* und *Interpolation*, d.h., zur Erhöhung und Erniedrigung der Abtastfrequenz (in der Regel um einen ganzzahligen Faktor) ohne Umweg über eine D/A- und A/D-Wandlung (siehe Abschnitte 7.1-7.3). Im Prinzip sind derartige Filter durchweg Tief- oder Bandpässe und damit frequenzselektive Filter. Durch zusätzliche einschränkende Entwurfsbedingungen jedoch, z.B. die Bedingung, daß bei der Erhöhung der Abtastfrequenz die Abtastwerte des ursprünglichen Signals unverändert erhalten bleiben, müssen diese Filter auch den Filtern für spezielle Aufgaben zugerechnet werden.

2. Beschreibung digitaler Filter in Zeit- und Frequenzbereich

In diesem Kapitel werden die grundlegenden Verfahren zur Beschreibung von Strukturen digitaler Filter in Zeit- und Frequenzbereich vorgestellt. Zunächst beschreibt Abschnitt 2.1 die z-Transformation, also das Kalkül, das benötigt wird, um bei digitalen Systemen die Verbindung zwischen Zeit- und Frequenzbereich herzustellen. In Abschnitt 2.2 wird die wichtigste Kenngröße im Frequenzbereich, die Übertragungsfunktion, definiert; des weiteren werden mit der Direktstruktur, der Kaskadenstruktur und der Parallelstruktur grundlegende Filterstrukturen behandelt. In Abschnitt 2.3 wird das Problem der Abtastung diskutiert; damit ist die Verbindung zu den kontinuierlichen (analogen) Filtern und Netzwerken hergestellt. Abschnitt 2.4 knüpft an Abschnitt 2.1 an; er behandelt kurz die inverse z-Transformation und beschreibt Fälle, in denen die diskrete Fouriertransformation zur Berechnung der z-Transformierten eingesetzt werden kann. Mit dem Frequenzgang, der Gruppenlaufzeit und der Impulsantwort werden in Abschnitt 2.5 weitere wichtige Kenngrößen digitaler Filter definiert. Abschnitt 2.6 beschreibt ein Matrizenverfahren zur Analyse beliebig strukturierter linearer digitaler Netzwerke. Abschnitt 2.7 schließlich stellt einige prinzipielle Möglichkeiten zur numerischen Berechnung von Übertragungsfunktionen und anderen Filterkenngrößen vor.

2.1 Die z-Transformation

2.1.1 Die einseitige z-Transformation.[1] Gegeben sei eine Zahlenfolge

$$\{f(n)\} = f(0), f(1), f(2) \dots f(s), \dots \quad \text{für } n \geq 0 . \tag{2.1a}$$

---

[1] Die Darstellung der z-Transformation in diesem Abschnitt folgt weithin dem Lehrbuch von Vích (1964). Dieses kleine Buch ist vergriffen, eine erheblich erweiterte Neuauflage existiert in englischer Sprache (Vích, 1987). An weiterer Literatur zur z-Transformation sei empfohlen: Jury (1964), Doetsch (1967), Oppenheim und Schafer (1989, Kap. 4), Schüßler (^{2}1988, Abschnitt 2.2.3).

Sie kann endlich oder unendlich lang sein; die einzelnen Glieder dürfen komplexe
Werte annehmen. Bildet man aus dieser Folge die Laurentreihe

$$F(z) \;=\; \sum_{n=0}^{\infty} f(n)\, z^{-n}\,, \tag{2.1}$$

so heißt diese − falls sie konvergiert − die *z-Transformierte* $\mathbf{Z}\{f(n)\}$ von $\{f(n)\}$.

Die z-Transformation ersetzt die unabhängige Variable n des Signals, die in unse-
rem Fall eine Zeitgröße darstellt, durch die komplexe unabhängige Frequenzvaria-
ble z. Demgemäß geht durch die Transformation der Signalbereich (Zeitbereich) in
einen *Spektralbereich* (den Frequenzbereich) über. Diese Bereiche sind äquivalent;
in jedem ist die volle Information über das Signal bzw. Filter enthalten.

Zeit- und Frequenzbereich sind dual zueinander. Gilt eine Beziehung in der einen
Richtung (z.B. vom Signal- in den Spektralbereich), so existiert eine entsprechende
auch in der Gegenrichtung. Im Fall der z-Transformation sind diese Beziehungen in
der Regel dadurch formal verschieden, daß im Signalbereich eine diskrete Darstel-
lung vorliegt, während die komplexe Variable z des Spektralbereichs kontinuierlich
ist und jeden Wert annehmen kann.

Konvergenzkriterium. Konvergiert $F(z)$ für $|z_0| > 0$, so konvergiert $F(z)$ für alle
$|z| > |z_0| > R$ *absolut* und *gleichmäßig*. R heißt der *Konvergenzradius* für $F(z)$. Für
$|z| > R$ konvergiert die z-Transformation, für $|z| < R$ divergiert sie. Eine notwendige
und hinreichende Bedingung für die Konvergenz von $F(z)$ in $|z| > R$ lautet: $\{f(n)\}$
muß eine Folge vom Exponentialtypus sein, oder die zugehörige Reihe muß eine Ex-
ponentialreihe als Majorante besitzen:

$$|f(n)| \;<\; M \cdot |z_0|^n \;<\; M R^n\,, \quad M > 0\,; \quad \text{für } |n| > |n_0| > 0. \tag{2.2}$$

$F(z)$ ist dann in $|z| > R$ regulär; sämtliche Singularitäten dieser Funktion liegen in
$|z| < R$.

Herleitung. Setzt man $z = 1/u$, so stellt $\{f(n)\}$ die Koeffizienten der Taylorentwicklung
(vgl. Bronstein und Semendjajew, [25] 1991:525f., 355f.) von $F(u)$ um den Punkt $u = 0$ dar. Die-
se Taylorreihe konvergiere für $|u| < R_u$, also innerhalb eines Kreises um den Ursprung der
u-Ebene mit Radius R_u. Für die z-Ebene ergibt sich die gleiche Reihe, wenn $F(z)$ um den
unendlich fernen Punkt $z = \infty$ entwickelt wird; wenn hier die Reihe für $F(u)$ innerhalb des
Kreises mit Radius R_u konvergiert, so konvergiert $F(z)$ außerhalb von $R = 1/R_u$. Die Eigen-
schaft der Taylorreihe, im Konvergenzgebiet absolut und gleichmäßig zu konvergieren,
bleibt beim Übergang $u \to z$ erhalten.

Linearität. Die z-Transformation ist linear; das Superpositionsprinzip gilt, wie sich
leicht zeigen läßt. Aus der Gültigkeit des Superpositionsprinzips folgen sofort zwei
für die digitalen Filter grundlegende Aussagen:

*Die Addition sowie die Multiplikation mit einem konstanten Koeffizienten
sind gegenüber der z-Transformation invariant.*   (2.3)

Für $F(z) = \mathbf{Z}\{f(n)\}$, $G(z) = \mathbf{Z}\{g(n)\}$ und $C = $ const. gilt also

$$\mathbf{Z}\{f(n) + g(n)\} = F(z) + G(z) ; \quad \mathbf{Z}\{C \cdot f(n)\} = C \cdot F(z) . \qquad (2.3\text{a,b})$$

Eindeutigkeit. Die z-Transformierte ist im Konvergenzbereich linear sowie (um-
kehrbar) eindeutig. Insbesondere gilt: Ist $F(z)$ eine in $|z| > R$ reguläre Funktion, so
existiert eine einzige Folge $f(n)$, für die $\mathbf{Z}\{f(n)\} = F(z)$ ist. Jede auf beliebige Art
durchgeführte Entwicklung der für $|z| > R$ regulären Funktion $F(z)$ in eine Reihe
$c_n z^{-n}$ um den Punkt $z = \infty$ führt zu der gleichen Folge $f(n)$:

$$F(z) = \sum_{n=0}^{\infty} c_n z^{-n} = \sum_{n=0}^{\infty} f(n)\, z^{-n} . \qquad (2.4)$$

Verschiebungssatz. Ist $F(z)$ die z-Transformierte von $f(n)$, so gilt bei Verschiebung
um k Abtastwerte *in* Laufrichtung des Index n:

$$\mathbf{Z}\{f(n-k)\} = z^{-k} F(z) \qquad (2.5)$$

und bei Verschiebung um k Abtastwerte *gegen* die Laufrichtung von n

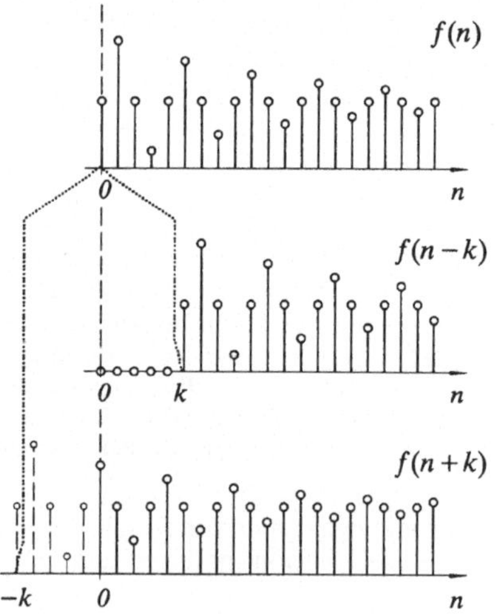

Bild 2.1. Zum Verschiebungssatz
der z-Transformation

$$Z\{f(n+k)\} = z^k \cdot [\, F(z) - \sum_{n=0}^{k-1} f(n) \cdot z^{-n} \,]\,. \tag{2.6}$$

Beide Gleichungen gelten für $k>0$. Im Fall von (2.6) werden Teile der ursprünglichen Folge $f(n)$ über den Nullpunkt hinausgeschoben und können daher bei der Bildung der z-Transformierten nicht mehr berücksichtigt werden (Bild 2.1).

Modulationssatz (Schüßler, [3]1991b:469; Marko, [2]1982) bzw. *Ähnlichkeitssatz* (Vích, 1964; Lacroix, [2]1985).[2] Ist $F(z)$ die z-Transformierte von $f(n)$, so gilt

$$Z\{C^n f(n)\} = F(z/C)\,. \tag{2.7}$$

Konvergiert $F(z)$ für $|z|>R$, so konvergiert $F(z/C)$ für $|z|>R{\cdot}C$. Hierbei ist C eine beliebige, von Null verschiedene Konstante, die insbesondere auch komplexe Werte annehmen darf.

Herleitung. Es ist

$$Z\{C^n f(n)\} = \sum_{n=0}^{\infty} C^n f(n)\, z^{-n} = \sum_{n=0}^{\infty} f(n) \left(\frac{z}{C}\right)^{-n} = F(z/C)\,.$$

Die durch (2.7) definierte Operation — Multiplikation des Signals $f(n)$ mit einer zeitinvarianten Exponentialschwingung — ist linear; das Superpositionsprinzip gilt:

$$Z\{C^n\,[a(n)+b(n)]\} = \sum_{n=0}^{\infty} C^n\,[a(n)+b(n)]\, z^{-n}$$

$$= \sum_{n=0}^{\infty} a(n) \left(\frac{z}{C}\right)^{-n} + \sum_{n=0}^{\infty} b(n) \left(\frac{z}{C}\right)^{-n} = A(z/C) + B(z/C)\,.$$

Je nach Wert der Konstanten C erhalten wir mehrere praktische Fälle:
- $0 < C < 1$; *C reell.* In diesem Fall wird das Signal exponentiell bedämpft.
- $C > 1$; *C reell*: das Signal wird exponentiell entdämpft.
- *C komplex;* $|C|=1$: es erfolgt eine spektrale Rotation (Drehung der z-Ebene um den Ursprung) um den Winkel $-\arg(C)$. Das Signal wird in der Regel komplex (siehe Abschnitt 8.3).
- $C=-1$: Drehung der z-Ebene um den Ursprung um $180°$; ist das Signal reell, so kommt dies einer Spiegelung von $F(z)$ an der imaginären Achse der z-Ebene gleich.

Ein Sonderfall ist gegeben für

$$g(n) = \cos(an)\, f(n)\,. \tag{2.8}$$

---

[2] Zur Vermeidung von Verwechslungen (siehe Fußnote 3) wird dieser Satz im folgenden stets als *Modulationssatz* bezeichnet.

Mit der Euler'schen Formel läßt sich leicht nachweisen, daß hierdurch das ursprüng-
liche Spektrum dupliziert und dann um $\pm a$ rotiert wird:

$$G(z) = F\left(\frac{z}{e^{ja}}\right) + F\left(\frac{z}{e^{-ja}}\right) . \tag{2.9}$$

Das Signal $g(n)$ bleibt reell; es erfolgt eine Frequenzverschiebung, die einer Modula-
tion (genauer: Zweiseitenbandmodulation mit Unterdrückung der Trägerfrequenz)
entspricht. Mit einem rein passiven System sind die vorgenannten Operationen nicht
möglich.

Faltungssatz. Es sei $A(z) = Z\{a(n)\}$, $B(z) = Z\{b(n)\}$ und $F(z) = A(z) \cdot B(z)$.
$A(z)$ und $B(z)$ sollen außerhalb von $|z| = R_a$ bzw. $|z| = R_b$ konvergieren. Die zuge-
hörige Originalfolge $\{f(n)\}$ ergibt sich dann zu

$$f(n) = \sum_{k=0}^{n} a(k) \cdot b(n-k) = \sum_{k=0}^{n} a(n-k) \cdot b(k) . \tag{2.10}$$

Die in (2.10) definierte Operation wird *Faltung* genannt und mit dem Operator "*"
gekennzeichnet. Die Folge $\{f(n)\}$ ist dann das *Faltungsprodukt* aus $\{a(n)\}$ und $\{b(n)\}$:

$$f(n) := a(n) * b(n) . \tag{2.10a}$$

Die Faltung hat für digitale Filter grundlegende Bedeutung. Über sie werden die Ei-
genschaften des Eingangssignals $x(n)$ im Zeitbereich mit den Eigenschaften des Fil-
ters verknüpft (siehe Abschnitt 2.5). Mit der Definition (2.10a) lautet der *Faltungs-
satz* wie folgt:

$$F(z) = Z\{a(n) * b(n)\} = A(z) \cdot B(z) . \tag{2.11}$$

Herleitung. Unter Verwendung von (2.1) ergibt sich $F(z)$ ausgeschrieben zu

$$F(z) = \left[\sum_{n=0}^{\infty} a(n) z^{-n} \right] \cdot \left[\sum_{n=0}^{\infty} b(n) z^{-n} \right] .$$

Nach dem Satz von Cauchy für absolut konvergente Reihen (vgl. Bronstein und Semendjajew,
[25] 1991:361) ist es erlaubt, dieses Produkt zweier Reihen nach Potenzen von z^{-n} zu ordnen:

$$F(z) = \left[\sum_{n=0}^{\infty} a(n) z^{-n} \right] \cdot \left[\sum_{n=0}^{\infty} b(n) z^{-n} \right] = \sum_{n=0}^{\infty} \sum_{k=0}^{\infty} a(n) b(k) z^{-(n+k)}$$

$$= \sum_{m=0}^{\infty} \sum_{k=0}^{\infty} a(m-k) b(k) z^{-m} = \sum_{m=0}^{\infty} \left[\sum_{k=0}^{m} a(m-k) b(k) \right] z^{-m} ,$$

da die Signale $a(n)$ und $b(n)$ für $n < 0$ verschwinden. Hieraus ergibt sich die Form von (2.10).

Betrachtet man die Faltung ebenso wie die Multiplikation als eine Rechenvor-
schrift, so wird die Aussage des Faltungssatzes die folgende:

*Die Multiplikation zweier z-Transformierter im Spektralbereich entspricht
eine Faltung der zugehörigen Signale im Signalbereich.* (2.12)

Da Signal- und Spektralbereich zueinander dual sind, existiert eine entsprechende Beziehung auch in der Gegenrichtung. Dieser Satz wird als *Multiplikationssatz* oder Satz von der Multiplikation zweier Zeitfolgen bezeichnet. Im Unterschied zum Faltungssatz, der uns ständig begleitet, wird auf den Multiplikationssatz im vorliegenden Buch nur einmal Bezug genommen (Abschnitt 2.5.3); er lautet:

$$\mathbf{Z}\{a(n) \cdot b(n)\} = \frac{1}{2\pi j} \oint_C A(\zeta)\, B(\tfrac{z}{\zeta})\, \zeta^{-1}\, d\zeta \ . \tag{2.13}$$

Die (gliedweise!) Multiplikation zweier Signale geht durch die z-Transformation in eine Faltung in der z-Ebene über, wobei die Faltung wie bei analogen Systemen durch eine Integraloperation definiert ist. Auf die Herleitung (siehe z.B. Oppenheim und Schafer, 1989:184) wird aus Platzgründen verzichtet.

Indexänderung in der Originalfolge.[3] Gegeben sei die Folge $x(n)$ und ihre z-Transformierte $X(z)$, die für $|z| > R$ konvergieren soll. Hieraus werde die Folge $f_m(m)$ derart hergeleitet, daß

$$f_m(m) = \begin{cases} x(n) & m = ni \quad (i \text{ ganzzahlig}) \\ 0 & \text{ansonsten} \end{cases}$$

gelten soll. In diesem Fall wird die z-Transformierte von $f_m(m)$

$$F_m(z) = X(z^i) \ . \tag{2.14}$$

Bei realen Zeitfunktionen entspricht die Indexänderung in der Originalfolge der Erhöhung der Abtastfrequenz um einen ganzzahligen Faktor durch Zwischenschalten von Nullwerten. Gleichung (2.14) gibt an, was in diesem Fall mit der zugehörigen z-Transformierten geschieht.

Die Indexänderung in der Signalfolge, also die affine Dehnung (oder Stauchung) der Achse der unabhängigen Veränderlichen des Signals ist wiederum eine lineare Operation, da auch hier das Superpositionsprinzip gilt. Diese Operation ist allerdings mit einem rein passiven System nicht durchführbar.

Differentiation im z-Bereich. Die Differentiation von $F(z)$ nach z ergibt

$$\frac{dF(z)}{dz} = -z^{-1} \sum_{n=0}^{\infty} n \cdot f(n)\, z^{-n} = -z^{-1} \cdot \mathbf{Z}\{n \cdot f(n)\} \ . \tag{2.15}$$

---

[3] Marko ([2]1982:195) bezeichnet diesen Satz in Anlehnung an den entsprechenden Satz der (kontinuierlichen) Fouriertransformation als *Ähnlichkeitssatz*. Zur Vermeidung von Verwechslungen (siehe hierzu Fußnote 2) wird in diesem Buch durchgehend die Bezeichnung *Indexänderung* verwendet.

Herleitung. Gliedweises Differenzieren von $\sum f(n)z^{-n}$ nach z ergibt

$$\frac{dF(z)}{dz} = -f(1)z^{-2} - 2f(2)z^{-3} - 3f(3)z^{-4} - \ldots = \sum_{n=1}^{\infty} -n \cdot f(n)\, z^{-n-1}\,;$$

hieraus folgt (2.15) unmittelbar. Dabei ist es unerheblich, ob die Summation bei $n=1$ oder $n=0$ beginnt, da das Absolutglied auf jeden Fall verschwindet.

2.1.2 Die zweiseitige z-Transformation. Hier ist die Folge $\{f(n)\}$ für alle n definiert:

$$F_2(z) = \sum_{n=-\infty}^{\infty} f(n)\, z^{-n}\,. \tag{2.16}$$

Die zweiseitige z-Transformation läßt sich mit den Kenntnissen über die einseitige z-Transformation behandeln, wenn wir (2.16) in folgender Form schreiben:

$$F_2(z) = \sum_{n=0}^{\infty} f(n)z^{-n} + \sum_{n=-\infty}^{-1} f(n)z^{-n}\,. \tag{2.17}$$

Mit den Substitutionen $u = 1/z$ sowie $k = -n$ erhalten wir

$$F_2(z) = \sum_{n=0}^{\infty} f(n)\, z^{-n} + \sum_{k=1}^{\infty} f(-k)\, u^{-k}\,. \tag{2.18}$$

Die Zerlegung (2.18) führt auf die Summe zweier einseitiger z-Transformationen, die sich zum einen über den kausalen Teil von $f(n)$, also über alle Werte für $n \geq 0$, zum anderen über den antikausalen Teil von $f(n)$, also über die Werte für $n < 0$ erstrecken. Die Zerlegung ist dort zulässig, wo $F_2(z)$ konvergiert.

Konvergenz. Der erste, kausale Term in (2.18) konvergiere für $|z| > R_n$, der zweite, antikausale, für $|u| > R_k$. Da $u = 1/z$, konvergiert der zweite Term, der sich in z wie eine Taylorreihe verhält, *innerhalb* des Kreises mit Radius $z = R_k$. Die gesamte z-Transformierte konvergiert also in dem Kreisringgebiet der z-Ebene

$$R_n < |z| < R_k\,; \tag{2.19}$$

d.h., die zweiseitige z-Transformation kann nur dann überhaupt konvergieren, wenn $R_k > R_n$ ist.

Weitere Eigenschaften. Die Eigenschaften der Linearität und Eindeutigkeit gelten für die zweiseitige z-Transformation ebenso wie für die einseitige, desgleichen der Faltungssatz (2.11) und der Modulationssatz (2.7). Die beiden Verschiebungssätze (2.5) und (2.6) vereinfachen sich zu

$$Z_2\{f(n\text{-}k)\} = z^{-k}F_2(z)\,. \tag{2.20}$$

Für kausale digitale Filter genügt die einseitige z-Transformation. Die für digitale Filter wichtigste Eigenschaft der zweiseitigen z-Transformation ist die Aufspaltung einer allgemeinen Folge gemäß (2.18) in den kausalen und den antikausalen Teil. Dies wird beim Entwurf minimalphasiger Filter (Abschnitt 5.7) benötigt. Im übrigen sei, wenn nicht ausdrücklich anders bezeichnet, unter der z-Transformation im folgenden stets die *einseitige* z-Transformation verstanden.

2.2 Übertragungsfunktion und Grundstruktur des digitalen Filters k-ten Grades

2.2.1 Die direkte Struktur. Übertragungsfunktion. Das lineare digitale Filter k-ten Grades ist definiert durch seine Zustandsgleichung

$$y(n) = \sum_{i=0}^{k} d_i\, x(n-i) - \sum_{i=1}^{k} g_i\, y(n-i)\,. \tag{1.12}^{4,\,5}$$

Das Ausgangssignal $y(n)$ kann bei gegebenem Eingangssignal $x(n)$ exakt berechnet werden. Hierbei bleiben Quantisierungseffekte allerdings unberücksichtigt. Um eine Aussage hinsichtlich des Frequenzverhaltens des Filters machen zu können, wird die *Übertragungsfunktion* mit Hilfe der z-Transformation definiert. Hierbei wird die Zustandsgleichung zunächst umgeformt:

$$\sum_{i=0}^{k} g_i\, y(n-i) = \sum_{i=0}^{k} d_i\, x(n-i) \quad \text{mit} \quad g_0 = 1\,, \tag{2.21}$$

---

[4] Hinsichtlich der Benennung der Koeffizienten herrscht in der Literatur weithin Uneinigkeit. In manchen Lehrbüchern (z.B. Schüßler, [2]1988) laufen die Indices gegensinnig zur Verzögerungszeit, was bei der Darstellung der Übertragungsfunktion den Vorteil hat, daß Index und Potenz von z in der Darstellung mit positiven Potenzen übereinstimmen. In anderen Literaturstellen (insbesondere in der Sprachsignalverarbeitung) werden die Koeffizienten so gewählt, daß (1.12) nur positive Vorzeichen enthält. Jede dieser Darstellungen hat Vor- und Nachteile. Für die Benennung in diesem Buch waren folgende Gesichtspunkte maßgebend: a) die Glieder der Übertragungsfunktion sollten nur positive Vorzeichen besitzen, sowie b) eine Erhöhung oder Erniedrigung des Filtergrades sollte nicht die Notwendigkeit der Umbenennung sämtlicher Filterkoeffizienten nach sich ziehen.

[5] Es bedeutet keinen Verlust an Allgemeinheit, wohl aber eine erhebliche Vereinfachung der Darstellung, für den rekursiven und den nichtrekursiven Teil des Filters den gleichen Grad k anzusetzen. Ist der Grad de facto ungleich, so nehmen führende Koeffizienten in (1.12) den Wert 0 an. Dies kann den Grad des Zählers oder des Nenners der Übertragungsfunktion $H(z)$ beeinflussen, wenn diese in Potenzen von z^{-1} dargestellt wird, nicht jedoch, wenn $H(z)$ in positiven Potenzen von z ausgedrückt ist; dies gilt, sofern eine verzögerungsfreie Verbindung vom Eingang des Filters zum Ausgang besteht.

beiderseits mit z^{-n} durchmultipliziert und dann über alle n aufsummiert:

$$\sum_{i=0}^{k} g_i \sum_{n=0}^{\infty} y(n-i)\, z^{-n} = \sum_{i=0}^{k} d_i \sum_{n=0}^{\infty} x(n-i)\, z^{-n} . \tag{2.21a}$$

Sind $X(z)$ und $Y(z)$ die z-Transformierten der Signale $x(n)$ und $y(n)$, so ergibt sich mit Hilfe des Verschiebungssatzes (2.5) der z-Transformation zunächst

$$\sum_{i=0}^{k} g_i\, z^{-i} \cdot Y(z) = \sum_{i=0}^{k} d_i\, z^{-i} \cdot X(z) , \tag{2.21b}$$

und daraus

$$Y(z) = \frac{\displaystyle\sum_{i=0}^{k} d_i\, z^{-i}}{\displaystyle\sum_{i=0}^{k} g_i\, z^{-i}} \; X(z) := H(z) \cdot X(z) , \tag{2.22}$$

wobei $g_0 = 1$. Damit ist die *Übertragungsfunktion* des Filters hergeleitet:

$$H(z) = \frac{\displaystyle\sum_{i=0}^{k} d_i\, z^{-i}}{\displaystyle\sum_{i=0}^{k} g_i\, z^{-i}} = \frac{\displaystyle\sum_{m=0}^{k} d_{k-m} z^{m}}{\displaystyle\sum_{m=0}^{k} g_{k-m} z^{m}} := \frac{D(z)}{G(z)} . \tag{2.23}$$

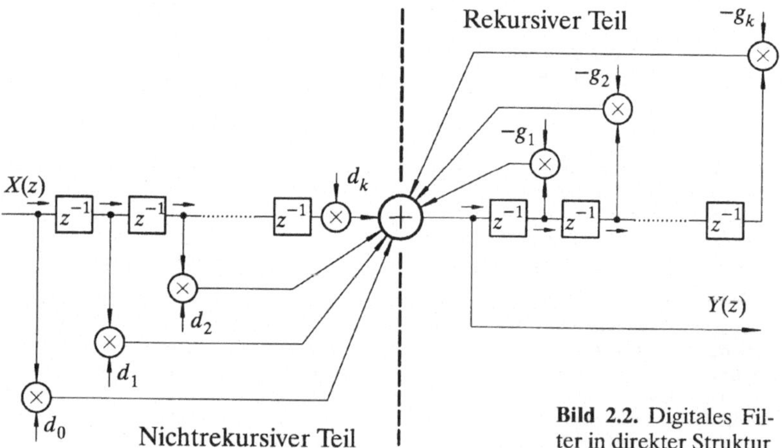

Bild 2.2. Digitales Filter in direkter Struktur

Die Übertragungsfunktion ergibt sich als gebrochen rationale Funktion in z in Abhängigkeit von den (konstanten) Koeffizienten d_i und g_i. Die gebrochen rationale Übertragungsfunktion ist ein Kennzeichen aller linearen (passiven) Systeme. Die Realisierung ist aufgrund der Übertragungsfunktion wie auch aufgrund der Zustandsgleichung *direkt* möglich! Wird entsprechend der Zustandsgleichung das Filter aus den von Abschnitt 1.3 her bekannten Bauelementen aufgebaut, so ergibt sich die in Bild 2.2 aufgezeigte *Filterstruktur*. Wegen des direkten Zusammenhangs mit den Filterkoeffizienten wird diese Struktur auch als *direkte Struktur* bezeichnet. Der rekursive Teil allein ist für die Lage der Pole, der nichtrekursive Teil allein für die Lage der Nullstellen verantwortlich. Gemäß dem Verschiebungssatz der z-Transformation wird das Verzögerungsglied in allen Strukturbildern mit z^{-1} gekennzeichnet. Wegen der besseren Konsistenz der graphischen Darstellung ist es üblich, auch die Signalgrößen in ihrer spektralen Darstellung, also als z-Transformierte anzugeben.

2.2.2 Kanonische Direktstrukturen. Jedes lineare digitale Filter läßt sich prinzipiell in der Direktstruktur (gemäß Bild 2.2) realisieren. Allerdings ist es keineswegs notwendig, das Filter in dieser Struktur zu realisieren. Aufgrund von Randbedingungen (Entwurf, Wertebereich der Koeffizienten, Bereitstellung der Parameter, Fragen der Implementierung) ist oft eine abweichende Struktur vorteilhafter. Ist diese auch der direkten Struktur äquivalent, so ergeben sich doch im Aufbau wie auch im Betriebsverhalten oft erhebliche Unterschiede.

Eine alternative Direktstruktur, die mit weniger Verzögerungsgliedern (Zustandsspeichern) auskommt, ist in Bild 2.3 gezeigt. Sie geht aus der Übertragungsfunktion hervor, wenn wir die zwei Zustandsspeicher für Eingangs- und Ausgangssignal bei jeweils gleicher Verzögerung zusammenfassen:

$$y(n) = \sum_{i=0}^{k} d_i\, x(n-i) - \sum_{i=1}^{k} g_i\, y(n-i) = d_0 x(n) + \sum_{i=1}^{k} [\, d_i\, x(n-i) - g_i\, y(n-i)\,]. \tag{2.24}$$

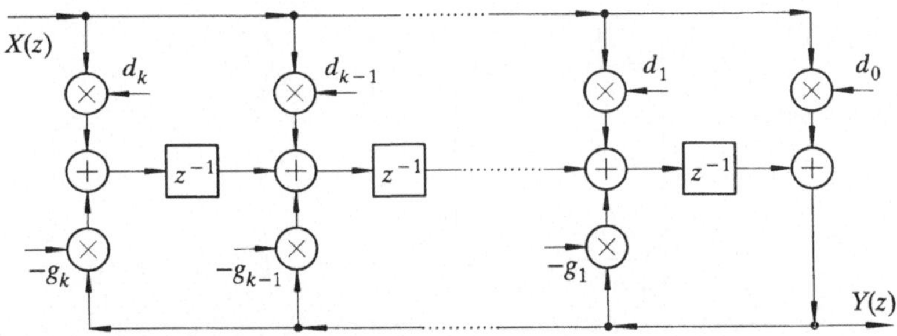

Bild 2.3. Digitales Filter in kanonischer Direktstruktur (1. kanonische Form)

Die Zahl der Zustandsspeicher (Verzögerungsglieder) in dieser Struktur ist gleich dem Grad des Filters. In Anlehnung an die analoge Netzwerktheorie wird eine solche Struktur als *kanonisch* bezeichnet. Nach der Definition von Schüßler (1968) stellt die Struktur von Bild 2.3 die *erste kanonische Direktform* dar. Auch bei dieser Struktur gehen – Kennzeichen aller Direktstrukturen – die Filterkoeffizienten unmittelbar aus der Übertragungsfunktion hervor.

Eine weitere kanonische Direktform erhalten wir, wenn wir in der (nichtkanonischen) Direktstruktur zunächst eine Zwischengröße wie folgt definieren:

$$V(z) \; = \; \frac{X(z)}{\sum\limits_{i=0}^{k} g_i\, z^{-i}} \; ; \tag{2.25a}$$

die z-Transformierte des Ausgangsignals ergibt sich dann zu

$$Y(z) \; = \; V(z) \cdot \sum\limits_{i=0}^{k} d_i\, z^{-i}. \tag{2.25b}$$

Hierzu existieren die zwei simultanen Zustandsgleichungen

$$v(n) = x(n) - \sum\limits_{i=1}^{k} g_i\, y(n-i) \; ; \quad y(n) = \sum\limits_{i=0}^{k} d_i\, v(n-i) \; . \tag{2.26a,b}$$

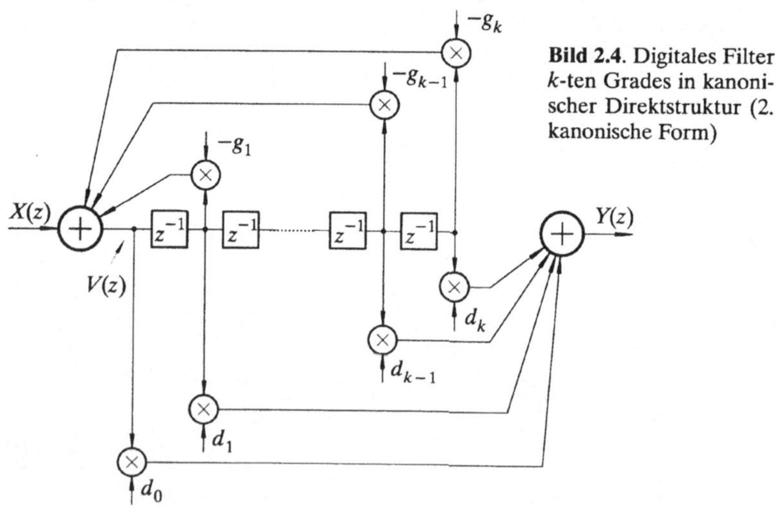

Bild 2.4. Digitales Filter k-ten Grades in kanonischer Direktstruktur (2. kanonische Form)

Die Struktur dieses Filters wird als *zweite kanonische Direktform* bezeichnet (Schüßler, 1968; Bild 2.4).

Neben der nichtkanonischen Direktform und den hier und im folgenden vorgestellten Strukturen gibt es eine Vielzahl von (kanonischen und nichtkanonischen) Filterstrukturen, die in den verschiedenen Anwendungsbereichen von Bedeutung sein können. Einige dieser Strukturen werden in späteren Abschnitten und Kapiteln dieses Buches diskutiert (Abschnitte 2.6, 3.2, 3.3, 4.1, 6.4 sowie Kap. 8 und 9). Eine große Anzahl gängiger Filterstrukturen kann aus Platzgründen nicht behandelt werden; hier sei auf die Literatur verwiesen[6] (z.B. Mitra und Sherwood, 1973; Mitra und Sagar, 1975; Hwang, 1974; Agarwal und Burrus, 1975; Dehner, 1976, 1979b).

2.2.3 Kaskaden- und Parallelstruktur. Nachdem die Übertragungsfunktion des linearen digitalen Filters eine gebrochen rationale Funktion ist, läßt sie sich durch Bestimmung der Nullstellen des Zähler- und Nennerpolynoms in Produktform darstellen:

$$H(z) \; = \; \frac{d_0 \cdot (z - z_{01})(z - z_{02}) \, ... \, (z - z_{0k})}{(z - z_{P1})(z - z_{P2}) \, ... \, (z - z_{Pk})} \, . \tag{2.27}$$

(Auch hier bedeutet der Ansatz des gleichen Grades k in Zähler und Nenner keinen Verlust an Allgemeinheit, wenn erlaubt ist, daß einzelne Pole bzw. Nullstellen gleich sein dürfen oder den Wert Null annehmen können.) Da die Koeffizienten d_i und g_i reell sind, folgt aus der Tatsache, daß $H(z)$ eine gebrochen rationale Funktion ist:

> *Die Nullstellen z_{0i} sowie die Pole z_{Pi} der Übertragungsfunktion $H(z)$ sind entweder reell oder liegen paarweise konjugiert komplex zueinander.* (2.28a)

Auch in der Form (2.27) läßt sich die Übertragungsfunktion $H(z)$ durch eine entsprechende Filterstruktur, die *Serien-* bzw. *Kaskadenstruktur* (Bild 2.5) direkt realisieren:

$$H(z) \; = \; d_0 \cdot \frac{\displaystyle\prod_{i=1}^{m_1} [\, z^2 - (z_{0i}+z_{0i}^{*})z + z_{0i}z_{0i}^{*} \,] \cdot \prod_{i=1}^{m_2} (z - z_{0ri})}{\displaystyle\prod_{i=1}^{k_1} [\, z^2 - (z_{Pi}+z_{Pi}^{*})z + z_{Pi}z_{Pi}^{*} \,] \cdot \prod_{i=1}^{k_2} (z - z_{Pri})} \, , \tag{2.28}$$

wobei das Zeichen ''*'' für konjugiert komplexe Darstellung, der Index r für reelle Pole und Nullstellen steht.

---

[6] Hierzu gehört insbesondere die *Kettenbruchstruktur*, die in der Synthese analoger Netzwerke große Bedeutung besitzt und auch digital leicht realisierbar ist (Mitra und Sherwood, 1972), aber bei der Beurteilung der notwendigen Koeffizientenwortlänge (cf. Abschnitt 4.1.1) ungünstiger abschneidet als andere Strukturen (Crochiere und Oppenheim, 1975).

$X(z) \rightarrow \boxed{k=2} \cdots\cdots \boxed{k=1} \cdots\cdots \rightarrow Y(z)$

Bild 2.5. Digitales Filter in Kaskadenstruktur (dritte kanonische Struktur)

Aus der Definition (2.23) ist leicht ersichtlich, daß die Übertragungsfunktionen in Reihe geschalteter Filter multiplikativ miteinander verknüpft sind (Bild 2.6):

$$H_1(z) = \frac{Y_1(z)}{X(z)} \;;\quad H_2(z) = \frac{Y(z)}{Y_1(z)} \;;$$

$$H(z) = \frac{Y(z)}{X(z)} = \frac{Y(z)}{Y_1(z)} \cdot \frac{Y_1(z)}{X(z)} = H_1(z) \cdot H_2(z) \,. \tag{2.29}$$

$X(z) \rightarrow \boxed{H_1(z)} \xrightarrow{Y_1(z)} \boxed{H_2(z)} \xrightarrow{Y(z)}$

Bild 2.6. Zur Reihenschaltung digitaler Filter oder Filterbausteine

Da die Multiplikation kommutativ und assoziativ ist und zudem für $D(z)$ und $G(z)$ getrennt abläuft, bietet diese Eigenschaft die Möglichkeit, die Teilsysteme in beliebiger Reihenfolge anzuordnen. Als eine weitere wichtige Eigenschaft linearer (passiver) Systeme ergibt sich somit aus der Tatsache, daß die Übertragungsfunktion gebrochen rational ist:

Lineare passive Systeme lassen sich nach Maßgabe der Übertragungsfunktion in Teilsysteme zerlegen; sind diese in Reihe geschaltet, so ist die Reihenfolge der Teilsysteme beliebig. (2.30)

Diese Eigenschaft unterscheidet die linearen passiven Systeme grundlegend von nichtlinearen Systemen: dort kommt es zwingend auf die Reihenfolge an, in der die Komponenten durchlaufen werden!

Die Realisierung von (2.23) in Form einer Partialbruchzerlegung ergibt die *Parallelstruktur*. Sofern alle Pole verschieden sind, läßt sich auch diese Struktur in Form von Filterbausteinen 1. und 2. Grades direkt realisieren (Bild 2.7):

$$H(z) = d_0 + \sum_{i=1}^{k_1} \frac{A_i z + B_i}{z^2 - (z_{\mathrm{P}i} + z_{\mathrm{P}i}^*)z + z_{\mathrm{P}i} z_{\mathrm{P}i}^*} + \sum_{m=1}^{k_2} \frac{C_m}{z - z_{\mathrm{Pr}m}} \,. \tag{2.31}$$

Die Parallelstruktur ist in dieser einfachen Form nur realisierbar, wenn alle Pole verschieden sind. Insbesondere ist sie *nicht* realisierbar im Fall des nichtrekursiven Filters; dort liegen alle Pole in $z=0$. Die praktische Ausführung der Partialbruchzerlegung, insbesondere die verschiedenen dabei verwendeten numerischen Methoden (Koeffizientenvergleich, Einsetzen spezieller Werte, Grenzwertmethode usw.) ist in der Literatur ausführlich beschrieben (z.B. Bronstein und Semendjajew,

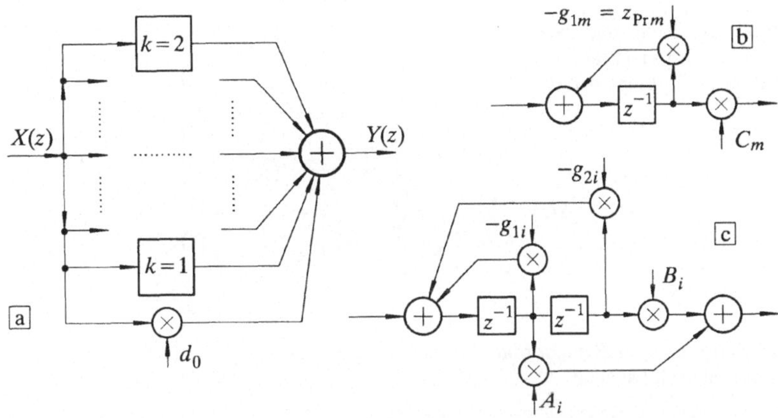

Bild 2.7a-c. Digitales Filter in Parallelstruktur (vierte kanonische Struktur). **(a)** Gesamtstruktur; **(b)** Teilfilter 1. Grades; **(c)** Teilfilter 2. Grades nach (2.31). Man beachte: In der Form (2.31), die durch die Teilfilter nach (b) und (c) repräsentiert ist, läuft die einzige verzögerungsfreie Verbindung vom Eingang zum Ausgang über den Koeffizienten d_0. Diese Struktur ist daher auch hinsichtlich der Zahl der Multiplizierer kanonisch

[25]1991:173-176); dort ist auch nachzulesen, wie sich die Struktur ändert, wenn einzelne Mehrfachpole auftreten.

Auch die Kaskaden- und die Parallelstruktur lassen sich kanonisch realisieren, sofern die Teilfilter 1. und 2. Grades kanonisch (in einer der Direktformen) aufgebaut sind (siehe z.B. Bild 2.7); dies ergibt die *dritte* bzw. bei der Parallelstruktur die *vierte* kanonische Form (Schüßler, 1968).

2.2.4 Prädiktorfilter und Transversalfilter. Ein digitales Filter, bei dem mindestens ein Koeffizient g_i von Null verschieden ist, enthält eine Rückkopplung des Ausgangssignals auf den zentralen Summationspunkt und wird deshalb allgemein als *rekursiv* bezeichnet. Ein digitales Filter ist dann *rein rekursiv*, wenn alle Koeffizienten d_i für $i \neq 0$ verschwinden und mindestens ein Koeffizient g_i von Null verschieden ist (Bild 2.8). Dieses Filter ist durch die folgende Differenzengleichung ("Rekursionsgleichung") beschrieben:

$$y(n) = d_0 x(n) - \sum_{i=1}^{k} g_i\, y(n-i)\,. \tag{2.32}$$

Wegen der durch die Rekursion bedingten Eigenschaft, zukünftige Abtastwerte aus vorangegangenen zu berechnen und damit "vorherzusagen", wird ein solches digita-

Bild 2.8. Rein rekursives digitales Filter (Prädiktorfilter) in direkter Struktur

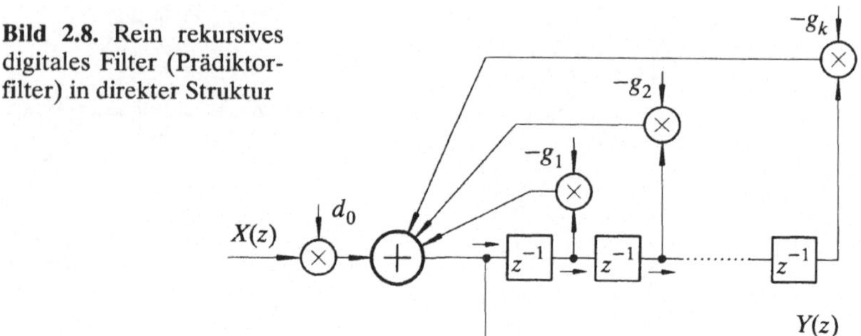

les Filter auch als *Prädiktorfilter* bezeichnet (siehe auch Kap.6). Die Übertragungsfunktion ergibt sich zu

$$H_P(z) \;=\; \frac{d_0}{\displaystyle\sum_{i=0}^{k} g_i\, z^{-i}} \;=\; \frac{d_0 z^k}{\displaystyle\sum_{m=0}^{k} g_{k-m} z^m} \; . \tag{2.33}$$

Im Gegensatz dazu steht das *nichtrekursive* digitale Filter. Hier verschwinden alle Koeffizienten g_i:

$$y(n) \;=\; \sum_{i=0}^{k} d_i\, x(n-i) \; . \tag{2.34}$$

Dies ist keine Rekursionsgleichung mehr, da $y(n)$ nur von Werten des Eingangssignals $x(n)$ abhängt. Die Übertragungsfunktion

$$H_T(z) \;=\; \sum_{i=0}^{k} d_i\, z^{-i} \;=\; \frac{1}{z^k} \sum_{m=0}^{k} d_{k-m} z^m \tag{2.35}$$

weist k reelle oder konjugiert komplexe Nullstellen in der z-Ebene auf. Außer einem k-fachen Pol bei $z=0$ besitzt sie keine Singularitäten. Da $y(n)$ nur von einer endlichen Zahl vorangegangener Werte des Eingangssignals abhängt, besitzt dieser Filtertyp eine Impulsantwort (siehe Abschnitt 2.5.2) endlicher Länge und ist daher unbedingt und in jedem Fall stabil. Da das Signal nicht rückgekoppelt wird, sondern das Filter nur durchquert, spricht man auch von einem *Transversalfilter*.

Für Transversalfilter sind zahlreiche spezielle Strukturen entwickelt worden. Einige hiervon werden in späteren Abschnitten und Kapiteln vorgestellt (z.B. Abschnitte 3.5, 7.2); andere (z.B. Heute, 1979; Paulus, 1980) können aus Platzgründen nicht behandelt werden. Ein guter Überblick über frühere Arbeiten auf diesem Gebiet ist bei Schüßler (1972) zu finden.

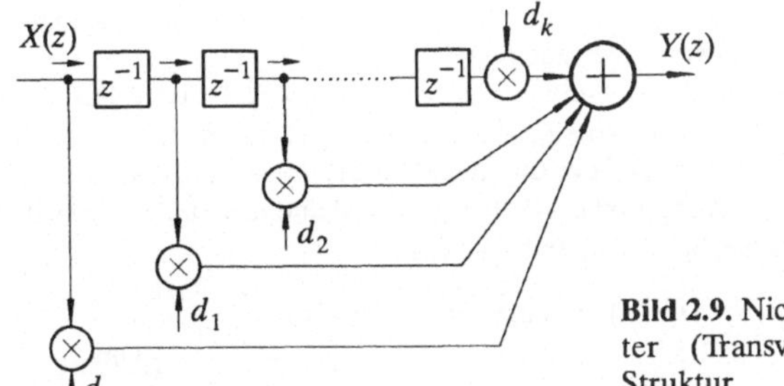

Bild 2.9. Nichtrekursives digitales Filter (Transversalfilter) in direkter Struktur

2.3 Übergang zu zeitkontinuierlichen Systemen. Abtastung

2.3.1 Frequenzdarstellung in der z-Ebene und für kontinuierliche Signale.[7] Aus den Gesetzen der z-Transformation läßt sich leicht herleiten, daß die z-Transformierte jeder ungedämpften sinusförmigen Schwingung einen oder zwei Pole auf dem Einheitskreis der z-Ebene hat (also auf dem Kreis mit Radius 1 um $z=0$) und keine weiteren Singularitäten aufweist. Die Lage der Pole ist durch die Frequenz der Schwingung eindeutig festgelegt. Für die komplexe Eingangsfolge $f(n) = \exp(j\Omega n)$ erhalten wir

$$F(z) = \frac{z}{z - e^{j\Omega}} \qquad (2.36)$$

mit einem Pol bei $z = e^{j\Omega}$; für die reelle Kosinusschwingung $f(n) = \cos\Omega n$ ergibt sich unter Verwendung der Euler'schen Formel (vgl. Übungsaufgabe 2.1c sowie Bronstein und Semendjajew, [25]1991:508, 514)

$$F(z) = \frac{1}{2} \left[\frac{z}{z - e^{j\Omega}} + \frac{z}{z - e^{-j\Omega}} \right] \qquad (2.37)$$

mit zwei Polen bei $z_1 = \exp(j\Omega)$ und $z_2 = \exp(-j\Omega)$.

Einen Sonderfall stellen die beiden Folgen $s(n) = 1^n$ sowie $s_-(n) = (-1)^n$ dar. Beide lassen sich als Grenzfälle ungedämpfter Schwingungen betrachten, einmal mit der Frequenz Null, zum anderen mit einer so hohen Frequenz, daß je Periode nur noch zwei Abtastwerte auftreten. Die zugehörigen z-Transformierten sind

$$S(z) = \frac{z}{z - 1} \qquad \text{sowie} \qquad S_-(z) = \frac{z}{z + 1} \ . \qquad (2.38a,b)$$

---

[7] Dieser Abschnitt richtet sich in seiner Darstellung vor allem an die Nichtnachrichtentechniker unter den Lesern, die mit der Systemtheorie kontinuierlicher Systeme nicht vertraut sind. Als weiterführende Literatur in dieser Richtung seien u.a. die Lehrbücher von Marko ([2]1982), Schüßler ([3]1991a,b), Unbehauen ([3]1980) und Wunsch (1986) empfohlen.

Auch hier liegen die Pole auf dem Einheitskreis, und zwar in $z=1$ bzw. $z=-1$. Das Signal $s(n)$ wird auch als *Einheitssprung* bezeichnet.

Verlassen wir nun die digitale Darstellung und nehmen wir an, daß unsere Folgen $\{f(n)\}$ durch gleichförmige Abtastung von Zeitfunktionen $f(t)$ mit einem Abtastintervall T entstanden sind. Entsprechend der digitalen Darstellung sei angenommen, daß der Zeitpunkt $t=0$ in den Meßpunkt $n=0$ übergeht, und daß das Signal für $t<0$ identisch verschwindet. Dann erhalten wir mit $n = t/T$:

$$
\begin{aligned}
f(n) &= \cos\Omega n \;\;\; \rightarrow f(t) = \cos(\Omega t/T) = \cos\omega t \;\; \text{mit } \omega = \Omega/T \; ; \\
s(n) & \qquad\qquad\quad\; \rightarrow f(t) = s(t) \; ; \\
s_-(n) & \qquad\qquad\quad\; \rightarrow f(t) = \cos(\pi t/T) \; .
\end{aligned}
$$

$$(2.39\text{a-c})$$

Gleichung (2.39b) ergibt die nichtabgetastete Einheitssprungfunktion; (2.39c) stellt eine sinusförmige Schwingung mit der halben Abtastfrequenz dar.

Bei nichtabgetasteten Signalen kann man ebenso wie im digitalen Bereich mit Hilfe einer Transformation die Zeit eliminieren und in eine spektrale Darstellung gelangen, die der z-Transformierten entspricht. Dies erfolgt mit Hilfe der *Fouriertransformation* bzw. der *Laplacetransformation*. Beides sind sogenannte Integraltransformationen, bei denen die in der z-Transformation vorkommende Summe durch ein Integral über den gesamten Zeitbereich ersetzt wird.

Ohne die Gesetzmäßigkeiten der Fourier- und der Laplacetransformation als bekannt voraussetzen zu müssen (Hinweise auf einschlägige Literatur können den Fußnoten 7 und 9 entnommen werden), können wir uns die Frage nach der Darstellung ungedämpfter Schwingungen ebenso wie bei der z-Transformation auch für den Bereich kontinuierlicher Signale stellen. Die Laplace- bzw. Fouriertransformierte $F(s)$ ungedämpfter Schwingungen ergibt hierbei eine der z-Transformierten ungedämpfter abgetasteter Schwingungen sehr ähnliche Darstellung. $F(s)$ besitzt zwei komplexe Pole, diesmal allerdings nicht auf dem Einheitskreis, sondern bei $s = \pm j\omega$, also auf der imaginären Achse. Die Schwingung mit der halben Abtastfrequenz macht hierbei keine Ausnahme; sie liefert Pole bei $s = \pm j\pi/T$. Die Sprungfunktion, also die Schwingung mit der Frequenz Null, hat einen einfachen Pol bei $s=0$.

2.3.2 Abtastung und Abtasttheorem. Nach (2.4) ergibt sich das abgetastete ("digitale") Signal $x(n)$ aus der kontinuierlichen ("analogen") Zeitfunktion $x(t)$ dadurch, daß die Augenblickswerte von $x(t)$ an ganzzahligen Vielfachen $t=nT$ des Abtastintervalls T abgegriffen und festgehalten werden. Wie groß das Abtastintervall T bei einer gegebenen Zeitfunktion $x(t)$ gewählt werden muß, wird durch das Gesetz der Abtastung, das *Abtasttheorem* bestimmt. Das Abtasttheorem macht eine Aussage darüber, a) unter welchen Bedingungen eine analoge Zeitfunktion $x(t)$ aus der abgetasteten Version $x(n)=x(nT)$ eindeutig und fehlerfrei rekonstruiert werden kann, sowie b) was mit dem digitalen (und auch mit dem rekonstruierten analogen) Signal passiert, wenn Bedingung a) nicht eingehalten wird.

Das Abtasttheorem, wie Shannon (1949) es formulierte,[8] sagt aus, daß ein Signal $x(t)$ dann durch seine Abtastwerte $x(nT)$ vollständig bestimmt ist, wenn sein Spektrum $X(f)$ auf Frequenzen kleiner als die halbe Abtastfrequenz bandbegrenzt ist und für höhere Frequenzen identisch verschwindet:

$$ x(n) \rightarrow x(nT) \,, \quad \text{wenn} \quad \begin{cases} X(f) \text{ beliebig }, & |f| < 1/2T \\ X(f) \equiv 0 \,. & |f| \geq 1/2T \end{cases} \tag{2.40} $$

Herleitung.[9] Gegeben sei eine fouriertransformierbare Zeitfunktion $x(t)$. Die Beziehung zwischen Zeitfunktion und Fourierspektrum lautet (unter der Bedingung, daß die Integrale existieren) bekanntlich

$$ X(\omega) = \int\limits_{-\infty}^{+\infty} x(t)\,\exp(-j\omega t)\,dt \,; \quad x(t) = \frac{1}{2\pi} \int\limits_{-\infty}^{+\infty} X(\omega)\,\exp(j\iota\omega)\,d\omega \,. \tag{2.41a,b} $$

Die Abtastung der Zeitfunktion läßt sich mathematisch mit Hilfe der Ausblendeigenschaft der Deltafunktion (vgl. z.B. Marko, [2]1982:179) darstellen; der einzelne Abtastwert ist damit definiert als

$$ x(nT) := \int\limits_{-\infty}^{+\infty} x(t)\,\delta\,(t-nT)\,dt \,. \tag{2.42} $$

---

[8] Das Abtasttheorem wurde von Kotel'nikov (1933) [hier zitiert nach (Meyer-Eppler, 1969:15)] und unabhängig davon von Shannon (1949) angegeben. Die Shannon'sche Arbeit basiert auf Arbeiten von E. T. Whittaker (1929) und J. M. Whittaker (1935) [hier zitiert nach (Jerri, 1977) sowie nach (Jayant und Noll, 1984:91)]. In späterer Zeit sind zahlreiche Publikationen über das Abtasttheorem und seine Verallgemeinerungen erschienen. Aus Platzgründen kann darauf hier nicht eingegangen werden; der Verweis auf einschlägige Literaturstellen, insbesondere (Churkin et al., 1966) sowie die Übersichtsarbeit von Jerri (1977) möge genügen.

[9] Diese Herleitung setzt die Kenntnis der analogen Fourier- bzw. Laplacetransformation voraus. Sie ist hier nur der Vollständigkeit halber angegeben. In größerem Detail steht eine derartige Herleitung in Lehrbüchern der Systemtheorie, beispielsweise bei Marko ([2]1982:131), oder in (fast) allen Lehrbüchern der digitalen Signalverarbeitung, so z.B. bei Rabiner und Gold (1975) oder Jackson (1986), weiterhin in Übersichtswerken über Teilgebieten der Signalverarbeitung, beispielsweise der Sprachcodierung (Jayant und Noll, 1984), oder an anderer Stelle, wie z.B. bei Meyer-Eppler (1969). An mehr mathematisch orientierter, für Nichtmathematiker aber trotzdem verständlicher Spezialliteratur sei Doetsch (1967) oder Achilles (1978) zur Lektüre empfohlen. Wer die (analoge) Fouriertransformation nicht kennt, kann sich anhand der Beispiele und der in Abschnitt 2.3.3 diskutierten Beziehung der Frequenzdarstellungen in der z-Ebene und in der s-Ebene die Aussage des Abtasttheorems plausibel machen.

Die Fouriertransformierte der abgetasteten Zeitfunktion wird

$$X_T(\omega) = \sum_{n=-\infty}^{+\infty} x(nT) \, \exp(-j\omega nT) \, . \tag{2.43}$$

Gleichung (2.41b) für die Rücktransformation in (2.43) eingesetzt ergibt

$$X_T(\omega) = \frac{1}{2\pi} \sum_{n=-\infty}^{+\infty} \left[\exp(-j\omega nT) \cdot \int_{-\infty}^{+\infty} X(v) \, \exp(jvnT) \, dv \right] \tag{2.44a}$$

und nach Umformung

$$X_T(\omega) = \frac{1}{2\pi} \int_{-\infty}^{+\infty} X(v) \, dv \cdot \left[\sum_{n=-\infty}^{+\infty} X(v) \, \exp\left[jnT(v-\omega)\right] \right] dv \, . \tag{2.44}$$

Nach dem Summen-Orthogonalitätssatz für harmonische Funktionen wird diese Summe nur dann nicht Null, wenn gilt

$$(v-\omega)\, T = k \cdot 2\pi \; ; \quad k \text{ ganzzahlig} \, . \tag{2.45}$$

Damit kann aber die Ausblendeigenschaft der Deltafunktion auch auf (2.44) angewendet werden:

$$X_T(\omega) = \frac{1}{T} \sum_{k=-\infty}^{+\infty} X(\omega + \tfrac{2\pi k}{T}) \, . \tag{2.46}$$

Hieraus folgt die eigentliche Aussage des Abtasttheorems:

Tastet man eine beliebige Zeitfunktion $x(t)$ an äquidistanten Stützstellen $t=nT$ ab, so wird die zugehörige Spektralfunktion $X_T(\omega)$ mit der Kreisfrequenz $2\pi/T$, also mit der Frequenz $1/T$ periodisch; die einzelnen Werte von $X_T(\omega)$ setzen sich zusammen als Summe aller Werte der ursprünglichen Spektralfunktion $X(\omega)$, die von der betrachteten Kreisfrequenz ω den Abstand $2\pi k/T$, also ein Vielfaches des Periodizitätsintervalls, besitzen.

$$\tag{2.46}$$

Soll die Zeitfunktion $x(t)$ durch ihre abgetastete Version $x(nT)$ vollständig bestimmt sein, so ist zu verlangen, daß $X(f)$ und $X_T(f)$ über das ganze Periodizitätsintervall identisch sind; hieraus wiederum folgt, daß bei der Bildung von $X_T(f)$ aus $X(f)$ nur ein Summand (in der Regel der für $k=0$) von Null verschieden sein darf; $X(f)$ muß also streng auf ein Intervall $\Delta f < f_T/2$ bandbegrenzt sein.

Das Abtasttheorem wurde hier für eine abgetastete Zeitfunktion hergeleitet. Wegen der Dualität von Zeit- und Frequenzbereich gilt es entsprechend auch bei Abtastung im Frequenzbereich. Dieser Ansatz führt zu der wohlbekannten Darstellung periodischer Zeitfunktionen mit Hilfe der Fourierreihe (siehe auch Abschnitt 2.4). Damit läßt sich allgemein feststellen:

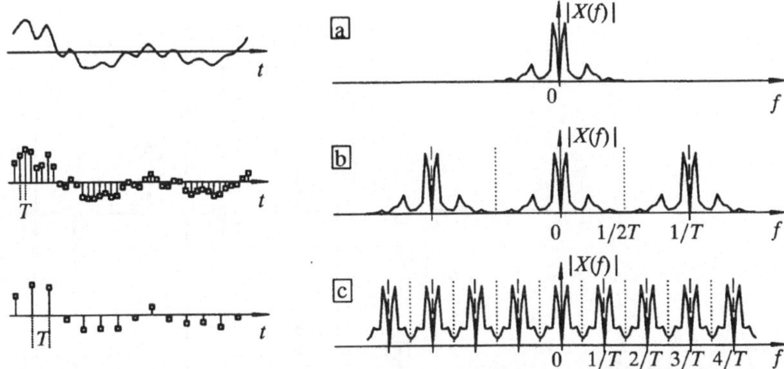

Bild 2.10a-c. Beispiel zur Abtastung. (**a**) Signal mit zugehörigem Spektrum, unabgetastet (abgebildet ist eine Periode eines Sprachsignals); (**b**) Signal mit Spektrum, abgetastet, Abtasttheorem nicht verletzt; (**c**) Signal und Spektrum bei Verletzung des Abtasttheorems

Abtastung einer Zeitfunktion [mit dem Abtastintervall T] führt zu Periodizität der zugehörigen Spektralfunktion [mit der Frequenz 1/T bzw. der Kreisfrequenz $2\pi/T$] und umgekehrt. (2.47)

Die Verletzung des Abtasttheorems im Zeitbereich führt zu Verzerrungen durch *Spiegelfrequenzen* (''aliasing'', *Alias-* oder *Spiegelungsverzerrungen*). Siehe hierzu die Beispiele in Bild 2.10 und 2.11.

2.3.3 Beziehung zwischen der analogen und der digitalen Darstellung im Frequenzbereich. Die Aussage des Abtasttheorems ist leicht plausibel zu machen, wenn wir die Beziehung zwischen der z-Ebene (also der transformierten Darstellung des digitalen Signals) und der s-Ebene (also der fourier- oder laplacetransformierten Darstellung des analogen Signals) herstellen und uns hierbei auf den Fall ungedämpfter Schwingungen beschränken. Die z-Transformierte $X(z)$ der ungedämpften Schwingung $x(n) = \cos\Omega n$ hat zwei Pole auf dem Einheitskreis bei $z = \exp(\pm j\Omega)$. Der Übergang von $x(n)$ nach $X(z)$ ist eindeutig; aus einem gegebenen $x(n)$ geht eine und nur eine Funktion $X(z)$ hervor. Nach dem Eindeutigkeitssatz der z-Transformation gilt dies auch in der Gegenrichtung; die *einzelnen Werte* der Folge $x(n)$ ergeben sich in eindeutiger Weise. Sie lassen sich aber auf verschiedene Weise interpretieren, wenn wir sie analytisch in geschlossener (nichtabgetasteter) Form durch periodische Funktionen ausdrücken. So liefert die Folge

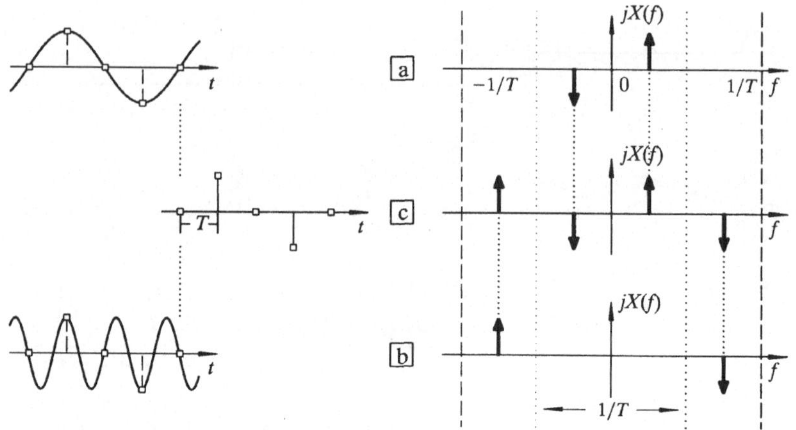

Bild 2.11a-c. Beispiel für Aliasverzerrungen bei Verletzung des Abtasttheorems.
(a, b) Sinusfunktion und zugehöriges Spektrum für 2 Frequenzen, unabgetastet;
(c) Spektrum und Zeitfunktion im abgetasteten Fall. Für die Zeitfunktion (b) ist
das Abtasttheorem verletzt, für (a) nicht. Rücktransformation des Spektrums (c)
führt in beiden Fällen auf die gleiche abgetastete Zeitfunktion!

$$x(n) = \cos\left[\,(\,\Omega + k \cdot 2\pi\,)\,n\,\right] \tag{2.48}$$

für alle ganzzahligen Werte von k wegen der Periodizität der trigonometrischen
Funktion exakt die gleichen Abtastwerte, so daß die zugehörigen analogen Zeitfunk-
tionen

$$x(t) = \cos\left[\,(\,\Omega + k \cdot 2\pi\,)\,t/T\,\right] \tag{2.48a}$$

durch Abtastung mit dem Abtastintervall T sämtlich in die gleiche abgetastete Funk-
tion $x(n)$ übergehen (siehe hierzu auch Bild 2.11).

Exakter, aber trotzdem noch anschaulich läßt sich dieser Zusammenhang ange-
ben, wenn die z-Ebene mit der s-Ebene nicht auf dem Weg über eine Zeitfunktion,
sondern direkt im Frequenzbereich verknüpft wird. Zu diesem Zweck benötigen
wir eine komplexe Abbildung, die die Pole der z-Transformierten einer abgetasteten
ungedämpften Schwingung in die Pole der entsprechenden Transformierten in der
s-Ebene überführt. Entsprechend Abschnitt 2.3.1 wird verlangt:

$$
\begin{aligned}
z &= 1 && \rightarrow s = 0\ ; \\
z &= -1 && \rightarrow s = \pm\pi j/T\ ; \\
z &= \exp(j\Omega) && \rightarrow s = j\Omega/T\ .
\end{aligned}
\tag{2.49a-c}
$$

Bild 2.12. Zusammenhang zwischen
s-Ebene und z-Ebene

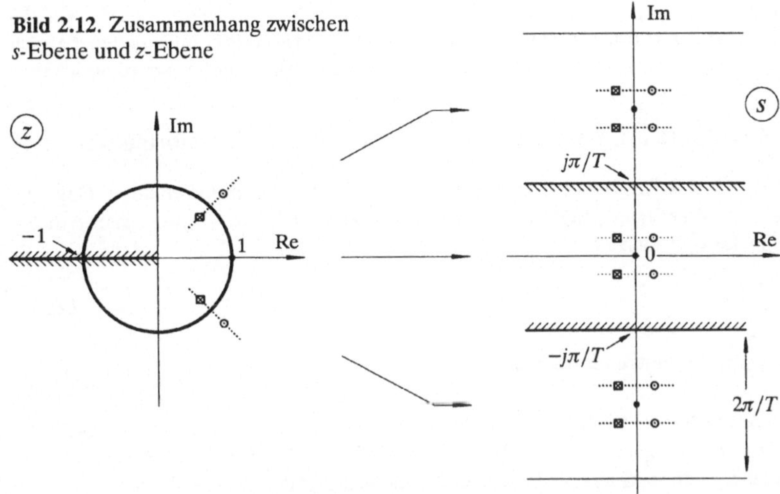

Mit Hilfe der komplexen Exponentialabbildung

$$z = e^{sT} \tag{2.50}$$

kann diese Anforderung erfüllt werden. Diese Abbildung ist selbstverständlich in der ganzen z-Ebene und in der ganzen s-Ebene definiert; sie bildet einen Streifen der s-Ebene mit der Breite $2\pi/T$ – dessen Begrenzung parallel zur reellen Achse verläuft – unmittelbar auf die (entlang der negativ reellen Achse aufgeschlitzte) z-Ebene ab. Wegen der Periodizität der komplexen Exponentialfunktion mit $2\pi j$ wird aber nicht nur dieser eine Streifen der s-Ebene auf die z-Ebene abgebildet, sondern auch alle

Tabelle 2.1. Entspechungen in der s- und der z-Ebene bei der Abbildung $z = \exp(sT)$

s-Ebene	z-Ebene
0	$+1$
$+\pi j / T,\ -\pi j / T$	-1
Imaginäre Achse	Einheitskreis
linke Halbebene (innerhalb der Begrenzung)	Inneres des Einheitskreises
Konvergenzgrenze $s = -\alpha$	Konvergenzradius $|z| = R$

anderen Streifen der gleichen Breite, die parallel zu dem genannten Streifen verlaufen. Damit ist der Zusammenhang des Abtasttheorems direkt im Frequenzbereich hergestellt. Bild 2.12 und Tabelle 2.1 sollen diesen Zusammenhang verdeutlichen.

2.4 Diskrete Fouriertransformation und inverse z-Transformation

2.4.1 Die diskrete Fouriertransformation als Sonderfall der z-Transformation. Gegeben sei ein finites Signal $x(n)$ mit der Länge N (Abtastwerte). Die z-Transformierte dieses Signals ergibt sich zu

$$X(z) \;=\; \sum_{n=0}^{N-1} x(n)\, z^{-n}\,; \tag{2.51}$$

auf dem Einheitskreis wird dies

$$X(z=e^{j\Omega}) := X(\Omega) \;=\; \sum_{n=0}^{N-1} x(n)\, e^{-j\Omega n}\,. \tag{2.52}^{10}$$

Nachdem dieses Signal im Zeitbereich bandbegrenzt ist, läßt es sich im Frequenzbereich abtasten:

$$X\left(\Omega=\frac{2\pi m}{M}\right) \;=\; \sum_{n=0}^{M-1} x(n)\, \exp\left(\frac{-2\pi jmn}{M}\right)\,; \quad m = 0\ (1)\ M\text{-}1\,. \tag{2.53}$$

Das Abtasttheorem verlangt, daß $M \geq N$ wird. Als wichtigster Fall ergibt sich $M = N$; hier wird das Abtasttheorem für die z-Transformierte gerade eingehalten:

$$X\left(\Omega=\frac{2\pi m}{N}\right) := X(m) \;=\; \sum_{n=0}^{N-1} x(n)\, \exp\left(\frac{-2\pi jmn}{N}\right)\,; \quad m = 0\ (1)\ N\text{-}1\,. \tag{2.54}$$

Dies ist aber nichts anderes als die Definitionsgleichung der *diskreten Fouriertransformation*. Hieraus folgt:

Die z-Transformierte eines zeitlich bandbegrenzten (oder periodischen) Signals errechnet sich für äquidistante Stützstellen $z=\exp(2\pi jm/N)$ auf dem Einheitskreis als diskrete Fouriertransformierte dieses Signals. $\hspace{1cm}$ (2.55)

---

[10] Die Einführung der Schreibweise $X(\Omega)$, wie in (2.52) definiert, dient zur Vereinfachung der Notation. Wo nicht ausdrücklich anders vermerkt, ist $X(\Omega)$ auf den Einheitskreis beschränkt, d.h., Ω nimmt reelle Werte an. Entsprechendes gilt für die folgende Definition (2.53); der Index m wird als ganzzahlig angenommen.

Diese Art der Berechnung ist vorteilhaft, da für die diskrete Fouriertransformation schnelle Algorithmen zur Verfügung stehen[11] und auch die Rücktransformation problemlos vonstatten geht (siehe Abschnitt 2.4.2). Die diskrete Fouriertransformation wird gern dazu verwendet, von einem Filter, dessen Zustandsgleichung bekannt ist, dessen Übertragungsfunktion man aber analytisch nicht ausrechnen möchte, den Frequenzgang zu bestimmen. Hierauf wird in Abschnitt 2.7.2 näher eingegangen.

2.4.2 Inverse z-Transformation. $F(z)$ sei eine für $|z| > R$ reguläre Funktion. Dann existiert hierzu eine und nur eine Folge $f(n)$, für die $F(z) = Z\{f(n)\}$ ist. Sie ist gegeben durch das Umkehrintegral

$$f(n) = \begin{cases} \oint_C F(z)\, z^{n-1}\, dz & n \geq 0\,, \\[2mm] 0 & n < 0\,. \end{cases} \tag{2.56}$$

Der Integrationsweg C muß das Gebiet $|z| = R$ einschließen.

Die inverse z-Transformation ist die Entwicklung von $F(z)$ in eine Laurentreihe um den unendlich fernen Punkt $z = \infty$, die nur aus ihrem Hauptteil, d.h., aus den Gliedern mit negativen Exponenten besteht (beginnend bei z^0).

Auf die nähere Behandlung des allgemeinen Falles der inversen z-Transformation wird hier verzichtet, da dieser im Zusammenhang mit linearen digitalen Filtern selten benötigt wird. Zwei Sonderfälle jedoch sind von Bedeutung; auf sie soll im folgenden kurz eingegangen werden.

Rücktransformation bei finiten Signalen. Einfach ist die Rücktransformation dann, wenn $F(z)$ die z-Transformierte einer finiten Folge $\{f(n)\}$ ist, die im Zeitbereich auf die Werte $n = 0$ (1) $N-1$ begrenzt ist. In diesem Fall kann $F(z)$, wie in Abschnitt 2.4.1 hergeleitet, auf dem Einheitskreis durch N gleichförmig verteilte Abtastwerte dargestellt werden, und wir können uns für die Rücktransformation der *inversen diskreten Fouriertransformation* bedienen:

---

[11] Die diskrete Fouriertransformation (DFT) und ihre algorithmische Realisierung in Form der schnellen Fouriertransformation (*fast Fourier transform*, FFT) besitzen im Bereich der digitalen Signalverarbeitung eine herausragende Bedeutung. Aus Platzgründen kann in diesem Buch nicht näher darauf eingegangen werden; deshalb wird auf die umfangreiche Literatur zu diesem Thema verwiesen, z.B. Cooley und Tukey (1965), G-AE Subcommittee (1967), Bergland (1968, 1969), Brigham (1974), Achilles (1978), Digital Signal Processing Committee (1979), Rabiner (1979), Nussbaumer (1985), Burrus und Parks (1984), Duhamel et al. (1988), Oppenheim und Schafer (1989, Kap. 8), oder Sorensen et al. (1986, 1987).

$$x(n) = \sum_{m=0}^{N-1} X(m) \exp\left(\frac{2\pi jnm}{N}\right) ; \qquad n = 0 \ (1) \ N - 1 \ . \tag{2.57}$$

Literatur hierzu ist in Fußnote 11 angegeben.

Rücktransformation bei gebrochen rationalen Funktionen. Dieser wichtige Sonderfall liegt vor bei allen Übertragungsfunktionen linearer digitaler Filter sowie bei allen Signalen, die aus einer Summe endlich vieler gedämpfter oder ungedämpfter sinusförmiger Schwingungen bestehen. Dann gilt

$$F(z) = D(z) \ / \ G(z) \ ,$$

wobei $D(z)$ und $G(z)$ jeweils Polynome in z sind. Durch sukzessives Ausdividieren von Zähler- und Nennerpolynom wird $F(z)$ in eine Laurentreihe entwickelt:

$$F(z) = f(0) + f(1)z^{-1} + f(2)z^{-2} + \ ... \ + f(n)z^{-n} + \ ... \ . \tag{2.58}$$

2.5 Frequenzgang, Gruppenlaufzeit, Impulsantwort

2.5.1 Frequenzgang und Gruppenlaufzeit. Der *Frequenzgang* (Betrag und Phase) ist definiert als der Wert der Übertragungsfunktion eines digitalen Filters auf dem Einheitskreis der z-Ebene, also für $z = \exp(j\Omega)$. In digitalen Systemen ist es üblich, die Frequenz in normierter Form als den Phasenwinkel Ω des laufenden Punktes $z = \exp(j\Omega)$ auf dem Einheitskreis auszudrücken, d.h., als *normierte Kreisfrequenz*. Der Frequenzgang ist damit für Werte von Ω zwischen Null und π zu berechnen. Mit

$$z_{0i} = r_{0i} \exp(j\phi_{0i}) \quad \text{sowie} \quad z_{Pi} = r_{Pi} \exp(j\phi_{Pi}) \tag{2.59a}$$

[wobei r_0 bzw. r_P als Nullstellen- bzw. Pol*radius*, ϕ_0 bzw. ϕ_P als Nullstellen- bzw. Pol*winkel* bezeichnet wird] erhalten wir den Betrag des Frequenzganges als *Amplitudengang* (Schüßler, [3]1991a:259) oder *Betragsgang* (Lacroix, [2]1985:40) zu

$$|H(\Omega)| = \frac{\displaystyle\prod_{i=1}^{k} |e^{j\Omega} - z_{0i}|}{\displaystyle\prod_{i=1}^{k} |e^{j\Omega} - z_{Pi}|} = \frac{\displaystyle\prod_{i=1}^{k} \sqrt{1 - 2r_{0i}\cos(\Omega-\phi_{0i}) + r_{0i}^2}}{\displaystyle\prod_{i=1}^{k} \sqrt{1 - 2r_{Pi}\cos(\Omega-\phi_{Pi}) + r_{Pi}^2}} ; \tag{2.59}[12]$$

---

[12] Entsprechend Abschnitt 2.4.2 (siehe Fußnote 10) schreiben wir im folgenden den Frequenzgang $H[\,z=\exp(j\Omega)\,]$ vereinfacht als $H(\Omega)$. Gleiches gilt für den Amplitudengang $|H(\Omega)|$, den Dämpfungsgang $a(\Omega)$, den Phasengang $\phi(\Omega)$ sowie die Gruppenlaufzeit $\tau_G(\Omega)$. Wenn nicht ausdrücklich etwas anderes vermerkt ist, wird Ω dabei stets als reell angenommen.

und die *Phase* bzw. den *Phasengang*[13] zu

$$\phi(\Omega) = \sum_{i=1}^{k} \arctan\frac{\sin\Omega - r_{\mathrm{P}i}\sin\phi_{\mathrm{P}i}}{\cos\Omega - r_{\mathrm{P}i}\cos\phi_{\mathrm{P}i}} - \sum_{i=1}^{k} \arctan\frac{\sin\Omega - r_{0i}\sin\phi_{0i}}{\cos\Omega - r_{0i}\cos\phi_{0i}} . \quad (2.60)$$

Amplitudengang und Phasengang ergeben zusammen den Frequenzgang nach folgender Definition:

$$H(\Omega) = |H(\Omega)| \cdot e^{-j\phi(\Omega)} . \quad (2.61)$$

Mit dem Begriff *Frequenzgang* wird in der Literatur gelegentlich auch der Amplitudengang $|H(\Omega)|$ allein bezeichnet. Neben dem Amplitudengang wird auch häufig die *Dämpfung* bzw. der *Dämpfungsgang* angegeben:

$$a(\Omega) = 20\lg\frac{1}{|H(\Omega)|} = -20\lg|H(\Omega)| . \quad (2.62)$$

Die *Gruppenlaufzeit* ist definiert als die Ableitung der Phase nach der Frequenz; sie ergibt sich zu

$$\tau_G(\Omega) = \frac{d\phi(\Omega)}{d\Omega} = \sum_{i=1}^{k} \frac{1 - r_{\mathrm{P}i}\cos(\Omega-\phi_{\mathrm{P}i})}{1 - 2r_{\mathrm{P}i}\cos(\Omega-\phi_{\mathrm{P}i}) + r_{\mathrm{P}i}^2}$$
$$- \sum_{i=1}^{k} \frac{1 - r_{0i}\cos(\Omega-\phi_{0i})}{1 - 2r_{0i}\cos(\Omega-\phi_{0i}) + r_{0i}^2} . \quad (2.63)$$

Der Frequenzgang läßt sich aus der Lage der Pole und Nullstellen *geometrisch* bestimmen (Bild 2.13), da die einzelnen Faktoren in (2.27) bzw. (2.59) die euklidischen Entfernungen des laufenden Punktes $z = \exp(j\Omega)$ von den einzelnen Polen und Nullstellen darstellen.

Die Gleichungen (2.59-2.61) sowie (2.63) setzen voraus, daß die Pole und Nullstellen von $H(z)$ bekannt sind. Ist dies nicht der Fall, so kann der Frequenzgang in Betrag und Phase unmittelbar aus (2.23) für $z = \exp(j\Omega)$ gewonnen werden (siehe hierzu auch Abschnitt 2.7). Bei der Gruppenlaufzeit, zu deren Bestimmung die Pha-

---

[13] Die Definition des Phasenganges ist in der Literatur uneinheitlich. In der Nachrichtentechnik wird in der Regel die vorliegende Definition verwendet (siehe u.a. Schüßler, [2]1988, [3]1991b:208; Bellanger, [3]1987a:226), während vor allem in der Regelungstechnik der Phasenwinkel von $H(z)$ direkt verwendet wird [ohne das in (2.61) gegebene negative Vorzeichen]. Da die digitale Signalverarbeitung gleichermaßen der Nachrichtentechnik wie der Regelungstechnik entstammt (Kaiser, 1966), ist auch diese Definition in zahlreichen Lehrbüchern zu finden (z.B. Azizi, 1981; Rabiner und Gold, 1975; Jackson, 1986). Im vorliegenden Buch wird durchweg die in (2.61) gegebene Definition verwendet. Die Gruppenlaufzeit ist in der Literatur dann wieder einheitlich definiert.

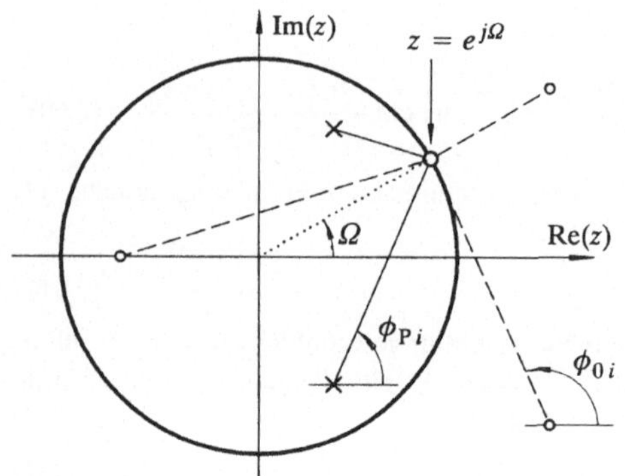

Bild 2.13. Geometrische Interpretation des Frequenzganges. (x) Pole, (o) Nullstellen der Übertragungsfunktion

senfunktion nach der normierten Frequenz Ω abgeleitet werden muß, ist dies nicht so einfach möglich. Deczky (1969) gibt für diesen Fall eine Formel an, die von Othmer et al. (1971) erweitert und verallgemeinert wird. Othmer et al. gehen aus von der Übertragungsfunktion (2.23) und klammern zunächst die Nullstellen bzw. Pole bei $z=0$ aus:

$$H(z) \;=\; \frac{z^{k-N} \displaystyle\sum_{m=0}^{N} d_{k-m}z^{m}}{z^{k-M} \displaystyle\sum_{m=0}^{M} g_{k-m}z^{m}} \;=\; \frac{D(z)}{G(z)} \cdot z^{M-N} \;. \tag{2.64}$$

mit $d_0 d_N g_0 g_M \neq 0$. (In der Praxis wird höchstens einer der beiden Werte M und N von k verschieden sein.) Hieraus wird die Funktion

$$S(z) = \frac{H(z)}{H(1/z)} \;=\; \frac{D(z) \cdot G(1/z)}{G(z) \cdot D(1/z)} \cdot z^{2(M-N)}$$

$$= \frac{D(z) \cdot G(1/z) \cdot z^{M}}{G(z) \cdot D(1/z) \cdot z^{N}} \cdot z^{2(M-N)-M+N} \;=\; S_0(z) \cdot z^{-2\tau_0} \tag{2.65}$$

mit $\quad S_0(z) = \dfrac{U(z)}{V(z)} \;=\; \dfrac{D(z)\,G(1/z)\,z^{M}}{G(z)\,D(1/z)\,z^{N}} \quad$ sowie $\quad \tau_0 = (M-N)/2 \tag{2.65a,b}$

gebildet; $U(z)$ und $V(z)$ sind Polynome in z vom Grad $(M+N)$. Aus (2.65) folgt

$$V(z) = U(1/z) \cdot z^{M+N} \;. \tag{2.66}$$

In Koeffizientenform angesetzt erhalten wir damit

$$S_0(z) = \frac{U(z)}{V(z)} = \frac{\displaystyle\sum_{\mu=0}^{M+N} c_\mu\, z^\mu}{\displaystyle\sum_{\mu=0}^{M+N} c_{M+N-\mu}\, z^\mu} \ . \tag{2.67}$$

$S_0(z)$ hat für $z=0$ weder einen Pol noch eine Nullstelle [diese wurden − soweit überhaupt vorhanden − bereits in (2.64) abgespaltet]. Wie sich zeigt (siehe hierzu Abschnitt 3.3), ist $S_0(z)$ ebenso wie $S(z)$ eine Allpaßübertragungsfunktion; es gilt also nach (3.43)

$$|S_0(z)| = |S(z)| = 1 \quad \text{für} \quad |z| = 1 \ . \tag{2.68}$$

Wir setzen nunmehr

$$S(z) = \exp[-2j\Theta(z)] \ , \quad \text{also} \quad \Theta(z) = \frac{j}{2}\ln S(z) \ . \tag{2.69a,b}$$

Auf dem Einheitskrcis, also für $z = \exp(j\Omega)$, ergibt sich wegen (2.68)

$$\Theta[z = \exp(j\Omega)] = \phi[z = \exp(j\Omega)] \ , \tag{2.70}$$

also der Phasengang, wie er in (2.60) für den Fall bekannter Nullstellen und Pole angegeben ist. Für die weitere Herleitung erweitern wir nun auch die zu Eingang dieses Abschnitts für den Einheitskreis gegebene Definition des normierten Phasenwinkels Ω

$$z = \exp(j\Omega) \ , \quad \text{also} \quad \Omega = -j\ln z \tag{2.71a,b}$$

auf die ganze z-Ebene. Sowohl Ω als auch $\Theta(z)$ nehmen damit in der Regel komplexe Werte an und sind nur auf dem Einheitskreis mit Sicherheit reell. Wir können damit eine Gruppenlaufzeit in der gesamten z-Ebene festlegen:

$$\tau_G = \frac{d\phi(\Omega)}{d\Omega} = \frac{d\Theta(\Omega)}{d\Omega} = \frac{d\Theta(z)}{dz} \cdot \frac{dz}{d\Omega} \ . \tag{2.72a}$$

Nach (2.71) wird

$$\frac{dz}{d\Omega} = j\, \exp(j\Omega) = j\,z \ , \tag{2.72b}$$

und wir erhalten nach kurzer Umrechnung

$$\tau_G = \tau_0 - \frac{z}{2} \cdot \frac{S_0'(z)}{S_0(z)} = \tau_0 - \frac{z}{2} \cdot \left[\frac{U'(z)}{U(z)} - \frac{V'(z)}{V(z)}\right] \ . \tag{2.73}$$

Mit dieser Formel läßt sich τ_G auch dann berechnen, wenn die Pole und Nullstellen des Filters nicht bekannt sind.

Eine weitere Verallgemeinerung dieses Zusammenhangs wird − wiederum aufbauend auf Deczky (1969) − von Rabiner und Gold (1975) sowie von Bellanger ([3]1987a:225) angegeben. Setzen wir die bekannte Beziehung für das Quadrat des Amplitudenganges auf dem Einheitskreis,

$$|H(z)|^2 = H(z)\,H^*(z) = H(z)\,H(z^*) = H(z)\,H(1/z)\,, \quad |z| = 1\,, \qquad (2.74)$$

in das Quadrat von (2.61) ein, so erhalten wir

$$[H(z)]^2 = H(z)\,H(1/z)\,\exp[-2j\phi(z)]\,, \quad |z| = 1\,,$$

daraus nach kurzer Umrechnung

$$\phi(z) = \frac{j}{2}\,\ln\frac{H(z)}{H(1/z)} = \frac{j}{2}\,[\ln H(z) - \ln H(1/z)]\,, \quad |z| = 1\,. \qquad (2.75)$$

Hiermit kann die Phasenfunktion mit Hilfe des Logarithmus der komplexen Übertragungsfunktion berechnet werden; (2.75) verlangt die Kenntnis der Pole und Nullstellen der Übertragungsfunktion nicht und kann dazu verwendet werden, eine weitere Formel für die Berechnung der Gruppenlaufzeit herzuleiten. Wir berechnen hierzu

$$\frac{d\phi(z)}{dz} = \frac{j}{2}\,\Big[\,\frac{H'(z)}{H(z)} + \frac{H'(1/z)\cdot z^{-2}}{H(1/z)}\,\Big] = \frac{j}{2z}\,\Big[\,\frac{z\cdot H'(z)}{H(z)} + \frac{z^{-1}\cdot H'(1/z)}{H(1/z)}\,\Big]\,;$$

auf dem Einheitskreis ergibt sich hieraus unter Verwendung von (2.74) und der bekannten Beziehung der komplexen Rechnung

$$z^* = 1/z = \exp(-j\Omega)\,, \quad |z| = 1$$

folgender Ansatz:

$$\frac{d\phi(z)}{dz} = \frac{j}{2z}\,\Big[\,\frac{zH'(z)}{H(z)} + \frac{z^*\,[H'(z)]^*}{H^*(z)}\,\Big] = \frac{j}{2z}\,\Big[\,\frac{zH'(z)}{H(z)} + \Big\{\frac{zH'(z)}{H(z)}\Big\}^*\,\Big]$$

$$= \frac{j}{z}\,\mathrm{Re}\Big[\,z\cdot\frac{d\,(\ln[H(z)])}{dz}\,\Big]\,, \qquad |z| = 1\,. \qquad (2.76)$$

Hieraus erhalten wir mit (2.72b) schließlich die Gruppenlaufzeit

$$\tau_G = \frac{d\phi}{d\Omega} = -\,\mathrm{Re}\Big[\,z\cdot\frac{d\,(\ln[H(z)])}{dz}\,\Big]\,, \qquad |z| = 1\,; \qquad (2.77)$$

mit $H(z) = D(z)/G(z)$; also $\ln H(z) = \ln D(z) - \ln G(z)$ ergibt sich

$$\tau_G = -\,\mathrm{Re}\Big[\,\frac{z\,G'(z)}{G(z)} - \frac{z\,D'(z)}{D(z)}\,\Big]\,, \qquad |z| = 1\,. \qquad (2.78)$$

Die Eigenschaften von Amplitudengang, Phasengang und Gruppenlaufzeit werden in Kap.3 weiter diskutiert; dort werden auch einzelne Beispiele vorgestellt.

2.5.2 Impulsantwort. Die Impulsantwort $h(n)$ des digitalen Filters ergibt sich durch Anlegen des *Einheitsimpuls*es

$$\delta(n) = \left\{ \begin{array}{ll} 1 & n = 0 \\ 0 & n \neq 0 \end{array} \right. \tag{2.79}$$

an den Filtereingang. Da die z-Transformierte des Einheitsimpulses für alle z identisch 1 ist, geht daraus mit (2.22) die Beziehung zwischen Impulsantwort und Übertragungsfunktion hervor:

$$H(z) = \mathbf{Z}\{h(n)\} . \tag{2.80}$$

Mit Hilfe der Impulsantwort läßt sich das Übertragungsverhalten des Filters auch im Zeitbereich beschreiben. Wenden wir den Faltungssatz (2.11) der z-Transformation auf (2.22) an, so ergibt sich

$$y(n) = \mathbf{Z}^{-1}\{H(z)X(z)\} = h(n) * x(n)$$
$$= \sum_{k=0}^{n} h(n-k) \cdot x(k) = \sum_{k=0}^{n} h(k) \cdot x(n-k) . \tag{2.81}$$

Das Ausgangssignal $y(n)$ des Filters ist demnach das *Faltungsprodukt* aus Eingangssignal $x(n)$ und Impulsantwort $h(n)$.

Die Impulsantwort $h(n)$ eines rekursiven Filters ist für wachsendes n zeitlich grundsätzlich nicht begrenzt. Da damit die Faltung von Eingangssignal und Impulsantwort ebenfalls eine zeitlich nicht begrenzte Operation ist, wird im Normalfall das Ausgangssignal des Filters nicht auf diesem Weg gewonnen, sondern durch eine (irgendwie geartete) Realisierung der Zustandsgleichung (1.12), die sich auf vergangene Werte des Ausgangssignals stützt. Einen wichtigen Sonderfall stellen aber die Transversalfilter dar. Sie besitzen die finite Impulsantwort [vgl. im englischen Sprachgebrauch: *finite impulse response filters, FIR filters*; dies im Gegensatz zu den rekursiven Filtern, die auch als *infinite impulse response filters* oder *IIR filters* bezeichnet werden]

$$h(n) = \left\{ \begin{array}{ll} d_n & n = 0\ (1)\ k \\ 0 & \text{ansonsten} . \end{array} \right. \tag{2.82}$$

Damit wird (2.81) für die Transversalfilter zu einer zeitlich begrenzten Operation und geht direkt in die Zustandsgleichung (1.12) über. Für die Transversalfilter ist also folgende wichtige Aussage festzuhalten:

Jede Realisierung eines Transversalfilters in direkter Struktur ist gleichzeitig die Realisierung der Faltung der Impulsantwort des Eingangssignals mit der Impulsantwort des Filters; diese wird durch die Filterkoeffizienten selbst dargestellt. (2.83)

2.5.3 Stabilität, Pseudoleistung und Pseudoenergie. In Abschnitt 1.2.1 wurden die vier Begriffe Linearität, Stabilität, Kausalität und Zeitinvarianz definiert. Wie aus den vorstehenden Abschnitten ersichtlich, lassen sich Linearität, Zeitinvarianz und Kausalität durch die Struktur und den Aufbau des Filters erzwingen. Hierbei kann das lineare System des Grades k in jedem Fall mit der Zustandsgleichung (1.12) beschrieben werden, die zu einer gebrochen rationalen Übertragungsfunktion der Form (2.23) führt. Wenn die Filterkoeffizienten d_i und g_i nicht von der Zeit abhängen, dann ist das Filter zeitinvariant.

Mit Hilfe der Impulsantwort läßt sich aus (1.10) eine notwendige und hinreichende Bedingung für die *Stabilität* eines Filters herleiten:

$$\sum_{n=0}^{\infty} |h(n)| \leq M_h < \infty \ . \tag{2.84}$$

(Die Bedingung ist hier für ein kausales System formuliert; im allgemeinen Fall müßte die untere Summationsgrenze zu $n = -\infty$ gewählt werden.) Bedingung (2.84) ist hinreichend; aus (2.81) folgt mit (2.84) für ein wertemäßig auf $M_x < \infty$ beschränktes Eingangssignal $x(n)$

$$|y(n)| = \left| \sum_{i=0}^{n} h(i)x(n-i) \right| \leq M_x \cdot \sum_{i=0}^{\infty} |h(i)| \leq M_x \cdot M_h < \infty \ . \tag{2.85}$$

Die Bedingung ist auch notwendig. Wird beispielsweise das wertemäßig auf ± 1 beschränkte Signal $x(n) = \text{sgn}\,[h(n)]$ an den Filtereingang angelegt, und ist (2.84) nicht eingehalten, so wächst $y(n)$ für $n \rightarrow \infty$ über alle Grenzen.

Das Filter ist also dann und nur dann stabil, wenn seine Impulsantwort für $n \rightarrow \infty$ gegen Null strebt. Ist dies aber der Fall, so konvergiert auch $H(z)$ auf dem Einheitskreis der z-Ebene. Wenn $H(z)$ also auf dem Einheitskreis nicht konvergiert, dann ist das Filter instabil. Da $H(z)$ eine gebrochen rationale Funktion ist, hängt der Konvergenzradius R nur von der Lage der Pole ab. Hieraus folgt sofort:

Ein lineares digitales Filter ist dann und nur dann stabil, wenn alle Pole seiner Übertragungsfunktion $H(z)$ innerhalb des Einheitskreises liegen. (2.86)

Zur Überprüfung der Stabilität sind zahlreiche Verfahren angegeben. Liegt $H(z)$ in der Form (2.27) vor, d.h., sind seine Pole bekannt, so kann anhand von (2.27) die Stabilität direkt überprüft werden. Sind die Pole nicht bekannt, so kann $H(z)$ beispielsweise mit Hilfe der Bilineartransformation (siehe Abschnitt 5.1.3) in eine pseudoanaloge Darstellung übergeführt werden, wo die Stabilität dann mit einem der bekannten Verfahren für analoge Systeme überprüft werden kann (Schüßler, [3]1991a:288f.). Ein einfacher Stabilitätstest, der direkt in der z-Ebene arbeitet, wird in Abschnitt 6.4.1 im Zusammenhang mit der Kreuzgliedstruktur vorgestellt.

Aus der Zustandsgleichung (1.12) läßt sich leicht ersehen, wie ein instabiles Filter auf ein Eingangssignal $x(n)$, insbesondere den Einheitsimpuls $\delta(n)$ reagiert. Besitzt $H(z)$ einen reellen Pol außerhalb des Einheitskreises, so wird das Filter mit einer Exponentialfolge mit positivem Exponenten reagieren; besitzt $H(z)$ ein komplexes Polpaar außerhalb des Einheitskreises, so reagiert das Filter mit einer exponentiell anklingenden Schwingung. Filter dieser Art sind in jedem Fall unbrauchbar. Bedingt einsatzfähig sind Filter mit einfachen Polen oder einfachen komplexen Polpaaren *auf* dem Einheitskreis. In diesem Fall ergibt sich die Impulsantwort als ungedämpfte Schwingung mit der Frequenz, die der Lage der Pole auf dem Einheitskreis entspricht. Solche Filter werden als *bedingt stabil* bezeichnet; sie können dann eingesetzt werden, wenn sichergestellt ist, daß die Frequenzen, die der Lage der Pole auf dem Einheitskreis zugeordnet sind, im Eingangssignal nicht auftreten. (Wohl bekanntestes Filter dieser Art ist das *Integratorfilter* 1. Grades mit einem Pol bei $z=1$.) Bei analogen Systemen sind bedingt stabile Filter zwar theoretisch denkbar, aber nur sehr schwer zu realisieren, da infolge unvermeidlicher (durch Temperatur- und Alterungseffekte der beteiligten Bauelemente auch zeitveränderlicher) Bauelementetoleranzen ein solches Filter in der Praxis dann doch instabil wird. Bei digitalen Filtern treten derartige Toleranzen nicht auf. Bedingt stabile Filter sind daher realisierbar, und zwar auch unter realen Bedingungen (quantisierte Koeffizienten und Signale; Begrenzung des Wertevorrats; siehe Abschnitt 4.1).

Bei realen Systemen treten durch die Quantisierung von Koeffizienten, Zustandsvariablen und Rechenoperationen Betriebsbedingungen auf, die das Filter nichtlinear machen und theoretisch stabile Filter instabil werden lassen (siehe Abschnitt 4.1). Die Stabilitätsbedingung, wie sie durch (1.10) bzw. (2.84) formuliert ist, reicht für reale digitale Filter nicht aus. Hier müssen wir auf die Bedingung (1.11) bzw. eine allgemeinere (pseudo-)energetische Betrachtung ausweichen, die im folgenden dargestellt werden soll.

Die *Pseudoleistung*[14] eines Signals $x(n)$ sei definiert als

$$P(x) := \lim_{n \to \infty} \frac{1}{N} \sum_{n=0}^{\infty} |x(n)|^2 \ . \tag{2.87}$$

Entsprechend ist auch die *Pseudoenergie* definiert:

$$E(x) := \lim_{n \to \infty} \sum_{n=0}^{\infty} |x(n)|^2 \ . \tag{2.88}$$

---

[14] Von *Pseudoleistung* bzw. *Pseudoenergie* (Fettweis, 1972b) wird gesprochen, da der Betriebszustand digitaler Filter stets dem Leerlauf analoger Systeme entspricht. Energie im physikalischen Sinn besitzt ein digitales Signal als solches nicht.

Diese Definitionen gelten auch für komplexe Signale. Für reelle Signale können die Betragsstriche in (2.87) und (2.88) weggelassen werden.

Eine Stabilitätsbedingung, die auch für reale digitale Filter mit wertemäßig beschränkten Signalen und Zustandsvariablen Gültigkeit besitzt, ist auf dem Weg über die Pseudoenergie zu erhalten. Ein reales digitales Filter ist dann stabil, wenn es auf ein beliebiges Eingangssignal $x(n)$, welches endliche Pseudoenergie $E(x) < \infty$ aufweist, mit einem Ausgangssignal $y(n)$ ebenfalls endlicher Pseudoenergie $E(y) < \infty$ antwortet:

$$E(y) \leq E_{yM} < \infty \; , \quad \text{wenn} \quad E(x) \leq E_{xM} < \infty \; . \tag{2.89}$$

Man spricht in diesem Fall auch von *asymptotischer Stabilität*. Ein Filter ist unter folgender Bedingung asymptotisch stabil [vgl. (1.11)]:

$$\lim_{n \to \infty} y(n) = 0 \; , \quad \text{wenn} \quad x(n) \equiv 0 \quad \text{für} \quad n > n_0 > 0 \; . \tag{2.90}$$

Ein asymptotisch stabiles System kehrt nach einer Auslenkung stets wieder in seine Ruhelage zurück. Das Kriterium der asymptotischen Stabilität ist ein Spezialfall der Stabilitätsdefinition von Ljapunow (1892; hier nach Schüßler, [3]1991b:324).

Mit der Definition (2.88) der Pseudoenergie läßt sich die aus der Systemtheorie für analoge Systeme bekannte *Parseval'sche Beziehung* auch für digitale Systeme aufstellen. Für ein (reellwertiges) Signal $x(n)$ mit endlicher Pseudoenergie gilt allgemein

$$\sum_{n=0}^{\infty} [x(n)]^2 = \frac{1}{2\pi} \int_{-\pi}^{+\pi} |X(\Omega)|^2 \, d\Omega \; , \tag{2.91}$$

und speziell für die Impulsantwort eines stabilen digitalen Filters

$$\sum_{n=0}^{\infty} [h(n)]^2 = \frac{1}{2\pi} \int_{-\pi}^{+\pi} |H(\Omega)|^2 \, d\Omega \; , \tag{2.92}$$

Auf die allgemeine Herleitung (siehe z.B. Schüßler, [3]1991b:469f.; Rabiner und Gold, 1975:36; Jackson, 1986:22) wird aus Platzgründen verzichtet; sie erfordert die Kenntnis des Multiplikationssatzes der z-Transformation [vgl. (2.13)].

Für finite Signale läßt sich die Parseval'sche Beziehung anhand der diskreten Fouriertransformation plausibel machen; dort lautet sie

$$\sum_{n=0}^{N-1} |x(n)|^2 = \frac{1}{N} \sum_{m=0}^{N-1} |X(m)|^2 \; . \tag{2.93}$$

In dieser Form gilt (2.93) für komplexe Signale; für reellwertige Signale können die Betragsstriche bei $x(n)$ entfallen.

Herleitung (Bellanger, [3]1987a:66). Für ein komplexes Signal $x(n)$ gilt allgemein

$$x(n)x^*(n) = |x(n)|^2 \; ;$$

außerdem folgt aus (2.57) sowie dem Zuordnungssatz der DFT (siehe Abschnitt 8.2)

$$x^*(n) = \frac{1}{N} \sum_{m=0}^{N-1} X^*(m) \exp(\frac{-2\pi jnm}{N}) \; ; \quad n = 0 \; (1) \; N - 1 \; .$$

Damit ergibt sich

$$\sum_{n=0}^{N-1} |x(n)|^2 = \sum_{n=0}^{N-1} x(n)x^*(n) = \sum_{n=0}^{N-1} x(n) \cdot \frac{1}{N} \sum_{m=0}^{N-1} X^*(m) \exp(\frac{-2\pi jnm}{N})$$

$$= \frac{1}{N} \sum_{n=0}^{N-1} \sum_{m=0}^{N-1} x(n) \cdot X^*(m) \exp(\frac{-2\pi jnm}{N})$$

$$= \frac{1}{N} \sum_{m=0}^{N-1} X^*(m) \sum_{n=0}^{N-1} x(n) \exp(\frac{-2\pi jnm}{N})$$

$$= \frac{1}{N} \sum_{m=0}^{N-1} X^*(m) \cdot X(m) = \frac{1}{N} \sum_{m=0}^{N-1} |X(m)|^2 \; .$$

2.6 Signalflußgraph und Signalflußmatrix

2.6.1 Darstellung digitaler Filter mit Hilfe von Signalflußgraph und -matrix. Übertragungsfunktion und Zustandsgleichung eines digitalen Filters stellen eine eindeutige Beziehung zwischen dem Eingangssignal $x(n)$ und dem Ausgangssignal $y(n)$ bzw. den zugehörigen z-Transformierten $X(z)$ und $Y(z)$ her. Über die innere Struktur des Filters sagen sie jedoch nichts aus, es sei denn, das Filter ist in einer der in Abschnitt 2.2 behandelten Grundstrukturen (nichtkanonische Direktstruktur; 1. oder 2. kanonische Direktstruktur; Kaskaden- oder Parallelstruktur mit Realisierung der Teilfilter in einer der Direktstrukturen) implementiert.

Daneben gibt es jedoch eine Vielzahl anderer Digitalfilterstrukturen. Die Koeffizienten können für diese Strukturen theoretisch zwar so gewählt werden, daß Zustandsgleichung und Übertragungsfunktion erhalten bleiben; bei der Realisierung, d.h., unter realen Bedingungen (siehe Abschnitt 4.1) ergeben sich jedoch sehr wohl Unterschiede zwischen den einzelnen Strukturen bezüglich der Anforderungen an die Genauigkeit (Wortlänge) von Koeffizienten, Signalen und Rechenoperationen. Für die Realisierung ist somit die Strukturfrage eine entscheidende, und es bedarf eines geeigneten Werkzeuges, die Struktur eines Digitalfilters nicht nur graphisch, sondern auch analytisch zu beschreiben. Dies gelingt mit Hilfe des *Signalflußgraphen* und der hierzu äquivalenten *Signalflußmatrix*.

Jedes Digitalfilter mit konzentrierten Bauelementen besteht aus 1) Addierern, 2) Verzögerungsgliedern (Zustandsspeichern), 3) Multiplizierern sowie 4) Verzweigungen (letztere stellen keine Bauelemente im eigentlichen Sinn dar). Ein Signalflußgraph läßt sich nun derart bilden, daß Addierer und Verzweigungen die Knoten darstellen, während Multiplizierer und Zustandsspeicher den Zweigen zugeordnet werden. Aus dem Signalflußgraphen lassen sich dann entsprechend der analogen Netzwerktheorie die Knotengleichungen ableiten; diese führen zur Matrixdarstellung des zeitdiskreten Netzwerks und ermöglichen eine (umkehrbar) eindeutige Beziehung zwischen den Signalen und der Struktur des Filters.

Unter den verschiedenen Verfahren, die in der Literatur beschrieben werden (Oppenheim und Schafer, 1975, 1989; Crochiere und Oppenheim, 1975; Mitra und Burrus, 1977; Lücker und Thielmann, 1977; Haug, 1979; Haug und Lüder, 1982; Lacroix, 1980; Lücker, 1980), sei das von Haug (Haug, 1979; Haug und Lüder, 1982) für die weitere Darstellung gewählt. Das Verfahren basiert auf dem Vorschlag von Crochiere und Oppenheim (1975) und vereinfacht diesen insoweit, als dem Eingang und dem Ausgang des Filters je ein fest vereinbarter Knoten zugewiesen werden; gegenüber dem Verfahren von Crochiere und Oppenheim kann damit ein Knoten eingespart werden. Knoten und Zweige des zeitdiskreten Netzwerks werden wie folgt definiert.

- Jeder Summationspunkt stellt einen Knoten dar; der Summationspunkt darf mehr als 2 Eingänge besitzen.
- Jede Verzweigung stellt einen Knoten dar. Eine Verzweigung hat stets nur einen Eingang, kann aber mehr als 2 Ausgänge besitzen. (Hätte sie mehrere Eingänge, so müßten diese in einem Summationspunkt zusammengefaßt werden.)

Folgende Zusatzregeln ergeben sich durch direkte Anschauung (siehe das Beispiel in Bild 2.14-2.15).

- Folgt auf den Ausgang eines Summationspunktes unmittelbar eine Verzweigung, so können beide zu einem Knoten zusammengefaßt werden.
- Folgen zwei Zustandsspeicher unmittelbar aufeinander (d.h., ohne dazwischenliegende Verzweigung), so ist es zweckmäßig (aber nicht unbedingt notwendig), zwischen die Zustandsspeicher einen Knoten als Verzweigung mit einem Ausgang bzw. als Summationspunkt mit nur einem Eingang zu plazieren.

Im folgenden soll das Verfahren an einem Filter 2. Grades in der 2. kanonischen Struktur (Bild 2.14, 2.15) näher erläutert werden. Unter Anwendung der obengenannten Regeln ergeben sich insgesamt 4 Knoten, die mit K_1 bis K_4 bezeichnet seien. Da die kanonische Direktstruktur in jeder Hinsicht mit der Mindestanzahl von Elementen auskommt, läßt sich zeigen, daß jedes Filter 2. Grades mindestens 4 Knoten besitzt (nicht berücksichtigt sind hierbei Einsparungen für den Fall, daß einzelne Koeffizienten verschwinden). Werden die zugehörigen Signale (bei Summationspunkten stets auf den Ausgang bezogen) als $y_1(n)$ bis $y_4(n)$ [bzw. $Y_1(z)$ bis $Y_4(z)$ bei Darstellung in der z-Ebene] bezeichnet, so ergeben sich die Knotengleichungen

$$y_1(n) = d_0 y_2(n) + d_1 y_3(n) + d_2 y_4(n) = y(n) \ ;$$
$$y_2(n) = x(n) - g_1 y_3(n) - g_2 y_4(n) \ ;$$
$$y_3(n) = y_2(n-1) \ ;$$
$$y_4(n) = y_3(n-1) \ ;$$

(2.94a-d)

bei Darstellung in der z-Ebene erhalten wir mit $Y_1(z)$ bis $Y_4(z)$ als den z-Transformierten der Knotensignale $y_1(n)$ bis $y_4(n)$ entsprechend

$$Y_1(z) = d_0 Y_2(z) + d_1 Y_3(z) + d_2 Y_4(z) = Y(z) \ ;$$
$$Y_2(z) = X(z) - g_1 Y_3(z) - g_2 Y_4(z) \ ;$$
$$Y_3(z) = Y_2(z) \cdot z^{-1} \ ;$$
$$Y_4(z) = Y_3(z) \cdot z^{-1} \ .$$

(2.95)

Dies läßt sich auch in Matrixform schreiben:

$$\begin{bmatrix} 1 & -d_0 & -d_1 & -d_2 \\ 0 & 1 & g_1 & g_2 \\ 0 & -z^{-1} & 1 & 0 \\ 0 & 0 & -z^{-1} & 1 \end{bmatrix} \cdot \begin{bmatrix} Y \\ Y_2 \\ Y_3 \\ Y_4 \end{bmatrix} = \begin{bmatrix} 0 \\ 1 \\ 0 \\ 0 \end{bmatrix} \cdot X \quad \text{oder} \quad \mathbf{M}\,\mathbf{y} = \mathbf{b}\,X \ . \quad (2.96)$$

Die Darstellung mit dem Ausgangssignal $Y(z)$ in der ersten Zeile von $\mathbf{y}$ und dem Eingangssignal $X(z)$ in der zweiten Zeile von $\mathbf{b}$, d.h., die Zuordnung des Ausgangs

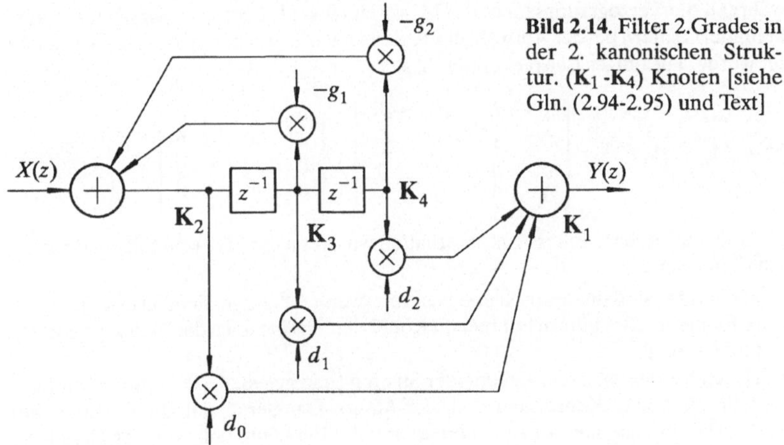

Bild 2.14. Filter 2.Grades in der 2. kanonischen Struktur. (K_1-K_4) Knoten [siehe Gln. (2.94-2.95) und Text]

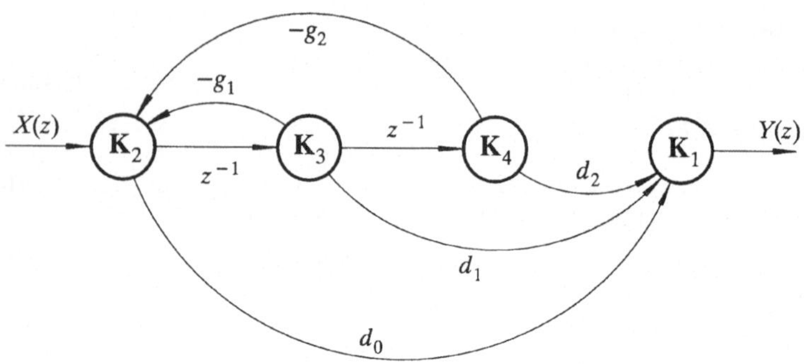

Bild 2.15. Signalflußgraph zum Filter 2. Grades in der 2. kanonischen Struktur. (K_1 -K_4) Knoten (siehe Bild 2.14)

zum Knoten K_1 und die Zuordnung des Eingangs zum Knoten K_2 sind willkürlich; da diese Darstellung aber keinen Verlust an Allgemeinheit bedeutet, gelte sie im folgenden [entsprechend dem Vorschlag von Haug (1979)] als fest vereinbart. Wird das Eingangssignal $x(n)$ in mehrere Knoten eingespeist (Beispiel: Parallelstruktur), so bleibt der Vektor **b** aus (2.96) erhalten, wenn die Verzweigung des Eingangssignals als getrennter Verzweigungsknoten definiert wird.

Die Matrix **M** läßt sich nun als Summe zweier Matrizen M_0 und M_1 darstellen; hierbei soll M_0 nur die Filterkoeffizienten sowie die konstanten Elemente enthalten, während die Verzögerungsglieder in M_1 vereinigt sind. Dort läßt sich noch z^{-1} ausklammern, sofern bei der Auswahl der Knoten auf die Einhaltung von Regel 4 geachtet wurde. Für obiges Beispiel ergibt dies

$$\mathbf{M} = \mathbf{M}_0 + \mathbf{M}_1 z^{-1} = \begin{bmatrix} 1 & -d_0 & -d_1 & -d_2 \\ 0 & 1 & g_1 & g_2 \\ 0 & 0 & 1 & 0 \\ 0 & 0 & 0 & 1 \end{bmatrix} + \begin{bmatrix} 0 & 0 & 0 & 0 \\ 0 & 0 & 0 & 0 \\ 0 & -1 & 0 & 0 \\ 0 & 0 & -1 & 0 \end{bmatrix} \cdot z^{-1} \, . \quad (2.97)$$

Eine realisierbare Filterstruktur erhalten wir, wenn die Matrizen folgende Eigenschaften besitzen:

- M_0 und M_1 sind quadratisch und besitzen (wenn z^{-1} ausgeklammert ist) konstante Elemente. Bei Filtern mit reellen Koeffizienten sind auch die Elemente von M_0 und M_1 reell.

- Durch Vertauschen von Zeilen oder Spalten (und gegebenenfalls durch Multiplikation mit einer Konstanten) läßt sich M_0 so arrangieren, daß die Elemente auf der Hauptdiagonalen zu Eins werden und die Elemente links von der Hauptdiagonalen verschwinden. Ohne die letztgenannte Eigenschaft ist die Struktur nicht realisierbar, da sie dann verzögerungsfreie Rückkopplungsschleifen enthält (Oppenheim und Schafer, 1989:308-309; siehe auch Abschnitt 2.7.1).

Des weiteren sind die Matrizen wie folgt zu interpretieren.

- Alle Elemente in M_0 und M_1, die nicht Null oder Eins sind, werden durch Multiplizierer realisiert.
- Jedes Element in M_1, das nicht verschwindet, stellt einen Zustandsspeicher dar.

Die Struktur des Filters wird bezüglich der Zustandsspeicher kanonisch, wenn die Zahl der Elemente von M_1, die nicht verschwinden, gleich dem Grad des Filters ist. In diesem Fall gelten allerdings folgende einschränkende Regeln:

- Die nicht verschwindenden Elemente von M_1 müssen in verschiedenen Zeilen und Spalten stehen (ansonsten kann mit den gegebenen Zustandsspeichern im rekursiven oder im nichtrekursiven Teil des Filters nicht mehr der volle Filtergrad realisiert werden);
- die nicht verschwindenden Elemente dürfen — zumindest bei kanonischen Strukturen — weder in der 1. Spalte noch in der 2. Zeile stehen (sonst würde ein Verzögerungsglied nur zur Verzögerung des Ein- oder Ausgangssignals herangezogen, ohne zum Grad des Filters beizutragen).

2.6.2 Berechnung der Übertragungsfunktion. Mit Hilfe der Matrix M läßt sich die Übertragungsfunktion des Filters berechnen. Hierzu wird das Gleichungssystem (2.96) mit Hilfe der Cramerschen Regel (vgl. Bronstein und Semendjajew, [25]1991:159) nach $K_1 = Y$ aufgelöst:

$$H(z) = Y(z)/X(z) = A_{21} / \det M \ . \tag{2.98}$$

Hierbei ist $\det M$ die Determinante der Matrix M; A_{21} ist die Adjunkte, die zum 2. Element der 1. Spalte gehört (die übrigen Elemente der 1. Spalte verschwinden, wenn gemäß der Cramerschen Regel der Vektor b dort eingesetzt wird).

Entsprechend (2.98) ist die Determinante $\det M$ (ggf. bis auf einen konstanten Faktor) gleich dem Nennerpolynom $G(z)$ der Übertragungsfunktion $H(z)$, während sich das Zählerpolynom $D(z)$ aus der Adjunkten A_{21} ergibt. Im Fall von (2.97) ist zumindest die letztere Aussage sofort einzusehen, da A_{21} nur mehr die Koeffizienten d_0, d_1 und d_2 enthält. Den Nachweis, daß die Determinante $\det M$ das Nennerpolynom $G(z)$ ergibt, erbringt man allgemein durch Diagonalisieren der Matrix M mit Hilfe elementarer Matrixumformungen, die zu einer Matrizen-Äquivalenztransformation führen.

Die Matrix M gehört zur Klasse der *Polynommatrizen* (Zurmühl und Falk, 1984:117-124); sie ist eine Polynommatrix in z^{-1}. Unter *Elementarumformungen* seien bei Polynommatrizen die folgenden Operationen verstanden.

1) *Vertauschen zweier Zeilen oder Spalten.* Diese Operation läßt sich formal als Multiplikation mit einer Matrix $\mathbf{J}_{i,k}$ beschreiben (Beispiel $i=3, k=5$, Zahl der Zeilen $K=6$; entspricht der Zahl der Knoten):

$$\mathbf{J}_{3,5} = \begin{bmatrix} 1 & 0 & 0 & 0 & 0 & 0 \\ 0 & 1 & 0 & 0 & 0 & 0 \\ 0 & 0 & 0 & 0 & 1 & 0 \\ 0 & 0 & 0 & 1 & 0 & 0 \\ 0 & 0 & 1 & 0 & 0 & 0 \\ 0 & 0 & 0 & 0 & 0 & 1 \end{bmatrix} . \tag{2.99a}$$

Die Determinante von $\mathbf{J}_{i,k}$ ist stets Eins. Linksmultiplikation von $\mathbf{M}$ mit $\mathbf{J}_{i,k}$ vertauscht 2 Zeilen; Rechtsmultiplikation 2 Spalten von $\mathbf{M}$.

2) *Multiplikation einer Zeile oder Spalte mit einer Konstanten c.* Dies läßt sich formal als Multiplikation von $\mathbf{M}$ mit einer Matrix $\mathbf{C}_i$ darstellen. $\mathbf{C}_i$ stimmt in allen Elementen mit der Einheitsmatrix überein mit Ausnahme des Elements c_{ii}, das den Wert c ($\neq 0$) annimmt (Beispiel: $K=4, i=2$):

$$\mathbf{C}_2 = \begin{bmatrix} 1 & 0 & 0 & 0 \\ 0 & c & 0 & 0 \\ 0 & 0 & 1 & 0 \\ 0 & 0 & 0 & 1 \end{bmatrix} . \tag{2.99b}$$

Die Determinante von $\mathbf{C}_i$ ist c. Linksmultiplikation von $\mathbf{M}$ mit $\mathbf{C}_i$ beeinflußt die i-te Zeile; Rechtsmultiplikation die i-te Spalte.

3) *Gewichtete Addition einer Zeile oder Spalte zu einer anderen.* Dies wird formal durch Multiplikation von $\mathbf{M}$ mit der Matrix $\mathbf{P}_{i,k}$ erreicht. Mit Ausnahme des Elements p_{ik} $(i \neq k)$, das ein beliebiges Polynom des Parameters der Polynommatrix, also hier ein Polynom in z^{-1} sein kann, sind alle Elemente von $\mathbf{P}_{i,k}$ mit denen der Einheitsmatrix identisch (Beispiel: $K=6, i=2, k=4$) :

$$\mathbf{P}_{2,4} = \begin{bmatrix} 1 & 0 & 0 & 0 & 0 & 0 \\ 0 & 1 & 0 & p & 0 & 0 \\ 0 & 0 & 1 & 0 & 0 & 0 \\ 0 & 0 & 0 & 1 & 0 & 0 \\ 0 & 0 & 0 & 0 & 1 & 0 \\ 0 & 0 & 0 & 0 & 0 & 1 \end{bmatrix} ; \quad p \text{ ist ein Polynom in } z^{-1} . \tag{2.99c}$$

Die Determinante von $\mathbf{P}_{i,k}$ ist Eins; Linksmultiplikation von $\mathbf{M}$ mit $\mathbf{P}_{i,k}$ verändert die Zeilen, Rechtsmultiplikation die Spalten.

Die Determinante des Produkts zweier quadratischer Matrizen $\mathbf{A}$ und $\mathbf{B}$ ist bekanntlich (Zurmühl und Falk, 1984:21)

$$\det(A\,B) = \det A \cdot \det B \ . \tag{2.100}$$

Die Determinante det M bleibt also (bis auf einen konstanten Faktor) erhalten, wenn M Elementarumformungen nach (2.99a-c) unterzogen wird. Insbesondere ist es mit Hilfe dieser Umformungen möglich, die Matrix M zu diagonalisieren; hierbei entsteht die *Smithsche Normalform* (Zurmühl und Falk, 1984:120). Diese für Polynommatrizen charakteristische Form ist eine Diagonalmatrix, deren nicht verschwindende Elemente s_{ii} Polynome bezüglich des Parameters der Polynommatrix, hier also Polynome in z^{-1} sind. Hierbei ist jedes Polynom s_{ii}, $i=2$ (1) $K-1$, durch jedes vorausgehende Polynom s_{jj}, $j=1$ (1) $i-1$, ohne Rest teilbar. Für den Fall, daß sämtliche Nullstellen von $G(z^{-1})$ verschieden sind, ergibt dies, wenn k der Grad des Filters und K die Zahl der Knoten ist:

$$s_{ii} = 1\ , \quad i=1\ (1)\ K-1, \quad \text{sowie}\quad s_{KK} = 1 + g_1\,z^{-1} + g_2\,z^{-2} + \ldots + g_k\,z^{-k}\ . \tag{2.101a,b}$$

2.6.3 Strukturumwandlung durch Äquivalenztransformation. Mit Hilfe der Signalflußmatrix gelingt es, aus bekannten Filterstrukturen neue Filterstrukturen abzuleiten. Hierbei bedienen wir uns der Äquivalenztransformation, einer Matrizenumwandlung, die sich auf die Matrix M und die Spaltenvektoren y und b auswirkt, die Übertragungsfunktion $H(z)$ aber nicht verändert. Zunächst formen wir (2.96) um:

$$Q\ M\ T\ T^{-1}\ y = Q\ b\ X\ , \tag{2.102}$$

fassen die Matrizen wie folgt zusammen:

$$M' = Q\ M\ T\ ;\quad y' = T^{-1}\ y\ ;\quad b' = Q\ b \tag{2.103}$$

und erhalten die Matrixoperation

$$M'\ y' = b'\ X\ , \tag{2.104}$$

die formal mit (2.96) übereinstimmt. Da M' in der Regel anders strukturiert ist als M, wird das durch M' beschriebene Filter eine andere Struktur besitzen als das ursprüngliche, durch M beschriebene. Damit M' nun ein Filter mit gleicher Übertragungsfunktion wie M darstellt, müssen die nachfolgend formulierten einschränkenden Bedingungen erfüllt sein (Haug, 1979).

Eingangsknoten. Es gelte als fest vereinbart, daß das Eingangssignal $x(n)$ ohne vorgeschalteten Multiplizierer nur in den Knoten K_2 eingespeist wird. Dies wird in (2.96) durch die Form des Spaltenvektors b ausgedrückt. Dieser darf durch die Multiplikation mit Q also nicht geändert werden; daher muß die 2. Spalte von Q mit b übereinstimmen:

$$Q = \begin{bmatrix} x & 0 & x & \dots & x \\ x & 1 & x & \dots & x \\ x & 0 & x & \dots & x \\ \vdots & \vdots & \vdots & \vdots & \vdots \\ x & 0 & x & \dots & x \end{bmatrix} . \tag{2.105}$$

die mit "x" bezeichneten Elemente dürfen (zunächst) beliebige Werte annehmen. Damit ist sichergestellt, daß Q, wenn überhaupt, nur die linke Seite von (2.102) beeinflußt.

Ausgangsknoten. Das Ausgangssignal bleibt erhalten, wenn bei der Multiplikation mit T^{-1} das erste Element von y nicht verändert wird. Eine hinreichende Bedingung hierfür ist (Haug, 1979:69)

$$T^{-1} = \begin{bmatrix} 1 & 0 & 0 & \dots & 0 \\ x & x & x & \dots & x \\ x & x & x & \dots & x \\ \vdots & \vdots & \vdots & \vdots & \vdots \\ x & x & x & \dots & x \end{bmatrix} . \tag{2.106}$$

Durch diese Bedingungen wird zunächst nur garantiert, daß Ein- und Ausgangsknoten bei der Strukturumwandlung erhalten bleiben. Über die Übertragungsfunktion ist noch nichts ausgesagt. Nach (2.98) bleibt die Übertragungsfunktion jedoch erhalten, wenn die Determinanten det M und det M' sowie die Adjunkten A_{21} und A'_{21} (ggf. bis auf einen konstanten Faktor) übereinstimmen.

Umwandlung der Matrix M durch Links- und Rechtsmultiplikation unter Beibehaltung der Determinante. Die Bedingung

$$\det Q, \ \det T = const \tag{2.107}$$

ist stets dann erfüllt, wenn Q und T durch Multiplikation endlich vieler Matrizen $J_{i,k}$, C_i und $P_{i,k}$ gebildet werden können. Ebenso wie die inversen Matrizen Q^{-1} und T^{-1} gehören dann Q und T zur Klasse der Polynommatrizen, und wir können M' durch eine entsprechende Operation in M rückführen:

$$M' = Q \, M \, T ; \quad M = Q^{-1} \, M' \, T^{-1} . \tag{2.108}$$

Die Frage der Realisierbarkeit sowie die Bedingung, daß die Adjunkten A_{21} und A'_{21} gleich sein müssen, damit auch der Zähler der Übertragungsfunktion erhalten bleibt, führen zu weiteren Einschränkungen, die von Fall zu Fall aufzustellen sind.

Ziel der Äquivalenztransformationen ist es vor allem, Strukturen zu schaffen, die als solche zunächst mehr Multiplizierer als notwendig enthalten (Haug, 1979; Haug und Lüder, 1982). Hierdurch schafft man sich Freiheitsgrade, die sich vorteilhaft bei der Implementierung einsetzen lassen (siehe Kap.4). Die Berechnung der Matrizen Q und T ist für den allgemeinen Fall sehr umfangreich. Auf die weitere Darstellung wird aus Platzgründen verzichtet.

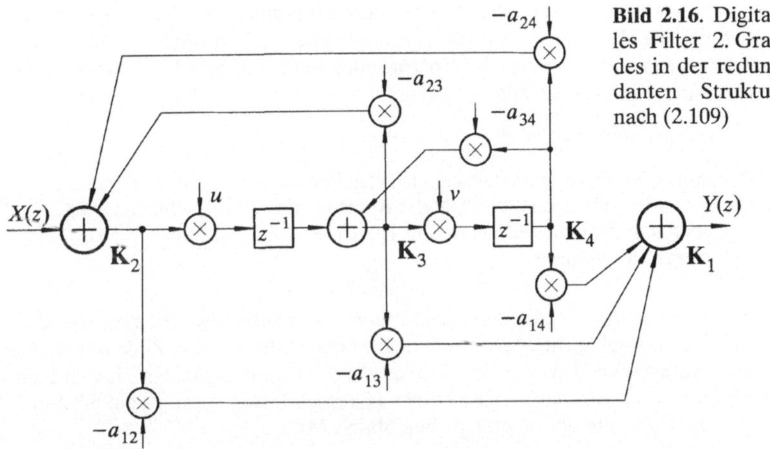

Bild 2.16. Digitales Filter 2. Grades in der redundanten Struktur nach (2.109)

Bild 2.16 zeigt als Beispiel für eine redundante Filterstruktur ein Filter 2. Grades, das gegenüber der 2. kanonischen Struktur zusätzlich eine Rückkopplung auf den Eingang des 2. Verzögerungsgliedes und Multiplizierer in den Längszweigen aufweist. Das Filter besitzt also 8 Multiplizierer. Da die Übertragungsfunktion aber nur 5 Koeffizienten aufweist, gewinnen wir drei Freiheitsgrade, die den Anforderungen an die Realisierung entsprechend eingesetzt werden können. Die Struktur in Bild 2.16 ist durch folgende Matrix beschrieben:

$$\mathbf{M}_0 = \begin{bmatrix} 1 & a_{12} & a_{13} & a_{14} \\ 0 & 1 & a_{23} & a_{24} \\ 0 & 0 & 1 & a_{34} \\ 0 & 0 & 0 & 1 \end{bmatrix} ; \quad \mathbf{M}_1 = \begin{bmatrix} 0 & 0 & 0 & 0 \\ 0 & 0 & 0 & 0 \\ 0 & -u & 0 & 0 \\ 0 & 0 & -v & 0 \end{bmatrix} . \tag{2.109}$$

Wählen wir die Koeffizienten u, v und a_{34}, die in der kanonischen Direktstruktur nicht vorkommen (s.u.), als die Freiheitsgrade der Schaltung, so erhalten wir für die übrigen Elemente der Matrix sowie für die Übertragungsfunktion

$$a_{12} = -d_0 , \qquad a_{13} = \frac{-(d_1 - d_0 a_{34} uv)}{u} , \qquad a_{14} = \frac{-d_2}{u \cdot v} ,$$

$$a_{23} = \frac{g_1 - a_{34} uv}{u} , \qquad a_{24} = \frac{g_2}{u \cdot v} ;$$

$$H(z) = \frac{-a_{12} - (a_{13} u + a_{12} a_{34} v) z^{-1} - a_{14} uv z^{-2}}{1 + (a_{23} u + a_{34} v) z^{-1} + a_{24} uv z^2} . \tag{2.110a-f}$$

Wollen wir von der redundanten Achtmultipliziererstruktur wieder auf eine (auch hinsichtlich der Zahl der Multiplizierer) kanonische Struktur mit 5 Multiplizierern übergehen, so müssen wir drei der Koeffizienten in (2.109) zu ± 1 bzw. 0 setzen. So erhalten wir beispielsweise mit

$$u = v = 1 \quad \text{und} \quad a_{34} = 0$$

die 2. kanonische Struktur. Wie Haug (1979) zeigte, lassen sich allein bei der Struktur nach (2.109) durch geeignete Wahl der Koeffizienten 280 verschiedene Schaltungen angeben, die für beliebige Werte der Koeffizienten d_0, d_1, d_2, g_1 und g_2 mit 5 Multiplizierern auskommen.

2.6.4 Erweiterung der Zahl der Knoten; nichtkanonische Strukturen. Die Zahl der Knoten läßt sich formal leicht erweitern, indem in der Matrix **M** eine Zeile und Spalte derart angefügt wird, daß das neue Element auf der Hauptdiagonalen Eins wird und die übrigen neuen Elemente verschwinden (Beispiel: Übergang von 4 auf 5 Knoten; a_{ij} sind die Elemente der ursprünglichen Matrix **M**):

$$\mathbf{M}_{0,K+1} = \begin{bmatrix} a_{11} & a_{12} & a_{13} & a_{14} & 0 \\ 0 & a_{22} & a_{23} & a_{24} & 0 \\ a_{31} & a_{32} & a_{33} & a_{34} & 0 \\ a_{41} & a_{42} & a_{43} & a_{44} & 0 \\ 0 & 0 & 0 & 0 & 1 \end{bmatrix} . \tag{2.111}$$

Dies stellt zunächst einen unbenutzten Knoten dar, der mit dem Rest des Filters nicht verbunden ist. Der Knoten geht jedoch in die Filterstruktur ein, sobald das Filter einer Strukturtransformation unterzogen wird.

Von den *nichtkanonischen Strukturen* interessieren hier weiterhin solche, die mehr Zustandsspeicher besitzen als erforderlich. In solchen Fällen treten in $\mathbf{M}_1$ zusätzliche nichtverschwindende Elemente auf, die sich jetzt jedoch in der gleichen Zeile oder Spalte wie die ursprünglichen Zustandsspeicher befinden können; außerdem können sie in der 1. Spalte oder der 2. Zeile auftreten. Als Beispiel hierfür sei die nichtkanonische Direktstruktur des Filters 2. Grades angeführt (Bild 2.17); sie kommt mit 4 Knoten aus, benötigt aber 4 Zustandsspeicher. Die Knotengleichungen lauten hier

$$Y_1(z) = Y(z) = d_0 Y_2(z) + (d_1 + d_2 z^{-1}) Y_3(z) - (g_1 + g_2 z^{-1}) Y_4(z) ,$$
$$Y_2(z) = X(z) ,$$
$$Y_3(z) = Y_2(z) \cdot z^{-1} , \quad Y_4(z) = Y_1(z) \cdot z^{-1} . \tag{2.112a-d}$$

Dies führt auf die Matrizen

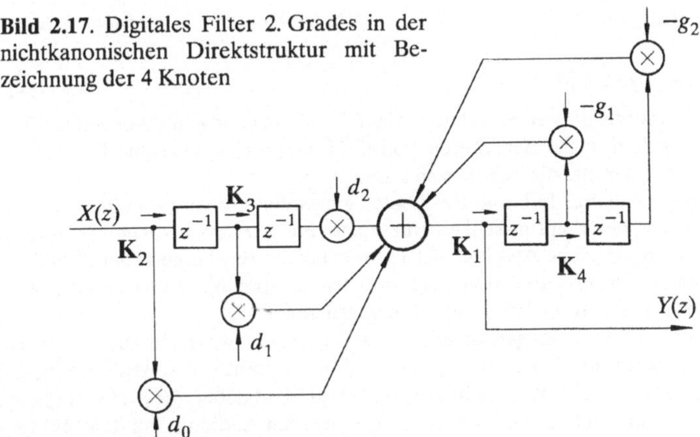

Bild 2.17. Digitales Filter 2. Grades in der nichtkanonischen Direktstruktur mit Bezeichnung der 4 Knoten

$$\mathbf{M}_{0,2\mathrm{d}} = \begin{bmatrix} 1 & -d_0 & -d_1 & g_1 \\ 0 & 1 & 0 & 0 \\ 0 & 0 & 1 & 0 \\ 0 & 0 & 0 & 1 \end{bmatrix} ; \quad \mathbf{M}_{1,2\mathrm{d}} = \begin{bmatrix} 0 & 0 & -d_2 & g_2 \\ 0 & 0 & 0 & 0 \\ 0 & -1 & 0 & 0 \\ 0 & 0 & -1 & 0 \end{bmatrix} . \tag{2.113}$$

2.6.5 Teil- und Restübertragungsfunktionen; transponierte Struktur. Unter einer Teilübertragungsfunktion versteht man die Übertragungsfunktion des Teilstücks vom Knoten i zum Knoten j des Filters, insbesondere auch vom Eingang zum Knoten j. Die Restübertragungsfunktion ergibt sich als die Übertragungsfunktion des Teilstücks vom Knoten i zum Ausgang des Filters.

Die Teilübertragungsfunktion $H_{\mathrm{R}2,j}$ vom Eingang zu einem Knoten j des Filters ergibt sich, wenn (2.96) nicht nach dem Ausgangssignal $Y(z)$, sondern nach dem Knotensignal $Y_j(z)$ aufgelöst wird. Nachdem sich der Spaltenvektor $\mathbf{b}$ nicht ändert, erhalten wir

$$H_{\mathrm{R}2,j} = A_{2,j} \,/\, \det \mathbf{M} . \tag{2.114a}$$

Hierbei ist $A_{2,j}$ die Adjunkte zur Zeile 2 und Spalte j. Die Restübertragungsfunktion $H_{\mathrm{R}i,1}$ vom Knoten i bis zum Ausgang ergibt sich, wenn wir den Eingang des Filters abklemmen und statt dessen das Eingangssignal $x(n)$ in den Knoten i einspeisen. Formal ersetzen wir den Spaltenvektor $\mathbf{b}$ in (2.96) durch einen Vektor $\mathbf{b}_{\mathrm{R}i}$, der in der i-ten Zeile eine Eins und ansonsten Null aufweist:

$$H_{\mathrm{R}i,1} = A_{i,1} \,/\, \det \mathbf{M} . \tag{2.114b}$$

Die Teilübertragungsfunktion zwischen 2 beliebigen Knoten i und j ergibt sich entsprechend als

$$H_{Ri,j} = A_{i,j} \, / \, \det \mathbf{M} \; . \tag{2.114c}$$

Zweige und Knoten, die zur Berechnung einer Teilübertragungsfunktion keinen Beitrag leisten, gehen in die Berechnung von (2.114a-c) als gemeinsame Faktoren in Zähler und Nenner ein, die sich kürzen lassen.

Die Berechnung von Teil- und Restübertragungsfunktionen spielt eine Rolle bei der Bestimmung der Empfindlichkeit eines digitalen Netzwerkes gegenüber Koeffizientenänderungen (siehe Abschnitt 4.1.1) sowie bei der Bestimmung der Größe des Rundungsrauschens in realisierten Strukturen (siehe Abschnitt 4.1.4). Auf die praktische Berechnung wird in Abschnitt 2.7 eingegangen.

Das digitale Filter in *transponierter Struktur* erhält man, wenn man bei einem Filter beliebiger Struktur die Richtung jedes Zweiges umdreht und außerdem Eingang und Ausgang vertauscht. Wie leicht einzusehen ist, wird dabei aus jedem Addierer eine Verzweigung, und aus den Verzweigungen werden Addierer; bei den Multiplizierern und den Zustandsspeichern werden einfach die Signalein- und -ausgänge vertauscht; die Koeffizienteneingänge der Multiplizierer bleiben ebenso wie die Koeffizienten selbst unverändert. In Matrizendarstellung ergibt sich

$$\mathbf{M}' = \mathbf{M}^T \; ; \tag{2.115}$$

die Signalflußmatrix $\mathbf{M}'$ der transponierten Struktur ist also zur Signalflußmatrix $\mathbf{M}$ des ursprünglichen Filters transponiert. Da auch Ein- und Ausgang vertauscht wurden, liegt das Eingangssignal am Knoten $\mathbf{K}_1$ und das Ausgangssignal an $\mathbf{K}_2$ an; da dies den früher getroffenen Vereinbarungen zuwiderläuft, werden im Anschluß an die Bildung der transponierten Matrix noch die 1. und 2. Zeile und Spalte vertauscht:

$$\mathbf{J}_{1,2} \, \mathbf{M}^T \, \mathbf{J}_{1,2} \cdot \mathbf{J}_{1,2} \, \mathbf{y}' = \mathbf{J}_{1,2} \, \mathbf{b}' \, X \quad \text{oder} \quad \mathbf{M}_t \, \mathbf{y}_t = \mathbf{b} \, X \; . \tag{2.116}$$

Da sich bei der Bildung der transponierten Struktur weder die Adjunkten noch die Determinante ändern, bleibt auch die Übertragungsfunktion des Filters erhalten. Dies gilt sogar auch für alle Teilübertragungsfunktionen, wenn jeweils Ursache und Wirkung vertauscht werden. Insbesondere geht eine Restübertragungsfunktion $H_{Ri,1}$ vom Knoten i zum Ausgang der ursprünglichen Struktur $\mathbf{M}$ in die Teilübertragungsfunktion $H_{R2,i}$ vom Eingang zum Knoten i der transponierten Struktur $\mathbf{M}_t$ über. Hierauf wird in Abschnitt 2.7 zurückzukommen sein. Für eine weiterführende Darstellung sei auf die Literatur verwiesen (Haug und Lüder, 1982; Crochiere und Oppenheim, 1975).

Mit der transponierten Struktur steht ein weiteres Mittel zur Strukturtransformation unter Beibehaltung der Übertragungsfunktion zur Verfügung. Beispielsweise führt bei der 2. kanonischen Struktur der Übergang zur transponierten Matrix auf die 1. kanonische Struktur.

2.7 Praktische Berechnung von Signalen und Systemfunktionen

2.7.1 Realisierung und Realisierbarkeit einer gegebenen Filterstruktur. In den bisherigen Abschnitten haben wir drei prinzipielle Möglichkeiten zur Beschreibung eines digitalen Filters kennengelernt: 1) Zustandsgleichung [(1.12), Abschnitt 1.3.2], 2) Übertragungsfunktion [(2.23), Abschnitt 2.2.1], sowie 3) Darstellung mit Hilfe von Signalflußgraph und Signalflußmatrix [(2.96), Abschnitt 2.6.1]. Die Zustandsgleichung beschreibt das Filter in der (nichtkanonischen oder kanonischen) Direktstruktur; die Übertragungsfunktion liefert die entsprechende Darstellung in der z-Ebene. Die Beschreibung durch Signalflußgraph und -matrix stellt den allgemeinsten Fall der Darstellung eines digitalen Filters dar und läßt sich auf jedes digitale Filter in beliebiger Struktur anwenden. Aus dieser Darstellung läßt sich die Übertragungsfunktion direkt durch Anwendung von (2.98) ermitteln.

Im praktischen Betrieb werden wir das Ausgangssignal im allgemeinen Fall entsprechend (2.94) und (2.96) gewinnen, indem wir die durch die Knotengleichungen definierten Signale berechnen. Diese erhalten wir beispielsweise für den Knoten K_k in Abhängigkeit von a) dem Eingangssignal $x(n)$, b) den vorangegangenen Abtastwerten $y_i(n-1)$ der Knotensignale y_i, c) den gleichzeitig vorliegenden Abtastwerten $y_i(n)$, $i \neq k$, anderer Knoten im Filter. In der Regel muß das Gleichungssystem (2.96) vor der Realisierung zuerst in eine *geordnete Reihenfolge* gebracht werden. Insbesondere ist festzulegen, a) in welcher Reihenfolge die Operationen ausgeführt werden müssen, sowie b) ob und ggf. welche Operationen unabhängig voneinander und damit parallel ausgeführt werden können. Die Vorgehensweise dabei ist die folgende (Crochiere und Oppenheim, 1975).

1) Ausgangspunkte der Berechnung eines neuen Abtastwertes $y(n)$ sind das Eingangssignal $x(n)$ und die Signale $y_i(n-1)$ an den Knoten K_i, $i = 1\ (1)\ K$, zum vorangegangenen Abtastzeitpunkt.

2) Unter den K Knoten des Filters werden zunächst die ausgewählt, deren Knotensignale nur von den unter 1) genannten Signalen abhängen, also *nicht* von Signalen $y_k(n)$ anderer Knoten zum laufenden Abtastzeitpunkt n. Die Signale an den so ausgewählten Knoten können als erstes und unabhängig voneinander, also im Parallelbetrieb berechnet werden.

3) Aus den verbliebenen Knoten werden die ausgewählt, deren Signale außer von den unter 1) genannten Signalen auch von den unter 2) berechneten Abtastwerten zum Zeitpunkt n abhängen. Umfaßt dieser Schritt mehrere Knoten, so können auch hier Operationen unabhängig voneinander und damit parallel ausgeführt werden.

4) Schritt 3 wird mit den jeweils neu berechneten Knotensignalen so lange wiederholt, bis alle Knotensignale berechnet sind.

Als Beispiel sei das Filter 2. Grades in der 2. kanonischen Struktur anhand der Darstellung (2.94) betrachtet:

$$y_1(n) = d_0 y_2(n) + d_1 y_3(n) + d_2 y_4(n) = y(n) \; ,$$
$$y_2(n) = x(n) - g_1 y_3(n) - g_2 y_4(n) \; ,$$
$$y_3(n) = y_2(n-1) \; , \quad y_4(n) = y_3(n-1) \; .$$

(2.94a-d)

Ein neuer Abtastwert $y(n)$ läßt sich hier in drei Schritten berechnen. In Schritt 1 werden via (2.94c,d) die Abtastwerte $y_3(n)$ und $y_4(n)$ bestimmt (daß dabei in diesem besonderen Fall keine Rechenoperationen anfallen, ist für die Betrachtung unerheblich). Hieraus läßt sich in Schritt 2 mit (2.94b) der Wert $y_2(n)$ berechnen; in Schritt 3 erhalten wir mit (2.94a) schließlich $y_1(n) = y(n)$. Die zwei Multiplikationen in Schritt 2 und die drei Multiplikationen in Schritt 3 sind voneinander unabhängig und können parallel ausgeführt werden. Es ist keineswegs immer so, daß das Ausgangssignal $y(n)$ erst im letzten Schritt berechnet wird (siehe das Gegenbeispiel in Abschnitt 9.4.3). In geordneter Form lauten (2.94a-d) dann

$$y_3(n) = y_2(n-1) \; , \quad y_4(n) = y_3(n-1) \; , \qquad [1] \quad (2.94c,d)$$
$$y_2(n) = x(n) - g_1 y_3(n) - g_2 y_4(n) \; , \qquad [2] \quad (2.94b)$$
$$y_1(n) = d_0 y_2(n) + d_1 y_3(n) + d_2 y_4(n) = y(n) \; . \qquad [3] \quad (2.94a)$$

Aus dieser Darstellung läßt sich leicht herleiten, daß geschlossene Schleifen ohne Verzögerungsglieder zu nicht realisierbaren Strukturen führen. In einer gegebenen Struktur ist ein digitales Filter dann und nur dann realisierbar, wenn sich die zugehörigen Knotengleichungen in eine geordnete Reihenfolge bringen lassen, in der die Rechenoperationen abgearbeitet werden. Geschlossene Schleifen ohne Zustandsspeicher führen bei der Herstellung der geordneten Reihenfolge zwangsläufig zu Widersprüchen.

Als Beispiel sei wiederum das Filter 2. Grades (Bild 2.14, 2.15) in kanonischer Direktstruktur gewählt; zusätzlich existiere jedoch eine Rückkopplung vom Ausgang zum Eingang mit dem Koeffizienten $a_{21} \neq 0$. Das zugehörige System der Knotengleichungen lautet dann

$$y_1(n) = y(n) = d_0 y_2(n) + d_1 y_3(n) + d_2 y_4(n) = y(n) \; ; \qquad (2.117a)$$
$$y_2(n) = x(n) - a_{21} y_1(n) - g_1 y_3(n) - g_2 y_4(n) \; ; \qquad (2.117b)$$
$$y_3(n) = y_2(n-1) \; ; \quad y_4(n) = y_3(n-1) \; . \qquad (2.117c-d)$$

Gegenüber (2.94a-d) ist nur (2.117b) verändert. Der Versuch, das Gleichungssystem (2.117) in eine geordnete Reihenfolge zu bringen, scheitert daran, daß $y_2(n)$ in (2.117b) direkt von $y_1(n)$ in (2.117a) abhängt und umgekehrt. Eine feste Reihenfolge der Operationen ist für (2.117a,b) somit nicht angebbar; andererseits können die Knotensignale $y_1(n)$ und $y_2(n)$ auch nicht unabhängig voneinander berechnet werden. Das Filter läßt sich also nicht realisieren, so lange a_{21} von Null verschieden ist.

Notwendige Bedingung für die Realisierbarkeit eines digitalen Filters ist also, daß keine gerichteten Schleifen ohne Verzögerungsglieder auftreten.

Woran erkennen wir verzögerungsfreie Schleifen? Jedes Element m_{ij} $(i \neq j)$ der Matrix $\mathbf{M}$ in (2.96) stellt eine *gerichtete* Verbindung vom Knoten $\mathbf{K}_i$ zum Knoten $\mathbf{K}_j$ dar. Diese Verbindung enthält einen verzögerungsfreien Anteil, wenn das Element a_{ij} in $\mathbf{M}_0$ von 0 verschieden ist. Das Element m_{ji}, das die Verbindung in Gegenrichtung repräsentiert, steht bezüglich m_{ij} symmetrisch zur Hauptdiagonalen. Das Tupel (m_{ij}, m_{ji}) stellt also eine geschlossene Schleife vom Knoten $\mathbf{K}_i$ zum Knoten $\mathbf{K}_j$ und zurück dar. Sind die Elemente (a_{ij}, a_{ji}) in $\mathbf{M}_0$ beide von 0 verschieden, so besitzt diese Schleife einen verzögerungsfreien Anteil. In diesem Fall ist das Filter nicht realisierbar; $\mathbf{M}_0$ kann in keine Form gebracht werden, in der die Elemente links der Hauptdiagonalen verschwinden.[15] Ist aber eines der beiden Elemente, beispielsweise a_{ji}, gleich Null, so kann $\mathbf{M}$ durch Umordnen der Knotengleichungen ohne Änderung der Struktur so umgeformt werden, daß a_{ji} links der Hauptdiagonalen zu stehen kommt. Ist die Bedingung, daß mindestens eines der Elemente (a_{ij}, a_{ji}) verschwindet, für alle Knotenpaare $(\mathbf{K}_i, \mathbf{K}_j)$ erfüllt, so existiert (mindestens) eine Form der Matrix $\mathbf{M}_0$, in der alle Elemente links der Hauptdiagonalen verschwinden. Diese Anordnung – von unten nach oben gelesen – stellt eine geordnete Reihenfolge der Knotengleichungen dar. Existieren mehrere derartige Formen von $\mathbf{M}_0$, so können mehrere Knotengleichungen unabhängig voneinander (und damit parallel) abgearbeitet werden. Die Zusatzbedingung, daß das Ausgangssignal in der 1. Knotengleichung gebildet und das Eingangssignal in der 2. Knotengleichung eingespeist wird, gilt bei der Abarbeitung der Knotengleichungen in geordneter Reihenfolge in der Regel nicht mehr.

Anstelle des soeben beschriebenen Verfahrens kann man sich auch des graphentheoretischen Ansatzes von Szczupak und Mitra (1975) bedienen, um verzögerungsfreie gerichtete Schleifen in einem zeitdiskreten Netzwerk zu erkennen und zu beseitigen.

2.7.2 Praktische Berechnung von Übertragungsfunktionen. In der expliziten Form (2.23) kann die Übertragungsfunktion ebenso wie der Amplituden- oder der Phasengang für einen beliebigen Wert von z numerisch direkt bestimmt werden. Die Anwendung von (2.59-2.60) kann damit auf die Fälle beschränkt bleiben, in denen die Pole und Nullstellen von $H(z)$ explizit bekannt sind. Wird der Phasengang mit Hilfe von (2.23) berechnet, so liefert die arctan-Funktion allerdings nur einen Wert zwischen $-\pi$ und $+\pi$ (bzw. zwischen 0 und 2π); hieraus muß der stetige Verlauf der Phasenfunktion ggf. rekonstruiert werden, was bei digitalen Filtern höheren Grades ein nichttriviales numerisches Problem darstellen kann (Tribolet, 1977)

---

[15] Gleiches läßt sich zeigen, wenn eine gerichtete Schleife mit verzögerungsfreiem Anteil über mehr als zwei Knoten führt.

Ist das Filter in der Darstellung durch Signalflußgraph und -matrix gegeben, so kann $H(z)$ hieraus direkt durch Anwendung von (2.98) bestimmt werden. Da die Matrix $\mathbf{M}$ meist nur spärlich besetzt ist (d.h., die Mehrzahl der Elemente ist Null), existieren numerisch effizientere Verfahren als die direkte Anwendung der Cramerschen Regel (Crochiere und Oppenheim, 1975). Jedoch sind für die numerische Bestimmung von $H(z)$ in allen Fällen für jede Stützstelle z eine Matrixinversion und eine Adjunktenberechnung notwendig. Bei Filtern höheren Grades kann dies zu hohem Rechenaufwand führen.

In der Regel wesentlich weniger aufwendig ist der Umweg über die Impulsantwort. Die Impulsantwort läßt sich durch Anlegen des Einheitsimpulses $\delta(n)$ an den Filtereingang und Anwenden der Zustandsgleichung (1.12) bzw. der Knotengleichungen [entsprechend (2.94)] leicht bestimmen. Die Übertragungsfunktion wird dann mit Hilfe von (2.80) durch z-Transformation der Impulsantwort bestimmt. Berechnen wir $H(z)$ für $z = \exp(2\pi jm/N)$, $m = 0$ (1) $N-1$, also für N gleichförmig auf dem Einheitskreis verteilte Punkte, so können wir die diskrete Fouriertransformation einsetzen (siehe Abschnitt 2.4.1), für die die wohlbekannten Algorithmen der schnellen Fouriertransformation zur Verfügung stehen. N muß allerdings so groß sein, daß die Impulsantwort − auch wenn sie zeitlich nicht begrenzt ist − so weit abgeklungen ist, daß man sie ohne relevanten Fehler abbrechen kann. Aus den N Werten des Signals wird dann die diskrete Fouriertransformierte gebildet.

Bei der Berechnung von *Teilübertragungsfunktionen* gehen wir prinzipiell in gleicher Weise vor wie bei der Berechnung der Gesamtübertragungsfunktion $H(z)$. Alle Teil- und Restübertragungsfunktionen lassen sich mit Hilfe der zugehörigen Impulsantworten und der DFT bestimmen. Zur Berechnung von $H_{Ri,j}(\Omega)$ wird der Einheitsimpuls am Knoten i angelegt und das Signal am Knoten j gemessen. Diese Methode ist stets dann vorteilhaft, wenn nur wenige dieser Übertragungsfunktionen zu berechnen sind.

Einen Sonderfall stellen die Teilübertragungsfunktionen $H_{R2,i}(z)$ vom Signaleingang des Filters zu den Knoten $\mathbf{K}_i$ dar. Sie lassen sich direkt aus der Matrixdarstellung durch Auflösen des Gleichungssystems (2.96) für alle Knotensignale gewinnen, wenn als Eingangssignal $x(n)$ der Einheitsimpuls angelegt wird. Werden also zahlreiche dieser Teilübertragungsfunktionen benötigt, so lassen sie sich auf diese Weise mit verringertem Aufwand simultan numerisch bestimmen.

Die *Restübertragungsfunktionen* $H_{Ri,1}(z)$ lassen sich ebenfalls in dieser eleganten Form simultan numerisch bestimmen, wenn wir die transponierte Struktur verwenden. Die Restübertragungsfunktionen von allen Knoten der durch $\mathbf{M}$ beschriebenen Filterstruktur hin zum Ausgang des Filters sind identisch den Teilübertragungsfunktionen $H_{tR1,i}(z)$ vom Eingang zum (jeweils gleichen) Knoten i der transponierten, durch $\mathbf{M}_t$ beschriebenen Filterstruktur (Crochiere und Oppenheim, 1975).

Übungsaufgaben zu Kapitel 2

2.1 z-Transformation. Berechnen Sie die (einseitige) z-Transformierte für die nachstehenden Folgen $\{f(n)\}$. Geben Sie jeweils den Konvergenzradius R bzw. die Lage der Pole an.

a) Einheitsimpuls und Einheitssprung;

b) $f(n) = a^n$ direkt (mit Hilfe der Summenformel für die geometrische Reihe) sowie mit Hilfe des Modulationssatzes;

c) $f(n) = \cos bn$; $f(n) = \sin bn$; verwenden Sie hierzu die Eulersche Formel und zeigen Sie, daß $F(z)$ zwei Pole auf dem Einheitskreis hat.

d) Verwenden Sie den Modulationssatz zur Berechnung der z-Transformierten von $f(n) = a^n \cos bn$.

e) Verifizieren Sie das Ergebnis für den Einheitssprung mit Hilfe des Ergebnisses b).

2.2 z-Transformation. Weisen Sie die folgenden Beziehungen nach.

a) Für ein komplexes Signal $\mathbf{f}(n)$ gilt $Z\{\mathbf{f}^*(n)\} = F^*(z^*)$; wobei "*" konjugiert komplex bedeutet.

b) Für die zweiseitige z-Transformation gilt $Z_2\{f(-n)\} = F_2(1/z)$.

c) Für eine kausale Folge $f(n)$ gilt $f(0) = \lim\limits_{z \to \infty} F(z)$.

2.3 Modulationssatz. Gegeben sei das folgende Signal mit der Abtastfrequenz $f_T = 40$ kHz (in analoger Form angeschrieben):

$$x(n): \quad x(t) = \cos(2\pi t \cdot 1000 \text{ Hz}) + \cos(2\pi t \cdot 4000 \text{ Hz}).$$

a) Bestimmen Sie die Pole der zugehörigen z-Transformierten $A(z)$.

b) Nun werde das Signal mit einer Folge $f_1(n) = (0{,}9)^n$ gewichtet. Wo liegen die Pole der z-Transformierten jetzt?

c) Gegeben sei nun das Signal

$$y(n) = x(n) \cdot \exp\frac{j\pi n}{2} \; .$$

Wie lauten die Abtastwerte des Signals [Geben Sie so viele Abtastwerte an, daß das Bildungsgesetz erkennbar wird]? Wo liegen die Pole in der z-Ebene jetzt?

d) Mit welcher Folge muß das Signal gewichtet werden, damit die Pole der z-Transformierten an der gleichen Stelle liegen wie in Aufgabe c), das Signal aber reell wird?

2.4 Abtastung. Gegeben sei das (nichtabgetastete) Signal

$$x(t) = \cos(2\pi t \cdot 1000 \text{ Hz}) - \cos(2\pi t \cdot 3000 \text{ Hz}).$$

a) Mit welcher Frequenz muß dieses Signal mindestens abgetastet werden, damit es analog wieder vollständig rekonstruiert werden kann?

b) Welche Frequenzen sind im digitalen Signal noch vorhanden, wenn das analoge Signal mit der Abtastfrequenz 5 kHz abgetastet wird? Ist das Signal $x(t)$ richtig zurückzugewinnen, wenn bekannt ist, daß $x(t)$ ursprünglich keine Komponenten zwischen 1500 und 2500 Hz enthält?

c) Wie lauten die Abtastwerte des digitalen Signals, wenn die Abtastung mit einer Frequenz von 4 kHz erfolgt und zum Zeitpunkt $t=0$ ein Abtastwert vorliegt?

d) Das Signal $x(t)$ sei nun mit 10 kHz abgetastet. Diese Abtastfrequenz werde digital durch Zwischenschalten von Nullwerten auf 30 kHz erhöht. Welche Frequenzen sind nach

Rückwandeln in den Analogbereich und Tiefpaßfilterung mit einer Grenzfrequenz von 15 kHz im Signal enthalten?

2.5 Abtastung. Ein sinusförmiges Signal $x(t) = A \sin(2\pi t \cdot 5\ \text{kHz} + \phi)$ werde mit der Abtastfrequenz $f_T = 20\ \text{kHz}$ abgetastet.

a) Wieviel Abtastwerte umfaßt eine Periode, und wie lauten diese, wenn $\phi=0$ ist und das Signal zum Zeitpunkt $t=0$ abgetastet wird?

b) Nun soll die Amplitude A des abgetasteten Signals gemessen werden. Die Messung soll durch Bestimmung des Betragsmaximums über eine Periode hinweg durchgeführt werden. Für welche Werte von ϕ (immer unter der Bedingung, daß zum Zeitpunkt $t=0$ abgetastet wird) wird die Messung richtig? Welcher prozentuale Fehler entsteht bei dieser Methode im Höchstfall für die angegebene Frequenz? Läßt sich der Meßfehler verkleinern, wenn das Meßintervall verlängert wird?

c) Unter welchen Bedingungen ließe sich bei der Methode nach b) der Meßfehler durch Verlängern des Meßintervalls verringern?

2.6 Zustandsgleichung und Übertragungsfunktion. Gegeben sei die Übertragungsfunktion $H(z) = (z^5 - 1) / (z^5 - z^4)$.

a) Bestimmen Sie die Zustandsgleichung des zugehörigen digitalen Filters. Ist das Filter stabil?

b) Bestimmen Sie durch Rücktransformation mit Hilfe des sukzessiven Ausdividierens die Impulsantwort des Filters. Formen Sie die Zustandsgleichung entsprechend um. Was für ein Filter ergibt sich?

c) Bestimmen Sie die neue Übertragungsfunktion des Filters. [*Anmerkung.* Diese Übungsaufgabe wird im Anschluß an Kap. 3 fortgeführt.]

2.7 Übertragungsfunktion. Gegeben sei das Filter $y(n) = y(n-1) + x(n)$. Geben Sie die Übertragungsfunktion an. Ist das Filter stabil? Wenn nein, unter welcher Bedingung können Sie es trotzdem einsetzen?

2.8 Übertragungsfunktion und Zustandsgleichung. Ein Filter habe die Zustandsgleichung $y(n) = -0,81\, y(n-2) + x(n)$.

a) Berechnen Sie die Übertragungsfunktion. Geben Sie Pole und Nullstellen sowie den Grad des Filters an. Ist das Filter stabil?

b) Berechnen Sie die ersten Werte der Antwort $y(n)$ des Filters auf die Schwingung $x(n) = \cos(\pi n/2)$ mit Hilfe der Zustandsgleichung.

c) Bestimmen Sie die z-Transformierte $X(z)$ von $x(n)$; berechnen Sie daraus mit Hilfe der Übertragungsfunktion die z-Transformierte $Y(z)$ des Ausgangssignals $y(n)$.

d) Berechnen Sie aus $Y(z)$ mit Hilfe des in Abschnitt 2.4.2 angegebenen Rücktransformationsverfahrens (vgl. Aufgabe 2.5) die ersten Werte von $y(n)$ und vergleichen Sie das Ergebnis mit dem Ergebnis von b).

e) Bestimmen Sie mit Hilfe von $Y(z)$ die maximale Amplitude des Ausgangssignals $y(n)$. Nach wieviel Werten läßt sich das Filter als "eingeschwungen" bezeichnen? (Anmerkung: Ein Filter wird als *eingeschwungen* bezeichnet, wenn bei Anlegen einer ungedämpften periodischen Schwingung an den Filtereingang die Amplitude des Ausgangssignals 90% des Endwertes erreicht hat.)

2.9 Signalflußgraph. Weisen Sie nach, daß die Determinante der Matrix $\mathbf{M}_{2k}$ der 2. kanonischen Struktur des Filters 2. Grades (siehe 2.96) den Wert

$$\det \mathbf{M}_{2k} = 1 + g_1 z^{-1} + g_2 z^{-2}$$

besitzt. Führen Sie zu diesem Zweck die Matrix $\mathbf{M}_{2k}$ durch geeignete Elementarumformungen in die Smithsche Normalform über. (Anmerkung: Ein Beispiel hierzu ist in Abschnitt 3.2.1 angegeben.)

Lösungen zu den Übungsaufgaben

2.1.a. Einheitsimpuls: $F(z)=1$; $R=0$; keine Pole.

$$\text{Einheitssprung}: \quad F(z) = \sum_{n=0}^{\infty} z^{-n} = \frac{1}{1-z^{-1}} = \frac{z}{z-1} \; ; \quad R = 1 \; ; \quad z_\mathrm{P} = 1 \; .$$

2.1.b. $F(z) = \sum\limits_{n=0}^{\infty} a^n z^{-n} = \dfrac{1}{1-(z/a)^{-1}} = \dfrac{z}{z-a} \; ; \quad R = a \; ; \quad z_\mathrm{P} = a$. Berechnung mit

Modulationssatz: siehe (2.7). Die Beziehung gilt auch dann, wenn a komplex ist.

2.1.c. Es gilt: $\cos bn = \frac{1}{2}[e^{jbn} + e^{-jbn}] \; ; \quad \mathbf{Z}\{e^{jbn}\} = \dfrac{z}{z-e^{jb}} \; ; \quad$ hieraus

$$F(z) = \frac{1}{2}\left[\frac{z}{z-e^{jb}} + \frac{z}{z-e^{-jb}}\right] = \frac{z(z-\cos b)}{z^2 - 2z\cos b + 1} \; ;$$

$$R = 1 \; ; \quad z_{\mathrm{P}1,2} = \exp(\pm jb) = \cos b \pm j\sin b \; .$$

entsprechend: $\mathbf{Z}\{\sin bn\} = \dfrac{z\sin b}{z^2 - 2z\cos b + 1}$. Weitere z-Transformierte sind in der Literatur angegeben, beispielsweise bei Oppenheim und Schafer (1989) oder bei Marko (^{2}1982:203).

2.1.d. $F(z) = \dfrac{\frac{z}{a}\left(\frac{z}{a} - \cos b\right)}{[\frac{z}{a}]^2 - 2\frac{z}{a}\cos b + 1} = \dfrac{z(z - a\cos b)}{z^2 - 2az\cos b + a^2} ;$

$$R = a \; ; \quad z_{\mathrm{P}1,2} = a\exp(\pm jb) = a(\cos b \pm j\sin b) \; .$$

2.1.e. Es ist $f(n)=1^n$; hieraus folgt entsprechend Aufgabe 2.1.b $F(z) = \dfrac{z}{z-a}$.

2.2.a. Für eine reelle Folge $a(n)$ gilt $A(z^*)=A^*(z)=A_\mathrm{R}(z) - jA_\mathrm{I}(z)$, wenn A_R und A_I Real- und Imaginärteil von $A(z)$ sind. Für eine komplexe Folge $\mathbf{f}(n)=a(n)+jb(n)$ und die zugehörige konjugiert komplexe Folge $\mathbf{g}(n)=\mathbf{f}^*(n)=a(n)-jb(n)$ erhalten wir entsprechend (unter Weglassung des Arguments z auf den rechten Seiten aus Platzgründen)

$$F(z) = A_\mathrm{R} + jA_\mathrm{I} + j(B_\mathrm{R} + jB_\mathrm{I}) = A_\mathrm{R} - B_\mathrm{I} + j(A_\mathrm{I} + B_\mathrm{R}) \; ;$$

$$F(z^*) = A_\mathrm{R} - jA_\mathrm{I} + j(B_\mathrm{R} - jB_\mathrm{I}) = A_\mathrm{R} + B_\mathrm{I} - j(A_\mathrm{I} - B_\mathrm{R}) \; ;$$

$$F^*(z^*) = A_\mathrm{R} + B_\mathrm{I} + j(A_\mathrm{I} - B_\mathrm{R}) \; ;$$

$$G(z) = A_\mathrm{R} + jA_\mathrm{I} - j(B_\mathrm{R} + jB_\mathrm{I}) = A_\mathrm{R} + B_\mathrm{I} + j(A_\mathrm{I} - B_\mathrm{R}) = F^*(z^*) \; .$$

2.2.b. Mit $u=z^{-1}$ folgt die Aussage unmittelbar aus der Definition (2.16) bzw. aus (2.18).

2.2.c. Diese Aussage folgt unmittelbar aus der Definition (2.1), wenn wir bedenken, daß für $z\to\infty$ auch $|z|$ gegen Unendlich strebt.

2.3.a. Pole der z-Transformierten bei $\exp(\pm j\pi/40)$ sowie bei $\exp(\pm j\pi/10)$.

2.3.b. Pole bei $0{,}9\cdot\exp(\pm j\pi/40)$ sowie bei $0{,}9\cdot\exp(\pm j\pi/10)$.

2.3.c. Folge wird komplex: 2; $1{,}7967j$; $-1{,}2600$; $-0{,}5819j$; 0; $-0{,}292j$; $-0{,}221$; $-0{,}1449j$; usw. Die Pole wurden um $90°$ im Uhrzeigersinn gedreht und liegen nun bei $\exp(-2j\pi/5)$, $\exp(-19j\pi/40)$, $\exp(-21j\pi/40)$ sowie $\exp(-3j\pi/5)$.

2.3.d. Gewichtung mit $\cos(\pi n/2)$. Hierdurch werden 4 Pole im 1. und 2. Quadranten der z-Ebene ergänzt, und das Signal wird reell.

2.4.a. Die Mindestabtastfrequenz beträgt mehr als 6 kHz, da die höchste Komponente im Signal die Frequenz 3 kHz besitzt. Eine Abtastfrequenz von genau 6 kHz genügt nicht.

2.4.b. Wenn das Signal mit 5 kHz abgetastet wird, so entstehen Aliasverzerrungen; die 3-kHz-Schwingung wird auf 2 kHz gespiegelt (wobei die 3-kHz-Schwingung selbst erhalten bleibt). Enthält das ursprüngliche Signal keine Komponenten zwischen 1,5 und 2,5 kHz, so kann es richtig wiederhergestellt werden, wenn nach der Rückwandlung oder der Erhöhung der Abtastfrequenz die 2-kHz-Komponente entfernt wird.

2.4.c. Alle Abtastwerte werden Null. Bei dieser Abtastfrequenz wird die 3-kHz-Schwingung in Gegenphase auf die 1-kHz-Schwingung gespiegelt.

2.4.d. Enthalten sind folgende Komponenten (Angaben in kHz): 1; 3; 7; 9; 11; 13.

2.5.a. Es ergeben sich 4 Abtastwerte je Periode: $\{0, A, 0, -A\}$.

2.5.b. Die Messung wird richtig, wenn eine Stützstelle in ein Maximum der Schwingung fällt. Dies trifft zu für $\phi=0$, $\pi/2$, π, $3\pi/2$. Der größte Fehler tritt auf, wenn $\phi=\pi/4$ wird. Dann ist der größte Wert um $45°$ gegen das Maximum phasenverschoben; der Fehler beträgt rund 30%. Verlängerung des Meßintervalls bringt keine Verbesserung.

2.5.c. Wenn die Periodendauer des Signals kein ganzzahliges Vielfaches des Abtastintervalls ist; dann wird früher oder später eine Stützstelle mit einem Extremwert zusammenfallen.

2.6.a. $y(n) = x(n) - x(n-5) + y(n-1)$. Das Filter hat einen Pol bei $z=1$ und kann daher nur als bedingt stabil angesehen werden. Jedoch hat das Filter bei $z=1$ mit Sicherhait auch eine Nullstelle, die den Pol kompensiert; die Gesamtübertragungsfunktion wird stabil.

2.6.b. Für die Rücktransformation kann das Divisionsverfahren nach Abschnitt 2.4.2 eingesetzt werden. Die Impulsantwort wird endlich; das Filter ist also ein Transversalfilter. Das Filter ist also auch unbedingt stabil. Dies bedeutet aber nicht, daß eine Implementierung mit der rekursiven Zustandsgleichung nach *2.5.a* nicht instabil werden könnte. Dies kann jederzeit geschehen, wenn die Struktur derart gewählt wird, daß das Signal den rekursiven Teil *vor* dem nichtrekursiven durchläuft (Siehe hierzu auch Aufgabe *2.6.a*). Nachstehend das zugehörige Schema.

2.6.c. $H(z) = (z^4 + z^3 + z^2 + z + 1)\,/\,z^4$. Ein Filter dieser Impulsantwort ist als *Spalttiefpaß* bekannt.

2.7. $H(z) = z\,/\,(z-1)$. Das Filter hat einen Pol auf dem Einheitskreis bei $z=1$. Es ist also bedingt stabil. Die Übertragungsfunktion ist identisch mit der z-Transformierten des Ein-

n	$h(n)$	.	z^5	z^4	z^3	z^2	z^1	z^0
		$G(z)$	1	−1	0	0	0	0
.		$D(z)$	1	0	0	0	0	−1
0	1	0	1	0	0	0	−1	0
1	1	0	1	0	0	−1	0	0
2	1	0	1	0	−1	0	0	0
3	1	0	1	−1	0	0	0	0
4	1	0	0	0	0	0	0	.

heitssprungs (siehe *2.1.a*). Die Impulsantwort ergibt also den Einheitssprung. Ein solches Filter ist bekannt als *Integratorfilter* 1. Grades. Die Stabilitätsbedingung (2.84) ist nicht erfüllt. Die hier noch gegebene bedingte Stabilität bedeutet folgendes:

- Das Filter ist wertemäßig und asymptotisch stabil, wenn die z-Transformierte $X(z)$ des Eingangssignals für $z=1$ verschwindet. Für ein solches Eingangssignal sind also (1.10) und − sofern das Eingangssignal finit ist − (1.11) erfüllt.

- Das Filter ist wertemäßig stabil, wenn das Signal endlich ist; es ist also (1.10) erfüllt, nicht aber (1.11); es ergibt sich $\lim\limits_{n \to \infty} y(n) = \sum\limits_{n=0}^{N} x(n)$, wenn das Eingangssignal auf den Bereich $\{0, N\}$ beschränkt ist.

2.8.a. $H(z) = z^2 / (z^2 + 0{,}81)$; $z_{P1,2} = \pm\, 0{,}9j$; $r_P = 0{,}9$.

2.8.b. $x(n) = \{1,\ 0,\ -1,\ 0,\ \dots \}$. Hieraus ergibt sich mit der Zustandsgleichung

$y(k{=}2n) = \{\, 1;\ -1{,}81,\ 2{,}46;\ -2{,}99;\ 3{,}43;\ -3{,}77;\ 4{,}06;\ -4{,}29;\ 4{,}47;\ -4{,}62;\ 4{,}74;\ -4{,}84;\ 4{,}92;$ $-4{,}98;\ 5{,}04;\ -5{,}08;\ \dots \}$. Für ungeradzahlige n wird $y(n)$ zu Null.

2.8.c/d. $X(z) = z^2 / (z^2 + 1)$; damit $Y(z) = H(z)\,X(z) = z^4 / (z^4 + 1{,}81z^2 + 0{,}81)$. Zum Divisionsverfahren siehe das Schema in *2.5.b*.

2.8.e. Für $z{=}j$ erhalten wir $H(j) = -1 / (-1 + 0{,}81) = 5{,}2631$; das Filter ist also nach etwa 25 Abtastwerten eingeschwungen (dies entspricht etwa 6 Perioden des Eingangssignals).

2.9. Aufeinanderfolgende Rechtsmultiplikationen der Matrix $\mathbf{M}_{2k}$ mit den Matrizen

$$\begin{bmatrix} 1 & d_0 & 0 & 0 \\ 0 & 1 & 0 & 0 \\ 0 & 0 & 1 & 0 \\ 0 & 0 & 0 & 1 \end{bmatrix}, \quad \begin{bmatrix} 1 & 0 & d_1 & 0 \\ 0 & 1 & 0 & 0 \\ 0 & 0 & 1 & 0 \\ 0 & 0 & 0 & 1 \end{bmatrix}, \quad \begin{bmatrix} 1 & 0 & 0 & d_2 \\ 0 & 1 & 0 & 0 \\ 0 & 0 & 1 & 0 \\ 0 & 0 & 0 & 1 \end{bmatrix}$$

entfernt die Elemente der 1. Zeile außerhalb der Hauptdiagonalen, ohne die übrigen Elemente zu beeinflussen; damit ergibt sich eine Matrix, auf die nach Elimination des verbindungsfreien Knotens (1. Zeile und Spalte) die Sarrus'sche Regel angewendet werden kann:

$$\begin{bmatrix} 1 & 0 & 0 & 0 \\ 0 & 1 & g_1 & g_2 \\ 0 & -z^{-1} & 1 & 0 \\ 0 & 0 & -z^{-1} & 1 \end{bmatrix} .$$

3. Spezielle Systeme: Digitale Filter 1. und 2. Grades, Allpässe, minimalphasige und linearphasige Filter

Nachdem jedes digitale Filter aus Blöcken 1. und 2. Grades aufgebaut werden kann, wollen wir uns zunächst mit diesen beiden elementaren Filtertypen näher befassen (Abschnitte 3.1 und 3.2). Abschnitt 3.3 behandelt die Eigenschaften von Allpaßfiltern; Abschnitt 3.4 beschäftigt sich mit minimalphasigen Systemen, und Abschnitt 3.5 behandelt linearphasige Filter. In diesem Kapitel beschränken wir uns auf die Beschreibung reellwertiger Systeme. Komplexe Filter 1. Grades sowie Allpässe mit komplexen Koeffizienten werden in Abschnitt 8.1 behandelt.

3.1 Das digitale Filter 1. Grades

3.1.1 Zustandsgleichung und Struktur. Das digitale Filter 1. Grades (Bild 3.1) ist definiert durch seine Zustandsgleichung und Übertragungsfunktion:

$$y(n) \;=\; d_0\,x(n) \;+\; d_1\,x(n-1) \;-\; g_1\,y(n-1)\;; \tag{3.1}$$

$$H_1(z) \;=\; \frac{d_0\,z + d_1}{z + g_1}\;. \tag{3.2}$$

Dies ergibt einen Pol und eine Nullstelle auf der reellen z-Achse:

$$z_\mathrm{P} = -g_1\;;\quad z_0 = -d_1\,/\,d_0\;. \tag{3.3}$$

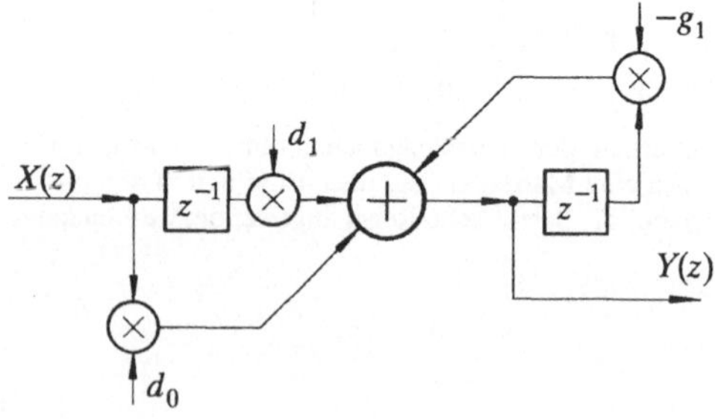

Bild 3.1. Digitales Filter 1. Grades in (nichtkanonischer) Direktstruktur

Der Frequenzgang (Betrag und Phase) sowie die Gruppenlaufzeit sind bestimmt durch

$$|H_1(\Omega)| \; = \; d_0 \cdot \sqrt{\frac{1 + 2D\cos\Omega + D^2}{1 + 2g_1\cos\Omega + g_1^2}} \quad \text{mit } \; D = \frac{d_1}{d_0} \; ; \tag{3.4}$$

$$\phi_1(\Omega) = \arctan\frac{\sin\Omega}{\cos\Omega + g_1} \; - \; \arctan\frac{\sin\Omega}{\cos\Omega + D} \; ; \tag{3.5}$$

$$\tau_{G1}(\Omega) = \frac{1 - g_1\cos\Omega}{1 + 2g_1\cos\Omega + g_1^2} \; - \; \frac{1 + D\,\cos\Omega}{1 + 2D\cos\Omega + D^2} \; . \tag{3.6}$$

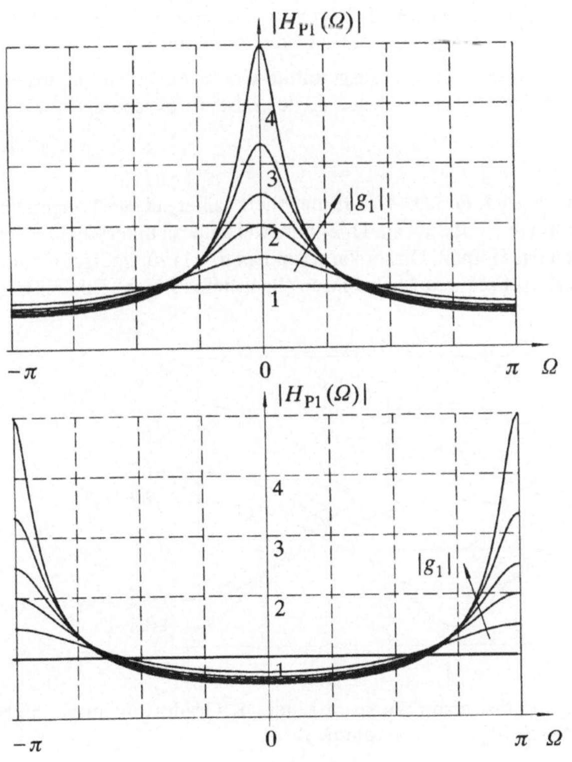

Bild 3.2. Amplitudengang des rein rekursiven Filters 1. Grades. (Oben) Tiefpaß; (unten) Hochpaß. Filterkoeffizient: $|g_1| =$ 0,33; 0,5; 0,6; 0,7; 0,8.

3.1.2 Das rein rekursive Filter 1. Grades. Bei diesem Filter sind je nach Wert des Koeffizienten g_1 drei Fälle zu unterscheiden:

1) g_1 *ist betragsmäßig größer oder gleich 1.* In diesem Fall liegt der Pol nicht innerhalb des Einheitskreises; das Filter wird instabil. Als Stabilitätsbedingung für das Filter 1. Grades gilt daher

$$|g_1| < 1 . \tag{3.7}$$

2) g_1 *ist negativ und liegt zwischen 0 und -1.* In diesem Fall entsteht ein Tiefpaß mit dem Maximum des Amplitudengangs beim Wert $\Omega=0$ und dem Minimum bei $\Omega=\pi$:

$$|H_{\mathrm{P1}}(\Omega=0)| = \frac{1}{1+g_1} ; \quad |H_{\mathrm{P1}}(\Omega=\pi)| = \frac{1}{1-g_1} . \tag{3.8}$$

3) g_1 *ist positiv und liegt zwischen 0 und 1.* In diesem Fall ergibt sich ein Hochpaß. Das Minimum des Amplitudengangs liegt bei der Frequenz Null.

Bild 3.2 zeigt den Amplitudengang für ausgewählte Werte von g_1. Die Impulsantwort des rein rekursiven Filters ergibt sich gemäß der Zustandsgleichung (3.1) zu

$$h_{\mathrm{P1}}(n) = (-g_1)^n . \tag{3.9}$$

3.1.3 Das nichtrekursive Filter 1. Grades. Der Einfachheit halber sei $d_0=1$ angenommen. Wegen der unbedingten Stabilität sind hier nur zwei Fälle zu unterscheiden. Ist d_1 positiv, so ergibt sich ein Tiefpaß. Dieser kann (im Fall $d_1=1$) zur völligen Unterdrückung der (normierten) Frequenz $\Omega=\pi$ führen (Spalttiefpaß, siehe Bild 3.3). Ist

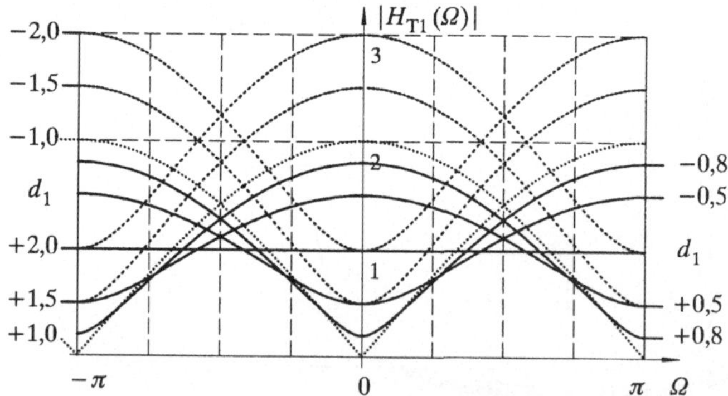

Bild 3.3. Amplitudengang des nichtrekursiven Filters 1. Grades für ausgewählte Werte des Koeffizienten d_1 (d_0 zu 1 angenommen)

d_1 negativ, so ergibt sich ein Hochpaß, der zur völligen Unterdrückung der Frequenz Null führen kann ($d_1=-1$, digitales Differenzierglied 1. Grades). Die Impulsantwort dieser Filter ergibt sich zu

$$h_{T1}(0) = d_0 \; ; \quad h_{T1}(1) = d_1 \; ; \quad h_{T1}(n) \equiv 0 \quad \text{für} \quad n > 1 \; . \tag{3.10}$$

Im Fall $|d_1| < 1$ existiert zu einem gegebenen nichtrekursiven Filter ein rekursives stabiles Filter mit reziproker Übertragungsfunktion (*inverses Filter*). Für $|d_1| > 1$ ergibt sich aus Stabilitätsgründen kein rekursives Pendant.

3.2 Das digitale Filter 2. Grades

Das Filter 2. Grades (Bild 3.4) ist definiert durch die Zustandsgleichung

$$y(n) = d_0 x(n) + d_1 x(n-1) + d_2 x(n-2) - g_1 y(n-1) - g_2 y(n-2) \; . \tag{3.11}$$

Hieraus erhält man die Übertragungsfunktion

$$H_2(z) = \frac{d_0 z^2 + d_1 z + d_0}{z^2 + g_1 z + g_2} \; . \tag{3.12}$$

Das Filter besitzt zwei Pole und zwei Nullstellen:

$$z_{P1,2} = \frac{1}{2} \left[-g_1 \pm \sqrt{g_1^2 - 4g_2} \right] \; ; \tag{3.13a}$$

$$z_{01,2} = \frac{1}{2d_0} \left[-d_1 \pm \sqrt{d_1^2 - 4d_0 d_2} \right] \; . \tag{3.13b}$$

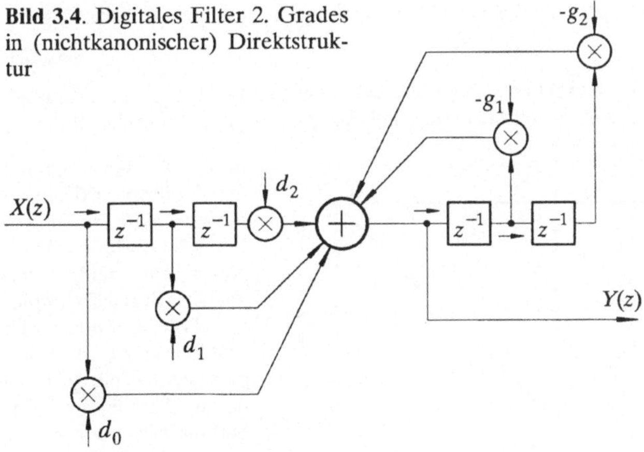

Bild 3.4. Digitales Filter 2. Grades in (nichtkanonischer) Direktstruktur

Die beiden Pole z_{P1} und z_{P2} werden komplex, wenn die Bedingung

$$g_1^2 - 4g_2 < 0 \tag{3.14}$$

erfüllt ist. Ansonsten werden die Pole reell. Eine entsprechende Bedingung kann auch für die Nullstellen abgeleitet werden. Im Fall reeller Pole oder Nullstellen läßt sich der entsprechende Teil des Filters in zwei Teilsysteme 1. Grades aufspalten. Dieser Fall wird hier nicht weiter behandelt.

3.2.1 Rein rekursives digitales Filter 2. Grades mit komplexen Polen. Aus der Bedingung für das rein rekursive Filter

$$d_1 = d_2 = 0$$

ergibt sich die Übertragungsfunktion

$$H_{P2}(z) = \frac{d_0\, z^2}{z^2 + g_1\, z + g_2} \; . \tag{3.15}$$

Die Lage der Pole bleibt gegenüber dem gemischt rekursiv-nichtrekursiven Filter unverändert. Für komplexe Pole [siehe (3.14)] ergibt sich:

$$z_{P1,2} = r_P \exp\left(j\phi_{P1,2}\right) = \frac{1}{2}\left[\, -g_1 \pm j\, \sqrt{4g_2 - g_1^2}\,\right] ; \tag{3.16}$$

Hieraus folgt für den Polradius r_P und die Polwinkel $\phi_{P1,2}$:

$$r_P^2 = \frac{1}{4}\left[\, g_1^2 + (\, 4g_2 - g_1^2\,)\right] = g_2 \; ; \quad 2\,r_P \cos\phi_{P1,2} = -g_1 \; . \tag{3.17a,b}$$

Aus (3.17a) folgt sofort eine erste notwendige Stabilitätsbedingung für das Filter:

$$g_2 < 1 \; . \tag{3.18a}$$

Die weiteren Grenzen ergeben sich aus der Bedingung (3.14), daß die Pole komplex sein müssen. Die zweite Stabilitätsbedingung liegt ganz im Bereich reeller Pole:

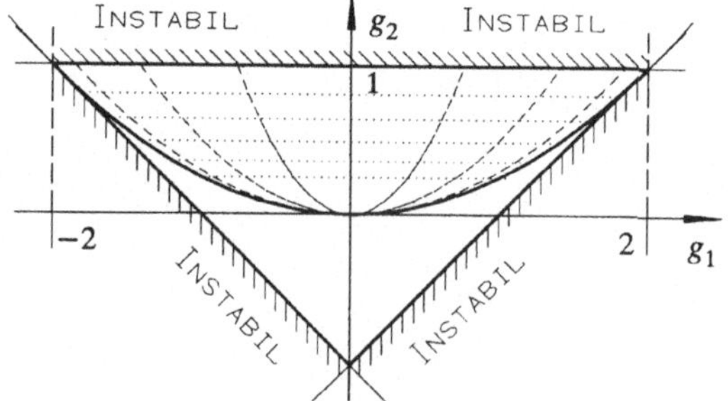

Bild 3.5. Wertebereich der Filterkoeffizienten für ein stabiles rekursives Filter 2. Grades mit komplexen oder reellen Polen. Der Bereich komplexer Pole befindet sich zwischen der (mit durchgezogener Linie gezeichneten) Parabel und der Stabilitätsgrenze $g_2 = 1$

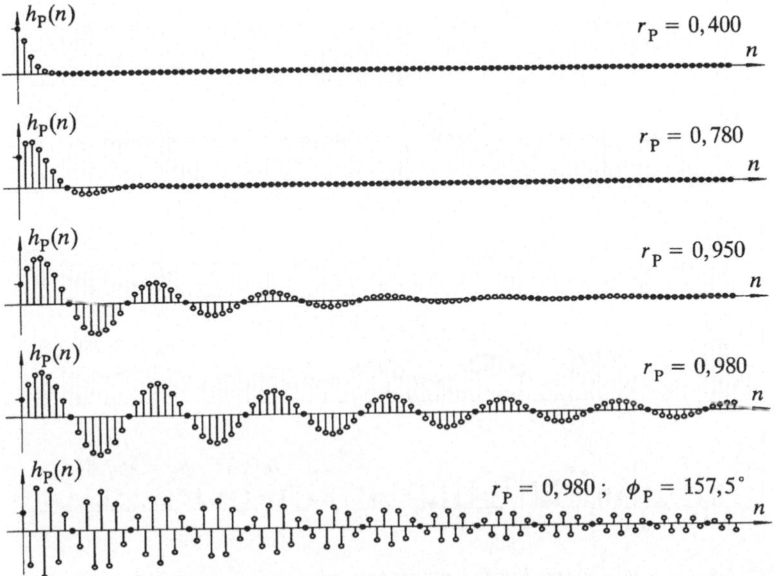

Bild 3.6a. Beispiele für die Impulsantwort rein rekursiver digitaler Filter 2. Grades; Polwinkel (wo nichts anderes angegeben): 22,5°

$$|g_1| < 1 + g_2 \; . \tag{3.18b}$$

Bild 3.5 zeigt die möglichen Werte für die beiden Koeffizienten; Bild 3.6a zeigt die Impulsantwort, Bild 3.6b die Sprungantwort des Filters für einen Polwinkel von 22,5° [157,5°] und verschiedene Werte von r_P.

Die Lage der Pole in der z-Ebene läßt sich aus den Koeffizienten leicht erkennen. Für $g_2 = const$ erhalten wir konzentrische Kreise um den Ursprung der z-Ebene; für $g_1 = const$ ergeben sich Parallelen zur imaginären z-Achse (vgl. hierzu auch Abschnitt 4.1.1). Aus der Übertragungsfunktion erhalten wir für den Amplitudengang sowie für den Beitrag des Polpaares zu Phasengang und Gruppenlaufzeit[1] nach längerer Umformung:

---

[1] Nicht berücksichtigt ist hier der Beitrag von Nullstellen in $z=0$ [siehe (3.15)]. Eine Nullstelle in $z=0$ beeinflußt den Amplitudengang nicht. Zum Phasengang steuert sie einen linearen Anteil von $\phi_{00} = -\Omega$ und zur Gruppenlaufzeit einen konstanten Wert von $\tau_{G00} = -1$ bei.

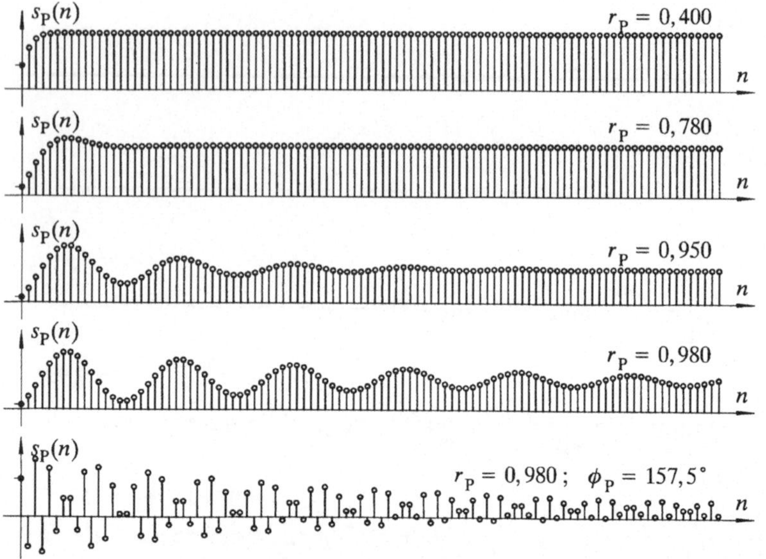

Bild 3.6b. Beispiele für die Sprungantwort rein rekursiver digitaler Filter 2. Grades; Polwinkel (wo nichts anderes angegeben): 22,5°

$$|H_{P2}(\Omega)| = \frac{1}{\sqrt{(1+g_1\cos\Omega + g_2\cos 2\Omega)^2 + (g_1\sin\Omega + g_2\sin 2\Omega)^2}} \; ; (3.19)$$

$$\phi_{P2}(\Omega) = \arctan\frac{g_1\sin\Omega + g_2\sin 2\Omega}{1 + g_1\cos\Omega + g_2\cos 2\Omega} \; ; \tag{3.20}$$

$$\tau_{GP2}(\Omega) = \frac{(1+g_1\cos\Omega + g_2\cos 2\Omega)^2}{(1+g_1\cos\Omega + g_2\cos 2\Omega)^2 + (g_1\sin\Omega + g_2\sin 2\Omega)^2}$$

$$= 1 - \frac{1 - g_2^2 + g_1(1-g_2)\cos\Omega}{1 + g_1^2 + g_2^2 + 2g_1(1+g_2)\cos\Omega + 2g_2\cos 2\Omega} \; . \tag{3.21}$$

Bild 3.7 zeigt in einem Beispiel das Frequenzverhalten rein rekursiver Filter 2. Grades. Wie aus dem Bild ersichtlich, stellt das rein rekursive Filter 2. Grades ein *Resonanzfilter* dar.

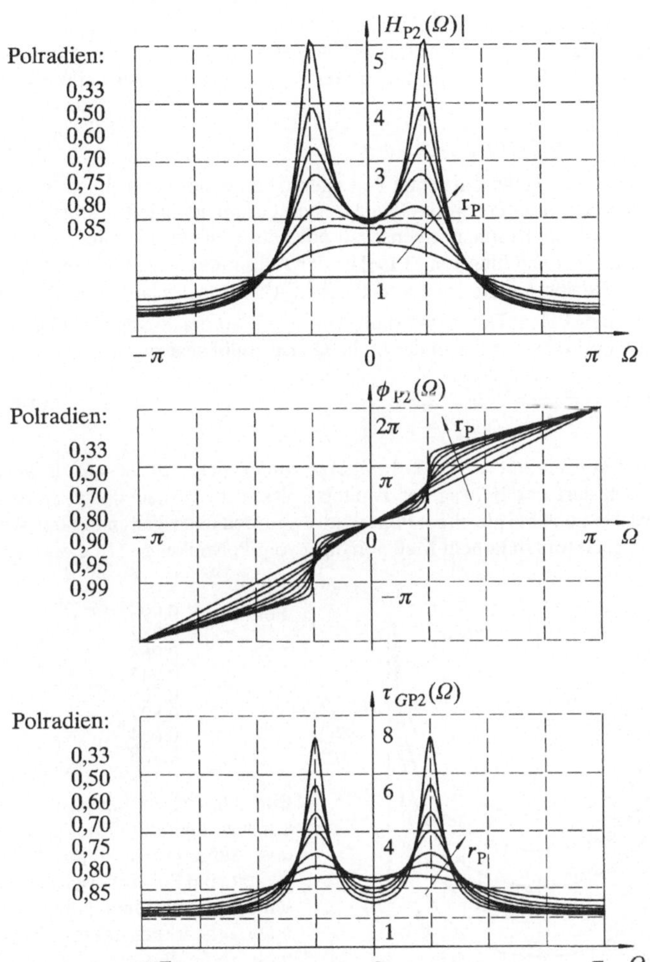

Bild 3.7. Beispiel für das Frequenzverhalten rein rekursiver digitaler Filter 2. Grades. (Oben) Amplitudengang; (Mitte) Beitrag des Polpaares zum Phasengang; (unten) Beitrag des Polpaares zur Gruppenlaufzeit. Der Polwinkel beträgt 45° (entspricht Resonanzfrequenz = Abtastfrequenz/8)

Der Beitrag des Polpaares (und eines Poles allgemein) zum Phasengang ist eine monoton steigende Funktion. Definieren wir den *Phasenzuwachs* (Schüßler, [3]1991b:237) als die Differenz zwischen den Werten des Phasenganges bei $\Omega=\pi$ und $\Omega=0$,

$$\Delta\phi = \phi\,(\Omega{=}\pi) - \phi\,(\Omega{=}0) \ , \tag{3.22}$$

so ergibt sich der Beitrag des einzelnen Poles gerade zu π, der des Polpaares damit zu $\phi=2\pi$. Der Beitrag eines Poles oder Polpaares zur Gruppenlaufzeit ist stets positiv.

Im folgenden soll die Resonanzeigenschaft noch etwas näher untersucht werden. Nach (2.59) [ohne Verwendung von (3.19)] ist der Amplitudengang bestimmt durch das Produkt der Reziprokwerte der geometrischen Abstände des laufenden Punktes $e^{j\Omega}$ von den beiden Polen. Der Verstärkungsfaktor V_R an der Resonanzstelle, also der Wert des Amplitudenganges an der Stelle $\Omega=\phi_P$ ergibt sich zu

$$V_R = \frac{1}{(1{-}r_P)\cdot\sqrt{1 + 2r_P\cos 2\phi_P + r_P^2}} \ . \tag{3.23}$$

Der Beitrag des Poles mit positivem Polwinkel ϕ_P nimmt sicher für $\Omega=\phi_P$ ein Maximum an. Jedoch darf der Beitrag des zweiten Poles nicht vernachlässigt werden. Zum einen wird — auch bei gleichem Polradius r_P — durch den zweiten Pol der Wert des Verstärkungsfaktors in hohem Maß abhängig vom Polwinkel ϕ_P (Bild 3.8); zum

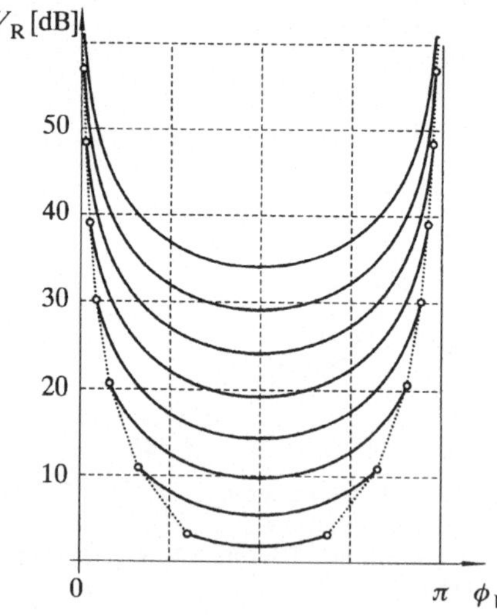

Polradien: 0,990
0,982
0,968
0,944
0,900
0,822
0,684
0,438

Bild 3.8. Eigenschaften rein rekursiver digitaler Filter 2. Grades. Aufgetragen ist in Abhängigkeit vom Polwinkel ϕ_P für verschiedene Polradien r_P der maximale Verstärkungsfaktor des Filters (bei Resonanzfrequenz). Die punktiert gezeichnete Begrenzungslinie gibt an, bis zu welchem Polwinkel bei gegebenem Polradius ein Resonanzverhalten zu beobachten ist anderen wird aber auch die tatsächliche Lage des Verstärkungsmaximums unter dem Einfluß des zweiten Poles aus der eigentlichen Resonanzstelle $\Omega = \phi_P$ in Richtung der reellen Achse verschoben, und zwar um so stärker, je kleiner der Polradius wird, und je näher die Pole an der reellen Achse liegen. (Bei sehr schmalbandigen Filtern kann diese Verschiebung in den meisten Fällen vernachlässigt werden.) Im Grenzfall ergibt sich das Maximum des Amplitudenganges trotz komplexer Pole sogar auf der reellen Achse der z-Ebene bei $z = \pm 1$, also bei $\Omega = 0$ bzw. $\Omega = \pi$ (Bild 3.9).

Diese Eigenschaft der *Aperiodizität* stark gedämpfter oder tieffrequenter Resonanzfilter tritt auch in analogen Systemen auf. Charakteristisch für digitale Systeme ist jedoch, daß diese Erscheinung auch bei hohen Frequenzen in der Nähe von $\Omega = \pi$ zu beobachten ist.

Die *Bandbreite* einer Resonanz ist definiert als das an die Resonanzfrequenz beidseitig angrenzende Frequenzband, innerhalb dessen der Amplitudengang auf das $(\sqrt{2}/2)$-fache des Maximalwertes abklingt. Dies entspricht einer Dämpfung um 3 dB. Die Bandbreite kann i.a. nur näherungsweise berechnet werden. Eine einfache Näherung läßt sich dann angeben, wenn die Entfernung der beiden Pole des Filters zur nächstgelegenen Stelle des Einheitskreises klein ist gegenüber der Entfernung der Pole voneinander, d.h., wenn auf dem Einheitskreis in der Umgebung des einen Poles den Einfluß des anderen Poles vernachlässigt werden kann; außerdem muß das Filter so schmalbandig sein, daß sich bei dieser Rechnung der Einheitskreis durch

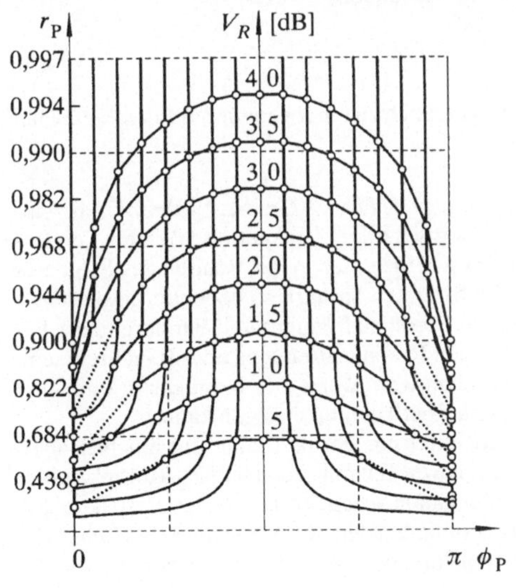

Bild 3.9. Eigenschaften der Resonanz rein rekursiver digitaler Filter 2. Grades. Aufgetragen ist über dem Polwinkel ϕ_P für verschiedene Polradien r_P die normierte Frequenz Ω, bei der das Maximum des Amplitudenganges auftritt, sowie der Verstärkungsfaktor V_R bei dieser Frequenz ($d_0 = 1$). Der Maßstab bei den Polradien ist so gewählt, daß der gleiche Verstärkungsabfall (bezogen auf die normierte Frequenz $\pi/2$) stets durch die gleiche Distanz zwischen den Kurven abgebildet wird

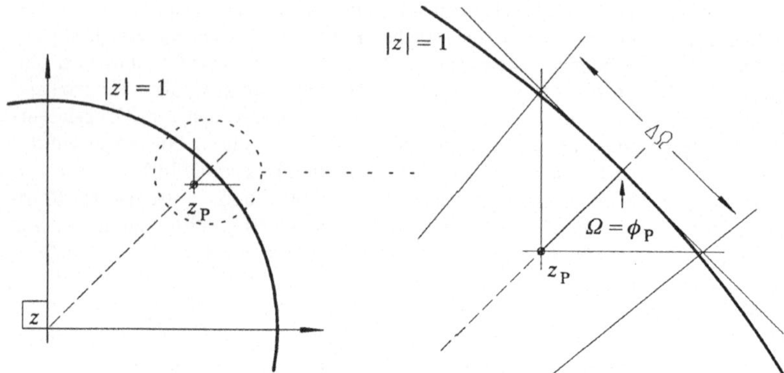

Bild 3.10. Zur Bestimmung der Bandbreite nach der Faustformel (3.24)

die Tangente in der Resonanzstelle ersetzen läßt (siehe Bild 3.10). Wir erhalten in diesem Fall unter Verwendung von (2.59)

$$\Delta\Omega \approx 2 \cdot (1 - r_\mathrm{P})\tag{3.24a}$$

oder in realen Frequenzen, wenn die Abtastfrequenz f_T beträgt:

$$B \approx \frac{2 \cdot (1 - r_\mathrm{P}) \cdot f_\mathrm{T}}{2\pi}.\tag{3.24b}$$

Bild 3.11 zeigt den Fehler, der sich im Vergleich zu einer genaueren Berechnung bei Anwendung dieser Formel ergibt.

3.2.2 Spezielle Strukturen für rein rekursive digitale Filter 2. Grades. Nach (3.17a,b) wird bei Anwendung der Direktstruktur (kanonisch oder nichtkanonisch) durch den Koeffizienten g_2 der Betrag und durch den Koeffizienten g_1 der Realteil des Polpaares dargestellt. Wird einer der beiden Koeffizienten variiert, so bedeutet dies zwangsläufig stets eine simultane Änderung von Resonanzfrequenz *und* Bandbreite des Filters. Für manche Anwendungen, bei denen Resonanzfrequenz oder Bandbreite einzeln einstellbar sein sollen, ist es wünschenswert, wenn dies in möglichst einfacher Weise durch Änderung jeweils nur eines Koeffizienten erfolgen kann.

Ein solches Verhalten des Filters wird durch eine Strukturänderung möglich; allerdings ist es hierzu erforderlich, den rekursiven Teil mit drei oder vier Multiplizierern (anstelle von zwei Multiplizierern bei der kanonischen Struktur) auszustatten. Im folgenden werden einige Strukturen vorgestellt, bei denen ein besonders einfacher Zusammenhang zwischen der Lage der Pole und dem Wert der Koeffizienten besteht.

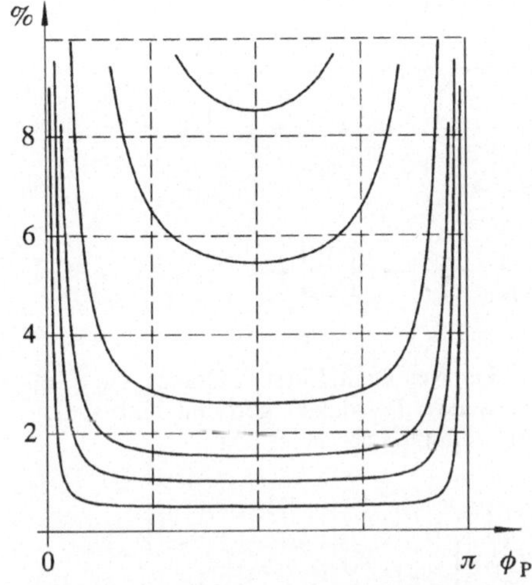

Polradien: 0,85
0,90
0,95
0,97
0,98
0,99

Bild 3.11. Bandbreite von Resonanzen. Aufgetragen ist der prozentuale Fehler bei Anwendung der Faustformel (3.24) für verschiedene Polradien abhängig vom Polwinkel ϕ_P . Bei Polen in der Nähe der reellen Achse und bei Polradien von 0.9 und weniger wird die Formel unbrauchbar

Bild 3.12 zeigt die Struktur eines rein rekursiven Digitalfilters 2. Grades, dessen einer Koeffizient c_1 den Polradius r_P und dessen anderer Koeffizient c_2 den Kosinus des Polwinkels ϕ_P bestimmt. Die Übertragungsfunktion ergibt sich zu

$$H_{P2}(z) = \frac{Y(z)}{X(z)} = \frac{1 + c_2}{1 - 2c_1 c_2 z^{-1} + c_1^2 z^{-2}} . \tag{3.25}$$

Hieraus folgt zunächst

$$g_1 = c_1^2 ; \quad g_2 = -2c_1 c_2 \tag{3.26a}$$

und daraus mit (3.17a,b)

$$c_1 = r_P ; \quad c_2 = \cos\phi_P . \tag{3.26}$$

Durch die spezielle Wahl der Koeffizienten wird die Stabilitätsbedingung für dieses Filter besonders einfach; sie lautet

$$0 \leq c_1 < 1 ; \quad -1 \leq c_2 \leq 1 . \tag{3.27}$$

Um das Verfahren der Strukturanalyse mit Hilfe des Signalflußgraphen besser kennenzulernen, sei die Übertragungsfunktion (3.25) ausführlich hergeleitet. Das Filter benötigt 5 Knoten; diese seien mit $\mathbf{K}_1 \ldots \mathbf{K}_5$ bezeichnet. Die Gleichungen für die Knotensignale Y_1 bis Y_5 ergeben sich unmittelbar aus Bild 3.12 wie folgt:

$$Y_1 = Y_2 + c_2 Y_5 ; \quad Y_2 = c_1 z^{-1} Y_4 + X ; \quad Y_3 = -c_1 z^{-1} Y_1 ;$$
$$Y_4 = Y_3 + c_2 Y_5 ; \quad Y_5 = Y_2 - Y_3 \tag{3.28a-e}$$

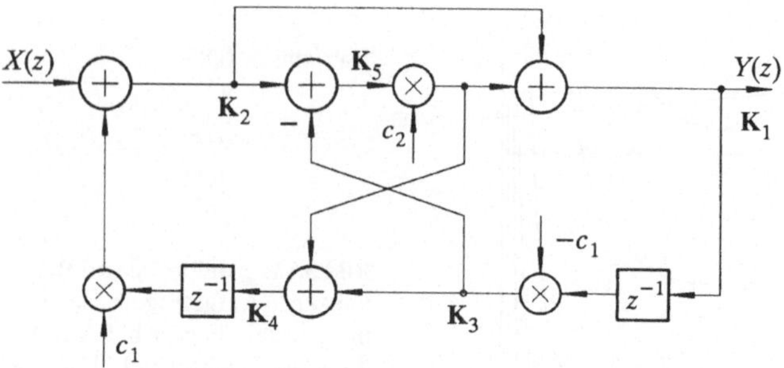

Bild 3.12. Filterstruktur für ein rein rekursives Digitalfilter 2. Grades, die es erlaubt, den Polradius und den (Kosinus des) Polwinkels getrennt einzustellen. (K_1-K_5) Knoten zur Aufstellung der Signalflußmatrix; siehe Text

und in Matrixform

$$\mathbf{M} = \begin{pmatrix} 1 & -1 & 0 & 0 & -c_2 \\ 0 & 1 & 0 & -c_1z^{-1} & 0 \\ c_1z^{-1} & 0 & 1 & 0 & 0 \\ 0 & 0 & -1 & 1 & -c_2 \\ 0 & -1 & 1 & 0 & 1 \end{pmatrix}. \tag{3.28}$$

Einfach zu eliminieren ist Y_2. Zu diesem Zweck muß $\mathbf{M}$ so umgeformt werden, daß die Elemente der 2. Zeile und der 2. Spalte bis auf das Element in der Hauptdiagonalen verschwinden. Zunächst formen wir $\mathbf{M}$ so um, daß das Element in Zeile 2, Spalte 4 verschwindet. Zu diesem Zweck wird eine Rechtsmultiplikation derart durchgeführt, daß nur die 4. Spalte verändert wird:

$$\begin{pmatrix} 1 & -1 & 0 & 0 & -c_2 \\ 0 & 1 & 0 & -c_1z^{-1} & 0 \\ c_1z^{-1} & 0 & 1 & 0 & 0 \\ 0 & 0 & -1 & 1 & -c_2 \\ 0 & -1 & 1 & 0 & 1 \end{pmatrix} \cdot \begin{pmatrix} 1 & 0 & 0 & 0 & 0 \\ 0 & 1 & 0 & c_1z^{-1} & 0 \\ 0 & 0 & 1 & 0 & 0 \\ 0 & 0 & 0 & 1 & 0 \\ 0 & 0 & 0 & 0 & 1 \end{pmatrix}$$

$$= \mathbf{M}_{S51} = \begin{pmatrix} 1 & -1 & 0 & c_1z^{-1} & -c_2 \\ 0 & 1 & 0 & 0 & 0 \\ c_1z^{-1} & 0 & 1 & 0 & 0 \\ 0 & 0 & -1 & 1 & -c_2 \\ 0 & -1 & 1 & -c_1z^{-1} & 1 \end{pmatrix}.$$

Durch zwei aufeinanderfolgende Linksmultiplikationen mit den Matrizen

$$\begin{bmatrix} 1 & 1 & 0 & 0 & 0 \\ 0 & 1 & 0 & 0 & 0 \\ 0 & 0 & 1 & 0 & 0 \\ 0 & 0 & 0 & 1 & 0 \\ 0 & 0 & 0 & 0 & 1 \end{bmatrix} \quad \text{sowie} \quad \begin{bmatrix} 0 & 1 & 0 & 0 & 1 \\ 0 & 0 & 0 & 1 & 0 \\ 0 & 0 & 1 & 0 & 0 \\ 0 & 1 & 0 & 0 & 0 \\ 1 & 0 & 0 & 0 & 0 \end{bmatrix}$$

werden nun die Elemente der 2. Spalte außerhalb der Hauptdiagonalen entfernt; wir erhalten die Matrix

$$\mathbf{M}_{S53} = \begin{bmatrix} 1 & 0 & 0 & c_1 z^{-1} & -c_2 \\ 0 & 1 & 0 & 0 & 0 \\ c_1 z^{-1} & 0 & 1 & 0 & 0 \\ 0 & 0 & -1 & 1 & -c_2 \\ 0 & 0 & 1 & -c_1 z^{-1} & 1 \end{bmatrix}.$$

Der Knoten $\mathbf{K}_2$ besitzt nun zum Rest der Schaltung keine Verbindung mehr und kann entfallen; $\mathbf{M}_{S53}$ wird durch Weglassen der 2. Zeile und der 2. Spalte in die Matrix

$$\mathbf{M}_{S4} = \begin{bmatrix} 1 & 0 & c_1 z^{-1} & -c_2 \\ c_1 z^{-1} & 1 & 0 & 0 \\ 0 & -1 & 1 & -c_2 \\ 0 & 1 & -c_1 z^{-1} & 1 \end{bmatrix}.$$

übergeführt, mit der dann entsprechend zu verfahren ist. Da es nur um die Determinante von $\mathbf{M}$ geht, können wir die Umformung in die Smithsche Normalform bei Erreichen der Matrix

$$\mathbf{M}_{S3} = \begin{bmatrix} 1 & c_1 z^{-1} & -c_2 \\ c_1 z^{-1} & 1 & -c_2 \\ -c_1 z^{-1} & -c_1 z^{-1} & 1 \end{bmatrix}$$

abbrechen und dann die Sarrussche Regel zur Berechnung der Determinanten und damit des Nenners von (3.25) heranziehen (Bronstein und Semendjajew, [25]1991:150).

Bei der Bildung der Adjunkten A_{21} zur Bestimmung des Zählerpolynoms können wir formal entsprechend vorgehen, doch läßt sich aus Bild 3.12 unschwer erkennen, daß beide Zustandsspeicher in Rückkopplungszweigen liegen und somit außer den beiden verzögerungsfreien Verbindungen keine weitere direkte Verbindung vom Eingang zum Ausgang besteht.

Gold und Rader (1969) geben eine Struktur an, die es erlaubt, den Real- und Imaginärteil eines Pols getrennt einzustellen (Bild 3.13). Zwei Filter 1. Grades werden miteinander verkoppelt; die Struktur wird als *gekoppelte Struktur* bezeichnet. Die Zustandsgleichungen lauten:

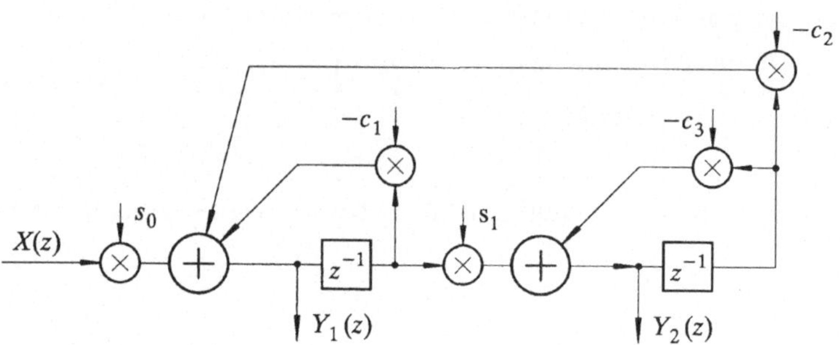

Bild 3.13. Digitales Filter 2. Grades in der gekoppelten Struktur (nach Gold und Rader, 1969)

$$y_1(n) = s_0 x(n) - c_1 y_1(n-1) - c_2 y_2(n-1) \; ;$$
$$y_2(n) = -c_3 y_2(n-1) + s_1 y_1(n-1) \; ;$$

$$(3.29)$$

hieraus ergeben sich je nach Ausgang zwei Übertragungsfunktionen:

$$H_1(z) = \frac{s_0(1 + c_3 z^{-1})}{1 + (c_1 + c_3)z^{-1} + (c_1 c_3 + c_2 s_1)z^{-2}} \; ; \qquad (3.29a)$$

$$H_2(z) = \frac{s_0 s_1 z^{-1}}{1 + (c_1 + c_3)z^{-1} + (c_1 c_3 + c_2 s_1)z^{-2}} \; . \qquad (3.29b)$$

Die Übertragungsfunktion $H_2(z)$ stellt ein rein rekursives Filter dar. Wählt man die Koeffizienten zu

$$c_1 = c_3 = -r_P \cos\phi_P \quad \text{sowie} \quad c_2 = s_1 = -r_P \sin\phi_P, \qquad (3.30)$$

so lassen sich hiermit Real- und Imaginärteil des Polpaares getrennt einstellen.

Lacroix ([2]1985:179) gibt hierzu eine Variante an (Bild 3.14); deren Übertragungsfunktion lautet

$$H(z) = \frac{c_2}{1 + 2c_1 z^{-1} + (c_1^2 + c_2^2)z^{-2}} \; . \qquad (3.31)$$

Durch Anwendung von (3.30) können auch bei diesem Filter Real- und Imaginärteil des Polpaares getrennt eingestellt werden. Die Stabilitätsbedingung lautet in beiden Fällen

$$c_1^2 + c_2^2 < 1 \; . \qquad (3.32)$$

Weitere Strukturen für rein rekursive Filter 2. Grades werden in Abschnitt 6.4 vorgestellt.

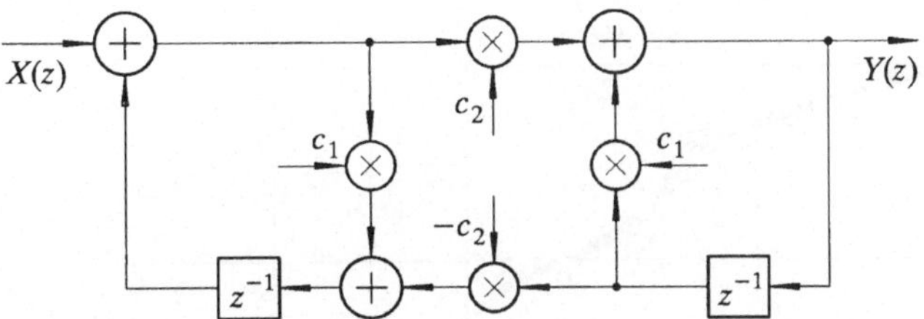

Bild 3.14. Digitales Filter 2. Grades in der gekoppelten Struktur nach Lacroix ([2]1985)

3.2.3 Das nichtrekursive digitale Filter 2. Grades. Wegen der unbedingten Stabilität dieses Filters entfällt eine (3.18) vergleichbare Stabilitätsbedingung. Die Bedingung dafür, daß das Filter nichtrekursiv ist, lautet

$$g_1 = g_2 = 0 \ . \tag{3.33}$$

Der Einfachheit halber sei $d_0 = 1$ angenommen. Dann wird die Übertragungsfunktion

$$H_{T2}(z) \ = \ \frac{z^2 + d_1 z + d_2}{z^2} \ . \tag{3.34}$$

Die Bedingung für komplexe Nullstellen lautet

$$d_1^2 - 4d_2 < 0 \ ; \tag{3.35}$$

dies ergibt für r_0 und $\phi_{01,2}$ analog zum rein rekursiven Filter:

$$z_{01,2} = r_0 \exp(j\phi_{01,2}) = \tfrac{1}{2} \left[-d_1 \pm j \sqrt{4d_2 - d_1^2} \ \right] \ ; \tag{3.36}$$

$$r_0^2 = \tfrac{1}{4} \left[d_1^2 + (4d_2 - d_1^2) \right] = d_2 \ ; \quad 2 r_0 \cos\phi_{01,2} = -d_1 \ . \tag{3.37a,b}$$

Der Amplitudengang sowie die Beiträge des Nullstellenpaares zu Phasengang und Gruppenlaufzeit lassen sich entsprechend dem rekursiven Fall angeben:

$$|H_{T2}(\Omega)| = \sqrt{(1 + d_1 \cos\Omega + d_2 \cos 2\Omega)^2 + (d_1 \sin\Omega + d_2 \sin 2\Omega)^2} \ ; \tag{3.38}$$

$$\phi_{T2}(\Omega) = -\arctan\frac{d_1 \sin\Omega + d_2 \sin 2\Omega}{1 + d_1 \cos\Omega + d_2 \cos 2\Omega} \ ; \tag{3.39}$$

$$\tau_{GT2} = -1 + \frac{1 - d_2^2 + d_1(1 - d_2)\cos\Omega}{1 + d_1^2 + d_2^2 + 2d_1(1 + d_2)\cos\Omega + 2d_2 \cos 2\Omega} \ . \tag{3.40}$$

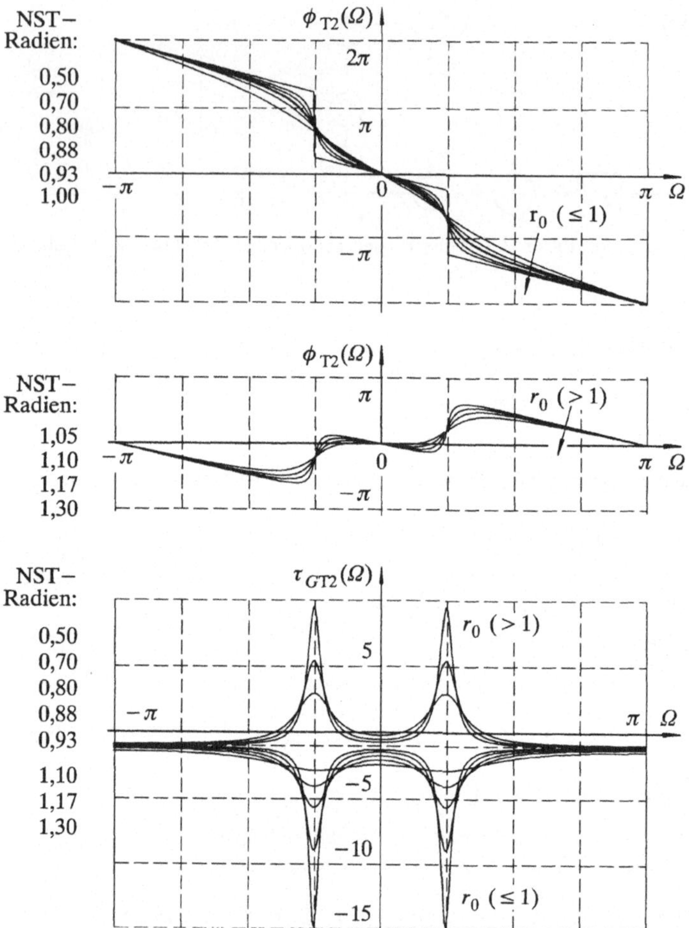

Bild 3.15. Beitrag des Nullstellenpaares zum Phasengang (oben; getrennt für Nullstellenradien ≤ 1 und >1) und zur Gruppenlaufzeit (unten) nichtrekursiver digitaler Filter 2. Grades. Nullstellenwinkel: $45°$

Der Amplitudengang verläuft reziprok zum Amplitudengang rein rekursiver Filter; es ergibt sich eine *Antiresonanz*, mit der sich eine schmalbandige Bandsperre ("Notch Filter") aufbauen läßt. Entsprechend dem Verstärkungsfaktor des Resonanzfilters läßt sich für die Antiresonanz ein *Dämpfungsfaktor* definieren; für ihn sowie für die Lage des Dämpfungsmaximums gelten die entsprechenden Gesetzmäßigkeiten.

Ein Unterschied zum rekursiven Filter ergibt sich im Phasengang. Da wegen der unbedingten Stabilität auch Nullstellen außerhalb des Einheitskreises zugelassen sind, sind je nach Lage der Nullstellen verschiedene Fälle zu unterscheiden. Liegen die Nullstellen innerhalb des Einheitskreises (*minimalphasiges* System; siehe Abschnitt 3.4), so entspricht der Beitrag des Nullstellenpaares bis auf das Vorzeichen dem eines Polpaares. Der Beitrag zum Phasengang ist monoton fallend; der Phasenzuwachs besitzt einen Wert von $-\pi$ je Nullstelle, und die Gruppenlaufzeit ist stets negativ. Anders dagegen, wenn die Nullstellen außerhalb des Einheitskreises liegen. In diesem Fall ist der Phasenzuwachs Null; der Beitrag zum Phasengang ist in der Nähe jeder Nullstelle steigend, sonst fallend. Dementsprechend wird der Beitrag zum Gruppenlaufzeit in der Nähe jeder Nullstelle positiv; ansonsten ist er negativ, unterschreitet allerdings nie den Wert von $-0{,}5$ für eine einzelne Nullstelle und -1 für ein Nullstellenpaar. Bild 3.15 zeigt einige Beispiele; bei einem Nullstellenwinkel von $45°$ sind Phasengang und Gruppenlaufzeit für verschiedene Nullstellenradien aufgezeichnet.

3.3 Allpaßfilter − Eigenschaften und Anwendungen

Der Allpaß läßt alle Frequenzen gleichermaßen durch; es gilt also

$$|H_A(\Omega)| = const \; ; \quad \text{insbesondere} \quad |H_A(\Omega)| = 1 \; . \tag{3.41a,b}$$

Das Verhaltes des Allpasses ist also durch Phasenfunktion bzw. Gruppenlaufzeit charakterisiert. Im Unterschied zu analogen Systemen, wo die Realisierung eines Allpasses stets einen gewissen Schaltungsaufwand bedeutet, ist die Realisierung eines digitalen Allpasses besonders einfach, dementsprechend groß ist seine Bedeutung als Baustein von Filterschaltungen (Regalia et al., 1988).

Die klassische Aufgabe eines Allpasses ist der Laufzeitausgleich. Frequenzselektive Filter mit Polen und Nullstellen, die einzig nach Kriterien des Amplitudenganges entworfen sind, weisen nahe den Bandgrenzen erhebliche Phasenverzerrungen auf. Diese ggf. auszugleichen, ist Aufgabe eines vor- oder nachgeschalteten Allpasses. Daneben ist der digitale Allpaß aber das Bauelement schlechthin für Brückenschaltungen, mit denen sich besonders günstig Notch-Filter und Filterweichen aufbauen lassen, die aber auch zum Aufbau fast jedes frequenzselektiven Filters mit Polen und Nullstellen vorzüglich geeignet sind.

Abschnitt 3.3.1 stellt die Struktur und Übertragungsfunktion des Allpasses vor; Abschnitt 3.3.2 befaßt sich dann mit der Frage der Pseudoverlustfreiheit des Allpasses und digitaler Filter im allgemeinen. Die folgenden Abschnitte stellen einzelne Aufgaben vor, bei denen Allpaßschaltungen eingesetzt werden.

3.3.1 Übertragungsfunktion und Strukturen. Aus der Bedingung (3.41) für die Allpaßübertragungsfunktion folgt mit (2.23) für Pole und Nullstellen (siehe auch Bild 3.16):

$$z_{0i} = 1/z_{\mathrm{P}i}^{*} , \quad \text{also} \quad r_{0i} = 1/r_{\mathrm{P}i} , \quad \phi_{0i} = \phi_{\mathrm{P}i} . \tag{3.42a-c}$$

Da Pole und Nullstellen stets reell oder aber paarweise konjugiert komplex auftreten, existiert beim Allpaß für jeden Pol eine bezüglich des Einheitskreises spiegelbildlich gelegene Nullstelle. Damit ergeben sich die Filterkoeffizienten des nichtrekursiven Teils, wenn die des rekursiven wie üblich mit g_i bezeichnet werden, zu

$$d_i = g_{k-i} ; \quad d_k = 1 ; \tag{3.43}$$

die Übertragungsfunktion des Allpasses ist damit gegeben durch

$$H_{\mathrm{A}}(z) = \frac{\displaystyle\sum_{i=0}^{k} g_{k-i}\, z^{-i}}{\displaystyle\sum_{i=0}^{k} g_i\, z^{-i}} = \frac{\displaystyle\sum_{m=0}^{k} g_m\, z^{m}}{\displaystyle\sum_{m=0}^{k} g_{k-m}\, z^{m}} = \frac{z^{-k}\displaystyle\sum_{m=0}^{k} g_m\, z^{m}}{\displaystyle\sum_{i=0}^{k} g_i\, z^{-i}} = \frac{z^{-k}\, G(1/z)}{G(z)} . \tag{3.44}$$

In faktorisierter Form wird $|H_{\mathrm{A}}(\Omega)| = 1$, wenn wir ansetzen

$$H_{\mathrm{A}}(z) = \prod_{i=1}^{k} \frac{-z_{\mathrm{P}i}^{*}z + 1}{z - z_{\mathrm{P}i}} = \prod_{i=1}^{k} \frac{\frac{-z}{z_{0i}} + 1}{z - z_{\mathrm{P}i}} = \prod_{i=1}^{k} \frac{-1}{z_{0i}} \cdot \frac{z - z_{0i}}{z - z_{\mathrm{P}i}} ; \tag{3.45}$$

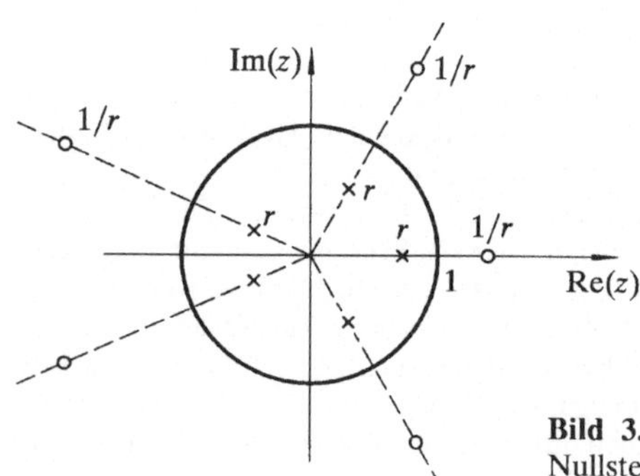

Bild 3.16. Mögliche Lage der Pole und Nullstellen bei einem Allpaß. (*r*) Polradius

dementsprechend ergibt sich der Amplitudengang für ein einzelnes Pol-Nullstellen-paar mit (3.42b,c) zu

$$\frac{1}{|z_{0i}|}\,\frac{|e^{j\Omega} - z_{0i}|}{|e^{j\Omega} - z_{Pi}|} = r_{Pi}\sqrt{\frac{1 - (2/r_{Pi})\cos(\Omega-\phi_{Pi}) + (1/r_{Pi}^2)}{1 - 2r_{Pi}\cos(\Omega-\phi_{Pi}) + r_{Pi}^2}} = 1 \ . \quad (3.45a)$$

Der Phasengang nimmt entsprechend (2.60) folgenden Wert an:

$$\phi_A(\Omega) = \sum_{i=1}^{k} \arctan\frac{(1 - r_{Pi}^2)\sin(\Omega-\phi_{Pi})}{(1 + r_{Pi}^2)\cos(\Omega-\phi_{Pi}) - 2r_{Pi}} \quad (3.46)$$

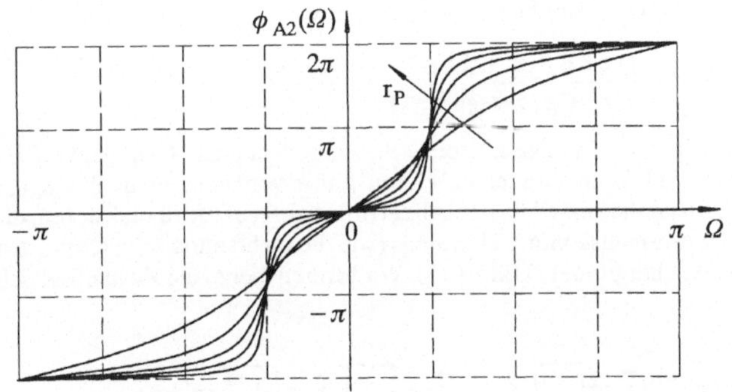

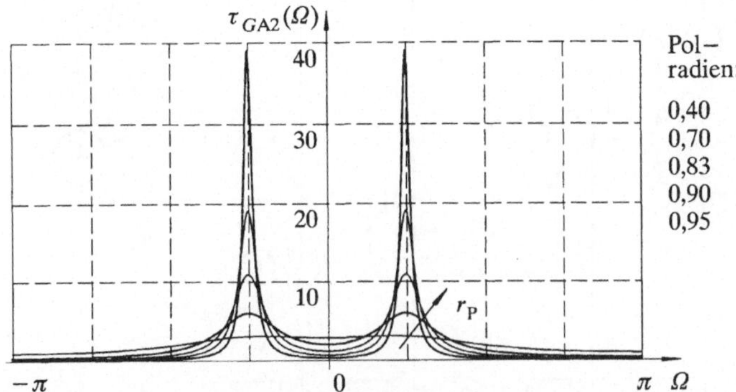

Bild 3.17. Phasengang (oben) und Gruppenlaufzeit (unten) eines Allpasses 2. Grades mit Polwinkel 45° und verschiedenen Polradien

und die Gruppenlaufzeit:

$$\tau_{GA}(\Omega) = \sum_{i=1}^{k} \frac{1 - r_{Pi}^2}{1 - 2r_{Pi}\cos(\Omega - \phi_{Pi}) + r_{Pi}^2} \ . \tag{3.47}$$

Der Phasenzuwachs für ein einzelnes Pol-Nullstellenpaar beträgt 2π; dies wird ausschließlich vom Pol beigesteuert, da der durch die außerhalb des Einheitskreises befindliche Nullstelle verursachte Phasenzuwachs Null ist (vgl. Bild 3.15 Mitte). Entsprechend nimmt der Phasenzuwachs für ein komplexes Pol-Nullstellenpaar, also einen Allpaß 2. Grades, den Wert 4π an.

Der Allpaß ist wie jedes digitale Filter in der direkten Struktur zu realisieren. Für ein System 2. Grades ergibt sich beispielsweise

$$H_{A2}(z) = \frac{g_2 z^2 + g_1 z + 1}{z^2 + g_1 z + g_2} \ . \tag{3.48}$$

Bild 3.17 zeigt hierzu einige Beispiele für Phasengang und Gruppenlaufzeit.

Beim Allpaß k-ten Grades existieren nur k voneinander unabhängige Koeffizienten. Es ist daher möglich, den Allpaß in einer Struktur zu realisieren, die mit nur k Multiplizierern auskommt, allerdings (wie die nichtkanonische Direktstruktur) $2k$ Zustandsspeicher braucht (Bild 3.18). Wir formen hierzu die Zustandsgleichung um:

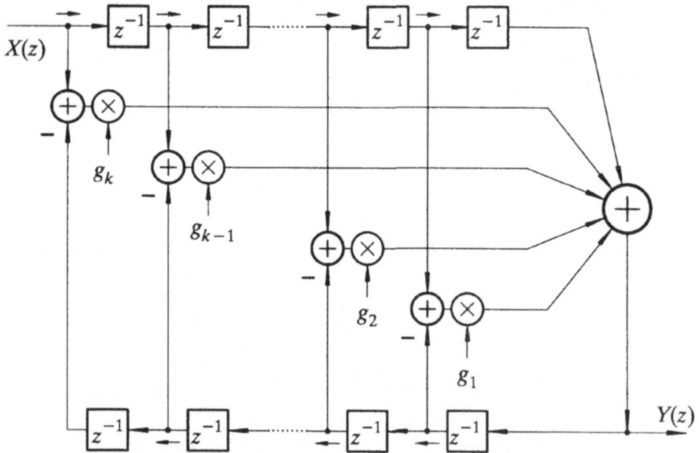

Bild 3.18. Allpaß k-ten Grades, mit insgesamt k Multiplizierern realisiert

$$y(n) \;=\; \sum_{i=0}^{k} g_{k-i}\, x(n-i) \;-\; \sum_{i=1}^{k} g_i\, y(n-i) \tag{3.49}$$

$$=\; x(n-k) + \sum_{i=1}^{k} g_i \cdot \big[\, x(n-k+i) - y(n-i) \,\big]\;.$$

Bei der Realisierung ist diese Struktur in jedem Fall vorzuziehen, da hier im Gegensatz zur gewöhnlichen Direktstruktur der Allpaßcharakter des Filters auch dann erhalten bleibt, wenn die Filterkoeffizienten mit begrenzter Wortlänge realisiert werden (vgl. Abschnitt 4.1.1); d.h., bei Verwendung der Struktur nach Bild 3.18 wird die Allpaßeigenschaft *strukturinhärent*.

Mitra und Hirano (1974) geben im Rahmen einer systematischen Studie von Allpässen 1. und 2. Grades Strukturen an, die mit der Mindestzahl von Zustandsspeichern und Multiplizierern auskommten (Bild 3.19 und 3.20). Allpässe höheren Grades können damit in Kaskadenstruktur aufgebaut werden. Die Herleitung dieser Strukturen sei einer Übungsaufgabe überlassen.

Weitere Allpaßstrukturen werden in Abschnitt 6.5 im Zusammenhang mit der Kreuzgliedstruktur diskutiert. Allpässe 1. Grades mit komplexen Koeffizienten werden in Abschnitt 8.1.3 behandelt.

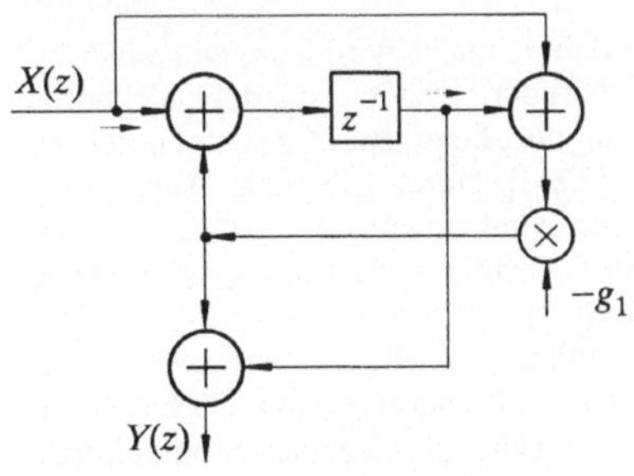

Bild 3.19. Allpaß 1. Grades in der kanonischen Struktur nach Mitra und Hirano (1974) mit einem Verzögerungsglied und einem Multiplizierer. Die Allpaßeigenschaft ist strukturinhärent garantiert

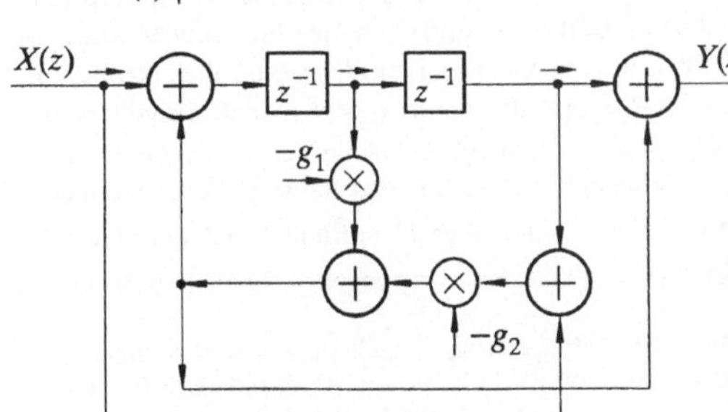

Bild 3.20. Allpaß 2. Grades in der kanonischen Struktur nach Mitra und Hirano (1974) mit zwei Verzögerungsgliedern und zwei Multiplizierern. Die Allpaßeigenschaft ist strukturinhärent garantiert

3.3.2 Pseudopassivität und Pseudoverlustfreiheit (Fettweis, 1972b, 1988).[2] Die Passivität eines Filters wurde in Abschnitt 1.3.1 phänomenologisch definiert als die Realisierbarkeit eines zugehörigen analogen Filters mit passiven Bauelementen [Induktivität, Kapazität, Ohm'scher Widerstand; hinzu kommen noch einige (ideale) Bauelemente, die bei Wellendigitalfiltern eine Rolle spielen (siehe Abschnitt 9.2), wie Gyrator oder idealer Übertrager]. Für digitale Filter war mit der Passivität zunächst die Beschränkung der zulässigen Operationen auf Addition, Multiplikation mit konstanten Koeffizienten und Verzögerung um ein Abtastintervall verbunden. Mit diesem Konzept läßt sich für digitale Filter der allgemeinste Fall der Übertragungsfunktion, wie in (2.23) definiert, herleiten.

Eine passive analoge Schaltung hat darüber hinaus die Eigenschaft, daß sie keine Energie von sich aus erzeugen, sondern nur Energie verbrauchen bzw. durchschleusen kann:

$$E[x(t)] \geq E[y(t)] \quad [\text{über alle } t] \ . \tag{3.50a}$$

Die Energie des Eingangssignals $x(t)$ ist bei einer passiven Schaltung demnach nie kleiner als die Energie des Ausgangssignals $y(t)$. Der gleiche Sachverhalt läßt sich auch im Frequenzbereich formulieren:

$$E[X(\omega)] \geq E[Y(\omega)] \ . \tag{3.50b}$$

Erfüllt ein digitales Filter die entsprechende Bedingung, so wird als *pseudopassiv* bezeichnet (Fettweis, 1972b, 1988). Die Eigenschaft der Passivität ist jedoch nicht ohne weiteres auf den digitalen Fall übertragbar, da dort keine zwei Größen an der Bildung der Pseudoenergie beteiligt sind [vgl. (2.88)]. Durch geeignete Wahl von d_0 kann jedoch für jedes digitale Filter Pseudopassivität erzwungen werden. Filter mit $d_0 = 1$ sind in der Regel *nicht* pseudopassiv. Streng erfüllt ist die Bedingung der Pseudopassivität bei Wellendigitalfiltern (siehe Kap. 9).

Fettweis (1988) unterscheidet im Zusammenhang mit Digitalfiltern zwischen externer (*globaler*) sowie interner (*strukturinhärenter*) Pseudopassivität. Globale Pseudopassivität betrifft nur das Filter als Ganzes, nicht aber die einzelnen Module; strukturinhärent pseudopassiv ist das Filter nur dann, wenn auch die einzelnen Module bis hinunter zum Baustein 1. und 2. Ordnung pseudopassiv sind. Ist ein Filter strukturinhärent pseudopassiv, so ist es auch global pseudopassiv (nicht jedoch umgekehrt).

Beispiel. Ein Filter höheren Grades in Kaskadenstruktur kann durch geeignete Wahl von d_0 und konzentrierte Realisierung dieses Koeffizienten an einer Stelle global pseudopassiv gemacht werden. Die einzelnen Module haben dann aber $d_0^{(\mu)} = 1$ und sind damit in der Regel nicht pseudopassiv. Interne Pseudopassivität ist erst dann gegeben, wenn über die globa-

---

[2] Die Frage wird hier qualitativ behandelt. Fettweis' Überlegungen sind vornehmlich auf Wellendigitalfilter abgestimmt und können daher in diesem Abschnitt noch nicht ausdiskutiert werden. In Abschnitt 9.5 wird die Thematik erneut aufgegriffen.

le Pseudopassivität hinaus in allen elementaren Bausteinen (hier also den Teilfiltern 1. und 2. Grades) Pseudopassivität erreicht ist, die z.B. dann auch bei Quantisierung der Koeffizienten (siehe Abschnitt 4.1.1) nicht verloren geht.

Für die Analyse eines Systems und die Aufstellung der Übertragungsfunktion ist die Frage der Pseudopassivität in der Regel nicht von Belang; wichtig wird sie aber bei der Realisierung, da bei pseudopassiven Modulen obere Schranken für die Signalwerte angegeben werden können, die eine Skalierung erheblich vereinfachen oder gar erst ermöglichen.

Verlustfrei ist eine passive analoge Schaltung dann, wenn sie keine Energie verbraucht. Wegen der Passivität der Schaltung muß gelten

$$E[x(t)] = E[y(t)] \quad [\text{über alle } t] \quad \text{bzw.} \quad E[X(\omega)] = E[Y(\omega)] \,, \qquad (3.51\text{a,b})$$

d.h., die Schaltung gibt sämtliche Energie, die sie am Eingang bzw. den Eingängen aufnimmt, am Ausgang bzw. den Ausgängen wieder ab. Verlustfreie analoge Schaltungen bestehen aus Reaktanzen [sowie idealen Übertragern und Gyratoren, siehe Abschnitt 9.2). Übertragen auf ein Digitalfilter bedeutet Pseudoverlustfreiheit die Gültigkeit der folgenden Beziehung:

$$\sum_{n=-\infty}^{\infty} |x(n)|^2 = \sum_{n=-\infty}^{\infty} |y(n)|^2 \qquad (3.52\text{a})$$

bzw. im Spektralbereich

$$\int_{-\pi}^{\pi} |X(\Omega)|^2 \, d\Omega = \int_{-\pi}^{\pi} |Y(\Omega)|^2 \, d\Omega \,. \qquad (3.53\text{a,b})$$

[Enthält das Filter frequenzabhängige Bausteine, so wird sich eine experimentelle Untersuchung der Pseudoverlustfreiheit bzw. Pseudopassivität in der Regel auf den Frequenzbereich beschränken (Fettweis, 1988).] Ist ein Filter pseudoverlustfrei, so ist es auch pseudopassiv (nicht jedoch umgekehrt). Für den Allpaß ergibt sich sofort aus der Grundbedingung (3.41):

Gilt für einen digitalen Allpaß $|H(\Omega)| = 1$, *so ist er pseudoverlustfrei.*   (3.54)

Auch hier ist wieder zwischen globaler (externer) und strukturinhärenter (interner) Pseudoverlustfreiheit zu unterscheiden. Strukturinhärent pseudoverlustfrei ist ein digitales Filter dann, wenn die einzelnen Module, aus denen es aufgebaut ist, pseudoverlustfrei sind. Beim Allpaß ist dies für die drei angegebenen Strukturen der Fall, bei denen die Allpaßeigenschaft (und damit auch die Pseudoverlustfreiheit) strukturinhärent gegeben ist, d.h., auch dann erhalten bleibt, wenn durch Quantisierung der Koeffizienten die Übertragungsfunktion selbst nicht mehr genau realisiert werden kann (siehe Bild 3.18-3.20).

Pseudoverlustfreie digitale Filter besitzen − wie ihre analogen Gegenstücke auch − besonders günstige Eigenschaften bezüglich Toleranzen und Empfindlichkeit der Koeffizienten gegen Quantisierung (Fettweis, 1972b; Regalia et al., 1988; vgl. die Abschnitte 4.1.4 und 9.4.4).

3.3.3 Laufzeitausgleich. Dies ist der klassische Anwendungsfall für Allpaßfilter. Der Phasengang eines nach Vorschriften für den Amplitudengang entworfenen (nicht linearphasigen) Filters soll derart entzerrt werden, daß die Gruppenlaufzeit annähernd konstant wird. Hierzu wird dem Filter ein Allpaß vor- oder nachgeschaltet, der die gewünschte Entzerrung durchführt. Entwurfsverfahren für derartige Allpässe werden beispielsweise von Deczky (1974b), Charalambous und Antoniou (1980), Taylor (1983), Saramäki und Neuvo (1984), Kim und Ansari (1986), Lang und Laakso (1992) oder Lang (1993) angegeben; die Gesamtkonstellation wird dann als *annähernd linearphasig* bezeichnet. Gegenüber den (in Abschnitt 3.5 behandelten) linearphasigen Filtern mit exakt konstanter Gruppenlaufzeit haben rekursive Filter mit Laufzeitentzerrung i.a. den Vorteil geringeren Grades und damit auch geringerer Gruppenlaufzeit (Regalia et al., 1988:32). Auf eine nähere Behandlung wird hier verzichtet.

3.3.4 Filterweichen; komplementäre Filter, Brückenschaltungen (Fettweis et al., 1974; Neuvo und Mitra, 1984; Gazsi, 1985; Vaidyanathan et al., 1987; Regalia et al., 1988). Zwei (frequenzselektive) Filter werden allgemein als *komplementär* bezeichnet, wenn das eine Filter seinen Durchlaßbereich dort hat, wo das andere sperrt und umgekehrt. Mit gemeinsamem Eingangssignal betrieben, bildet ein solches Filterpaar eine *Weichenschaltung*.

Zwei Filter gelten als *allpaßkomplementär*, wenn sich ihre Übertragungsfunktionen $H_1(z)$ und $H_2(z)$ betragsmäßig zu einem Allpaß ergänzen:

$$|H_1(\Omega) + H_2(\Omega)| = 1 \; ; \quad -\pi \leq \Omega \leq \pi \; . \tag{3.55}$$

Als *leistungs-* bzw. *energiemäßig komplementär* werden zwei Filter angesehen, wenn gilt

$$|H_1(\Omega)|^2 + |H_2(\Omega)|^2 = 1 \; ; \quad -\pi \leq \Omega \leq \pi \; . \tag{3.56}$$

Hieraus erhalten wir die Bedingung für ein *zweifach komplementäres* Filterpaar

$$|H_1(\Omega) + H_2(\Omega)| = |H_1(\Omega)|^2 + |H_2(\Omega)|^2 = 1 \; ; \quad -\pi \leq \Omega \leq \pi \; . \tag{3.57}$$

Ist (3.56) erfüllt, so ist die zugehörige Filterweiche, als Ganzes betrachtet, pseudoverlustfrei. Die Pseudoenergie, die mit dem Eingangssignal in des Filter gelangt, wird, über beide Ausgänge zusammengerechnet, vollständig wieder abgegeben.

Wendet man auf die linke Seite von (3.56) den Kosinussatz an, so zeigt sich sofort, daß die beteiligten Übertragungsfunktionen $H_1(z)$ und $H_2(z)$ − sofern nicht eine von

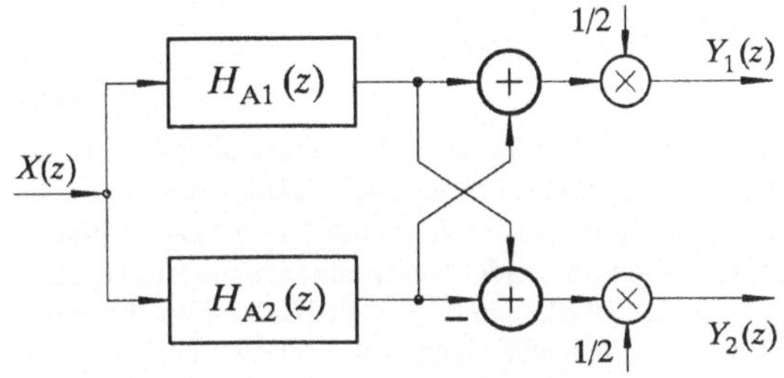

Bild 3.21. Realisierung eines (zweifach) komplementären Filterpaares durch zwei gekoppelte Allpässe

ihnen zu Null wird – für alle Ω zwischen 0 und π in Quadratur stehen, also eine Phasendifferenz von 90° aufweisen. Nachdem aber $H_1(z)$ und $H_2(z)$ gemäß (3.55) auch allpaßkomplementär sind, läßt sich die gleiche Bedingung, wie sie für die Summe von H_1 und H_2 gilt, auch für die Differenz herleiten. Damit ergibt sich

$$H_1(z) + H_2(z) = H_{A1}(z) \; ; \quad H_1(z) - H_2(z) = H_{A2}(z) \; ; \qquad (3.58\text{a,b})$$

und das zweifach komplementäre Filterpaar wird aus zwei gekoppelten Allpässen aufgebaut (Bild 3.21)

$$H_1(z) = \frac{H_{A1}(z) + H_{A2}(z)}{2} \; ; \quad H_2(z) = \frac{H_{A1}(z) - H_{A2}(z)}{2} \; ; \qquad (3.59\text{a,b})$$

Offensichtlich hat $H_1(z)$ dort einen Durchlaßbereich, wo die Ausgangssignale der beiden Allpässe in Phase sind, und sperrt, wenn die Ausgangssignale der beiden Allpässe in Gegenphase sind.[3]

Der Typ des resultierenden komplementären Filterpaares $H_1(z)$ und $H_2(z)$ richtet sich nach dem Gradunterschied von $H_{A1}(z)$ und $H_{A2}(z)$. Ist k_1 der Grad von H_{A1} und k_2 der Grad von H_{A2}, so ergibt sich eine Tiefpaß-Hochpaß-Weichenschaltung, wenn gilt

$$|k_1 - k_2| = 1 \; ; \qquad (3.60\text{a})$$

eine Weiche aus Bandpaß und Bandsperre entsteht für

$$|k_1 - k_2| = 2 \; . \qquad (3.60\text{b})$$

---

[3] Die Struktur von Bild 3.21, die einer analogen Brückenschaltung bzw. X-Schaltung entspricht, wurde zuerst im Bereich der Wellendigitalfilter entdeckt und untersucht [*Brückenwellendigitalfilter* (*lattice wave digital filter*; Fettweis et al., 1974); siehe auch die Bibliographie in (Fettweis, 1986b)] und in Entwurfsverfahren umgesetzt (Gazsi, 1985). Die Erschließung dieser Filterstrukturen von der digitalen Seite her, verbunden mit direkten Entwurfsverfahren in der z-Ebene, folgte erst wesentlich später (Ansari und Liu, 1985; Saramäki, 1985b; Vaidyanathan et al., 1987).

Für größere Werte von $|k_1 - k_2|$ ergeben sich Weichenschaltungen mit mehreren Durchlaß- und Sperrbereichen. Der Grad des gesamten Filters wird

$$k = k_1 + k_2 ; \tag{3.60c}$$

dies bedeutet eine Einschränkung bezüglich der Wahl des Filtergrades k; für eine Tiefpaß-Hochpaß-Filterweiche dieser Struktur beispielsweise kann k nur ungerade, für eine Bandpaß-Bandsperre-Weiche nur gerade sein (Gazsi, 1985).[4] Da die beiden Allpässe parallel geschaltet sind, weisen beide Gesamtübertragungsfunktionen $H_1(z)$ und $H_2(z)$ an den Ausgängen der Weiche sämtliche Pole beider Allpaßübertragungsfunktionen auf und besitzen damit gleiche Nenner, während sich die Nullstellen – an den zwei Ausgängen verschieden – implizit aus (3.59a,b) ergeben.

Im Zusammenhang mit Kreuzgliedstrukturen (Abschnitt 6.5) sowie Allpaßfiltern mit komplexen Koeffizienten (Abschnitt 8.1.3) werden einige weitere Realisierungsmöglichkeiten für Brückenschaltungen dieser Art angegeben. Eine ausführliche Diskussion erfolgt in Abschnitt 9.5 (Brückenwellendigitalfilter).

3.3.5 Notch-Filter (Kerbfilter). Diese Filter werden dazu verwendet, eine einzelne Frequenz vollständig zu unterdrücken und alle übrigen Frequenzen möglichst ungehindert passieren zu lassen. Ein typisches Notch-Filter 2. Grades besitzt eine Nullstelle bei der zu unterdrückenden Frequenz *auf* dem Einheitskreis sowie einen unmittelbar benachbarten Pol innerhalb des Einheitskreises; Polwinkel und Nullstellenwinkel sind gleich. Das Problem beim Entwurf besteht darin, zu garantieren, daß auch bei Quantisierung der Koeffizienten (siehe Abschnitt 4.1.1) Pol- und Nullstellenwinkel gleich bleiben.

Bei Verwendung eines Allpasses 2. Grades kann diese Forderung annähernd erfüllt werden, wenn das Eingangssignal zum Ausgangssignal des Allpasses addiert wird:

$$H_{N2}(z) = \frac{1 + H_{A2}(z)}{2} . \tag{3.61}$$

Da der Phasengang $\phi_{A2}(\Omega)$ für $\Omega = 0$ den Wert Null und für $\Omega = \pi$ den Wert 2π annimmt, ergibt sich

$$H_{N2}(\Omega=0) = H_{N2}(\Omega=\pi) = 1 ;$$

dazwischen existiert eine Frequenz Ω_0, für die gilt

$$\phi_{A2}(\Omega_0) = \pi \quad \text{und damit} \quad H_{N2}(\Omega_0) = 0 .$$

Diese Anwendung stellt einen Sonderfall der Brückenschaltung nach Abschnitt 3.3.4 dar. Die Überbrückung des Allpasses 2. Grades läßt sich ihrerseits als Allpaß 0. Gra-

---

[4] Diese Einschränkung kann durch die Verwendung von Allpaßfiltern mit komplexen Koeffizienten überwunden werden (siehe hierzu Abschnitt 8.1.3 und 9.5).

des mit $H(z)=1$ ansehen; somit wird der Gradunterschied $|k_1-k_2|=2$. Nach (3.60b) ergibt sich also eine Filterweiche aus Bandpaß und Bandsperre, was dieses Filter im Grunde genommen auch ist. Sind g_1 und g_2 die Koeffizienten des Allpaßfilters, so ergibt sich der Nullstellenwinkel ϕ_0 und damit die Notch-Frequenz Ω_0 mit (3.37b), (3.48) und (3.61) zu

$$\cos\phi_0 = \frac{-g_1}{1+g_2} = \frac{-g_1}{1+r_{\mathrm{P}}^2} \; . \tag{3.62}$$

Der Vergleich mit (3.17b) zeigt, daß zumindest für nahe an 1 liegende Werte von r_{P} die Winkel ϕ_{P} und ϕ_0 gut übereinstimmen. Die Überbrückung des Allpasses 2. Grades läßt somit den Pol unverändert und holt die Nullstelle unter (annähernder) Beibehaltung des Winkels auf den Einheitskreis.

In Abschnitt 6.5 wird eine Struktur vorgestellt, mit der sich die Nullstellenfrequenz und die Bandbreite eines Notch-Filters 2. Grades getrennt einstellen lassen.

Cadzow (1974) gibt als Lösung des Problems ein Notch-Filter 6. Grades an, das eine Dreifachnullstelle auf dem Einheitskreis und drei einzelne, leicht voneinander verschiedene Pole innerhalb des Einheitskreises besitzt. Dieses Filter — von Cadzow der Stabilität wegen in Kaskadenstruktur realisiert — ist selbstverständlich nicht mehr auf diese einfache Weise zu implementieren.

3.4 Minimalphasige Filter

Aus Abschnitt 2.5.1, Gl. (2.65-2.67) ist ersichtlich, daß für ein Filter mit gegebener Übertragungsfunktion $H(z)$ die Funktion

$$S(z) = H(z)/H(1/z)$$

eine Allpaßübertragungsfunktion darstellt. Hieraus folgt sofort

$$|H(z)| = |H(1/z)| \quad \text{für} \quad |z| = 1 \, , \quad \text{also für} \quad z = \exp(j\Omega) \, . \tag{3.63}$$

$H(1/z)$ ist aber eine Übertragungsfunktion, bei der sämtliche Pole und Nullstellen, verglichen mit denen von $H(z)$, spiegelbildlich zum Einheitskreis liegen. Liegt also von einem Filter nur der Amplitudengang fest, so bestehen bezüglich der Lage der (Pole und) Nullstellen noch gewisse Freiheiten. Aus Stabilitätsgründen müssen alle Pole innerhalb des Einheitskreises liegen; mit dem Amplitudengang des Filters sind also die Pole eindeutig bestimmt. Bei den Nullstellen kann der Anwender aber von diesen Freiheiten insofern Gebrauch machen, als er die Nullstellen teilweise aus $H(z)$, teilweise aus $H(1/z)$ entnehmen kann. Insbesondere kann er die Übertragungsfunktion so festlegen, daß keine Nullstellen mehr außerhalb des Einheitskreises liegen. Alle Nullstellen liegen dann innerhalb des Einheitskreises oder höchstens auf dem Einheitskreis. Ein solches Filter wird als *Minimalphasenfilter* oder *Mindestpha-*

senfilter bezeichnet. Von allen realisierbaren Kombinationen der Nullstellen besitzt dieses Filter den geringsten Phasenzuwachs, da die Beiträge der innerhalb des Einheitskreises befindlichen Nullstellen und die Beiträge der Pole zum Phasengang entgegengesetzt wirken. Das Minimalphasenfilter weist darüber hinaus von allen Systemen die geringste Gruppenlaufzeit auf.

Beispiel. Ein Filter besitze ein komplexes Polpaar bei $r_P = 0,8$; $\phi_P = \pm\pi/4$; außerdem besitze es komplexe Nullstellen bei $\phi_{01} = \pm\pi/3$ und $\phi_{02} = \pm 2\pi/3$ mit Nullstellenradien von 0,83. Der gleiche Amplitudengang wird erreicht, wenn eine oder beide Nullstellen außerhalb des Einheitskreises bei $r_0 = 1/0,83 = 1,2$ liegen. Aus Kausalitätsgründen hat das Filter noch einen doppelten Pol bei $z=0$; insgesamt ergibt sich ein System 4. Grades. Bild 3.22 zeigt Amplitudengang, Phasengang und Gruppenlaufzeit für die verschiedenen Realisierungen.

Jedes Filter, das kein Minimalphasensystem darstellt, läßt sich in ein Minimalphasensystem und einen dazu in Reihe geschalteten Allpaß zerlegen. Wenn wir mit $z_{0i}^{(1)}$ die Nullstellen innerhalb des abgeschlossenen Einheitskreises, mit $z_{0i}^{(2)}$ die außerhalb befindlichen bezeichnen, können wir mit (2.27) schreiben:

$$H(z) = d_0 \cdot \frac{\displaystyle\prod_{i=1}^{K} [z - z_{0i}^{(1)}] \cdot \prod_{i=K+1}^{k} [z - z_{0i}^{(2)}]}{\displaystyle\prod_{i=1}^{k} (z - z_{Pi})} \,. \tag{3.64}$$

Nach Erweiterung mit $\prod [z - 1/z_{0i}^{(2)}]$ ergibt sich

$$H(z) = \frac{d_0 \cdot \displaystyle\prod_{i=K+1}^{k} [z - z_{0i}^{(2)}]}{\displaystyle\prod_{i=K+1}^{k} [z - 1/z_{0i}^{(2)}]} \cdot \frac{\displaystyle\prod_{i=1}^{K} [z - z_{0i}^{(1)}] \prod_{i=K+1}^{k} [z - 1/z_{0i}^{(2)}]}{\displaystyle\prod_{i=1}^{k} (z - z_{Pi})} = H_\mathrm{m}(z) \cdot H_\mathrm{A}(z) \,. \tag{3.65}$$

Nichtminimalphasige Systeme werden darum auch als *allpaßhaltige* Systeme bezeichnet. Wie (3.65) zeigt, kompensiert jeweils ein Pol des Allpasses eine Nullstelle des Minimalphasensystems; diese wird durch die spiegelbildlich zum Einheitskreis gelegene Nullstelle ersetzt. Bild 3.23 soll den Sachverhalt veranschaulichen.

Aus dieser Konfiguration wird sofort ersichtlich, daß von allen möglichen Filterrealisierungen das Minimalphasenfilter die geringste Gruppenlaufzeit hat. Nach Abschnitt 3.3.1 ist die Gruppenlaufzeit eines Allpasses immer positiv, da die zugehörige Phasenfunktion monoton steigt. Die Gruppenlaufzeit des Minimalphasensystems ist damit stets kleiner als die nichtminimalphasiger Systeme, da das Minimalphasensystem keine Allpässe enthält.

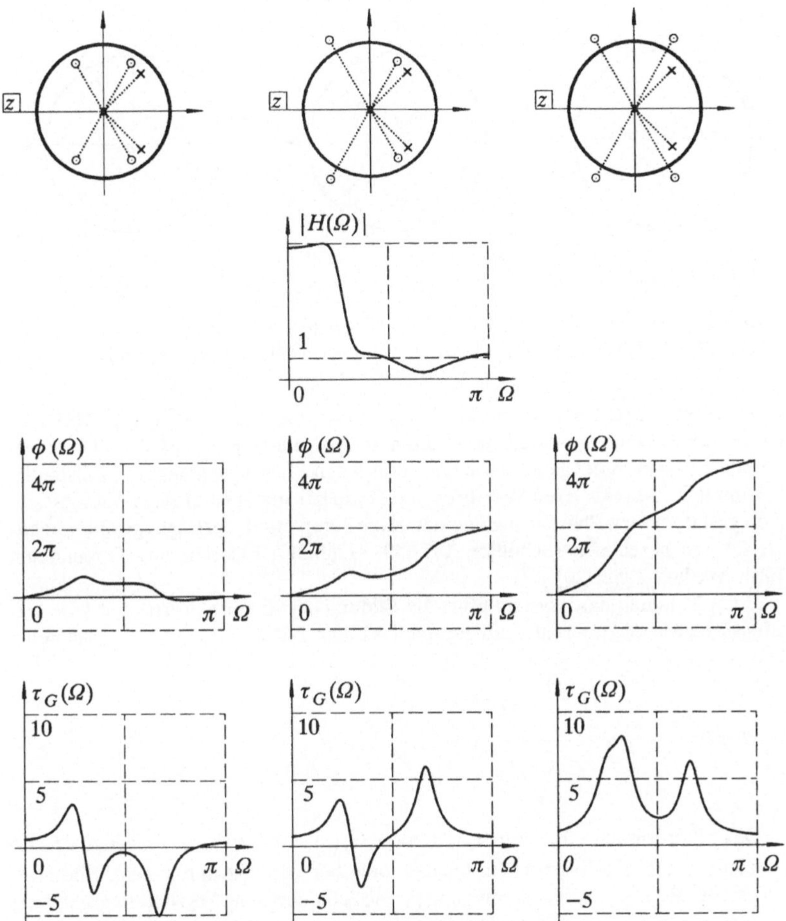

Bild 3.22. Verschiedene Realisierungen des gleichen Amplitudenganges: (links) Minimalphasensystem; (Mitte) System mit einem Nullstellenpaar außerhalb des Einheitskreises; (rechts) Maximalphasensystem mit allen Nullstellen außerhalb des Einheitskreises. Dargestellt sind: Lage der Pole und Nullstellen in der z-Ebene, Amplitudengang, Phasengang und Gruppenlaufzeit

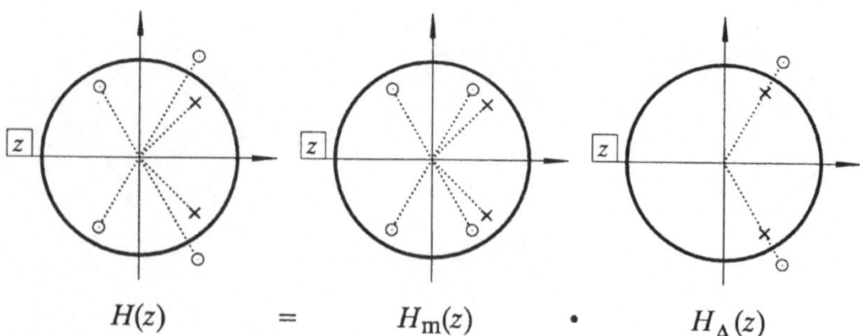

$$H(z) \qquad = \qquad H_{\mathrm{m}}(z) \qquad \cdot \qquad H_{\mathrm{A}}(z)$$

Bild 3.23. Zur Zerlegung eines beliebigen Filters in ein Minimalphasensystem und einen Allpaß. (Das Beispiel ist identisch mit dem in Bild 3.22 gezeigten Filter)

Zu einem gegebenen Amplitudengang können mehrere allpaßhaltige Realisierungen existieren; es existiert aber stets nur *ein* Minimalphasensystem. Dieses ist durch den Amplitudengang − wie auch durch den Phasengang allein − vollständig bestimmt, und es existieren Verfahren, die es wie bei analogen Minimalphasensystemen gestatten, den Phasengang und damit die komplette Übertragungsfunktion aus $|H(\Omega)|$ zu berechnen (Schüßler, 1973:49, [2]1988:217; Quatieri und Oppenheim, 1981; Marko, [2]1982:120).

Beim Minimalphasensystem führt die Bildung des Reziprokwertes der Übertragungsfunktion $H_{\mathrm{m}}(z)$ wieder auf ein stabiles Filter. Für $d_0 = 1$ lautet der allgemeine Fall

$$H_{\mathrm{I}}(z) = \frac{1}{H_{\mathrm{m}}(z)} = \frac{\displaystyle\sum_{i=0}^{k} g_i z^{-i}}{\displaystyle\sum_{i=0}^{k} d_i z^{-i}} . \qquad (3.66)$$

Das Filter mit der Übertragungsfunktion $H_{\mathrm{I}}(z)$ wird als *inverses Filter* zu $H_{\mathrm{m}}(z)$ bezeichnet. Die Realisierung (in nichtkanonischer Direktstruktur) zeigt Bild 3.24. Wegen der Realisierbarkeitsbedingung (keine Schleifen ohne Verzögerungsglieder!) muß d_0 den Wert 1 annehmen. Der Koeffizient g_0, der sich im ursprünglichen Filter $H_{\mathrm{m}}(z)$ implizit zu 1 ergab, wird nun explizit realisiert.

Nur für ein Minimalphasensystem läßt sich das inverse Filter als stabiles und kausales System angeben. Die Nullstellen von $H_{\mathrm{m}}(z)$ werden die Pole von $H_{\mathrm{I}}(z)$ und umgekehrt. Damit $H_{\mathrm{I}}(z)$ stabil wird, müssen demnach auch die Nullstellen von $H_{\mathrm{m}}(z)$ innerhalb des Einheitskreises liegen. Hat $H_{\mathrm{m}}(z)$ Nullstellen *auf* dem Ein-

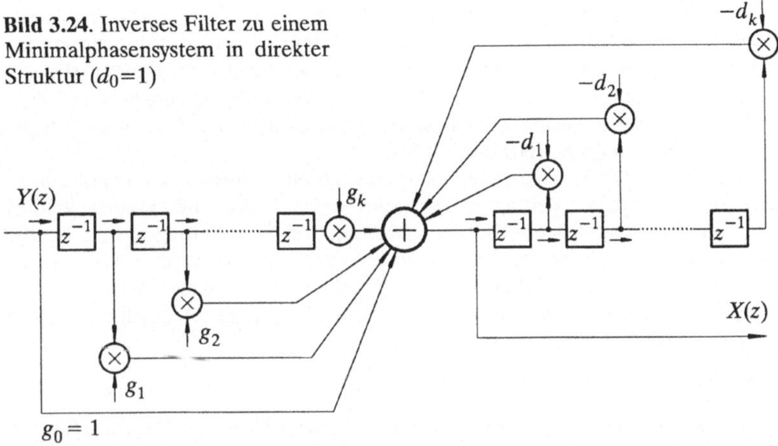

Bild 3.24. Inverses Filter zu einem Minimalphasensystem in direkter Struktur ($d_0=1$)

heitskreis, so wird das zugehörige inverse Filter bedingt stabil und damit in Grenzfällen noch realisierbar. Für allpaßhaltige Filter existiert kein stabiles und kausales inverses Filter.

Das inverse Filter ist wesentlich, wenn die Aufgabe vorliegt, zu einem gegebenen Ausgangssignal $y(n)$ das (unbekannte) Eingangssignal $x(n)$ zu rekonstruieren.[5] Derlei Aufgaben sind in der Signalverarbeitung sehr häufig. Das Problem wird erheblich erleichtert, wenn das inverse Filter durch ein stabiles kausales System dargestellt werden kann. Auf eine nähere Darstellung wird hier verzichtet; in Kap. 6 wird das Problem für einen Spezialfall [$H_\mathrm{m}(z)$ rein rekursiv] eingehender behandelt.

3.5 Linearphasige Filter

3.5.1 Grundeigenschaften. Bei einem Filter linearer Phase ist die Gruppenlaufzeit konstant. Nach (2.63) läßt sich dies für einen einzelnen Pol oder eine einzelne Nullstelle nur dann erreichen, wenn $r_{\mathrm{P}i}$ bzw. r_{0i} den Wert Eins oder Null annimmt. Für ein einzelnes Pol-Nullstellenpaar ist die Gruppenlaufzeit nur für den trivialen Fall $z_{0i} = z_{\mathrm{P}i}$ (Pol und Nullstelle kompensieren sich) konstant. Nimmt man dagegen zwei Pole oder zwei Nullstellen $z_{\mathrm{X}i}$, so müssen diese folgende Bedingung erfüllen:

$$z_{\mathrm{X}i} = 1/z_{\mathrm{X}i}^* ; \quad z_{\mathrm{X}i} = \{z_{\mathrm{P}i}, z_{0i}\} . \tag{3.67}$$

---

[5] Da $y(n)$ aus $x(n)$ durch eine Faltung entstanden ist, wird die Rekonstruktion von $x(n)$ aus $y(n)$ auch als *Entfaltung* (engl.: *deconvolution*) bezeichnet.

Um ein linearphasiges System darzustellen, müssen also Pole bzw. Nullstellen paarweise spiegelbildlich zum Einheitskreis liegen. Aus Stabilitätsgründen kann dies in kausalen Systemen nur für Nullstellen realisiert werden. Demnach ist ein digitales Filter nur dann linearphasig, wenn es 1) nichtrekursiv ist[6] (alle Pole liegen damit in $z=0$); 2) Nullstellen besitzt, die paarweise spiegelbildlich zum Einheitskreis liegen bzw. sich auf dem Einheitskreis selbst befinden.

Wie sich mit (2.63) zeigen läßt, liefert eine einzelne Nullstelle auf dem Einheitskreis einen konstanten Beitrag von $-0,5$ zur Gruppenlaufzeit; für ein spiegelbildlich zum Einheitskreis gelegenes Nullstellenpaar ergibt sich ein Beitrag von -1. Hierbei darf nicht vergessen werden, daß beim nichtrekursiven Filter zu jeder Nullstelle ein Pol in $z=0$ gehört; jeder Pol in $z=0$ trägt aber mit dem konstanten Wert von $+1$ zur Gruppenlaufzeit bei. Damit beträgt die gesamte Gruppenlaufzeit des linearphasigen Filters, wenn k der Filtergrad ist:

$$\tau_{GL} = k/2 \ . \tag{3.68}$$

Erinnern wir uns: bei Transversalfiltern berechnet sich die Übertragungsfunktion allgemein zu

$$H_T(z) \ = \ \sum_{i=0}^{k} d_i\, z^{-i} \ = \ \frac{1}{z^k} \sum_{m=0}^{k} d_{k-m} z^m \tag{2.35}$$

damit ergibt sich die Impulsantwort des Filters direkt aus den Filterkoeffizienten:

$$h_T(n) \ = \ \begin{cases} d_n & n = 0 \ (1) \ k \\ 0 & \text{ansonsten} \ . \end{cases} \tag{2.82}$$

Wir erhalten damit ein nichtrekursives System der Form

---

[6] Für finite Signale — über deren tatsächliche Länge allerdings nichts ausgesagt ist — gibt Czarnach (1982) ein Verfahren an, das mit Hilfe eines nichtkausalen Ansatzes Linearphasigkeit auch bei rekursiven Filtern zuläßt. Das Signal $x(n)$ wird zunächst durch ein rekursives Filter mit der Übertragungsfunktion $H_1(z)$ geschickt; dabei entstehe ein Interimssignal $v(n)$. Dieses wird nun *entgegen der Zeitrichtung,* d.h., antikausal durch das gleiche Filter geschickt, wobei das Ausgangssignal $y(n)$ entsteht. Die Gesamtübertragungsfunktion wird $H(z) = H_1(z)\, H_1(1/z)$; der Phasengang ergibt sich exakt zu Null. Bei der Berechnung von $H(z)$ ist die *zweiseitige* z-Transformation anzusetzen; sofern $H_1(z)$ ein stabiles Filter darstellt, wird auch das Gesamtfilter stabil. Für Echtzeitanwendungen ist dieses Verfahren allerdings ungeeignet, da das Signal $v(n)$ in Gänze vorliegen muß, bevor $y(n)$ berechnet werden kann. Theoretisch ist $v(n)$ zeitlich nicht begrenzt; praktisch kann (und muß) jedoch die Berechnung abgebrochen werden, sobald $v(n)$ nach dem Ende des finiten Eingangssignals $x(n)$ hinreichend abgeklungen ist.

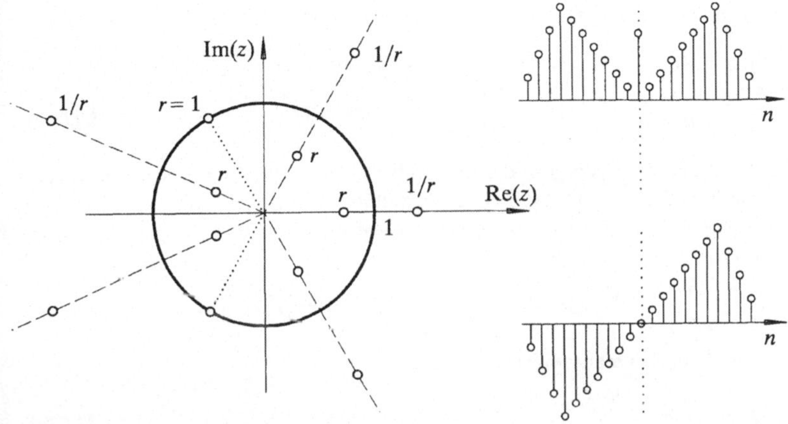

Bild 3.25. Mögliche Lage der Nullstellen bei linearphasigen digitalen Filtern sowie mögliche Formen der Impulsantwort

$$H_{\mathrm{L}}(z) = \frac{C}{z^k}\, D_{\mathrm{L}}(z) = \frac{C}{z^k}\, (z-1)^{k_1}\, (z+1)^{k_{-1}} \prod_{i=1}^{k_0} \left[(z - z_{0i})\,(z - \frac{1}{z_{0i}^*}) \right] ;$$

$$k_1 + k_{-1} + 2k_0 = k \ . \tag{3.69}$$

Die Koeffizienten von $H_{\mathrm{L}}(z)$ genügen damit der Forderung

$$d_{k-i} = d_i \cdot (-1)^{k_1} \ . \tag{3.70}$$

Je nach Anzahl der Nullstellen für $z = +1$ wird die Übertragungsfunktion ein *Spiegelpolynom* oder ein *Antispiegelpolynom*. Hieraus folgen auch die Symmetrieeigenschaften der Impulsantwort.

3.5.2 Nichtkausaler Ansatz. Für den Entwurf erweist es sich als zweckmäßig, einen fiktiven Zeitnullpunkt in die Symmetrieachse (bzw. den Symmetriepunkt) der Impulsantwort zu legen (Bild 3.25). Damit ergibt sich ein nichtkausales System mit dem Phasengang Null bzw. $\pi/2$. Durch Kettenschaltung eines Filters, das bei konstantem Amplitudengang das Ausgangssignal des nichtkausalen Systems um $k/2$ Abtastwerte verzögert, erhält man wieder das ursprüngliche kausale Filter. Die Übertragungsfunktion $H_0(z)$ des nichtkausalen Filters ist gegeben durch

$$H_0(z) = z^{k/2} \cdot H_{\mathrm{L}}(z) \ . \tag{3.71}$$

Die Symmetrieeigenschaften hängen damit von k_1 ab:

$$\begin{aligned}
d_{k-i} &= d_i & k - i &\neq i & &k_1 \text{ gerade} \\
d_{k-i} &= -d_i & k - i &\neq i & \left.\vphantom{\begin{matrix}a\\a\end{matrix}}\right\} \;\; &k_1 \text{ ungerade} \\
d_{k-i} &= d_i = 0 \quad & k - i &= i &
\end{aligned} \qquad (3.72\text{a-c})$$

Zur Erfüllung der Bedingung der Linearphasigkeit wird damit bei gegebenem Grad k des Filters die Zahl der Freiheitsgrade halbiert. Die Übertragungsfunktion $H_0(z)$ des nichtkausalen Filters — bei *geradzahligem* Grad des Filters — ergibt sich mit $K=k/2$ zu

$$H_0(z) = \frac{1}{z^K} \sum_{m=0}^{k} d_{k-m} z^m = \frac{(-1)^{k_1}}{z^K} \sum_{i=0}^{k} d_i\, z^i = (-1)^{k_1} \cdot \sum_{i=0}^{k} d_i\, z^{i-K} . \qquad (3.73\text{a})$$

Aufgrund der Symmetrieeigenschaften gilt

$$H_0(z) = d_K + \sum_{i=0}^{K-1} d_i \cdot \left[(-1)^{k_1} z^{i-K} + z^{K-i} \right] \qquad (3.73\text{b})$$

sowie unter Verwendung der Impulsantwort

$$H_0(z) = h_L(K) + \sum_{n=0}^{K-1} h_L(n) \cdot \left[(-1)^{k_1} z^{n-K} + z^{K-n} \right] . \qquad (3.73\text{c})$$

Definieren wir die *nichtkausale Impulsantwort* $h_0(n)$ zu

$$h_0(n) := h_L(n+K) , \quad n = -K\,(1)\,K , \qquad (3.74)$$

so erhalten wir die Übertragungsfunktion in der nichtkausalen, besonders einfachen Form wie folgt:

$$H_0(z) = h_0(0) + \sum_{n=1}^{K-1} h_0(n) \cdot \left[z^{-n} + (-1)^{k_1} \cdot z^n \right] ; \quad k \text{ gerade} . \qquad (3.75)$$

Die Gleichungen (3.73-3.75) gelten grundsätzlich nur für einen geradzahligen Grad k des Filters. Ist k ungerade, so läßt sich die nichtkausale Impulsantwort nicht in der einfachen Weise wie in (3.74) definieren, weil die Symmetrieachse bzw. der Symmetriepunkt der Impulsantwort nicht mit einem Abtastwert zusammenfällt. Auf die Definition der nichtkausalen Impulsantwort wird für den Fall ungeraden Filtergrads daher verzichtet. Mit der kausalen Impulsantwort $h_L(n)$ ergibt sich in Abwandlung von (3.73c) die Übertragungsfunktion

$$H_0(z) = \sum_{n=0}^{K} h_L(n) \cdot \left[(-1)^{k_1} z^{n-K} + z^{K-n} \right] ; \quad k \text{ ungerade} , \qquad (3.76)$$

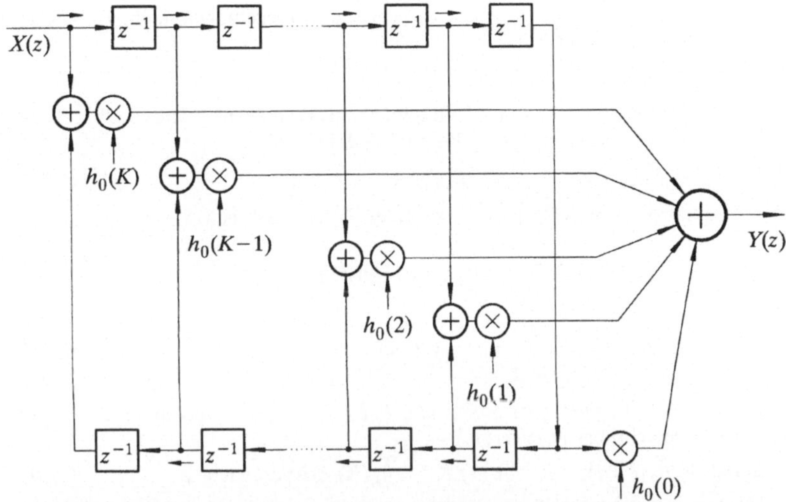

Bild 3.26. "Abgeknickte" Direktstruktur zur aufwandsgünstigen Realisierung linearphasiger digitaler Filter. Die Darstellung im Bild bezieht sich auf Grundform 1 (k gerade). Für die übrigen Grundformen lassen sich entsprechende Strukturen angeben. Man beachte die Ähnlichkeit mit der Einmultipliziererstruktur des Allpasses

wenn K auch hier exakt zu $k/2$ berechnet wird. (Selbstverständlich muß die Summation beim größten ganzzahligen Wert unterhalb K aufhören.) Damit liegt die Symmetrieachse bzw. der Symmetriepunkt des Filters für ungerade Werte von k zwischen zwei Abtastwerten; dies bringt eine Unstetigkeit im Frequenzgang bei $\Omega = \pm\pi$ mit sich, hat aber sonst keine Konsequenzen, da der Fall nur für $H_0(z)$ gilt.

Der Multiplikationsaufwand linearphasiger Filter (nicht aber der Aufwand an Additionen) läßt sich halbieren, wenn die beiden Signalwerte, die mit den beiden (gleichlautenden) Werten $h_0(n)$ und $h_0(-n)$ der Impulsantwort zu multiplizieren sind, vor der Multiplikation aufaddiert werden. Hierbei entsteht als Variante der Direktstruktur die *"abgeknickte" Direktstruktur* (Bild 3.26). Mit geringen Varianten ist diese Struktur für gerade und ungerade Filtergrade realisierbar.

3.5.3 Die vier Grundformen. Je nach Wert von k_1 und k_{-1} ergeben sich die nachstehend [siehe Bild 3.27 (S. 118)] aufgeführten Grundformen (Schüßler, [2]1988:253) für linearphasige digitale Filter. Die dargestellte Übertragungsfunktion stellt in allen Fällen den Beginn einer *Fourierreihe* dar; beim Entwurf wird also die Wunschfunktion mit Hilfe einer Fourierreihe approximiert.

Grundform 1: k_1 gerade, k_{-1} gerade. $P_L(z)$ ist ein Spiegelpolynom, die Impulsantwort wird achsensymmetrisch:

$$h_L(n) := h_L(k-n), \quad n = 0 \ (1) \ K-1 \ ; \tag{3.77}$$

$h_L(K)$ existiert und kann ungleich Null sein. Damit kann die nichtkausale Impulsantwort $h_{01}(n)$ formuliert werden; sie läuft von $-K$ bis $+K$:

$$h_{01}(n) = h_L(n+K) \ , \quad n = -K \ (1) \ K \ . \tag{3.78}$$

Der Frequenzgang $H_{01}(\Omega)$ des nichtkausalen Filters wird reell:

$$H_{01}(\Omega) = h_L(K) + 2 \sum_{n=0}^{K-1} h_L(n) \cos\left[(K-n)\Omega\right]$$

$$= h_{01}(0) + 2 \sum_{n=1}^{K} h_{01}(n) \cos n\Omega \ . \tag{3.79}$$

Grundform 2: k_1 gerade, k_{-1} ungerade. $P_L(z)$ ist ein Spiegelpolynom; die Impulsantwort wird achsensymmetrisch:

$$h_L(n) = h_L(k-n), \quad n = 0 \ (1) \ K \ ; \quad h_L(K) \text{ existiert nicht} \ . \tag{3.80}$$

Da K nicht ganzzahlig ist, ist der nächstkleinere ganzzahlige Wert als Summationsgrenze zu nehmen. Der Frequenzgang $H_{02}(\Omega)$ wird wieder reell:

$$H_{02}(\Omega) = 2 \sum_{n=0}^{K} h_L(n) \cos\frac{(k-2n)\Omega}{2} \ . \tag{3.81}$$

Grundform 3: k_1 ungerade, k_{-1} gerade. $P_L(z)$ ist ein Antispiegelpolynom; die Impulsantwort wird punktsymmetrisch:

$$h_L(n) = -h_L(k-n), \quad n = 0 \ (1) \ K \ ; \quad h_L(K) \text{ existiert nicht} \ . \tag{3.82}$$

Da K nicht ganzzahlig ist, ist der nächstkleinere ganzzahlige Wert als Summationsgrenze zu nehmen. Der Frequenzgang $H_{03}(\Omega)$ wird rein imaginär:

$$H_{03}(\Omega) = 2j \sum_{n=0}^{K} h_L(n) \sin\frac{(k-2n)\Omega}{2} \ . \tag{3.83}$$

Grundform 4: k_1 ungerade, k_{-1} ungerade. $P_L(z)$ ist ein Antispiegelpolynom; die Impulsantwort wird punktsymmetrisch:

$$h_L(n) = -h_L(k-n), \quad n = 0 \ (1) \ K-1 \ ; \quad h_L(K) = 0 \ . \tag{3.84}$$

Der Wert $h_L(K)$ der Impulsantwort existiert, ergibt sich aber aus Symmetriegründen zu Null. Damit kann wie in Grundform 1 die nichtkausale Impulsantwort $h_{04}(n)$ formuliert werden; sie läuft von $-K$ bis $+K$:

$$h_{04}(n) = h_{\mathrm{L}}(n+K) , \quad n = -K \ (1) \ K ; \quad h_{04}(n) = 0 . \tag{3.85}$$

Der Frequenzgang $H_{04}(\Omega)$ wird wieder rein imaginär:

$$H_{04}(\Omega) = 2j \sum_{n=0}^{K-1} h_{\mathrm{L}}(n) \sin[(K-n)\Omega] = 2j \sum_{n=1}^{K} h_{04}(n)\sin n\Omega . \tag{3.86}$$

Übungsaufgaben zu Kapitel 3

3.1 Allpaßstrukturen. Weisen Sie nach, daß die beiden Allpaßstrukturen von Mitra und Hirano (1974) [Bild 3.19 und 3.20] tatsächlich Allpässe sind. Berechnen Sie hierzu die Übertragungsfunktionen. [*Anleitung.* Bei beiden Strukturen genügen vier Knoten. Da das Gleichungssystem nach Abschnitt 2.6 zur Berechnung der Übertragungsfunktion nur nach einer Unbekannten aufgelöst werden muß, ist es einfacher, dies mit dem Eliminationsverfahren als durch Berechnung der Smith'schen Normalform zu tun.]

3.2 Notch-Filter 2. Grades. Bei einer digitalen Aufzeichnung mit der Abtastfrequenz 10 kHz soll die Netzfrequenz (50 Hz) restlos unterdrückt werden.

a) Durch welches Filter kann die Unterdrückung dieser Frequenz restlos erfolgen? Wie lautet die Übertragungsfunktion? Welche Filterkoeffizienten ergeben sich?

b) Wie muß das Filter erweitert werden, wenn die Dämpfung bei einer Frequenz von 55 Hz nur noch 3 dB betragen soll? Wie lautet die Übertragungsfunktion jetzt? Wie lauten die Filterkoeffizienten, wenn das Filter in Direktstruktur realisiert ist?

c) Welche Filterkoeffizienten ergeben sich, wenn Sie statt der Direktstruktur die in Abschnitt 3.3.5 angegebene Brückenschaltung verwenden? Wo genau kommt die Nullstelle zu liegen, wenn die Lage des Poles gegenüber Aufgabe b) unverändert bleibt?

d) Wie hoch ist bei der Schaltung nach c) die Sperrdämpfung des Filters bei 50 Hz näherungsweise [lassen Sie bei Ihrer Berechnung die konjugiert komplexe Nullstelle und den konjugiert komplexen Pol außer acht]. Korrigieren Sie die Schaltung derart, daß das Filter die Aufgabe wieder genau erfüllt.

3.3 Notch-Filter 2. Grades. In Abschnitt 3.3.5 haben wir festgestellt, daß ein Notch-Filter als Teil einer Filterweiche aus 2 Allpässen realisiert werden kann. In dieser Aufgabe soll nun das zweite Teilfilter dieser Filterweiche untersucht werden.

a) Wo liegen die Nullstellen des 2. Teilfilters? Berechnen Sie hierzu die Übertragungsfunktion.

b) Weisen Sie durch einfache Überlegung aufgrund der Pseudoverlustfreiheit der gesamten Filterweiche ohne jede Rechnung nach, daß die Nullstellen dort liegen müssen, woe Sie sie in Aufgabe a) ermittelt haben.

3.4 Filterstrukturen 2. Grades. Gegeben sei ein rein rekursives Filter 2. Grades mit $d_0=1$ und Polen bei $r_\mathrm{P}=0{,}98$ und $\phi_\mathrm{P}=45°$.

a) Berechnen Sie die Filterkoeffizienten für die Direktstruktur, die gekoppelte Struktur nach Gold und Rader sowie die gekoppelte Struktur nach Lacroix.

b) Bestimmen Sie in den drei Strukturen die ersten Werte der Impulsantwort und überzeugen Sie sich davon, daß die drei Strukturen das gleiche Verhalten zeigen. Achten Sie bei der gekoppelten Struktur von Gold und Rader darauf, welchen Ausgang Sie wählen.

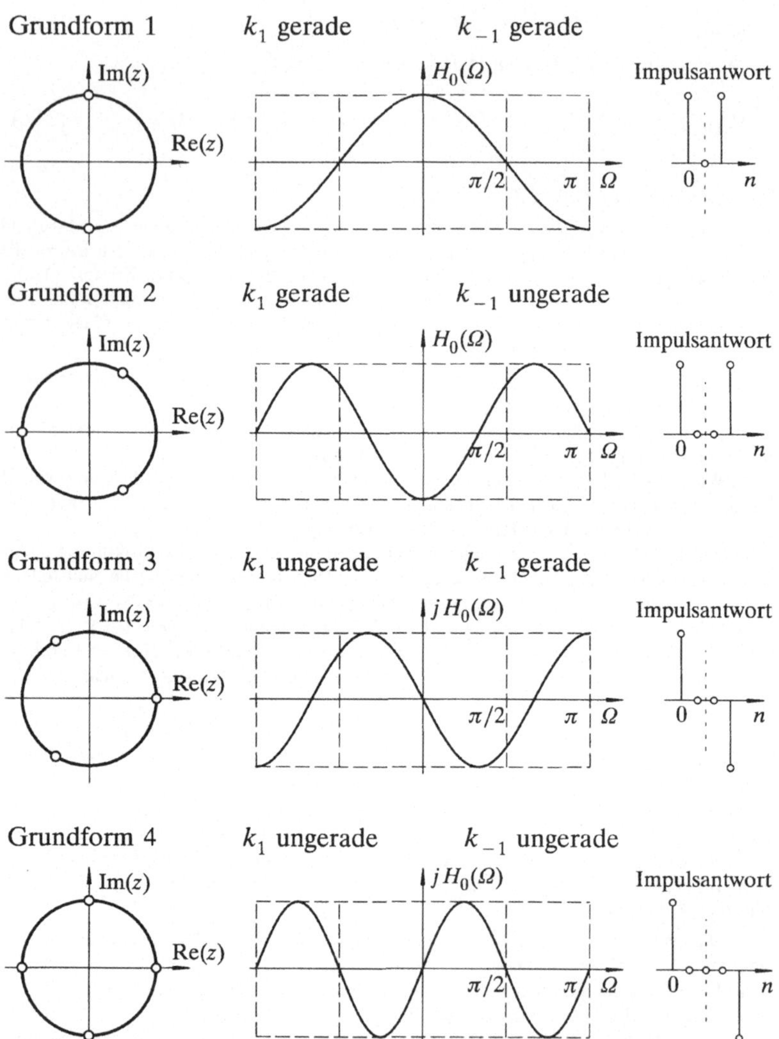

Bild 3.27. Beispiele für die vier Grundformen linearphasiger digitaler Filter

Lösungen zu den Übungsaufgaben

3.1. Allpaß 1. Grades. Lage der 4 Knoten: $\mathbf{K}_1$ am Ausgang; $\mathbf{K}_2$ am Eingang; $\mathbf{K}_3$ am Ausgang des Verzögerungsgliedes; $\mathbf{K}_4$ am Signaleingang des Multiplizierers. Wir erhalten die folgenden Knotengleichungen:

$$Y \ = Y_3 - g_1 Y_4$$
$$Y_2 = X$$
$$Y_3 = Y_2 z^{-1} - g_1 Y_4 z^{-1} \quad \text{und hieraus} \quad \begin{pmatrix} 1 & g_1 - 1 \\ 0 & 1 + g_1 z^{-1} \end{pmatrix}\begin{pmatrix} Y \\ Y_3 \end{pmatrix} = \begin{pmatrix} g_1 \\ (1 + g_1)z^{-1} \end{pmatrix} X \, .$$
$$Y_4 = -Y_2 + Y_3$$

Damit ergibt sich die Allpaß-Übertragungsfunktion $H_{A1}(z) = \dfrac{g_1 z + 1}{z + g_1}$.

Allpaß 2. Grades. Lage der 4 Knoten: $\mathbf{K}_1$ am Ausgang; $\mathbf{K}_2$ am Eingang; $\mathbf{K}_3$ vor dem ersten Verzögerungsglied (nach dem Addierer); $\mathbf{K}_4$ am Ausgang des Addierers hinter den beiden Multiplizierern. Wir erhalten die folgenden Knotengleichungen:

$$Y \ = Y_3 z^{-2} - Y_4$$
$$Y_2 = X$$
$$Y_3 = Y_2 + Y_4 \qquad\qquad \text{und hieraus}$$
$$Y_4 = -g_2 Y_2 - g_1 Y_3 z^{-1} - g_2 Y_3 z^{-2}$$

$$\begin{bmatrix} 1 & -g_1 z^{-1} - (1+g_2)z^{-2} \\ 0 & 1 + g_1 z^{-1} + g_2 z^{-2} \end{bmatrix}\begin{pmatrix} Y \\ Y_3 \end{pmatrix} = \begin{pmatrix} g_2 \\ 1-g_2 \end{pmatrix} X \, .$$

Damit ergibt sich die Allpaß-Übertragungsfunktion $H_{A2}(z)$ wie in (3.48).

3.2.a Zur Unterdrückung der Notch-Frequenz ist ein nichtrekursives Filter mit einer Nullstelle auf dem Einheitskreis bei der Notch-Frequenz erforderlich. In unserem Fall liegt die Nullstelle bei $z_{0\,1,2} = \exp(0,01\,j\pi)$; die Filterkoeffizienten werden $d_1=-1,999013$ und $d_2=1$; die Übertragungsfunktion wird $H_{2T}(z) = 1 - 1,999013\,z^{-1} + z^{-2}$. Dieses Filter hat aber einen erheblichen Einfluß auf den gesamten Frequenzgang, so daß es für die Aufgabe als Notch-Filter allein nicht ausreicht.

3.2.b. Das Filter ist um einen rekursiven Teil zu erweitern; Pol- und Nullstellenwinkel werden gleich; der Polradius wird nach (3.24) so eingestellt, daß die 3-dB-Frequenz bei 55 Hz zu liegen kommt. Eine solche Pollage ist für die Realisierung kritisch (siehe Abschnitt 4.1.1, da die Empfindlichkeit gegen Koeffizientenquantisierung relativ hoch ist. Wir erhalten $r_P=0,9968584$; $g_2=0,9937267$ sowie $g_1=-1,9927330$. Der nichtrekursive Teil bleibt unverändert.

3.2.c. Bleibt der Pol liegen, so bleiben die Koeffizienten g_1 und g_2 gegenüber Aufgabe b) unverändert. Damit ist der Allpaß vollständig bestimmt. Die Nullstelle tritt bei einer Frequenz von 50,25001 Hz auf.

3.2.d. Die 3-dB-Frequenz liegt bei 55 Hz, die Notch-Frequenz bei 50,25 Hz. Damit ist der Pol um etwa den Faktor 20 weiter weg vom laufenden Punkt für 50 Hz auf dem Einheitskreis als die Nullstelle. Mit geometrischer Interpretation des Frequenzgangs (siehe Bild 2.13) ergibt sich bei 50 Hz eine Sperrdämpfung von 26 dB — dieser Wert wird bei einer Simulation genau bestätigt. Damit die Aufgabe ordnungsgemäß erfüllt wird, muß die Nullstelle liegen bleiben. Hierbei ändert sich gegenüber c) nur ein Koeffizient: $g_1 = -1,9927429$.

Das folgende Bild zeigt den Einschwingvorgang des Notch-Filters nach Aufgabe b). Bei 60 Hz (oberes Teilbild) ist die Schwingung in ihrer Amplitude noch nicht wesentlich beeinflußt (weniger als 1 dB Dämpfung). Bei 55 Hz (mittleres Teilbild) ist die 3-dB-Eckfrequenz erreicht. Die Schwingung bei der Kerbfrequenz 50 Hz (unteres Teilbild) ist nach einem ungefähr 7 Perioden umfassenden Einschwingvorgang fast völlig unterdrückt (Dämpfung bei 64-bit-Gleitkommarechnung 112 dB, bei 32-bit-Gleitkommarechnung 73 dB). Gezeichnet sind jeweils 4000 Abtastwerte (entspricht 0,4 s).

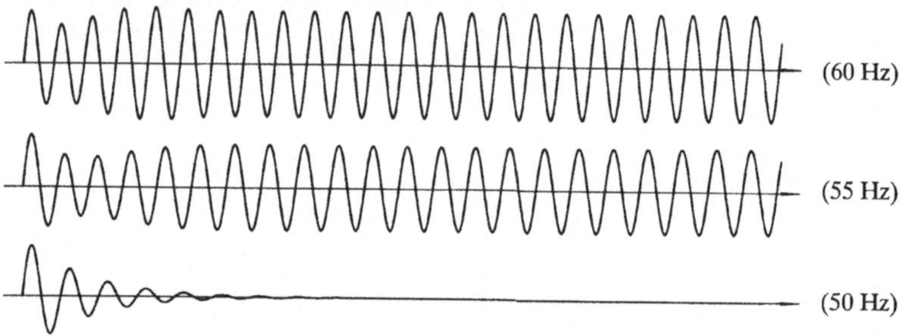

3.3.a. Es muß nur der Zähler untersucht werden; wir erhalten

$$2D(z) = z^2 + g_1 z + g_2 - (g_2 z^2 + g_1 z + 1) = (1 - g_2)(z^2 - 1) \; ;$$

damit liegen die Nullstellen des 2. Teilfilters bei $z_{0\,1,2} = \pm 1$, also bei der Frequenz Null und der halben Abtastfrequenz.

3.3.b. Das überbrückte Filter ist ein Allpaß 2. Grades, dessen Übertragungsfunktion bei den normierten Frequenzen $\Omega = 0$ und $\Omega = \pi$ exakt Eins wird. Damit wird die Übertragungsfunktion des Gesamtfilters bei diesen Frequenzen Null. Das Filter ist ein Resonanzfilter, das in Unterschied zu rein rekursiven Filtern 2. Grades noch die normierten Frequenzen $\Omega = 0$ und $\Omega = \pi$ völlig unterdrückt.

3.4.a. Direktstruktur: $g_1 = -1,385929$; $g_2 = 0,9604$. Gekoppelte Struktur Gold/Rader: $c_1 = c_3 = -0,69296$; $c_2 = s_1 = -0,69296$; $s_0 = 1$. Zu wählen ist der Ausgang y_2. Gekoppelte Struktur Lacroix: wie Gold/Rader, nur mit positivem Vorzeichen.

3.4.b. Es wird $h(n) = \{$ 1; 1,3859; 0,9604; 0; $-0,9224$; $-1,2783$; $-0,8858$; 0; 0,8508; 1,1791; 0,8171 ... $\}$. Bei Gold/Rader sind alle Abtastwerte um 1 Abtastintervall verzögert.

4. Verhalten realer digitaler Filter; Realisierungsmöglichkeiten

Da jedes digitale Filter aus Blöcken 1. und 2. Grades aufgebaut werden kann, wollen wir uns hier vornehmlich auf den Block 2. Grades in Direktstruktur beschränken. Bild 4.1 zeigt den grundsätzlichen Aufbau eines Rechenwerks zur Realisierung dieses Filters (Allen, 1975). Das Rechenwerk benötigt: 1) fünf Register für die Koeffizienten; 2) sechs Register für die zu speichernden Signalwerte, 3) fünf Multiplizierer sowie 4) ein Addierwerk mit 5 Eingängen. Bild 4.1 zeigt einen Aufbau, bei dem jedes Element einzeln realisiert ist. Weniger aufwendige Rechenwerke führen die Operationen sequentiell durch und kommen mit einem Multiplizierer aus.

Die arithmetischen Operationen zur Berechnung eines Signalwertes $y(n)$ lassen sich darstellen als Skalarprodukt zweier Vektoren:

$$y(n) = \begin{pmatrix} -g_1 & -g_2 & d_0 & d_1 & d_2 \end{pmatrix} \cdot \begin{bmatrix} y(n-1) \\ y(n-2) \\ x(n) \\ x(n-1) \\ x(n-2) \end{bmatrix}. \tag{4.1}$$

Vom Ablauf her sind Eingangs- und Ausgangssignal des Filters *Datenströme*. Das geeignetste Prinzip zur Verarbeitung der Signale ist daher das *Pipelining*-Prinzip, während eine (oft allerdings unvermeidliche) Blockverarbeitung in der Regel zusätzlichen Aufwand zur Datenorganisation bedeutet (Burrus, 1972).

Bei der Zahlendarstellung kann eine Festkomma- oder auch Gleitkommadarstellung verwendet werden. Beide Verarbeitungsmethoden sind aus der Datenverarbeitungstechnik bekannt. Bei der Implementierung auf einem größeren Rechner wird man in der Regel auf die arithmetisch günstigere, aber schaltungstechnisch aufwendigere Gleitkommatechnik zurückgreifen, während Realisierungen direkt in Hardware oder auch auf speziellen Signalprozessoren heute in der Regel (noch) in Festkommatechnik ausgeführt werden. Zahlreiche Signalprozessoren der neueren Generation basieren aber bereits auf der Gleitkommaarithmetik und ermöglichen

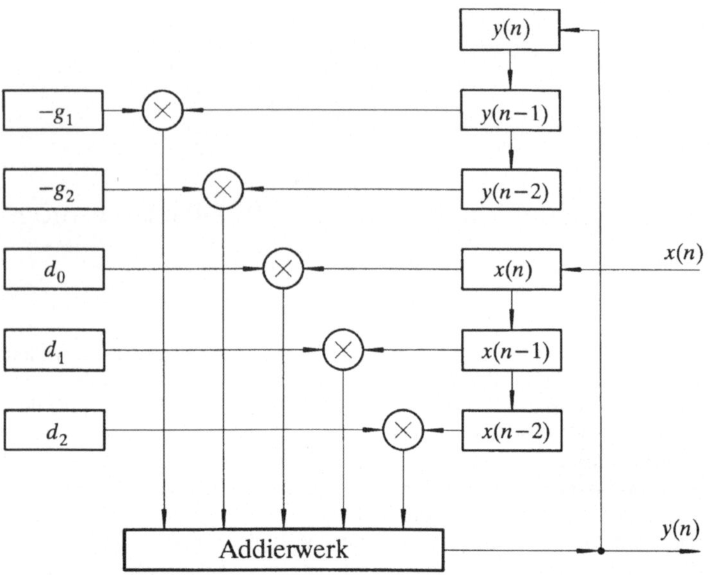

Bild 4.1. Grundsätzlicher Aufbau des Rechenwerks für ein digitales Filter 2. Grades in konzentrierter Arithmetik

Gleitkommaimplementierungen auch auf Signalprozessorebene (siehe z.B. Eichen, 1986; Bender, 1988; Lacroix, 1988).

Mit der endlichen Wortlänge bei der Darstellung von Koeffizienten und Signalen geht eine Reihe von Problemen einher (ungenaue Realisierung der Übertragungsfunktion, arithmetische Instabilität, Verringerung des Störabstandes). Diesen Schwierigkeiten und ihrer Beseitigung, Vermeidung oder − wenn nicht anders möglich − Verminderung ist Abschnitt 4.1 gewidmet; die dort vorgestellten Betrachtungen und Ergebnisse gelten durchweg für die Festkommatechnik; es werden aber auch Aspekte von Gleitkommaimplementationen angesprochen. Abschnitt 4.2 behandelt einige gängige arithmetische Realisierungen (konventionelle "konzentrierte" Arithmetik, "verteilte" Arithmetik, multipliziererfreie Strukturen), während Abschnitt 4.3 sich der speziellen Frage der schnellen Realisierung der Faltung bei nichtrekursiven Filtern widmet.

4.1 Verhalten realer digitaler Filter bei Quantisierung; Fehleranalyse[1]

Die *Quantisierung*, d.h., die Darstellung von Signalen und Koeffizienten sowie die Durchführung der arithmetischen Operationen mit endlicher Wortlänge verwandelt jedes digitale Filter in ein nichtlineares System. Hierbei ist das Verhalten grundsätzlich vom nichtlinearen Verhalten eines realen analogen Systems verschieden. Folgende Phänomene werden durch die endliche Wortlänge verursacht:

1) Abweichungen im gewünschten Frequenzverhalten der Filter durch ungenaue Einstellung der Filterkoeffizienten;

2) Stabilitätsfehler durch Überlauferscheinungen — seither als stabil angenommene Filter werden plötzlich instabil;

3) Stabilitätsfehler durch Rundung — es entstehen "Grenzzyklen", d.h., kleine Schwingungen um den Nullpunkt bei nicht (mehr) erregtem System;

4) Rundungs- und Quantisierungsrauschen.

Für die folgenden Betrachtungen sei der häufigste Fall zugrundegelegt, die Festkommadarstellung. Hierbei erscheint eine Zahl a in folgender Form (Vorzeichenstelle unberücksichtigt):

$$a = \sum_{i=m_u}^{m_o} c_i B^i .\tag{4.2}$$

B ist die Basis des verwendeten Zahlensystems. Im allgemeinen wird $B = 2$ (Dualsystem) angenommen. Durch (4.2) sind somit

$$M = B^{m_o - m_u + 1}\tag{4.3}$$

---

[1] Die Darstellung in Abschnitt 4.1 soll *keine* vollständige Abhandlung der durch die Quantisierung verursachten Realisierungsprobleme bieten, sondern stellt eine diesbezügliche — mehr phänomenologisch orientierte — Einführung dar, damit sich der Leser der Problematik bewußt wird. Durch die stürmische Entwicklung auf dem Bauteilesektor — das Vordringen des Gleitkommasignalprozessors ist ein gutes Beispiel hierfür — kann manches bisher gravierende Realisierungsproblem dieser Art mit einem Schlag obsolet werden. Wenn andererseits ein Quantisierungs- oder Skalierungsproblem für eine bestimmte Anwendung existiert, dann existiert es in voller Schärfe und verlangt eine detaillierte Untersuchung, die in jedem Fall über das hinausgeht, was hier in dieser Einführung diskutiert werden kann; der Leser ist dann ohnehin gezwungen, auf die zu diesem Thema besonders reichhaltige, aber auch besonders weit gestreute Literatur zu rekurrieren [siehe z.B. die Literaturhinweise bei Kaiser (1976), Claasen et al. (1976), Helms et al. (1975), Lacroix (1988), Butterweck et al. (1989)]. Eingehend behandelt wird die gesamte Thematik der Fehleranalyse in Lehrbüchern insbesondere von Lacroix ([2]1985:148-188) sowie von Oppenheim und Schafer (1989). Weitere Literaturstellen sind im Lauf dieses Abschnitts angegeben.

verschiedene Zahlen darstellbar. Aufeinanderfolgende Zahlen unterscheiden sich um die *Quantisierungsstufe*

$$Q = B^{m_u} \, . \tag{4.4}$$

Als *Wortlänge* wird die Stellenzahl in dieser Darstellung definiert:

$$W = m_o - m_u + 1 \, . \tag{4.5}$$

Die Zustandsgleichung eines linearen digitalen Filters k-ten Grades geht also über in die Form

$$[y(n)]_Q = \left[\ \sum_{i=0}^{k} \big[[d_i]_Q \cdot [x(n-i)]_Q \big]_Q - \sum_{i=1}^{k} \big[[g_i]_Q \cdot [y(n-i)]_Q \big]_Q \right]_Q \, . \tag{4.6}$$

Durch das Symbol $[\cdot]_Q$ soll aufgezeigt werden, daß ein bestimmtes Signal, ein bestimmter Koeffizient oder eine bestimmte Rechenoperation quantisiert ist; diese Schreibweise umfaßt somit sowohl die Quantisierung mit Q als auch die Einschränkung des Wertevorrats nach (4.3). Das durch (4.6) beschriebene System ist sicher nichtlinear, und die oben erwähnten Erscheinungen treten gekoppelt auf und beeinflussen sich gegenseitig. Zur Untersuchung und damit zur näherungsweisen Beschreibung des Systems werden jedoch diese Parameter getrennt betrachtet, und man untersucht folgende Einzelfälle (wobei jedesmal angenommen ist, daß die nicht als quantisiert betrachteten Signale, Koeffizienten oder Rechenoperationen exakt vorliegen bzw. durchgeführt werden):

1) Einfluß begrenzter Wortlänge der Koeffizienten;
2) Einfluß beschränkten Wertevorrats der Zustandsvariablen und die damit verbundenen Stabilitätsprobleme (Überlaufcharakteristik);
3) Einfluß der Quantisierung (begrenzter Wortlänge) sowie der Rundungsfehler im Bereich der Zustandsvariablen [$y(n)$ und Zwischenprodukte] auf das Stabilitätsverhalten des Systems; sowie
4) Rauscherscheinungen.

Diese vier Fälle werden im folgenden einzeln behandelt.

4.1.1 Verhalten linearer digitaler Systeme bei endlicher Wortlänge der Koeffizienten. Gegeben sei das System mit der folgenden aus (4.6) abgeleiteten Differenzengleichung:

$$y(n) = \sum_{i=0}^{k} [d_i]_Q \cdot x(n-i) - \sum_{i=1}^{k} [g_i]_Q \cdot y(n-i) \, . \tag{4.7}$$

Hierbei sollen also die Koeffizienten quantisiert sein, die übrigen arithmetischen Operationen jedoch fehlerfrei ausgeführt werden; d.h., in dieser Darstellung ist das System noch streng linear.

Als Beispiel betrachtet sei ein rein rekursives Filter 2. Grades in direkter bzw. kanonischer Realisierung (bei Verwendung der 2. kanonischen Struktur in diesem Fall identisch!). Für $d_0=1$ hat das Filter die Zustandsgleichung

$$y(n) = x(n) - [g_1]_Q \, y(n-1) - [g_2]_Q \, y(n-2) \tag{4.8}$$

und damit die Übertragungsfunktion

$$H_{P2}(z) = \frac{z^2}{z^2 + [g_1]_Q \, z + [g_2]_Q} \; . \tag{4.9}$$

Die Lage der Pole (sofern komplex) ist bestimmt durch

$$z_{P1,2} = r_P \exp(j\phi_{P1,2}) = \frac{1}{2}\left(-[g_1]_Q \pm j\sqrt{4[g_2]_Q - [g_1]_Q^2}\right) \tag{4.10}$$

mit

$$r_P^2 = [g_2]_Q \quad \text{sowie} \quad 2r_P \cos\phi_{P1,2} = -[g_1]_Q \; . \tag{4.11a,b}$$

Polradius und Polwinkel ergeben sich also zu

$$r_P = \sqrt{[g_2]_Q} \; ; \quad \phi_{P1,2} = \arccos\frac{-[g_1]_Q}{2\sqrt{[g_2]_Q}} \; . \tag{4.12a,b}$$

Hieraus folgt für die Empfindlichkeit gegenüber Parameteränderungen:

$$\Delta r_P = \frac{\partial r_P}{\partial g_2}\,\Delta g_2 + \frac{\partial r_P}{\partial g_1}\,\Delta g_1 = \frac{\Delta g_2}{2r_P} \; ; \tag{4.13a}$$

$$\Delta \phi_P = \frac{\partial \phi_P}{\partial g_2}\,\Delta g_2 + \frac{\partial \phi_P}{\partial g_1}\,\Delta g_1 = \frac{-\Delta g_2}{2r_P^2 \tan\phi_P} + \frac{\Delta g_1}{2r_P^2 \sin\phi_P} \; . \tag{4.13b}$$

Die möglichen Pollagen sind also über das Innere des Einheitskreises höchst ungleichmäßig verteilt (siehe Bild 4.2 für 16 Quantisierungsstufen). Damit ist die Direktstruktur bei Filtern 2. Grades ungünstig, wenn komplexe Pole oder Nullstellen in der Nähe der reellen z-Achse liegen.

Günstiger verhält sich da die *gekoppelte Struktur* (Gold und Rader, 1969; siehe Abschnitt 3.2.2), bei der sich Real- und Imaginärteil des Poles direkt einstellen lassen. Mit der Übertragungsfunktion

$$H_{P2}(z) = \frac{s_0 s_1 z^{-1}}{1 + (c_1 + c_3)z^{-1} + (c_1 c_3 + c_2 s_1)z^{-2}} \tag{3.29b}$$

und der Wahl der Koeffizienten zu

$$c_1 = c_3 = -r_P \cos\phi_P \quad \text{sowie} \quad c_2 = s_1 = -r_P \sin\phi_P \tag{3.30}$$

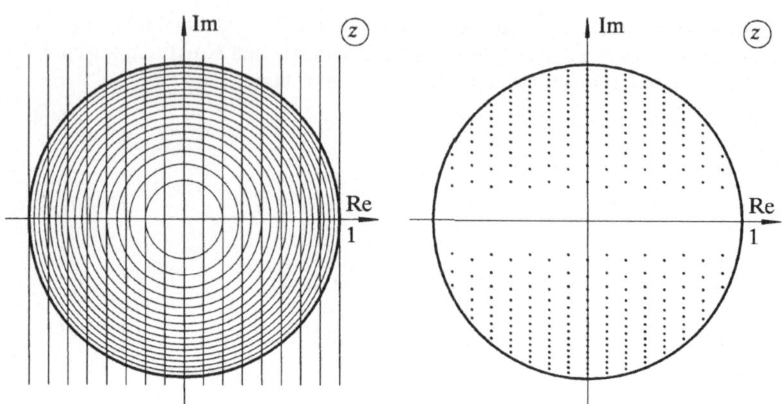

Bild 4.2. Mögliche Lage der Pole bei einem Digitalfilter 2. Grades in Direktstruktur und Quantisierung der beiden Koeffizienten auf je 4 bit

ergeben sich gegen Parameteränderungen die folgenden Empfindlichkeiten:

$$\Delta\, r_\mathrm{P} = -\Delta c_1 \cos\phi_\mathrm{P} - \Delta c_2 \sin\phi_\mathrm{P}\ ; \tag{4.14a}$$

$$\Delta\phi_\mathrm{P} = \frac{1}{r_\mathrm{P}}[\Delta c_1\, \sin\phi_\mathrm{P} - \Delta c_2\, \cos\phi_\mathrm{P}]\ . \tag{4.14b}$$

Bei Quantisierung der Koeffizienten sind die Pole also gleichmäßig über die gesamte z-Ebene verteilt. Dies beseitigt das Problem für Pole in der Nähe der reellen z-Achse, bedeutet aber einen um den Faktor 2 erhöhten Rechenaufwand, da im rekursiven Teil nunmehr 4 Multiplikationen durchgeführt werden müssen. Bild 4.3 zeigt die Verteilung der möglichen Pollagen bei einer Quantisierung der Koeffizienten auf 4 bit.

Eine Alternative zur Direktstruktur, die das Problem zwar nicht löst, aber mildert, und die zudem mit weniger Multiplikationen auskommt, ist in Bild 4.4 gezeigt. In der Nähe der Punkte $z=1$ und $z=-1$ ist g_2 ungefähr 1 und g_1 je nach Lage der Pole entweder ungefähr -2 oder $+2$. (Bild 4.4 zeigt den Fall für $g_1 \approx -2$, also für $z \approx +1$.) Man kann dann eine Hilfsstruktur derart definieren, daß sich ergibt

$$g_2 = 1 - c_2 \quad \text{sowie} \quad g_1 = -2 + c_1\ . \tag{4.15}$$

Für $z \to 1$ gehen beide Hilfskoeffizienten c_1 und c_2 gegen Null. Das gibt die Möglichkeit, bei kleinen Werten von c_1 und c_2 die signifikanten Bits der Koeffizienten wegzulassen, wenn bekannt ist, daß sie Null sind, und den zugehörigen Registern eine entsprechend niedrigere Stellenwertigkeit zuzuordnen. Damit können die Pole des so realisierten Filters zwar nicht mehr beliebige Werte in der z-Ebene annehmen; die

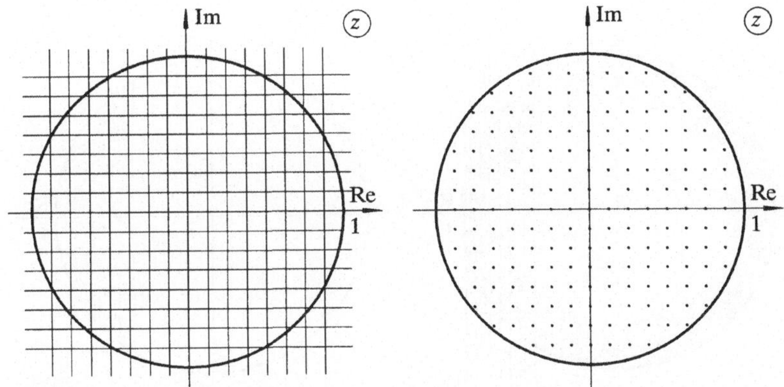

Bild 4.3. Mögliche Lage der Pole bei einem Digitalfilter 2. Grades in gekoppelter Struktur und Quantisierung der beiden Koeffizienten auf je 4 bit

Werte, die sie annehmen können, sind aber in der Gegend der kritischen Punkte $z = +1$ und $z = -1$ häufiger als bei der gewöhnlichen Direktstruktur (Bild 4.5).

Fettweis (1972a,b), Seviora und Sablatash [1971, hier nach (Oppenheim und Schafer, 1975:178)] sowie Liberatore und Manetti (1980) geben eine Formel zur Bestimmung der Empfindlichkeit der Übertragungsfunktion des Filters gegen Änderungen einzelner Koeffizienten an. Die Empfindlichkeit ist eng geknüpft an die Teil- und Restübertragungsfunktion von und zu einem bestimmten Knoten (siehe Ab-

Bild 4.4. Digitales Filter 2. Grades in Direktstruktur mit Einschränkung des Wertebereichs der Koeffizienten

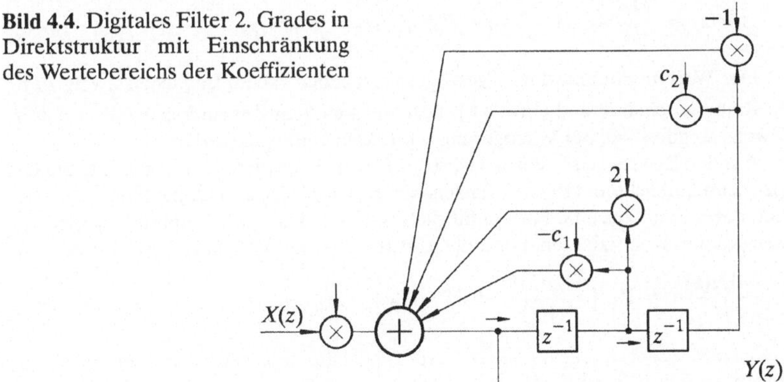

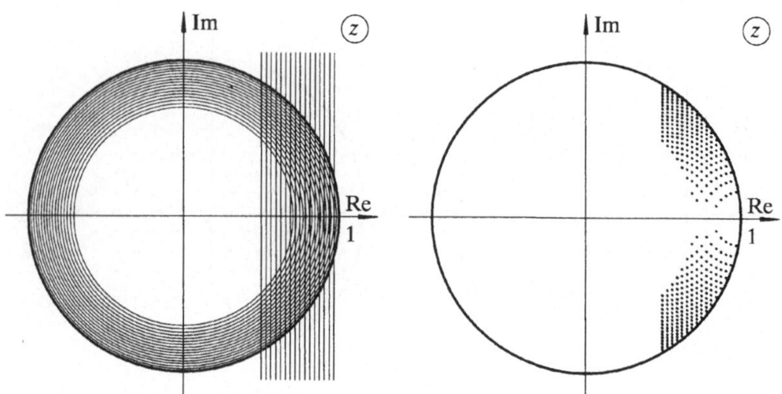

Bild 4.5. Mögliche Lage der Pole bei einem Digitalfilter 2. Grades bei Quantisierung der beiden Koeffizienten auf je 4 bit. Gezeichnet: Direktstruktur mit eingeschränktem Wertevorrat; die beiden Hilfskoeffizienten c_1 und c_2 sind auf Werte kleiner 0,5 beschränkt

schnitt 2.6.5). Gegeben sei ein beliebiges digitales Filter in der Matrixdarstellung nach (2.96); berechnet werden soll die Empfindlichkeit der Übertragungsfunktion H(z) gegenüber Änderungen eines beliebigen Koeffizienten c_{ij} zwischen den Knoten $\mathbf{K}_i$ und $\mathbf{K}_j$, wobei der Signalfluß von $\mathbf{K}_i$ nach $\mathbf{K}_j$ laufen soll. Für kleine Änderungen von c_{ij} gilt, wenn der Rest des Filters unverändert bleibt,

$$\Delta H(z) \approx \frac{\partial H(z)}{\partial c_{ij}} \cdot \Delta c_{ij} = \left[z^{-m} H_{R2,i} H_{Rj,1} \right] \cdot \Delta c_{ij} \,. \tag{4.16}$$

Der Wert m gibt an, wieviel Verzögerungsglieder in dem fraglichen Zweig zu c_{ij} in Reihe geschaltet sind (Bild 4.6). Befindet sich kein Zustandsspeicher in diesem Zweig, so gilt $m=0$; bei Verzögerung um 1 Abtastintervall wird $m=1$.

Auf den Beweis dieser Formel wird aus Platzgründen verzichtet; er ist z.B. bei Oppenheim und Schafer (1975:178) nachzulesen. Crochiere und Oppenheim (1975) geben darüber hinaus eine Formel für die Empfindlichkeit des Amplitudenganges gegen (kleine) Koeffizientenänderungen an, die sich aus (4.16) herleiten läßt; sie lautet

$$\frac{\partial |H(z)|}{\partial c_{ij}} \approx \mathrm{Re} \left[\frac{|H(z)|}{H(z)} \cdot z^{-m} \cdot H_{R2,i} \cdot H_{Rj,1} \right] \,. \tag{4.17}$$

Beispiel. Gegeben sei ein rein rekursives Digitalfilter in Direktstruktur mit den Koeffizienten g_1 und g_2; hierbei sei $g_2 = 0,81$ (also $r_\mathrm{P}=0,9$). Berechnet werden soll die Empfind-

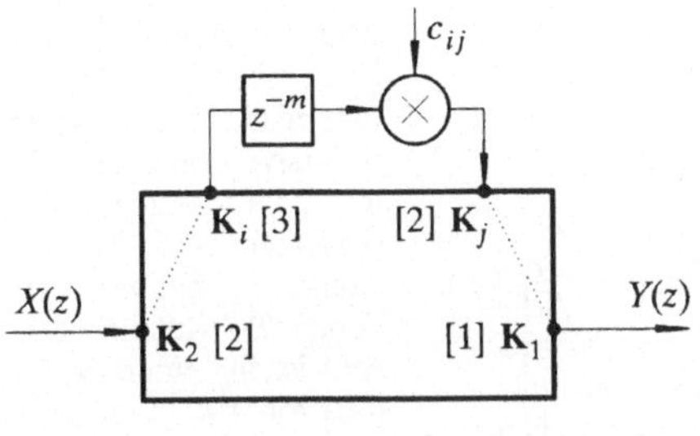

Bild 4.6. Zur Ermittlung der Empfindlichkeit der Übertragungsfunktion $H(z)$ gegenüber Änderungen eines Koeffizienten c_{ij} zwischen den Knoten $\mathbf{K}_i$ und $\mathbf{K}_j$. [*Anmerkung.* Je nachdem, welcher Zweig untersucht wird, können die Knoten $\mathbf{K}_1$ oder $\mathbf{K}_2$ an mehreren Stellen im Bild auftauchen, z.B. $\mathbf{K}_i=\mathbf{K}_1$ oder $\mathbf{K}_j=\mathbf{K}_2$. Zahlen in eckigen Klammern beziehen sich auf das Beispiel im Text]

lichkeit des Amplitudenganges gegen Änderungen von g_1 für verschiedene Werte dieses Koeffizienten.

In der Darstellung nach Bild 2.15 mit den Knotengleichungen (2.94-2.95) und mit $d_1 = d_2 = 0$ sowie $d_0 = 1$ ergibt sich zunächst

$$Y_1(z) = Y_2(z) = Y(z) , \qquad Y_2(z) = X(z) - g_1 Y_3(z) - g_2 Y_4(z) ,$$

$$Y_3(z) = Y_2(z) z^{-1} , \qquad Y_4(z) = Y_3(z) z^{-1}$$

und in Matrixform nach (2.96)

$$\begin{bmatrix} 1 & -d_0 & -d_1 & -d_2 \\ 0 & 1 & g_1 & g_2 \\ 0 & -z^{-1} & 1 & 0 \\ 0 & 0 & -z^{-1} & 1 \end{bmatrix} \cdot \begin{bmatrix} Y \\ Y_2 \\ Y_3 \\ Y_4 \end{bmatrix} = \begin{bmatrix} 0 \\ 1 \\ 0 \\ 0 \end{bmatrix} \cdot X .$$

Da der Koeffizient g_1 zwischen den Knoten $\mathbf{K}_3$ und $\mathbf{K}_2$ liegt, sind für die Berechnung der Empfindlichkeit die Teilübertragungsfunktionen $H_{R2,3}$ und $H_{R2,1}$ anzusetzen; ist $H(z)$ die Gesamtübertragungsfunktion, so ergibt sich

$$H_{R2,1}(z) = H(z) \quad \text{sowie} \quad H_{R2,3}(z) = z^{-1} H(z) ,$$

da der Ausgangsknoten des Zweiges mit g_1 gleichzeitig Eingangsknoten des Gesamtsystems ist. Die Empfindlichkeit gegen Änderungen von g_1 berechnet sich also zu

$$\frac{\partial |H(z)|}{\partial g_1} \approx \mathrm{Re}\left[z^{-1} |H(z)| \cdot H(z) \right] .$$

Bild 4.7 zeigt den Verlauf der relativen Empfindlichkeit (bezogen auf den jeweiligen Wert des Amplitudenganges) für verschiedene Polwinkel ϕ_P.

Die größte Empfindlichkeit gegen Koeffizientenänderungen besitzt das Filter an den Flanken der Resonanz. Bemerkenswert ist, daß die Empfindlichkeit in unmittelbarer Nähe der Resonanzstelle selbst einen Nulldurchgang besitzt; im unmittelbaren Bereich maximaler Verstärkung (aber auch nur dort) ist daher das Filter gegen Koef-

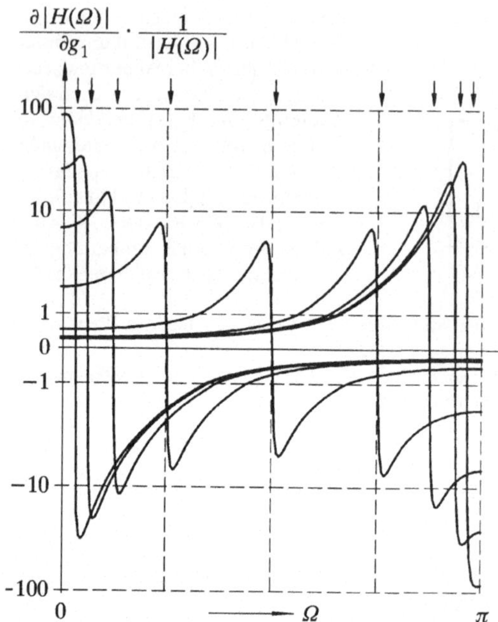

Bild 4.7. Relative Empfindlichkeit des Amplitudenganges eines rein rekursiven digitalen Filters 2. Grades gegen Änderungen des Koeffizienten g_1 bei verschiedenen Polwinkeln. Das Bild ist für einen Polradius von 0,95 gezeichnet

fizientenänderungen unempfindlich! Dies deckt sich mit der Beobachtung von Fettweis (1972b, 1988), der eine Beziehung herstellt zwischen der Empfindlichkeit der Übertragungsfunktion gegen Koeffizientenänderungen und der Empfindlichkeit analoger Filter gegen Bauelementetoleranzen. Günstig verhalten sich insbesondere pseudoverlustfreie Strukturen [Kreuzgliedstruktur (Abschnitt 6.4-6.5), Brückenschaltungen aus Allpaßfiltern (Abschnitte 3.3.4, 9.5) und Wellendigitalfilter allgemein (Kap. 9); vgl. die Diskussion in den Abschnitten 3.3.2 und 9.4.4].

Kaiser (1966) vergleicht das Verhalten der gängigsten Strukturen − Direktstruktur, Kaskadenstruktur, Parallelstruktur − bei begrenzter Koeffizientenwortlänge. Er berechnet in der Direktstruktur (2.23) bzw. (2.27) die Empfindlichkeit der Lage eines beliebigen Poles z_{Pi} bezüglich Änderungen eines beliebigen Koeffizienten g_m zu

$$\frac{\partial z_{Pi}}{\partial g_m} = \frac{z_{Pi}^{k-m}}{\displaystyle\prod_{\substack{n=1 \\ n \neq i}}^{k} (z_{Pi} - z_{Pn})} \cdot \qquad (4.18)$$

[Die Herleitung dieser Formel sei dem Leser als Übungsaufgabe 4.2 überlassen.] Eine entsprechende Beziehung existiert für die Nullstellen des Filters.

Wie (4.18) zeigt, hängt die Empfindlichkeit eines Pols gegenüber Koeffizientenänderungen im wesentlichen ab von der Distanz zwischen diesem Pol und den benachbarten Polen. Liegen die Pole eines Filters sehr nahe beieinander (dies ist z.B. bei schmalbandigen frequenzselektiven Filtern oder frequenzselektiven Filtern mit sehr steilen Flanken der Fall), so wird die Direktstruktur gegen Koeffizientenänderungen sehr empfindlich und bei stark reduzierten Wortlängen unbrauchbar. Darüber hinaus wächst die Empfindlichkeit der Lage der Nullstellen eines Polynoms gegen Koeffizientenänderungen ganz allgemein mit dem Grad des Polynoms (Oppenheim und Weinstein, 1972). Günstiger sind da Kaskaden- und Parallelstruktur; dort werden die Pole einzeln realisiert und beeinflussen sich nicht gegenseitig im gleichen Polynom; hier ist (4.18) blockweise für jeweils ein Polpaar anzusetzen.

Betrachten wir die Empfindlichkeit eines Filters 2. Grades in Direktstruktur gegen Koeffizientenänderungen, wenn die Pole in der Nähe der reellen Achse liegen, so finden wir eine direkte Bestätigung für Kaisers Ergebnisse. Je näher ein komplexes Polpaar an der reellen Achse liegt, desto geringer ist die Entfernung zwischen den zwei Polen, und desto größer dementsprechend die Empfindlichkeit.

Bellanger ([3]1987a:253) untersucht die generelle Empfindlichkeit der gesamten Übertragungsfunktion gegen Koeffizientenänderungen. Bei frequenzselektiven rekursiven Filtern ist die Parallelstruktur im Sperrbereich, besonders in der Nähe der Nullstellen, empfindlicher als die Kaskadenstruktur. Dies erscheint einleuchtend, werden doch in der Kaskadenstruktur die Nullstellen(paare) einzeln und unabhängig voneinander realisiert, während in der Parallelstruktur die Nullstellen implizit durch Zusammenwirken der einzelnen Komponenten generiert werden. Im Durchlaßbereich dagegen sind Kaskaden- und Parallelstruktur einander in etwa gleichwertig, da in beiden Fällen die Pole einzeln bzw. paarweise in getrennten Blöcken realisiert sind.

Selbstverständlich beeinflußt die Frage der Koeffizientenwortlänge nicht nur die Realisierung, sondern auch den Entwurf digitaler Filter in hohem Maße. Zahlreiche Entwurfsverfahren beschäftigen sich mit dieser Frage (Schüßler, 1973; Agarwal und Burrus, 1975; Vaidyanathan und Mitra, 1984; usw.). Auf diese Frage wird darum in den folgenden Kapiteln bei der Diskussion der einzelnen Filterentwurfsverfahren sowie bei der Erörterung verschiedener Filterstrukturen erneut einzugehen sein.

4.1.2 Verhalten digitaler Filter bei Beschränkung des Wertevorrats der Zustandsvariablen (Überlaufverhalten). Überläufe, d.h., Überschreitungen des zulässigen Wertebereichs von Signalen und filterinternen Zustandsvariablen führen zu Stabilitätsproblemen. Zur Untersuchung des Überlaufverhaltens sei ein realer Addierer und ein realer Multiplizierer jeweils dargestellt als Reihenschaltung eines idealen Addierers bzw. Multiplizierers und einer Nichtlinearität. Rundungseffekte bleiben bei dieser Betrachtung außer Acht. Realisiert ist also die Zustandsgleichung (4.6) in folgender Form:

$$[y(n)]_Q = \Big[\ \sum_{i=0}^{k} d_i\, x(n-i) - \sum_{i=1}^{k} g_i\, y(n-i)\Big]_Q \ . \tag{4.19}$$

Der Einfachheit halber wollen wir voraussetzen, daß alle Signale ganzzahlig und im Dualsystem dargestellt werden [d.h., in (4.2) sind $B=2$, $m_u=0$ und $W=m_o+1$ einzusetzen]. In diesem Fall ist W die Wortlänge der Signaldarstellung. Die Koeffizienten sollen im Gegensatz hierzu beliebig genau darstellbar sein. Im üblichen Fall positiver und negativer Signale ist damit ein Wertebereich von

$$-\frac{M}{2} = -2^{W-1} \quad \text{bis} \quad \frac{M}{2} - 1 = 2^{W-1} - 1$$

im Rahmen dieser Wortlänge darstellbar. Beim Addieren wird eine Übersteuerung erfolgen, wenn für den Betrag der Summe gilt

$$|y| \geq 2^{W-1} \ .$$

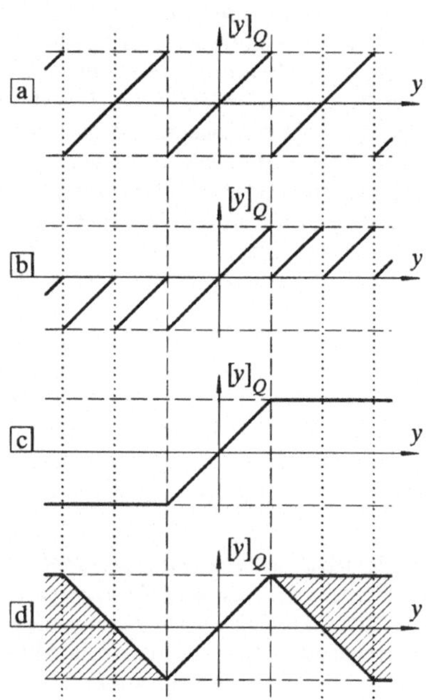

Bild 4.8a-d. Überlaufkennlinien von Rechenwerken in Festkommadarstellung. (a) Zweierkomplement ohne Überlaufstelle; (b) Betrag und Vorzeichen ohne Überlaufstelle; (c) Verarbeitung mit Überlaufstelle und Betragsbegrenzung; (d) Stabilitätsbereich der Überlaufkennlinien

Übersteuerungen bei der Multiplikation lassen sich leicht vermeiden, da die Werte
der Koeffizienten meist bekannt und durch die Stabilitätsbedingung bei rekursiven
Systemen 1. oder 2. Grades ohnehin zahlenmäßig beschränkt sind. Im folgenden soll
also nur der Fall der Übersteuerung bei Addition betrachtet werden. Der Einfach-
heit halber soll wieder ein rein rekursives Filter 2. Grades zugrundeliegen.

Je nach Realisierung werden drei Arten von Übersteuerungsverhalten unterschie-
den (Bild 4.8):

1) Darstellung im Zweierkomplement ohne spezielle Überlaufstelle (Bild 4.8a). Hier
gilt

$$[y]_Q = [(y + 2^{W-1}) \% 2^W] - 2^{W-1} , \qquad (4.20)^2$$

so daß bei Übersteuerung z.B. an Stelle des Wertes $2^{W-1}+1$ der Wert $-2^{W-1}+1$
im Register steht.

2) Darstellung nach Betrag und Vorzeichen ohne spezielle Überlaufstelle (Bild 4.8b).
In diesem Fall setzt sich der Überlauf nicht in die Vorzeichenstelle hinein fort, son-
dern geht verloren, so daß man erhält

$$[y]_Q = y \% 2^{W-1} . \qquad (4.21)^2$$

Wie bei der Zweierkomplementdarstellung sei auch hier die Vorzeichenstelle unter
die W betrachteten Stellen gerechnet.

3) Darstellung bei Vorhandensein einer speziellen Überlaufstelle (Bild 4.8c). Es be-
steht die Möglichkeit, den Überlauf zu erkennen und eine Überlaufbegrenzung ein-
zuführen. In diesem Fall wird z.B.

$$[y]_Q = \begin{cases} y & |y| < 2^{W-1} \\ \pm (2^{W-1} - 1) & |y| \geq 2^{W-1} . \end{cases} \qquad (4.22)$$

Übersteuerung kann zu einem instabilen System selbst dann führen, wenn die Sta-
bilitätsbedingungen für lineare Systeme erfüllt sind. Nach dem Stabilitätskriterium
von Ljapunow (Lücker, 1980:110; Schüßler, [3]1991b:330f.) folgt bei Zweierkomple-
mentdarstellung ohne Überlaufstelle für ein System 2. Grades für die Koeffizienten:

$$|g_1| + |g_2| < 1 . \qquad (4.23)$$

Dies bedeutet eine wesentliche Einschränkung der möglichen Pollagen des Systems
(siehe Bild 4.9) gegenüber der sonst gegebenen Bedingung

---

[2] Bedeutung: Mit dem Prozentzeichen sei die Modulo-Division bezeichnet, d. h.,
$c = (a \% b)$ ergibt bei der Division der (ganzzahligen) Größen a und b (mit b als Divisor)
den Rest (nicht, wie sonst bei Division, den Quotienten). Die Notation entspricht der Pro-
grammiersprache C.

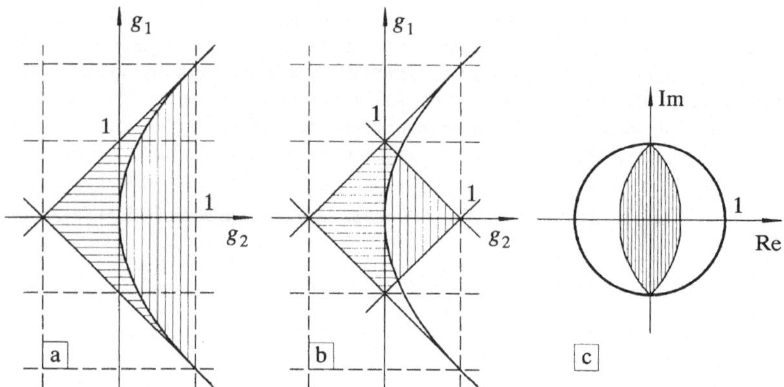

Bild 4.9a-c. Einschränkung der Lage der Koeffizienten sowie der Pole eines rein rekursiven Digitalfilters 2. Grades, wenn gegen arithmetischen Überlauf nichts unternommen und trotzdem Stabilität verlangt wird. **(a)** Stabilitätsbereich für die Koeffizienten beim idealen Filter; **(b)** Wertebereich für Koeffizienten unter Einhaltung von (4.23); **(c)** Wertebereich für Lage der Pole unter Einhaltung von (4.23)

$$g_2 < 1 \; ; \quad |g_1| < 1 + g_2 \; . \tag{3.18a,b}$$

Ein Filter ersten Grades dagegen bleibt, sofern als ideales Filter stabil, auch bei Übersteuerung stabil.

Um den Sachverhalt anschaulich zu machen, müssen wir die (Pseudo-)Energiebilanz des Filters betrachten und daraus ein Kriterium für die asymptotische Stabilität des Filters herleiten.

Im folgenden sei in diesem Abschnitt stets die *asymptotische* Stabilität gemeint, wenn von Stabilität die Rede ist. Tritt durch Überlauf ein Sprung auf, so lassen sich zwei Bedingungen für Stabilität formulieren, deren jede für sich hinreichend ist.

1) Das Filter ist dann stabil, wenn ein Überlauf nur unter unmittelbarer Einwirkung des Eingangssignals x(n) auftreten kann. Aus der Zustandsgleichung für das System 2. Grades in Direktstruktur

$$[y(n)]_Q = \left[x(n) - g_1 \, y(n-1) - g_2 \, y(n-2) \right]_Q \tag{4.24}$$

folgt als Bedingung für den ungünstigsten Fall unmittelbar:

$$|y(n)| < |g_1 \, y(n-1)| + |g_2 \, y(n-2)| < M = 2^{W-1} \; , \tag{4.25}$$

wenn W die Wortlänge ist und die Signale ganzzahlig dargestellt sind. Setzt man für alle Signale den Maximalwert M ein, so ergibt sich Bedingung (4.23).

2) Das Filter ist dann stabil, wenn die Arithmetik so beschaffen ist, daß die Änderung eines Signalwertes bei vorhandener Nichtlinearität betragsmäßig kleiner oder höchstens gleich wird der Änderung des Signalwerts ohne die Nichtlinearität. Insbesondere muß gelten:

$$|\Delta [y]_Q| < Q \quad \text{wenn} \quad |\Delta y| < Q \, . \tag{4.26}$$

Hierbei ist y das unter idealen Bedingungen erhaltene Signal. Nur wenn diese Bedingung erfüllt ist, kann dem Filter durch den Überlauf keine Pseudoenergie zugeführt werden. Wird dem Filter aber durch die Nichtlinearität keine Pseudoenergie zugeführt, so bleibt es auch stabil. Anwendung dieser Bedingung auf die Überlaufkennlinie führt zu dem in Bild 4.8d gezeigten Stabilitätsbereich.

Bild 4.10 zeigt einige Beispiele: ein Filter mit Polradius 0.95 und Polwinkeln $45°$, $90°$ und $135°$. Der Wertevorrat des Signals ist jeweils auf ± 1 begrenzt; der Anfangszustand des Filters ist so gesetzt, daß der Überlauf möglichst auftritt.

Hier betrachtet ist der Fall, daß für $n > 0$ kein Eingangssignal vorliegt; die Vergangenheit des Filters ist gegeben durch die Anfangswerte $y(0)$ und $y(1)$ des Ausgangssignals. Wird ein Überlauf verursacht, so führt dieser dem System durch die hohe Sprungamplitude momentan sehr viel Pseudoenergie zu und hat mit sehr großer Wahrscheinlichkeit nach weniger als k Abtastwerten (wenn k der Grad des Filters ist) einen weiteren Überlauf zur Folge. In diesem Fall kommt das System von selbst nicht mehr zur Ruhe und schwingt mit voller Amplitude weiter. Instabilitäten durch arithmetische Überläufe machen ein Filter also unbrauchbar.

Tritt ein Überlauf auf, so kann das weitere Verhalten des Systems als *chaotisch* bezeichnet werden (Chua und Lin, 1990). Je nachdem, welche Anfangswerte $y(0)$ und $y(1)$ das Signal einnimmt, stellen sich völlig verschiedenartige Schwingungen ein, die auch mit der Resonanzfrequenz des ursprünglichen Filters nichts mehr zu tun haben. Bild 4.11 zeigt das Beispiel aus Bild 4.10a ($g_1 = -1{,}39$; $g_2 = 0{,}9604$; $r_P = 0{,}98$; $\phi_P = 45°$) in Direktstruktur mit der Zustandsgleichung

$$[y(n)]_Q = [\, -g_1 y(n-1) - g_2 y(n-2) \,]_Q$$

und Zahlendarstellung im Zweierkomplement. In Bild 4.11a und 4.11b sind zwei der unter Überlauf auftretenden Schwingungen mit Perioden von 18 und 3 Abtastwerten abgebildet. Bei anderen Anfangswerten treten neben den dargestellten noch weitere Schwingungstypen auf (z.B. eine Schwingung mit der halben Abtastfrequenz). Die Periode der Resonanzschwingung (Bild 4.11c; kein Überlauf) beträgt 8 Abtastwerte. Als graphische Darstellung gewählt wurde die Abbildung in einer Zustandsebene[3] [also $y(n-1)$ über $y(n)$ aufgetragen]; die Abtastwerte des "eingeschwungenen" Zustandes sind durch Linien miteinander ver-

---

[3] Diese Art der Darstellung wurde von Parker und Hess (1971) für die Analyse von Grenzzyklen verwendet; siehe auch Bild 4.18 in Abschnitt 4.1.3.

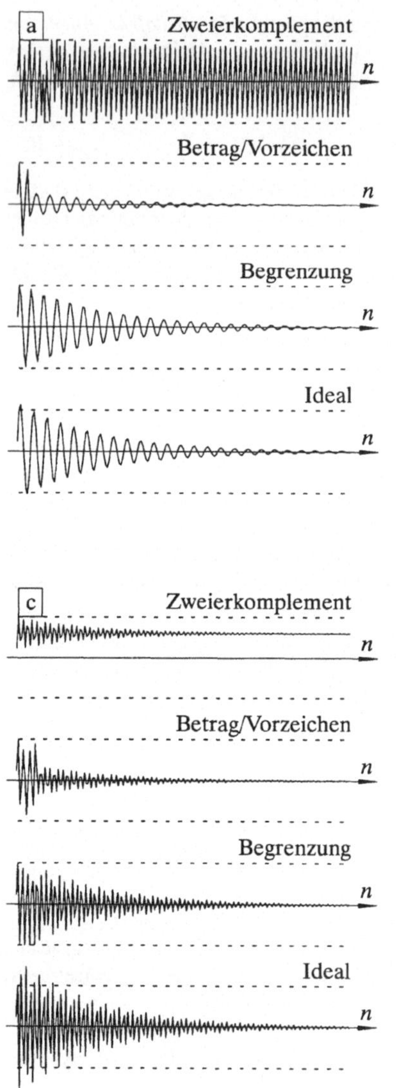

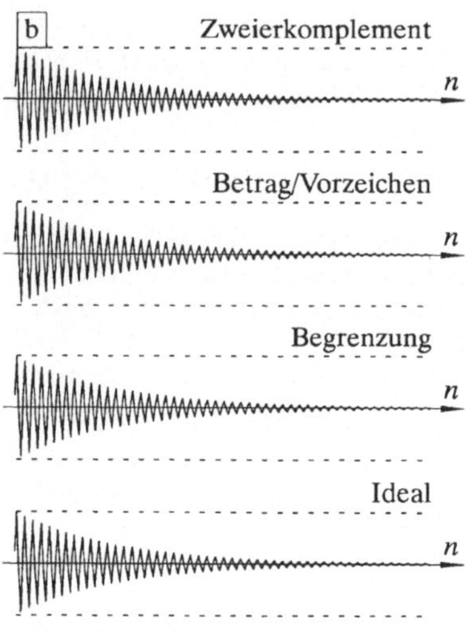

Bild 4.10a-c. Beispiele für das Überlaufverhalten von rekursiven digitalen Filtern 2. Grades. Polradius: $r_P = 0{,}98$; Anfangswerte: $y(0)=0{,}244$; $y(1)=0{,}976$. **(a)** Polwinkel $\phi_P = 45°$, $g_1 = -1{,}3859$, $g_2 = 0{,}9604$; Bedingung (4.23) nicht eingehalten; Instabilität bei Komplementdarstellung. **(b)** Polwinkel $\phi_P = 90°$, $g_1 = 0$, $g_2 = 0{,}9604$; Bedingung (4.23) eingehalten; keine Instabilität. **(c)** Polwinkel $\phi_P = 135°$, $g_1 = 1{,}3859$, $g_2 = 0{,}9604$; Bedingung (4.23) nicht eingehalten; Instabilität [in diesem Fall Gleichgewichtslage außerhalb $y(n)=0$] bei Komplementdarstellung, grobes Fehlverhalten bei Darstellung mit Betrag und Vorzeichen

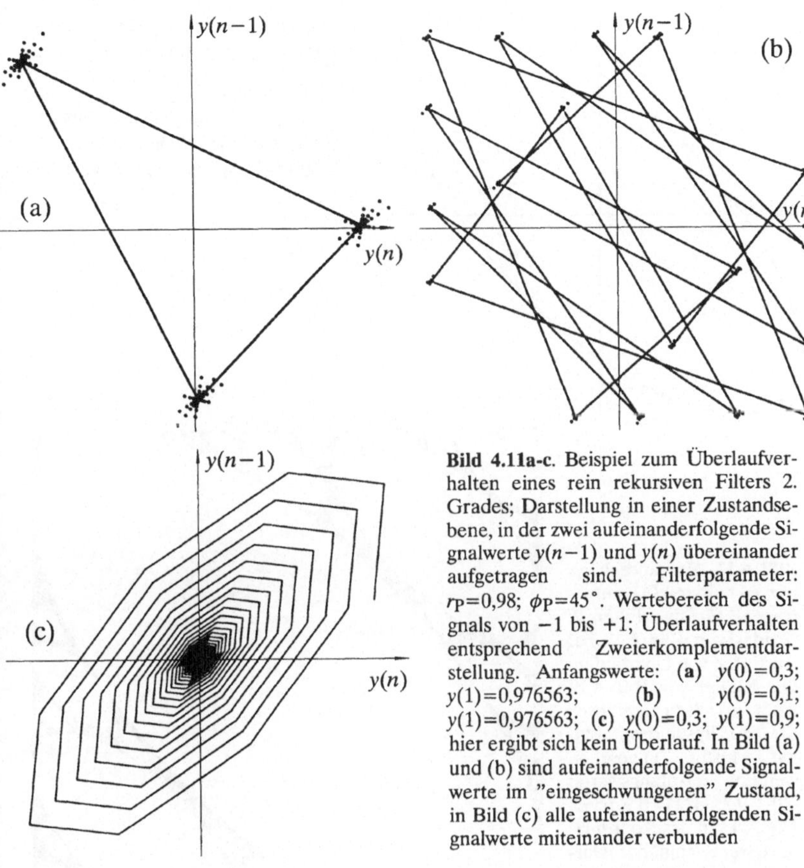

Bild 4.11a-c. Beispiel zum Überlaufverhalten eines rein rekursiven Filters 2. Grades; Darstellung in einer Zustandsebene, in der zwei aufeinanderfolgende Signalwerte $y(n-1)$ und $y(n)$ übereinander aufgetragen sind. Filterparameter: $r_P=0{,}98$; $\phi_P=45°$. Wertebereich des Signals von -1 bis $+1$; Überlaufverhalten entsprechend Zweierkomplementdarstellung. Anfangswerte: **(a)** $y(0)=0{,}3$; $y(1)=0{,}976563$; **(b)** $y(0)=0{,}1$; $y(1)=0{,}976563$; **(c)** $y(0)=0{,}3$; $y(1)=0{,}9$; hier ergibt sich kein Überlauf. In Bild (a) und (b) sind aufeinanderfolgende Signalwerte im "eingeschwungenen" Zustand, in Bild (c) alle aufeinanderfolgenden Signalwerte miteinander verbunden

bunden. Die abklingende Schwingung des Filters *ohne* Überlauf stellt sich in der Zustandsebene als Spirale dar, die in den Ursprung des Koordinatensystems mündet (Bild 4.11c).

Komplizierter werden die Verhältnisse, wenn ein auch im Idealfall nur bedingt stabiles Filter mit Polen auf dem Einheitskreis und Zweierkomplementdarstellung der Signalwerte analysiert wird. Ohne Überlauf ergibt sich eine stabile sinusförmige Schwingung mit der Resonanzfrequenz des Filters. In der Zustandsebene stellt sich diese dar als Ellipse mit den Hauptachsen in den Winkelhalbierenden des Koordinatensystems, wobei für $\phi_P<90°$ die längere Hauptachse mit der 1. Winkelhalbierenden zusammenfällt (Bild 4.12). Stehen die

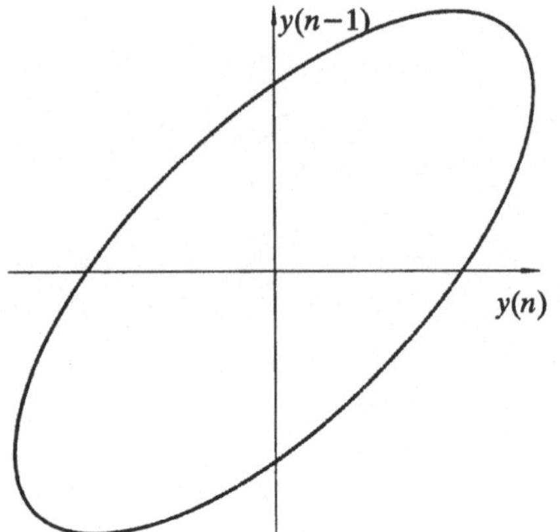

Bild 4.12. Schwingung eines bedingt stabilen rein rekursiven Filters 2. Grades, dargestellt mit Hilfe der in Bild 4.11 definierten Zustandsebene. Filterparameter: $g_1 = -1{,}385929$; $g_2 = 1$; also $r_P = 1$, $\phi_P = 46{,}14°$. Anfangswerte: $y(0) = 0{,}3$; $y(1) = 0{,}88$

Bild 4.13. Zustandsebene [$y(n-1)$ über $y(n)$ aufgetragen] für das Filter 2. Grades von Bild 4.12 bei Auftreten von Überläufen. Die Ellipse von Bild 4.12 kann als "Mutterellipse" für die Ellipsen des fraktalen Musters angesehen werden. Anfangswerte: $y(0) = 0{,}3$; $y(1) = 0{,}976563$. Die Achsen des Koordinatensystems sind der Darstellung wegen weggelassen; die Ebene ist die gleiche wie in Bild 4.12

Resonanzfrequenz des Filters und die Abtastfrequenz des Signals in einem irrationalen Verhältnis zueinander, so werden in der Zustandsebene nach und nach alle Punkte auf der Ellipse erreicht. Tritt nun ein Überlauf auf, so ergeben sich je nach den Anfangswerten wieder stabile Schwingungen, deren Periode eine ganze Zahl von Abtastwerten beträgt, oder aber eine komplizierte Schwingung, die in der Zustandsebene Bilder mit fraktaler Geometrie erzeugt (Chua und Lin, 1990). Sämtliche hierin zu beobachtenden Ellipsen (siehe das Beispiel in Bild 4.13) sind der bei der Schwingung ohne Überlauf entstehenden "Mutterellipse" ähnlich. Bei gegebenen Filterkoeffizienten kann genau ein fraktales Muster entstehen.

Als "unkonventionelle Anwendung eines unkonventionellen digitalen Filters" untersuchen Chua und Lin (1990) die Dynamik eines rein rekursiven Filters 3. Grades in Direktstruktur. Wiederum erfolgt eine Quantisierung durch die Überlaufkennlinie der Zweierkomplementdarstellung am Ende der Addition:

$$[y(n)]_Q = \left[\ -g_1 y(n-1) - g_2 y(n-2) - g_3 y(n-3)\ \right]_Q ,$$

und wiederum wird ein bedingt stabiles Filter analysiert, dessen nunmehr drei Pole auf dem Einheitskreis liegen. Ohne Überlauf entsteht eine stabile sinusförmige Schwingung mit einer Frequenz, die der Lage des komplexen Polpaars entspricht; dieser Schwingung additiv überlagert ist eine Schwingung je nach Lage des reellen Poles mit der Frequenz Null oder der halben Abtastfrequenz. In der wiederum durch $y(n)$ und $y(n-1)$ aufgespannten Zustandsebene erscheint diese Schwingung als Ellipse; eine der Hauptachsen fällt mit einer der Winkelhalbierenden des Koordinatensystems zusammen. Mit Überlauf entstehen wieder Muster fraktaler Gestalt (Bild 4.14a-d), die je nach den Anfangswerten sehr verschieden ausfallen können; die enthaltenen Ellipsen sind wiederum der "Mutterellipse" ähnlich. Da dieses System im Vergleich zum Filter 2. Grades zwei Freiheitsgrade mehr besitzt (ein Pol sowie ein zusätzlicher Anfangswert kommen hinzu), ist seine Dynamik sowie die Vielzahl der fraktalen Muster entsprechend reicher. Für weitere Einzelheiten wird auf die Literatur verwiesen (Chua und Lin, 1990); dort erfolgt auch eine eingehende theoretische Erörterung anhand des dreidimensionalen Zustandsraums [entsprechend den drei Zustandsvariablen $y(n)$, $y(n-1)$ und $y(n-2)$ des Filters 3. Grades; die gezeichnete Zustandsebene ist nur eine der möglichen Projektionen].

Nachzutragen bleibt noch, daß die Schwingung, die das Fraktal erzeugt, als quasi aperiodisch erscheint (obwohl dies mit den Mitteln der hier verwendeten Simulation selbstverständlich nicht schlüssig belegt werden kann). Um den Zeichenaufwand bei der Filtersimulation zur Erstellung der Grafiken von Bild 4.14 zu begrenzen, war eine Kontrolle notwendig, mit der verhindert wurde, daß ein bereits vom Signal erreichter Bildpunkt der Zustandsebene ein zweites Mal gezeichnet wurde. Bei dieser Kontrolle wurde die Zustandsebene entsprechend der Auflösung des bei der Erstellung des Manuskripts verwendeten Druckers quantisiert (1600·1600 Bildpunkte); die Berechnung der Abtastwerte selbst erfolgte in doppelt genauer Gleitkommadarstellung. Wäre die Schwingung stationär, so müßte die Zahl der dargestellten Bildpunkte bei steigender Zahl der berechneten Abtastwerte allmählich einen Sättigungswert erreichen; dies war jedoch bei keiner der untersuchten Schwingungen, die zu Fraktalen führten, der Fall (wohl aber bei den auch beim Filter 3. Grades auftretenden Schwingungen mit einer bezüglich des Abtastintervalls ganzzahligen Periode). Bild 4.15 zeigt, daß ein der Sättigung ähnliches Verhalten erst nach ungefähr 2000000 Abtastwerten erreicht ist, wobei eines der Fraktale (Bild 4.14b) insgesamt etwa 550000 von 2560000 möglichen Bildpunkten belegte. (Bei einer Abtastfrequenz von 16 kHz würde dieses Signal 125 s dauern.)

Filterparameter:
$r_P=1$ für alle Pole
$\phi_{P1,2}=\pm75,5°$; $\phi_{P3}=0$
$g_1=-1,5$; $g_2=1,5$; $g_3=-1$

Anfangswerte:
$y(0)=-1$
$y(1)=0,4$
$y(2)=-0,555$

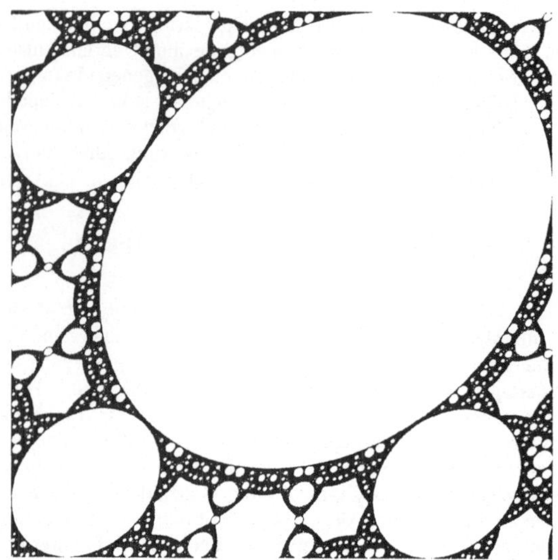

Bild 4.14a (oben), **b** (unten). Muster mit fraktaler Geometrie, wie sie in der durch $y(n)$ und $y(n-1)$ gebildeten Zustandsebene bei einem bedingt stabilen rein rekursiven Filter 3. Grades in Direktstruktur mit arithmetischem Überlauf entstehen.

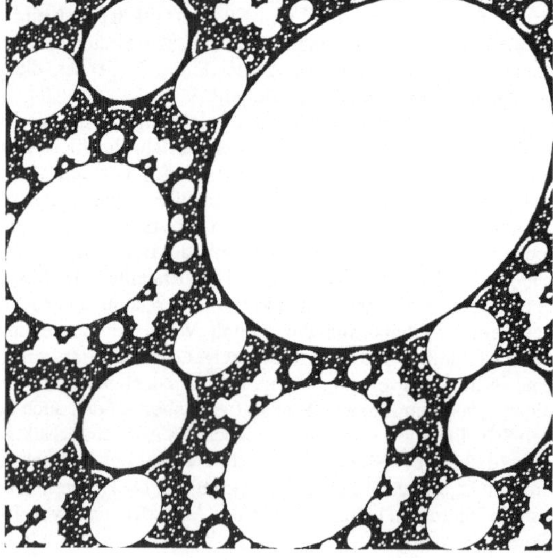

Filterparameter [wie (a)]:
$r_P=1$ für alle Pole
$\phi_{P1,2}=\pm75,5°$; $\phi_{P3}=0$
$g_1=-1,5$; $g_2=1,5$; $g_3=-1$

Anfangswerte:
$y(0)=-1$
$y(1)=0,4$
$y(2)=-0,255$

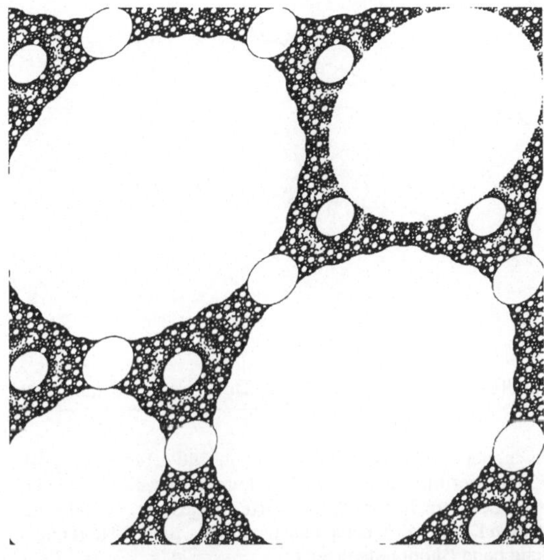

Filterparameter [wie (a)]:
$r_P=1$ für alle Pole
$\phi_{P1,2}=\pm75,5°$; $\phi_{P3}=0$
$g_1=-1,5$; $g_2=1,5$; $g_3=-1$

Anfangswerte:
$y(0)=-1$
$y(1)=0,4$
$y(2)=0,095$

Bild 4.14c (oben), **d** (unten). Weitere Muster mit fraktaler Geometrie, wie sie in der durch $y(n)$ und $y(n-1)$ gebildeten Zustandsebene bei einem bedingt stabilen rein rekursiven Filter 3. Grades in Direktstruktur mit arithmetischem Überlauf entstehen

Filterparameter:
$r_P=1$ für alle Pole
$\phi_{P1,2}=\pm75,5°$; $\phi_{P3}=180°$
$g_1=0,5$; $g_2=0,5$; $g_3=1$

Anfangswerte [wie (a)]:
$y(0)=-1$
$y(1)=0,4$
$y(2)=-0,555$

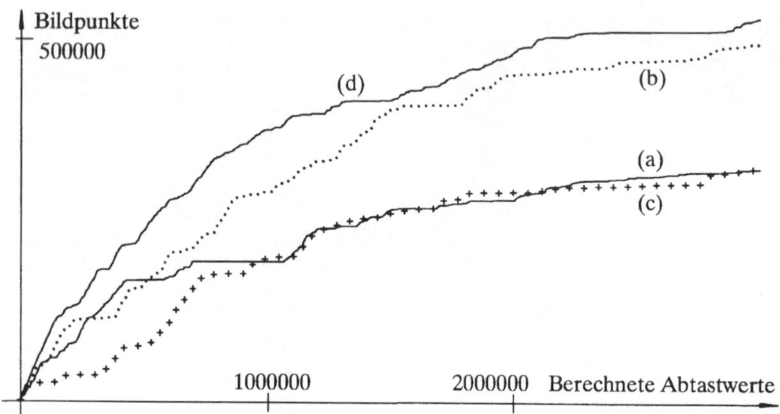

Bild 4.15. Zur Analyse der Schwingungen, die zu den Mustern von Bild 4.14 führen. Aufgetragen ist die Zahl der (bei Quantisierung auf 1600·1600 Bildpunkte) gezeichneten verschiedenen Punkte über der Zahl der berechneten Abtastwerte (insgesamt 3000000) für die Muster aus Bild 4.14a-d. In allen Fällen werden auch nach mehr als 1000000 berechneten Abtastwerten noch zahlreiche neue Bildpunkte erreicht

Wenn sich auch durch eine Überlaufkennlinie Instabilitäten bei Überläufen ausschließen lassen, so sind auch in diesem Fall auftretende Überläufe dadurch störend, daß das Ausgangssignal nichtlinear verzerrt wird. Zuverlässig unterdrücken lassen sich Überläufe aber nur durch geeignete *Skalierung*, d.h., geeignete Festlegung des Maximalwertes C_E, den das Eingangssignal annehmen darf, damit am Filterausgang kein Überlauf auftritt. Eine hinreichende obere Schranke ergibt sich, wenn man den Betrag der Impulsantwort aufaddiert, so daß man erhält

$$\frac{1}{C_\mathrm{E}} = \sum_{n=0}^{\infty} |h(n)| \; . \tag{4.27}$$

(Hierbei soll bei der Rechnung das Komma − wie später auch in Abschnitt 4.1.4 − zwischen der Vorzeichenstelle und der ersten Nutzstelle liegen, so daß alle Signalwerte betragsmäßig kleiner als 1 sind.) Diese Schranke ergibt sich direkt aus der Formulierung (2.84) der Stabilitätsbedingung. Beim Filter 1. und 2. Grades ist sie durchaus realistisch; bei Filtern höheren Grades in Direktstruktur ergibt sich die daraus resultierende maximale eingangsseitige Aussteuerung C_E meist zu niedrig.

In digitalen Filtern können Überläufe nicht nur am Ausgang, sondern an einem beliebigen Knoten im Netzwerk auftreten. Eine (4.27) entsprechende Bedingung muß daher für jeden Knoten $\mathbf{K}_i$ des Netzwerkes aufgestellt werden, an dem sich ein Addierer befindet; man erhält mit Hilfe von (2.114a)

$$\frac{1}{C_E} = \max_i \left[\sum_{n=0}^{\infty} |h_{R2,i}(n)| \right] . \tag{4.28}$$

Die Skalierung muß also mit Hilfe der durch (2.114) definierten Teilübertragungs-funktionen so eingestellt werden, daß auch in dem am ungünstigsten konditionierten Zweig kein Überlauf auftreten kann. Auch diese Bedingung liefert wieder ein starkes Argument zugunsten von Strukturen, die aus Blöcken geringen Grades bestehen (z.B. Kaskaden- oder Parallelstruktur), sich in einzelne aufeinanderfolgende, skalierbare Stufen zerlegen lassen (Kreuzgliedstruktur; siehe Abschnitt 6.4) oder strukturinhärent pseudopassiv sind.

4.1.3 Verhalten digitaler Filter bei Vorhandensein von Rundungsfehlern (endliche Wortlänge der Zustandsvariablen; Grenzzyklen). Bei einer Multiplikation ist in der Regel Rundung oder Stellenabschneiden des Produkts erforderlich. Hierbei sei angenommen, daß keine Übersteuerung erfolgt. Nach jeder Multiplikation muß gerundet bzw. abgeschnitten werden, bei Gleitkommaoperationen in der Regel auch nach jeder Addition. Im folgenden beschäftigen wir uns ausschließlich mit der Auswirkung des Rundens bei der Multiplikation.

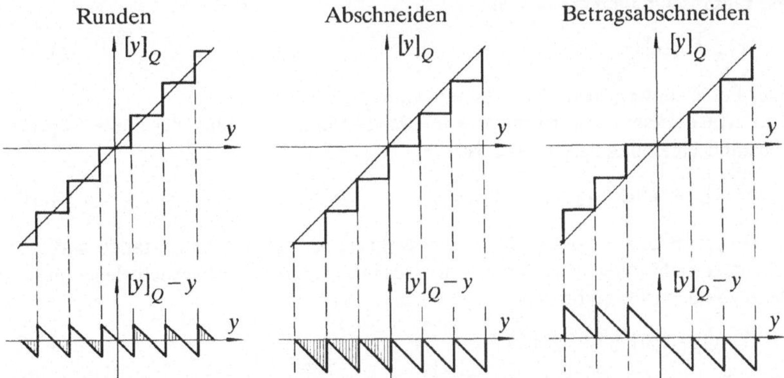

Bild 4.16. Verschiedene Kennlinien für Runden und Abschneiden. Die schraffierten Flächen kennzeichnen die Bereiche, wo dem System durch die Operation Pseudoenergie zugeführt wird

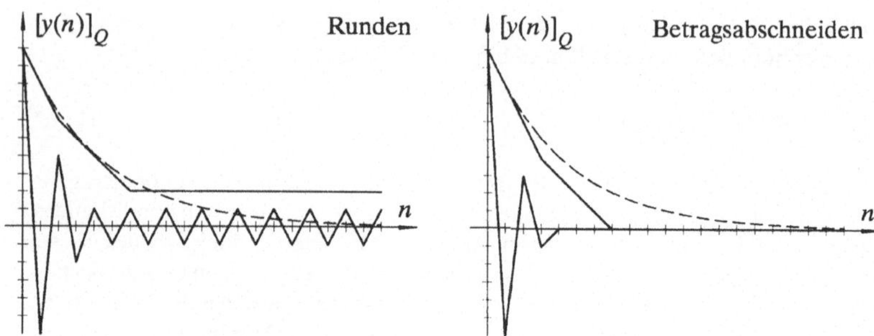

Bild 4.17. Verhalten digitaler Filter 1. Grades bei Runden und Abschneiden. Werte für die Koeffizienten: $g_1 = 0,6$ und $g_1 = -0,8$; Anfangswert für das Signal: $y(0) = 10$. (- - - - -) Idealer Verlauf des Signals ohne Quantisierung

Runden und Abschneiden erfaßt im Gegensatz zu arithmetischen Überläufen die *niedrigwertigen* Stellen eines Signalwertes. Das Produkt ergibt sich im Fall des Rundens zu

$$|y|_R = [|y| + 0,5Q]_Q \, . \tag{4.29}$$

Der Rundungsfehler bewegt sich also zwischen $0,5Q$ und $-0,5Q$ (Bild 4.16). Beim Betragsabschneiden ergibt sich

$$|y|_A = [|y|]_Q \, . \tag{4.30}$$

Der Fehler bewegt sich hier zwischen 0 und $\pm Q$.

Betrachtet sei zunächst ein rein rekursives Filter 1. Grades, das durch folgende Zustandsgleichung beschrieben ist:

$$[y(n)]_Q = x(n) - [g_1 y(n-1)]_Q \, . \tag{4.31}$$

Dieses Filter weist bei Rundung mehrere Gleichgewichtszustände auf. Ein Gleichgewichtszustand ergibt sich für $y(n)=0$; weitere Gleichgewichtslagen außerhalb von 0 existieren für

$$G \cdot Q = |g_1| \cdot G \cdot Q \pm \Delta \, . \tag{4.32}$$

G stellt den jeweiligen Gleichgewichtszustand dar, und Δ läßt sich als eine Art "Fangbereich" der arithmetischen Operation definieren. Beim Betragsabschneiden ist (4.32) nur für den Gleichgewichtszustand $G=0$ erfüllt. Ein solches System ist daher asymptotisch stabil. Im Fall der Rundung ergibt sich jedoch

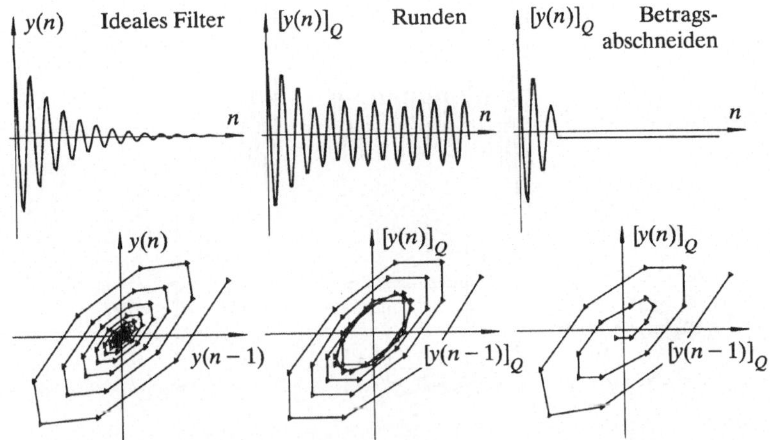

Bild 4.18a. Grenzzyklen eines schwach gedämpften rekursiven Filters 2. Grades. Polradius $r_P = 0,95$; Polwinkel $\phi_P = 45°$, Koeffizienten: $g_1 = -1,3435$, $g_2 = 0,9025$; Anfangswerte: $y(0)=14$, $y(1)=14$

$$G < \left| \frac{0,5}{1 - |g_1|} \right| . \tag{4.33}$$

Hier ist also bereits das Filter 1. Grades nicht mehr asymptotisch stabil. Für $|g_1| > 0,5$ können bei nicht (mehr) erregtem System Gleichgewichtslagen außerhalb von Null auftreten (Bild 4.17).

Komplizierter sind die Verhältnisse für Filter höheren Grades. Für gerundete Produkte geht die Zustandsgleichung (4.6) über in

$$[y(n)]_Q = \sum_{i=0}^{k} [d_i\, x(n-i)]_Q - \sum_{i=1}^{k} [g_i\, y(n-i)]_Q . \tag{4.34}$$

Das nichterregte Filter 2. Grades wird wie folgt beschrieben, wenn der Fehler explizit angegeben wird:

$$y(n) = [-g_1 y(n-1)]_Q + \Delta_1(n) + [-g_2 y(n-2)]_Q + \Delta_2(n) . \tag{4.35}$$

Für die Fehler Δ ist je nach Realisierung der Rundungs- bzw. der Abschneidefehler einzusetzen, und zwar je nach Vorzeichen des korrigierten Produkts. Hierbei ist zunächst festzustellen, daß wiederum ein Gleichgewichtszustand bei $y_G=0$ vorliegt. Jedoch ergeben sich je nach Wert der einzelnen Koeffizienten Schwingungen

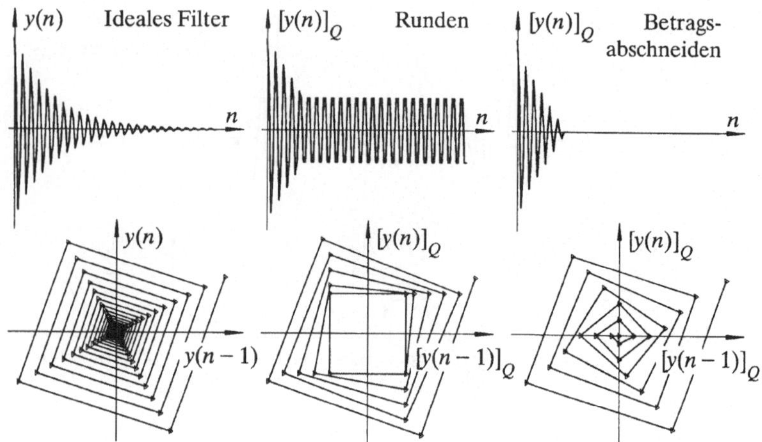

Bild 4.18b. Grenzzyklen eines schwach gedämpften rekursiven Filters 2. Grades. Polradius $r_P = 0,95$; Polwinkel $\phi_P = 90°$, Koeffizienten: $g_1 = 0$, $g_2 = 0,9025$; Anfangswerte: $y(0)=14, y(1)=7$

("Grenzzyklen") unterschiedlicher Art und Weise. Im wesentlichen sind 5 Arten von Grenzzyklen bekannt (Parker und Hess, 1971; Kaiser, 1976; Lacroix, [2]1985):

1) Erreichen einer stabilen Gleichgewichtslage außerhalb von Null;

2) Pendeln um den Nullpunkt mit der halben Abtastfrequenz (Periode 2);

3) annähernd sinusförmige Schwingungen, deren Frequenz von den Koeffizienten des Filters und von den Anfangsbedingungen abhängt;

4) Pendeln mit Periode 2 zwischen einem Wert $C=const$ und Null;

5) Schwingungen mit der Periode 4 (Abtastwerte).

Die Grenzzyklen vom Typ 1 und 2 sind uns bereits vom Filter 1. Grades her bekannt. Welcher Grenzzyklus auftreten kann, ist abhängig von den Koeffizienten des Filters. Bild 4.19 zeigt hierzu eine Übersicht (für Runden; nach Lacroix, [2]1985). In manchen Koeffizientenbereichen sind verschiedene Arten von Grenzzyklen möglich. Welcher Grenzzyklus dann tatsächlich auftritt, hängt vom Anfangszustand des Filters ab.

Zur zuverlässigen Unterdrückung der Grenzzyklen ist es erforderlich, sicherzustellen, daß dem System durch die arithmetischen Quantisierungsoperationen keine Pseudoenergie zugeführt werden kann. Wie sich zeigt, ist dies in der direkten Struktur nicht grundsätzlich für alle Koeffizientenbereiche möglich, wenn jedes Produkt einzeln quantisiert wird − auch nicht bei Betragsabschneiden, wie das Beispiel in Tabelle 4.1 zeigt.

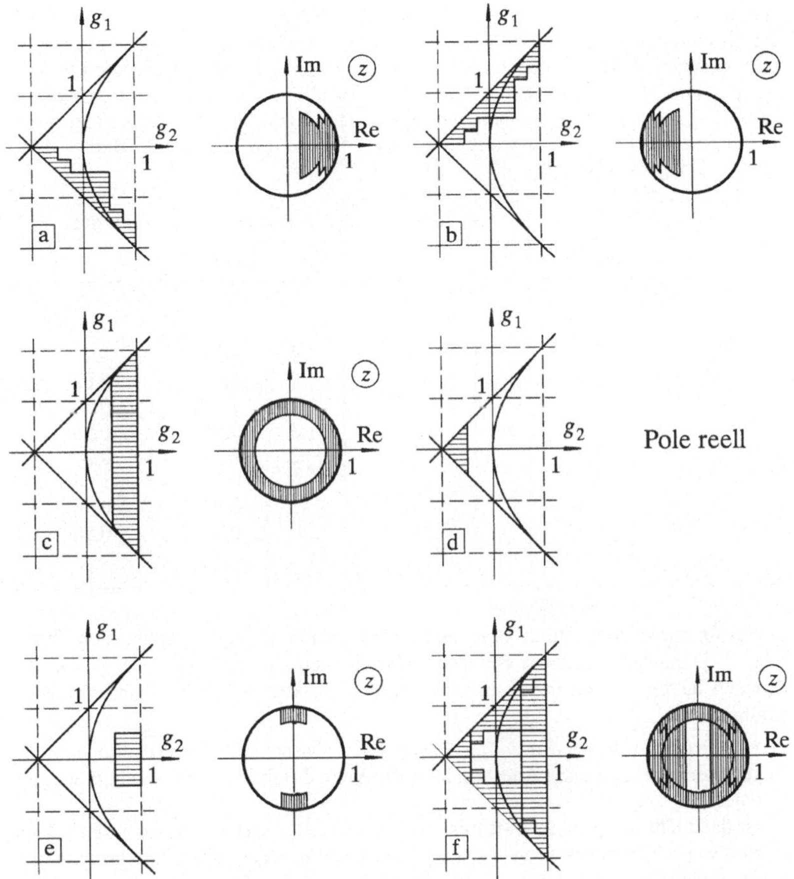

Bild 4.19a-f. Koeffizientenbereiche und zugehörige Bereiche der Pole in der z-Ebene, für die die verschiedenen Grenzzyklustypen beim rekursiven Filter 2. Grades vorkommen können. Nach Lacroix ([2]1985). **(a)** Gleichgewichtslage außerhalb Null; **(b)** Pendeln um Null mit Periode 2; **(c)** sinusartige Zyklen; **(d)** Pendeln zwischen einem Wert C und Null; **(e)** Pendeln um Null mit Periode 4; **(f)** alle Zyklen zusammen. Das Bild gilt für Festkommadarstellung und Runden

Tabelle 4.1. Grenzzyklen bei quantisierten Produkten trotz Betragsabschneiden. Das Vorzeichen in der Spalte "Fehler" richtet sich nach der energetischen Betrachtung: positive Werte bedeuten Verlust; negative Energiezufuhr durch die Quantisierung. Die Werte in der Spalte "Genau" gehen aus von den quantisierten Werten $[y(n-i)]_Q$, $i=1$, 2 . Nur die Berechnung des laufenden Signalwertes erfolgt ohne arithmetische Fehler. Zugrundeliegendes Filter: entsprechend Bild 4.18a; $g_1 = -1{,}34$; $g_2 = 0{,}90$

n	$y(n)$		$g_1\,y(n-1)$		$g_2\,y(n-2)$		Fehler
	Q	genau	Q	genau	Q	genau	
0	−5	-----	---	-----	---	-----	-----
1	−1	-----	---	-----	---	-----	-----
2	3	3,17	−1	−1,34	4	4,51	0,17
3	4	3,13	−4	−4,03	0	0,90	−0,87
4	3	2,66	−5	−5,37	2	2,71	−0,34
5	1	0,42	−4	−4,03	3	3,61	−0,58
6	−1	−1,37	−1	−1,34	2	2,71	0,37
7	−1	−2,24	1	1,34	0	0,90	1,24
8	−1	−0,44	1	1,34	0	−0,90	−0,56
9	−1	−0,44	1	1,34	0	−0,90	−0,56
⋮							

Bei Quantisierung durch Betragsabschneiden können Grenzzyklen vom Typ 1 oder 2 (je nach Vorzeichen von g_1) auftreten, wenn $|g_1| \geq 1$ wird. Restlos unterdrücken lassen sich Grenzzyklen in der Direktstruktur daher nur durch folgende Maßnahmen:

- Alle Produkte werden in voller Genauigkeit zwischengespeichert; der neue Signalwert wird erst nach Addition aller Produkte durch Betragsabschneiden quantisiert.
- Ist das nicht möglich, so hilft nur eines: die Struktur des Filters zu ändern. Eine Reihe von Filterstrukturen können prinzipiell, d.h., strukturinhärent grenzzyklusfrei gemacht werden (siehe hierzu die Diskussion am Ende dieses Abschnitts).

Zur Frage der Grenzzyklen existiert eine reichhaltige Literatur. Erwähnt werden sie erstmals von Blackman (1965). Frühe eingehende Untersuchungen stammen von Jackson (1969) Weinstein und Oppenheim (1969), Liu (1971) sowie Parker und Hess (1971). Ausführlich dargestellt ist die Problematik bei Schüßler (1973) sowie bei Lacroix ([2]1985); eine zusammenfassende Darstellung mit zahlreichen Literaturhinweisen befindet sich in (Kaiser, 1976). Von den neueren Untersuchungen sei hingewiesen auf Lacroix (1988), Green und Turner (1988), Bauer und Leclerc (1991), sowie

Rao (1992). Green und Turner (1988) geben gegenüber früheren Untersuchungen (Claasen et al., 1973, 1974, 1976) präzisere Schätzungen der obere Schranke für die Amplituden von Grenzzyklen an. Bauer und Leclerc (1991) präsentieren ein Verfahren zum Test einer gegebenen Filterstruktur auf Grenzzyklusfreiheit.

Parker und Hess (1971) weisen nach, daß beim Filter 2. Grades in Direktstruktur bei Runden für $g_2 > 0{,}5$ Grenzzyklen zwangsläufig auftreten, und geben abhängig von den Werten der Koeffizienten obere Schranken für deren Amplitude an. Auch die Darstellung in Bild 4.18 geht auf Parker und Hess zurück.

Lacroix (1976) untersucht das Grenzzyklusverhalten für Gleitkommaarithmetik. Er zeigt, daß für nichterregte Filter 1. und 2. Grades in beliebiger Struktur auch bei Runden keine Grenzzyklen auftreten, wenn die Gleitkommaarithmetik keinen Unterlauf[4] aufweist, d.h., wenn der Exponent der Signalwerte beliebig klein werden kann. Ebensowenig ergeben sich Grenzzyklen dann, wenn ein Unterlauf zwar auftreten kann, die Gleitkommazahl in diesem Fall aber nach Null hin abgeschnitten wird. Wird der Unterlauf nicht abgeschnitten, so können Grenzzyklen auftreten, deren Amplitude jedoch den Wert der betragsmäßig kleinsten von Null verschiedenen, in normalisierter Form darstellbaren Zahl nicht überschreitet. Damit ist die Gleitkommaimplementierung der Festkommaimplementierung bezüglich des Grenzzyklusverhaltens in jedem Fall überlegen.

Butterweck et al. (1984, 1986) beschäftigen sich mit der Frage des Grenzzyklusverhaltens bei stationärer Erregung des Filters. Sie weisen nach, daß bei periodischer Erregung des Filters am Ausgang Subharmonische des Eingangssignals auftreten können. Dieses Verhalten ist ausgeprägt dann zu beobachten, wenn eine Subharmonische des Eingangssignals mit einer Resonanzfrequenz des Filters zusammenfällt. Diese Frage wird im nächsten Abschnitt im Zusammenhang mit den Problemen des Rundungsrauschens weiter diskutiert.

---

[4] Eine Gleitkommazahl besteht aus *Mantisse* und *Exponent*, die getrennt abgespeichert und multiplikativ verknüpft sind: <Gleitkommazahl> = <Mantisse>·<Exponent>, z.B. (dezimal) $176543 = 0{,}176543 \cdot 10^6$ oder $-0{,}00376 = -0{,}376 \cdot 10^{-2}$ (das Vorzeichen wird hierbei als der Mantisse zugehörig betrachtet). Eine Gleitkommazahl, die sich in dieser Form im Rechner darstellen läßt, wird als *normalisiert* bezeichnet. Bei begrenzter Wortlänge besteht für den Exponenten eine untere sowie eine obere Schranke; damit existiert zwischen der kleinsten normalisiert darstellbaren Zahl und der Zahl Null – die allein schon dadurch gekennzeichnet ist, daß ihre Mantisse Null wird – ein Bereich, in dem die Zahlen nicht mehr normalisiert dargestellt werden können. In diesem Bereich, der als *Unterlauf* (engl.: *underflow*) bezeichnet wird, gelten, was die Genauigkeit arithmetischer Operationen angeht, in etwa die gleichen Gesetze wie bei der Festkommadarstellung. Daher können in diesem Bereich grenzzyklusähnliche Vorgänge entstehen. Für eine genauere Diskussion der Gleitkommadarstellung sei auf die Literatur im Bereich der Datenverarbeitung verwiesen; Fragen der Genauigkeit arithmetischer Operationen werden auch in Lehrbüchern über höhere Programmiersprachen (C, FORTRAN, PASCAL) diskutiert.

Im Unterschied zu der pseudoenergetischen Betrachtungsweise, wie sie bei der Mehrzahl der Autoren zu finden ist, verlagern Jackson (1969) sowie − darauf aufbauend − Parker und Hess (1971) die arithmetischen Ungenauigkeiten auf die Ebene der Koeffizienten und damit weg von Signal und Energie. Die Berechnung eines Produktes mit arithmetischem Fehler wird bei dieser Betrachtung ersetzt durch eine arithmetisch exakte Berechnung mit (momentan) veränderten Werten der Filterkoeffizienten derart, daß beide Berechnungsarten zum gleichen Ergebnis führen. Der Vorteil dieser Methode besteht darin, daß die Stabilitätsbedingungen, wie sie für ideale Filter gelten, auch für die Grenzzyklusanalyse anwendbar werden; insbesondere erhält man hiermit die Möglichkeit, festzustellen, unter welchen Bedingungen ein Filter grenzzyklusfrei werden kann.[5]

Als Beispiel betrachten wir das Filter von Tabelle 4.1 [$g_1=-1{,}34$; $g_2=0{,}90$; $n=9$; $y(8)=-1$; $y(7)=-1$; Betragsabschneiden nach jeder Multiplikation und Aufaddieren der quantisierten Produkte]. Die Produkte ergeben sich nach Quantisierung zu

$$[-g_1 y(n-1)]_Q = [\,(-1{,}34)\cdot(-1)\,]_Q = 1 \;; \quad [-g_2 y(n-2)]_Q = [\,0{,}9\cdot(-1)\,]_Q = 0 \;.$$

Damit erhält man für die Momentanwerte der Koeffizienten

$$[g_1]_Q(n=9) = -1; \quad [g_2]_Q(n=9) = 0.$$

Durch die arithmetische Ungenauigkeit verwandelt sich das Filter 2. Grades also momentan in ein Filter 1. Grades mit dem Koeffizienten $g_1=-1$. Nach (3.3) hat das Filter damit einen momentanen Pol auf dem Einheitskreis bei $z=1$ und ist, so lange dieser Zustand andauert, nur noch bedingt stabil; wie in Tabelle 4.1 aufgelistet, wird dieser Zustand bei nichterregtem Filter nicht mehr verlassen, und das Filter besitzt als "Grenzzyklus" eine stabile Gleichgewichtslage bei $[y(n)]_Q = -1$.

Als Gegenbeispiel sei das Filter 2. Grades von Bild 3.12 betrachtet, das es erlaubt, Polradius und Kosinus des Polwinkels getrennt einzustellen. Dieses Filter hat die Koeffizienten

$$c_1 = r_P \;; \quad c_2 = \cos\phi_P \;. \tag{3.26}$$

und die Stabilitätsbedingung

$$0 \le c_1 < 1 \;; \quad -1 \le c_2 \le 1 \;. \tag{3.27}$$

Im Unterschied zu der Stabilitätsbedingung für die Direktstruktur

$$g_2 < 1 \;; \quad |g_1| < 1 + g_2 \;; \tag{3.18a,b}$$

wo der (Momentan-)Wert von g_2 das Stabilitätskriterium für g_1 mit beeinflußt, sind die Koeffizienten in (3.26) hinsichtlich der Stabilität voneinander unabhängig. Wird nun in diesem Filter jedes Produkt einzeln quantisiert, so kann bei Runden jeder Koeffizient momen-

---

[5] Dieses Modell wird von Fettweis (1972a) dazu herangezogen, einen Zusammenhang zwischen der Empfindlichkeit der Übertragungsfunktion gegen Koeffizientenänderungen (Abschnitt 4.1.1) und dem Rundungsrauschen des Filters (Abschnitt 4.1.4) herzustellen.

tan den Wert 1 (bzw. ± 1) annehmen, aber nicht überschreiten. Hier können also Grenzzyklen auftreten. Wird dagegen durch Betragsabschneiden quantisiert, so kann der Momentanwert jedes Koeffizienten betragsmäßig nur kleiner werden und verbleibt damit im Stabilitätsbereich. Diese Struktur ist also bei Betragsabschneiden prinzipiell grenzzyklusfrei. Es genügt sogar schon, bei den Multiplizierern mit den Koeffizienten c_1 die Beträge abzuschneiden; bei c_2 darf gerundet werden. [Bei dieser Betrachtung sei der Einfachheit halber angenommen, daß die Momentanwerte beider Koeffizienten c_2 auch nach Berücksichtigung der arithmetischen Ungenauigkeit noch gleich sind. Es läßt sich aber zeigen, daß die Betrachtung auch dann gilt, wenn das Filter drei voneinander verschiedene Momentanwerte der Koeffizienten aufweist.]

4.1.4 Quantisierungs- und Rundungsrauschen. Neben den Stabilitätsproblemen erzeugen Quantisieren und Rundung noch Rauschen, das sogenannte *Quantisierungs-* bzw. *Rundungsrauschen.*

Durch Quantisierung der Produkte und Signalwerte im Filter entstehen Rauschquellen im Filter, die manchmal unangenehm verstärkt werden und den Störabstand insgesamt vermindern. Eine rechnerische Erfassung der Umstände ist kompliziert; daher sind vereinfachende Voraussetzungen bezüglich des Signals und der Rauschquellen zu treffen. Insbesondere soll gelten:

- Die Signalwerte im erlaubten Wertebereich der Signaldarstellung seien gleichverteilte Zufallsgrößen;
- der Quantisierungsfehler sei über den Wertebereich, den er annehmen kann, ebenfalls gleichverteilt;
- Signal und Rauschen seien unkorreliert, ebenso – wenn mehrere auftreten – die einzelnen Rauschquellen untereinander.

Die Rechnung wird einfacher, wenn wir in normierter Darstellung arbeiten. Hierbei betrage die Wortlänge W bit (Vorzeichen eingerechnet); das Komma befinde sich zwischen Vorzeichenstelle und erster Nutzstelle. Die Verteilungsdichtefunktion für die Augenblickswerte des Signals ergibt sich damit zu

$$
p(y) = \begin{cases} 1/2C & |y| < C < 1 \\ 0 & \text{ansonsten .} \end{cases} \tag{4.36}
$$

Hierbei ist C der Aussteuerungsfaktor des Signals. Bei Rundung ergibt der Quantisierungsfehler maximal 1/2 Quantisierungsstufe. Die Quantisierungsstufe beträgt unter den gegebenen Voraussetzungen

$$
Q = 2^{-W+1} ,
$$

so daß der größte Rundungsfehler

$$
e_{R\,max} = 2^{-W} \tag{4.37}
$$

wird. Auch dieser Rundungsfehler sei gleichverteilt.

Der Erwartungswert E von Signal und Rundungsfehler sei zu Null angenommen. Die Varianz des Signals ergibt sich zu:

$$\sigma^2(y) = E\{[y-E(y)]^2\} = \int\limits_{-\infty}^{\infty} [y-E(y)]^2 p(y)\, dy = \int\limits_{-C}^{+C} \frac{y^2}{2C}\, dy = \frac{C^2}{3}\,. \qquad (4.38)$$

Für das Rauschsignal gelte entsprechend

$$p(e) = \begin{cases} 2^{W-1} & |e| < 2^{-W} \\ 0 & \text{ansonsten}\,. \end{cases} \qquad (4.39)$$

sowie

$$\sigma^2(e) = \int\limits_{-2^{-W}}^{2^{-W}} e^2 p(e)\, de = \frac{2^{-2W}}{3} = \frac{Q^2}{12}\,. \qquad (4.40)$$

Damit kann der Störabstand aus den Varianzen berechnet werden (zusätzlich ist hierbei vorausgesetzt, daß der zugrundeliegende Zufallsprozeß stationär ist):

$$S/N = \frac{P(y)}{P(e)} = \frac{\sigma^2(y)}{\sigma^2(e)} = \frac{2^{-2W}}{3} = \frac{Q^2}{12}\,. \qquad (4.41)$$

Der maximale Störabstand ergibt sich bei Vollaussteuerung ($C=1$):

$$S/N = 2^{2W}\,. \qquad (4.42)$$

Dieser Wert gilt für den einzelnen Quantisierer bzw. die einzelne direkt im Signalpfad liegende Rauschquelle. Beim digitalen Filter, wo Rauschquellen im Rückkopplungszweig liegen können, muß die Rauschleistung über die Impulsantwort berechnet werden. Im allgemeinen Fall ergibt sich die gesamte Rauschleistung zu

$$N = \sum_{i=1}^{K} \sigma_{i,\mathrm{A}}^2(e) = \sum_{i=1}^{K} \sigma_i^2(e) \sum_{n=0}^{\infty} h_{\mathrm{R}i,1}^2(n)\,; \qquad (4.43)$$

Hierbei ist $h_{\mathrm{R}i,1}(n)$ die Impulsantwort des Restfilters von der jeweiligen Rauschquelle aus gesehen; K ist die Zahl der im Filter vorhandenen Rauschquellen (also i.a. die Zahl der Multiplizierer), $\sigma_{i,\mathrm{A}}^2$ die Varianz des von der Quelle i erzeugten Rauschens. (Es wird wiederum statistische Unabhängigkeit zwischen der Impulsantwort des Filters und den Rauschsignalen sowie den Rauschsignalen untereinander angenommen.) Die Rauschleistung des Filters wird also strukturabhängig und ergibt sich beispielsweise für die Parallelstruktur anders als für die Kaskadenstruktur. Die Impulsantwort bzw. Übertragungsfunktion des Restfilters läßt sich mit Hilfe der in

Abschnitt 2.6 beschriebenen Methoden ermitteln; bei der Berechnung von (4.43) kann auch die Parseval'sche Beziehung [Gl.(2.92)] herangezogen werden.

Bei der Berechnung des optimalen Störabstandes eines Digitalfilters ist neben der Rauschleistung auch die *Signalleistung* zu bestimmen, die gerade noch nicht zu einer Übersteuerung des Filters führt (siehe Abschnitt 4.1.2).

Für das Digitalfilter 1. Grades erhält man beispielsweise mit (4.43) als Rauschleistung

$$N = \frac{2^{-2W}}{3} \sum_{n=0}^{\infty} (-g_1^{\,n})^2 = \frac{2^{-2W}}{3\,(1 - g_1^2)} \; .$$

Die eingangsseitige Aussteuerungsgrenze liegt nach (4.27) und (3.9) fest mit

$$\frac{1}{C_E} = \sum_{n=0}^{\infty} |h(n)| = \frac{1}{1 - |g_1|} \; .$$

Unter der Annahme, daß das skalierte Eingangssignal ein zwischen den Grenzen $\pm C_E$ gleichverteiltes Rauschsignal (mit konstantem Leistungsdichtespektrum) ist, erhalten wir seine Varianz $\sigma^2(x)$ zu

$$\sigma^2(x) = \frac{(1 - |g_1|\,)^2}{3} \; ;$$

daraus durch entsprechende Anwendung von (4.43) für die Nutzleistung des Ausgangssignals

$$S = \sigma^2(x) \cdot \sum_{n=0}^{\infty} [h(n)]^2 \; ;$$

schließlich den maximalen Störabstand

$$S/N = 2^{2W} (1 - |g_1|)^2 \; . \tag{4.44}$$

Der Störabstand eines Filters 1. Grades wird also um so schlechter sein, je schwächer gedämpft es ist. Entsprechendes gilt auch für das Filter 2. Grades. Die Verschlechterung des Störabstandes schwach gedämpfter rekursiver Filter ist auch bei Gleitkommarealisierung wirksam (Lacroix, [2]1985:163). Dies liegt im wesentlichen daran, daß bei Filtern mit Polen nahe am Einheitskreis häufig Werte voneinander subtrahiert werden müssen, die fast gleich sind; hierdurch wird die effektive Wortlänge der Mantisse der Gleitkommazahl verkürzt und die Genauigkeit verringert (vgl. Kaiser, 1966:265).

Lacroix und Höptner (1979) geben als Beispiel für einen nicht näher spezifizierten Cauer-Bandpaß 8. Grades in verschiedenen Strukturen experimentell durch Simulation und Messung ermittelte normierte Störabstände an. Bei Gleitkommarealisierung sind die Störabstände für Kaskaden- und Parallelstruktur etwa gleich; bei Festkommarealisierung verhält sich die Kaskadenstruktur um rund 25 dB schlechter als die Parallelstruktur. Der in Abschnitt 4.1.1 erwähnte Vorteil der Kaskadenstruktur

bezüglich der Empfindlichkeit der Übertragungsfunktion gegenüber Koeffizienten-
änderungen wird somit durch das schlechtere Rauschverhalten wieder aufgehoben.

Im bisher untersuchten Fall wurde davon ausgegangen, daß die eingangsseitige
Aussteuerung begrenzt werden muß, damit innerhalb des Filters kein Überlauf auf-
tritt. Daß der Fall auch umgekehrt liegen kann, zeigt das Beispiel der gekoppelten
Struktur (Gold und Rader, 1969, siehe Abschnitt 3.2.2, Bild 3.13). Dort berechnet
sich der Koeffizient s_1 nach (3.30) zu $-r_P \sin \phi_P$. Für Pole, die nahe an der reellen
Achse liegen, geht dieser Koeffizient also gegen Null. Da der Koeffizient s_1 jedoch
im Längszweig liegt [siehe Gl.(3.29b)], wird hier das Ausgangssignal $y_2(n)$ für $\phi_P \rightarrow 0$
immer kleiner und verschwindet im Grenzfall. Hier wird die obere Schranke für die
Signalamplitude also durch das Eingangssignal bestimmt, und der Rauschabstand
wird deswegen schlechter, weil das Ausgangssignal den zulässigen Wertebereich
nicht mehr ausfüllen kann.

Dehner (1975b, 1976) beschreibt eine experimentelle Untersuchung des Rausch-
verhaltens von Filtern 2. Grades in verschiedenen Strukturen und verschiedenen
Realisierungen der Arithmetik. Wie zu erwarten, bedeutet Betragsabschneiden im
Vergleich zum Runden stets schlechteres Rauschverhalten [die besten Werte erge-
ben sich selbstverständlich stets dann, wenn die Produkte nicht einzeln quantisiert,
sondern (beispielsweise in einer Direktstruktur) zunächst ohne Quantisierung auf-
akkumuliert und erst am Ende aller Rechenoperationen quantisiert werden]. Wer-
den die Produkte einzeln quantisiert, so haben Filter mit geringer Neigung zu Grenz-
zyklen in der Regel hohes Rundungsrauschen. Auch Haug und Lüder (1982) fanden
bei ihrer Untersuchung der verschiedenen kanonischen Strukturen 2. Grades in
strukturabhängiger Weise stark unterschiedliches Rauschverhalten.

Weitere eingehende Untersuchungen zu diesem Thema sind u.a. bei Weinstein
und Oppenheim (1969), Jackson (1970a,b), Liu (1971), Fettweis (1974a), Markel
und Gray (1975), Lacroix (^{2}1985), Barnes et al. (1985), Barres et al. (1985), Butter-
weck et al. (1988) oder Wong (1991) nachzulesen.

Fettweis (1972a) zeigt, daß Strukturen mit großer Empfindlichkeit gegenüber
Koeffizientenänderungen auch zu höheren Rauschwerten neigen. Unter Zugrunde-
legung der Modellvorstellung, daß sämtliche Ungenauigkeiten unabhängig von der
wirklichen Ursache den Filterkoeffizienten angelastet werden, läßt sich tatsächlich
ein zumindest qualitativ sehr einfacher Zusammenhang zwischen der Empfindlich-
keit des Filters gegen Koeffizientenänderungen und dem Rundungsrauschen her-
stellen. Wir nehmen an, die Multiplikation eines Signalwertes x mit einem Koeffi-
zienten c liefere durch arithmetische Ungenauigkeit einen Wert $y+\Delta y$, wobei y das
exakte Ergebnis und Δy den Rechenfehler darstellen soll. Das gleiche Ergebnis läßt
sich durch Veränderung des Koeffizienten c erzielen, wobei die Rechenoperation
diesmal als exakt angenommen wird (vgl. hierzu Abschnitt 4.1.3),

$$y + \Delta y = x \cdot (c + \Delta c) \, . \tag{4.45a}$$

Hieraus ergibt sich

$$\frac{\Delta c}{c} = \frac{\Delta y}{y} \, . \tag{4.45b}$$

Diese Aussage ist freilich nur eine *Trendaussage* (Fettweis, 1972a). Sie ist schon deswegen nicht exakt gültig, weil die ungenaue Realisierung eines Koeffizienten ein statischer, das Rundungsrauschen jedoch ein dynamischer Vorgang ist, bei dem die (dann) fiktive Größe Δc von Abtastwert zu Abtastwert variiert. Es ist aber festzuhalten, daß jede Filterrealisierung, bei der die Übertragungsfunktion nur wenig empfindlich gegen Koeffizientenänderungen ist, auch günstige Rauschwerte aufweist (vgl. Abschnitt 4.1.3, Fußnote 5).

Das Problem der Skalierung, d.h., der günstigsten Aussteuerung eines digitalen Filters ist nicht zuletzt auch deshalb so ernst, weil im Unterschied zu analogen Filtern hier *in jedem Bauelement*, sei es Addierer, Zustandsspeicher oder Multiplizierer, die Aussteuerungsgrenzen unbedingt eingehalten werden müssen. Übersteuerung führt sofort zu Überlauffehlern; zu geringe Aussteuerung verschlechtert den Störabstand. Es genügt also nicht, einseitig das Rundungsrauschen zu minimieren; vielmehr liegt das Ziel jeder Strukturoptimierung durch Skalierung darin, den *Dynamikbereich* des Filters, d.h., den Störabstand bei Maximalaussteuerung (also bei der Aussteuerung, bei der gerade noch kein Überlauf auftritt), zu einem Maximum zu machen. Aufgrund eingehender experimenteller Untersuchungen [u.a. von Lacroix (1976)] zeigt sich jedoch, daß diese ungünstigen Verhältnisse hinsichtlich der Aussteuerbarkeit des Filters im wesentlichen nur für Festkommadarstellung gelten. Bei Gleitkommaarithmetik kann man so gut wie immer voraussetzen, daß eingangsseitig Vollaussteuerung möglich ist. Aus diesem Grund werden, wenn nicht extreme Anforderungen an den Preis oder die Geschwindigkeit des Filters vorliegen, anspruchsvollere Anwendungen heute mehr und mehr in Gleitkommaarithmetik realisiert (Lacroix, 1988).

Die Verfahren zur Abschätzung des Störabstandes gehen davon aus, daß das Rundungsrauschen mit dem Signal nicht korreliert. Für die Ermittlung des globalen Störabstandes hat diese Betrachtungsweise ihre Berechtigung; es ist aber auch wichtig, die Zusammensetzung der durch das Rundungsrauschen verursachten Störsignale zumindest qualitativ im Detail zu untersuchen.

Digitale Filter mit Quantisierung bei der Multiplikation gehören zur Klasse der *schwach nichtlinearen* Systeme. Es ist zu erwarten, daß beispielsweise bei streng sinusförmigem Eingangssignal durch die Nichtlinearität der Quantisierung auch periodische Signale anderer Frequenzen generiert werden, die nicht mit der Frequenz des Eingangssignals übereinstimmen. Sofern diese Störsignale stabil sind, kann man sie als *Grenzzyklen bei erregtem Filter* ansehen (siehe Abschnitt 4.1.3). Maßgeblich für die Frequenzen der Störsignale sind a) die Frequenz des Eingangssignals, b) die

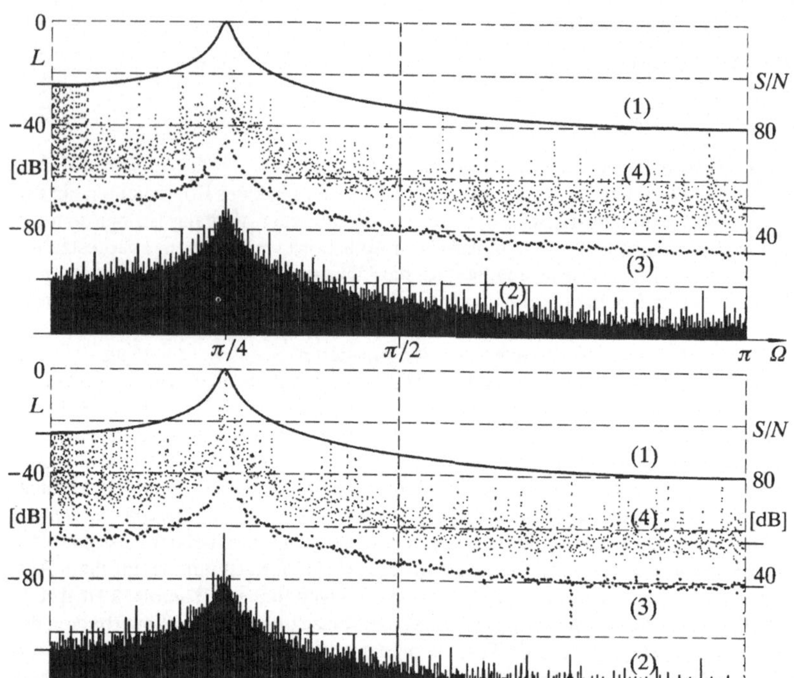

Bild 4.20. Störabstand eines rein rekursiven Filters 2. Grades. Erregung mit einem sinusförmigen Eingangssignal in eingeschwungenem Zustand; Meßpunkte für alle Frequenzen von Null bis zur halben Abtastfrequenz. (Oberes Teilbild) Einzelquantisierung der Produkte, (unteres Teilbild) Quantisierung nach erfolgter Multiplikation und Akkumulation. In beiden Teilbildern: (Diagramm 1) Pegel L des Ausgangssignals; (Diagramm 2) jeweils größter Pegel des Störsignals (alle Störkomponenten zusammen); (Diagramm 3) Signal-Rauschabstand S/N für das gesamte Rundungsrauschen abhängig von der Frequenz des Eingangssignals; (Diagramm 4) Störabstand des Nutzsignals bezogen auf die parasitäre Komponente bei der normierten Resonanzfrequenz Ω_R (hier $\pi/4$) des Filters. Werte für den Störabstand: Maximum (für $\Omega=\Omega_R$) 84 dB (Einzelquantisierung: ebenfalls 84 dB); Medianwert 46,3 dB (40,7 dB); minimaler Störabstand (bei $\Omega=\pi$) 39 dB (33,5 dB). Die 14-bit-Quantisierung wurde der Darstellung wegen gewählt, für 16 bit ergeben sich folgende Störabstände: Maximum 96 dB (96 dB); Median 58 dB (52 dB); Minimalwert 51 dB (46 dB). Bei der Messung mit Hilfe der schnellen Fouriertransformation war es zur Vermeidung von Sprüngen am Rand des Meßintervalls notwendig, die Schwingungen so auszuwählen, daß das Analysefenster (2048 Abtastwerte) eine ganze Zahl von Perioden enthielt

Resonanzfrequenz des Filters, sowie c) das Verhältnis der vorgenannten Frequenzen zur Abtastfrequenz. Hier kommt es besonders darauf an, ob die Periode des Eingangssignals bzw. der Eigenschwingung des Filters ein ganzzahliges Vielfaches des Abtastintervalls ist oder nicht. Die Störsignale, die das Rundungsrauschen ausmachen, setzen sich daher aus folgenden Komponenten zusammen:

- zunächst die bei Klirrverzerrungen üblichen Vielfachen der Frequenz f_E des Eingangssignals, darüber hinaus aber auch Subharmonische (Butterweck et al., 1984, 1986, 1989), die z.B. dann entstehen, wenn f_E und die Abtastfrequenz f_T in einem gebrochenen, aber rationalen Verhältnis zueinander stehen;
- Schwingungen mit der Resonanzfrequenz f_R des Filters − jeder einzelne Rundungsfehler ist ein kleiner Impuls und löst eine Impulsantwort des Filters aus, die sich dem Signal additiv überlagert;
- unkorrelierte Komponenten, d.h. Rauschen im strengeren Sinn. Da die quantisierten Signale in das Filter rückgekoppelt werden, ist zu erwarten, daß das Amplitudenspektrum des Rauschens dem Amplitudengang des Filters zumindest ähnlich ist.

Bild 4.20 zeigt hierzu als Beispiel das Rauschverhalten eines rein rekursiven, schwach gedämpften Filters 2. Grades (r_P=0,9763, ϕ_P=$\pi/4$) mit Quantisierung der Signalwerte auf 14 bit (dies der Darstellung wegen), das stationär mit sinusförmigen Signalen verschiedener Frequenzen (von Null bis zur halben Abtastfrequenz) erregt wurde. Hierbei wurde die Amplitude des Eingangssignals so gewählt, daß bei maximaler Verstärkung (für f_E=f_R) gerade keine Übersteuerung auftrat. Diese einmal gewählte Amplitude des Eingangssignals wurde dann für alle Frequenzen beibehalten. Aufgetragen ist in spektraler Darstellung zunächst die Amplitude des Ausgangssignals abhängig von seiner Frequenz, weiterhin das Gesamtspektrum aller Störsignale (wobei unabhängig von der momentanen Frequenz des Eingangssignals bei jeder Frequenz die jeweils größte Störkomponente aufgetragen ist) sowie schließlich der momentane Signal-Rauschabstand des Filters abhängig von der Eingangsfrequenz. Wie zu erwarten war, erreichen Nutz- und Störsignal ihre maximale Amplitude im Bereich der Resonanz des Filters; wie ebenfalls zu erwarten war, ist der Störabstand dann am größten, wenn das Filter nahe seiner Resonanzfrequenz betrieben wird. Wird das Filter dagegen weitab von seiner Resonandfrequenz betrieben, so sinkt der Störabstand im vorliegenden Fall bis auf einen Wert von 46 dB (bei Quantisierung des Signalwertes nach der Akkumulation mit Zwischenwertspeicherung in voller Genauigkeit) bzw. 40 dB (bei Einzelquantisierung der Produkte). [Für die Quantisierung mit 16 bit ergeben sich Werte von 52 bzw. 46 dB.] Hierfür verantwortlich ist in erster Linie die geringere Amplitude und damit grobere Quantisierung des Ausgangssignals, jedoch auch die Nichtlinearität, die das Filter mit seiner Resonanzfrequenz anregt (der Störabstand hierzu ist extra eingezeichnet).

Es ist durchaus realistisch, daß ein rein rekursives Filter 2. Grades weitab von seiner Resonanzfrequenz betrieben wird, insbesondere wenn es Bestandteil eines frequenzselektiven Filters höheren Grades in Parallel- oder Kaskadenstruktur ist. (Das hier untersuchte Filter ist Teil des Entwurfsbeispiels von Abschnitt 5.2.3, wenn dieses als rekursives Cauerfilter aus Blöcken 1. und 2. Grades aufgebaut wird.) Dann kann es aber geschehen, daß eine Schwingung, die in den Sperrbereich des frequenzselektiven Filters fällt und am Ausgang gar nicht mehr auftritt, auf dem Weg über die Nichtlinearität bei der Multiplikation eine Schwingung mit der Resonanzfrequenz des betroffenen Teilfilters erzeugt, die als *"tonales Rauschen"* am Filterausgang störend in Erscheinung treten kann. In modular aufgebauten frequenzselektiven Filtern läßt sich dieses Problem dadurch abschwächen, daß der nichtrekursive Teil, der im wesentlichen für den Sperrbereich zuständig ist, *zuerst* durchlaufen wird und der rekursive Teil, der im wesentlichen den Durchlaßbereich bestimmt, sich daran anschließt und den Ausgang bildet. Wirkliche Abhilfe schafft aber nur eine entsprechend großzügig bemessene Wortlänge des Filters, da diese Erscheinungen auch bei Gleitkommaarithmetik auftreten und sich prinzipiell nur durch geeignete Maßnahmen abschwächen, nicht aber völlig unterdrücken lassen.

Ein Wort noch zum *Quantisierungsrauschen des Signals*. Die Varianz des Quantisierungsrauschens $\sigma^2(e)$ beim Analog-Digital-Wandeln ergibt sich in prinzipiell gleicher Weise wie die des Rundungsrauschens im digitalen Filter. Zur Bestimmung des Störabstandes kann man aber in der Regel das Nutzsignal $x(n)$ nicht als zwischen den Aussteuerungsgrenzen gleichverteilt ansehen, sondern muß die tatsächliche Varianz $\sigma^2(x)$ ansetzen, die sich aus der Amplitudenstatistik des Signals ergibt. Bei einer Wortlänge von W bit erhält man schließlich für $W \gg 1$ (Jayant und Noll, 1984:8)

$$\sigma^2(e) = a \cdot 2^{-2W} \cdot \sigma^2(x)$$

und hiermit den Signal-Rauschabstand

$$S/N \text{ [dB]} = 6W - 10 \lg a \ . \tag{4.46}$$

Der Korrekturfaktor a berücksichtigt hierbei die Abweichung der Amplitudenverteilung des Eingangssignals von der Gleichverteilung sowie die Abweichung des Quantisierungsfehlers vom arithmetischen Fehler, wie er beim Runden auftritt. Er nimmt je nach Signal einen Wert zwischen 1 und 10 an (Jayant und Noll, 1984). Gleichung (4.46) gilt nur dann, wenn Signal und Quantisierungsfehler als *unkorreliert* angenommen werden können, also beginnend bei Wortlängen von einigen Bits. Aus (4.46) ergibt sich die folgende Trendaussage, die um so genauer gilt, je größer die Wortlänge ist:

Die Vergrößerung der Wortlänge eines Signals um ein Bit vergrößert den Signal-Rauschabstand um 6 dB. $\tag{4.47}$

4.2 Beispiele für die arithmetische Realisierung digitaler Filter

4.2.1 Konzentrierte Arithmetik. Der grundsätzliche Aufbau des Rechenwerkes wurde am Beispiel des Filters 2. Grades bereits in der Einleitung zu diesem Kapitel gezeigt (Bild 4.1). Nach (4.1) läßt sich die Berechnung jedes Abtastwerts ganz allgemein als Skalarprodukt zweier Vektoren darstellen. Für die Berechnung eines Abtastwertes des Ausgangssignals $y(n)$ eines Filters k-ten Grades sind daher in der Regel (d.h., wenn keine Koeffizienten verschwinden oder 1 werden) mindestens $2k+1$ Multiplikationen sowie $2k$ Additionen notwendig. Sämtliche kanonischen Strukturen sowie die (nichtkanonische) Direktstruktur kommen mit dieser Mindestzahl arithmetischer Operationen aus.

Die in Bild 4.1 gezeigte getrennte Realisierung aller Multiplizierer und Addierer ist mit verhältnismäßig großem Aufwand verbunden. Den schaltungstechnisch größten Aufwand benötigt hierbei die Multiplikation. Weniger aufwendige Lösungen werden daher mit einem Multiplizierer auskommen und die Multiplikationen sequentiell oder im Zeitmultiplex durchführen. Eine solche Lösung ist − wiederum für das Filter 2. Grades − in Bild 4.21 gezeigt. Koeffizienten und Signale befinden sich in einem Puffer, der nach dem FIFO-Prinzip (first in, first out) den richtigen Koeffizienten und Signalwert zum richtigen Zeitpunkt an die Eingänge des Multiplizierers legt. Der Ausgang des Multiplizierers liegt am einen Eingang des Addierwerks, dessen anderer Eingang am Ausgang des Akkumulators liegt; dort wird der neue Abtastwert $y(n)$ aufgebaut. Anstelle der FIFO-Puffer für Koeffizienten und Eingangssignale können auch Speicher mit wahlfreiem Zugriff (RAM-Speicher) verwendet werden. Integrierte Signalprozessoren arbeiten großenteils nach diesem Prinzip.

Es ist in jedem Fall vorteilhaft, dort, wo es die Struktur des Filters erlaubt, die Zwischenergebnisse bei der Berechnung von $y(n)$ nicht abzuspeichern, sondern im Akkumulator zu belassen. Abgesehen davon, daß die Datentransfers für die Zwischenergebnisse wegfallen, besteht die Möglichkeit, einen neuen Abtastwert zunächst mit voller Genauigkeit, d.h., ohne Rundungsfehler bei der Multiplikation und Addition zu berechnen und erst hinterher, d.h. vor der Ausgabe, zu quantisieren, sofern das Akkumulatorregister hinreichend lang ist. Dieses Prinzip des *Multiply and Accumulate*, für das zahlreiche integrierte Schaltungen entwickelt wurden, und das auch in den meisten modernen Signalprozessoren zum Einsatz gelangt, läßt sich vor allem dann anwenden, wenn eine Filterstruktur implementiert wird, bei der viele Additionen in einem oder wenigen zentralen Punkten zusammenlaufen. Strukturen dieser Art sind die 2. kanonische Direktstruktur und vor allem die nichtkanonische Direktstruktur. Grenzzyklen und interne Überläufe bei der Berechnung von $y(n)$ lassen sich mit dieser Verarbeitungsweise zuverlässig unterbinden.

Die Verwendung der konzentrierten Arithmetik in dieser Form steht und fällt mit der Geschwindigkeit der Multiplikation. Bis vor kurzem war diese die langsamste

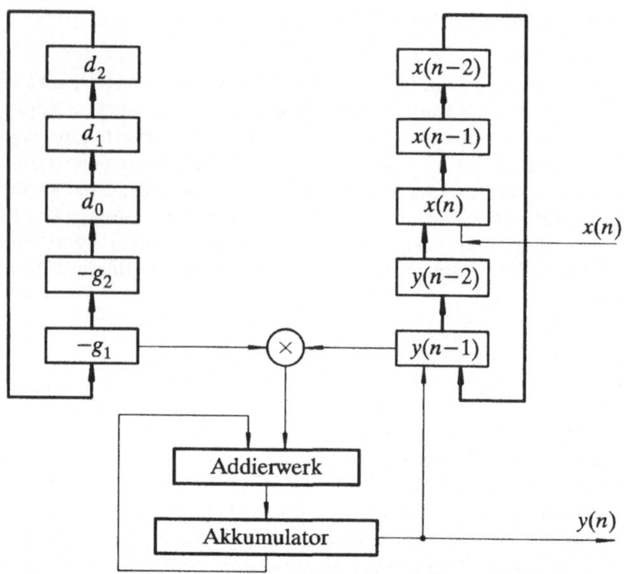

Bild 4.21. Prinzipschaltbild des Rechenwerks für ein digitales Filter 2. Grades in konzentrierter Arithmetik, wenn nur ein Multiplizierer zur Verfügung steht. Während des Verarbeitungszyklus werden die Koeffizienten und Signale zyklisch durch den jeweiligen Pufferspeicher geschoben (dick gezeichnete Verbindungsleitungen). Ist der neue Abtastwert $y(n)$ fertig berechnet, so erfolgt ein Ausgabeschritt; hierbei werden $y(n)$ und der neue Eingangswert $x(n)$ in den Signalpuffer eingeschrieben

Operation bei der Realisierung digitaler Filter. Durch die Entwicklung hochintegrierter schneller Multipliziererbausteine ist jedoch die benötigte Zeit für beispielsweise eine 16·16-bit-Multiplikation in die Größenordnung für eine Addition gleicher Wortlänge abgesunken. Bild 4.22a zeigt das Prinzipschaltbild eines solchen schnellen Multiplizierers. Da alle Teilprodukte (zu bilden aus dem Multiplikanden mit jeweils einer Stelle des Multiplikators) voneinander unabhängig sind, können sie gleichzeitig, asynchron und ohne Zwischenpuffer gebildet werden. Für jede Stelle jedes Teilprodukts ist dann jedoch ein Ein-Bit-Volladdierer und die zugehörige Logik für die Verknüpfung mit dem Multiplikatorbit notwendig (Bild 4.22b). Die zeitkritische Größe, nämlich die Übertragslaufzeit, beträgt bei der Multiplikation zweier Zahlen der Wortlänge W_a und W_b höchstens

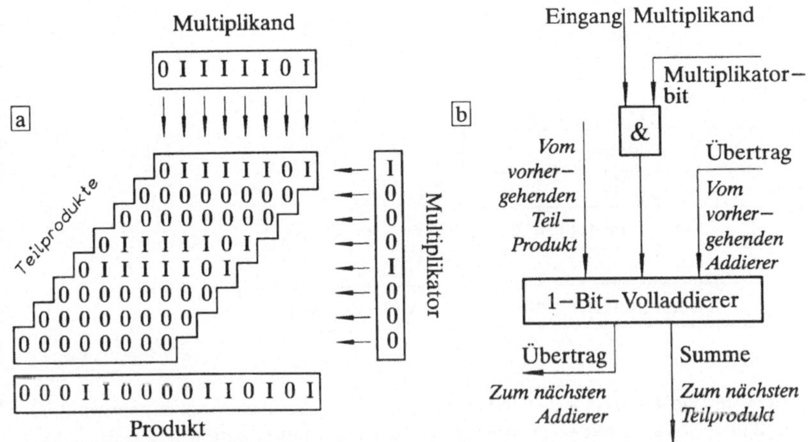

Bild 4.22a,b. Prinzipschaltbild (**a**) und elementare Verknüpfungszelle (**b**) eines schnellen Multiplizierers. Alle Teilprodukte werden gleichzeitig gebildet; hierbei ist jede Ziffer in der Rubrik "Teilprodukte" in (a) durch eine elementare Verknüpfungszelle nach (b) realisiert zu denken

$$t_{GM} = t_{GA} \cdot (W_a + W_b) \,, \tag{4.48}$$

wenn t_{GA} die Gatterlaufzeit in der Elementarzelle aus Logik und Volladdierer (siehe Bild 4.22b) ist.

Für Anwendungen in der digitalen Signalverarbeitung existieren schnelle Multiplizierer als Einzelbausteine, als integrierte Bausteine zusammen mit einem Addierwerk und einem Akkumulatorregister ("multiply and accumulate"), oder als Teil integrierter Signalprozessoren.

4.2.2 Verteilte Arithmetik (Croisier et al., 1973). Bei der Verteilten Arithmetik werden die arithmetischen Operationen Multiplikation und Addition miteinander verwoben und simultan im gleichen arithmetischen Netzwerk ausgeführt. Ausgangspunkt ist die Zustandsgleichung des Filters in der vektoriellen Schreibweise nach (4.2). Das Prinzip soll im folgenden am gemischt rekursiv-nichtrekursiven System 2. Grades gezeigt werden. Es läßt sich auch für Systeme höheren Grades in direkter Struktur verwenden; jedoch steigt hierbei der Aufwand exponentiell an. Zusätzliche Voraussetzung ist, daß Signalwerte und Koeffizienten in Festkommadarstellung im Dualsystem unter Verwendung des Zweierkomplements gespeichert sind.

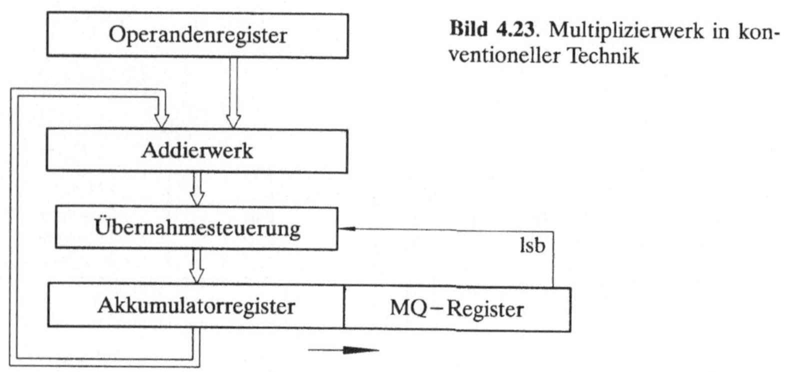

Bild 4.23. Multiplizierwerk in konventioneller Technik

Das in Bild 4.1 im Prinzipschaltbild dargestellte Rechenwerk sei in konventioneller Bauweise, d.h., mit sequentiellem Ablauf der Multiplikation realisiert; jedoch seien alle 5 Multiplizierer getrennt aufgebaut, so daß die Multiplikationen simultan ablaufen können. Das Prinzipschaltbild des einzelnen Multiplizierwerks ist in Bild 4.23 aufgezeigt. Die Koeffizienten seien in den Operandenregistern, die Signalwerte jeweils in den Multiplikator-Quotienten-Registern (MQ-Register) gespeichert. Laufen nun alle Multiplizierwerke synchron, so wird bei jedem Verknüpfungstakt von jedem Signalwert ein Bit (und zwar von der Stellenwertigkeit her gesehen für jeden Signalwert das gleiche Bit) mit dem zugehörigen Koeffizienten verknüpft. Der Augenblickszustand der Übernahmesteuerungen vor den Akkumulatoren ist beim Filter 2. Grades also durch 5 bit gekennzeichnet. Bei gegebenen Koeffizienten können an dieser Stelle also nur 32 verschiedene Zustände bzw. Inkremente auftreten (Bild 4.24; gekennzeichnet durch die binären Variablen $e_1 \dots e_5$). Diese 32 Zustände ergeben sich als alle möglichen Summen der mit Null oder Eins gewichteten Filterkoeffizienten.

Dieser Umstand kann dazu ausgenutzt werden, den gesamten Aufbau der Multiplizierwerke zu ersetzen durch einen Speicher mit wahlfreiem Zugriff (RAM), in dem die möglichen Kombinationen der Koeffizienten abgespeichert sind. Das Bitmuster, das aus den gerade aktuellen Binärstellen des Signals entsteht, wird dann als Adresse für dieses RAM verwendet (Bild 4.25); der dort gespeicherte Wert wird ausgelesen und gelangt ans Addierwerk. Der zwischen zwei Additionen beim sequentiellen Ablauf der Multiplikation notwendige Schiebebefehl kann unterbleiben, wenn der Inhalt des Akkumulators um eine Binärstelle versetzt an das Addierwerk rückgeführt wird. Die Bitmuster werden aus den verbleibenden MQ-Registern gewonnen, in denen die Signalwerte gespeichert sind. Hier kann weiterhin geschoben werden; es ist aber nicht notwendig, in diese Register Ergebnisse nachzuziehen.

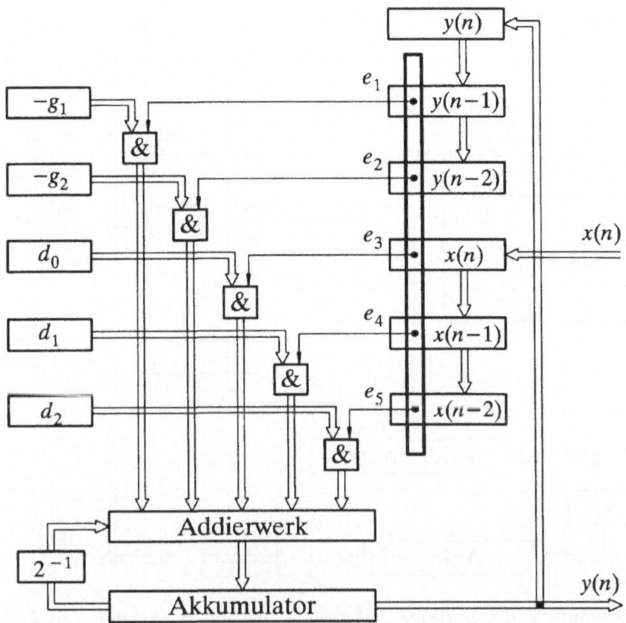

Bild 4.24. Rechenwerk für ein digitales Filter 2. Grades – Augenblickszustand am Eingang der Übernahmesteuerung bei simultanem Ablauf der Multiplikationen. Zum besseren Verständnis ist die Additionsbedingung $<MQ_0>=I$ hier bereits vor dem Addierwerk eingezeichnet (im Gegensatz zu Bild 4.23)

. Dieses arithmetische Prinzip bezeichnet man als "Verteilte Arithmetik", da Multiplikation und Addition simultan erfolgen und die einzelnen Produkte nicht mehr explizit ausgerechnet werden. Diese Art der Berechnung eines Signalwertes hat einen entscheidenden Vorteil: die Quantisierung erfolgt erst am Ende der gesamten Berechnung des Signalwertes. Auf diese Weise können auch hier Grenzzyklen unterdrückt und interne Überläufe abgefangen werden. Die Berechnung eines Signalwertes ist allerdings *nicht* schneller als mit parallel aufgebauten konventionellen Multiplizierwerken; sie ist eher langsamer, da die Auslesezeit für ein Speicherwort meist etwas größer ist als die Zeit für eine Addition plus Schieben. Im Vergleich zu sequentieller Abarbeitung der Multiplikationen kann jedoch die Verteilte Arithmetik schneller sein, wenn nicht gerade ein schneller integrierter Multipliziererbaustein verwendet wird.

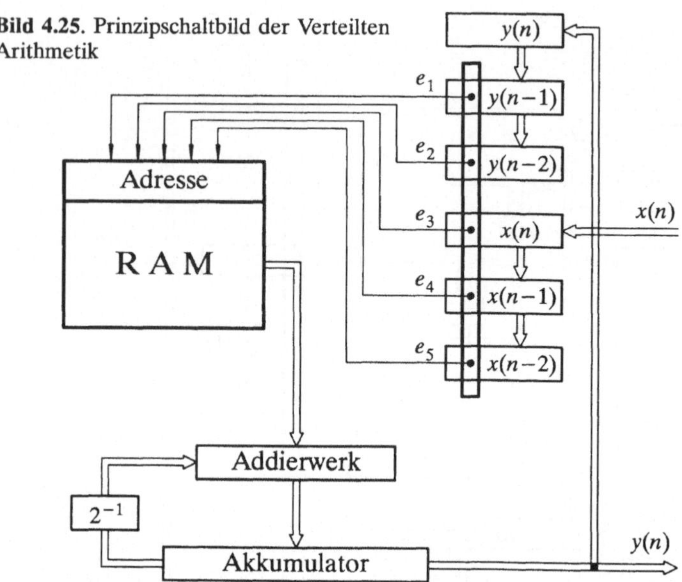

Bild 4.25. Prinzipschaltbild der Verteilten Arithmetik

Der Aufwand für die Verteilte Arithmetik liegt im Berechnen und Laden der Koeffizientenkombinationen. Für ein gemischt rekursiv-nichtrekursives Filter 2. Grades mit 5 Koeffizienten benötigt man ein RAM von 32 Speicherwörtern. Bei einem Wechsel der Koeffizienten müssen alle 32 Kombinationen der neuen Koeffizienten ausgerechnet und abgespeichert werden. Die Verteilte Arithmetik ist daher nur bedingt geeignet für zeitvariante Filter, da der Rechenaufwand sehr hoch wird, wenn sich die Koeffizienten häufig ändern.

Eine prinzipielle arithmetische Schwierigkeit liegt in der Zahlendarstellung. Additionen werden üblicherweise im Zweierkomplement ausgeführt, Multiplikationen dagegen in der Betrag-Vorzeichen-Darstellung. Diese beiden Darstellungen sind für negative Zahlen nicht kompatibel. Das stört nicht, so lange die arithmetischen Operationen getrennt voneinander ausgeführt werden. In der Verteilten Arithmetik müssen jedoch alle Zahlen auch während der Multiplikation in Zweierkomplementdarstellung vorliegen, da die Rechenoperationen simultan ablaufen. Aus diesem Grund ist der Ablauf der arithmetischen Operationen so abzuändern, daß negative Zahlen auch dann miteinander multipliziert werden können, wenn sie in Zweierkomplementdarstellung vorliegen. Auf die Darstellung im einzelnen muß aus Platzgründen verzichtet werden.

4.2.3 Multipliziererfreie Strukturen. Trotz aler Fortschritte in der Schaltkreistechnik ist der Multiplizierer nach wie vor der komplizierteste und teuerste Baustein eines digitalen Filters. Für spezielle Anwendungen, bei denen beispielsweise digitale Filter preiswert in großen Stückzahlen gefertigt werden müssen, erscheinen solche Strukturen zweckmäßig, die ohne Multiplizierer auskommen. Die gleiche Notwendigkeit ergibt sich für besondere schnelle Filter, bei denen die Multiplikation trotz Einsatz schneller Bausteine zu langsam vonstatten geht.

Filter ohne Multiplizierer wurden erstmals von Gerwen et al. (1975) aufgrund einer Arbeit von Leuthold (1967) erwähnt. Moon und Martens (1980) entwickelten ein multipliziererfreies Wellendigitalfilter (vgl. Kap.9). In größerem Stil wurden multipliziererfreie Filter u.a. von Lüder (1982b, 1983, 1984, 1986), Höfer (1985), Haase et al. (1986) und Lim (1990) untersucht. Ihre Realisierung geht im wesentlichen in drei Schritten vor sich.

1) Der Multiplizierer wird durch eine oder mehrere (fest verdrahtete) Schiebeoperationen mit nachfolgender Addition ersctzt.

2) Anstelle der normalen Darstellung als Dualzahlen werden die Koeffizienten in einem quasiternären System dargestellt (CSD-Code). Hierdurch wird die Zahl der von Null verschiedenen Stellen minimiert.

3) Durch Strukturumwandlung unter Beibehaltung der Übertragungsfunktion (Äquivalenztransformation) werden zusätzliche Freiheitsgrade geschaffen; diese werden derart ausgenützt, daß möglichst wenig Schiebeelemente eingesetzt werden müssen.

Die Rechtsverschiebung eines Signalwertes um q bit bedeutet eine Multiplikation mit 2^{-q}. Durch eine einzige Schiebeoperation läßt sich die Multiplikation mit einem Filterkoeffizienten c_i $[c_i = \{d_i, g_i\}]$ nur ersetzen, wenn dieser den Wert 2^{-q} annimmt (q ganzzahlig). Da dies in der Regel nicht der Fall ist, müssen grundsätzlich alle Stellen, die in der dualen Koeffizientendarstellung den Wert 1 annehmen, durch eine Verschiebeoperation mit nachfolgender Addition realisiert werden (siehe Bild 4.26b).

Die Zahl der Verschiebeoperationen und Additionen läßt sich erheblich vermindern, wenn für die Koeffizienten eine quasiternäre Zahlendarstellung gewählt wird. Die übliche duale Zahlendarstellung nach (4.1)

$$a = \sum_{m_u}^{m_o} b_i \, 2^i \, , \quad b_i = \{0, \, 1\} \tag{4.49}$$

wird hierzu abgewandelt in

$$a = \sum_{m_u-1}^{m_o+1} t_i \, 2^i \, , \quad t_i = \{0, \, +1, \, -1\} \tag{4.50a}$$

mit der Zusatzbedingung

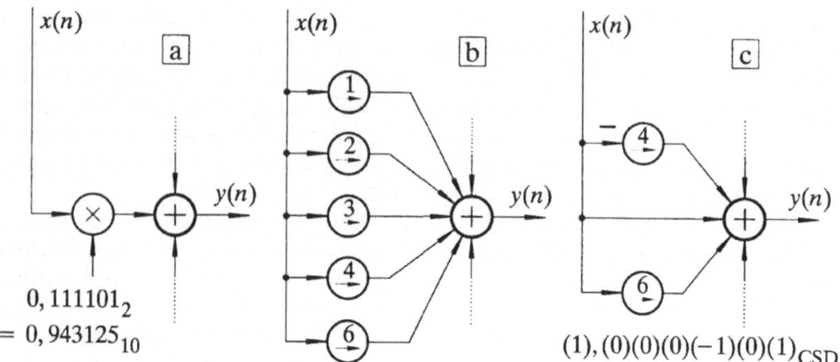

Bild 4.26a-c. Beispiel für die multipliziererfreie Realisierung digitaler Filter. (a) Konventionelle Realisierung mit Multiplizierer; (b) Realisierung mit Verschiebeoperationen und dualer Koeffizientendarstellung; (c) Realisierung mit Verschiebeoperationen und quasiternärer Koeffizientendarstellung. Die Signale liegen in dualer Festkommadarstellung (Zweierkomplement) vor

$$t_i\, t_{i+1} = 0 \; . \qquad\qquad\qquad\qquad\qquad\qquad\qquad (4.50b)$$

Diese Darstellungsart wird auch als *CSD-Code* [*canonically-signed-digit code* (Reitwiesner, 1960)] bezeichnet. Sie erfolgt nach wie vor im dualen Zahlensystem; durch die ternäre Darstellung der einzelnen Ziffern jedoch wird die Zahl der Ziffern, die von Null verschieden sind, ein Minimum. Von der Realisierung her bedeutet dies keinen zusätzlichen Aufwand, da sich jede negative Stelle einfach mit Hilfe einer Subtraktion verwirklichen läßt.

Die Umwandlung der Filterkoeffizienten in den CSD-Code reicht zur Minimierung des Aufwandes im allgemeinen nicht aus. Zusätzlich muß die Filterstruktur geändert werden, was mit Hilfe der in Abschnitt 2.6 behandelten Äquivalenztransformation möglich ist. Als vorteilhaft erweisen sich hier hinsichtlich der Zahl der (ursprünglich vorhandenen) Multiplizierer redundante Strukturen, wie sie von Haug (1979) ermittelt wurden. Die Freiheitsgrade der Strukturen lassen sich dahingehend einsetzen, daß die Filterkoeffizienten mit möglichst kurzen Wortlängen auskommen; hierdurch wird die Gesamtzahl der Schiebeoperationen und damit der Gesamtaufwand minimiert. Der Entwurf muß jeweils für den Einzelfall optimiert werden.

Die Zahl der benötigten Schiebeoperationen und Additionen läßt sich via Arithmetik vermindern, wenn man von einer Filterstruktur ausgeht, bei der der gleiche Signalwert mit verschiedenen Koeffizienten multipliziert und auf verschiedene Knoten aufaddiert wird (Haase et al., 1986; Lüder, 1986). Eine solche Struktur ist beispielsweise die 1. kanonische Struktur (Bild 2.3). Hier wird zuerst multipliziert, dann

$$d_1 = 1,101101_2 = (1)(0),(0)(-1)(0)(-1)(0)(1)_{\text{CSD}}$$
$$d_2 = 0,111101_2 = (1),(0)(0)(0)(-1)(0)(1)_{\text{CSD}}$$

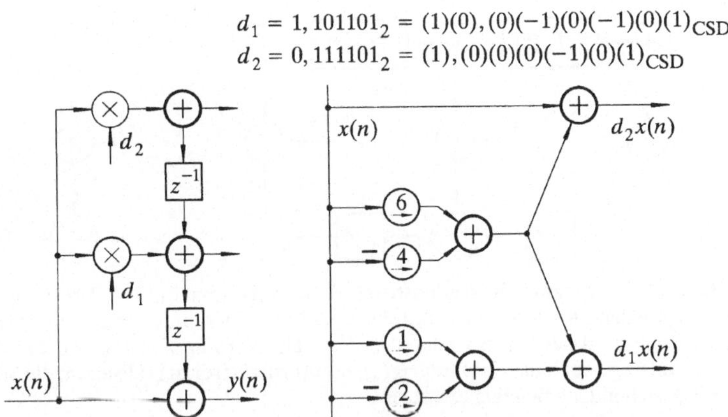

Bild 4.27. Aufwandsgünstige Realisierung eines multipliziererfreien digitalen Filters durch Zusammenfassung von Teilprodukten. (Links) Nichtrekursiver Teil eines Filters 2. Grades in der 1. kanonischen Struktur; (rechts) arithmetische Realisierung

addiert und zuletzt verzögert; daher liegt an allen Multiplizierern des rekursiven Teils bzw. des nichtrekursiven Teils der gleiche Eingangswert $y(n)$ bzw. $x(n)$. Werden nun bei multipliziererfreier Realisierung die Koeffizienten bitweise zerlegt, so ergeben sich in der Regel Teilprodukte des Signalwertes mit einzelnen Bits der Koeffizienten, die mehreren Gesamtprodukten gemeinsam sind. Der Aufwand wird dadurch verringert, daß diese Teilprodukte nur einmal berechnet und dann auf alle beteiligten Knoten verteilt werden. Bild 4.27 zeigt hierzu ein Beispiel.

Speziell für nichtrekursive Filter existieren Verfahren, die die spätere multipliziererfreie Realisierung bereits in den Filterentwurf mit einbeziehen. Lim und Parker (1983) und später Lim (1986, 1990) entwickeln ein Entwurfsverfahren mit der einschränkenden Nebenbedingung, daß die Filterkoeffiziten nur ganzzahlige Potenzen von 2 sein dürfen. Saramäki (1987, 1991) benutzt ein ursprünglich von Kaiser und Hamming (1977) entwickeltes Entwurfsverfahren zur Steigerung der Selektivität eines frequenzselektiven nichtrekursiven Filters durch mehrfache Anwendung des gleichen Subfilters. Dieses Subfilter verhältnismäßig geringen Grades wird multipliziererfrei implementiert. Das Gesamtfilter wird daraus in einer "angezapften Kaskadenstruktur" mit einer geringeren Zahl zusätzlicher Koeffizienten realisiert (Bild 4.28).

Abschließend sei nur vermerkt, daß die Realisierung aufwandsgünstiger multipliziererfreier digitaler Filter ein echtes Filter*synthese*problem darstellt, wie es in dieser Form bei anderen Realisierungen digitaler Filter nicht vorkommt.

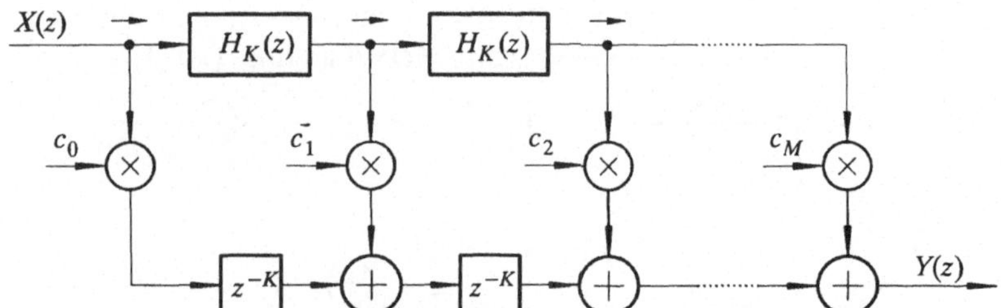

Bild 4.28. "Angezapfte Kaskadenstruktur" nach Saramäki (1984, 1991) zur aufwandsgünstigen Realisierung nichtrekursiver Filter. Der Grad des Subfilters sei K; der Gesamtgrad des Filters ist dann $k=K\cdot M$. Das Verfahren von Saramäki (1991) ist darauf abgestellt, das Subfilter $H_K(z)$ multipliziererfrei zu realisieren; die Struktur läßt sich jedoch beliebig einsetzen

4.3 Realisierung nichtrekursiver Filter hohen Grades durch segmentweise schnelle Faltung

Nichtrekursive Filter haben den Vorteil unbedingter Stabilität. Da keine Pole zur freien Verfügung stehen, ist der notwendige Filtergrad zur hinreichend genauen Realisierung einer geforderten Übertragungsfunktion oft sehr hoch (siehe Kap. 5 und 6). Dies gilt insbesondere für linearphasige Filter, die den Hauptanwendungsfall nichtrekursiver Filter darstellen. Da der Rechenaufwand proportional zum Grad k des Filters steigt, wird er bei hohen Werten von k oft zu groß. Eine in manchen Fällen gegebene Möglichkeit, den Aufwand zu erniedrigen, ist die *segmentweise diskrete Faltung* mit Hilfe der schnellen Fouriertransformation.

4.3.1 Diskrete Faltung mit Hilfe der Fouriertransformation. Die diskrete Faltung zweier digitaler Signale $a(n)$ und $b(n)$ ist definiert als

$$f(n) = a(n) * b(n) = \sum_{k=0}^{n} a(k) \cdot b(n-k) = \sum_{k=0}^{n} a(n-k) \cdot b(k) . \qquad (2.10)$$

Nach dem Faltungssatz der z-Transformation werden die zugehörigen z-Transformierten miteinander multipliziert:

$$F(z) = \mathbf{Z}\{a(n) * b(n)\} = A(z) \cdot B(z) . \qquad (2.11)$$

Das Ausgangssignal $f(n)$ läßt sich also aus den Eingangssignalen $a(n)$ und $b(n)$ berechnen als

$$f(n) = \mathbf{Z}^{-1} \{A(z) \cdot B(z)\} = \mathbf{Z}^{-1} \{\mathbf{Z}\{a(n)\} \cdot \mathbf{Z}\{b(n)\}\} . \qquad (4.51)$$

Insbesondere kann auch das Ausgangssignal eines digitalen Filters durch Faltung der Impulsantwort mit dem Eingangssignal erhalten werden; da die Beziehung

$$Y(z) = H(z) X(z) \qquad (2.22)$$

stets gilt, ergibt sich

$$y(n) = h(n) * x(n) . \qquad (2.81)$$

Hauptproblem bei der numerischen Berechnung des Signals $y(n)$ nach (4.51) und (2.81) ist die inverse z-Transformation, die in der allgemeinen Form nach (2.56) nicht durchführbar ist, wenn $X(z)$ nicht in geschlossener Form vorliegt. Einfacher wird die numerische Berechnung von (4.51) dann, wenn die beiden Signale $a(n)$ und $b(n)$ [bzw. $h(n)$ und $x(n)$] finit, d.h., zeitlich bandbegrenzt sind. Beim digitalen Filter bedeutet dies:

- das Eingangssignal $x(n)$ muß von endlicher Dauer sein;
- die Impulsantwort $h(n)$ des Filters muß von endlicher Dauer sein; d.h., man muß ein nichtrekursives Filter verwenden.

Sind die beiden Signale $x(n)$ und $h(n)$ finit, so können die zugehörigen z-Transformierten $X(z)$ und $H(z)$ abgetastet werden. Dies gilt insbesondere dann, wenn $X(z)$ und $H(z)$ auf dem Einheitskreis berechnet werden. Dort ergibt sich beispielsweise

$$X(m) = \sum_{n=0}^{N-1} x(n) \, \exp\left(\frac{-2\pi j m n}{N}\right) ;$$

$$m = 0 \, (1) \, N-1 ; \quad z = \exp\left(\frac{2\pi j m}{N}\right) . \qquad (2.54)$$

Hierbei sei das Signal $x(n)$ auf den Bereich $(0, N-1)$ begrenzt. Mit (2.54) hat man die diskrete Fouriertransformation (DFT) definiert (siehe Abschnitt 2.4.1). Die DFT bildet ein aus N Abtastwerten bestehendes Signal $x(n)$ auf N Spektralwerte $X(m)$ ab. In der z-Ebene liegen diese Spektralwerte auf dem Einheitskreis in gleichen Abständen von $\Delta\Omega = 2\pi/N$, beginnend bei $\Omega=0$. Im Gegensatz zur inversen z-Transformation ist die inverse DFT (IDFT) sehr einfach zu implementieren (siehe Abschnitt 2.4.2).

Die Faltung zweier zeitlich begrenzter Signale $x(n)$ und $h(n)$ läßt sich also mit Hilfe der DFT durchführen:

$$y(n) = \text{IDFT} \left\{ \text{DFT}\{x(n)\} \cdot \text{DFT}\{h(n)\} \right\} ; \quad n = 0 \, (1) \, N-1 . \qquad (4.52)$$

Im Vergleich zur Faltung zeitlich nicht begrenzter Signale mit der z-Transformation ergibt sich jedoch ein wesentlicher Unterschied. Dadurch, daß — erzwungen durch die DFT — Signale und Spektren sowohl im Zeit- als auch im Frequenzbereich abgetastet sein müssen, ergeben sich gemäß dem Abtasttheorem auch die Signale im Zeitbereich *periodisch*:

$$f(n) = f(n + kN) \; ; \quad k \text{ ganzzahlig} \; ; \quad f(n) = \{x(n), \; y(n), \; h(n)\} \; . \tag{4.53}$$

Die Faltung nach (4.52) ergibt sich also als *zyklische* Faltung (Bild 4.29). Hierbei muß das Transformationsintervall N derart gewählt werden, daß die längste der drei Funktionen darin Platz hat. Ist $h(n)$ auf K Werte [von 0 bis $K-1$] begrenzt, und ist $x(n)$ begrenzt auf L Werte, so muß gelten

$$N \geq K + L - 1 \; . \tag{4.54}$$

Nur so ist garantiert, daß mit (4.52) auch das Ausgangssignal richtig, d.h., ohne Überlappungsfehler (Aliasfehler im Zeitbereich) berechnet wird.

Es ist üblich, für die Bestimmung des Rechenaufwandes bei digitalen Filtern die Zahl der benötigten Multiplikationen je Abtastwert als Vergleichswert heranzuziehen. Die Zahl der zusätzlich notwendigen Datentransfers und Additionen bewegt sich i.a. (und insbesondere bei der DFT und FFT) in der gleichen Größenordnung. Ist k der Grad des (nichtrekursiven) Filters und L die Länge des Eingangssignals $x(n)$, so beträgt die Zahl der Multiplikationen bei direkter Faltung nach (2.10):

$$Z_{\mathrm{MD}} = (k+1) \cdot L = K \cdot L \; . \tag{4.55a}$$

Der Aufwand an Additionen und Datentransfers liegt in der gleichen Größenordnung. Bei einem linearphasigen Filter kann durch Anwendung der "abgeknickten Direktstruktur" der Aufwand an Multiplikationen halbiert werden,

$$Z_{\mathrm{MAD}} = L \cdot \mathrm{int}\left(\frac{k+1}{2}\right) \; . \tag{4.55b}^{6}$$

Der Grundaufwand an (reellen) Multiplikationen bei der schnellen Fouriertransformation beträgt[7]

$$Z_{\mathrm{FFT}} = 2N \, \mathrm{ld}\, N \; , \tag{4.56a}$$

---

[6] Die Bezeichung "int" (entsprechend der Programmiersprache C) gibt an, daß die Division ganzzahlig ohne Runden erfolgt.

[7] Hierbei wird davon ausgegangen, daß die Multiplikation zweier komplexer Zahlen durch vier Multiplikationen reeller Zahlen realisiert wird; hinzu kommen zwei Additionen und (mindestens) 6 Datentransfers. Daneben existiert auch ein Algorithmus, der mit drei einfachen Multiplikationen auskommt, aber fünf Additionen benötigt; hiervon können im speziellen Fall der FFT zwei Additionen durch Zugriff auf vorberechnete Tabellen ersetzt werden, so daß drei Additionen verbleiben (Burrus und Parks, 1985:57). Der Zeitgewinn hierdurch fällt aber nur dann ins Gewicht, wenn die Multiplikation bei der verwendeten Arithmetik wesentlich langsamer abläuft als die Addition oder ein Datentransfer. – Die Frage des Rechenaufwandes für die FFT wird im übrigen bei Sorensen et al. (1986) sowie bei Burrus und Parks (1985) eingehend diskutiert. Weitere Literatur zur FFT ist in Abschnitt 2.4.1 angegeben. Der Rechenaufwand für die "langsame" DFT, d.h., die direkte Berechnung via (2.54) ist proportional zu N^2. Mit ld (*logarithmus dualis*) wird der Zweierlogarithmus bezeichnet.

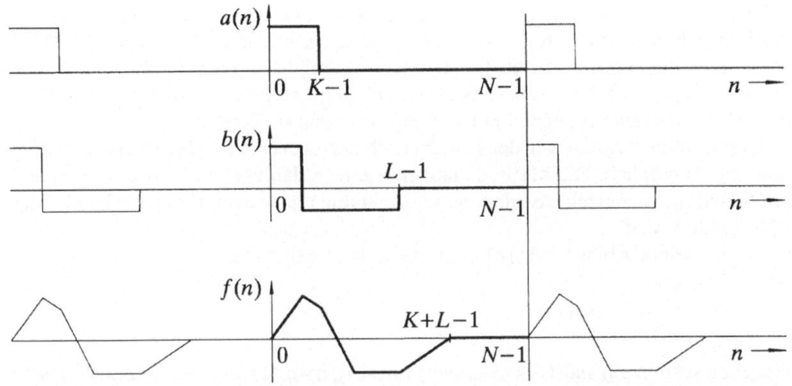

Bild 4.29. Beispiel zur zyklischen Faltung. $K=100$; $L=256$; $N=512$; $f(n)$ ist das Faltungsprodukt

wenn N eine ganzzahlige Zweierpotenz ist.[8] Im folgenden sollen die Betrachtungen auf diesen Fall beschränkt bleiben.

Durch geeignete Maßnahmen bei der Programmierung (insbesondere die Vermeidung von Multiplikationen mit Koeffizienten, die die Werte 0 oder ± 1 annehmen) kann man den Rechenaufwand um ca. 30% verringern; außerdem läßt sich, wenn entweder das Eingangs- oder das Ausgangssignal der FFT reell ist, der Aufwand noch einmal halbieren (Bergland, 1968). Dies zusammen ergibt

$$Z_{\text{FFTR}} = N \cdot (\text{ld}\,N - 3) + 4 \ . \tag{4.56b}$$

Für die "schnelle" Faltung mit Hilfe der FFT beträgt damit der Gesamtaufwand an Multiplikationen

$$Z_{\text{SFA}} = 3N \cdot (\text{ld}\,N - 3) + 12 + 2N = N \cdot (3\text{ld}\,N - 7) + 12 \ , \tag{4.57}$$

da dreimal transformiert werden muß; außerdem sind die beiden (komplexen) Spektralfunktionen $X(z)$ und $H(z)$ miteinander zu multiplizieren. Diese Faltung lohnt sich nur dann, wenn $h(n)$ und $x(n)$ etwa gleich lang sind. Je Abtastwert ergibt sich der Aufwand zu

$$z_{\text{SFA}} = \frac{N \cdot (3\text{ld}\,N - 7) + 12}{K + L - 1} \ . \tag{4.58}$$

---

[8] Bei der FFT ist man hinsichtlich der Wahl von N nicht frei; der gebräuchlichste Algorithmus verwendet $N=2^k$ Abtastwerte, also eine ganzzahlige Zweierpotenz.

4.3.2 Segmentweise diskrete Faltung. Gegeben seien zwei finite Signale $h(n)$ und $x(n)$ der Länge K bzw. L; nun soll jedoch $K \ll L$ sein. Im Grenzfall soll das Signal $x(n)$ sogar zeitlich unbegrenzt sein dürfen. Dieser Fall ergibt sich recht häufig bei nichtrekursiven digitalen Filtern. Diese besitzen die endliche Impulsantwort $h(n)$, die mit dem Eingangssignal $x(n)$ gefaltet das Ausgangssignal $y(n)$ ergibt.

Damit ist die Anwendung der Faltung nach (2.81) in einem Schritt unzweckmäßig oder gar unmöglich. Die Methode läßt sich jedoch dahingehend modifizieren, daß das Signal $x(n)$ in einzelne Segmente unterteilt und dann segmentweise mit Hilfe der FFT gefaltet wird.

Ein einzelner Abtastwert $y(n)$ ergibt sich bei direkter Faltung zu

$$y(n) = \sum_{i=0}^{n} x(i) \cdot h(n-i) \; . \tag{2.81}$$

Gegeben sei nun ein Teilstück (*Segment*) von $x(n)$, $n=q$ (1) $q+N-1$, wobei $N>K$ sein soll. Der Beginn $n=q$ sei zunächst willkürlich gewählt. Für das Ausgangssignal $y(n)$, $n=q$ (1) $q+N-1$, ergeben sich damit folgende Fälle:

- $n=q$ (1) $q+K-2$: Die Werte $x(i)$, die zur Bildung von $y(n)$ beitragen, liegen teilweise im Segment $(q, q+N-1)$, teilweise außerhalb.

- $n=q+K-1$ (1) $q+N-1$: Alle Werte $x(i)$, die zur Bildung von $y(n)$ beitragen, liegen innerhalb des Segments $(q, q+N-1)$.

Mit Hilfe der schnellen Fouriertransformation kann die segmentweise diskrete Faltung nun auf zweierlei Arten durchgeführt werden.

Overlap-Save-Methode (Helms, 1967; Bild 4.30). Das Signal $x(n)$ wird wie folgt segmentiert:

$$x_{OS}(n) = x(n) \; , \quad n = q \; (1) \; q+N-1 \; . \tag{4.59}$$

Mit Hilfe der FFT ergibt sich dann das gefaltete Signal

$$y_{OS}(n) = \text{IDFT} \{\text{DFT}\{x_{OS}(n)\} \cdot \text{DFT}\{h(n)\}\} \; ; \quad n = q \; (1) \; q+N-1 \; . \tag{4.60}$$

Da das Signal $x_{OS}(n)$ außerhalb des Bereichs $n=q$ (1) $q+N-1$ als periodisch fortgesetzt gilt, ergibt sich $y_{OS}(n)$ nur dann gleich $y(n)$, wenn alle beteiligten Werte von $x(n)$ aus dem Intervall $n=q$ (1) $q+N-1$ stammen. Man erhält also das Signal $y_{OS}(n)$ wie folgt:

a) $n = q$ (1) $q+K-2$: Es tragen Werte von $x_{OS}(n)$ außerhalb des Intervalls $(q, q+N-1)$ zur Bildung von $y_{OS}(n)$ bei; die Werte $y_{OS}(n)$ werden unbrauchbar.

b) $n = q+K-1$ (1) $q+N-1$: Alle zu $y_{OS}(n)$ beitragenden Werte von $x_{OS}(n)$ liegen innerhalb $(q, q+N-1)$; man erhält $y(n)=y_{OS}(n)$; die Werte des Ausgangssignals werden richtig.

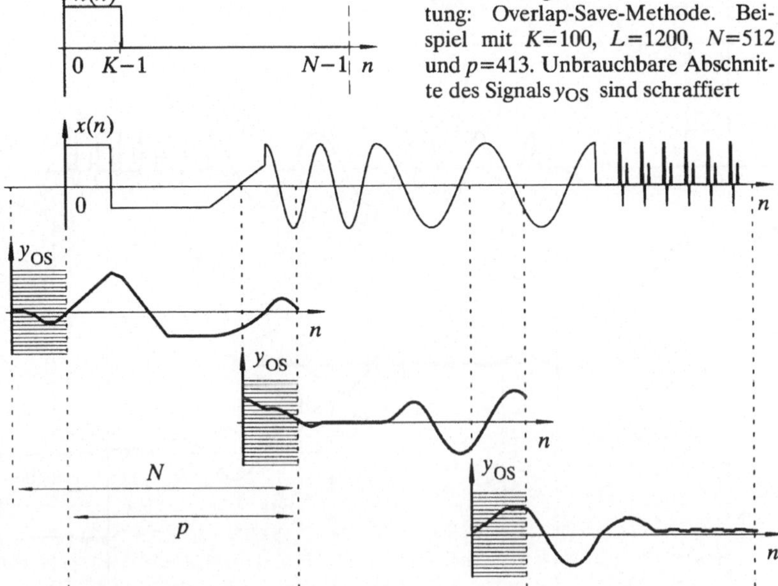

Bild 4.30. Segmentweise diskrete Faltung: Overlap-Save-Methode. Beispiel mit $K=100$, $L=1200$, $N=512$ und $p=413$. Unbrauchbare Abschnitte des Signals y_{OS} sind schraffiert

Durch die Faltung eines Segments der Länge N ergeben sich also

$$p = N - K + 1 \tag{4.61}$$

richtige Abtastwerte. Das nächste Segment muß daher bei $n=q+p$ starten und nicht erst bei $n=q+N$. Der Wert p wird als *Schrittweite* des Verfahrens bezeichnet; er hängt gemäß (4.61) vom Transformationsintervall N und der Länge K der Impulsantwort ab.

Overlap-Add-Methode (Stockham, 1966; Bild 4.31) Bei dieser Methode wird $x(n)$ wie folgt segmentiert:

$$x_{OA}(n) = \begin{cases} x(n) & n = q\,(1)\,q+p-1 \\ 0 & \text{ansonsten} \end{cases} \tag{4.62}$$

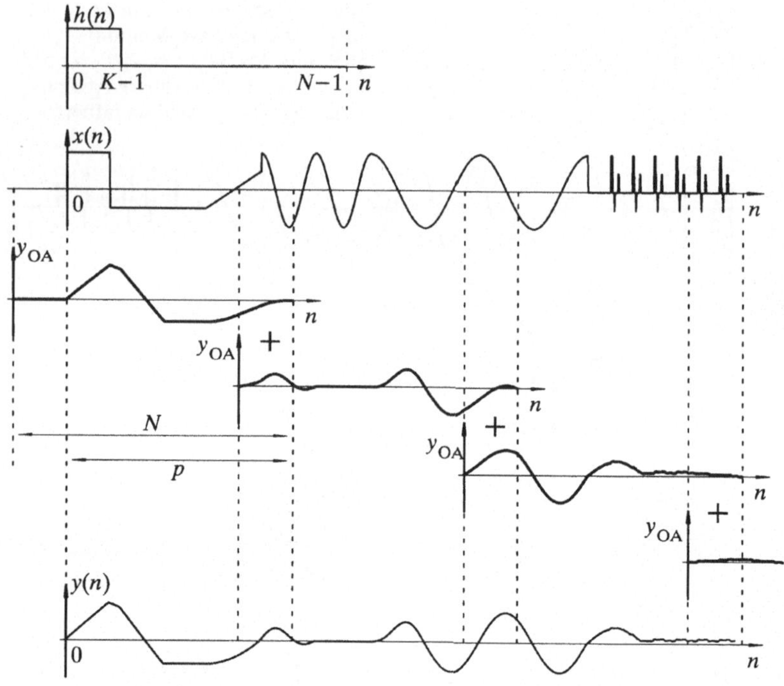

Bild 4.31. Segmentweise diskrete Faltung: Overlap-Add-Methode. Beispiel mit $K=100$, $L=1200$, $N=512$ und $p=413$. Gegenüber der Overlap-Save-Methode (Bild 4.30) wird in diesem Beispiel eine Transformation mehr benötigt, um das letzte unvollständige Teilstück zu ergänzen

Die Schrittweite p errechnet sich wiederum nach (4.61). Somit wird erzwungen, daß kein Wert von $x(n)$ außerhalb $(q, q+N-1)$ zur Bildung von $y_{OA}(n)$, $n=q$ (1) $q+N-1$ beitragen kann. Allerdings werden dabei bestimmte Werte von $y(n)$ unvollständig berechnet.

Im folgenden sei $N>2K$ angenommen. Dann erhält man die folgenden Fälle:

a) $n = q$ (1) $q+K-2$: Das Ausgangssignal errechnet sich zu

$$y_{OA}(n) = \sum_{i=0}^{n-q} x(i) \cdot h(n-i) \tag{4.63a}$$

und ist damit nicht komplett.

b) $n = q+K-1$ (1) $q+N-K$: In diesem Bereich sind alle Werte von $x(n)$, die zu $y(n)$ beitragen, vorhanden und richtig; man erhält $y_{OA}(n) = y(n)$.

c) $n = q+N-K+1$ (1) $q+N-1$: Das Ausgangssignal errechnet sich zu

$$y_{OA}(n) = \sum_{i=n-q+p-1}^{K-1} x(i)\, h(n-i) \tag{4.63b}$$

und ist damit wiederum nicht komplett, da die Werte von $x_{OA}(n)$ für $n > q+p-1$ verschwinden.

Startet man nun das nächste Segment wiederum ab $n=q+p$, so überlappen sich Bereich a) des neuen Segments ab $n=q+p$ und Bereich c) des Segments ab $n=q$; man erhält in diesem Bereich

$$y(n) = y_{OA}(n, q) + y_{OA}(n, q+p), \quad n = q+p \ (1)\ q+N-1 \ . \tag{4.64}$$

Die Schrittweite p ist also bei beiden Methoden gleich; die Overlap-Add-Methode ist geringfügig aufwendiger (wegen der Additionen im Überlappungsbereich), erscheint aber als die elegantere, da kein Abtastwert umsonst berechnet wird.

Ein grundsätzliches Problem der schnellen Faltung besteht darin, daß die effektive Gruppenlaufzeit, also die Verzögerung des Ausgangssignals, auf ein Vielfaches des durch das Filter vorgegebenen Wertes steigt (beispielsweise von $k/2$ für ein linearphasiges Filter auf p). Dies ist nicht für jede Anwendung tolerabel.

Zur Frage des Rechenaufwandes. Der Aufwand an Multiplikationen ist für beide Verfahren gleich. Für Overlap-Add benötigt man geringfügig mehr Additionen und Speicherplätze. Unter der Voraussetzung $L \gg N$ kann man den (einmaligen) Aufwand zur Berechnung von $H(m)$ vernachlässigen. Dann bleibt nur noch der Aufwand für die Berechnung von $X(m)$, die Multiplikation von $X(m)$ mit $H(m)$ sowie die Rücktransformation; dies ergibt für den Rechenaufwand pro Abtastwert bei reellen Signalen

$$z_{SFAR} = \frac{2}{p} \left[N \cdot (\operatorname{ld} N - 2) + 4 \right] \tag{4.65}$$

reelle Multiplikationen. Der Rechenaufwand hängt also vom Transformationsintervall N und der damit verbundenen Schrittweite p ab. Tabelle 4.2 zeigt hierzu einige Beispiele. Der optimale Wert für p ergibt sich aus (4.65) und (4.61); mit steigendem Transformationsintervall N fällt der Unterschied zwischen N und p immer weniger ins Gewicht, während der Rechenaufwand für die FFT gemäß (4.56) überproportional steigt.

Tabelle 4.2. Zur Frage des Rechenaufwandes bei der schnellen Faltung. Der Rechenaufwand ist in Multiplikationen pro Abtastwert angegeben. (K) Länge der Impulsantwort des Filters; (N) Transformationsintervall; (p) Schrittweite für die Faltung entsprechend (4.61); (Z) Rechenaufwand (in reellen Multiplikationen) für eine FFT mit reellem Eingangssignal bzw. eine inverse FFT mit reellem Ausgangssignal gemäß (4.56b); (z) auf den einzelnen Abtastwert bezogener Gesamtrechenaufwand bei Filterbetrieb nach (4.65). Die optimale Einstellung ist hervorgehoben

K	N	16	32	64	128	256	512	1024	2048	4096	8192
	Z	20	68	196	516	1284	3076	7172	16388	36868	81924
12	p	5	**21**	53	117	245	501	1013	2037	4085	8181
	z	14,4	**9,5**	9,8	11,0	12,6	14,3	16,2	18,1	20,1	22,0
25	p	0	8	40	**104**	232	488	1000	2024	4072	8168
	z	--	25,0	13,0	**12,4**	13,3	14,7	16,4	18,2	20,1	22,1
50	p	0	0	15	79	**207**	463	975	999	4047	8143
	z	--	--	34,7	16,3	**14,0**	15,5	16,8	18,4	20,2	22,1
100	p	0	0	0	29	157	**413**	925	1949	3997	8093
	z	--	--	--	44,4	19,6	**17,4**	17,7	18,9	20,5	22,3
200	p	0	0	0	0	57	313	**825**	1849	3987	7993
	z	--	--	--	--	54,0	22,8	**19,8**	19,9	21,0	22,5
400	p	0	0	0	0	0	113	625	1649	**3697**	7793
	z	--	--	--	--	--	63,5	26,2	22,3	**22,2**	23,1

Übungsaufgaben zu Kapitel 4

4.1 Begrenzte Wortlänge der Koeffizienten. Gegeben sei ein rein rekursives Filter 2. Grades. Die Koeffizienten seien in Festkommadarstellung mit 8 bit Wortlänge quantisiert.

a) Welcher Wertebereich muß von den Koeffizienten erfaßt werden, und wie werden die Register hinsichtlich Vorzeichen und Lage des Kommas am besten aufgegliedert?

b) Wie groß sind Bandbreite und Resonanzfrequenz des Filters, dessen Koeffizienten mit dieser Wortlänge gerade noch darstellbar sind, wenn das Filter für Musikaufzeichnungen mit einer Abtastfrequenz von 48 kHz eingesetzt werden soll?

c) Entwerfen Sie das Filter in der Alternativstruktur nach Bild 4.4, in der die Koeffizienten wie folgt dargestellt werden:

$$g_1 = 2 - c_1 \quad (\text{bzw. } -2 + c_1) \quad \text{sowie} \quad g_2 = 1 - c_2 .$$

Welcher Bereich von Polen in der z-Ebene kann erfaßt werden, wenn gilt

$$g_1 < -1 \quad \text{und} \quad g_2 > 0,5 \;?$$

Wie groß sind Bandbreite und Resonanzfrequenz des letzten darstellbaren Filters jetzt?

d) Was geschieht, wenn bei dem Filter nach c) die Wortlänge der Signale begrenzt wird? Wie groß muß bei Festkomma die Wortlänge des Signals mindestens bleiben, damit besagter Effekt gerade noch vermieden werden kann?

e) Könnte eine Gleitkommadarstellung der Signale bzw. der Koeffizienten dem Problem gegebenenfalls abhelfen? Wenn ja, kommt es dabei auch auf die Reihenfolge der Operationen an?

4.2. Empfindlichkeit. Leiten Sie die Formel (4.18) von Kaiser für die Empfindlichkeit der Pollagen gegen Änderungen eines einzelnen Koeffizienten her. [*Anleitung.* Diese Beziehung läßt sich herleiten, indem man die Nenner von (2.23) und (2.27) gleichsetzt, die so entstandene Gleichung dann nach $(z-z_{P_i})$ auflöst und schließlich für eine Abweichung ∂g_m des Koeffizienten g_m an der Stelle $z=z_{P_i}$ die Abweichung der rechten Seite dieser Gleichung von Null bestimmt.]

4.3. Fehleranalyse. Gegeben sei das Filter $y(n) + 0,81\,y(n-2) = x(n)$.

a) Ist das Filter überlaufstabil?

b) Kann das Filter durch einfaches Betragsabschneiden grenzzyklusfrei gemacht werden?

c) Die Signale $y(n)$ und $x(n)$ werden ganzzahlig mit 12 bit Wortlänge dargestellt. Wie groß ist der Signal-Rauschabstand von $y(n)$ höchstens?

d) Wie lautet der größte darstellbare Wert von $x(n)$, damit sicher keine Übersteuerung des Filters auftritt? Wie groß ist der Signal-Rauschabstand von $x(n)$ in diesem Fall?

e) Kann eine Verbesserung des Signal-Rauschabstands durch Verwendung einer Gleitkommaarithmetik mit 12 bit Mantissenlänge erreicht werden? Wenn ja, um wieviel?

4.4. Grenzzyklen. Gegeben sei das rein rekursive Filter 2. Grades mit den Koeffizienten $g_1=-1,5$; $g_2=0,9$. Das Filter ist so implementiert, daß die Produkte jeweils einzeln vor der Bildung des neuen Abtastwertes quantisiert werden (der Einfachheit halber sei für die Signale eine ganzzahlige Darstellung gewählt).

a) Weisen Sie nach, daß das Filter bei Runden stabile Grenzzyklen aufweist. Wählen Sie hierzu beispielsweise die Anfangswerte $y(-1)=9$ und $y(-2)=5$ und lassen Sie das Filter laufen. Welche Momentanwerte für die Pole erhalten Sie nach dem Verfahren von Jackson (siehe Abschnitt 4.1.3)? Was ersehen Sie daraus?

b) Weisen Sie mit der gleichen Prozedur nach, daß das Filter auch bei Betragsabschneiden der Einzelprodukte nicht asymptotisch stabil ist. Was für ein Filter ergibt sich, wenn Sie die Momentanwerte der Koeffizienten bestimmen?

c) Welchen Wert können die Momentanwerte der Koeffizienten bei Quantisierung höchstens erreichen?

4.5. Implementierung. Entwerfen Sie für das Filter 2. Grades in einer Ihnen bekannten Struktur eine Architektur für das Rechenwerk, wenn Ihnen zur Verfügung steht: eine beliebige Anzahl von Registern, eine Ablaufsteuerung mit beliebiger Anzahl von Schritten und Steuerleitungen, aber nur ein Multiplizierwerk sowie ein Addierwerk für 2 Summanden.

a) Entwerfen Sie eine Blockstruktur für das Filter.

b) Stellen Sie einen Ablaufplan für die Berechnung eines Abtastwertes auf.

c) Unter welchen Bedingungen kann die Multiplikation gleichzeitig mit der Addition ausgelöst werden?

Lösungen zu den Übungsaufgaben

4.1.a. Koeffizient g_2: keine Vorzeichenstelle; Komma steht vor der 1. Registerstelle. Wertebereich: $0 \leq g_2 \leq 255/256$. Koeffizient g_1: Vorzeichenstelle, eine Stelle vor dem Komma, 6 Stellen dahinter; Wertebereich: $-127/64 \leq g_1 \leq 127/64$.

4.1.b. Das Filter wird schmalbandig, so daß (3.24) angewendet werden kann. Wir erhalten $g_1=-1{,}98437500$; $g_2=0{,}99609375$; damit $r_P=0{,}998$; $\phi_P=6{,}211°$; bei der Abtastfrequenz 48 kHz ergibt sich daraus: Resonanzfrequenz $f_R=828{,}1$ Hz; Bandbreite $\Delta f \approx 29{,}9$ Hz.

4.1.c. Pole in der rechten Halbebene bis zu einem Polwinkel von 60°, Polradien zwischen 0,707 und 1. Als letztes darstellbares Filter ergibt sich: $g_1=-1{,}99609375$; $g_2=0{,}99804688$; $r_P=0{,}99902$; $\phi_P=2{,}533°$; $f_R=337{,}7$ Hz; $\Delta f \approx 14{,}93$ Hz.

4.1.d. Ist die Wortlänge des Signals zu klein, so kommen die Teilkoeffizienten c_1 und c_2 nicht zur Auswirkung, da die Teilprodukte nicht mehr in das Ergebnis eingehen. Wir haben also momentan $g_2=1$ und/oder $g_1=\pm 2$, also nur noch ein bedingt stabiles Filter. Ganz vermeiden läßt sich der Effekt nur, wenn die Wortlänge im Akkumulator des verwendeten Rechenwerks gleich der Summe der Wortlängen von Signalen und Koeffizienten wird, d.h., wenn die Produkte also mit voller Genauigkeit dargestellt werden. Die geforderte Mindestwortlänge für die Signale ist gleich der Koeffizientenwortlänge plus eine Stelle.

4.1.e. Gleitkommarechnung hilft insoweit, als die Produkte stets normalisiert dargestellt werden können, d.h., ohne führende Nullen in der Mantisse. Da bei Gleitkommaaddition die Exponenten der Summanden aneinander angeglichen werden müssen, ist *bezüglich der Mantisse* die Gleitkommaaddition der Festkommaaddition äquivalent. Die Reihenfolge der Operationen ist insofern wichtig, als man nach Möglichkeit vermeiden sollte, zwei sehr verschieden große Zahlen zu addieren oder zwei in etwa gleichgroße voneinander zu subtrahieren. Es empfiehlt sich daher, in aufsteigender Größe der Koeffizienten vorzugehen:

$$y(n) = c_1 y(n-1) + c_2 y(n-2) + x(n) - y(n-2) - 2y(n-1) \; .$$

4.2. Die Nenner der Polynomdarstellung (2.23) und der Produktdarstellung (2.27) von $H(z)$ werden gleichgesetzt:

$$z^k \sum_{i=0}^{k} g_i z^i = \sum_{m=0}^{k} g_{k-m} z^m = (z-z_{P1})(z-z_{P2}) \cdots (z-z_{Pk})$$

aufgelöst nach Polstelle i : $\qquad z - z_{Pi} = \dfrac{\displaystyle\sum_{m=0}^{k} g_{k-m} z^m}{\displaystyle\prod_{\substack{n=1 \\ n \neq i}}^{k} (z-z_{Pn})} \; ;$ $\qquad$ dies partiell abgeleitet nach g_m :

$$\frac{\partial z}{\partial g_m} = \frac{z^{k-m}}{\displaystyle\prod_{\substack{n=1 \\ n \neq i}}^{k} (z-z_{Pn})} \; ; \quad \text{und für } z = z_{Pi} : \qquad \frac{\partial z_{Pi}}{\partial g_m} = \frac{z_{Pi}^{k-m}}{\displaystyle\prod_{\substack{n=1 \\ n \neq i}}^{k} (z_{Pi}-z_{Pn})}$$

4.3.a. Ja; (4.23) ist erfüllt.

4.3.b. Ja; da $g_1=0$, ist nur ein Koeffizient von Null verschieden. Bei Betragsabschneiden können Grenzzyklen nur auftreten, wenn die quantisierte Differenz von zwei Produkten größer wird als der zugehörige exakte Wert. Dies ist hier nicht möglich.

4.3.c. Es ist leicht zu zeigen, daß die Formeln für das Filter 1. Grades auch für dieses spezielle Filter 2. Grades gelten [insbesondere (4.43) und (4.44)], da $h(k=2n)=(-g_2)^k$. Wir erhalten also als maximalen Störabstand für $y(n)$ entsprechend (4.47) einen Wert von 72 dB.

4.3.d. Bei ganzzahliger Darstellung (Wertevorrat $-2048 \le [x(n),\ y(n)] \le 2047$) wird $x_{max}=368$; S/N$=57{,}4$ dB.

4.3.e. S/N$=72$ dB, da der Mantissenbereich voll ausgenutzt werden kann.

4.4.a. Es entsteht ein stabiler Grenzzyklus mit Periode 9; wir erhalten den Momentanwert von g_2 zu 1; damit liegen die Momentanwerte der Pole auf dem Einheitskreis und bleiben dort. (Aus Platzgründen entfallen in den folgenden Tabellen die Quantisierungszeichen $[\bullet]_Q$ für die Signale.)

n	$y(n)$	$y(n-1)$	$y(n-2)$	$[g_1]_Q$	$[g_2]_Q$
0	9	14	-5	-1.5556	1.0000
1	6	14	-8	-1.5556	0.8889
2	1	9	-8	-1.5000	0.8889
3	-3	2	-5	-2.0000	0.8333
4	-6	-5	-1	-1.6667	1.0000
5	-6	-9	3	-1.5000	1.0000
6	-4	-9	5	-1.5000	0.8333
7	-1	-6	5	-1.5000	0.8333
8	2	-2	4	-2.0000	1.0000
9	4	3	1	-1.5000	1.0000
10	4	6	-2	-1.5000	1.0000
11	2	6	-4	-1.5000	1.0000
12	-1	3	-4	-1.5000	1.0000
13	-4	-2	-2	-2.0000	1.0000
14	-5	-6	1	-1.5000	1.0000
15	-4	-8	4	-1.6000	1.0000
16	-1	-6	5	-1.5000	1.0000
17	2	-2	4	-2.0000	1.0000
18	4	3	1	-1.5000	1.0000
19	4	6	-2	-1.5000	1.0000
20	2	6	-4	-1.5000	1.0000
21	-1	3	-4	-1.5000	1.0000
22	-4	-2	-2	-2.0000	1.0000
23	-5	-6	1	-1.5000	1.0000
24	-4	-8	4	-1.6000	1.0000
25	-1	-6	5	-1.5000	1.0000
26	2	-2	4	-2.0000	1.0000
27	4	3	1	-1.5000	1.0000
28	4	6	-2	-1.5000	1.0000
29	2	6	-4	-1.5000	1.0000

4.4.b. Das Filter entwickelt eine stabile Gleichgewichtslage bei $y(n)=-1$; es verwandelt sich in ein Filter 1. Grades mit einem Pol bei $z=1$ und verläßt diesen Zustand nicht mehr.

n	$y(n)$	$y(n-1)$	$y(n-2)$	$[g_1]_Q$	$[g_2]_Q$
0	9	13	-4	-1.4444	0.8000
1	5	13	-8	-1.4444	0.8889
2	-1	7	-8	-1.4000	0.8889
3	-5	-1	-4	-1.0000	0.8000
4	-7	-7	0	-1.4000	0.0000
5	-6	-10	4	-1.4286	0.8000
6	-3	-9	6	-1.5000	0.8571
7	1	-4	5	-1.3333	0.8333
8	3	1	2	-1.0000	0.6667
9	4	4	0	-1.3333	0.0000
10	4	6	-2	-1.5000	0.6667
11	3	6	-3	-1.5000	0.7500
12	1	4	-3	-1.3333	0.7500
13	-1	1	-2	-1.0000	0.6667
14	-1	-1	0	-1.0000	0.0000
15	-1	-1	0	-1.0000	0.0000
16	-1	-1	0	-1.0000	0.0000

4.4.c. Bei Runden: jeweils die betragsmäßig nächstgrößere ganze Zahl, also hier $[g_2]_Q = 1$ und $[g_1]_Q = -2$. Ist $[g_2]_Q = 1$, so liegen die momentanen Pole stets auf dem Einheitskreis. Ist $[g_1]_Q = -2$ und $[g_2]_Q < 1$, so entstehen zwei reelle Pole, von denen der eine außerhalb des Einheitskreises liegt. Bei Betragsabschneiden: jeweils die betragsmäßig nächstkleinere ganze Zahl. Da $g_2 < 1$, erhalten wir $[g_2]_Q = 0$ und damit eine Gradreduktion des Filters, so daß trotz Betragsabschneiden via $[g_1]_Q = -1$ ein Pol auf den Einheitskreis zu liegen kommt und das Filter dadurch instabil wird.

4.5.a,b. Ausgehend von der Konfiguration, wie sie in Bild 4.21 gezeichnet ist, ergeben sich die folgenden Schritte.

(1) $<Ak> - g_1 y(n-1) \to Ak$.

(2)   Blockiere die Eingänge in den Signalregistern und schalte die dick eingezeichneten Pfade durch. Diese Verbindungen bleiben im folgenden geschaltet.

(3)   Verschiebe Signal- und Koeffizientenregister synchron um 1 Position.

(4) $<Ak> - d_2 x(n-2) \to Ak$.

(5)   wie Schritt 3

(6) $<Ak> - d_1 x(n-1) \to Ak$.

(7)   wie Schritt 3

(8) $<Ak> - d_0 x(n) \to Ak$.

(9)   wie Schritt 3

(10) $<Ak> - g_2 y(n-2) \to Ak$.

(11) wie Schritt 3

(12) Unterbrich den zyklischen Pfad vor den Registern $[y(n-1)]$ und $[x(n)]$ und schalte die Eingänge (vom Signaleingang bzw. Ausgang des Akkumulators durch.

(13) Verschiebe Signalregister um 1 Position. Dies entspricht der Verzögerung um eine Abtastperiode. Die alten Werte $y(n-2)$ und $x(n-2)$ werden nicht mehr gebraucht und gehen verloren.

(14) Schalte $y(n)$ auf den Ausgang durch (kann gleichzeitig mit Schritt 12 und 13 erfolgen).

(15) Lösche den Akkumulator und gehe zurück nach Schritt 1.

4.5.c. Der Inhalt des Akkumulators darf erst nach Abschluß aller Multiplikations- und Additionsschritte überschrieben werden, da sonst verzögerungsfreie Rückkopplungsschleifen entstehen (für die arithmetische Operation *Multipliziere und Akkumuliere* gilt die gleiche Realisierbarkeitsbedingung wie für ein digitales Filter!).

5. Ausgewählte Entwurfsverfahren für digitale Filter bei Entwurfsvorschriften im Frequenzbereich

Am Anfang der Synthese analoger Netzwerke steht stets eine *Wunschvorstellung* oder *-vorschrift* zunächst beliebiger Art. In den seltensten Fällen ist dies bereits eine realisierbare Übertragungsfunktion in analytischer Form. Diese muß aus der Wunschvorstellung erst erstellt werden. Den zugehörigen Schritt bezeichnet man als *Approximation*, an deren Ende eine realisierbare Übertragungsfunktion steht. Die Realisierung des Netzwerkes aus der Übertragungsfunktion bildet dann die eigentliche *Synthese*.

Beim digitalen Filter präsentiert sich die Aufgabe ein wenig anders. Da das Filter bei gegebener Übertragungsfunktion direkt aufgebaut werden kann, entfällt das Problem der Synthese im klassischen Sinn. Treten beim digitalen Filter Syntheseprobleme auf, dann sind es solche der Arithmetik, der Struktur, des Aufwandes und vielleicht auch der Echtzeitanforderungen, die das Problem der Abtastfrequenz mit beinhalten (siehe hierzu auch Kap. 7). Das Approximationsproblem ist jedoch im wesentlichen das gleiche wie bei analogen Filtern. Es liegt daher nahe, Entwurfsverfahren, die sich bei analogen Filtern bewährt haben, auf digitale Filter zu übernehmen, insbesondere wenn aus der Analogtechnik her bekannte Standardlösungen zur Verfügung stehen. Daneben gibt es jedoch Realisierungen, die den digitalen bzw. den Abtastfiltern vorbehalten sind, wie z.B. linearphasige Filter.

Am Anfang des Entwurfs steht also die Wunschvorstellung über das Filter. Folgende Wunschvorstellungen bzw. Entwurfsvorschriften sind gebräuchlich:

- im Zeitbereich: a) Realisierung einer vorgegebenen Impulsantwort; oder b) Vorschrift anderer Art, beispielsweise die möglichst gute Modellierung eines Signals mit einem Filter vorgegebenen Grades.
- im Frequenzbereich: a) Betrag oder Phase einer Übertragungsfunktion; b) Vorschrift für den Frequenz-, Amplituden- oder Phasengang an bestimmten Punkten auf dem Einheitskreis, d.h., der Frequenzgang in abgetasteter Form; oder c) Toleranzschema, zumeist für frequenzselektive Filter.

In diesem Buch wird nur eine Auswahl von Entwurfsverfahren behandelt. Für frequenzselektive analoge Filter (Tiefpaß, Hochpaß, Bandpaß sowie Bandsperre) sind

Standardlösungen in großer Zahl in Filterkatalogen dokumentiert; diese lassen sich auch für den Entwurf digitaler Filter verwenden (Saal und Entenmann, [3]1993). Dementsprechend werden in den Abschnitten 5.1 und 5.2 ("Frequenztransformationen") zunächst die notwendigen Voraussetzungen geschaffen und anhand eines Beispiels erläutert, um die digitalen Filter an den Filterkatalog "anzubinden." Der direkte Entwurf frequenzselektiver rekursiver Filter ohne Zuhilfenahme eines Filterkatalogs wird in Abschnitt 5.3 kurz angerissen. Dieser Abschnitt gibt außerdem Hinweise auf weitere, hier nicht im einzelnen behandelte Entwurfsverfahren. Ausführlicher behandelt werden anschließend die Verfahren, die speziell für nichtrekursize digitale Filter, insbesondere für linearphasige Filter entwickelt worden sind (Abschnitte 5.4-5.7). Abschnitt 5.8 schließlich erwähnt einige Aspekte des Entwurfs von Entzerrerfiltern und überprüft, inwieweit sich die zumeist für den Entwurf frequenzselektiver Filter ausgelegten Verfahren auf Entzerrerfilter übertragen lassen.

5.1 Frequenztransformationen

5.1.1 Toleranzschema und normierter Tiefpaß. Die ideale Wunschfunktion für frequenzselektive Filter ist rechteckförmig: a) Amplitudengang gleich 1 im Durchlaßbereich; b) Amplitudengang gleich Null im Sperrbereich; c) Breite des Übergangsbereichs gleich Null; d) Phasengang gleich Null oder linear. Filter mit dieser Wunschfunktion sind als *ideale frequenzselektive Filter* wohlbekannt; sie sind nicht realisierbar, da sie auf nichtkausale, zeitlich in beiden Richtungen unbegrenzte Impulsantworten führen (Küpfmüller, 1974). Dies gilt gleichermaßen für analoge und digitale Filter. In der Form des *Toleranzschemas* (siehe Beispiel in Bild 5.7) findet die Wunschvorstellung des idealen frequenzselektiven Filters jedoch Eingang in den Filterentwurf. Das Toleranzschema stellt den Rahmen dar, in dem sich der Betrag des Amplitudenganges bewegen darf. Dieser Rahmen ist so gestaltet, daß er durch eine gebrochen rationale Übertragungsfunktion endlichen Grades ausgefüllt werden kann.

Für ein frequenzselektives Filter sind fünf Kenngrößen erforderlich: 1) Art des frequenzselektiven Filters (unter die frequenzselektiven Filter im engeren Sinn fallen Tiefpässe, Hochpässe, Bandpässe und Bandsperren); 2) Grenze(n) Ω_D des Durchlaßbereichs; 3) maximale Durchlaßdämpfung bzw. Abweichung δ_D des Amplitudenganges vom Wert 1 im Durchlaßbereich; 4) Grenze(n) Ω_S des Sperrbereichs; 5) minimale Sperrdämpfung bzw. Abweichung δ_S des Amplitudenganges vom Wert 0 im Sperrbereich. Innerhalb dieser Grenzen muß sich der Amplitudengang des Filters bewegen.

Es ist nicht möglich, für sämtliche Fälle Filterkataloge zu erstellen; aus diesem Grund werden Standardfilter mit reduzierter Zahl von Freiheitsgraden festgelegt. Hieraus resultiert der *normierte Tiefpaß*, bei dem von den fünf Kenngrößen zwei als fest vereinbart gelten: 1) die Art des Filters (Tiefpaß) sowie 2) die (obere) Grenze Ω_D des Durchlaßbereichs; im Fall des normierten digitalen Tiefpasses wird sie festgelegt auf

$$\Omega_D = \pi/2 \ . \tag{5.1}$$

Entsprechendes gilt für die Filter im analogen Bereich; dort beträgt die obere Grenze des Durchlaßbereichs beim normierten Tiefpaß

$$\omega_D = 1 \ . \tag{5.2}$$

Wie kann nun das Toleranzschema oder auch eine gegebene Übertragungsfunktion (bei analogen Filtern auch der Prototyp einer Schaltung) in die Darstellung des normierten Tiefpasses übergeführt werden (bzw. umgekehrt)? Diesem Zweck dienen die *Frequenztransformationen*, konforme Abbildungen mit speziellen Eigenschaften. Die im digitalen Bereich eingesetzten *Allpaßtransformationen* bilden in der z-Ebene den Einheitskreis auf sich selbst ab. Die entsprechenden Transformationen im analogen Bereich, die *Reaktanztransformationen*, bilden die imaginäre Achse der s-Ebene auf sich selbst ab. Für den Übergang von der digitalen auf die analoge Darstellung bedarf es darüber hinaus noch einer weiteren derartigen Transformation, die den Einheitskreis auf die imaginäre Achse abbildet. Dies wird von der *Bilineartransformation* erbracht. [Aus Gründen, die in Abschnitt 5.1.3 näher erläutert werden, kann die Beziehung $z = \exp(sT)$, die die Verbindung zwischen der s-Ebene und der z-Ebene über das Abtasttheorem herstellt, hier nicht eingesetzt werden.] Alle diese Transformationen sind *Abszissentransformationen*. Sie substituieren die unabhängigen Veränderlichen und ändern damit die Durchlaß- und Sperrgrenzen sowie ggf. die Art des Filters. Die Toleranzintervalle δ_D und δ_S bleiben unverändert.

5.1.2 Allpaßtransformationen (Constantinides, 1967, 1968, 1970). Die Übertragungsfunktion eines linearen digitalen Filters (in Produktform) ist gegeben durch

$$H(z) = \frac{D(z)}{G(z)} = d_0 \cdot \frac{\displaystyle\prod_{i=1}^{k} (z - z_{0i})}{\displaystyle\prod_{i=1}^{k} (z - z_{Pi})} \ . \tag{2.27}$$

Substituiert man in $H(z)$ die unabhängige Veränderliche z durch die (gebrochen) rationale Funktion einer anderen unabhängigen Veränderlichen, so entsteht eine neue gebrochen rationale Funktion, die wiederum Übertragungsfunktion eines linearen digitalen Filters ist. (Entsprechendes gilt auch für analoge Filter.)

Eine *Allpaßtransformation* liegt dann vor, wenn z in (2.27) durch den Kehrwert einer Allpaß-Übertragungsfunktion ersetzt wird:

$$p = \frac{1}{H_A(q)} = C_A \cdot \frac{\displaystyle\prod_{i=1}^{k}(q - q_{Pi})}{\displaystyle\prod_{i=1}^{k}(q_{Pi}q - 1)} = \frac{\displaystyle\sum_{m=0}^{k} g_{k-m}\,q^m}{\displaystyle\sum_{m=0}^{k} g_m\,q^m} \; . \qquad (3.44)[1]$$

Da beim Allpaß der Betrag der Übertragungsfunktion konstant ist, werden bei dieser Abbildung Kreise um den Ursprung der p-Ebene in Kreise um den Ursprung der q-Ebene abgebildet. Wird C_A so eingestellt, daß der Amplitudengang des Allpasses zu Eins wird, so geht bei der Transformation mit Hilfe von (3.44) der Einheitskreis der p-Ebene in den Einheitskreis der q-Ebene über. Hierbei wird der Einheitskreis der p-Ebene k-fach auf den Einheitskreis der q-Ebene abgebildet, wenn k der Grad des Allpasses ist.

Die Allpaßtransformation bedeutet eine *Abszissentransformation* des Frequenzganges von $H(p)$:

$$\Omega_p = \phi(\Omega_q) \quad \text{mit} \quad \phi(\Omega_q) = -\sphericalangle H_A\!\left(e^{j\Omega_q}\right) \; . \qquad (5.3)$$

Ist also ein Filter mit der Übertragungsfunktion $H(p)$ und damit dem Frequenzgang $H(\Omega_p)$ gegeben, so geht es durch eine Allpaßtransformation so in das Filter mit der Übertragungsfunktion $H(q)$ über, daß Ω_p den Phasenwinkel von $H_A(q)$ annimmt.

Die Allpaßtransformationen ersetzen p durch den Kehrwert einer Allpaß-Übertragungsfunktion. Nur auf diese Weise ist dafür gesorgt, daß bei der Transformation das Innere des Einheitskreises der p-Ebene in das Innere des Einheitskreises der q-Ebene übergeht — notwendige und hinreichende Bedingung für den Erhalt der Stabilität. Dieser Sachverhalt ist leicht einzusehen. Der Punkt $p=1$ wird durch die Transformation auf die Punkte der q-Ebene abgebildet, wo $H_A(q)$ Nullstellen hat. Die Nullstellen des Allpasses liegen aber stets außerhalb des Einheitskreises. Ebenso wird der Punkt $p=0$ in die Polstellen von $H_A(q)$ abgebildet. Einleuchtend wird der Sachverhalt auch, wenn wir die Struktur des Filters betrachten: jedes Verzögerungsglied in p ist durch den Operator p^{-1} gekennzeichnet. Bei den Allpaßtransformationen wird aber der einzelne Zustandsspeicher durch einen Allpaß ersetzt. Da somit p^{-1} durch einen Allpaß ersetzt wird, muß natürlich p durch den Reziprokwert von $H_A(q)$ ersetzt werden.

Im folgenden werden die gebräuchlichsten Allpaßtransformationen einzeln besprochen.

---

[1] Um Verwechslungen zu vermeiden, sind bei den folgenden Einzelbesprechungen der Allpaßtransformationen die beteiligten unabhängigen Veränderlichen mit p und q bezeichnet.

Tiefpaß-Tiefpaß-Transformation (Bild 5.1a). Diese Transformation wird durchgeführt mit Hilfe eines Allpasses 1. Grades:

$$\frac{1}{p} = H_{AT}(q) = \frac{c_1 q + 1}{q + c_1} \; ; \quad |c_1| < 1 \; . \tag{5.4}$$

Der Pol des Allpasses liegt bei $q=-c_1$, die Nullstelle bei $q=-1/c_1$.

Es ist leicht einzusehen, daß der Punkt $q=1$ in $p=1$, der Punkt $q=-1$ in $p=-1$ und der Punkt $q=0$ in $p=c_1$ übergeht. In der angegebenen Form ist der Betrag der Allpaß-Übertragungsfunktion Eins. Nachdem der Pol des Allpasses bei $q=-c_1$ liegt, erhalten wir aus (3.46)

$$\tan\phi_{AT}(\Omega_q) = \frac{(1 - c_1^2)\sin\Omega_q}{(1 + c_1^2)\cos\Omega_q + 2c_1} \; . \tag{5.5}$$

Durch Übergang auf den halben Winkel ergibt sich nach einiger Umrechnung

$$\Omega_p = \phi_{AT}(\Omega_q) = 2\arctan\left[\frac{1 - c_1}{1 + c_1}\tan\frac{\Omega_q}{2}\right] \; . \tag{5.6}$$

Die Umkehrung der Transformation ergibt wieder eine Tiefpaß-Tiefpaß-Transformation, die ein mit (5.4) transformiertes Filter in den ursprünglichen Zustand zurückführt,

$$\frac{1}{q} = \frac{-c_1 p + 1}{p - c_1} \; . \tag{5.7}$$

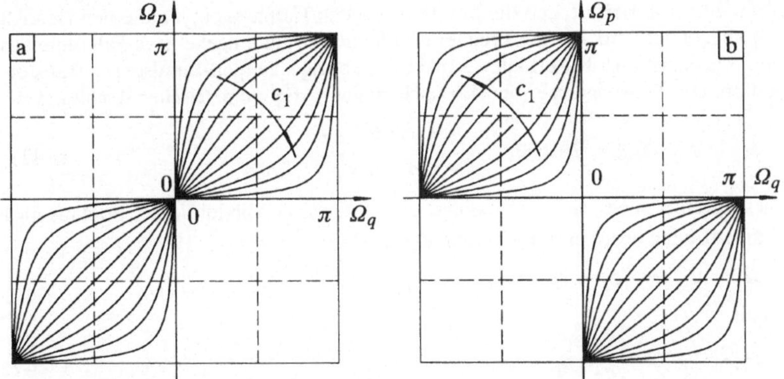

Bild 5.1a,b. Verlauf des Phasenwinkels bei (**a**) der Tiefpaß-Tiefpaß-Transformation; (**b**) der Tiefpaß-Hochpaß-Transformation

Tiefpaß-Hochpaß-Transformation. Da man sich das Abtasttheorem zunutze machen kann, wird die Tiefpaß-Hochpaß-Transformation sehr einfach, wenn die Tiefpaß-Tiefpaß-Transformation bereits bekannt ist:

$$\frac{1}{p} = H_{AH}(q) = -\frac{c_1 q + 1}{q + c_1} \ .$$
             (5.8)

Durch das Minuszeichen wird dafür gesorgt, daß der Punkt $q=1$ in $p=-1$ abgebildet wird; der Punkt $q=-1$ wandert entsprechend nach $p=1$. Dadurch wird ein Tiefpaß in einen Hochpaß angebildet und umgekehrt. Der Phasenwinkel wird

$$\Omega_p = \phi_{AH}(\Omega_q) = \pi - 2\arctan\left[\frac{1-c_1}{1+c_1}\tan\frac{\Omega_q}{2}\right] \ .$$
             (5.9)

Die Umkehrung der Tiefpaß-Hochpaß-Transformation ergibt ebenfalls eine Tiefpaß-Hochpaß-Transformation.

Tiefpaß-Bandpaß-Transformation. Ein Tiefpaß wird in einen Bandpaß verwandelt durch die Allpaßtransformation 2. Grades

$$\frac{1}{p} = H_{AB}(q) = -\frac{c_2 q^2 + c_1 q + 1}{q^2 + c_1 q + c_2} \ .$$
             (5.10)

Erforderlich ist ein Allpaß mit komplexen Polen und Nullstellen, die durch die Bedingungen (3.14) und (3.18) den Wertebereich der Koeffizienten eingrenzen. Durch das Minuszeichen ist sichergestellt, daß der Tiefpaß in einen Bandpaß übergeführt wird. Der Punkt $p=-1$ wird nämlich auf die Punkte $q=1$ und $q=-1$ abgebildet; damit ist gewährleistet, daß der Sperrbereich des Tiefpasses in p auf einen Bereich in q abgebildet wird, der die Frequenz Null enthält. Im umgekehrten Fall ohne das Minuszeichen in (5.10) erhalten wir die zugehörige Tiefpaß-Bandsperre-Transformation. Der Phasengang ergibt sich nach längerer trigonometrischer Rechnung zu

$$\Omega_p = \phi_{AB}(\Omega_q) = 2\arctan\frac{(c_2 + 1)\cos\Omega_q + c_1}{(c_2 - 1)\sin\Omega_q} \ .$$
             (5.11)

Die Mittenfrequenz Ω_{qm} des Bandpasses wird durch Abbildung des Punktes $p=1$ in die q-Ebene bestimmt; die Bedingung

$$\Omega_p = 0 \ \rightarrow \ (c_2 + 1)\cos\Omega_q + c_1 = 0$$

ergibt

$$\Omega_{qm} = \arccos\frac{-c_1}{c_2 + 1} \ .$$
             (5.12)

Die Tiefpaß-Bandpaß-Transformation ist nicht mehr eindeutig umkehrbar; d.h., es läßt sich nicht jeder beliebige Bandpaß mit dieser Transformation in einen Tiefpaß überführen. Möglich ist dies nur für *symmetrische Bandpässe*, die in Abschnitt 5.2 näher besprochen werden.

5.1.3 Die Bilineartransformation (Tustin, 1947; Kaiser, 1966; Fettweis, 1971a). Durch die Abtastung besteht zwischen der z-Ebene und der s-Ebene die Beziehung $z = \exp(sT)$, wobei T das Abtastintervall darstellt. Als konforme Abbildung eingesetzt, bildet diese Funktion die z-Ebene (genauer gesagt: ein Riemannsches Blatt der z-Ebene, das entlang der negativ reellen Achse aufgeschlitzt ist) in einen parallel zur reellen Achse der s-Ebene verlaufenden Streifen der Breite $2\pi/T$ ab, dessen Grenzen bei $\omega = \pm\pi/T$ liegen (siehe Bild 2.12). Die weiteren Riemannschen Blätter der z-Ebene werden auf Streifen der s-Ebene abgebildet, die zu diesem Streifen parallel verlaufen. Das Filterentwurfsverfahren, das im analogen Bereich stets die gesamte s-Ebene erfaßt, findet damit nicht mehr das Toleranzschema beispielsweise eines Tiefpasses vor, sondern ein Toleranzschema, in dem sich Durchlaß- und Sperrbereiche periodisch mit der Periode $2\pi j/T$ abwechseln. Diese Beziehung ist daher für den vorliegenden Fall unbrauchbar; benötigt wird eine Abbildung, die die z-Ebene *nur einmal in die gesamte s-Ebene* bzw. eine hierzu äquivalente analoge Ebene abbildet, so daß der Charakter des abzubildenden Toleranzschemas erhalten bleibt.

Diese Forderung wird von der *Bilineartransformation* erfüllt. Die Bilineartransformation bildet die gesamte z-Ebene so auf eine (pseudo-)analoge Ebene, die w-Ebene ab, daß der Einheitskreis in die imaginäre Achse übergeht:

$$z = -\frac{w+1}{w-1} ; \quad w = u + jv = \frac{z-1}{z+1} . \tag{5.13}$$

Insbesondere gehen ineinander über: der Punkt $z=1$ in $w=0$; der Punkt $z=-1$ in $w=\infty$, der Punkt $z=j$ in $w=j$ (und damit die normierte digitale Tiefpaßdarstellung in die normierte analoge Tiefpaßdarstellung) und das Innere des Einheitskreises der z-Ebene in die linke w-Halbebene. Weiterhin gilt:

Geht ein Punkt $z=z_0$ durch Bilineartransformation über in einen Punkt
$w=w_0$, so geht $z=1/z_0$ in $w=-w_0$ über und umgekehrt. $\qquad$ (5.14)

Speziell auf dem Einheitskreis der z-Ebene, also für $z=\exp(j\Omega)$, sowie auf der imaginären Achse der w-Ebene, also für $\mathrm{Re}(w)=0$, existieren folgende zusätzliche Beziehungen:

Für $|z_1| = 1$ gilt $z_1^* = 1/z_1$; für $\mathrm{Re}(w_1)=0$ gilt $w_1^* = -w_1$. Geht z_1 durch
Bilineartransformation in w_1 über, so wird z_1^* auf w_1^* abgebildet. $\qquad$ (5.15)

Existiert auf dem Einheitskreis der z-Ebene eine Funktion

$$|H(z=e^{j\Omega})|^2 = H(z)\,H(1/z) = H(z)\,H(z^*)\,,$$

so wird diese durch Bilineartransformation übergeführt in

$$|H(w=jv)|^2 = H(w)\,H(-w) = H(w)\,H(w^*)\,. \tag{5.16}$$

Für die Transformation des Einheitskreises der z-Ebene ergibt sich

$$\Omega_z = 2\arctan v \quad \text{bzw.} \quad v = \tan\frac{\Omega_z}{2}\,. \tag{5.17a,b}$$

Ein Toleranzschema mit stückweise konstanten Schranken geht damit in ein Toleranzschema mit wiederum stückweise konstanten Schranken über, da ja nur eine Verzerrung der Abszissen stattfindet. Die Bilineartransformation beeinflußt allerdings auch den Phasengang: eine konstante Gruppenlaufzeit (lineare Phase) in z geht in eine nichtlineare Phase in w über und umgekehrt, so daß die Methoden der Synthese analoger Filter mit möglichst linearem Phasengang nicht ohne weiteres auf den digitalen Fall übertragen werden können. Jedoch ist die Laufzeitentzerrung durch Allpässe im digitalen Bereich von der Realisierung her problemlos, sofern nicht von vornherein ein nichtrekursives linearphasiges Filter vorgezogen (und direkt im z-Bereich entworfen) wird.

5.1.4 Reaktanztransformationen.[2] Durch eine der bekannten analogen *Reaktanztransformationen* kann ein Toleranzschema bzw. eine Filterübertragungsfunktion auch in der pseudoanalogen w-Ebene in die Darstellung des normierten Tiefpasses übergeführt bzw. aus dieser Darstellung abgeleitet werden. Von der Funktion her entspricht die Reaktanztransformation im analogen Bereich der Allpaßtransformation im digitalen Bereich. Da aber hier die imaginäre Achse auf sich selbst abgebildet wird, werden die Ausdrücke bei den Reaktanztransformationen in der Regel einfacher, weil keine trigonometrischen Funktionen beteiligt sind.

Tiefpaß-Tiefpaß-Transformation. Die Abbildung wird mit Hilfe einer einfachen Streckung ausgeführt:

$$p = q/b_1\,. \tag{5.18}$$

Tiefpaß-Hochpaß-Transformation. Die Transformation

---

[2] Der Name der einzelnen Transformationen ist bei den Reaktanztransformationen und bei den Allpaßtransformationen gleich. Es geht also beispielsweise bei der Tiefpaß-Tiefpaß-Transformation nicht aus dem Namen hervor, ob es sich um eine Allpaßtransformation oder eine Reaktanztransformation handelt. Auch die beiden Veränderlichen p und q sind hier gleich gewählt. Um Verwechslungen zu vermeiden, sollte deshalb im Einzelfall stets klargestellt werden, in welcher Ebene der Entwurf abläuft, d.h., ob eine Reaktanz- oder eine Allpaßtransformation anzuwenden ist.

$$p = b_1/q \qquad (5.19)$$

führt einen Tiefpaß in einen Hochpaß über und umgekehrt.

Tiefpaß-Bandpaß-Transformation. Die Abbildung lautet

$$p = \frac{q^2 + b_2}{b_1 q} \; . \qquad (5.20)$$

Der Tiefpaß ergibt sich in der p-Ebene, der Bandpaß in der q-Ebene.

Durch Bilineartransformation gehen die Allpaßtransformationen in die entsprechenden Reaktanztransformationen über und umgekehrt. Dies betrifft aber nicht die Koeffizienten, die in den beiden Transformationen nicht identisch sind. Wird z.B. die digitale Tiefpaß-Tiefpaß-Transformation nach (5.4) einer Bilineartransformation unterzogen, so ergibt sich im pseudoanalogen Bereich

$$p = q \cdot \frac{1 - c_1}{1 + c_1} \qquad (5.21)$$

und damit eine Tiefpaß-Tiefpaß-Reaktanztransformation mit dem Koeffizienten

$$b_1 = \frac{1 + c_1}{1 - c_1} \; . \qquad (5.22)$$

5.2 Durchführung des Filterentwurfs mit Hilfe des Filterkataloges sowie der Frequenztransformationen

Manche Filterkataloge besitzen neben der Angabe der (normierten) Schaltelemente auch Eintragungen über die Lage der Pole und Nullstellen in einer (normierten) s-Ebene (z.B. Saal und Entenmann, [3]1993); diese Angaben lassen sich direkt zum Entwurf frequenzselektiver Digitalfilter verwenden.

Die Transformation frequenzselektiver digitaler Filter in normierte (pseudo-)analoge Tiefpässe und zurück erfolgt in zwei Schritten. Je nachdem, ob die Bilineartransformation als erstes angewendet wird oder nicht, lassen sich zwei Wege einschlagen (Bild 5.2). Im einen Fall gelangen wir zunächst aus der unnormierten Darstellung des Toleranzschemas in der z-Ebene zu einer normierten digitalen Darstellung (die zugehörige Ebene sei als x-Ebene bezeichnet); dies wird mit Hilfe einer Allpaßtransformation durchgeführt. Anschließend gelangen wir mit der Bilineartransformation in die pseudoanaloge w-Ebene, in der dann der Entwurf mit Hilfe des Filterkatalogs oder bekannter analoger Entwurfsverfahren durchgeführt wird. Ist dort die Übertragungsfunktion gefunden, so ist sie auf dem gleichen Weg in die z-Ebene zurückzutransformieren. Es besteht auch die Möglichkeit, sofort in die pseu-

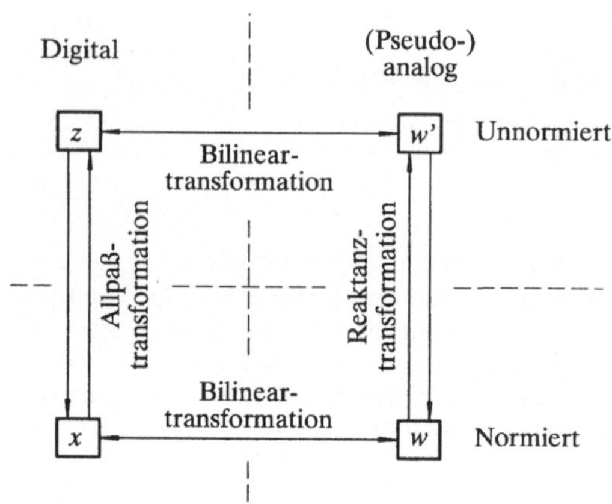

Bild 5.2. Schema der Abfolge der Frequenztransformationen beim Übergang von der z-Ebene zur w-Ebene und umgekehrt

doanaloge Darstellung überzugehen. Diese (die zugehörige Ebene sei als w'-Ebene bezeichnet) ist dann unnormiert und muß mit Hilfe der entsprechenden analogen Reaktanztransformation noch in die normierte Darstellung der w-Ebene übergeführt werden.

Im folgenden soll das zu realisierende Filter die Übertragungsfunktion $H(z)$ besitzen; $H(x)$ sei dann die Übertragungsfunktion des normierten digitalen Tiefpasses; $H(w')$ bezeichne das unnormierte (pseudo-)analoge Filter.

5.2.1 Umwandlung von Tief- und Hochpässen in den normierten Tiefpaß. Die Tiefpaß-Tiefpaß-Transformation wandelt − im Fall der Allpaßtransformation − den digitalen Tiefpaß $H(z)$ um in den normierten digitalen Tiefpaß $H(x)$, im Fall der Reaktanztransformation den (pseudo-)analogen Tiefpaß $H(w')$ in den normierten (pseudo-)analogen Tiefpaß $H(w)$.

Digitale Tiefpaß-Tiefpaß-Transformation. Auf dem Einheitskreis der z-Ebene gilt

$$\tan\Omega_z = \frac{(1 - c_1^2)\sin\Omega_x}{(1 + c_1^2)\cos\Omega_x + 2c_1} \, . \tag{5.23}$$

Durch die Normierung auf $\Omega_{x\mathrm{D}} = \pi/2$ (damit gilt $\cos\Omega_{x\mathrm{D}}=0$) ergibt sich

$$c_1 = \frac{\tan\dfrac{\Omega_{z\mathrm{D}}}{2} - 1}{\tan\dfrac{\Omega_{z\mathrm{D}}}{2} + 1} = \tan\left(\frac{\Omega_{z\mathrm{D}}}{2} - \frac{\pi}{4}\right) . \tag{5.24}$$

Die untere Grenze des Sperrbereichs in der normierten Darstellung der x-Ebene ergibt sich damit zu

$$\Omega_{x\mathrm{S}} = \frac{\tan\dfrac{\Omega_{z\mathrm{s}}}{2}}{\tan\dfrac{\Omega_{z\mathrm{D}}}{2}} \ . \tag{5.25}$$

Für den Entwurf eines Hochpasses können die gleichen Formeln verwendet werden, wenn der Hochpaß zuvor durch Spiegelung an der imaginären Achse der z-Ebene (mit entsprechender Umwandlung der Durchlaß- und Sperrgrenze) in einen Tiefpaß umgewandelt wird.

Tiefpaß-Tiefpaß-Reaktanztransformation. Ein Tiefpaß mit der Übertragungsfunktion $H(w')$ und der oberen Durchlaßgrenze v'_{D} wird durch die Tiefpaß-Tiefpaß-Reaktanztransformation

$$w = \frac{w'}{b_1} \ ; \quad b_1 = v'_{\mathrm{D}} \tag{5.26a,b}$$

mit dem Koeffizienten b_1 in den normierten Tiefpaß $H(w)$ mit der oberen Durchlaßgrenze Eins übergeführt. Die untere Sperrgrenze ergibt sich zu

$$v_{\mathrm{S}} = v'_{\mathrm{S}} / v'_{\mathrm{D}} \ . \tag{5.27}$$

Tiefpaß-Hochpaß-Reaktanztransformation. Sie lautet

$$w = \frac{b_1}{w'} \ ; \quad b_1 = v'_{\mathrm{D}} \tag{5.28a,b}$$

und wandelt den Hochpaß mit der Übertragungsfunktion $H(w')$ und der Durchlaßgrenze v'_{D} in den normierten Tiefpaß $H(w)$ um.

5.2.2 Umwandlung eines symmetrischen Bandpasses in den normierten Tiefpaß. Diese Transformation kann nur für einen *symmetrischen Bandpaß* durchgeführt werden. Alle anderen Bandpässe müssen grundsätzlich getrennt aus Hoch- und Tiefpaß zusammengesetzt bzw. ohne Zuhilfenahme des Filterkatalogs entworfen werden.

Digitale Tiefpaß-Bandpaß-Transformation. Die Symmetriebedingung für den Bandpaß lautet [siehe auch Gl. (5.35)]:

$$\tan\frac{\Omega_{z\mathrm{D}+}}{2} \ \tan\frac{\Omega_{z\mathrm{D}-}}{2} = \tan\frac{\Omega_{z\mathrm{S}+}}{2} \ \tan\frac{\Omega_{z\mathrm{S}-}}{2} \ , \tag{5.29}$$

wobei mit dem Index "+" die obere, mit "−" die untere Durchlaß- bzw. Sperrgrenze bezeichnet sei. Im Fall des Toleranzschemas wird zusätzlich verlangt, daß die Mindestsperrdämpfungen, d.h. δ_S, in beiden Sperrbereichen gleich sind. Gegenüber beliebigen Bandpässen bedeuten diese Einschränkungen also den Verlust von zwei Freiheitsgraden. Soll der Bandpaß wieder in der z-Ebene liegen, so erhalten wir

$$x = - \frac{z^2 + c_1 z + c_2}{c_2 z^2 + c_1 z + 1} \, . \tag{5.30}$$

Die Koeffizienten c_1 und c_2 erhalten wir in bekannter Weise, indem wir die Abbildungsbedingung so ansetzen, daß sowohl $\Omega_{z\mathrm{D}-}$ als auch $\Omega_{z\mathrm{D}+}$ auf $\Omega_z = \pi/2$ abgebildet werden:

$$c_2 = \frac{1 - \tan\dfrac{\Omega_{z\mathrm{D}+} - \Omega_{z\mathrm{D}-}}{2}}{1 + \tan\dfrac{\Omega_{z\mathrm{D}+} - \Omega_{z\mathrm{D}-}}{2}} = \tan\left(\frac{\pi}{4} - \frac{\Omega_{z\mathrm{D}+} - \Omega_{z\mathrm{D}-}}{2}\right) . \tag{5.31}$$

$$c_1 = - \frac{\cos\dfrac{\Omega_{z\mathrm{D}+} + \Omega_{z\mathrm{D}-}}{2}}{\cos\dfrac{\Omega_{z\mathrm{D}+} - \Omega_{z\mathrm{D}-}}{2}} \cdot \frac{2}{1 + \tan\dfrac{\Omega_{z\mathrm{D}+} - \Omega_{z\mathrm{D}-}}{2}}$$

$$= \frac{-2\sin(\Omega_{z\mathrm{D}+} + \Omega_{z\mathrm{D}-})}{\sin\Omega_{z\mathrm{D}+} + \sin\Omega_{z\mathrm{D}-} - \cos\Omega_{z\mathrm{D}+} + \cos\Omega_{z\mathrm{D}-}} \, . \tag{5.32}$$

Tiefpaß-Bandpaß-Reaktanztransformation. Ein symmetrischer Bandpaß mit den Durchlaßgrenzen $v'_{\mathrm{D}-}$ und $v'_{\mathrm{D}+}$ wird in die normierte Darstellung übergeführt mit

$$w = \frac{(w')^2 + b_2}{b_1 w'} \tag{5.33}$$

und den Koeffizienten

$$b_2 = v'_{\mathrm{D}+} v'_{\mathrm{D}-} \; ; \quad b_1 = v'_{\mathrm{D}+} - v'_{\mathrm{D}-} \, . \tag{5.34a,b}$$

Der Tiefpaß ergibt sich hierbei in der w-Ebene, der Bandpaß in der w'-Ebene. Die Symmetriebedingung für den Bandpaß lautet

$$v'_{\mathrm{D}+} v'_{\mathrm{D}-} = v'_{\mathrm{S}+} v'_{\mathrm{S}-} \, , \tag{5.35}$$

wobei $v'_{\mathrm{S}-}$ und $v'_{\mathrm{S}+}$ die Sperrgrenzen des Bandpasses sind. Die Symmetriebedingung ist leicht nachzuprüfen; sie ergibt sich einfach daraus, daß die Punkte $w' = jv'_{\mathrm{S}+}$ und $w' = -jv'_{\mathrm{S}-}$ durch (5.33) auf den gleichen Punkt der w-Ebene abgebildet werden. Anwendung der Bilineartransformation [bzw. von (5.17a,b)] auf (5.35) führt direkt auf die Symmetriebedingung (5.29) für den digitalen Bandpaß.

5.2.3 Ablauf des Filterentwurfs; Untersuchung eines Beispiels. Der Entwurf eines digitalen Filters mit Hilfe des Filterkatalogs läuft im Prinzip wie folgt ab:

1) Festlegung des Toleranzschemas in der z-Ebene. Bestimmung der Anforderungen: Durchlaßgrenze(n), Sperrgrenze(n), Toleranzintervalle für Durchlaß- und Sperrbereich.

2) Übertragung des Toleranzschemas in die x-Ebene mit Hilfe einer geeigneten (inversen) Allpaßtransformation. Ergibt die untere Sperrgrenze Ω_{xS}. Die Toleranzintervalle bleiben unverändert. (Nachdem in diesem Schritt für den normierten Tiefpaß nur die Sperrgrenze festgelegt wird, muß die inverse Allpaßtransformation nicht ausgeführt werden; sie dient nur dazu, die Koeffizienten zu bestimmen.)

3) Übertragung des Toleranzschemas mit der Bilineartransformation in die w-Ebene. Ergibt dort die untere Sperrgrenze v_S.

4) Wahl eines geeigneten Filters aus dem Filterkatalog. Ermittlung des Filtertyps, des Grades sowie der (komplexen) Frequenzen der Pole und Nullstellen für die w-Ebene.

5) Transformation der Filterkenngrößen in die x-Ebene mittels inverser Bilineartransformation;

6) Transformation der Filtergrößen in die z-Ebene mit Hilfe der Allpaßtransformation.

Anstelle der Kombination Allpaßtransformation-Bilineartransformation kann das Toleranzschema auch zuerst mit Hilfe der Bilineartransformation in die pseudoanaloge w'-Ebene und dann durch die Tiefpaß-Tiefpaß-Reaktanztransformation in die w-Ebene übergeführt werden. In diesem Fall ist die Reihenfolge der Schritte 2 und 3 sowie 5 und 6 zu vertauschen, und die Normierung bzw. Entnormierung des Filters läuft im pseudoanalogen Bereich ab.

Beispiel für den Entwurf eines frequenzselektiven Filters. Gegeben sei ein Signal mit der Abtastfrequenz 10 kHz. Diese Abtastfrequenz soll auf 40 kHz erhöht werden. Zu entwerfen sei das zugehörige Anti-Alias-Filter (siehe Kap.7) als Tiefpaßfilter nach folgenden Vorschriften: a) obere Durchlaßgrenze 4400 Hz; b) untere Sperrgrenze 5600 Hz; c) Mindestsperrdämpfung 60 dB; sowie d) maximale Durchlaßdämpfung 0,3 dB. An den Phasengang sollen keine Anforderungen gestellt sein, so daß ein rekursives Tiefpaßfilter ohne Rücksicht auf den Phasengang entworfen werden kann. In diesem Fall ist die Anwendung eines Cauer-Filters zweckmäßig, da dieses die Bedingungen guter Frequenzselektivität mit minimalem Aufwand erfüllt.

Bild 5.3 hält Teile des Entwurfsprotokolls fest, Bild 5.4 zeigt die einzelnen Phasen des Entwurfs, und in Bild 5.5 ist die Übertragungsfunktion des erhaltenen Cauerfilters dargestellt. Zunächst wird aus den gegebenen Daten das Toleranzschema festgelegt [(1) in Bild 5.4]. Mit der Allpaßtransformation wird dann das Toleranzschema auf die normierte Darstellung übertragen (2). Aufgrund dieser Darstellung gewinnen wir die normierte untere Sperrgrenze. Diese wird mit der Bilineartransformation in die w-Ebene übertragen (3). Mit den gegebenen Daten wird im Filterkatalog das passende Filter gesucht. Es zeigt sich, daß

Tabelle 5.1. Beispiel für den Ablauf eines Filterentwurfs mit Hilfe des Filterkatalogs. Pole und Nullstellen des gewählten Cauer-Filters [C-07-25-53 nach der Terminologie des Filterkatalogs (Saal und Entenmann, [3]1993)] in der w-Ebene Die Nullstelle bei $w = \infty$ kann im w-Bereich nicht eingefügt werden und wird direkt im x- bzw. z-Bereich hinzugefügt

| -- Pole -- | | -- Nullstellen -- | | |
Realteil	Imaginärteil	Realteil	Imaginärteil	Grad
−0,0377387271	±1,0120459628	0	±1,271062679	2
−0,1398782959	±0,8939086336	0	±1,470934506	2
−0,2931944749	±0,5731302734	0	±2,391322595	2
−0,3888796373	0	0	∞	1

```
ABTASTFREQUENZ [kHz] ........ 40.0
DURCHLASSGRENZE [kHz] ....... 4.4
SPERRGRENZE [kHz] .......... 5.6
KOEFFIZIENT DER ALLPASSTRANSFORMATION: -0.4705642
NORMIERTE SPERRGRENZE BEI OMEGA=105.1618 GRAD, V=  1.3070

REKURSIVER TEIL DES FILTERS - GRAD 7

FILTERKOEFFIZIENTEN FÜR DIREKTSTRUKTUR
  -0.399055    2.760713    -8.567348    15.451264   -17.505938
  12.493935   -5.226844    1.000000

KOMPLEXE POLE
ZR= 0.7473893, ZI= 0.6281426;  RADIUS= 0.9762960; PHI= 40.045 GRAD
ZR= 0.7406954, ZI= 0.5333439;  RADIUS= 0.9127351; PHI= 35.756 GRAD
ZR= 0.7481486, ZI= 0.3262721;  RADIUS= 0.8161983; PHI= 23.562 GRAD

REELLE POLE
ZR= 0.7543778


NICHTREKURSIVER TEIL DES FILTERS - GRAD 7

FILTERKOEFFIZIENTEN FÜR DIREKTSTRUKTUR
  1.000000   -1.728590    2.463578    -0.701820    -0.701820
  2.463579   -1.728590    1.000000

KOMPLEXE NULLSTELLEN
ZR= 0.6537021, ZI= 0.7567519;  RADIUS= 1.0000000; PHI= 49.179 GRAD
ZR= 0.5619589, ZI= 0.8271651;  RADIUS= 1.0000000; PHI= 55.809 GRAD
ZR= 0.1486337, ZI= 0.9888924;  RADIUS= 1.0000001; PHI= 81.452 GRAD

REELLE NULLSTELLEN
ZR=-1.0000000
```

Bild 5.3. Auszug aus dem Entwurfsprotokoll des Filters. Die Filterkoeffizienten sind in fallender Ordnung (von g_7 bis g_0 und d_7 bis d_0) angegeben

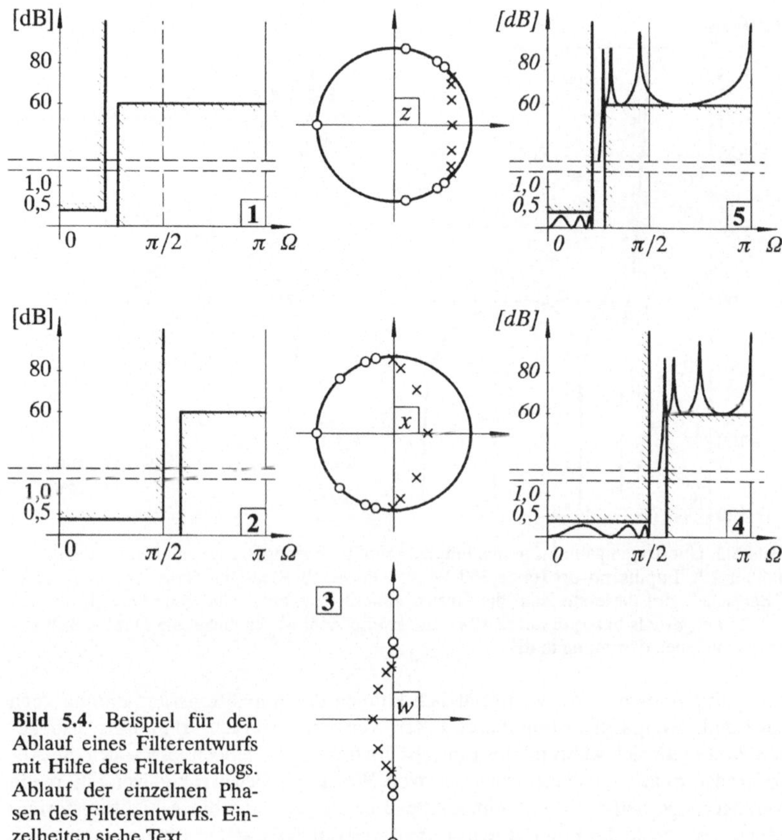

Bild 5.4. Beispiel für den Ablauf eines Filterentwurfs mit Hilfe des Filterkatalogs. Ablauf der einzelnen Phasen des Filterentwurfs. Einzelheiten siehe Text

ein Cauerfilter 7. Grades die Anforderungen erfüllt: die minimale Sperrdämpfung beträgt 60,2 dB (gefordert: 60 dB), die maximale Durchlaßdämpfung 0,28 dB (gefordert: 0,3 dB), und die normierte untere Sperrgrenze liegt bei $v=1{,}2521$ (gefordert: 1,3070). Der Filterkatalog enthält die Pole und Nullstellen in der w-Ebene (siehe Tabelle 5.1). Diese werden in die x-Ebene (4) und weiter in die z-Ebene übertragen (5), wo dann das endgültige Filter in Direktstruktur vorliegt.

Dieses Entwurfsbeispiel wird für andere Filterkonstellationen und -entwurfsverfahren noch mehrmals vorgestellt.

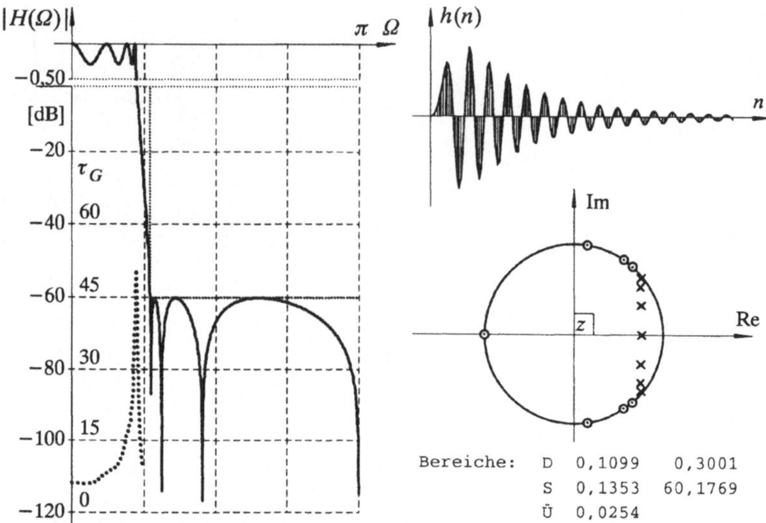

Bild 5.5. Übertragungsfunktion des Filters: Amplitudengang, Gruppenlaufzeit im Durchlaßbereich, Impulsantwort (erste 150 Werte), Pol-Nullstellen-Diagramm. In der Rubrik "Bereiche" gibt die erste Zahl die Grenzfrequenz bzw. beim Übergangsbereich dessen Breite an (jeweils bezogen auf $\Omega=2\pi$), die zweite Zahl ist die maximale Durchlaß- bzw. minimale Sperrdämpfung in dB

5.2.4 Abstimmbare Filter. Grundsätzlich können die Allpaßtransformationen auch zur Realisierung von abstimmbaren Filtern verwendet werden, von Filtern also, deren Parameter sich während des Betriebs ändern lassen. Jedoch lassen sich die Allpaßtransformationen nicht direkt einsetzen. Würde nämlich in rekursiven Filtern ein Verzögerungsglied z^{-1} durch einen Allpaß ersetzt, wie dies die Allpaßtransformation tut, so würde das Filter unrealisierbar, weil durch die stets vorhandene verzögerungsfreie Verbindung zwischen Eingang und Ausgang des Allpasses im Gesamtfilter verzögerungsfreie Schleifen entstehen würden. Eine Änderung der Übertragungsfunktion via Allpaßtransformation ist somit nur auf dem Weg über die Änderung der Filterkoeffizienten möglich. Dies ist jedoch in der Regel mit hohem Rechenaufwand verbunden.

Aufbauend auf früheren Arbeiten (z.B. Schüßler und Winkelnkemper, 1970) schlagen Mitra et al. (1990a,b) ein abstimmbares Filter vor, bei dem die Änderung der Übertragungsfunktion mit Hilfe einer Tiefpaß-Tiefpaß-Transformation nach (5.4) inkrementell durch einstellbare Zusatzkoeffizienten erfolgt. Das Filter ist als

Brückenschaltung aus zwei gekoppelten Allpässen realisiert (siehe Abschnitte 3.3.4 und 9.5) und zunächst in der Grundeinstellung mit festen Koeffizienten aufgebaut. Jeder Koeffizient ist mit einem Zusatzkoeffizienten überbrückt, mit dem die Abstimmung durchgeführt wird:

$$g_i^{(n)} \approx g_i + \gamma_i c_1 \; ; \tag{5.36}$$

hierbei ist $g_i^{(n)}$ der Wert des Filterkoeffizienten nach Abstimmung und c_1 der Koeffizient der Allpaßtransformation. Der Korrekturfaktor γ_i errechnet sich, indem wir die verwendete Allpaßtransformation (5.4) in die Allpaßübertragungsfunktion (3.44) einsetzen und die Abhängigkeit des dortigen Filterkoeffizienten g_i von c_1 berechnen. Für einen reellwertigen Allpaß 1. Grades mit dem Koeffizienten g_1 erhalten wir nach der Tiefpaß-Tiefpaß-Transformation

$$g_1^{(n)} = \frac{g_1 + c_1}{1 + g_1 c_1} \; . \tag{5.37}$$

Um dies in die Form (5.36) zu bringen, wird (5.37) in eine Taylorreihe um $c_1=0$ entwickelt, die nach dem linearen Glied abgebrochen wird; wir erhalten

$$\gamma_1 = 1 - g_1^2 \; . \tag{5.38}$$

In ähnlicher Weise werden auch die Korrekturfaktoren für einen Allpaß 2. Grades ermittelt; wir erhalten

$$\gamma_1 = 2 + 2g_2 - g_1^2 \; ; \quad \gamma_2 = g_1 (1-g_2) \; . \tag{5.39a,b}$$

Der Zusammenhang wird einfach, wenn die Allpässe des Filters in einer der Kaskadenstrukturen realisiert sind, die die Allpaßeigenschaften auch bei Änderungen der Koeffizienten garantieren (siehe Abschnitt 3.3.1). In diesem Fall läßt sich das Filter trotz der Linearisierung des Problems durch den Abbruch der Taylorreihe in verhältnismäßig weiten Grenzen abstimmen.

5.3 Entwurf frequenzselektiver rekursiver digitaler Filter ohne Zuhilfenahme des Filterkatalogs

5.3.1 Entwurf in der w-Ebene. Die charakteristische Funktion. Entworfen wird in der w-Ebene ein passives analoges Filter, das in gleicher Weise wie beim Entwurf mit Filterkatalog in ein digitales Filter übergeführt wird. Das Filter habe eine Übertragungsfunktion $H(w)$ der Form

$$H(w) = D(w)/G(w) \quad \text{mit} \quad |H(jv)| \le 1 \; ; \quad w = u + jv \; . \tag{5.40}$$

Die direkte Approximation in der w-Ebene wird hauptsächlich erschwert durch die Tatsache, daß $H(w)$ sich im Durchlaßbereich zwischen den Werten 1 und $(1 - \delta_D)$

bewegen muß. Es ist mathematisch einfacher, ein Toleranzschema zu befriedigen, das die Werte der zugehörigen Funktion betragsmäßig nach unten oder nach oben begrenzt (aber nicht beidseitig). Zu diesem Zweck definieren wir zunächst auf der imaginären Achse der w-Ebene, also für $w = jv$, die *charakteristische Funktion* $|K(jv)|^2$ zusammen mit einer Konstanten C, der *Entwurfskonstanten*, derart, daß sich ergibt

$$|H(jv)|^2 := \frac{1}{1 + C^2|K(jv)|^2} \; ; \quad |K(jv)|^2 := \frac{1 - |H(jv)|^2}{C^2|H(jv)|^2} \; . \qquad (5.41\text{a,b})$$

Einfacher wird die Beziehung, wenn nicht der Frequenzgang $H(jv)$, sondern die Dämpfungsfunktion[3] $[H(jv)]^{-1}$ zugrundegelegt wird:

$$\frac{1}{|H(jv)|^2} = |H(jv)|^{-2} = 1 + C^2|K(jv)|^2 \; ; \qquad (5.42\text{a})$$

damit

$$|K(jv)|^2 = \frac{|H(jv)|^{-2} - 1}{C^2} \; . \qquad (5.42\text{b})$$

Erweitern wir die Definition von K auf die gesamte w-Ebene,[4] so ergibt sich

$$[H(w)]^{-1} \, [H(-w)]^{-1} = 1 + C^2 K(w) \, K(-w) \quad \text{bzw.} \qquad (5.43\text{a})$$

$$H(w) \, H(-w) = \frac{1}{1 + C^2 K(w) \, K(-w)} \; ; \qquad (5.43\text{b})$$

auf der imaginären Achse gilt $-w = w^*$; hieraus ergibt sich wieder (5.42). Die Entwurfskonstante C ist zunächst noch frei wählbar. Die Durchlaß- und Sperrgrenzen des Toleranzschemas verändern sich durch die Einführung der charakteristischen Funktion wie folgt:

$$|H(jv)| = 1 \;\; \rightarrow \;\; |K(jv)| = 0 \; ;$$
$$|H(jv)| = 0 \;\; \rightarrow \;\; |K(jv)| = \infty \; . \qquad (5.44\text{a,b})$$

---

[3] Im Gegensatz zu Abschnitt 2.5.1, Gl. (2.62), ist die Dämpfungsfunktion hier als Kehrwert des Frequenzganges auf der imaginären Achse der w-Ebene definiert.

[4] Im Unterschied zu den in den Abschnitten 5.1-5.2 behandelten Frequenztransformationen haben wir es bei der Bildung der charakteristischen Funktion mit einer *Ordinatentransformation* zu tun. Die Untersuchung der quadratischen Funktion, also des Quadrats des Amplitudenganges, ermöglicht die analytische Fortsetzung des Amplitudenganges in der gesamten w-Ebene. Eine ähnliche Substitution haben wir in Abschnitt 2.5.1 bei der Besprechung der Gruppenlaufzeit für die Herleitung von (2.77) verwendet; vgl. hierzu auch (2.74).

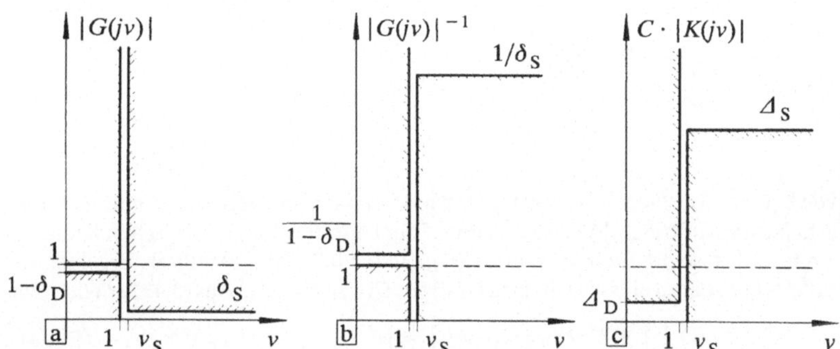

Bild 5.6a-c. Toleranzschema für einen normierten Tiefpaß in der w-Ebene bei Verwendung des Amplitudenganges (**a**), der Dämpfungsfunktion (**b**) sowie der charakteristischen Funktion (**c**)

Die Bedingung des Toleranzschemas für den Durchlaßbereich

$$1 - |H(jv)| \leq \delta_D \tag{5.45a}$$

ergibt die Durchlaßbedingung für die charakteristische Funktion

$$C \cdot |K(jv)| \leq \frac{\sqrt{2\delta_D - \delta_D^2}}{1 - \delta_D} := \Delta_D . \tag{5.45}$$

Entsprechend hierzu gilt für die minimale Sperrdämpfung:

$$|H(jv)| \leq \delta_S \;\;\rightarrow\;\; C \cdot |K(jv)| \geq \frac{\sqrt{1 - \delta_S^2}}{\delta_S} := \Delta_S . \tag{5.46a,b}$$

Das Toleranzschema mit der Begrenzung um die Werte 1 und 0 geht also über in ein Toleranzschema mit Begrenzung um den Wert Null bzw. Unendlich (Bild 5.6). Die Nullstellen von $H(w)$ werden somit die Pole von $K(w)$; aus

$$H(w) = \frac{D(w)}{G(w)} = \frac{\displaystyle\prod_{i=1}^{k_0} (w - w_{0i})}{C_G \cdot \displaystyle\prod_{i=1}^{k_P} (w - w_{Pi})} \tag{5.47}$$

ergibt sich

$$K(w) = \frac{Q(w)}{D(w)} = \frac{C_K \cdot \prod\limits_{i=1}^{k_q} (w - w_{qi})}{\prod\limits_{i=1}^{k_0} (w - w_{0i})} \; . \tag{5.48}$$

[Die beiden Konstanten C_G und C_K sind hierbei sinnvollerweise so definiert, daß sie nicht in $D(w)$ auftreten.] Wird der Entwurf mit Hilfe der charakteristischen Funktion durchgeführt, so erhalten wir zuerst $K(w)$; hierbei fällt $D(w)$ bereits als Ergebnis an. Im Anschluß daran müssen wir noch $G(w)$ aus $Q(w)$ ermitteln. Aus (5.43) erhalten wir

$$H(w)\,H(-w)\,\left[\,1 + C^2 K(w)\,K(-w)\,\right] = 1 \tag{5.49a}$$

und hieraus

$$G(w)\,G(-w) = D(w)\,D(-w) + C^2 Q(w)\,Q(-w) \; . \tag{5.49b}$$

Damit lassen sich die Pole w_{Pi} der Übertragungsfunktion $H(w)$ aus den Nullstellen von $Q(w)$ wie folgt berechnen:

$$C_G^2 \cdot (-1)^{k_P} \cdot \prod\limits_{i=1}^{k_P} (w^2 - w_{Pi}^2) \tag{5.50}$$

$$= (-1)^{k_0} \cdot \prod\limits_{i=1}^{k_0} (w^2 - w_{0i}^2) + C^2 C_K^2 \cdot (-1)^{k_q} \cdot \prod\limits_{i=1}^{k_q} (w^2 - w_{qi}^2)$$

Die Nullstellen von $G(w)G(-w)$ liegen dann symmetrisch zur imaginären Achse bzw. zum Ursprung der w-Ebene (Bild 5.7). Mit der Nebenbedingung, daß sie in der linken Halbebene liegen müssen (aus Stabilitätsgründen!), lassen sich die Nullstellen von $G(w)$ leicht herausfinden. Damit ist $G(w)$ bis auf den Faktor C_G ermittelt.

Bei der Wahl einer für den Filterentwurf geeigneten charakteristischen Funktion erweist es sich als zweckmäßig, sowohl Nullstellen als auch Pole von $K(w)$ auf die

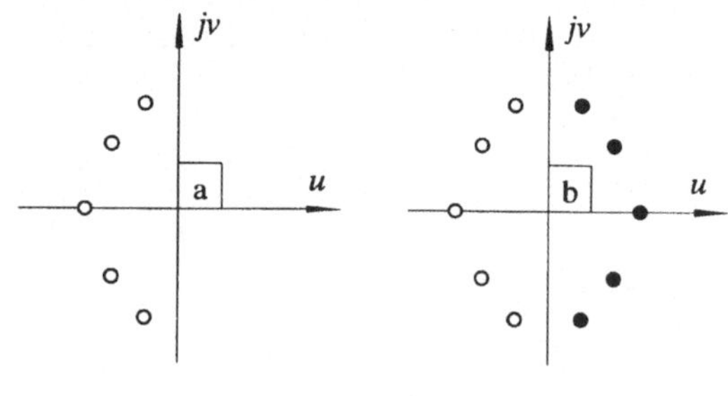

Bild 5.7a,b. Beispiel für die Lage der Nullstellen (**a**) von $G(w)$ sowie (**b**) von $G(w)G(-w)$

imaginäre Achse zu legen (Schüßler, 1973). Damit werden dann auch die Nullstellen von $K^2(v)$ reell.

5.3.2 Einige Standardlösungen (Saal und Entenmann, [3]1993; Schüßler, 1973). Das *Potenzfilter* (auch *Butterworth-Filter*) ist gegeben durch die charakteristische Funktion

$$|K(jv)|^2 = c^{2k} \quad \text{oder} \quad K(w) = w^k \, . \tag{5.51}$$

$|K(jv)|^2$ wächst monoton mit v; mit Hilfe der vorgegebenen Werte v_S, Δ_D und Δ_S bestimmen wir die freien Parameter k (Grad des Filters) und C (Entwurfskonstante). Die Entwurfskonstante wird dann bei der abschließenden Berechnung der Übertragungsfunktion des Filters eliminiert. Für die obere Durchlaßgrenze $v_D=1$ (normierter Tiefpaß!) sowie die Sperrgrenze v_S ergibt sich

$$C \leq \Delta_D \quad \text{sowie} \quad Cv_S^k \geq \Delta_S \, . \tag{5.52}$$

Hieraus folgt unmittelbar der Grad des Filters, sofern das Toleranzschema gerade noch eingehalten werden soll:

$$k \geq \frac{\lg \Delta_S - \lg \Delta_D}{\lg v_S} \, . \tag{5.53}$$

Die Dämpfung des Potenzfilters verläuft für die Frequenz Null maximal flach, da die ersten $k-1$ Ableitungen von $K(w)$ für $w=0$ verschwinden. Da bei diesem Filter $D(w)=1$ ist, besitzt $K(w)$ keine Pole, die durch Verschwinden des Nenners entstehen; nur für $v \rightarrow \infty$ wächst $K(jv)$ über alle Grenzen. Da aber der Punkt $v = \infty$ in den Punkt $z=-1$ abgebildet wird, muß bei der Realisierung des digitalen Filters eine k-fache Nullstelle in $z=-1$ hinzugefügt werden. Die Nullstellen von $K(w)$ liegen auf dem Einheitskreis der w-Ebene.

Verglichen mit Tschebyscheff- oder gar Cauerfiltern ist der Grad des Potenzfilters beträchtlich höher; für das in Abschnitt 5.2.3 behandelte Beispiel ergibt sich ein Filtergrad von $k \geq 33$.

Beim *Tschebyscheff-Filter* [mit Tschebyscheff-Verlauf des Frequenzganges im Durchlaß- *oder* Sperrbereich und (annähernd) Potenzverhalten im jeweils anderen Bereich] wird die maximale Abweichung der Dämpfung in einem gegebenen Intervall minimal. Bei Tschebyscheffschem Verhalten im Durchlaßbereich beispielsweise pendelt $|H(w)|$ stets zwischen 1 und $1-\delta_D$. Ein solches Filter ist gegeben durch

$$|K(jv)|^2 = T_k^2(v) \, . \tag{5.54}$$

Das Tschebyscheff-Polynom k-ten Grades (Bronstein und Semendjajew, [25]1991:752) ist definiert durch

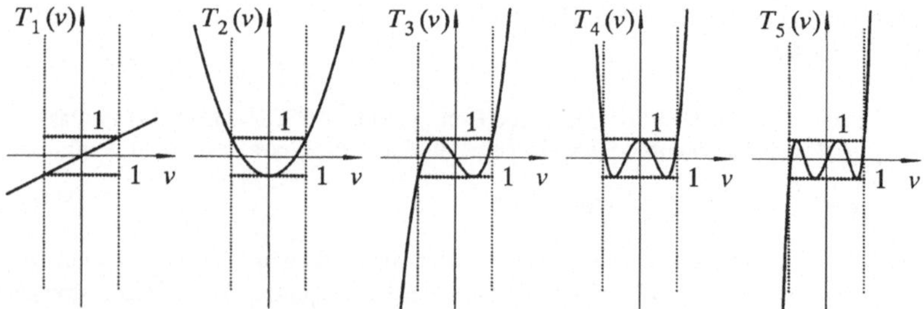

Bild 5.8. Verlauf der ersten 5 Tschebyscheff-Polynome T_1 bis T_5

$$T_k(v) = \begin{cases} \cos\,(k\arccos v) & |v| \le 1\,; \\ \cosh\,(k\ \mathrm{arcosh}\ v) & |v| \ge 1\,. \end{cases} \tag{5.55}$$

Tschebyscheffpolynome lassen sich auch mit Hilfe einer Rekursionsgleichung ausrechnen:

$$T_0(v) = 1\,; \quad T_1(v) = v\,; \quad T_2(v) = 2v^2 - 1\,;$$
$$T_{k+1}\,(v) = 2vT_k(v) - T_{k-1}(v)\,. \tag{5.56}$$

Bild 5.8 zeigt hierzu einige Beispiele. Für die Entwicklung eines normierten Tiefpasses erhalten wir dem Potenzfilter entsprechende Bedingungen:

$$C \le \varDelta_{\mathrm D} \quad \text{sowie} \quad CT_k(v_{\mathrm S}) = \varDelta_{\mathrm S}\,. \tag{5.57}$$

Der Grad des Filters ergibt sich zu

$$k \ge \frac{\mathrm{arcosh}\,(\varDelta_{\mathrm S}/\varDelta_{\mathrm D})}{\mathrm{arcosh}\,v_{\mathrm S}}\,. \tag{5.58}$$

Für das in Abschnitt 5.2.3 erwähnte Entwurfsbeispiel ist bei Verwendung eines Tschebyscheff-Filters mit Tschebyscheff-Verhalten im Durchlaßbereich ein Filtergrad von $k \ge 12$ erforderlich.

Cauer-Filter (*elliptische Filter*) besitzen Tschebyscheff-Verhalten sowohl im Durchlaß- als auch im Sperrbereich (Cauer, 1931). Damit passen sie sich optimal in ein gegebenes Toleranzschema mit bereichsweise konstanten Mindest- bzw. Maximaldämpfungen ein und realisieren dieses Schema mit minimalem Filtergrad. Im Unterschied zu Potenz- und einfachen Tschebyscheff-Filtern haben sie Pole *und* Nullstellen bei endlichen Frequenzen. Grundsätzlich werden für den Entwurf elliptische Integrale benötigt; Darlington (1970, 1978) hat allerdings einen Weg aufgezeigt, diese Integrale zu vermeiden. Auf die weitere Diskussion wird hier verzichtet, da Cauer-

Filter durch den Filterkatalog sehr gut abgedeckt sind. Außerdem existiert in der Programmsammlung des IEEE (Digital Signal Proc. Committee, 1979) ein sehr umfangreicher Algorithmus ["DOREDI" (Dehner, 1979a)], mit dessen Hilfe Cauerfilter ebenso wie Potenz- und Tschebyscheff-Filter in sämtlichen Varianten entworfen und darüber hinaus bezüglich des Rauschverhaltens und der Koeffizientenwortlänge für eine größere Anzahl wählbarer Strukturen optimiert werden können. Ein weiterer Algorithmus ist bei Bellanger ([3]1987a:271) angegeben.

5.3.3 Ausblick auf einige weitere Entwurfsverfahren. Die *Impulsinvarianzmethode* (Gold und Rader, 1967) überträgt die Impulsantwort eines analogen Filters, das als Prototyp dient, in den digitalen Bereich. Hierzu wird die Impulsantwort des analogen Filters abgetastet. Hergestellt wird schließlich eine Beziehung zwischen der Partialbruchzerlegung der analogen Übertragungsfunktion und der Realisierung des digitalen Filters in Parallelstruktur. Es ist zwingend erforderlich, daß die Impulsantwort des analogen Filters frequenzmäßig bandbegrenzt ist, da sonst bei der Übertragung der Impulsantwort in den digitalen Bereich das Abtasttheorem verletzt wird; massive Aliasfehler der digitalen Übertragungsfunktion wären in diesem Fall die Folge. Das Verfahren ist daher für die direkte Übertragung von Hochpässen und Bandsperren in den digitalen Bereich nicht brauchbar.

Das Verfahren von Burrus und Parks (1970), weiterentwickelt von Lacroix (1973; [2]1985:78), verwendet die Vorschrift der Impulsantwort unmittelbar im digitalen Bereich; im verallgemeinerten Fall kann statt der Impulsantwort eine beliebige (realisierbare) Zuordnung zweier Zeitfolgen als Eingangssignal und Ausgangssignal des zu entwerfenden Filters angegeben werden; dann muß dem eigentlichen Entwurfsschritt noch die Bestimmung der Impulsantwort des Filters aus den beiden Zeitfolgen vorangehen. Im eigentlichen Entwurf wird dann zuerst der rekursive Teil des Filters durch ein Verfahren ermittelt, das dem der exakten linearen Prädiktion entspricht [Methode von Prony (1795); siehe auch Abschnitt 6.1]; ist der rekursive Teil bekannt, so läßt sich der nichtrekursive Teil aus den ersten Werten der Impulsantwort mit Hilfe der Koeffizienten des rekursiven Teils gewinnen.

Steiglitz (1970) gibt ein Entwurfsverfahren an, das in der z-Ebene direkt arbeitet und an ausgesuchten Stützstellen den mittleren quadratischen Fehler zwischen der Wunschfunktion $H_W(\Omega)$ und dem approximierten Frequenzgang $H(\Omega)$ in Abhängigkeit von den gesuchten Filterkoeffizienten d_i, g_i minimiert. Die Stützstellen müssen nicht äquidistant sein. Das Problem führt auf ein nichtlineares Gleichungssystem, das mit einer iterativen Methode gelöst wird. Deczky (1972) verallgemeinert diese Methode. Dadurch, daß der mittlere quadratische Fehler minimiert wird, kann ein gegebenes Toleranzschema an einzelnen Extremwerten verletzt werden. Dem läßt sich durch eine Erhöhung des Filtergrades, in manchen Fällen aber auch durch eine andere Wahl der Stützstellen abhelfen.

Rabiner et al. (1974) minimieren $|H(\Omega)|^2 - |H_{\mathrm{W}}(\Omega)|^2$, den mittleren Abstand der Betragsquadrate zwischen Wunschfunktion und approximiertem Frequenzgang. Der Ansatz führt auf ein System von vier Ungleichungen, die iterativ mit Hilfe eines Verfahrens der linearen Programmierung gelöst werden.

Das in den Abschnitten 5.3.1-5.3.2 beschriebene Filterentwurfsverfahren läßt sich unmittelbar auch in der z-Ebene durchführen; ggf. schließt sich an den Entwurf eine Allpaßtransformation an. Der Entwurf selbst läuft in ähnlicher Weise ab wie in der (pseudo-)analogen w-Ebene. Notwendig ist der Entwurf in der z-Ebene stets dann, wenn im digitalen Bereich Anforderungen auch an die Gruppenlaufzeit gestellt werden (Schüßler, 1973:154f.; Thiran, 1971a,b).

Die Verwendungsmöglichkeit des Filterkatalogs wie auch der Standardlösungen erreicht dann ihre Grenzen, wenn unsymmetrische Bandpässe oder Filter mit mehreren Durchlaß- und Sperrbereichen zu entwerfen sind, es sei denn, man baut sie einzeln aus Tief- und Hochpässen auf. Verfahren zum direkten Entwurf frequenzselektiver rekursiver Cauer-Filter mit mehreren Durchlaßbereichen stützen sich im wesentlichen auf eine iterative modifizierte Kleinste-Quadrate-Approximation mit geeigneter Rückkopplung des Approximationsfehlers (z.B. Chen und Parks, 1990; Kobayashi und Imai, 1990; Lee und Chen, 1992). Dieses Verfahren ist vor allem beim Entwurf von nichtrekursiven Filtern nach dem Kleinste-Quadrate-Kriterium bekannt geworden (siehe Abschnitt 5.5.4). Saramäki (1992) entwickelte ein Verfahren, das den Einsatz des bei nichtrekursiven Filtern mit großem Erfolg (siehe Abschnitt 5.6.2) eingesetzten Austauschalgorithmus von Remez auch für rekursive Filter mit beliebigen Spezifikationen (einschließlich Cauerfilter) ermöglicht und es zudem gestattet, den Grad des rekursiven und des nichtrekursiven Teils getrennt voneinander einzustellen.

Hingewiesen sei abschließend auf die *Wellendigitalfilter*, für die zahlreiche Entwurfsverfahren existieren (Fettweis, 1971a, 1986b; Gazsi, 1985; siehe Kap.9).

5.4 Entwurf nichtrekursiver Filter – Wunschfunktion, Toleranzschema, Frequenztransformationen

5.4.1 Kurzer Überblick über die diskutierten Verfahren. In den meisten Fällen werden nichtrekursive Filter als *linearphasige Filter* (siehe Abschnitt 3.5) entworfen. Daneben hat der Entwurf *minimalphasiger* Filter (siehe Abschnitt 3.4) an Bedeutung zugenommen. Beide Fälle sollen in den folgenden Abschnitten behandelt werden. In neuerer Zeit sind auch Verfahren publiziert worden, die es erlauben, ein Filter nach Wünschen an den Amplituden- und den Phasengang zu entwerfen.

Entwurfsverfahren für nichtrekursive Filter verwenden fast durchweg eines von zwei Approximationskriterien: 1) Minimierung des Maximums der Abweichung zwischen Wunschfunktion und Übertragungsfunktion des Filters, sowie 2) Minimierung des Mittelwerts des Quadrats der Abweichung. Kriterium 1 führt auf die Tscheby-scheffapproximation, die ein Toleranzschema optimal ausnützt und somit bei Vorgabe eines Toleranzschemas mit minimalem Filtergrad auskommt; diese Verfahren werden in Abschnitt 5.6 diskutiert. Die Kleinste-Quadrate-Approximation minimiert das Quadrat der Abweichung zwischen Wunschfunktion und realisierter Übertragungsfunktion. Diese Art der Approximation besitzt die geringsten Abweichungen in der Mitte eines spezifizierten Frequenzbandes (Durchlaß- oder Sperrbereich) und größere Abweichungen an den Bereichsgrenzen, insbesondere in der Nähe von Sprungstellen der Wunschfunktion. Andererseits minimiert sie wegen der Gültigkeit des Parseval'schen Beziehung (2.91-2.92) auch die Energie der durch die Abweichung zwischen Wunschfunktion und Übertragungsfunktion des Filters entstehenden Abweichungen gegenüber dem Verlauf, den das gefilterte Signal bei Einsatz eines idealen Filters mit exakt der Wunschfunktion hätte. Zudem haben Entwurfsverfahren nach der Kleinste-Quadrate-Methode den Vorteil, in den meisten Fällen auf einen nichtiterativen Algorithmus zu führen.

In den Abschnitten 5.5 und 5.6 werden vornehmlich Entwurfsverfahren für linearphasige Filter behandelt. Zu den ältesten Entwurfsverfahren für digitale Filter überhaupt gehört die *Fourierapproximation* (Abschnitte 5.5.1-5.5.2) mit ihren Modifikationen für frequenzselektive Filter (Martin, 1959; Ormsby, 1961; Kaiser, 1966; Helms, 1968). Etwas jünger ist das *Frequenzabtastverfahren* (Abschnitt 5.5.3), das auf der diskreten Fouriertransformation basiert (Gold und Jordan, 1969; Rabiner et al., 1970; Rabiner und Schafer, 1971). Größere Frexibilität speziell beim Entwurf frequenzselektiver Filter bietet die Eigenwertmethode (Abschnitt 5.5.4). Alle diese Verfahren minimieren den mittleren quadratischen Approximationsfehler. Entwurfsverfahren für linearphasige Filter mit Tschebyscheffverhalten des Frequenzganges wurden zuerst von Herrmann (1970) und Rabiner (1971, 1972) vorgeschlagen. Wurde die Tschebyscheffapproximation anfangs mit Hilfe beispielsweise des Frequenzabtastverfahrens unter Verwendung spezieller Strategien, z.B. der linearen Programmierung, durchgeführt (Rabiner, 1971, 1972), so wurden alle diese Algorithmen verdrängt durch den Algorithmus von McClellan und Parks (Parks und McClellan, 1972a,b; McClellan und Parks, 1973; McClellan et al., 1973, 1979), der eine echte Tschebyscheffapproximation mit Hilfe des Austauschalgorithmus von Remez (Remez, 1957; Bronstein und Semendjajew, [25]1991:753) durchführt und auf diesem Gebiet als weithin verwendeter Standardalgorithmus fungiert.

Entwurfsverfahren für *minimalphasige* Systeme (Abschnitt 5.7) beschränken sich bisher fast ausschließlich auf den Fall der Tschebyscheffapproximation, sind im Prinzip aber auch für andere Filtertypen denkbar. Ausgehend von einer (modifizierten) Lösung für linearphasige Systeme wird der Maximalphasenanteil des linearphasigen Filters entfernt; das Minimalphasensystem bleibt zurück. Die Grundidee wurde von Herrmann und Schüßler (1970) entwickelt; die weiteren Veröffentlichungen zu diesem Gebiet befassen sich hauptsächlich mit der Frage der algorithmischen Realisierung des Entwurfs möglichst ohne die Notwendigkeit, die Nullstellen des linearphasigen Filters bestimmen zu müssen.

5.4.2 Frequenztransformationen für nichtrekursive Filter. Die Allpaßtransformation in der allgemeinen Form ist nicht verwendbar, da sie das Filter in ein rekursives Filter verwandeln würde. Damit bleiben von den in Abschnitt 5.1 definierten Frequenztransformationen nur wenige Möglichkeiten der *spektralen Rotation* (Bild 5.9).

1) *Tiefpaß in Hochpaß:*

$$p = -q \qquad (5.59)$$

bedeutet Umkehrung des Vorzeichens jedes zweiten Koeffizienten.

2) *Tiefpaß in Bandpaß:*

$$p = -q^2 \qquad (5.60)$$

ergibt einen Bandpaß mit den Grenzfrequenzen

$$\Omega_{qD} = \frac{\pi \pm \Omega_{pD}}{2} \,, \qquad \Omega_{qS} = \frac{\pi \pm \Omega_{pS}}{2} \,. \qquad (5.61)$$

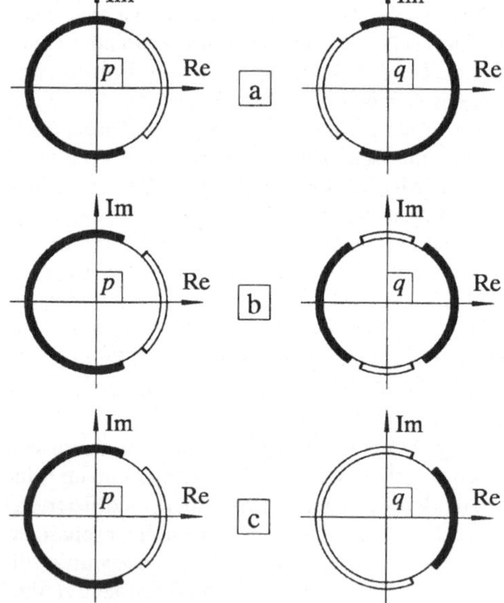

Bild 5.9a-c. Mögliche Allpaßtransformation für nichtrekursive digitale Filter. (a) Tiefpaß-Hochpaß nach (5.59); (b) Tiefpaß-Bandpaß nach (5.60); (c) Tiefpaß-Hochpaß unter Beibehaltung der Ebene nach (5.62)

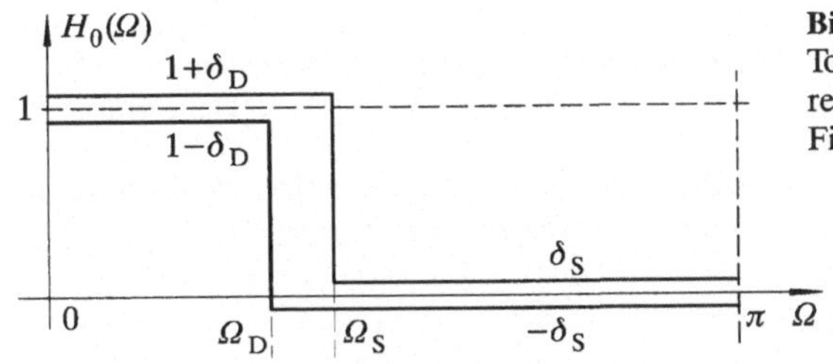

Bild 5.10. Modifiziertes Toleranzschema für nichtrekursive linearphasige Filter (Beispiel: Tiefpaß)

Dies sind die einzigen Allpaßtransformationen 1. und 2. Grades, bei denen das Filter als nichtrekursives Filter erhalten bleibt.

Eine andere Art ergibt sich bei Verwendung eines speziellen Toleranzschemas, das nur für linearphasige Filter möglich ist. Da $H_0(\Omega)$ reell (bzw. rein imaginär) ist, kann das Toleranzschema direkt für den Frequenzgang angesetzt werden (und nicht, wie sonst üblich, nur für den Amplitudengang). Dies geschieht derart, daß die Toleranzgrenzen um 1 und 0 herum gewählt werden (Bild 5.10), also zwischen $1 \pm \delta_D$ sowie zwischen $\pm \delta_S$. Mit dieser Definition ist eine weitere Transformation möglich:

$$H_0(\Omega_p) = 1 - H_0(\Omega_q) \; ; \tag{5.62}$$

sie verwandelt einen Tiefpaß unter Beibehaltung der Ebene in einen Hochpaß und umgekehrt; durch nachfolgende Anwendung von (5.60) kann auch ein Bandpaß oder eine Bandsperre daraus gewonnen werden.

5.5 Kleinste-Quadrate-Approximation für nichtrekursive Filter

5.5.1 Approximation mit abgebrochener Fourierreihe (Martin, 1959; Ormsby, 1961; Kaiser, 1966; Helms, 1968). Bei linearphasigen Filtern wird der Entwurf grundsätzlich für die nichtkausale Übertragungsfunktion $H_0(z)$ durchgeführt. Für die Wahl des Filters aus den 4 gegebenen Grundformen ist das geforderte Verhalten bei $\Omega=0$ und $\Omega=\pi$ maßgebend. Durch einfache Umformung lassen sich beim Entwurf alle Fälle auf die 1. Grundform zurückführen (k_1 gerade, k_{-1} gerade; k_1 und k_{-1} bezeichnen die Zahl der Nullstellen in $z=\pm 1$):

$$H_{02}^{(k+1)}(\Omega) = H_{01}^{(k)}(\Omega) \cdot 2\cos\frac{\Omega}{2} \; ; \tag{5.63a}$$

$$H_{03}^{(k+1)}(\Omega) = H_{01}^{(k)}(\Omega) \cdot 2j\sin\frac{\Omega}{2} \; ; \tag{5.63b}$$

$$H_{04}^{(k+2)}(\Omega) = H_{01}^{(k)}(\Omega) \cdot 2j\sin\Omega \; . \tag{5.63c}$$

Zu diesem Zweck muß je nach Grundform bei $z=+1$ und/oder $z=-1$ eine Nullstelle abgespalten werden. In der folgenden Diskussion gehen wir daher stets von Grundform 1 aus; die zugehörige Übertragungsfunktion sei mit $H_0(z)$, der zugehörige Frequenzgang mit $H_0(\Omega)$ bezeichnet.

Ist der Betrag einer Wunschfunktion bzw. eine reellwertige Wunschfunktion $H_W(\Omega)$ analytisch gegeben, so kann sie durch den Frequenzgang

$$H_0(\Omega) = h_0(0) + 2 \sum_{n=1}^{K} h_0(n)\cos n\Omega \qquad (3.79)$$

eines linearphasigen digitalen Filters als Ansatz einer nach dem K-ten Glied *abgebrochenen Fourierreihe* approximiert werden. Dies führt zu einem Filter des Grades $k=2K$. Der einzelne Koeffizient wird

$$h_{0F}(n) = \frac{1}{\pi} \int_0^{\pi} H_W(\Omega)\cos n\Omega \, d\Omega \; ; \quad n = 1\,(1)\,K \; . \qquad (5.64)$$

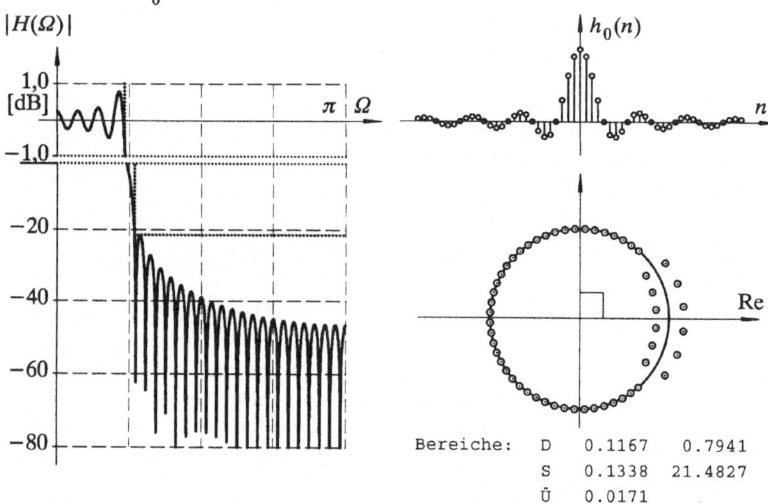

Bereiche: D   0.1167   0.7941
            S   0.1338   21.4827
            Ü   0.0171

Bild 5.11. Beispiel für den Entwurf eines Tiefpasses mit der Fourierapproximation. Filtergrad $k=54$, Übergang Durchlaßbereich-Sperrbereich (Wunschfunktion) bei $\Omega=\pi/4$ (entspricht dem Beispiel von Abschnitt 5.2.3). In der Rubrik "Bereiche" gibt die erste Zahl die Grenzfrequenz bzw. beim Übergangsbereich dessen Breite an (jeweils bezogen auf $\Omega=2\pi$), die zweite Zahl ist die maximale Durchlaß- bzw. minimale Sperrdämpfung in dB

So lange $H_W(\Omega)$ stetige Ableitungen relativ hoher Ordnung besitzt, wird die Approximation mit wachsendem Grad k sehr schnell besser. Ist dagegen ein frequenzselektives Filter zu entwerfen, und bildet der Frequenzgang des zugehörigen "idealen" frequenzselektiven Filters die Wunschfunktion, so ergeben sich Probleme mit dem Gibbs'schen Phänomen, und die Approximation mit Hilfe der Fourierreihe wird schlecht (siehe das Beispiel in Bild 5.11). Als Möglichkeiten zur Abhilfe bieten sich an: 1) Einführung einer Gewichtung im Zeitbereich, sowie 2) Einführung einer stetigen Wunschfunktion im Frequenzbereich, deren höhere Ableitungen auch stetig sind, und die das Toleranzschema einhält.

5.5.2 Modifizierte Fourierapproximation (Kaiser, 1966). Der Abbruch der Reihenentwicklung der Fourierapproximation nach einem bestimmten Glied bedeutet im Zeitbereich die Gewichtung der Impulsantwort mit der *Rechteck-Gewichtungsfunktion* (Bild 5.12):

$$h_{0N}(n) = h_0(n) \cdot w_R(n, N) \; . \tag{5.65}$$

Es ist wohlbekannt, daß diese Gewichtungsfunktion hinsichtlich des Verhaltens im Sperrbereich sehr ungünstige Eigenschaften hat; im Frequenzbereich ergibt sich nämlich eine Faltung zwischen der nicht abgebrochenen Spektralfunktion (die die Wunschfunktion selbst ist) und der Spektralfunktion des Fensters. Abhilfe: Gewichtung der Fourierkoeffizienten mit einer Gewichtungsfunktion (*Fensterfunktion*[5]), deren Spektrum einen glatteren Verlauf hat, und damit Umgestaltung des Abbruchs. Diese Maßnahme verbreitert in der Regel den Übergangsbereich, verbessert jedoch das Selektionsverhalten. Ein großes Maß an Flexibilität gewährleistet hierbei das *Kaiserfenster* (Kaiser, 1964, 1966):

$$w_K(n, N) = \frac{I_0\left(a \cdot \sqrt{1 - \frac{4n^2}{N^2}} \right)}{I_0(a)} \; . \tag{5.66}$$

Hierbei ist I_0 die modifizierte Besselfunktion 1. Art der Ordnung 0; a ist eine Konstante. Die Besselfunktion läßt sich näherungsweise berechnen durch

$$I_0(x) = 1 + \sum_{i=1}^{\infty} \left[\frac{(x/2)^i}{i!} \right]^2 \; , \tag{5.67}$$

---

[5] Fensterfunktionen (Harris, 1978; Geçkinli und Yavuz, 1978; Rohling und Schürmann, 1980, 1983) spielen eine große Rolle bei der Kurzzeitanalyse zeitveränderlicher Signale (siehe Abschnitt 6.2.1). Bei der Wahl bzw. der Dimensionierung derartiger Funktionen (siehe die Beispiele in Bild 5.13) ist stets ein Kompromiß zu schließen zwischen der Breite der Hauptkeule und der Höhe des größten Nebenmaximums (dies ist meist das erste). Beim Kaiserfenster kann dies durch zweckmäßige Wahl des Parameters a erfolgen.

eine Reihe, die im allgemeinen sehr schnell konvergiert.

Ein gegenüber dem Kaiserfenster noch leicht verbessertes Verhalten in der Umgebung des Übergangsbereichs läßt sich durch Aufsetzen eines "Sockels", d.h., gewichtete Addition von Kaiser- und Rechteckfenster erzielen (*modifiziertes Kaiserfenster*):

$$w_{KS}(n, N) = s + (1-s)\, w_K(n, N) \ . \tag{5.68}$$

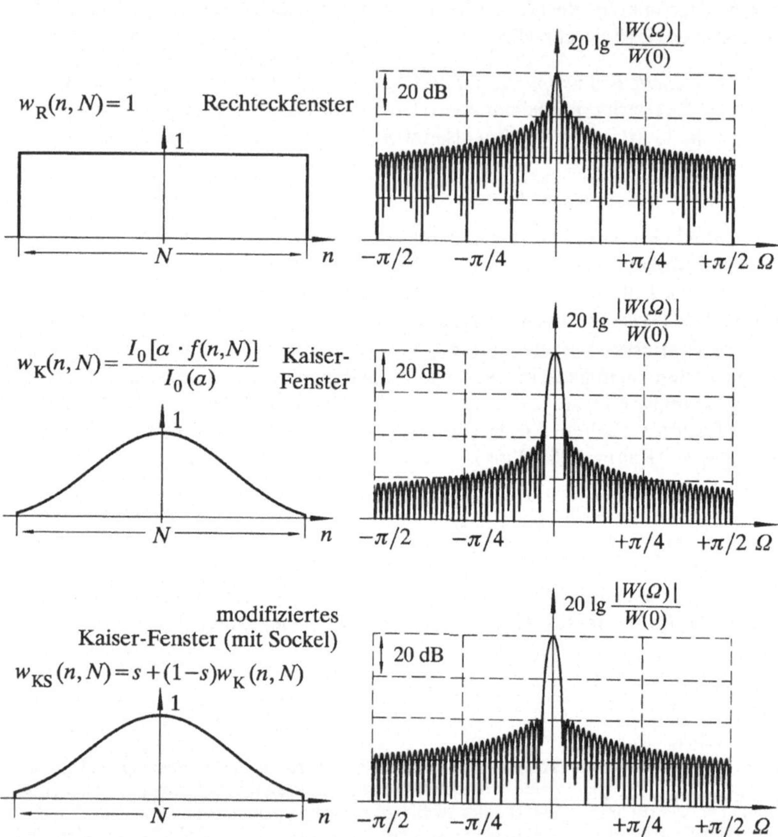

Bild 5.12. Beispiele für Fensterfunktionen zur modifizierten Fourierapproximation. Werte für Kaiserfenster und modifiziertes Kaiserfenster: $a=5; s=0{,}035$

Hierbei ist s eine Konstante, die je nach Größe von a zwischen 0,01 und 0,05 gewählt werden kann. In der unmittelbaren Umgebung der Hauptkeule kompensieren sich die Welligkeiten des Rechteckfensters und des Kaiserfensters, so daß das größte Nebenmaximum der Spektralfunktion des modifizierten Fensters um einige dB abgesenkt werden kann; weitab von der Hauptkeule sind die Welligkeiten des modifizierten Fensters stärker.

Der Gang des Entwurfs ist daher der folgende:

1) Entwurf nach Wunschfunktion (mit Sprungstelle) für einen angenommenen Grad k;

2) Gewichtung der erhaltenen Koeffizienten mit dem (entsprechend ausgewählten) Kaiserfenster; Kaiser gibt hier für verschiedene Anforderungen an die Dämpfungswerte verschiedene Richtwerte an.

3) Nachprüfen, ob Toleranzschema eingehalten; wenn nicht: Grad k erhöhen.

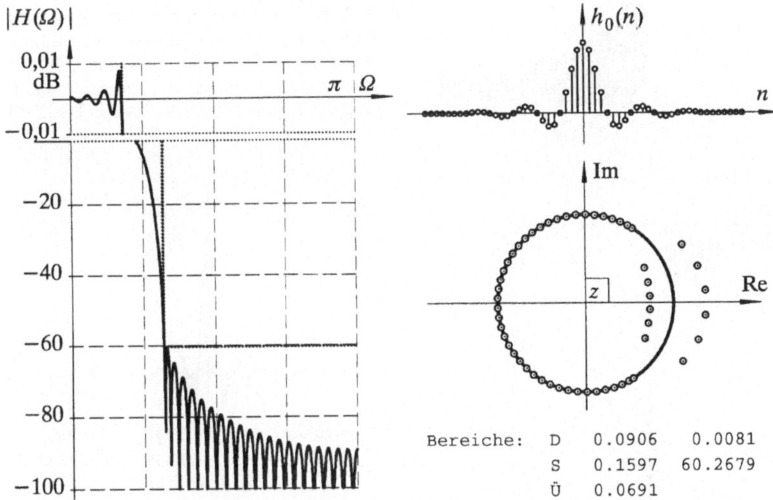

Bild 5.13. Beispiel für den Entwurf eines Tiefpasses mit der modifizierten Fourierapproximation. Filtergrad $k=54$, Übergang Durchlaßbereich-Sperrbereich (Wunschfunktion) bei $\Omega=\pi/4$ (entspricht dem Beispiel von Abschnitt 5.2.3). Verwendetes Fenster: Kaiserfenster, $a=5{,}8$. In der Rubrik "Bereiche" gibt die erste Zahl die Grenzfrequenz bzw. beim Übergangsbereich dessen Breite an (jeweils bezogen auf $\Omega=2\pi$), die zweite Zahl ist die maximale Durchlaß- bzw. minimale Sperrdämpfung in dB

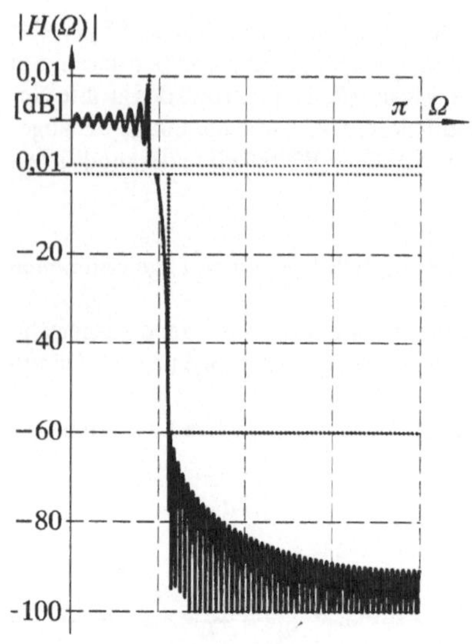

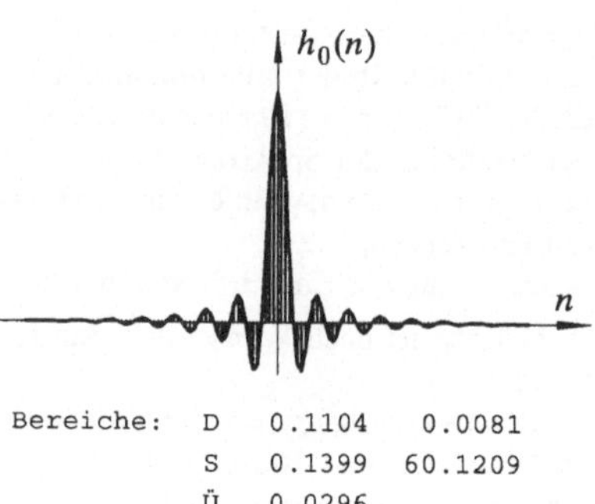

Bereiche: D   0.1104   0.0081
            S   0.1399   60.1209
            Ü   0.0296

Bild 5.14a. Filterbeispiel von Abschnitt 5.2.3 (Tiefpaßfilter für Hochabtastung). Modifizierte Fourierapproximation, Filtergrad $k=126$; Kaiserfenster, $\alpha=5{,}8$. Bedeutung der Rubrik "Bereiche" wie in Bild 5.13

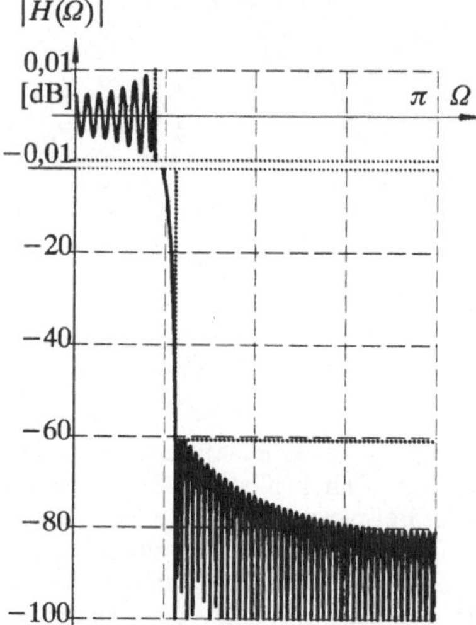

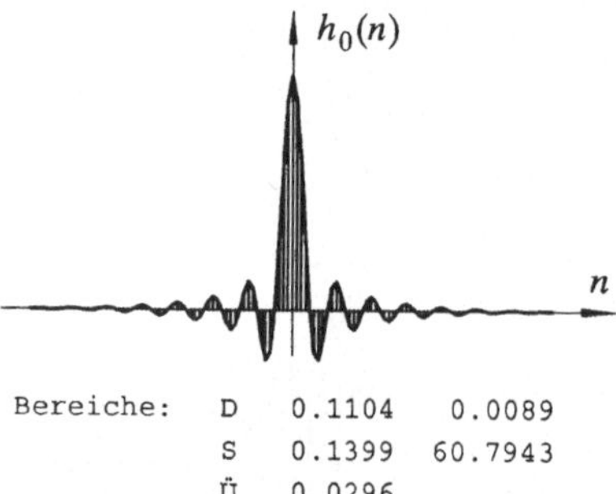

Bereiche: D   0.1104   0.0089
            S   0.1399   60.7943
            Ü   0.0296

Bild 5.14b. Filterbeispiel von Abschnitt 5.2.3 (Tiefpaßfilter für Hochabtastung). Modifizierte Fourierapproximation, Filtergrad $k=118$; modifiziertes Kaiserfenster, $\alpha=5{,}2$; $s=0{,}019$. Bedeutung der Rubrik "Bereiche" wie in Bild 5.13

Das Entwurfsverfahren erzwingt gleiche Toleranzen δ_D und δ_S. Sind die Anforderungen an Durchlaß- und Sperrbereich ungleich, so wird der Entwurf bezüglich des Filtergrades nicht optimal. Beide Verfahren — nichtmodifizierte und modifizierte Fourierapproximation — minimieren die mittlere quadratische Abweichung von der Wunschfunktion auf dem gesamten Einheitskreis. Es läßt sich also kein Übergangsbereich explizit angeben; dieser ergibt sich durch die Wahl der Grenzfrequenz bei der Wunschfunktion, die Parameter des Fensters und den Filtergrad. Bild 5.13 zeigt ein Beispiel.

In Bild 5.14 ist das in Abschnitt 5.2.3 gegebene Entwurfsbeispiel durchgerechnet; mit gewöhnlicher Fourierapproximation ergibt sich ein unrealistisch hoher Filtergrad (deshalb wurde auf die Berechnung verzichtet); auch mit modifizierter Fourierapproximation wird der Grad des Filters mit $k=126$ bzw. 118 noch sehr hoch. Dadurch, daß die Toleranzwerte im Durchlaß- und Sperrbereich gleich werden, sind die Anforderungen im Durchlaßbereich bei weitem übererfüllt [gefordert: 0,3 dB; erhalten $(2 \cdot 0{,}0081 = 0{,}0162)$ dB]. Der Rechenaufwand wird allerdings dadurch vermindert, daß bei dem gegebenen Verlauf der Wunschfunktion (die Sprungstelle liegt bei $\Omega = \pi/4$) jeder 4. Koeffizient zu Null wird (Interpolatorbedingung; siehe auch Abschnitt 7.2).

5.5.3 Frequenzabtastverfahren. Bei der Approximation der Wunschfunktion $H_W(\Omega)$ durch ein nichtrekursives Filter können wir uns den Umstand zunutze machen, daß die Impulsantwort $h(n)$ finit, d.h., zeitlich bandbegrenzt ist. Die Länge N der Impulsantwort eines beliebigen nichtrekursiven Filters ergibt sich hierbei aus dem Filtergrad k zu

$$N = k + 1 \ . \tag{5.69}$$

Demnach läßt sich der Frequenzgang $H_0(\Omega)$ an äquidistanten Punkten abtasten:

$$H_0(\Omega) \rightarrow H_0(m) \ , \quad m = 0 \ (1) \ N{-}1 \ . \tag{5.70}$$

Basierend auf einer Arbeit von Gold und Jordan (1969) entwickelten Rabiner, Gold und McGonegal (1970) hieraus ein Filterentwurfsverfahren, das *Frequenzabtastverfahren*. Dieses läuft grundsätzlich wie folgt ab.

1) Wahl eines geeigneten Transformationsintervalls N aufgrund der Spezifikationen der Wunschfunktion $H_W(\Omega)$.

2) Abtastung der Wunschfunktion $H_W(\Omega)$ an N äquidistanten Stellen auf dem Einheitskreis. Die Berechnung der Filterkoeffizienten erfolgt durch inverse diskrete Fouriertransformation, aus der unmittelbar die Impulsantwort $h_0(n)$ (i.a. in der nichtkausalen Form) hervorgeht. $H_W(\Omega)$ ist dann an den Stützstellen $\Omega = \Omega_m$, $m=0 \ (1) \ N{-}1$ exakt realisiert.

3) Mit Hilfe von $h_0(n)$ wird der tatsächliche Frequenzgang des so gewonnenen Filters berechnet. (Hierzu verwenden wir vorzugsweise, wie in Abschnitt 2.7.2 ange-

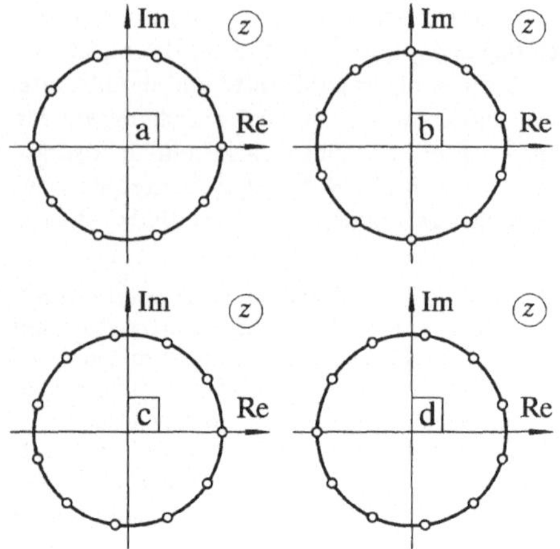

Bild 5.15a-d. Die 4 Möglichkeiten der Stützstellenwahl beim Frequenzabtastverfahren, die zu reellwertigen Filtern führen (Rabiner et al., 1970:86). (**a**) N gerade (d.h., Grad k ungerade, also nur Grundform 2 und 3 möglich) und Stützstelle bei $\Omega=0$ und π; (**b**) N gerade, keine Stützstelle bei $\Omega=0$ und π; (**c**) N ungerade (damit k gerade, nur Grundform 1 und 4 möglich), Stützstelle bei $\Omega=0$, keine Stützstelle bei $\Omega=\pi$; (**d**) N ungerade, Stützstelle bei $\Omega=\pi$, keine Stützstelle bei $\Omega=0$

geben, die schnelle Fouriertransformation mit einem Transformationsintervall $N_\mathrm{F} \gg N$.) Dabei wird überprüft, ob die Wunschfunktion $H_\mathrm{W}(\Omega)$ insgesamt genau genug approximiert wird. Ist dies nicht der Fall, so muß der Grad des Filters erhöht oder die Wunschfunktion modifiziert werden (letzteres selbstverständlich nur soweit möglich).

Je nachdem, ob N gerade oder ungerade ist, ergeben sich 4 Möglichkeiten der Wahl der Stützstellen Ω_m, $m=0$ (1) $N-1$, die zu Filtern mit reellwertigen Koeffizienten führen (Bild 5.15). Von diesen Möglichkeiten wollen wir uns hier auf den Fall von Bild 5.15c beschränken, bei dem N ungerade (also k gerade) ist und die Frequenz Null eine Stützstelle des abgetasteten Frequenzgangs darstellt. Im Fall des linearphasigen Filters [und damit eines reellwertigen Frequenzganges $H_0(\Omega)$, der der Wunschfunktion $H_\mathrm{W}(\Omega)$ entspricht] führt dies direkt auf Grundform 1:

$$h_0(n) = \frac{1}{N} \sum_{m=0}^{N-1} H_0(m) \exp\left(\frac{2\pi jmn}{N}\right) \tag{5.71}$$

$$= \frac{1}{N}\left[H_0(0) + 2 \sum_{m=1}^{(N-1)/2} H_0(m) \cos\frac{2\pi mn}{N} \right] ; \quad n = -\frac{N-1}{2} \ (1) \ \frac{N-1}{2}.$$

Anwendung des Verfahrens auf den Entwurf frequenzselektiver Filter. Für Wunschfunktionen, die "stetig" verlaufen, konvergiert das Frequenzabtastverfahren ebenso wie die Fourierapproximation bei wachsendem Filtergrad schnell. Damit ist dieses Verfahren ideal für Entzerrerfilter, bei denen sich die Wunschfunktion in abgetasteter Form angeben läßt. Bei der Bildung des (nichtabgetasteten) Frequenzgangs frequenzselektiver Filter ergeben sich aber vom Prinzip her die gleichen Probleme wie bei der Gewichtung der (idealen) Impulsantwort durch Abbruch der Fourierreihe. Durch die Abtastung in Frequenzbereich wird erzwungen, daß die Impulsantwort zeitlich bandbegrenzt ist, und die Lösungsmethode ist hier grundsätzlich eine andere, da nicht die Impulsantwort im Zeitbereich, sondern der Frequenzgang im Frequenzbereich manipuliert wird. Die Approximationsfehler ergeben sich daher nicht als Abbruchfehler der zeitlich unbegrenzten Impulsantwort des idealen Filters, das dem Entwurf zugrundeliegt, sondern als Aliasfehler durch die Abtastung im Frequenzbereich, da von vornherein feststeht, daß das Abtasttheorem durch die i.a. zeitlich nicht begrenzte Impulsantwort des idealen Filters mit der Übertragungsfunktion $H_W(z)$ verletzt wird.

Die Anforderungen an ein frequenzselektives Filter sind jedoch zumeist durch ein Toleranzschema spezifiziert; d.h., die Wunschfunktion $H_W(\Omega)$ ist nicht genau festgelegt, sondern ergibt sich beispielsweise für den Tiefpaß (siehe Bild 5.10) zu

$$H_W(\Omega) = \begin{cases} 1 \pm \delta_D & 0 \le \Omega \le \Omega_D & [\text{Durchlaßbereich}] \\ \{-\delta_S,\ 1+\delta_D\} & \Omega_D \le \Omega \le \Omega_S & [\text{Übergangsbereich}] \\ \pm\,\delta_S & \Omega_S \le \Omega \le \pi & [\text{Sperrbereich}]\,. \end{cases} \qquad (5.72)$$

Durch geeignete Manipulation der Werte des Frequenz- bzw. Amplitudengangs innerhalb der durch (5.72) vorgegebenen Grenzen läßt sich ein Frequenzgang finden, dessen Überschwinger im Durchlaß- und Sperrbereich minimal werden. Rabiner et al. entwickelten hierzu ein iteratives Optimierungsverfahren, das im folgenden wiederum am Beispiel eines Tiefpasses erläutert wird.

1) Der Grad k des Filters wird derart gewählt, daß mindestens eine Stützstelle in den Übergangsbereich fällt. Der Wert $H(m_{\ddot{U}})$ an dieser Stelle ist damit im gesamten Bereich $\{-\delta_S,\ 1+\delta_D\}$ frei wählbar.

2) Der Frequenzgang $H(m)$ wird nun für $m \ne m_{\ddot{U}}$ zu Null oder Eins festgelegt, je nachdem, wie es das Toleranzschema verlangt.

3) $H(m_{\ddot{U}})$ wird nun derart variiert, daß die maximale Abweichung des (nichtabgetasteten) Frequenzgangs $H(\Omega)$ von der Wunschfunktion $H_W(\Omega)$ im Durchlaß- und Sperrbereich ein Minimum wird.

In zahlreichen Fällen reicht die Optimierung eines Wertes im Übergangsbereich nicht aus. Dann muß der Grad des Filters zunächst so weit erhöht werden, daß zwei oder drei Abtastwerte von $H(m)$ in den Übergangsbereich fallen. Dies führt auf ein zwei- bzw. dreidimensionales Optimierungsproblem, das entsprechend rechenaufwendiger wird, aber in jedem Fall konvergiert, da die zugehörige Optimierungsfunktin, also die Amplitude des größten Nebenmaximums von $H(\Omega)$ in Abhängigkeit von den Abtastwerten $H(m_{\ddot{U}i})$ im Übergangsbereich, nur ein globales Minimum besitzt.

Laut den in der Arbeit von Rabiner et al. (1970) enthaltenen Daten läßt sich die Amplitude des größten Nebenmaximums, d.h., die minimale Sperrdämpfung, durch Optimierung eines einzigen Spektralwerts auf etwa -42 dB drücken (siehe Bilder 5.16 und 5.17). Durch Optimierung eines weiteren Spektralwerts erzielt man eine Verbesserung um nochmals etwa 20 dB. Bei mehreren Koeffizienten im Übergangsbereich ist es prinzipiell möglich, das Verhalten sowohl im Durchlaß- als auch im Sperrbereich zu optimieren und ein tschebyscheffähnliches Verhalten herbeizuführen. Die Arbeit von Rabiner et al. (1970) zeigt hierzu einige Beispiele. Das Verfah-

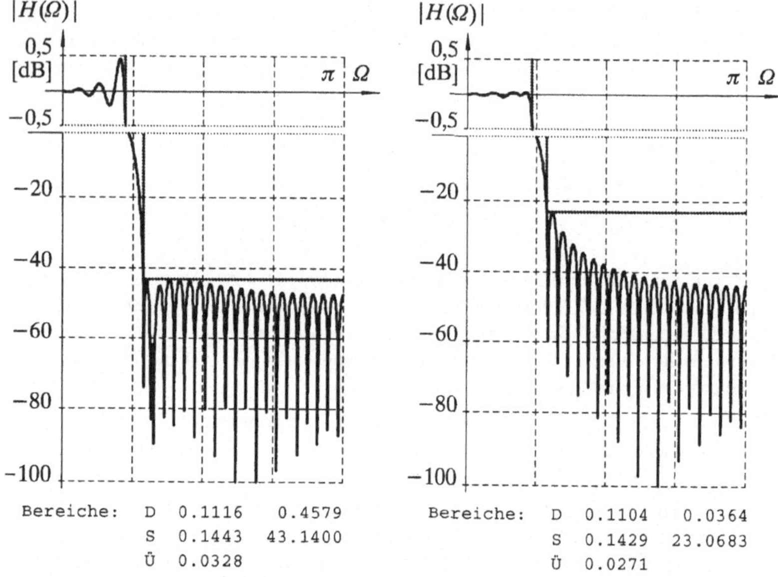

Bild 5.16. Beispiel für den Entwurf eines Tiefpasses mit dem Frequenzabtastverfahren. Filtergrad $k=54$, Übergang Durchlaßbereich-Sperrbereich (Wunschfunktion) bei $\Omega=\pi/4$. Optimiert wurde ein Koeffizient im Übergangsbereich. (Links) Optimierung bezüglich Sperrdämpfung; $H(m_{\ddot{U}})=0{,}3855$; (rechts) Optimierung bezüglich Durchlaßdämpfung; $H(m_{\ddot{U}})=0{,}6579$. In der Rubrik "Bereiche" gibt die erste Zahl die Grenzfrequenz bzw. beim Übergangsbereich dessen Breite an (jeweils bezogen auf $\Omega=2\pi$), die zweite Zahl ist die maximale Durchlaß- bzw. minimale Sperrdämpfung in dB

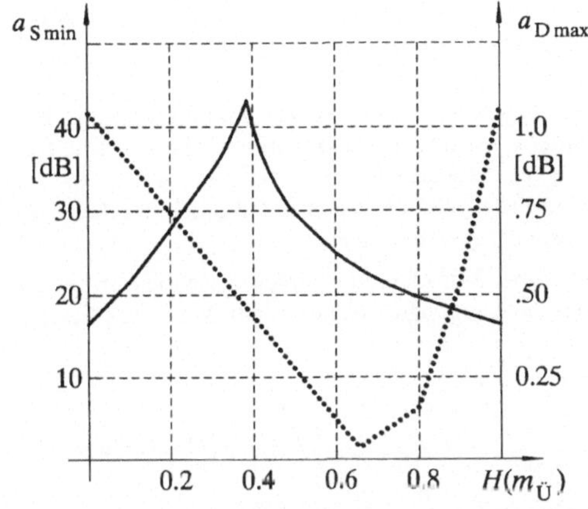

Bild 5.17. Minimierung der Überschwinger des Frequenzgangs durch Modifikation eines Wertes des abgetasteten Frequenzganges für das Tiefpaßbeispiel von Bild 5.16. ($a_{\text{S min}}$) Minimale Sperrdämpfung, d.h., Amplitude des größten Nebenmaximums; ($a_{\text{D max}}$) maximale Durchlaßdämpfung; [$H(m_{\text{Ü}})$] Wert des Frequenzganges an der Übergangsstelle. (Gestrichelt) Optimierung der Durchlaßdämpfung

ren wurde allerdings für diese Anwendung von dem Algorithmus von McClellan und Parks (siehe Abschnitt 5.6) verdrängt.

Bild 5.17 zeigt den Verlauf der maximalen Sperrdämpfung bei Optimierung eines Koeffizienten für ein praktisches Beispiel (siehe Bild 5.16; dort ist der optimierte Fall dargestellt). Auf den Entwurf des Beispiels von Abschnitt 5.2.3 wurde verzichtet.

Einen anderen Weg zur Vermeidung des Gibbs'schen Phänomens geht das Verfahren von Burrus et al. (1992). Es wendet im Übergangsbereich auf die Wunschfunktion eine Spline-Interpolation an; damit wird $H_{\text{W}}(\Omega)$ auch bei frequenzselektiven Filtern bis in höhere Ableitungen stetig.

5.5.4 Eigenwertmethode.

Fourierapproximation und Frequenzabtastverfahren verwenden das Kleinste-Quadrate-Kriterium zur Approximation implizit. Mit der *Eigenwertmethode* wurde ein Entwurfsverfahren vorgeschlagen, das dieses Kriterium explizit einsetzt. Vaidyanathan und Nguyen (1987a) entwickelten dieses Verfahren zunächst für linearphasige Filter; später wurde es u.a. von Nguyen (1993) sowie Pei und Shyu (1992) zum Entwurf beliebiger nichtrekursiver Filter erweitert. Mit Hilfe des Approximationskriteriums läßt sich eine quadratische Form in Abhängigkeit von den gesuchten Filterkoeffizienten angeben. Die mittlere quadratische Abweichung von der Wunschfunktion wird durch den Eigenvektor minimiert, der zum kleinsten Eigenwert der zugehörigen Matrix gehört; diese ist symmetrisch und positiv definit, so daß sie nur positive Eigenwerte besitzt.

Gegenüber Fourierapproximation und Frequenzabtastverfahren hat die Methode die folgenden Vorteile:

- die Grenzen des Approximationsbereichs **A** sind wählbar; insbesondere kann er in einzelne Teilbereiche zerfallen, so daß Übergangsbereiche bei der Approximation unberücksichtigt bleiben können;
- zusätzlich zu den Entwurfsbedingungen im Frequenzbereich können weitere Bedingungen im Zeitbereich formuliert werden; insbesondere können einzelne Koeffizienten zwangsweise auf Null gesetzt werden;
- wie beim Verfahren von Parks und McClellan (Abschnitt 5.6.2) ist eine Gewichtung der Approximation im Frequenzbereich möglich.

Zur Definition der quadratischen Form. Wir können beispielsweise die Formel zur Berechnung der Pseudoenergie des Ausgangssignals eines nichtrekursiven Filters

$$E_y = \sum_n [y(n)]^2 = \sum_n \left[\sum_{i=0}^{k} d_i x(n-i) \right]^2 \tag{5.73}$$

in Matrixform umschreiben:

$$E_y = \sum_n \left[\sum_{i=0}^{k} d_i x(n-i) \right] \cdot \left[\sum_{m=0}^{k} d_m x(n-m) \right] = \sum_{i=0}^{k} \sum_{m=0}^{k} d_i \left[\sum_n x(n-i)x(n-m) \right] d_m$$

$$= \left(d_0\ d_1\ ...\ d_k \right) \cdot \begin{bmatrix} \xi_{00} & \xi_{01} & \cdots & \xi_{0k} \\ \xi_{01} & \xi_{11} & \cdots & \xi_{1k} \\ \vdots & \vdots & \vdots\vdots & \vdots \\ \xi_{0k} & \xi_{1k} & \cdots & \xi_{kk} \end{bmatrix} \cdot \begin{bmatrix} d_0 \\ d_1 \\ \vdots \\ d_k \end{bmatrix} = \mathbf{d}^T \cdot \mathbf{X} \cdot \mathbf{d} \ . \tag{5.74}$$

Mit (5.74) ist eine quadratische Form definiert; die zugehörige Matrix **X** ist symmetrisch und positiv definit (Zurmühl und Falk, 1984:127f.); dies bedeutet: 1) die Matrix ist nichtsingulär, so daß die inverse Matrix (Kehrmatrix) existiert; 2) alle Eigenwerte sind reell und positiv. Die Parseval'sche Beziehung (2.91-2.92) gestattet es, die gleiche Beziehung im Frequenzbereich zu formulieren. Die quadratische Abweichung der Filterübertragungsfunktion $H(\Omega)$ von der Wunschfunktion $H_W(\Omega)$ läßt ebenfalls als quadratische Form[6] darstellen; damit wird dieses Kriterium für den Filterentwurf nutzbar.

Eigenwertmethode für einen linearphasigen Tiefpaß (Vaidyanathan und Nguyen, 1987a). Zu minimieren sei die gewichtete quadratische Abweichung der Übertragungsfunktion von der Wunschfunktion über den Approximationsbereich **A**; dieser

---

[6] Quadratische Formen bilden auch die Grundlage für Filterentwurfsverfahren im Bereich rekursiver Filter mit Hilfe der linearen Prädiktion. In Abschnitt 6.3.1 wird hierauf näher eingegangen. Die dort verwendete quadratische Form ist als Sonderfall eines inneren Produkts definiert und führt auf eine Toeplitz-Matrix, die von der Struktur her stärkeren Einschränkungen unterliegt als die hier vorliegende, allgemeinere quadratische Form (vgl. hierzu auch Makhoul, 1981).

soll alle Durchlaß- und Sperrbereiche des Filters umfassen, nicht jedoch die Übergangsbereiche:

$$E(\Omega) := \frac{1}{\pi} \int_A W(\Omega) \cdot [H_W(\Omega) - H_0(\Omega)]^2 \, d\Omega \qquad (5.75)$$

unter der einschränkenden Bedingung (zur Vermeidung der trivialen Lösung)

$$\sum_n [h(n)]^2 = const > 0 \; . \qquad (5.76)$$

Wir wollen im folgenden die Methode anhand des Entwurfs eines Tiefpasses erläutern. Der Einfachheit halber sei im Durchlaßbereich $W(\Omega)=1$ sowie $H_W(\Omega)=1$ angenommen; weiterhin sei das Filter in Grundform 1 realisiert:

$$H_{01}(\Omega) = h_0(0) + \sum_{n=1}^{K} 2h_0(n)\cos n\Omega := \sum_{n=0}^{K} c(n)\cos n\Omega \quad \text{mit} \quad K = k/2 \; . \quad (5.77)$$

Die Übertragungsfunktion (in der nichtkausalen Form) ist damit ebenso wie die Wunschfunktion reell.

Das Problem liegt nunmehr darin, für Durchlaß- und Sperrbereich(e) des Filters das Approximationskriterium so zu formulieren, daß beide in vereinheitlichter Darstellung simultan optimiert werden.

Im *Sperrbereich* **S** ist $H_W(\Omega)=0$. Damit wird der Wert der Übertragungsfunktion mit der Abweichung vom Sollwert identisch, und wir erhalten

$$E_S := \frac{1}{\pi} \int_S [H_0(\Omega)]^2 \, d\Omega \; . \qquad (5.78)$$

In vektorieller Darstellung ergibt sich $H(\Omega)$ nach (5.77) wie folgt:

$$H_0(\Omega) = \sum_{n=0}^{K} \cos n\Omega \cdot c(n) = \begin{pmatrix} 1 & \cos\Omega & \cos 2\Omega & \dots & \cos K\Omega \end{pmatrix} \cdot \begin{pmatrix} c_0 \\ c_1 \\ \vdots \\ c_K \end{pmatrix} := \mathbf{v}^T\mathbf{c} \quad (5.79)$$

und damit

$$[H_0(\Omega)]^2 = \mathbf{c}^T\mathbf{v} \cdot \mathbf{v}^T\mathbf{c} = \mathbf{c}^T \cdot (\mathbf{v}\mathbf{v}^T) \cdot \mathbf{c} \; . \qquad (5.80)$$

Der Vektor **c** hängt nur von den gesuchten Koeffizienten, der Vektor **v** und damit die Matrix $\mathbf{v}\mathbf{v}^T$ nur von den Entwurfsbedingungen ab (Die Frequenzabhängigkeit des Vektors **v** ist zur Vereinfachung der Schreibweise nicht besonders gekennzeichnet.). Damit läßt sich das Entwurfskriterium für den Sperrbereich formulieren:

$$E = \frac{1}{\pi}\int\limits_{S} [H_0(\Omega)]^2\,d\Omega = \frac{1}{\pi}\int\limits_{S} \mathbf{c}^T(\mathbf{v}\,\mathbf{v}^T)\mathbf{c}\,d\Omega = \frac{\mathbf{c}^T}{\pi}\int\limits_{S} \mathbf{v}\,\mathbf{v}^T d\Omega \cdot \mathbf{c}\ . \tag{5.81}$$

Da der Vektor $\mathbf{c}$ nicht von Ω abhängt, wird er aus dem Integral herausgezogen. Das Quadrat der Abweichung ist somit als quadratische Form entsprechend (5.74) definiert, und die Entwurfsspezifikationen für den Sperrbereich sind zusammengefaßt in der Matrix

$$\mathbf{P}_S := \frac{1}{\pi}\int\limits_{S} \mathbf{v}\,\mathbf{v}^T d\Omega \tag{5.82}$$

mit den Elementen

$$p_{S\,\ell,m} = p_{S\,m,\ell} = \frac{1}{\pi}\int\limits_{S} \cos\ell\Omega\ \cos m\Omega\,d\Omega\ . \tag{5.83}$$

Für den *Durchlaßbereich* **D** muß eine identische Formulierung gefunden werden, damit die Optimierung gemeinsam über alle Teilbereiche des Approximationsbereichs **A** erfolgen kann. Zu diesem Zweck definieren wir einen Bezugspunkt Ω_0 auf der Ω-Achse, an dem die Abweichung zwischen Wunschfunktion und Übertragungsfunktion zu Null gesetzt wird:

$$H_W(\Omega_0) = H_0(\Omega_0) = \begin{pmatrix} 1 & \cos\Omega_0 & \cos 2\Omega_0 & \dots & \cos K\Omega_0 \end{pmatrix} \cdot \mathbf{c} = \mathbf{w}_0^T\mathbf{c}\ . \tag{5.84}$$

Der Bezugspunkt Ω_0 wird zweckmäßigerweise dorthin gelegt, wo $|H_0(\Omega)|=1$ wird bzw. sein Maximum erreicht. Dies eröffnet die Möglichkeit, auch die Wunschfunktion in Abhängigkeit von den gesuchten Filterkoeffizienten auszudrücken:

$$H_W(\Omega) = \frac{H_0(\Omega_0)}{H_W(\Omega_0)} \cdot H_W(\Omega) \quad \text{mit}\ \ H_0(\Omega_0) = H_W(\Omega_0) = 1\ . \tag{5.85}$$

Besonders einfach wird der Zusammenhang beim Entwurf eines Tiefpasses; dort ist $\Omega_0=0$, und wir erhalten mit $H_W(\Omega) = H_W(\Omega=\Omega_0=0) = 1$:

$$\mathbf{w}_0\Big|_{\Omega_0=0} = \begin{pmatrix} 1 & 1 & 1 & \dots & 1 \end{pmatrix}^T := \mathbf{1}\ ; \quad \text{also} \tag{5.86}$$

$$H_W(\Omega=\Omega_0=0) = \mathbf{1}^T\mathbf{c}\ ; \tag{5.87}$$

damit ergibt sich die Abweichung im Durchlaßbereich für den besonders einfachen Fall des Tiefpasses zu

$$E(\Omega) = H_W(\Omega) - H_0(\Omega) = (\mathbf{1}^T - \mathbf{v}^T)\cdot\mathbf{c} = (\mathbf{1}-\mathbf{v})^T\cdot\mathbf{c}\ , \tag{5.88}$$

und wir erhalten analog zur Definition von $\mathbf{P}_S$ im Sperrbereich für den Durchlaßbereich die Matrix

$$\mathbf{P}_D := \frac{1}{\pi} \int_D (\mathbf{1}-\mathbf{v})\,(\mathbf{1}-\mathbf{v})^T d\Omega \qquad (5.89)$$

mit den Elementen

$$p_{D\,\ell,m} = p_{D\,m,\ell} = \frac{1}{\pi} \int_D (1 - \cos\ell\Omega)\,(1 - \cos m\Omega)\,d\Omega \; . \qquad (5.90)$$

Hiermit ergibt sich für den gesamten Approximationsbereich **A** die Matrix

$$\mathbf{P}_A := (1-a)\mathbf{P}_D + a\mathbf{P}_S \; ; \qquad (5.91)$$

mit den Elementen

$$p_{A\,\ell,m} = \frac{1-a}{\pi} \int_D (1- \cos\ell\Omega)\,(1-\cos m\Omega)\,d\Omega + \frac{a}{\pi} \int_S \cos\ell\Omega\,\cos m\Omega\,d\Omega \; . \qquad (5.92)$$

Mit dem Gewichtungsfaktor a, der einen Wert zwischen 0 und 1 annimmt, können wir Durchlaßdämpfung und Sperrdämpfung getrennt voneinander einstellen.

Jede der Matrizen $\mathbf{P}_D$ und $\mathbf{P}_S$ stellt eine quadratische Form dar und ist daher symmetrisch und positiv definit. Das gleiche gilt damit für die Matrix $\mathbf{P}_A$, die eine mit positiven Gewichtungskoeffizienten multiplizierte Summe der beiden vorgenannten Matrizen darstellt. Sämtliche Eigenwerte der Matrix $\mathbf{P}_A$ sind also reell und positiv.

Für die Matrix $\mathbf{P}_A$ läßt sich bezüglich des (zunächst beliebigen reellen) Vektors $\mathbf{c}$ der Rayleigh-Quotient in bekannter Weise berechnen (Zurmühl und Falk, 1984:158),

$$R(\mathbf{c}) := \frac{\mathbf{c}^T \mathbf{P}_A \mathbf{c}}{\mathbf{c}^T \mathbf{c}} \; . \qquad (5.93)$$

Stellt nun $\mathbf{c}$ einen der Eigenvektoren (z.B. den i-ten Eigenvektor $\mathbf{x}_i$) der Matrix $\mathbf{P}_A$ dar, so gilt (Zurmühl und Falk, 1984:159)

$$R(\mathbf{x}_i) = \lambda_i \; ; \qquad (5.94)$$

λ_i ist der zum Eigenvektor $\mathbf{x}_i$ gehörige Eigenwert. Diese Eigenschaft der Matrix $\mathbf{P}_A$ kann nun sofort dazu verwendet werden, die quadratische Form zu minimieren und damit die gestellte Filterentwurfsaufgabe zu lösen. Da alle Eigenwerte von $\mathbf{P}_A$ positiv und >0 sind, erhalten wir den gesuchten Koeffizientenvektor $\mathbf{c}$ einfach als den Eigenvektor von $\mathbf{P}_A$, der dem kleinsten der Eigenwerte λ_i zugeordnet ist.

Dies ist aus (5.93) unmittelbar einzusehen. Ist $\mathbf{c}$ ein Koeffizientenvektor, wie in (5.77) definiert, so ist das Skalarprodukt $\mathbf{c}^T\mathbf{c}$ ein Maß für die (Pseudo-)Energie der Impulsantwort des Filters. Der Rayleigh-Quotient gibt also die mittlere quadratische Abweichung der Übertragungsfunktion von der Wunschfunktion an, bezogen auf die Energie der Impulsantwort. Minimierung von $R(\mathbf{c})$ bedeutet damit auch Minimierung der quadratischen Abweichung, also des Approximationsfehlers.

Auch (5.94) ist unmittelbar einzusehen. Aus der Definition der Eigenwertaufgabe (Zurmühl und Falk, 1984:138), die hier unter der Annahme formuliert ist, daß $\mathbf{c}$ Eigenvektor und λ der zugehörige Eigenwert von $\mathbf{P}_A$ ist,

$$\mathbf{P}_A \cdot \mathbf{c} = \lambda \cdot \mathbf{c} \, ,$$

ergibt sich durch Linksmultiplikation mit $\mathbf{c}^T$

$$\mathbf{c}^T \mathbf{P}_A \, \mathbf{c} = \lambda \, \mathbf{c}^T \mathbf{c} \quad \text{oder} \quad \lambda = \frac{\mathbf{c}^T \mathbf{P}_A \, \mathbf{c}}{\mathbf{c}^T \mathbf{c}} = R(\mathbf{c}) \, .$$

Der Filterentwurf läuft damit wie folgt ab:

- Stelle aus den Spezifikationen des gesuchten Filters die Matrizen $\mathbf{P}_D$ und $\mathbf{P}_S$ zusammen.
- Wähle einen Gewichtungsfaktor α (zwischen Null und Eins) und bilde die Matrix $\mathbf{P}_A$.
- Berechne den kleinsten Eigenwert der Matrix $\mathbf{P}_A$ und den zugehörigen Eigenvektor $\mathbf{c}$. Der Eigenvektor $\mathbf{c}$ stellt die Lösung des Problems dar; aus ihm lassen sich via (5.77) die Werte $h(n)$ der Impulsantwort und damit die Filterkoeffizienten d_i berechnen.

Erfüllt das Filter die Spezifikationen des Entwurfs nicht, so muß der Gewichtungsfaktor α geändert bzw. der Grad des Filters erhöht werden. Der Zusammenhang zwischen den spezifizierten Werten δ_D und δ_S für die Durchlaß- und Sperrdämpfung und dem Wert α läßt sich nicht in so einfacher Weise angeben wie beim Algorithmus von Parks und McClellan (Abschnitt 5.6.2), so daß der Entwurf ggf. mehrmals wiederholt werden muß.

Für den einfachen Fall eines frequenzselektiven Filters mit $H_W(\Omega) = const$ (Null bzw. Eins) sind die bei der Bildung der Matrizen $\mathbf{P}$ auftretenden Integrale in geschlossener Form lösbar. Da nur ein einziger Eigenwert berechnet werden muß, der sich (als kleinster aller Eigenwerte) zudem in Extremlage befindet, können wir das numerische Verfahren der inversen Vektoriteration (Bronstein und Semendjajew, [25]1991:743) verwenden, das schneller abläuft als eine der gängigen Methoden, die alle Eigenwerte berechnen. Vaidyanathan und Nguyen (1987a) geben hierzu eine Variante an, die die sonst notwendige Inversion der Matrix $\mathbf{P}_A$ vermeidet.

Erweiterung auf beliebige linearphasige Filter. Die Wahl des Bezugspunkts Ω_0 im Durchlaßbereich diente nur dem Zweck, auch dort — wie im Sperrbereich — die quadratische Abweichung der Wunschfunktion von der Filterübertragungsfunktion in der gewünschten Weise in Abhängigkeit von den gesuchten Filterkoeffizienten formulieren zu können. Dies wird für den Tiefpaß besonders einfach, da die Bezugsfrequenz im Durchlaßbereich zu Null gewählt werden kann. Bei Hoch- und Bandpässen muß eine von Null verschiedene Frequenz (z.B. die Bandmittenfrequenz) als Bezugsfrequenz gewählt werden; hierbei ist (5.84) in der allgemeineren Form mit dem Vektor $\mathbf{w}_0$ anzusetzen. Die bei der Bildung der Matrizen auftretenden Integrale sind nach wie vor in geschlossener Form lösbar.

Mit dem Faktor a ist eine Gewichtung von Durchlaß- und Sperrbereich möglich, die es gestattet, die beiden Bereiche hinsichtlich der Dämpfungsanforderungen verschieden zu dimensionieren. Auch Bandpässe mit unterschiedlichen Anforderungen an die beiden Sperrbereiche lassen sich hiermit entwerfen.

Im Grunde genommen stellt a einen Spezialfall der bei der Definition des Problems eingeführten (und dann zu Eins angenommenen) Gewichtungsfunktion $W(\Omega)$ dar; dies ist leicht zu sehen, wenn wir einfach setzen

$$W(\Omega) = \begin{cases} 1-a & \text{Durchlaßbereich} \\ a & \text{Sperrbereich} . \end{cases} \tag{5.95}$$

Die Gewichtungsfunktion W kann nun dazu benutzt werden, das Verhalten der Approximation innerhalb der Bereiche zusätzlich zu manipulieren. Beispielsweise läßt sich mit Hilfe des Approximationskriteriums eine Tschebyscheffapproximation erreichen. Wie bei der Fourierapproximation sorgt das quadratische Approximationskriterium bei frequenzselektiven Filtern für kleine Abweichungen in der Mitte von Durchlaß- und Sperrbereich, während die Abweichungen an den Bereichsrändern ein Maximum erreichen (vgl. die Beispiele in Abschnitt 5.5.1 für die Fourierapproximation). Andererseits sind die Abweichungen von der Wunschfunktion umgekehrt proportional dem Wert der Gewichtungsfunktion $W(\Omega)$. Wird nun $W(\Omega)$ an den Bereichsgrenzen größer gewählt als in der Mitte von Durchlaß- und Sperrbereich, so verkleinert sich der Approximationsfehler an den Bereichsgrenzen zuungunsten der Bereichsmitte. Vaidyanathan und Nguyen entwickelten hieraus ein iteratives Verfahren, das mit Hilfe des quadratischen Approximationskriteriums annähernd (bis auf den festliegenden Wert bei der Bezugsfrequenz Ω_0 des Durchlaßbereiches) eine Tschebyscheffapproximation ermöglicht. Das Verfahren läuft (für das Beispiel des Tiefpasses) wie folgt ab.

1) Das Filter wird wie beschrieben mit konstanter Gewichtungsfunktion a bzw. $1-a$ entworfen. Der Approximationsfehler $E(\Omega)$ ist an den Bereichsgrenzen größer als in der Bereichsmitte.

2) Der (geglättete) Approximationsfehler wird nun in den Entwurf rückgekoppelt (Charalambous und Antoniou, 1980), indem die Gewichtungsfunktion $W(\Omega)$ selbst mit $E(\Omega)$ gewichtet wird, beispielsweise (im m-ten Iterationsschritt)

$$W^{(m+1)}(\Omega) = W^{(m)}(\Omega) \cdot [1 + E^{(m)}(\Omega)] . \tag{5.96}$$

Der Entwurf wird mit der veränderten Gewichtungsfunktion wiederholt; hierdurch wird die Approximation dort verbessert, wo der Fehler besonders groß ist.

3) Der Entwurf ist beendet, wenn sich die Gewichtungsfunktion von einem Iterationsschritt zum nächsten nicht mehr ändert.

Ist die Gewichtungsfunktion nicht mehr bereichsweise konstant, so lassen sich auch die Integrale zur Berechnung der Elemente der Matrizen $\mathbf{P}_D$ und $\mathbf{P}_S$ nicht mehr in geschlossener Form angeben. Der Benutzer ist dann auf numerische Verfahren zur Integration, beispielsweise die Simpson-Regel, angewiesen.

Selbstverständlich ist zu hinterfragen, ob sich angesichts der Verfügbarkeit des Algorithmus von Parks und McClellan (Abschnitt 5.6.2) der Einsatz des vorliegenden Entwurfsverfahrens für eine Tschebyscheffapproximation überhaupt lohnt. Diese Frage ist grundsätzlich dann zu bejahen (Vaidyanathan und Nguyen, 1987a), wenn zusätzliche Anforderungen an die Impulsantwort des Filters gestellt werden, die bei der Eigenwertmethode leichter in das Verfahren zu integrieren sind als mit dem Algorithmus von Parks und McClellan. Häufig ist dabei der Fall, daß bestimmte Koeffizienten a priori den Wert 0 annehmen sollen [Beispiel: die in Abschnitt 7.2 diskutierte Interpolatorbedingung (7.7)]. Diese Koeffizienten tragen dann auch zum Approximationsfehler nicht bei, so daß die entsprechenden Zeilen und Spalten der Matrizen $\mathbf{P}$ und des Vektors $\mathbf{c}$ ausgelassen werden können (und müssen). In der Originalarbeit (Vaidyanathan und Nguyen, 1987a) ist diese Problematik ausführlich diskutiert.

5.5.5 Erweiterung der Eigenwertmethode auf beliebige nichtrekursive Filter. Pei und Shyu (1991a) sowie Nguyen (1993) erweiterten das Verfahren auf beliebige Wunschfunktionen (soweit diese mit reellwertigen kausalen Filtern überhaupt approximierbar sind) mit Anforderungen an den Amplituden- und den Phasengang (letzterer meist über die Gruppenlaufzeit spezifiziert). Prinzipiell ist das erweiterte Verfahren das gleiche wie für den Fall linearphasiger Filter; aus Platzgründen werden nachfolgend nur die Ergebnisse (nach Nguyen, 1993) ohne nähere Erklärung präsentiert.

Die Approximation wird im allgemeinen Fall wie folgt formuliert:

$$E(\Omega) = \frac{1}{2\pi} \int_A |W(\Omega)| \cdot |\gamma \cdot H_W(\Omega) - H(\Omega)|^2 \, d\Omega \; . \tag{5.97}$$

Die Approximation erfolgt über die komplexe Wunschfunktion; es ergibt sich ein reellwertiges Filter, wenn der Amplitudengang und die Gruppenlaufzeit gerade Funktionen sind und der Phasengang ungerade wird. Um dies zu erzwingen, muß die Integration hier den gesamten Frequenzbereich $(-\pi \leq \Omega \leq \pi)$ umfassen. Mit der Konstanten γ wird die Wunschfunktion bei der Bezugsfrequenz Ω_0 erfaßt und damit die Möglichkeit eröffnet, die Wunschfunktion mit Hilfe der Impulsantwort auszudrücken,

$$\gamma := H(\Omega_0) \, / \, H_W(\Omega_0) \; . \tag{5.98}$$

Ausgehend von der Impulsantwort $h(n)$ in kausaler Form wird die Übertragungsfunktion des Filters

$$H(\Omega) = \sum_{n=0}^{k} h(n)\, e^{-j\Omega n} = \mathbf{h}^{\mathrm{T}} \mathbf{v} \, , \tag{5.99}$$

wobei gilt

$$\mathbf{v} = \begin{pmatrix} 1 & e^{-j\Omega} & e^{-2j\Omega} & \dots & e^{-kj\Omega} \end{pmatrix}^{\mathrm{T}} . \tag{5.100}$$

(Die Frequenzabhängigkeit von $\mathbf{v}$ ist der Einfachheit der Darstellung halber wiederum nicht gekennzeichnet.)

Im Sperrbereich $\mathbf{S}$ ist die Wunschfunktion Null; dementsprechend bleibt auch die Phasenfunktion unspezifiziert. Als Gesamtabweichung erhalten wir wie beim linearphasigen Filter

$$E_{\mathrm{S}} = \frac{1}{2\pi} \int_{-\Omega_{\mathrm{S}+}}^{-\Omega_{\mathrm{S}-}} |W(\Omega)| \cdot |H(\Omega)|^2 \, d\Omega + \frac{1}{2\pi} \int_{\Omega_{\mathrm{S}-}}^{\Omega_{\mathrm{S}+}} |W(\Omega)| \cdot |H(\Omega)|^2 \, d\Omega \, . \tag{5.101}$$

Im komplexen Fall ist

$$|H(\Omega)|^2 = \mathbf{h}^{\mathrm{T}} \mathbf{v} \cdot \mathbf{v}^{\mathrm{H}} \mathbf{h} \, , \quad \text{da} \quad |H(\Omega)|^2 = H(\Omega) H^{*}(\Omega) \, ; \tag{5.102}$$

hierbei steht H für Hermite'sche Transposition, also

$$\mathbf{v}^{\mathrm{H}} = (\mathbf{v}^{\mathrm{T}})^{*} = \begin{pmatrix} 1 & e^{j\Omega} & e^{2j\Omega} & \dots & e^{kj\Omega} \end{pmatrix} . \tag{5.103}$$

Die Gewichtungsfunktion $W(\Omega)$ ist beliebig, muß aber Spektrum einer reellen Zeitfunktion sein können, d.h.

$$W(-\Omega) = \left(W(\Omega)\right)^{*} . \tag{5.104}$$

Die Elemente der Matrix $\mathbf{P}_{\mathrm{S}}$ werden damit (wegen der Symmetrie der Matrix gilt wieder $p_{\mathrm{S}\,\ell,m} = p_{\mathrm{S}\,m,\ell}$)

$$p_{\mathrm{S}\,\ell,m} = \frac{1}{2\pi} \int_{-\Omega_{\mathrm{S}+}}^{-\Omega_{\mathrm{S}-}} |W(\Omega)| \cdot e^{-2j\Omega(\ell-m)} \, d\Omega + \frac{1}{2\pi} \int_{\Omega_{\mathrm{S}-}}^{\Omega_{\mathrm{S}+}} |W(\Omega)| \cdot e^{-2j\Omega(\ell-m)} \, d\Omega \, . \tag{5.105}$$

Für den Durchlaßbereich $\mathbf{D}$ wird zunächst wieder der Bezugspunkt Ω_0 benötigt:

$$H_{\mathrm{W}}(\Omega_0) = H(\Omega_0) = \mathbf{h}^{\mathrm{T}} \mathbf{v}_0 = \mathbf{h}^{\mathrm{T}} \cdot \begin{pmatrix} 1 & e^{-j\Omega_0} & e^{-2j\Omega_0} & \dots & e^{-kj\Omega_0} \end{pmatrix}^{\mathrm{T}} . \tag{5.106}$$

Hiermit erhalten wir als (lineare komplexe) Abweichung von Wunschfunktion und Übertragungsfunktion im Durchlaßbereich mit (5.98)

$$e(\Omega) = \gamma\, H_{\mathrm{W}}(\Omega) - H(\Omega) = \frac{H(\Omega_0)}{H_{\mathrm{W}}(\Omega_0)} H_{\mathrm{W}}(\Omega) - H(\Omega) = \mathbf{h}^{\mathrm{T}} \left(\frac{H_{\mathrm{W}}(\Omega)}{H_{\mathrm{W}}(\Omega_0)} \mathbf{v}_0 - \mathbf{v} \right) . \tag{5.107}$$

Hieraus berechnen wir die gewichtete quadratische Gesamtabweichung und schließlich die Matrix $\mathbf{P}_D$ im Durchlaßbereich:

$$\mathbf{P}_D = \frac{1}{2\pi} \int\limits_{-\Omega_{D+}}^{-\Omega_{D-}} |e(\Omega)|^2 |W(\Omega)|\, d\Omega + \frac{1}{2\pi} \int\limits_{\Omega_{D-}}^{\Omega_{D+}} |e(\Omega)|^2 |W(\Omega)|\, d\Omega \; ; \quad (5.108)$$

hierbei ist

$$|e(\Omega)|^2 = e(\Omega)\,[e(\Omega)]^* \qquad\qquad\qquad (5.109)$$
$$= \mathbf{h}^T \left(1 \quad e^{-j\Omega} \quad e^{-2j\Omega} \; ... \; e^{-kj\Omega} \right)^T \left(1 \quad e^{j\Omega} \quad e^{2j\Omega} \; ... \; e^{kj\Omega} \right) \mathbf{h} \; ;$$

und das einzelne Element der Matrix wird

$$p_{D\,\ell,m} = p_{D\,m,\ell} = \frac{1}{2\pi} \int\limits_{-\Omega_{D+}}^{-\Omega_{D-}} U(\Omega)\, d\Omega + \frac{1}{2\pi} \int\limits_{\Omega_{D-}}^{\Omega_{D+}} U(\Omega)\, d\Omega \quad \text{mit} \qquad (5.110)$$

$$U(\Omega) = \left(\frac{H_W(\Omega)}{H_W(\Omega_0)}\, e^{-j\ell\Omega_0} - e^{-j\ell\Omega} \right) \left(\frac{H_W(\Omega)}{H_W(\Omega_0)}\, e^{jm\Omega_0} - e^{jm\Omega} \right) . \qquad (5.110a)$$

Die gesamte zu minimierende quadratische Abweichung ergibt sich damit zu

$$E_A = \mathbf{h}^T \mathbf{P}_A \mathbf{h} = \mathbf{h}^T (\mathbf{P}_D + \mathbf{P}_S)\, \mathbf{h} \; . \qquad\qquad (5.111)$$

Hat das Filter mehrere Durchlaß- und Sperrbereiche, so sind die zugehörigen Matrizen für jeden dieser Bereiche einzeln zu bilden und entsprechend (5.111) aufzuaddieren.

Auch hier ergibt sich $\mathbf{h}$ als der Eigenvektor von $\mathbf{P}_A$, der dem kleinsten Eigenwert zugeordnet ist. Sämtliche Matrizen $\mathbf{P}$ sind wieder symmetrisch und positiv definit, so daß die Methode, wie für den linearphasigen Fall beschrieben, unverändert angewendet werden kann. Die auftretenden bestimmten Integrale lassen sich im Regelfall nicht in geschlossener Form angeben und müssen numerisch approximiert werden.

Die Entwurfsvorschriften definieren im allgemeinen keine komplexe Wunschfunktion, sondern beschränken sich bestenfalls auf die Vorgabe eines Wunsch-Amplitudengangs sowie von Spezifikationen für die Phasenfunktion auf dem Umweg über die Gruppenlaufzeit in den Durchlaßbereichen. Demnach ist dort der Phasengang aus der Gruppenlaufzeit zu rekonstruieren:

$$\phi_W(\Omega) = \int\limits_{\Omega_{D-}}^{\Omega} \tau_{GW}(\eta)\, d\eta \; + C \qquad\qquad (5.112)$$

oder für den einfachen Fall konstanter Wunsch-Gruppenlaufzeit

$$\phi_{\mathrm{W}}(\Omega) = \tau_{GW} \cdot (\Omega - \Omega_{\mathrm{D-}}) + C \; ; \quad \tau_{GW} = \text{const.} \,. \tag{5.113}$$

Ist die untere Grenze eines Durchlaßbereichs Null, so muß auch die Konstante C Null werden; ist die obere Grenze eines Durchlaßbereichs $\Omega = \pi$, so ist die Konstante C so zu wählen, daß der Phasengang an der oberen Grenze ein ganzzahliges Vielfaches von 2π annimmt. In den Sperrbereichen ist die Wunschfunktion stets Null, und der Phasengang bleibt unspezifiziert.

Das Verfahren von Pei und Shyu (1992) entspricht dem oben beschriebenen Verfahren von Nguyen (1993), nur daß bei Pei und Shyu die Approximation für Real- und Imaginärteil von $H(\Omega)$ getrennt angesetzt wird. Die Herleitung von (5.111) wird dadurch eine andere; die Matrix $\mathbf{P}_A$ jedoch ergibt sich in beiden Fällen gleich.

Pei und Shyu (1992) benutzen ihr Verfahren zum Entwurf nichtrekursiver Filter, die annähernd Allpaßeigenschaft besitzen; hierbei ist $|H(\Omega)| \approx 1$, und das Filter wird mit Vorschriften zum Phasengang bzw. zur Gruppenlaufzeit entworfen.

5.6 Tschebyscheffapproximation für linearphasige Filter

5.6.1 Optimale Approximation im Tschebyscheffschen Sinn. Als optimal im Tschebyscheffschen Sinn wird eine Approximation bezeichnet, bei der das Maximum des Approximationsfehlers im Toleranzintervall minimiert wird. Der Fehler ist definiert als die Differenz zwischen Wunschfunktion und tatsächlichem Frequenzgang,

$$E(\Omega) = H_{\mathrm{W}}(\Omega) - H_0(\Omega) \; ; \tag{5.114}$$

das Approximationskriterium lautet demnach

$$\max\left[\,|E(\Omega)|\,\right] \overset{!}{=} \min. \tag{5.115}$$

Die Linearphasigkeit wird dadurch gewährleistet, daß die Approximation gemäß (3.79-3.85) mit harmonischen Funktionen erfolgt. Die Aufgabe wird allgemein gelöst durch Anwendung des auf Tschebyscheff zurückgehenden *Alternantentheorems* (Parks und McClellan, 1972):

Die Approximation ist dann im Tschebyscheffschen Sinn optimal, wenn $E(\Omega)$ im Bereich der Approximation mindestens $K+2$ Extremwerte an den Stellen Ω_i, $i=0$ (1) $K+1$, besitzt, für die gilt

$$E(\Omega_i) = -E(\Omega_{i+1}) \quad \text{sowie} \quad |E(\Omega_i)| = E_{\max} \; ; \quad \Omega \in \mathbf{A} \,. \tag{5.116}$$

Der Approximationsbereich $\mathbf{A}$ kann hierbei aus mehreren Teilstücken bestehen, durch die beispielsweise Durchlaß- und Sperrbereich(e) eines frequenzselektiven Filters definiert werden. Der Algorithmus optimiert in der Regel nur die Bereiche, in denen die Einhaltung des Toleranzschemas tatsächlich verlangt wird.

5.6.2 Der Algorithmus von McClellan und Parks (Parks und McClellan, 1972a,b; Parks et al., 1973; McClellan und Parks, 1973; McClellan, 1973; McClellan et al., 1973, 1979; Rabiner et al., 1975). Ein Algorithmus hierzu wurde von McClellan und Parks entwickelt. Die Approximation erfolgt durch iterative Suche der Extremwerte der optimalen Lösung. Damit Durchlaß- und Sperrdämpfung verschieden dimensioniert werden können, wird die Fehlerfunktion frequenzabhängig gewichtet:

$$E(\Omega) = W(\Omega) \cdot \left[H_W(\Omega) - H_0(\Omega) \right] . \tag{5.117}$$

Die Approximation erfolgt nach dem *Austauschalgorithmus von Remez* (1957; siehe auch Bronstein und Semendjajew, [25]1991:753), der sich dadurch auszeichnet, daß er die Filterkoeffizienten nicht einzeln und sequentiell, sondern gemeinsam und simultan optimiert. Ausgangspunkt ist die Impulsantwort des Filters (in der nichtkausalen Form), die die Filterkoeffizienten definiert und die Linearphasigkeit erzwingt (vgl. Abschnitt 5.5.4):

$$H_0(\Omega) = h_0(0) + \sum_{n=1}^{K} 2h_0(n)\cos n\Omega := \sum_{n=0}^{K} c(n)\cos n\Omega \quad \text{mit} \quad K = k/2 . \tag{5.77}$$

Gleichung (5.77) gilt gemäß (3.79) für Grundform 1. Für die anderen Grundformen muß die Bedingung entsprechend (3.81), (3.83) oder (3.86) angesetzt werden. An den Extremwerten für die optimale Lösung gilt

$$W(\Omega_i) \cdot \left[H_W(\Omega_i) - H_0(\Omega_i) \right] = (-1)^i \cdot \delta ; \quad i = 0 \, (1) \, K{+}1 . \tag{5.118}$$

Hierbei ist δ die Größe des Toleranzintervalls, $H_W(\Omega)$ die Wunschfunktion und $H_0(\Omega)$ der zu optimierende Frequenzgang des Filters. [Man beachte, daß die Grenzen jedes Approximationsbereichs — wie beim Tschebyscheffpolynom auch — als *Randmaxima* mit zu den Extremwerten zählen, obwohl sie keine Maxima oder Minima der Funktion $E(\Omega)$ sind. Auf diese Weise wird die genaue Einhaltung der Grenzen der Approximationsbereiche erzwungen.] Aus dieser Bedingung läßt sich sofort ein Gleichungssystem für $c(n)$ und δ ableiten:

$$H_0(\Omega_i) + \frac{(-1)^i \cdot \delta}{W(\Omega_i)} = H_W(\Omega_i) ; \quad i = 0 \, (1) \, K{+}1 , \tag{5.119}$$

oder in Matrixform mit explizit ausgeschriebenen Koeffizienten [(5.120); siehe nächste Seite].

Genau betrachtet, ist dieses Gleichungssystem für die vollständige Lösung der gegebenen Aufgabe nicht adäquat. Bei gegebenen Frequenzen Ω_i ist es zwar für die $K{+}2$ Unbekannten lösbar; die Bedingung, daß die Frequenzen Ω_i *Extremwerte* des Frequenzganges sein müssen, ist jedoch nicht berücksichtigt. Wir können uns nun prinzipiell vorstellen, eine Extremwertbedingung für die dann zusätzlich als unbe-

$$
\begin{bmatrix}
1 & \cos\Omega_0 & \cos 2\Omega_0 & \dots & \cos K\Omega_0 & 1/W(\Omega_0) \\
1 & \cos\Omega_1 & \cos 2\Omega_1 & \dots & \cos K\Omega_1 & (-1)/W(\Omega_1) \\
1 & \cos\Omega_2 & \cos 2\Omega_2 & \dots & \cos K\Omega_2 & 1/W(\Omega_2) \\
\vdots & \vdots & \vdots & \vdots\ \vdots & \vdots & \vdots \\
1 & \cos\Omega_K & \cos 2\Omega_K & \dots & \cos K\Omega_K & (-1)^K/W(\Omega_K) \\
1 & \cos\Omega_{K+1} & \cos 2\Omega_{K+1} & \dots & \cos K\Omega_{K+1} & (-1)^{K+1}/W(\Omega_{K+1})
\end{bmatrix}
\cdot
\begin{bmatrix}
c(0) \\
c(1) \\
c(2) \\
\vdots \\
c(K) \\
\delta
\end{bmatrix}
$$

$$
=
\begin{bmatrix}
H_{\mathrm{W}}(\Omega_0) \\
H_{\mathrm{W}}(\Omega_1) \\
H_{\mathrm{W}}(\Omega_2) \\
\vdots \\
H_{\mathrm{W}}(\Omega_K) \\
H_{\mathrm{W}}(\Omega_{K+1})
\end{bmatrix}
. \tag{5.120}
$$

kannt geltenden Extremwertfrequenzen Ω_i, $i=0\,(1)\,K+1$, in das Gleichungssystem einzubauen. Dieses wird jedoch dann nichtlinear und – da der Grad im allgemeinen sehr hoch ist – numerisch nicht mehr lösbar. Der Algorithmus von Remez geht daher einen anderen Weg, der sich qualitativ etwa wie folgt beschreiben läßt.

- Bedingung (5.118) läßt sich mit dem Gleichungssystem (5.119-5.120) an vorgegebenen Stützstellen Ω_i, $i=0\,(1)\,K+1$, erzwingen. Der sich hieraus ergebende Frequenzgang $H_0(\Omega)$ hat jedoch seine Extremwerte sicher *nicht* bei den Frequenzen Ω_i und hält deshalb auch die Tschebyscheffbedingung nicht ein.
- Wir lösen das Gleichungssystem trotzdem (angenähert, s.u.) auf und berechnen aus der erhaltenen nichtoptimalen Übertragungsfunktion die Frequenzen $\Omega_{\mathrm{E}i}$, $i=0\,(1)\,...$, an denen dieser Frequenzgang (und damit auch die Fehlerfunktion E) Extremwerte hat. Sind mehr als $K+2$ Extremwerte vorhanden, so werden die $K+2$ Extremwerte genommen, bei denen die Abweichung vom Sollwert am größten ist.
- Die Frequenzen $\Omega_{\mathrm{E}i}$ dienen zusammen mit den Intervallgrenzen als die neuen Stützstellen Ω_i für den nächsten Iterationsschritt. Wenden wir mit diesen Werten wiederum die beiden vorangegangenen Schritte an, so ist zu erwarten, daß auch die neuen Werte Ω_i noch nicht die Extremwerte des Frequenzganges darstellen. Durch die Tatsache jedoch, daß diese Werte Ω_i einmal Extremwerte einer Näherung von $H_0(\Omega)$ waren, ist damit zu rechnen, daß die Extremwerte des angenäherten Frequenzganges jetzt näher bei den Stützstellen Ω_i liegen als im vorherigen Schritt. Damit konvergiert das Verfahren; bei der endgültigen Lösung stimmen die Extremwerte des Frequenzganges im Rahmen der Rechengenauigkeit mit den Frequenzen Ω_i überein, für die (5.118) angesetzt ist. Damit ist schließlich das Alternantentheorem erfüllt und die Wunschfunktion im Tschebyscheffschen Sinn approximiert.

Der besondere Trick bei dem Algorithmus von Parks und McClellan besteht darin, daß das im allgemeinen recht hochgradige Gleichungssystem (5.120) explizit nur für einen Parameter, nämlich das Toleranzintervall δ, aufgelöst wird. Der Frequenzgang $H_0(\Omega)$ wird anschließend durch Interpolation bestimmt. Der Algorithmus läuft damit wie folgt ab.

1) Vorgegeben werden Anfangsschätzwerte für die Extremwertfrequenzen Ω_i, $i=0$ (1) $K+1$. Hierbei werden die ersten Näherungen gleichmäßig über die Bereiche der Ω-Achse verteilt, in denen das Toleranzschema einzuhalten ist; der Übergangsbereich bleibt unberücksichtigt.

2) Aus dem hiermit aufgestellten Gleichungssystem (5.120) wird δ berechnet. Es ergibt sich

$$\delta = \frac{a_0 H_W(\Omega_0) + a_1 H_W(\Omega_1) + \ldots + a_{K+1} H_W(\Omega_{K+1})}{\dfrac{a_0}{W(\Omega_0)} - \dfrac{a_1}{W(\Omega_1)} + \ldots + \dfrac{(-1)^{K+1} a_{K+1}}{W(\Omega_{K+1})}} \tag{5.121}$$

mit den Koeffizienten

$$a_m = \prod_{\substack{i=0 \\ i\neq m}}^{K+1} \frac{1}{\cos\Omega_m - \cos\Omega_i} \;, \quad m = 0 \text{ (1) } K+1 \;. \tag{5.122}$$

3) Ohne die Filterkoeffizienten explizit zu kennen, erzwingen wir nun, daß an den vorgegebenen Stützstellen Ω_i der Frequenzgang $H_0(\Omega_i)$ den geforderten Wert $H_W \pm \delta$ annimmt. Hierzu berechnen wir die Abweichung des Frequenzganges $H_0(\Omega)$ von der Wunschfunktion $H_W(\Omega)$ an diesen Stützstellen:

$$C_i = H_0(\Omega_i) = H_W(\Omega_i) - \frac{(-1)^i \cdot \delta}{W(\Omega_i)} \;; \quad i = 0 \text{ (1) } K+1 \;. \tag{5.123}$$

Der Frequenzgang $H_0(\Omega)$ wird nun durch *Lagrangeinterpolation* zwischen den durch (5.120) sowie (5.123) festgelegten Stützstellen $H_0(\Omega_i)$, $i=0$ (1) K, annähernd bestimmt. Wir erhalten

$$H_0(\Omega) = \frac{\displaystyle\sum_{i=0}^{K} \frac{C_i b_i}{\cos\Omega - \cos\Omega_i}}{\displaystyle\sum_{i=0}^{K} \frac{b_i}{\cos\Omega - \cos\Omega_i}} \tag{5.124}$$

und als Interpolationskoeffizienten

$$b_i = \prod_{\substack{m=0 \\ m \neq i}}^{K+1} \frac{(-1)^i}{\cos\Omega_m - \cos\Omega_i} \; , \quad i = 0 \,(1)\, K \; . \tag{5.125}$$

Bei der numerischen Implementierung wird (5.124) durch Ausmultiplizieren der Nenner so umgeformt, daß die in der obigen Darstellung auftretenden behebbaren Singularitäten an den Stellen $\Omega = \Omega_i$, $i = 0\,(1)\,K$, beseitigt werden; damit wird die Interpolation auch für die Stützstellen selbst nach (5.124) berechenbar. Wie auch aus (5.123) ersichtlich, wird dort das Gleichungssystem (5.119-5.120) befriedigt.

4) $H_0(\Omega)$ wird nun für verhältnismäßig viele Stützstellen mit Hilfe von (5.124-5.125) berechnet. Zumindest bei den ersten Iterationsschritten liegen die Extremwerte von $H_0(\Omega)$ weitab von den angenommenen Frequenzen Ω_i, $i = 0\,(1)\,K+1$. Aus dem berechneten Verlauf von $H_0(\Omega)$ werden nun die Extremwertfrequenzen Ω_{Ei}, $i = 0\,(1)\,...$, bestimmt. Ergeben sich mehr als $K+2$ Extremwerte, so werden nur die $K+2$ Werte berücksichtigt, die nicht im Übergangsbereich liegen, und bei denen die (gewichtete) Abweichung von der Wunschfunktion am größten ist (s.o.). Stets als Stützstellen herangezogen werden die Bereichsgrenzen, damit die Einhaltung des Toleranzschemas dort gewährleistet ist.

5) Die in Schritt 4) gewonnenen Extremwertfrequenzen Ω_{Ei} dienen als neue Stützstellen für die Berechnung des Frequenzganges $H_0(\Omega)$ im nächsten Iterationsschritt. Damit gehen wir zu Schritt 2) zurück.

6) Ein Abbruchkriterium für die Iteration läßt sich wie folgt entwickeln. Da die Stützstellen Ω_i nicht die Extremwertfrequenzen für $H_0(\Omega)$ darstellen, ist der Wert δ der Abweichung immer zu klein bestimmt. Wird die Annäherung der Frequenzen Ω_i an die tatsächlichen Extremwerte im Lauf der Iteration besser, so bedeutet dies eine Vergrößerung von δ. Die Iteration kann somit abgebrochen werden, wenn die Änderung des Wertes δ von einem Iterationsschritt zum nächsten eine vorgegebene Schwelle nicht mehr überschreitet. Unabhängig hiervon ist die Approximation stets dann abzubrechen, wenn die Änderung von δ negativ wird oder nicht gegen Null geht; in diesem Fall ist der Algorithmus für die gegebene Wunschfunktion numerisch instabil geworden. Dies ist verhältnismäßig leicht möglich (vgl. 5.124-5.125).

7) Aus der besten Approximation von $H_0(\Omega)$ werden die Filterkoeffizienten durch Lösen von (5.120) explizit berechnet. Nunmehr muß überprüft werden, ob das erhaltene Filter das Toleranzschema befriedigt. Ist dies nicht der Fall, so muß die Approximation mit erhöhtem Grad k erneut durchgeführt werden.

Als Beispiel für den Entwurf mit diesem Algorithmus diene das Filter von Abschnitt 5.2.3. Da das Toleranzschema von Bild 5.11 zugrundeliegt, muß, um die maximale Welligkeit des Amplitudenganges von 0,3 dB im Durchlaßbereich zu erreichen, ein Toleranzintervall von $\pm 0{,}15$ dB angesetzt werden. Ein linearphasiges Filter vom Grad 84 erfüllt die Anforderungen. Die Bilder 5.18-5.19 zeigen Teile des Entwurfsprotokolls sowie die Filtereigenschaften.

```
FILTER TYPE  ...........................    1
FILTER LENGTH  ........................   85
NUMBER OF BANDS  .......................    2
BAND 1      LOWER EDGE OF BAND ...........   0.0000
            UPPER EDGE OF BAND ...........   0.1100
            DESIRED FREQUENCY RESPONSE ....   1.0000
            WEIGHT ........................   1.0000
BAND 2      LOWER EDGE OF BAND ...........   0.1400
            UPPER EDGE OF BAND ...........   0.5000
            DESIRED FREQUENCY RESPONSE ....   0.0000
            WEIGHT ........................  17.6000
DEVIATION =   3.395284796E-05
DEVIATION =   9.216104183E-04
DEVIATION =   5.348304539E-03
DEVIATION =   1.023194075E-02
DEVIATION =   1.304666408E-02
DEVIATION =   1.407898490E-02
DEVIATION =   1.425656178E-02
DEVIATION =   1.427134356E-02
DEVIATION =   1.427219055E-02
DEVIATION =   1.427220447E-02
                          BAND 1          BAND 2
LOWER BAND EDGE         0.0000000       0.1400000
UPPER BAND EDGE         0.1100000       0.5000000
DESIRED VALUE           1.0000000       0.0000000
WEIGHTING               1.0000000      17.6000004
DEVIATION               0.0142722       0.0008109
DEVIATION IN DB         0.1230906     -61.8204346
EXTREMAL FREQUENCIES--MAXIMA OF THE ERROR CURVE
0.000000   0.012209   0.024418   0.036627   0.048837
0.061046   0.073255   0.085465   0.096511   0.105814
0.110000   0.140000   0.142325   0.148139   0.156860
0.166162   0.176628   0.187093   0.198139   0.209767
0.220814   0.232442   0.243489   0.255116   0.266744
0.278372   0.289999   0.301627   0.313255   0.325464
0.337091   0.348719   0.360928   0.372556   0.384184
0.396393   0.408602   0.420229   0.432438   0.445229
0.457438   0.470810   0.484763   0.500000
```

Bild 5.18. Iterative Tschebyscheffapproximation nach Parks und McClellan (1972a,b): Auszug aus dem Entwurfsprotokoll (Beispiel aus Abschnitt 5.2.3; siehe auch Bild 5.18). Alle Frequenzangaben sind auf die Abtastfrequenz bezogen (d.h., 0.5 entspricht $\Omega=\pi$). In den Zeilen "Deviation = ..." wird die Abweichung δ an den Stützstellen Ω_i für jeden Iterationsschritt angegeben. Das Vorzeichen ist für die Approximation bedeutungslos; es sagt nur, ob bei der Frequenz Null ein Maximum oder Minimum vorliegt. (Wechselt das Vorzeichen im Verlauf der Approximation, so bedeutet dies, daß ein Extremwertpaar vom Durchlaßbereich in den Sperrbereich oder in umgekehrter Richtung gewandert ist.) Wie

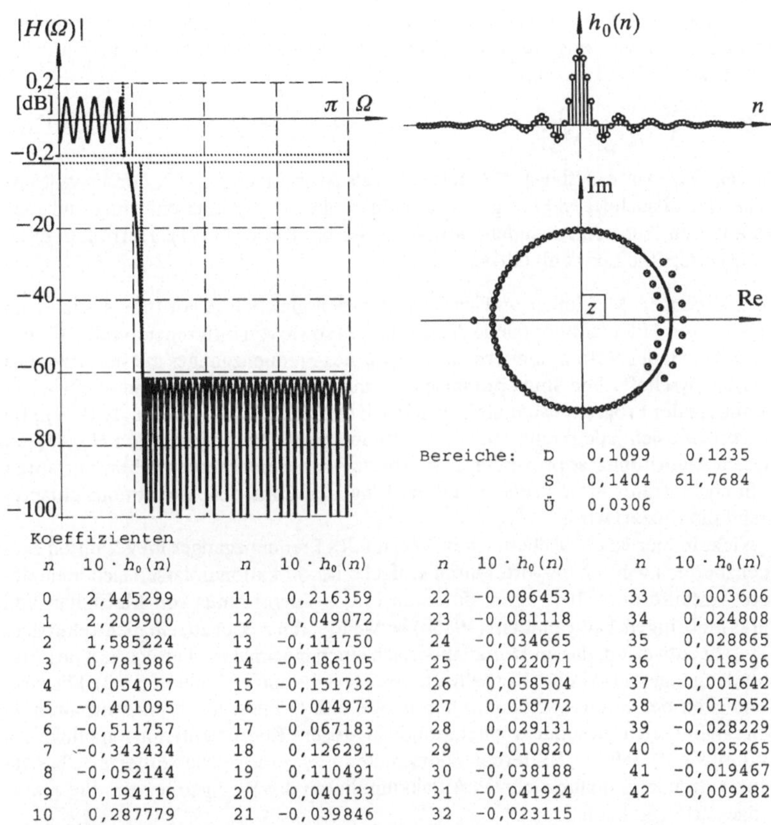

Koeffizienten

n	$10 \cdot h_0(n)$	n	$10 \cdot h_0(n)$	n	$10 \cdot h_0(n)$	n	$10 \cdot h_0(n)$
0	2,445299	11	0,216359	22	-0,086453	33	0,003606
1	2,209900	12	0,049072	23	-0,081118	34	0,024808
2	1,585224	13	-0,111750	24	-0,034665	35	0,028865
3	0,781986	14	-0,186105	25	0,022071	36	0,018596
4	0,054057	15	-0,151732	26	0,058504	37	-0,001642
5	-0,401095	16	-0,044973	27	0,058772	38	-0,017952
6	-0,511757	17	0,067183	28	0,029131	39	-0,028229
7	-0,343434	18	0,126291	29	-0,010820	40	-0,025265
8	-0,052144	19	0,110491	30	-0,038188	41	-0,019467
9	0,194116	20	0,040133	31	-0,041924	42	-0,009282
10	0,287779	21	-0,039846	32	-0,023115		

Bild 5.19. Filterbeispiel von Abschnitt 5.2.3 (Tiefpaßfilter für Hochabtastung). Iterative Tschebyscheffapproximation nach Parks und McClellan (1972a,b), Filtergrad $k=84$. In der Rubrik "Bereiche" gibt die erste Zahl die Grenzfrequenz bzw. beim Übergangsbereich dessen Breite an (jeweils bezogen auf $\Omega=2\pi$), die zweite Zahl ist die maximale Durchlaß- bzw. minimale Sperrdämpfung in dB

zu ersehen ist, geben wir bei diesem Algorithmus den Filtergrad (dargestellt durch die Länge N der Impulsantwort), die Bandgrenze(n), den Wert der Wunschfunktion sowie Gewichtungsfaktoren an, die das Verhältnis δ_D/δ_S repräsentieren. Die tatsächlichen Abweichungen des Frequenzganges von der Wunschfunktion ergeben sich aus den gegebenen Eingangsdaten

Bellanger ([31]1987a) gibt eine experimentell ermittelte Abschätzung des voraussichtlichen Grades eines linearphasigen Tschebyscheff-Filters an, die hier für den Tief- bzw. Hochpaß formuliert ist:

$$k \approx \frac{-4\pi \cdot \lg\,(10\,\delta_D\,\delta_S)}{3 \cdot |\Omega_S - \Omega_D|}\;;\tag{5.126}$$

für das obige Entwurfsbeispiel erhalten wir als Abschätzung $\hat{k}=83,7$ und damit fast genau den tatsächlichen Filtergrad. Formeln für die Filtergradabschätzung sind auch bei anderen Autoren zu finden, beispielsweise bei Kaiser (1971), Herrmann et al. (1973) oder Rabiner et al. (1974).

5.6.3 Varianten. McClellan und Parks setzen den gleichen Algorithmus auch zum Entwurf von Hilbertfiltern (siehe Abschnitt 8.2) sowie von differenzierenden Filtern ein, wo nicht der Betrag, sondern die *Steigung* des Frequenzganges mit der Frequenz im Tschebyscheffschen Sinn optimal approximiert wird. [In dieser Form ist der Algorithmus in der Programmsammlung des IEEE enthalten (McClellan et al., 1979).] Im Prinzip läßt sich jede reellwertige oder rein imaginäre Wunschfunktion $H_W(\Omega)$ mit diesem Algorithmus approximieren, sofern sie – wie beim Frequenzabtastverfahren – in abgetasteter Form vorliegt und die Eingaberoutine des Algorithmus entsprechend modifiziert wird.

Nicht immer ist ein Tschebyscheff-Verlauf des Frequenzganges im gesamten Frequenzbereich wünschenswert. Durch einfache Modifikationen lassen sich auch andere Verläufe der Übertragungsfunktion in den Algorithmus von McClellan und Parks einbringen. Vaidyanathan (1985b) verwendet ihn z.B. dazu, ein nichtrekursives Filter zu entwerfen, das im Durchlaßbereich einen maximal flachen Verlauf des Amplitudenganges, also Potenzverhalten aufweist (siehe auch Abschnitt 5.3.2). Die Notwendigkeit des Filters wird damit begründet, daß 1) Filter mit Potenzverhalten im Durchlaßbereich besonders unempfindlich gegen Koeffizientenungenauigkeiten sind, sowie 2) daß bei Hintereinanderschalten mehrerer solcher Filter in Übertragungsketten kein unangenehmes Aufakkumulieren der Welligkeiten des Frequenzganges erfolgen kann.

Im folgenden wird der Ablauf dieses Verfahrens anhand des Entwurfs eines Tiefpasses gezeigt. Als konkretes Beispiel zeigt Bild 5.20 Amplitudengang und Nullstellenverteilung des Filters, dessen Spezifikationen durch das Entwurfsbeispiel in Abschnitt 5.2.3 festgelegt sind.

Nachdem Entwurfsverfahren für Potenzfilter stets vom Potenzverhalten im Sperrbereich ausgehen, muß der Entwurf zusätzlich modifiziert werden, da hier Potenzverhalten im Durchlaßbereich gewünscht wird. Zu diesem Zweck definieren wir das komplementäre Filter (siehe Bild 5.21)

$$H_C(z) = H_T(z)\,H_P(z) \quad \text{mit} \quad H_P(z) = \Big[\,\frac{1+z^{-1}}{2}\,\Big]^M\;;\tag{5.127}$$

dies erzwingt Potenzverhalten in $z = -1$. Hierbei ist $H_T(z)$ die Übertragungsfunktion des Tschebyscheff-Filters, das als Ausgangspunkt der Modifikation dient. Sind die ursprünglichen Spezifikationen des Tolerenzschemas mit Ω_D, Ω_S, δ_D und δ_S festgelegt, so wird der Algorithmus von McClellan und Parks nunmehr mit folgender Wunschfunktion angesteuert:

$$D(\Omega) = \begin{cases} |1/H_P(\Omega)| & 0 \le \Omega \le \pi - \Omega_S \\ 0 & \pi - \Omega_D \le \Omega \le \pi \end{cases}.$$

Die zugehörige Gewichtungsfunktion wird

$$W(\Omega) = \begin{cases} |H_T(\Omega)| & 0 \le \Omega \le \pi - \Omega_S \\ \dfrac{\delta_S}{\delta_D} \cdot |H_T(\pi - \Omega_D)| & \pi - \Omega_D \le \Omega \le \pi \end{cases}.$$

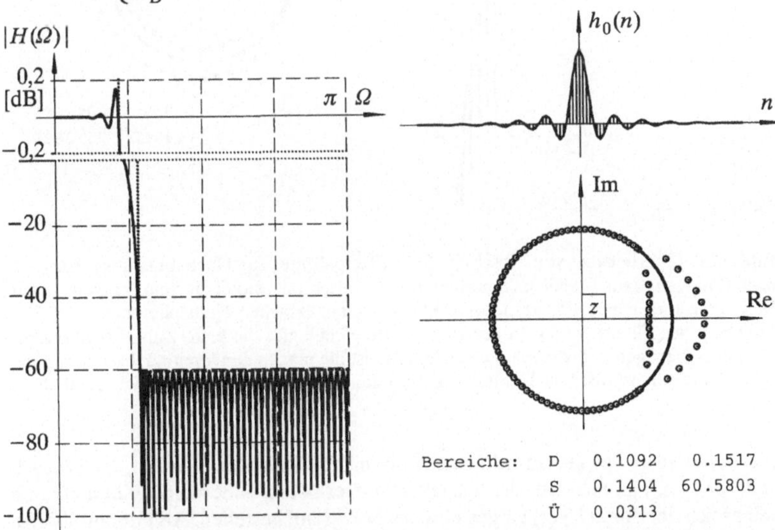

Bild 5.20. Filterbeispiel von Abschnitt 5.2.3 (Tiefpaßfilter für Hochabtastung). Entwurf nach Vaidyanathan (1985b) mit Potenzverhalten im Durchlaßbereich (der Entwurf sieht eine 8-fache Nullstelle vor); Filtergrad $k=96$. In der Rubrik "Bereiche" gibt die erste Zahl die Grenzfrequenz an (bezogen auf $\Omega=2\pi$), die zweite Zahl ist die maximale Durchlaß- bzw. minimale Sperrdämpfung in dB. Um die Bedingungen des Toleranzschemas einzuhalten, muß der Filtergrad ohne die Zusatznullstellen um 4 größer gewählt werden als beim Entwurf des Filters mit Tschebyscheff-Verhalten im Durchlaß- und Sperrbereich (so wie aus Bild 5.18 ersichtlich)

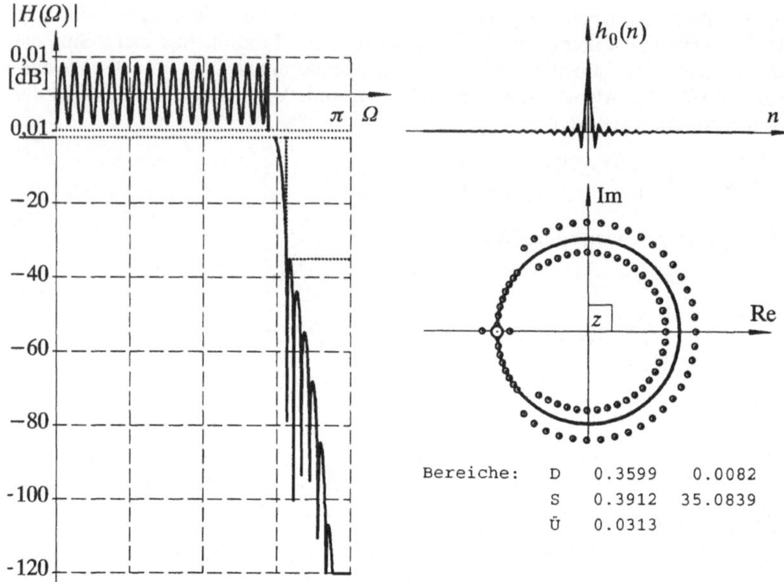

Bild 5.21. Filterbeispiel von Abschnitt 5.2.3 (Tiefpaßfilter für Hochabtastung). Entwurf nach Vaidyanathan (1985b); komplementäres Filter mit modifiziertem Entwurf nach McClellan und Parks [Filtergrad $k_1{=}88$] sowie einer 8-fachen Nullstelle bei $z{=}-1$; Gesamtgrad des Filters: $k{=}96$. In der Rubrik "Bereiche" gibt die erste Zahl die Grenzfrequenz an (bezogen auf $\Omega{=}2\pi$), die zweite Zahl ist die maximale Durchlaß- bzw. minimale Sperrdämpfung in dB. Der Einfluß der Zusatznullstellen ist im Sperrbereich deutlich zu sehen

Hierdurch zeigt das Gesamtfilter auch bei nicht konstantem Verlauf der Wunschfunktion $H_T(z)$ im Sperrbereich Tschebyscheffverhalten; außerdem bleibt im Durchlaßbereich der durch $H_P(z)$ eingestellte flache Verlauf bestehen. Als Gesamtübertragungsfunktion erhalten wir

$$H_0(z) = 1 - H_{C0}(-z) \,, \tag{5.128}$$

wobei $H_{C0}(z)$ die in (5.127) festgelegte Übertragungsfunktion des komplementären Filters in nichtkausaler Form darstellt.

Im Zusammenhang mit minimalphasigen Filtern werden weitere Varianten im nächsten Abschnitt erörtert.

Rabiner, Kaiser und Schafer (1974) berichten über Schwierigkeiten mit dem Algorithmus von McClellan und Parks beim Entwurf von Bandpässen und Bandsperren mit mehreren Durchlaß- oder Sperrbereichen. Da der Algorithmus den Übergangsbereich nicht kontrolliert, ist die Monotonie des Verlaufs von $H_0(\Omega)$ dort nicht garantiert; $H_0(\Omega)$ kann im Übergangsbereich weitere Extremwerte besitzen. Dies kann zu extremen Überschwingern des Frequenzganges in den Übergangsbereichen führen, die, wenn sie auftreten, den Entwurf unbrauchbar machen. Es ist darum stets notwendig, nach dem Entwurf eines Filters mit dem Algorithmus von McClellan und Parks den Amplitudengang im gesamten Frequenzband − also auch in den Übergangsbereichen − zu überprüfen.

Für die gleiche Aufgabe konzipiert, aber nicht auf dem Verfahren von Remez basierend, erzwingt der Algorithmus von McCallig und Leon (1978) die Einhaltung des Toleranzschemas auch in den Übergangsbereichen und vermeidet daher die erwähnte Schwierigkeit prinzipiell. Er hat sich allerdings gegenüber dem Verfahren von McClellan und Parks nie richtig durchsetzen können.

Das Programmpaket von Steiglitz et al. (1992; als Public-Domain-Software verfügbar) ist auf maximale Flexibilität beim Entwurf frequenzselektiver linarphasiger Filter ausgelegt. Mit diesem Entwurfsverfahren kann ebenso wie bei McCallig und Leon (1978) die Einhaltung des Toleranzschemas, wie in Bild 5.10 spezifiziert, in den Übergangsbereichen erzwungen werden. Außerdem lassen sich weitere Bedingungen, z.B. angenähertes Potenzverhalten im Durchlaßbereich, einbringen. Das Verfahren verwendet eine Methode der linearen Programmierung. Die hohe Flexibilität bedingt allerdings einen gegenüber der iterativen Tschebyscheffapproximation nach McClellan und Parks erhöhten Rechenaufwand.

Neben den Entwurfsverfahren für linearphasige Filter mit Tschebyscheffapproximation werden in neuerer Zeit zunehmend Verfahren zur Tschebyscheffapproximation beliebiger nichtrekursiver Filter vorgeschlagen, insbesondere zum Entwurf von frequenzselektiven Filtern mit Zusatzvorschriften zur Gruppenlaufzeit. Abgesehen von den Arbeiten zu minimalphasigen Filtern (Abschnitt 5.7), stand hier bis 1989 als einzige universell einsetzbare Methode nur eine indirekte Tschebyscheffapproximation zur Verfügung. Am häufigsten verwendet wurde der Algorithmus von Ellacott und Williams (1976), der auf einer früheren Arbeit von Larson (1961; hier nach Chit und Mason, 1991) basiert und eine modifizierte Kleinste-Quadrate-Approximation mit Fehlerrückkopplung verwendet. Ein hierauf basierendes Verfahren wurde beispielsweise von Chit und Mason (1991) vorgeschlagen. Chen und Parks (1987) entwickelten einen Algorithmus zur simultanen (aber getrennten) Approximation des gewünschten Amplitudengangs und der Gruppenlaufzeit mit Hilfe eines Verfahrens der linearen Programmierung. Den Durchbruch brachte der Algorithmus von Preuss (1987, 1989), die die Anwendung des Remez'schen Austauschalgorithmus auch für den komplexen Fall ermöglichte. Der Algorithmus verwendet das komplexe Approximationskriterium

$$E(\Omega) = [H_{\mathrm{W}}(\Omega) - H(\Omega)] \cdot W(\Omega) , \quad H_{\mathrm{W}} \text{ komplex} , \tag{5.129}$$

wobei die Approximation im Tschebyscheffschen Sinne optimal wird, wenn die maximale Abweichung ein Minimum wird:

$$\max_{\Omega \in \mathbf{A}} |E(\Omega)| = \delta \overset{!}{=} \min . \tag{5.130}$$

In einer Ortskurvendarstellung (Imaginärteil über Realteil der Übertragungsfunktion aufgetragen) ergibt dieses Toleranzintervall einen Kreis mit Radius δ um den Punkt $H_{\mathrm{W}}(\Omega)$. Wird das Toleranzintervall voll ausgeschöpft, so berührt $H(\Omega)$ diesen Kreis. Zu optimieren[7] ist also das Kriterium $|E(\Omega)|$. Im Unterschied zum reellen Fall, wo die Abweichung $E(\Omega)$ zwischen $-\delta$ und $+\delta$ pendelt, bewegt sich $|E(\Omega)|$ hier zwischen 0 und δ, und nur die Maxima, wo $E(\Omega)$ den Wert δ tatsächlich erreicht, sind von Interesse. Es zeigt sich, daß bei einem Filter vom Grad k mindestens $k+2$ dieser Maxima vorhanden sind. Analog zum reellen Fall läßt sich ein Gleichungssystem für die Koeffizienten $h(n)$, $n=0$ (1) k und die Abweichung δ aufstellen, in dem die Frequenzen Ω_i, an denen $|E(\Omega)|$ den Wert δ annimmt, und zusätzlich die Phasenwinkel a_i von $E(\Omega)$ an den Stellen Ω_i als Parameter auftreten. Dieses Gleichungssystem entspricht in seiner Struktur dem System (5.119-5.120) und läßt sich daher mit Hilfe des Austauschalgorithmus von Remez (1957) iterativ lösen. Auf eine weitergehende Diskussion muß aus Platzgründen verzichtet werden.

5.7 Entwurf frequenzselektiver minimalphasiger Filter mit Tschebyscheffverhalten

Die Entwurfsverfahren für nichtrekursive minimalphasige Filter gehen durchweg vom Entwurf eines linearphasigen Filters aus. Bekanntlich läßt sich jedes linearphasige System $H_{\mathrm{L}}(z)$ zerlegen in ein Minimalphasensystem $H_{\mathrm{m}}(z)$, dessen gesamte Nullstellen innerhalb des Einheitskreises liegen, sowie ein Maximalphasensystem $H_{\mathrm{M}}(z)$, dessen gesamte Nullstellen außerhalb des Einheitskreises liegen:

$$H_{\mathrm{L}}(z) = H_{\mathrm{m}}(z) \cdot H_{\mathrm{M}}(z) . \tag{5.131}$$

Die Nullstellen von $H_{\mathrm{m}}(\Omega)$ und $H_{\mathrm{M}}(\Omega)$ liegen spiegelbildlich zum Einheitskreis; es gilt also

---

[7] Die Optimierung von $|E(\Omega)|$ wurde bereits 1982 von Schüßler et al. vorgeschlagen. Die dort verwendete Newton-Raphson-Methode wird allerdings bei höheren Filtergraden extrem rechenaufwendig (Preuss, 1989:703).

$$H_{\mathrm{M}}(z) = H_{\mathrm{m}}(1/z) \tag{5.132a}$$

sowie auf dem Einheitskreis, also für $|z|=1$:

$$H_{\mathrm{M}}(z) = H_{\mathrm{m}}(z^*) \; ; \quad |z| = 1 \; . \tag{5.132b}$$

Dementsprechend sind die Beiträge von $H_{\mathrm{m}}(z)$ und $H_{\mathrm{M}}(z)$ zum Amplitudengang für $z=\exp(j\Omega)$ gleich:

$$|H_{\mathrm{L}}(\Omega)| = |H_{\mathrm{m}}(\Omega)| \cdot |H_{\mathrm{M}}(\Omega)| = |H_{\mathrm{m}}(\Omega)|^2 \quad \text{oder}$$

$$|H_{\mathrm{m}}(\Omega)| = \sqrt{|H_{\mathrm{L}}(\Omega)|} \; . \tag{5.133a,b}$$

Die Kenngrößen δ_{mD} und δ_{mS} des Minimalphasenfilters sind mit denen des zugehörigen linearphasigen Filters (δ_{LD}, δ_{LS}) demnach wie folgt verknüpft:

$$1 + \delta_{\mathrm{LD}} = (1 + \delta_{\mathrm{mD}})^2 = 1 + 2\delta_{\mathrm{mD}} + \delta_{\mathrm{mD}}^2 \; , \quad \text{also} \quad \delta_{\mathrm{LD}} \approx 2\delta_{\mathrm{mD}} \; ; \quad \text{sowie}$$

$$\delta_{\mathrm{LS}} = \delta_{\mathrm{mS}}^2 \; . \tag{5.134a,b}$$

Der Entwurf des linearphasigen Referenzfilters wird also in der Regel an den Durchlaß- und den Sperrbereich extrem verschiedene Anforderungen stellen, so daß insgesamt hohe Rechengenauigkeit geboten ist.

Ist das linearphasige System entworfen, so ergibt sich das minimalphasige daraus durch Aufspalten von $H_{\mathrm{L}}(z)$ in $H_{\mathrm{m}}(z)$ und $H_{\mathrm{M}}(z)$. Hierzu ist es prinzipiell notwendig, die Nullstellen von $H_{\mathrm{L}}(z)$ zu bestimmen. Bei hohen Filtergraden entstehen dadurch erhebliche numerische Probleme. Ein weiteres Problem liegt darin, daß die Nullstellen frequenzselektiver Filter im Sperrbereich durchweg *auf* dem Einheitskreis liegen und die Aufspaltung in einen maximalphasigen und einen minimalphasigen Anteil für einfache Nullstellen auf dem Einheitskreis nicht möglich ist. Hier muß der Entwurf derart modifiziert werden, daß Nullstellen auf dem Einheitskreis ausschließlich in gerader Vielfachheit auftreten; von diesen Nullstellen kann dann jeweils die eine zu $H_{\mathrm{m}}(z)$, die andere zu $H_{\mathrm{M}}(z)$ geschlagen werden, wenn man es nicht vorzieht, das minimalphasige Filter im Durchlaß- und Sperrbereich getrennt zu entwerfen.

Wozu nichtrekursive Minimalphasenfilter? Minimalphasenfilter realisieren ein gegebenes Toleranzschema mit a) minimaler Gruppenlaufzeit, b) minimalem Filtergrad. Es existieren Anwendungen, bei denen die hohe Gruppenlaufzeit linearphasiger Filter nicht hingenommen werden kann (Göckler, 1980). Die unbedingte Stabilität, die geringere Empfindlichkeit der Koeffizienten gegen Quantisierung und das bessere Rauschverhalten im Vergleich zu rekursiven Filtern sprechen auch hier für die nichtrekursive Lösung. Bei einzelnen Anwendungen kommen wir mit dem halben Grad eines bezüglich des Amplitudenganges äquivalenten linearphasigen Filters aus; dies gilt allerdings nicht für Filter mit sehr großen Sperrbereichen (Leistner und Parks, 1975); dort ist die Ersparnis wegen der zahlreichen Nullstellen auf dem Einheitskreis geringer.

Im folgenden wird in Abschnitt 5.7.1 der grundsätzliche Gang des Entwurfs des Minimalphasenfilters auf dem Umweg über das linearphasige Filter aufgezeigt. Abschnitt 5.7.2 behandelt Verfahren, bei denen die Nullstellen von $H_L(z)$ noch teilweise berechnet werden müssen, während Abschnitt 5.7.3 eine Methode vorstellt, die ganz ohne die Berechnung der Nullstellen auskommt.

5.7.1 Umwandlung eines linearphasigen Filters in ein Minimalphasenfilter unter Berechnung der Nullstellen (Herrmann und Schüßler, 1970). Dieser Entwurf läuft in zwei Schritten ab (Bild 5.22a,b).

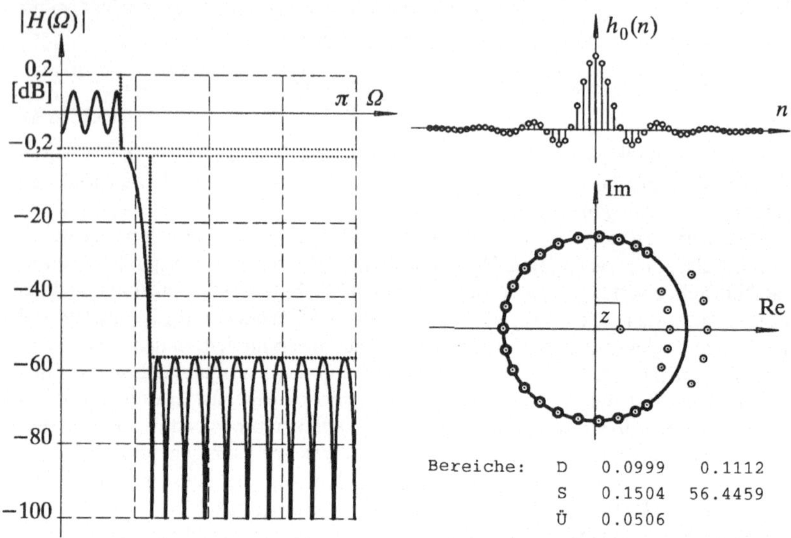

Bild 5.22a. Linearphasiger Tiefpaß mit Tschebyscheff-Verhalten; Entwurf nach Parks und McClellan (1972a,b); Filtergrad $k=54$, Übergang Durchlaßbereich-Sperrbereich (Wunschfunktion) bei $\Omega=\pi/4$ ($\Omega_D=0{,}1\pi$; $\Omega_S=0{,}15\pi$); modifiziertes Toleranzschema nach (5.134), dadurch Doppelnullstellen auf dem Einheitskreis und im Vergleich zu Einfachnullstellen um 6 dB verminderte Sperrdämpfung. In der Rubrik "Bereiche" gibt die erste Zahl die Grenzfrequenz an (bezogen auf $\Omega=2\pi$), die zweite Zahl ist die maximale Durchlaß- bzw. minimale Sperrdämpfung in dB. Dieses Filter dient als Prototyp für den Entwurf des minimalphasigen Filters, das unmittelbar daraus gewonnen werden kann; der weitere Verlauf des Entwurfs ist in Bild 5.22b gezeigt

1) Mit den modifizierten Spezifikationen nach (5.134) wird ein linearphasiges Filter derart entworfen, daß alle Nullstellen auf dem Einheitskreis gerade Vielfachheit aufweisen. Welche Maßnahmen im einzelnen dabei zu ergreifen sind, hängt vom Verlauf des Frequenzganges im Sperrbereich ab. Dieses Filter habe die Übertragungsfunktion $H_{0LA}(z)$.

- Filter mit *Potenzverhalten* (Kaiser, 1966) im Sperrbereich (Potenzfilter oder Tschebyscheff-Filter mit Tschebyscheffverhalten nur im Durchlaßbereich) weisen von Haus aus Mehrfachnullstellen auf dem Einheitskreis auf. Hier ist beim Entwurf darauf zu achten, daß diese Nullstellen von gerader Vielfachheit sind; ansonsten kann der Entwurf unverändert bleiben.

- Bei Filtern mit *Tschebyscheffverhalten* im Sperrbereich muß der Frequenzgang um δ_{LS} nach oben verschoben werden (Herrmann und Schüßler, 1970),

$$H_{0LA}(\Omega) = \frac{H_{0L}(\Omega) + \delta_{LS}}{1 + \delta_{LS}} \, . \tag{5.135}$$

Hierdurch wird das Verhalten des Filters im Durchlaßbereich nicht verändert; im Sperrbereich jedoch pendelt $H_{0LA}(\Omega)$ nunmehr zwischen 0 und $2\delta_{LS}$. In der

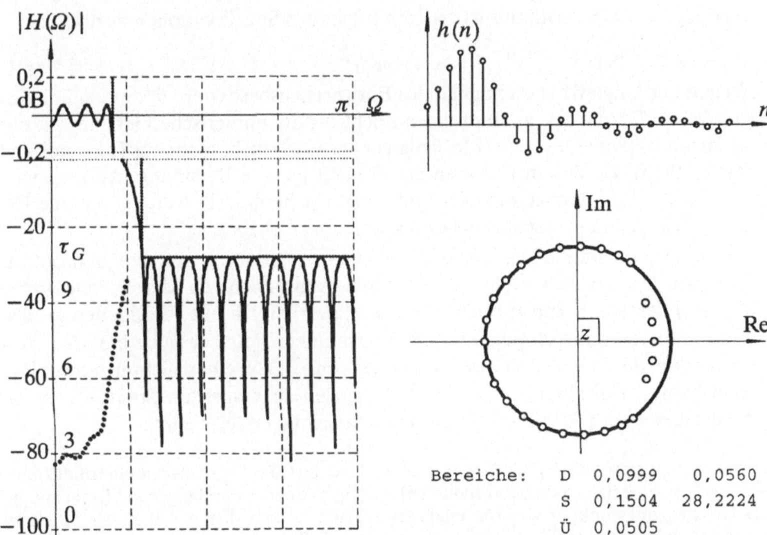

Bild 5.22b. Minimalphasiger Tiefpaß mit Tschebyscheff-Verhalten, entwickelt aus dem Tiefpaß von Bild 5.22a; Grad $k=27$

nichtkausalen Form wird damit der Frequenzgang eine nichtnegative reelle Funktion; Amplitudengang und Frequenzgang werden gleich:

$$|H_{0\mathrm{LA}}(\Omega)| = H_{0\mathrm{LA}}(\Omega)\,. \tag{5.136}$$

Die Minima von $H_{0\mathrm{L}}(\Omega)$ im Sperrbereich werden auf die Nullinie verschoben; hierdurch berührt $H_{0\mathrm{LA}}(\Omega)$ die Nullinie an diesen Stellen, und es ergeben sich Doppelnullstellen, deren Lage zudem bekannt ist, wenn das Filter zuvor mit dem Algorithmus von McClellan und Parks (1973) entworfen wird, da dieser Algorithmus die Extremwerte der Fehlerfunktion $E(\Omega)$ mitliefert.[8]

Das Verfahren funktioniert in dieser Form zunächst nicht für Filter mit mehreren Sperrbereichen, wenn die Toleranzen δ_{Si} in den verschiedenen Sperrbereichen nicht gleich sind. Durch Zusatz einer Programmanweisung (im Funktionsunterprogramm *DES*) im Algorithmus von McClellan und Parks wird aber erreicht, daß die Wunschfunktion in allen Sperrbereichen um den jeweiligen Wert δ_{Si} angehoben wird[9] und der Frequenzgang zwischen 0 und δ_{Si} pendelt (Boite und Leich, 1981); gleichzeitig entfällt die nachträgliche Anwendung von (5.135). Bei dieser Modifikation — gleichgültig, ob via (5.135) oder über die Programmänderung im Entwurfsalgorithmus — wird die minimale Sperrdämpfung um 6 dB verringert; der Algorithmus ist also mit folgenden Spezifikationen anzusetzen:

$$\delta_{\mathrm{LDA}} \approx 2\delta_{\mathrm{mD}}\;;\quad \text{sowie}\quad \delta_{\mathrm{LSA}} = \delta_{\mathrm{mS}}^{2}/2\,. \tag{5.137a,b}$$

Wegen der Ungleichgewichtigkeit des Entwurfs, insbesondere der extrem niedrigen Werte für die Sperrdämpfungen reicht oft die numerische Genauigkeit der gängigen Implementierung (McClellan et al., 1979) nicht mehr aus (Leistner und Parks, 1975). In diesem Fall muß auf doppelt genaue Rechnung übergegangen und durch Wahl genügend vieler Stützstellen sichergestellt werden, daß die Extremwerte genau genug angegeben sind.

- Fourierapproximation, modifizierte Fourierapproximation und Frequenzabtastverfahren lassen sich nicht ohne weiteres anwenden, da der Frequenzgang $H_{0\mathrm{L}}(\Omega)$ der damit entworfenen Filter im Sperrbereich mit verschieden großen Extremwerten um Null pendelt. Selbstverständlich läßt sich auch hier der Trick anwenden, durch Anhebung des Sollwertes von $H_{\mathrm{W}}(\Omega)$ einen nichtnegativen Frequenzgang zu erhalten. In diesem Fall werden aber auch im Sperrbereich die Nullstellen in der Regel nicht mehr auf dem Einheitskreis liegen.

---

[8] Der Algorithmus von McClellan und Parks liefert die Extremwerte allerdings nur mit der Genauigkeit, mit der die Frequenzskala abgetastet ist. Für die genaue Berechnung der Übertragungsfunktion des Minimalphasensystems reicht dies in der Praxis oft nicht aus (so auch bei dem in Bild 5.22a,b gezeigten Beispiel).

[9] Hierbei muß allerdings garantiert sein, daß der Frequenzgang im Übergangsbereich monoton verläuft; vgl. die Diskussion in Abschnitt 5.6.3.

2) Die Nullstellen von $H_{LA}(z)$ werden mit Hilfe eines geeigneten Algorithmus bestimmt. (Im allgemeinen sind solche Algorithmen in mathematischen Programmbibliotheken verfügbar.) Die Nullstellen außerhalb des Einheitskreises werden eliminiert, und die Vielfachheit der Nullstellen auf dem Einheitskreis wird halbiert. Anschließend wird das Filter aus den verbliebenen Nullstellen gemäß (2.27) zusammengesetzt:

$$H_{m}(z) = \frac{1}{z^k} \prod_{i=0}^{k} (z - z_{0i}) \,. \tag{5.138}$$

Der Grad k des minimalphasigen Filters wird gleich dem halben Grad des linearphasigen Filters; dort ist also beim Entwurf auf geraden Grad zu achten.

So bestechend einfach diese Lösung zunächst erscheint, so schwierig ist ihre numerische Implementierung. Abgesehen davon, daß Algorithmen zur Bestimmung komplexer Nullstellen von Polynomen bei höheren Graden im allgemeinen und bei Vorliegen von Doppelnullstellen im besonderen ihre Schwierigkeiten haben (Leistner und Parks, 1975), neigt auch die Realisierung von (5.138) beim Ausmultiplizieren zu Rundungsfehlern. Es ist deshalb nicht verwunderlich, wenn immer wieder Verfahren vorgeschlagen werden, die versuchen, dieser Schwierigkeit zumindest teilweise aus dem Weg zu gehen. Über solche Verfahren wird in den beiden nächsten Abschnitten berichtet.

Gangbar erscheint auch der Weg, bekannte Algorithmen zur Bestimmung der Nullstellen (siehe z.B. Schmidt und Rabiner, 1977) an die besonderen Verhältnisse bei frequenzselektiven linearphasigen Filtern zu adaptieren. Das Verfahren von Chen und Parks (1986) sucht zuerst im Sperrbereich des Filter nach Nullstellen auf dem Einheitskreis oder in dessen unmittelbarer Umgebung. Die Nullstellenpaare im Durchlaßbereich liegen jeweils spiegelbildlich zum Einheitskreis, so daß für $|z| > 1$ nicht nach Nullstellen gesucht werden muß. Mit dieser Zusatzinformation werden die Nullstellen bestimmt; die Übertragungsfunktion des Filters ergibt sich dann mit Hilfe von (5.138).

5.7.2 Entwurf von Minimalphasenfiltern mit teilweiser Berechnung der Nullstellen. Das Verfahren von Foxall et al. (1977) berechnet nur die Nullstellen des linearphasigen Filters, die nicht auf dem Einheitskreis liegen. Die Nullstellen außerhalb des Einheitskreises werden dann an diesem gespiegelt; dadurch erhält der endgültige Entwurf Doppelnullstellen innerhalb des Einheitskreises. Die Nullstellen auf dem Einheitskreis bleiben erhalten. Der Entwurf ist suboptimal, da sich gegenüber dem zugehörigen linearphasigen Filter keine Gradreduktion ergibt.

Göckler (1980) zerlegt den Entwurf in getrennte Verfahren für Durchlaß- und Sperrbereiche:

$$H_{m}(z) = H_{mD}(z) \cdot H_{mS}(z) \,. \tag{5.139}$$

$H_{mD}(z)$ umfaßt sämtliche Nullstellen des Durchlaßbereichs, $H_{mS}(z)$ sämtliche Nullstellen des Sperrbereichs. Der Entwurf wird durch iterative Anwendung des (an einigen Stellen modifizierten) Algorithmus von McClellan und Parks durchgeführt und läuft — am Beispiel eines Tiefpasses behandelt — in folgenden Schritten ab.

1) Zunächst wird ein (linearphasiges) Filter $H_S(z)$ derart entworfen, daß das Toleranzintervall δ_S in den Grenzen des Sperrbereichs eingehalten wird, aber kein Durchlaßbereich existiert. Dies läßt sich bei Parks und McClellan dadurch erreichen, daß nur ein extrem schmaler Durchlaßbereich angegeben wird, der keine Nullstellen an sich zieht. Der gesamte Durchlaß- und Übergangsbereich von $H_m(z)$ ergibt sich für das Teilfilter $H_S(z)$ als Übergangsbereich; dort erhält der Frequenzgang einen monotonen Verlauf; alle Nullstellen der Übertragungsfunktion befinden sich im Sperrbereich auf dem Einheitskreis. Da dieses Teilfilter bereits minimalphasig ist,

$$H_S(z) = H_{LS}(z) = H_{mS}(z)\,,$$

wird es beim Zusammenbau des gesamten Minimalphasenfilters nicht mehr verändert. Ungerade Vielfachheit der Nullstellen auf dem Einheitskreis ist bei diesem Verfahren also zulässig.

2) Das zweite Teilfilter wird als linearphasiges Filter $H_{LD}(z)$ entworfen, so daß es die Bedingungen für den Durchlaßbereich einhält. Unter der Voraussetzung, daß $H_S(z)$ bereits vorliegt, ergeben sich Wunschfunktion $H_{WLD}(\Omega)$ und Gewichtungsfunktion $W_{LD}(\Omega)$ dieses Teilfilters im Durchlaßbereich wie folgt:

$$H_{WLD}(\Omega) = |H_{WmD}(\Omega)|^2 = |H_S(\Omega)|^{-2}\,;$$

$$W_{LD}(\Omega) = \frac{W_D^2}{H_{WLD}(\Omega)} = \left[\, W_D \cdot |H_S(\Omega)|\,\right]^2\,. \tag{5.140a,b}$$

Hierbei ist W_D (ebenso wie später W_S) die Gewichtungskonstante, die sich ergäbe, wenn der Algorithmus von McClellan und Parks für den Entwurf eines linearphasigen Filters mit den Toleranzintervallen δ_D und δ_S eingesetzt würde. Die Grenzen des Durchlaßbereichs von $H_{LD}(z)$ entsprechen denen des Gesamtfilters; ein Sperrbereich wird nicht festgelegt. Der Entwurf ergibt ein sinnvolles Filter, weil im Durchlaßbereich die Wunschfunktion nicht konstant ist. Da kein Sperrbereich angegeben ist, befindet sich keine Nullstelle auf dem Einheitskreis.

3) Die Gesamtübertragungsfunktion $H_m(z) \doteq H_{mD}(z) \cdot H_{mS}(z)$ weist nun kein Tschebyscheffverhalten im Sperrbereich mehr auf, da der Sperrbereich von $H_m(z)$ durch den Entwurf von $H_{LD}(z)$ mit betroffen wird. Aus diesem Grund muß das Filter $H_S(z)$ neu entworfen werden. Schritt 1 wird folglich mit der modifizierten Gewichtungsfunktion

$$W_S(\Omega) = W_S \cdot |H_{mD}(\Omega)| = W_S \cdot |H_{LD}(\Omega)|^{1/2} \tag{5.141}$$

wiederholt. Die Einführung der frequenzabhängigen Wunsch- und Gewichtungs-funktion benötigt zwei kleinere Programmerweiterungen in Funktionsunterpro-grammen des Algorithmus von Parks und McClellan. Da durch den Neuentwurf von $H_S(z)$ auch $H_{LD}(z)$ in Mitleidenschaft gezogen wird, erfordert dies die Wiederho-lung von Schritt 2 mit neuen Kennwerten für die Übertragungs- und Gewichtungs-funktion. Die Iteration kann abgebrochen werden, wenn sich die Übertragungsfunk-tionen bei der Anwendung von Schritt 2 und 3 nicht mehr ändern. Damit sind $H_{LD}(z)$ und $H_S(z)$ bestimmt.

Zur Umwandlung des linearphasigen Systems in das minimalphasige Filter sind nur die Nullstellen von $H_{LD}(z)$ zu berechnen; durch Elimination der außerhalb des Einheitskreises befindlichen Nullstellen ergibt sich das minimalphasige Teilfilter $H_{mD}(z)$.

Das Verfahren bietet vor allem dann Vorteile, wenn schmalbandige Filter zu ent-werfen sind, da in diesem Fall der Grad von $H_{mD}(z)$ wesentlich geringer ist als der des Gesamtfilters.

5.7.3 Entwurf ohne Bestimmung der Nullstellen. Bei analogen Minimalphasensyste-men sind der Betrag [genauer gesagt: die Dämpfungsfunktion $a(s) = -\ln|H(s)|$] und die Phase der Übertragungsfunktion miteinander eindeutig über die Hilberttrans-formation verbunden (Marko, [2]1982:118; Schüßler, [3]1991b:439); der Amplituden-gang läßt sich also aus dem Phasengang bestimmen und umgekehrt. Eine entspre-chende Beziehung läßt sich auch für digitale Filter herleiten (Boite, 1971; Schüßler, 1973:213f.; Oppenheim und Schafer, 1975:343). Das darin enthaltene Integral ist je-doch für die numerische Auswertung wenig geeignet (Boite und Leich, 1981), so daß ein anderer Weg gesucht werden muß, um diese Beziehung für den Filterentwurf auszunutzen. Dieser benutzt das komplexe *Cepstrum* (Oppenheim und Schafer, 1989, Kap.12; Childers et al., 1977) der Filterübertragungsfunktion.

Weil $H_m(z)$ minimalphasig ist und alle Pole und Nullstellen innerhalb des Ein-heitskreises hat (bei den folgenden Überlegungen bleibt zunächst unberücksichtigt, daß ein minimalphasiges Filter auch Nullstellen auf dem Einheitskreis besitzen kann), konvergiert $\ln H_m(z)$ auch auf dem Einheitskreis und läßt sich in eine kausale Reihe entwickeln; die zugehörige Folge $\{c(\nu)\}$ ist als das *Cepstrum* definiert:[10]

$$\ln H_m(z) = \sum_{\nu=0}^{\infty} c(\nu)\, z^{-\nu}\, ; \qquad\qquad (5.142)$$

---

[10] Einheit der unabhängigen Variablen ν des Cepstrums ist die Zeit. Damit keine Ver-wechslung zwischen dem Zeitbereich und dem Cepstrum-Bereich entsteht, wird ν analog zur unabhängigen Variablen der Autokorrelationsfunktion als *Verzögerung* betrachtet. Die amerikanische Originalbezeichnung *quefrency* (vgl. Childers et al., 1977) für diese Varia-ble läßt sich nach Ansicht des Verfassers nicht in andere Sprachen übertragen.

Der komplexe Logarithmus trennt Betrag und Phase:

$$\ln[H(z)] = \ln\left[\,|H(z)|\; e^{-j\phi(z)}\,\right] = \ln|H(z)| - j\phi(z)\,. \tag{5.143}$$

Das Cepstrum einer reellen Zeitfunktion ist reell. Da der Amplitudengang (ebenso wie sein Logarithmus) gerade und reell, der Phasengang aber ungerade und imaginär ist, geht nach dem Zuordnungssatz der z-Transformation (vgl. Abschnitt 8.1.1) bei der Entwicklung nach (5.143) der (logarithmierte) Amplitudengang in den geraden Anteil $c_G(v)$, der Phasengang in den ungeraden Anteil $c_U(v)$ des Cepstrums $c(v)$ über. Stellt $H_m(z)$ ein Minimalphasensystem dar, so ist als Folge von (5.142) das zugehörige Cepstrum $c_m(v)$ kausal. Wir erhalten

$$c_{mU}(v) = \begin{cases} \dfrac{c_m(v)}{2} & v > 0 \\[2mm] 0 & v = 0 \\[2mm] \dfrac{-c_m(-v)}{2} & v < 0\,. \end{cases} \tag{5.144}$$

Der gerade Anteil $c_{mG}(v)$ läßt sich auf entsprechende Weise berechnen.

Der Algorithmus von Boite und Leich (1981) benutzt das Cepstrum dazu, aus dem gegebenen Frequenzgang $H_{0LA}(\Omega) = |H_m(\Omega)|^2$ eines linearphasigen Filters vom Grad $2k$ den Phasengang $\phi_m(\Omega)$ des minimalphasigen Filters zu rekonstruieren. Zwar ist die Reihe $c(v)$ im Gegensatz zu der finiten Impulsantwort $h_m(n)$ in der Regel zeitlich nicht begrenzt; ist $c(v)$ jedoch stabil, so klingen die Werte für wachsendes v schnell ab, und wir können das Cepstrum zeitlich begrenzen, z.B.

$$\ln H_m(z) = \sum_{k=0}^{\infty} \sum_{v=0}^{V-1} c(v+kV)\, z^{-(v+kV)}\,. \tag{5.145}$$

Definieren wir

$$\hat{c}(v) := \sum_{k=0}^{\infty} c(v+kV)\,, \tag{5.146}$$

so läßt sich die Beziehung zwischen $\ln H_m(\Omega)$ und dem (nunmehr als finit angenommenen) Cepstrum $\hat{c}(v)$ über die DFT formulieren:

$$\begin{aligned} \ln H_m(m) = \ln H_m\left(z = \exp(\tfrac{2\pi j m}{V})\right) &= \sum_{v=0}^{V-1} \hat{c}(v) \cdot \exp(\tfrac{-2\pi j m v}{V}) \\ &= \mathrm{DFT}_V\{\hat{c}(v)\}\,. \end{aligned} \tag{5.147}$$

V ist hinreichend groß gewählt, wenn gilt

$$\hat{c}(v < V/2) \approx c(v)\,; \quad \hat{c}(v \ge V/2) \approx 0\,. \tag{5.148a,b}$$

Mit (5.148b) ist sichergestellt, daß auch das finite Cepstrum als kausal angesehen werden kann; denn aus (5.148b) folgt wegen der Periodizität von $\hat{c}(v)$ sofort

$$\hat{c}(v) = 0 \quad \text{für} \quad -V/2 < v < 0 \ . \tag{5.148c}$$

[Unter dieser Annahme soll im folgenden die einfachere Schreibweise $c(v)$ auch für das finite Cepstrum übernommen werden.] V muß auf jeden Fall wesentlich größer als $2k$ gewählt werden. Wir erhalten dann allgemein entsprechend den Definitionen (2.61) und (2.62)

$$H(\Omega) = H(z{=}e^{j\Omega}) = e^{-a(\Omega) - j\phi(\Omega)} \tag{5.149}$$

und in der Notation der DFT

$$H(m) = H(z{=}\exp(\tfrac{2\pi jm}{V})) = \exp\left(-a(\tfrac{2\pi jmv}{V}) - j\phi(\tfrac{2\pi jmv}{V}) \right)$$
$$:= \exp(-a(m) - j\phi(m)) \ ; \tag{5.150}$$

$$\ln H(m) = -a(m) - j\phi(m) \ . \tag{5.151}$$

Da $a(m)$ gerade und $\phi(m)$ ungerade ist, ergibt sich

$$\begin{aligned} -a(m) &= \text{DFT}\{c_G(v)\} \ , \\ -\phi(m) &= \text{DFT}\{c_U(v)\} \ ; \end{aligned} \qquad m, v = 0 \ (1) \ V{-}1 \ ; \tag{5.152a,b}$$

$$c_G(v) = \frac{c(v) + c(V{-}v)}{2} \ ; \quad c_U(v) = \frac{c(v) - c(V{-}v)}{2} \ . \tag{5.153a,b}$$

Die Gleichungen (5.149-5.153) gelten allgemein für jedes stabile Filter, insbesondere also auch für das Minimalphasensystem.

In unserem Fall besteht die Aufgabe allerdings darin, $c_U(v)$ aus $c_G(v)$ zu berechnen. Gegeben ist die Übertragungsfunktion $H_{0LA}(z)$ des linearphasigen Filters vom Grad $2k$ mit dem nichtnegativen Frequenzgang $H_{0LA}(\Omega)$. *Nur im Fall des Minimalphasensystems läßt sich $\phi(z)$ daraus rekonstruieren.* Mit (5.133b) und (5.143) erhalten wir

$$-a_m(m) = \ln |H_m(m)| = \tfrac{1}{2} \ln H_{0LA}(m) \ ; \quad \text{also} \tag{5.154a}$$

$$c_{mG}(v) = \text{IDFT}\{-a_m(m)\} \ . \tag{5.154b}$$

Sofern (5.148) eingehalten ist, ist $c_{mU}(v)$ aus (5.153) rekonstruierbar:

$$c_{mU}(v) = \begin{cases} c_{mG}(v) & v = 1 \ (1) \ [V/2 - 1] \\ 0 & v = 0 \ , \ V/2 \\ -c_{mG}(-v) & v = [V/2 + 1] \ (1) \ V{-}1 \ ; \end{cases} \tag{5.155}$$

mit (5.152b) ergibt sich der gesuchte Phasengang $\phi_m(m)$. Aus (5.152) und (5.154) erhalten wir durch Entlogarithmieren den Frequenzgang des Minimalphasenfilters:

$$H_m(m) = \sqrt{H_{0LA}(m)} \cdot \exp[-j\phi_m(m)] \tag{5.156a}$$

und daraus schließlich die Impulsantwort

$$h_m(m) = \text{IDFT}\{H_m(m)\} \, . \tag{5.156b}$$

Auch bei diesem Verfahren bereiten Nullstellen auf dem Einheitskreis Probleme. Abgesehen davon, daß $c(v)$ dann im strengen Sinn auf dem Einheitskreis nicht mehr konvergiert, kann $\alpha_m(m)$ sehr große Werte annehmen, wenn die Stützstelle m mit einer der Nullstellen von $H_m(z)$ zusammenfällt. Boite und Leich (1981) spalten deshalb $H_m(z)$ in Durchlaß- und Sperrbereich auf,

$$H_m(z) = H_{mD}(z) \cdot H_S(z) \tag{5.139}$$

und wenden das soeben beschriebene Verfahren nur auf die Übertragungsfunktion im Durchlaßbereich an. Da das Filter $H_{0LA}(z)$ mit dem modifizierten Algorithmus von McClellan und Parks nach (5.135-5.136) entworfen wird, ist die Lage der Doppelnullstellen auf dem Einheitskreis bekannt, und $H_S(z)$ kann nach (2.27) bzw. (in Form von Amplituden- und Phasengang) mit (2.59) und (2.60) berechnet werden. Der logarithmierte Amplitudengang $\alpha_{mD}(m)$ ergibt sich dann zu

$$\alpha_{mD}(m) = -\ln|H_{mD}(m)| = a_m(m) - a_S(m) \; ; \tag{5.157}$$

hier kann numerisch das gleiche Problem auftreten, wenn eine Stützstelle m mit einer der Nullstellen zusammenfällt. In diesem Fall wird α_{mD} aber aus den Nachbarwerten interpoliert, da $\alpha_{mD}(m)$ im Sperrbereich monoton verläuft (Boite und Leich, 1981; vgl. Göckler, 1980).

Einen anderen Weg geht der Algorithmus von Pei und Lu (1986), der auf einer Arbeit von Mian und Nainer (1979) basiert (siehe auch Ebert und Heute, 1983). Zum einen wird das Konvergenzproblem auf dem Einheitskreis dadurch umgangen – und dies ließe sich auch auf die Arbeit von Boite und Leich (1981) anwenden – daß die Reihenentwicklung von $\ln H_m(z)$ geringfügig *außerhalb* des Einheitskreises im Konvergenzgebiet durchgeführt wird; die systematische Ungenauigkeit, die damit verbunden ist, läßt sich im Verlauf des Verfahrens in etwa wieder ausgleichen. Zum anderen jedoch umgeht der Algorithmus die Rekonstruktion des Phasenganges des Minimalphasensystems, indem er die Koeffizienten des Filters direkt aus dem Cepstrum berechnet.

Ausgangspunkt ist wieder die Zerlegung nach (5.131) des als Prototyp dienenden linearphasigen Systems $H_{0LA}(z)$ (mit Doppelnullstellen auf dem Einheitskreis) in den minimal- und den maximalphasigen Anteil. Logarithmiert ergibt dies

$$\ln H_{0\mathrm{LA}}(z) = \ln H_\mathrm{m}(z) + \ln H_\mathrm{M}(z) \; ; \tag{5.158}$$

Differenzieren nach z,

$$\frac{d(\ln H(z))}{dz} = \frac{\frac{d}{dz}(H(z))}{H(z)} = \frac{H'(z)}{H(z)} \; , \tag{5.159}$$

ergibt mit (5.158)

$$\frac{H'_{0\mathrm{LA}}(z)}{H_{0\mathrm{LA}}(z)} = \frac{H'_\mathrm{m}(z)}{H_\mathrm{m}(z)} + \frac{H'_\mathrm{M}(z)}{H_\mathrm{M}(z)} \; ; \tag{5.160}$$

hieraus wird durch (zweiseitige) inverse z-Transformation das *differentielle Cepstrum* bestimmt,

$$q_{0\mathrm{LA}}(v) = q_\mathrm{m}(v) + q_\mathrm{M}(v) \quad \text{mit} \quad q_{0\mathrm{LA}}(v) = Z^{-1}\left\{ \frac{H'_{0\mathrm{LA}}(z)}{H_{0\mathrm{LA}}(z)} \right\} \; . \tag{5.161a,b}$$

Wie das Cepstrum $c(v)$ selbst ist $q_{0\mathrm{LA}}(v)$ zeitlich nicht begrenzt. Wird die Reihe $q_{0\mathrm{LA}}(v)$ jedoch im Konvergenzgebiet entwickelt, so werden die einzelnen Glieder für wachsende Werte von v immer kleiner, so daß die Reihe für $v > V/2$ abgebrochen werden kann. Pei und Lu geben einen Wert von $V > 8k$ an, wenn k der Grad des zu entwickelnden Filters ist. Damit kann auch hier die Rechnung via DFT erfolgen. Der numerische Vorteil des differentiellen Cepstrums besteht darin, daß es sich ohne Bildung des Logarithmus berechnen läßt; somit entfällt (wenigstens zunächst) auch das numerische Problem in der Nähe der Nullstellen. Die Beziehung zwischen dem differentiellen Cepstrum und dem (gewöhnlichen) Cepstrum wird via (2.15) durch Koeffizientenvergleich festgelegt zu

$$q(v+1) = -v \cdot c(v) \; ; \quad \text{daraus} \quad c(v) = \frac{-q(v+1)}{v} \; ; \quad v \neq 0 \; . \tag{5.162}$$

Nach (5.142) ist das Cepstrum $c_\mathrm{m}(v)$ des Minimalphasensystems kausal, verschwindet also für $v < 0$. Für das Cepstrum des Maximalphasensystems läßt sich unter Verwendung der zweiseitigen z-Transformation zeigen, daß es eine *antikausale* Zeitfolge darstellt, also für $v > 0$ verschwindet. *Das Cepstrum trennt also das Minimalphasensystem und das Maximalphasensystem bereichsmäßig*, ohne daß die Nullstellen der Übertragungsfunktion bestimmt werden müssen.

Das Cepstrum $c(v)$ einer beliebigen Impulsantwort $h(n)$ läßt sich in das des Minimalphasensystems mit gleichem Amplitudengang verwandeln:

$$c_\mathrm{m}(v) = \begin{cases} \dfrac{c(v) + c(-v)}{2} & v > 0 \\ 0 & v \leq 0 \; . \end{cases} \tag{5.163}$$

Dies gilt auch für das linearphasige System; dort wird das Cepstrum für $v>0$ allerdings durch (5.163) nicht verändert. Mit (5.162) ergibt sich die entsprechende Beziehung für das Cepstrum aus dem differentiellen Cepstrum:

$$c_{\mathrm{m}}(v) = \begin{cases} -\dfrac{q(v+1) - q(-v+1)}{2v} & v > 0 \\ 0 & v \leq 0 \, . \end{cases} \qquad (5.164)$$

Die Filterkoeffizienten lassen sich aus dem Cepstrum direkt ohne Umweg über das Spektrum mit einer Rekursionsbeziehung angeben, die allerdings nur für rein rekursive Filter sowie für nichtrekursive Minimalphasenfilter gilt[11] (Oppenheim und Schafer, 1989:782; Yegnanarayana, 1981; Atal, 1974; Schroeder, 1981). Sie sei im folgenden für das nichtrekursive Minimalphasenfilter hergeleitet.

Gegeben sei ein nichtrekursives Minimalphasenfilter mit der Übertragungsfunktion $H_{\mathrm{mT}}(z)$ mit der Zusatzbedingung $d_0=1$, also

$$H_{\mathrm{m}}(z) = D(z) \, ; \quad D(z) = \sum_{i=0}^{k} d_i \, z^{-i} \, ; \quad d_0 = 1 \, . \qquad (2.35)$$

Das Cepstrum ergibt sich aus $\ln H_{\mathrm{mT}}(z)$ durch Laurentreihenentwicklung:

$$\ln D(z) = \sum_{v=1}^{\infty} c_{\mathrm{m}}(v) \, z^{-v} \, . \qquad (5.142)$$

Hieraus erhalten wir die rekursive Beziehung zwischen d_i und $c_{\mathrm{m}}(v)$:

$$c_{\mathrm{m}}(v) = d_v + \frac{1}{v} \sum_{i=1}^{v-1} i c_{\mathrm{m}}(i) \, d_{v-i} \, ; \quad d_v = c_{\mathrm{m}}(v) - \frac{1}{v} \sum_{i=1}^{v-1} i c_{\mathrm{m}}(i) \, d_{v-i} \, . \qquad (5.165\mathrm{a,b})$$

Herleitung. Aus dem Ansatz (5.142) folgt sofort

$$\ln D(z) = \ln \left[\sum_{i=0}^{k} d_i \, z^{-i} \right] = \sum_{n=1}^{\infty} c_{\mathrm{m}}(n) \, z^{-n} \, . \qquad (5.166)$$

Das Glied mit z^0 verschwindet hierbei, da $d_0=1$ ist. Wir setzen $u = z^{-1}$ und leiten (5.166) nach u ab:

---

[11] Zu beachten ist, daß wegen der Logarithmierung im Spektralbereich amplitudenmäßig auch zwischen Cepstrum und Impulsantwort eine logarithmische (bzw. exponentielle) Beziehung besteht. Die Halbierung des Cepstrums in (5.163) und (5.164) entspricht der Bildung der Quadratwurzel im Zeit- bzw. Frequenzbereich und bewerkstelligt somit den betragsmäßigen Übergang von $H_{0\mathrm{LA}}(z)$ zu $|H_{\mathrm{m}}(z)|$. Die (I)DFT bzw. FFT muß daher strikt nach den Definitionen (2.54) und (2.57) programmiert werden; Nichtbeachtung der genauen Amplitudenbeziehungen, insbesondere das (sonst durchaus mögliche) Weglassen des Faktors $1/N$ bei der IDFT führen zu groben Fehlern.

$$\frac{\sum\limits_{\nu=1}^{k} \nu d_\nu u^{\nu-1}}{\sum\limits_{i=0}^{k} d_i u^i} = \sum_{n=1}^{\infty} n c_{\mathrm{m}}(n)\, u^{n-1} \quad \text{oder} \quad \sum_{\nu=1}^{k} \nu d_\nu u^{\nu-1} = \sum_{n=1}^{\infty} n c_{\mathrm{m}}(n)\, u^{n-1} \cdot \sum_{i=0}^{k} d_i u^i \; ;$$

dies ergibt unter der Annahme, daß die Summe über n konvergiert:

$$\sum_{\nu=1}^{k} \nu d_\nu u^{\nu-1} = \sum_{i=0}^{k} \sum_{n=1}^{\infty} n c_{\mathrm{m}}(n)\, d_i\, u^{i+n-1} \; . \tag{5.167}$$

Für eine bestimmte Potenz $u^{\nu-1}$ reduziert sich die Doppelsumme auf der rechten Seite von (5.167) auf eine einfache Summe; mit $i+n=\nu$ sowie $d_0=1$ erhalten wir

$$\nu d_\nu\, u^{\nu-1} = \sum_{i=1}^{\nu} i c_{\mathrm{m}}(i)\, d_{\nu-i}\, u^{\nu-1} = \nu \cdot c_{\mathrm{m}}(\nu) \cdot u^{\nu-1} + \sum_{i=1}^{\nu-1} i c_{\mathrm{m}}(i)\, d_{\nu-i}\, u^{\nu-1} \; . \tag{5.168}$$

Damit erhalten wir die rekursive Beziehung (5.165) zwischen d_i und $c_{\mathrm{m}}(\nu)$.

Unter der Voraussetzung, daß ein nichtrekursives Minimalphasensystem vorliegt, können die Filterkoeffizienten also direkt aus den ersten Cepstrumkoeffizienten berechnet werden. Eine entsprechende Beziehung existiert für das rein rekursive Prädiktorfilter:

$$\frac{1}{G(z)} = \sum_{i=0}^{k} g_i\, z^{-i}; \quad g_0 = 1 \; . \tag{5.169a}$$

$$g_\nu = -c_{\mathrm{P}}(\nu) - \frac{1}{\nu} \sum_{i=1}^{\nu-1} i c_{\mathrm{P}}(i)\, g_{\nu-i}; \quad \nu = 1\ (1)\ k \; . \tag{5.169b}$$

Diese Beziehungen gelten ausschließlich für das rein rekursive Prädiktorfilter bzw. für das nichtrekursive Minimalphasensystem.

Der Algorithmus von Pei und Lu läuft damit wie folgt ab.

1) Das linearphasige Filter mit der Übertragungsfunktion $H_{0\mathrm{LA}}(z)$, der Impulsantwort $h_{\mathrm{LA}}(n)$, dem Grad $2k$ und den nach (5.136a,b) modifizierten Spezifikationen wird mit dem Algorithmus von McClellan und Parks (oder einem anderen Entwurfsalgorithmus) so entworfen, daß Nullstellen auf dem Einheitskreis nur in gerader Vielfachheit auftreten.

2) Zur Sicherstellung der Konvergenz des Cepstrums wird die Übertragungsfunktion $H_{0\mathrm{LA}}(z)$ unter Verwendung des Modulationssatzes der z-Transformation für einen Radius ϱ etwas außerhalb des Einheitskreises berechnet:

$$H_{0\mathrm{LA}}(m) = \mathrm{DFT}_N \left\{ \varrho^{-n} \cdot h_{0\mathrm{LA}}(n) \right\} \; ; \quad N \geq V \gg k \; . \tag{5.170}$$

Hierbei ist N das Transformationsintervall für die DFT, d.h., die Zahl der an der DFT beteiligten Abtastwerte. Ein Wert $N > 8k$ erweist sich hierbei als ausreichend. Für den Entwicklungsradius ϱ geben die Autoren einen experimentell ermittelten Richtwert von $\varrho = 1,026$ an; geringere Werte verschlechtern die Konvergenz des Cepstrums; bei größeren Werten besteht die Gefahr, daß eine Nullstelle von $H_{LA}(z)$ außerhalb des Einheitskreises noch mit erfaßt wird.

3) Die nach z differenzierte Übertragungsfunktion $H'_{0LA}(z)$ wird auf die gleiche Weise berechnet:

$$H'_{0LA}(m) = \text{DFT}_N \{ n \cdot \varrho^{-n} \cdot h_{0LA}(n) \} ; \quad N \gg k . \tag{5.171}$$

4) Aus $H_{0LA}(m)$ und $H'_{0LA}(m)$ ergibt sich das differentielle Cepstrum:

$$q_L^{(1)}(v) = \text{IDFT} \left\{ \frac{H'_L(m)}{H_L(m)} \right\} ; \quad v = 0 \ (1) \ N-1 . \tag{5.172}$$

Da die Berechnung von $H'_{0LA}(m)$ in (5.171) von der genauen Definition nach (2.15) abweicht, muß das differentielle Cepstrum $q_L^{(1)}(v)$ noch um einen Abtastwert in Zeitrichtung verschoben werden; zugleich wird durch eine exponentiell ansteigende Gewichtung mit ϱ^v der durch die Transformation außerhalb des Einheitskreises verursachte Fehler kompensiert:

$$q_L(v+1) = \varrho^v \cdot q_L^{(1)}(v) ; \quad v = \frac{-N}{2} \ (1) \ \frac{N}{2}-1 . \tag{5.173}$$

5) Aus dem differentiellen Cepstrum wird mit (5.164) das Cepstrum $c_m(v)$ des Minimalphasensystems gebildet.

6) Mit (5.169b) wird aus $c_m(v)$ die (unskalierte) Impulsantwort $h_{mu}(n)$ des Minimalphasensystems berechnet. Der Wert $h_{mu}(0)$ wird entsprechend der Zusatzbedingung $d_0 = 1$ zunächst zu Eins angenommen.

7) Durch eine abschließende Skalierung wird sichergestellt, daß der Amplitudengang im Durchlaßbereich des minimalphasigen Filters um den gleichen Wert pendelt wie im linearphasigen Fall. Der Skalierungsfaktor ergibt sich zu

$$s = \frac{\sqrt{\left| \sum_{n=0}^{2k} h_L(n) \right|}}{\left| \sum_{n=0}^{k} h_{mu}(n) \right|} . \tag{5.174}$$

Bild 5.23 zeigt die Realisierung des Beispiels von Abschnitt 5.2.3 als nichtrekursives Minimalphasenfilter. Zunächst wurde entsprechend (5.136) mit dem Algorithmus von McClellan und Parks ein linearphasiges Filter mit einer Durchlaßdämpfung von 0,26 dB und einer Sperrdämpfung von 126 dB entworfen. (Dieser große Dynamikbereich, der einen Gewichtungsfaktor im Sperrbereich von mehr als 68000 bedingte, konnte mit einfacher Rechengenauigkeit, d.h. 32-bit-Gleitkommadarstellung, nicht mehr bewältigt werden; der Übergang auf doppelt genaue Zahlendarstellung erwies sich als unumgänglich.) Anschließend erfolgte der weitere Entwurf mit dem Algorithmus von Pei und Lu; für die Transformationen wurde ein Intervall von $N=1024$ verwendet, und der Dämpfungsfaktor wurde zu $\varrho=1{,}026$ festgelegt. Bei kleineren Werten von ϱ zeigten sich rauschartige Unebenheiten in den Dämpfungsminima von $H_m(z)$ im Sperrbereich; bei größeren Werten wies das Filter in der Umgebung des Übergangsbereichs kein Tschebyscheffverhalten mehr auf. Bemerkenswert ist das Filter insofern, als es im Durchlaßbereich durchweg eine geringere Gruppenlaufzeit aufweist als das in Abschnitt 5.2.3 entworfene rekursive Cauerfilter (vgl. Bild 5.5).

Abschließend sei mehr zur historischen Vollständigkeit noch der Beitrag von Shindo et al. (1979) erwähnt. Diese Arbeit stellt eine Beziehung zwischen den Abtastwerten $h_{0\mathrm{LA}}(n)$ der Impulsantwort des linearphasigen Referenzfilters nach (5.135-5.136) und der Impulsantwort $h_m(n)$ des minimalphasigen Filters direkt im Zeitbereich her. Dort gilt bekanntlich

$$h_{\mathrm{LA}}(n) = h_m(n) * h_M(n) ; \tag{5.175}$$

die Impulsantwort des linearphasigen Systems ergibt sich also als Faltung der Impulsantworten des Minimal- und des Maximalphasensystems. Bereichsmäßig trennen wie beim Cepstrum lassen sich die Anteile von Maximal- und Minimalphasensystem hier nicht. Da die Impulsantwort des Maximalphasensystems jedoch die gleichen Koeffizienten wie die des Minimalphasensystems aufweist (nur in umgekehrter Reihenfolge), und da die Faltung hier wegen der zeitlichen Begrenzung der Impulsantworten eine zeitlich begrenzte Operation ist, läßt sich eine Beziehung zwischen den beiden Impulsantworten aufstellen:

$$h_{0\mathrm{LA}}(0) = \sum_{i=0}^{k} [h_m(i)]^2 ;$$

$$\tag{5.176a,b}$$

$$h_{0\mathrm{LA}}(n) = 2 \sum_{i=0}^{k-n} h_m(i)\, h_m(i+n) ; \quad n = 1\ (1)\ k .$$

Löst man dieses nichtlineare Gleichungssystem nach den Werten $h_m(n)$ auf, so ergibt sich das gesuchte Filter. Das Verfahren führt zum gleichen Ergebnis, ist bei höheren Filtergraden allerdings ungleich rechenaufwendiger als die Algorithmen, die sich des Cepstrums und der DFT bedienen.

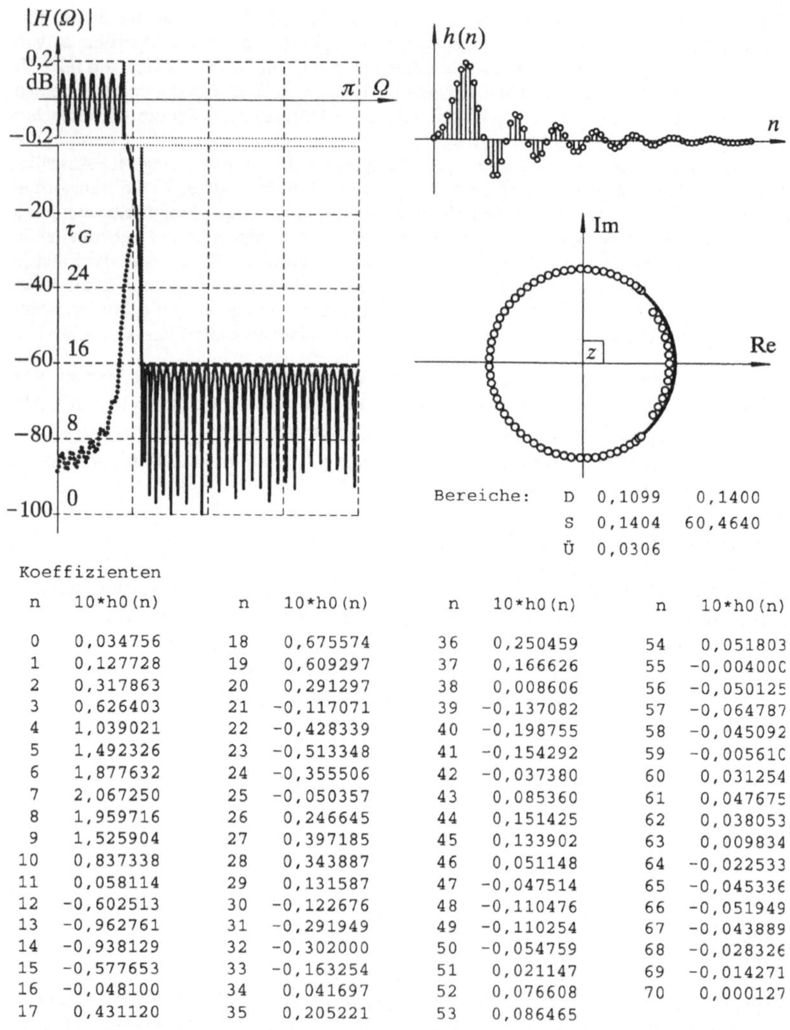

Koeffizienten

n	10*h0(n)	n	10*h0(n)	n	10*h0(n)	n	10*h0(n)
0	0,034756	18	0,675574	36	0,250459	54	0,051803
1	0,127728	19	0,609297	37	0,166626	55	-0,004000
2	0,317863	20	0,291297	38	0,008606	56	-0,050125
3	0,626403	21	-0,117071	39	-0,137082	57	-0,064787
4	1,039021	22	-0,428339	40	-0,198755	58	-0,045092
5	1,492326	23	-0,513348	41	-0,154292	59	-0,005610
6	1,877632	24	-0,355506	42	-0,037380	60	0,031254
7	2,067250	25	-0,050357	43	0,085360	61	0,047675
8	1,959716	26	0,246645	44	0,151425	62	0,038053
9	1,525904	27	0,397185	45	0,133902	63	0,009834
10	0,837338	28	0,343887	46	0,051148	64	-0,022533
11	0,058114	29	0,131587	47	-0,047514	65	-0,045336
12	-0,602513	30	-0,122676	48	-0,110476	66	-0,051949
13	-0,962761	31	-0,291949	49	-0,110254	67	-0,043889
14	-0,938129	32	-0,302000	50	-0,054759	68	-0,028326
15	-0,577653	33	-0,163254	51	0,021147	69	-0,014271
16	-0,048100	34	0,041697	52	0,076608	70	0,000127
17	0,431120	35	0,205221	53	0,086465		

Bild 5.23. Minimalphasiger Tiefpaß mit Tschebyscheff-Verhalten, Entwurfsbeispiel von Abschnitt 5.2.3. Entwurf mit dem Algorithmus von Pei und Lu (1986); Filtergrad $k=70$

5.8 Zum Entwurf von Entzerrerfiltern

Die in den bisherigen Abschnitten dieses Kapitels diskutierten Entwurfsverfahren sind vorwiegend für frequenzselektive Filter entwickelt worden. Das Kapitel soll aber nicht schließen ohne eine zumindest qualitative Überlegung zum Entwurf von Entzerrerfiltern und zum Entwurf von Filtern für besondere Aufgaben.

Die Spezifikation für frequenzselektive Filter ist meist in Form des Toleranzschemas gegeben. Dieses stellt durchweg Anforderungen an den Amplitudengang des Filters, wobei als Ausgangspunkt das (nicht realisierbare) ideale Filter (idealer Tiefpaß, Hochpaß, Bandpaß usw.) steht. Dies führt zum einen auf rekursive Lösungen, die aus Filterkatalogen für analoge Filter gewonnen (Abschnitt 5.2) oder aber mit einem der gängigen Approximationskriterien direkt in der z-Ebene entworfen werden können (Abschnitt 5.3). Nichtrekursive Filter, von denen die linearphasigen Filter die größte Bedeutung erlangt haben, werden in der z-Ebene direkt entworfen. Als Approximationskritcrium wird in der Regel entweder eine Kleinste-Quadrate-Approximation (Abschnitt 5.5) oder eine Tschebyscheff-Approximation (Abschnitte 5.6 und 5.7) verwendet. Zusätzliche Entwurfsbedingungen über die Vorgabe des Toleranzschemas hinaus sind beispielsweise

- einschränkende Bedingungen im Zeitbereich, z.B. die Interpolatorbedingung [(7.7), siehe Abschnitt 7.2], die verlangt, daß bestimmte Koeffizienten nichtrekursiver Filter den Wert Null annehmen;
- zusätzliche Bedingungen im Frequenzbereich, z.B. Potenzverhalten oder die Monotonie von $|H(W)|$ im Durchlaßbereich.
- Anforderungen an Phasengang bzw. Gruppenlaufzeit;

Neben linearphasigen und minimalphasigen Systemen spielen annähernd linearphasige Systeme eine Rolle. Sie kommen zum Einsatz, wenn einerseits die Phasenverzerrungen eines minimalphasigen (rekursiven oder nichtrekursiven) Filters nicht tolerabel sind, andererseits aber auch ein linearphasiges Filter aus Gründen des Aufwandes oder der (bei kausaler Realisierung) zu hohen Gruppenlaufzeit ausscheidet. In diesem Fall kann beispielsweise ein Filter entworfen werden, das im Durchlaßbereich annähernd linearphasig ist (dort existiert dann ein Toleranzschema auch für die Gruppenlaufzeit), dessen Phasengang aber im Unterschied zu linearphasigen Filtern im Sperrbereich unspezifiziert bleibt. Filter dieser Art kommen in der Regel mit geringeren Gruppenlaufzeiten im Durchlaßbereich aus als linearphasige Filter. Wird ein annähernd linearphasiges Filter nicht als minimalphasiges Filter mit nachfolgender Laufzeitentzerrung durch einen Allpaß realisiert, so muß es durch komplexe Approximation direkt entworfen werden. Dies kann beispielsweise durch komplexe Kleinste-Quadrate-Approximation nach der Eigenwertmethode (Nguyen, 1993, Abschnitt 5.5.5) oder durch komplexe Tschebyscheffapproximation als nichtrekursives Filter (Preuss, 1989; Abschnitt 5.6.3) bzw. rekursives Filter (Saramäki, 1992; Abschnitt 5.3.3) erfolgen. Für eine detailliertere Diskussion, die in diesem Buch aus Platzgründen nicht geführt werden kann, wird auf die Originalarbeiten verwiesen.

Im Unterschied zu frequenzselektiven Filtern zeichnen sich Entzerrerfilter dadurch aus, daß sie in der Regel keine expliziten Durchlaß- und Sperrbereiche, sondern eine stetige Wunschfunktion über den ganzen Approximationsbereich hinweg besitzen. Entzerrerfilter werden beispielsweise dazu eingesetzt, lineare Verzerrungen bei einer Signalübertragung (in analogen Übertragungskanälen) auszugleichen, oder aber um Signale gezielt linear zu verzerren. Die Entwurfsaufgabe kann hierbei den Amplitudengang wie auch den Phasengang betreffen. Entzerrerfilter zur Beseitigung von Phasenverzerrungen dienen zur Rekonstruktion einer Signalform (z.B. bei der Aufbereitung von alten, mit analogen Aufzeichnungsgeräten aufgenommenen Sprach- und Musikaufnahmen). Filter zur Verzerrung (oder Entzerrung) des Amplitudengangs sind beispielsweise als Klangfarbenregler oder Equalizer bei Audiogeräten allgegenwärtig. Soll bei der Verzerrung von Amplitudengängen die Signalform erhalten bleiben, so sind linearphasige oder zumindest annähernd linearphasige Filter zu verwenden.

Ein großer Teil der Entwurfsverfahren für frequenzselektive Filter läßt sich auch beim Entwurf von Entzerrerfiltern einsetzen. Da i.a. die Wunschfunktion $H_\mathrm{W}(\Omega)$ stetig verläuft, ist die Fourierapproximation (Abschnitt 5.5.1) grundsätzlich geeignet; rechnerisch einfacher, weil ohne Berechnung von Integralen durchzuführen, ist das Frequenzabtastverfahren (Abschnitt 5.5.3), das die Wunschfunktion an äquidistanten Stützstellen direkt realisiert und im übrigen nach einem Kleinste-Quadrate-Kriterium approximiert. Ebenso ist die Eigenwertmethode (Abschnitte 5.5.4 und 5.5.5) bei entsprechender Aufbereitung der Wunschfunktion einsetzbar; sie ist dadurch, daß der Approximationsbereich nicht den gesamten Frequenzbereich umfassen muß, flexibler und erlaubt zudem, durch gezielten Einsatz der Gewichtungsfunktion für bestimmte Frequenzbänder eine besonders gute oder auch eine weniger gute Approximation durchzuführen.

Ebenfalls geeignet ist die Tschebyscheffapproximation (Abschnitt 5.6). Das Approximationskriterium erlaubt Wunschfunktionen, die von Eins und Null abweichen. Hierzu ist lediglich der Algorithmus von McClellan und Parks im Eingabeteil zu modifizieren, wie dies an anderer Stelle (Abschnitt 5.7.2) für die Entwicklung von Minimalphasensystemen bereits gefordert wurde. Soll ein Entzerrerfilter als Minimalphasensystem entworfen werden, so ist es günstig, dafür zu sorgen, daß das zugehörige linearphasige Filter keine Nullstellen auf dem Einheitskreis hat, denn es ist schwierig, ein linearphasiges Entzerrerfilter mit Doppelnullstellen auf dem Einheitskreis zu entwerfen (dies geht lediglich dann, wenn das Filter wie ein frequenzselektives Filter Sperrbereiche besitzt, in denen die Wunschfunktion Null ist). Wird in diesem Fall das Verfahren von Pei und Lu (Abschnitt 5.7.3) eingesetzt, so kann die

Reihenentwicklung zur Berechnung des differentiellen Cepstrums direkt auf dem Einheitskreis erfolgen.

Bei der Tschebyscheffapproximation von Entzerrerfiltern kann sich ein Problem mit der Gewichtung der Abweichungen ergeben. Die Abweichung von der Wunschfunktion ist definiert als absolute Abweichung von der Wunschfunktion um einen bestimmten Wert. Bei frequenzselektiven Filtern ist das vom Toleranzschema her so vorgesehen; bei Entzerrerfiltern mag es jedoch notwendig sein, nicht die absolute, sondern die relative Abweichung zu minimieren, so daß die Abweichung nicht in Prozent vom Maximalwert, sondern in Dezibel gemessen über den Approximationsbereich konstant bleibt. Dies erfordert, daß die Approximation bei Frequenzen, bei denen der gewünschte Amplitudengang stark von Eins abweicht, absolut gesehen besser wird als bei Frequenzen, wo die Wunschfunktion nahe an Eins liegt. Beim Algorithmus von McClellan und Parks läßt sich diese Art der Approximation dadurch erzwingen, daß die eingebaute Gewichtungsfunktion umgekehrt proportional zum Betrag der Wunschfunktion angesetzt wird,

$$W(\Omega) = \frac{const}{|H_{\mathrm{W}}(\Omega)|} \; ; \tag{5.177}$$

das gleiche Problem existiert im Prinzip auch für die Kleinste-Quadrate-Approximation und läßt sich bei Verfahren, die eine Gewichtung der Abweichung vorsehen (z.B. Eigenwertmethode) auf entsprechende Weise lösen.

Nicht geeignet zum Entwurf von Entzerrerfiltern sind Verfahren zum Entwurf rekursiver frequenzselektiver Filter. Ausnahmen, z.B., das Verfahren von Rabiner, Graham und Helms (1974) oder neuerdings das Verfahren von Saramäki (1992) erlauben den Entwurf rekursiver Filter mit beliebigem Amplitudengang und sind damit auch für Entzerrerfilter einzusetzen. Ein vorzügliches Entwurfsverfahren für rein rekursive Entzerrerfilter ist dagegen die lineare Prädiktion (Kap. 6), deren Verwendung zum Entwurf solcher Filter in Abschnitt 6.4.4 kurz diskutiert wird. Besonders geeignet als Teil eines Equalizers im engeren Sinn, also als ein Entzerrerfilter, das ein relativ eng begrenztes Frequenzband selektiv anhebt oder absenkt, sind aus Notch-Filtern aufgebaute Brückenschaltungen (Regalia et al., 1988:29; Abschnitt 6.5).

Filter zur Entzerrung von Phasengängen sind entweder echte Allpässe oder aber annähernd allpaßartige, nichtrekursive Filter, deren Amplitudengang im gesamten Frequenzbereich innerhalb eines Toleranzintervalls um den Wert 1 pendelt. Entworfen werden beide Filtertypen mittels Vorschriften bezüglich der Gruppenlaufzeit. Aus Platzgründen muß auf die Diskussion verzichtet werden; der Leser sei auf die Literatur verwiesen [z.B. Pei und Shyu (1992) für allpaßartige nichtrekursive Filter; Thiran (1970a,b), Deczky (1974a,b), Saramäki und Neuvo (1984), Schüßler und Steffen (1990), Ikehara et al. (1991) für den Entwurf von Allpässen; die gesamte Problematik ist zudem in der Übersichtsarbeit von Regalia et al. (1988) ausführlich dokumentiert.

6. Das Prinzip der linearen Prädiktion – oder der Entwurf eines (rekursiven) Digitalfilters im Zeitbereich durch optimale Annäherung der Impulsantwort

6.1 Das Prinzip der linearen Prädiktion

Gegeben sei ein rein rekursives Digitalfilter mit der Zustandsgleichung

$$y(n) = d_0 x(n) - \sum_{i=1}^{k} g_i\, y(n-i) := d_0 e(n) - \sum_{i=1}^{k} g_i\, y(n-i) \ . \tag{6.1}$$

Bei der üblichen Anwendung dieser Gleichung ist das Eingangssignal $x(n)$ gegeben, ebenso das Filter. Berechnet wird daraus das Ausgangssignal $y(n)$. Stellen wir die Aufgabe jedoch umgekehrt: gegeben sei das Ausgangssignal $y(n)$; das Filter ist unbekannt bis auf die Vorgabe, daß es rein rekursiv sei, sowie den Grad k; ebenso sei das Eingangssignal $x(n)$ unbekannt. Die Aufgabe läßt sich damit so formulieren:

Ein neuer Abtastwert $y(n)$ des bekannten Signals y läßt sich aus den vergangenen k Abtastwerten $y(n-i)$, $i=1\ (1)\ k$ durch gewichtete Mittelung vorhersagen. *Die Vorhersage ist allerdings nicht perfekt; es bleibt der Wert $x(n)=e(n)$ als* Prädiktionsfehler.[1]

In dieser Formulierung werden die Filterkoeffizienten g_i als *Prädiktorkoeffizienten* bezeichnet; $e(n)$ ist der Prädiktionsfehler bzw. das *Fehlersignal*. Die zugehörige Übertragungsfunktion des Filters (Bild 6.1a) wird

---

[1] Um den Unterschied zwischen der üblichen Funktion des Signals $x(n)$ als Eingangssignal digitaler Filter und der hier vorliegenden Funktion als Prädiktionsfehlersignal zu verdeutlichen, wird dieses Signal in den Abschnitten 6.1-6.3 entsprechend der in der Literatur über adaptive Filterung (z.B. Markel und Gray, 1976) üblichen Notation mit dem Symbol $e(n)$ gekennzeichnet. Das Fehlersignal wird in der angelsächsischen Literatur häufig auch *Residualsignal* genannt (Markel und Gray, 1976:18).

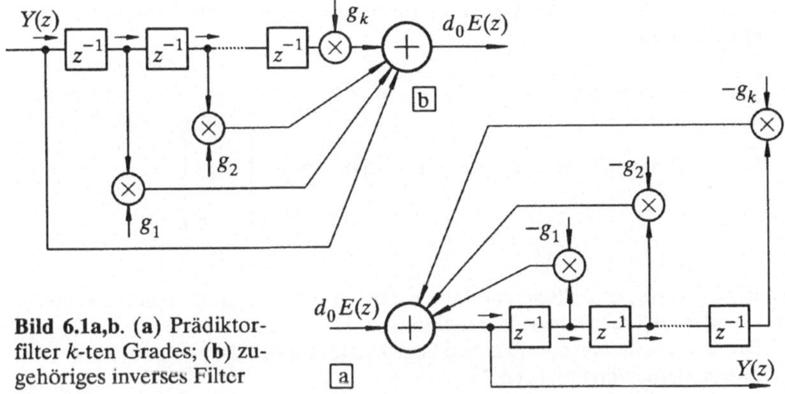

Bild 6.1a,b. **(a)** Prädiktorfilter k-ten Grades; **(b)** zugehöriges inverses Filter

$$H_P(z) = \frac{d_0}{1 + \displaystyle\sum_{i=1}^{k} g_i z^{-i}} = \frac{d_0 z^k}{z^k + \displaystyle\sum_{m=1}^{k} g_{k-m} z^m} . \qquad (6.2)$$

Die Aufgabe läßt sich auch formulieren als Berechnung des Fehlersignals aus dem Ausgangssignal. Dies führt zu einem nichtrekursiven Filter (Bild 6.1b):

$$d_0 e(n) = y(n) + \sum_{i=1}^{k} g_i y(n-i) . \qquad (6.3)$$

Dieses Filter wird auch als *inverses Filter* bezeichnet, da hier die inverse Übertragungsfunktion $G(z) = d_0 / H_P(z)$ realisiert wird. Ist $H_P(z)$ stabil, dann ist $G(z)$ ein Minimalphasensystem (vgl. Abschnitt 3.4).

Gleichung (6.1) gilt für ein beliebiges Filter, wenn das Fehlersignal $e(n)$ entsprechend angenommen wird. Es fragt sich nur, wie gut das Filter das Signal $y(n)$ wirklich modelliert. Die Güte der Annäherung läßt sich durch eine Vorschrift bezüglich des Fehlersignals $e(n)$ formulieren. Offensichtlich ist $y(n)$ durch das Filter dann gut angenähert, wenn das Fehlersignal klein wird, d.h. im Grenzfall, wenn $y(n)$ gleich der Impulsantwort des Filters wird. [In diesem Fall wäre $e(n)$ Null für alle Zeiten außer $n=0$.] Die Randbedingung zum Entwurf lautet demnach

$$e(n) \overset{!}{=} \min \text{ (in irgendeiner Weise) .} \qquad (6.4)$$

Wir schreiben nun Gleichung $(6.1)^2$ in Matrixform um. Der *vorhergesagte Abtastwert* y_P ergibt sich zu

$$y_P(n) = y(n) - e(n) = -\sum_{i=1}^{k} y(n-i) \cdot g_i$$

$$= \Big(y(n-1) \ \ y(n-2) \ \ y(n-3) \ \ \dots \ \ y(n-k) \Big) \cdot \begin{bmatrix} -g_1 \\ -g_2 \\ -g_3 \\ \vdots \\ -g_k \end{bmatrix} \tag{6.5}$$

$$= \qquad\qquad \mathbf{y}^{\mathrm{T}}(n) \qquad\qquad\qquad\qquad \cdot \quad \mathbf{g} \ .$$

Hierbei sind $\mathbf{y}(n)$ und $\mathbf{g}$ Spaltenvektoren der Länge k. T steht für die Transposition des Spaltenvektors in einen Zeilenvektor.

Für mehrere aufeinanderfolgende Signalwerte läßt sich das Ganze in Form einer Matrixmultiplikation aufbauen:

$$\begin{bmatrix} y_P(n) \\ y_P(n+1) \\ y_P(n+2) \\ \vdots \\ y_P(n+m) \end{bmatrix} = \begin{bmatrix} \mathbf{y}^{\mathrm{T}}(n) \\ \mathbf{y}^{\mathrm{T}}(n+1) \\ \mathbf{y}^{\mathrm{T}}(n+2) \\ \vdots \\ \mathbf{y}^{\mathrm{T}}(n+m) \end{bmatrix} \cdot \begin{bmatrix} -g_1 \\ -g_2 \\ -g_3 \\ \vdots \\ -g_k \end{bmatrix} = \mathbf{Y} \cdot \mathbf{g} \ . \tag{6.6}$$

Die Matrix $\mathbf{Y}$ ist üblicherweise *nicht* quadratisch. Damit ist das mit (6.6) aufgestellte lineare Gleichungssystem für $\mathbf{g}$ in der Regel nicht genau bestimmt.

Das Gleichungssystem (6.6) ist nur dann genau bestimmt, wenn die Zahl m der berechneten Signalwerte y_P gerade gleich dem Grad k des Filters ist. In diesem Fall lassen sich die Prädiktorkoeffizienten direkt und exakt für eine beliebige Annahme

---

[2] Der Filterkoeffizient d_0 geht als multiplikativer Faktor in die Übertragungsfunktion ein. Er wird daher in Systemen der linearen Prädiktion gern als *Verstärkungsfaktor* (*gain factor*) bezeichnet. Für die Optimierung des Filters nach (6.4), also den eigentlichen Entwurf, spielt er keine Rolle. Aus diesem Grund wird auch für die weiteren Betrachtungen von $d_0=1$ ausgegangen. Der Verstärkungsfaktor wird allerdings dann von Bedeutung, wenn − wie z.B. in der Sprachsignalverarbeitung gebräuchlich − mit Hilfe des Prädiktionsfilters aus dem Originalsignal $y(n)$ ein synthetisches Signal erzeugt werden soll, bei dem das ursprüngliche Residualsignal $e(n)$ durch ein vorgegebenes künstliches Signal, beispielsweise eine Impulsfolge, ersetzt wird. In diesem Fall dient der Verstärkungsfaktor dazu, die Energie der Impulsfolge an die des ursprünglichen Residualsignals anzugleichen. Dies kann sich als ein nichttriviales Problem herausstellen (Makhoul und Wolf, 1972). Da in diesem Buch das Schwergewicht der Diskussion auf dem Filterentwurf liegt, kann die Frage des Verstärkungsfaktors aus Platzgründen im folgenden nicht weiter behandelt werden.

von $e(n)$ berechnen, insbesondere auch für $e(n)=0$ [*exakte* lineare Prädiktion; Methode von Prony (1795; hier nach Markel und Gray, 1976:25f.)]:

$$
\begin{bmatrix} y(n) \\ y(n+1) \\ y(n+2) \\ \vdots \\ y(n+k-1) \end{bmatrix} = \begin{bmatrix} y(n-1) & y(n-2) & \ldots & y(n-k) \\ y(n) & y(n-1) & \ldots & y(n-k+1) \\ y(n+1) & y(n) & \ldots & y(n-k+2) \\ \vdots & \vdots & \vdots & \vdots \\ y(n+k-2) & y(n+k-3) & \ldots & y(n-1) \end{bmatrix} \cdot \begin{bmatrix} -g_1 \\ -g_2 \\ -g_3 \\ \vdots \\ -g_k \end{bmatrix} . \tag{6.7}
$$

Mit diesem Verfahren läßt sich also ein durch g_i, $i=1$ (1) k, bestimmtes rein rekursives digitales Filter aufbauen, dessen Eingangssignal bei gegebenem Ausgangssignal $y(n)$ für die k aufeinanderfolgenden Abtastwerte $e(i)$, $i=n$ (1) $n+k-1$, Null wird. Innerhalb dieser Grenzen ist die Vorhersage von $y(n)$ durch das Filter also exakt; außerhalb jedoch ist über die Beziehung des Filters zum Signal $y(n)$ nichts ausgesagt; ebensowenig erfolgt eine Aussage über die Stabilität des Filters. Das Filter beschreibt also nur einen sehr kurzen Signalabschnitt optimal. Soll das Filter einen längeren Signalabschnitt von $y(n)$ approximieren, so ergibt sich bei diesem Verfahren gegenüber der Signaldarstellung $y(n)$ grundsätzlich keine Datenreduktion. Das Verfahren ist daher in der Regel für Anwendungen bei der Abschätzung realer Signale ungeeignet; es wurde aber mit Erfolg bei der Abschätzung von Filterimpulsantworten eingesetzt (Lacroix, 1973; siehe auch Abschnitt 5.3.3).

6.2 Lineare Prädiktion nach der Methode des kleinsten Fehlerquadrats

Soll — wie in der Analyse langsam zeitveränderlicher Signale üblich — das Filter für einen längeren Signalabschnitt annähernd dimensioniert werden, so ist eine andere Annahme über das Fehlersignal $e(n)$ zu treffen, beispielsweise die Forderung, daß die (Pseudo-)Energie von $e(n)$ im betrachteten Zeitabschnitt ein Minimum wird:

$$
E = \sum_n [e(n)]^2 \overset{!}{=} \min . \tag{6.8}[3]
$$

Die Energie berechnet sich abhängig von den Filterkoeffizienten nach (6.3) wie folgt:

$$
E = \sum_n [y(n) - y_P(n)]^2 = \sum_n \left[y(n) + \sum_{i=1}^{k} g_i\, y(n-i) \right]^2 . \tag{6.9}
$$

---

[3] Dieser Ansatz wird auch als Ansatz von Wiener bezeichnet (Wiener, 1949; Kammeyer und Kroschel, [2]1992:290).

Um diese Summe zu einem Minimum zu machen, muß die (totale) Ableitung nach sämtlichen Prädiktorkoeffizienten Null werden. Damit wird auch die partielle Ableitung nach jedem der Koeffizienten g_i Null:

$$\frac{\partial E}{\partial g_i} = 0 \; ; \quad i = 1 \; (1) \; k \; . \tag{6.10}$$

Dies führt zunächst auf

$$\frac{\partial E}{\partial g_i} = 2 \sum_n \left(y(n-i) \cdot \left[y(n) + \sum_{m=1}^{k} g_m \, y(n-m) \right] \right) \tag{6.11}$$

$$= 2 \sum_n y(n) \, y(n-i) + 2 \left[\sum_n y(n-i) \sum_{m=1}^{k} g_m \, y(n-m) \right] \; .$$

Mit der Substitution

$$c_{im} := \sum_n y(n-i) \, y(n-m) \tag{6.12}$$

und Vertauschung der beiden Summationen ergibt sich

$$\frac{\partial E}{\partial g_i} = 2c_{0i} + 2 \sum_{m=1}^{k} g_m \, c_{im} \; . \tag{6.13}$$

Daraus folgt mit der Minimumbedingung (6.10) für die Prädiktorkoeffizienten das lineare Gleichungssystem

$$\sum_{m=1}^{k} g_m \, c_{im} = -c_{0i} \; ; \quad i = 1 \; (1) \; k \; . \tag{6.14}$$

In Matrixform ergibt dies

$$\begin{bmatrix} c_{11} & c_{12} & c_{13} & \cdots\cdots & c_{1k} \\ c_{21} & c_{22} & c_{23} & \cdots\cdots & c_{2k} \\ c_{31} & c_{32} & c_{33} & \cdots\cdots & c_{3k} \\ \vdots & \vdots & \vdots & \vdots & \vdots \\ c_{k1} & c_{k2} & c_{k3} & \cdots\cdots & c_{kk} \end{bmatrix} \cdot \begin{bmatrix} g_1 \\ g_2 \\ g_3 \\ \vdots \\ g_k \end{bmatrix} = \begin{bmatrix} -c_{01} \\ -c_{02} \\ -c_{03} \\ \vdots \\ -c_{0k} \end{bmatrix} \; . \tag{6.15}$$

Aus diesem linearen Gleichungssystem werden die Prädiktorkoeffizienten bestimmt. Je nach Art der Berechnung der Hilfswerte c_{im} ergeben sich verschiedene Methoden, deren zwei wichtigste im folgenden besprochen werden sollen.

6.2.1 Bemerkungen zur Kurzzeitanalyse. Die lineare Prädiktion stellt einen Sonderfall der *adaptiven Filterung* dar. Adaptive Filterung im allgemeinen bedeutet die Modellierung eines Filters nach bestimmten Kriterien (z.B. dem des kleinsten Fehlerquadrats) für ein laufendes Signal (insbesondere auch einen stochastischen Prozeß), das seine Eigenschaften im Lauf der Zeit ändert. Im allgemeinen Fall werden die Filterkoeffizienten schritthaltend mit dem Signal adaptiert; hierbei gehen als Parameter der Grad des Filters sowie die Länge des betrachteten Zeitintervalls in die Rechnung ein.[4] Ist bekannt, daß die Änderungen der Signalparameter vergleichsweise langsam erfolgen (dies ist beispielsweise beim Sprachsignal der Fall), so kann an die Stelle der schritthaltenden Verarbeitung auch eine blockweise Verarbeitung treten, wobei innerhalb des dann jeweils betrachteten Intervalls die Signalparameter als konstant angenommen werden können. Dieser Fall ist hier diskutiert; er führt auf das Gleichungssystem (6.15).

Offen ist zunächst noch die Frage des betrachteten Zeitintervalls, das in die Berechnung (6.12) der Hilfswerte c_{im} eingeht. Die Zahl der Abtastwerte, die in die Berechnung eingehen, hängt in erster Linie davon ab, a) wieviel Werte notwendig sind, um zu garantieren, daß (6.15) eine Lösung besitzt, sowie b) wieviel Werte herangezogen werden dürfen, ohne daß sich die Signaleigenschaften allzu sehr ändern. Diese beiden Forderungen sind gegenläufig; die Methode läßt sich verwenden, wenn ein Spielraum für die Länge des Intervalls bleibt. Beim Sprachsignal z.B. kann dies durchweg als gegeben angesehen werden.

Bei der Blockverarbeitung zeitveränderlicher Signale wird also zunächst die Länge N des Intervalls festgelegt, über das sich die jeweilige Beobachtung erstreckt (Parametermeßintervall). Des weiteren wird festgelegt, zu welchen Zeitpunkten $n=q$ die Beobachtung vorgesehen ist. Formal wird dann jedes einzelne Intervall durch *Kurzzeitanalyse*, d.h., durch *Gewichtung* des Signals $y(n)$ mit der *Fensterfunktion* $w(i)$ vor der eigentlichen Bestimmung der Parameter (Bild 6.2) abgegrenzt.

$$
y_K(n, q) = \begin{cases} y(n)\ w(q-n) & n = q-N+1\ (1)\ q \\ \text{(zunächst) undefiniert} & \text{außerhalb .} \end{cases} \tag{6.16}
$$

Durch die Wahl der Fensterfunktion und die Gewichtung wird gewährleistet, daß vornehmlich Werte in der Nachbarschaft von $n=q$ in die Messung eingehen. Prinzipiell können die gleichen Fensterfunktionen verwendet werden, die uns bereits von der modifizierten Fourierapproximation (Abschnitt 5.5.2) her bekannt sind.

Mit (6.16) wird ein *Kurzzeitsignal* $y_K(n, q)$ definiert, das für jede Stützstelle $n=q$ neu berechnet wird; dieses Signal hängt damit in doppelter Weise von der Zeit ab,

---

[4] Zur adaptiven Filterung existiert eine reichhaltige Literatur. Hingewiesen sei hier nur auf wenige Arbeiten: z.B. die Buchveröffentlichungen von Honig und Messerschmitt (1984) Bellanger (1987b, 1988), Kammeyer und Kroschel (^{2}1992, Kap.8) und Strobach (1990), oder Arbeiten von Makhoul (1975), Kailath (1977), Lee et al. (1981), Friedlander (1982), Grenier (1983), Lev-Ari et al. (1984) Alexander (1986a,b), sowie Hauk und Wrzesinsky (1990).

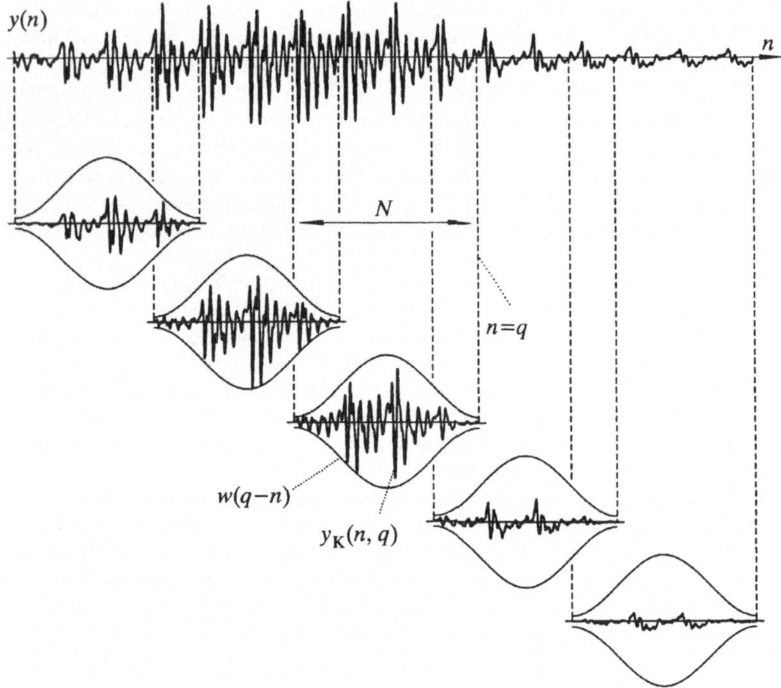

Bild 6.2. Prinzip der Kurzzeitanalyse. Aus dem zeitveränderlichen Signal $y(n)$ wird durch Gewichtung mit der Fensterfunktion $w(i)$, die im Intervall der Fensterlänge N an verschiedenen Stützstellen $n=q$ eine Serie von Kurzzeitsignalen $y_K(n, q)$ erzeugt. Gezeichnet: stationärer Ansatz, Hammingfenster

wenn der Signalverlauf mit allen Parametermeßpunkten als Ganzes betrachtet wird. Für die einzelne Stützstelle ergibt sich das Signal in gewohnter Weise als Funktion einer Veränderlichen, deren Eigenschaften, soweit sie für den Filterentwurf relevant sind, nunmehr als konstant angesehen werden dürfen.

Werden für eine Messung keine Signalwerte von außerhalb des Intervalls $n = q-N+1\ (1)\ q$ benötigt, so kann die Formulierung (6.16) so weiterverwendet werden, wie sie dort steht. Dies ist aber bei (6.12) nicht der Fall; erstreckt sich die Summierung über das gesamte Intervall, so werden in jedem Fall noch k weitere Werte aus der Vergangenheit des Signals benötigt, wenn k der Grad des zu entwerfenden Filters ist. Wir müssen also in jedem Fall auch festlegen, wie $y_K(n, q)$ außerhalb des durch $w(i)$ festgelegten Intervalls weitergeführt werden soll. Hier sind zwei Methoden von Bedeutung (Chandra und Lin, 1973).

1) *Nichtstationärer Ansatz*. Das Signal bleibt außerhalb des Intervalls $n=q-N+1$ (1) q im Prinzip undefiniert. Werden einzelne Abtastwerte von außerhalb benötigt, so werden sie aus dem Signal $y(n)$ ergänzt. Die Grenzen des Intervalls werden insofern berücksichtigt, als die *Meßmethode*, im Fall von (6.12) repräsentiert durch die Grenzen der Summation, auf das Meßintervall beschränkt bleibt. Als Gewichtungsfunktion wird zweckmäßig die Rechteckfunktion gewählt; sie garantiert die einwandfreie Fortsetzung des Signals an der Intervallgrenze.

2) *Stationärer Ansatz*. Das Signal wird außerhalb des Intervalls $n=q-N+1$ (1) q zu Null gesetzt. Damit sind die Grenzen des Intervalls insofern berücksichtigt, als das *Signal* auf das Meßintervall beschränkt bleibt; die Summationsgrenzen können sich im Prinzip über alle Zeiten erstrecken; das Signal $y_K(n, q)$ wird damit als *einmaliger Vorgang* angesehen (dieser Fall ist in Bild 6.2 dargestellt). Als Gewichtungsfunktion wird zweckmäßig eine Fensterfunktion gewählt, die an den Intervallgrenzen gegen Null strebt (z.B. Hamming- oder Kaiserfenster).

6.2.2 *Kovarianzmethode* oder *nichtstationärer Ansatz* (Atal und Hanauer, 1971). Die Hilfswerte c seien definiert über ein finites Zeitintervall $n = q-N+1$ (1) q,

$$c_{im} := \sum_{n=q-N+1}^{q} y(n-i)\, y(n-m) \quad \text{mit} \quad y_K(n,q) = y(n)\,, \tag{6.17}$$

und wir erhalten mit

$$c_{im} = c_{mi}\,, \quad \text{aber (i.a.)} \quad c_{ii} \neq c_{i+j,\,i+j}\,,$$

die Definitionsgleichungssystem für die Kovarianzmethode:

$$\begin{bmatrix} c_{11} & c_{12} & c_{13} & \cdots\cdots & c_{1k} \\ c_{12} & c_{22} & c_{3k} & \cdots\cdots & c_{2k} \\ c_{13} & c_{23} & c_{33} & \cdots\cdots & c_{3k} \\ \vdots & \vdots & \vdots & \vdots & \vdots \\ c_{1k} & c_{2k} & c_{k3} & \cdots\cdots & c_{kk} \end{bmatrix} \cdot \begin{bmatrix} g_1 \\ g_2 \\ g_3 \\ \vdots \\ g_k \end{bmatrix} = \begin{bmatrix} -c_{01} \\ -c_{02} \\ -c_{03} \\ \vdots \\ -c_{0k} \end{bmatrix}. \tag{6.18}$$

Dieses Gleichungssystem muß mit einem der bekannten numerischen Verfahren gelöst werden.

6.2.3 *Autokorrelationsmethode* oder *stationärer Ansatz* (Makhoul und Wolf, 1972). Gemäß dem stationären Ansatz der Kurzzeitanalyse wird das Signal zuerst gewichtet und außerhalb des Fensters zu Null gesetzt:

$$y_K(n, q) = \begin{cases} y(n)\, w(q-n) & n = q-N+1 \ (1) \ q \\ 0 & \text{außerhalb .} \end{cases} \tag{6.19}$$

Damit berechnen wir die Hilfswerte c_{im} zu

$$c_{im} := \sum_{n=-\infty}^{\infty} y_K(n-i, q)\, y_K(n-m, q) = R(i-m, q) = R(m-i, q) \ . \tag{6.20}$$

[Für die weiteren Betrachtungen wird die Gewichtung des Signals wieder außer acht gelassen; wir schreiben der Einfachheit halber $y(n)$ statt $y_K(n, q)$ und nehmen $y(n)$ als finit an.] Der Wert c_{im} ergibt sich also als der Wert $R(m-i)$ der Autokorrelationsfunktion für die Verzögerung $|m-i|$. Dies bringt eine erhebliche Vereinfachung des Gleichungssystems (6.15) mit sich. Üblicherweise werden normierte Autokorrelationskoeffizienten verwendet,

$$r(d) = R(d) \, / \, R(0) \ ; \tag{6.21}$$

hiermit ergibt die Methode das folgende Gleichungssystem:[5]

$$\begin{bmatrix} 1 & r(1) & r(2) & \dots & r(k-2) & r(k-1) \\ r(1) & 1 & r(1) & \dots & r(k-3) & r(k-2) \\ r(2) & r(1) & 1 & \dots & r(k-4) & r(k-3) \\ \vdots & \vdots & \vdots & \vdots & \vdots & \vdots \\ r(k-1) & r(k-2) & r(k-3) & \dots & r(1) & 1 \end{bmatrix} \cdot \begin{bmatrix} g_1 \\ g_2 \\ g_3 \\ \vdots \\ g_k \end{bmatrix} = \begin{bmatrix} -r(1) \\ -r(2) \\ -r(3) \\ \vdots \\ -r(k) \end{bmatrix} ,$$

also $\qquad\qquad\qquad \mathbf{R} \qquad\qquad\qquad\qquad\quad \cdot \ \mathbf{g} \ = \ \mathbf{r} \ . \tag{6.22}$

Eine Matrix der Struktur, wie $\mathbf{R}$ sie besitzt, ist bekannt als *Toeplitz*-Matrix (Grenander und Szegö, 1958). In diesem Fall existiert zur Lösung des Gleichungssystems ein rekursiver Algorithmus, der einen entscheidenden Vorteil besitzt: da der Grad des Filters eigentlich noch frei wählbar ist, besteht die Möglichkeit, im Verlauf des Entwurfs die Güte der Annäherung abhängig von k abzuschätzen.

Der Prädiktionsfehler, d.h., die Energie des Fehlersignals, wird nach erfolgter Festlegung der Koeffizienten[6]

$$E_\mathrm{P} = R(0) + \sum_{i=1}^{k} g_{\mathrm{P}i}\, R(i) \ . \tag{6.23a}$$

---

[5] Dieses Gleichungssyetem ist auch als Yule-Walker-Gleichungssystem bekannt geworden (Yule, 1927; Walker, 1931; hier zitiert nach Makhoul, 1975). Siehe hierzu auch Kammeyer und Kroschel (^{2}1992:286).

[6] Um Verwechslungen zu vermeiden, werden in diesem und dem folgenden Abschnitt (d.h., bis einschließlich Abschnitt 6.3) alle Signale, Koeffizienten und Energiewerte *nach* erfolgter Optimierung der Prädiktorkoeffizienten mit dem Zusatzindex P gekennzeichnet.

Gern wird auch der *relative*, d.h. auf die Signalenergie bezogene Prädiktionsfehler verwendet; hiermit läßt sich die Güte der Annäherung abschätzen:

$$v_P = \frac{E_P}{R(0)} = 1 + \sum_{i=1}^{k} g_{Pi}\, r(i) \; . \tag{6.23b}$$

6.2.4 Betrachtung im Frequenzbereich. Wie sieht nun das Fehlersignal aus? Die Diskussion wird anhand der Autokorrelationsmethode weitergeführt, doch gilt das Gesagte im Prinzip auch für die Kovarianzmethode. Durch den Entwurf des Filters $H_P(z)$ haben wir die Energie des Fehlersignals minimiert. Die Energie des Ausgangssignals $y(n)$ aber konzentriert sich im wesentlichen auf den Bereich der Pole von $H_P(z)$. Deshalb ist für die z-Transformierte $E_P(z)$ des Fehlersignals[7] ein relativ flacher Verlauf des Frequenzgangs zu erwarten. Das Spektrum des Fehlersignals ergibt sich aus dem Spektrum $Y(z)$ und der Übertragungsfunktion $H_P(z)$ des (optimierten) Filters (Makhoul und Wolf, 1972):

$$E_P(z) = \frac{Y(z)}{H_P(z)} = Y(z)\, G_P(z)\, C \; , \quad C = \frac{1}{d_0} \; , \tag{6.24}$$

wobei

$$C\, G_P(z) = \frac{1}{H_P(z)}$$

die Übertragungsfunktion des inversen Filters ist. Entsprechendes gilt für das Leistungsspektrum:

$$|E_P(z)|^2 = |Y(z)|^2\, |G_P(z)|^2\, C^2 \; , \tag{6.24a}$$

und wir erhalten mit der Parseval'schen Beziehung (2.91) die Energie E_P des Fehlersignals zu

$$E_P = \sum_n [e(n)]^2 = \frac{1}{2\pi} \int_{-\pi}^{\pi} |E_P(\Omega)|^2\, d\Omega \; . \tag{6.25}$$

Minimieren wir die Energie entsprechend der Vorgehensweise im Zeitbereich nunmehr im z-Bereich, so führt dies (für die Autokorrelationsmethode) auch über den z-Bereich auf das Gleichungssystem (6.22). Aus (6.25) ergibt sich hierbei

---

[7] Die Energie des Fehlersignals ist hier mit dem Buchstaben E bezeichnet (oder E_P im optimierten Fall), während $E(z)$ [bzw. $E_P(z)$] die z-Transformierte des Fehlersignals darstellt. Diese Unterscheidung gilt insbesondere auch für Abschnitt 6.3, wo in allen Zwischenstufen Fehlersignale dieser Art auftreten.

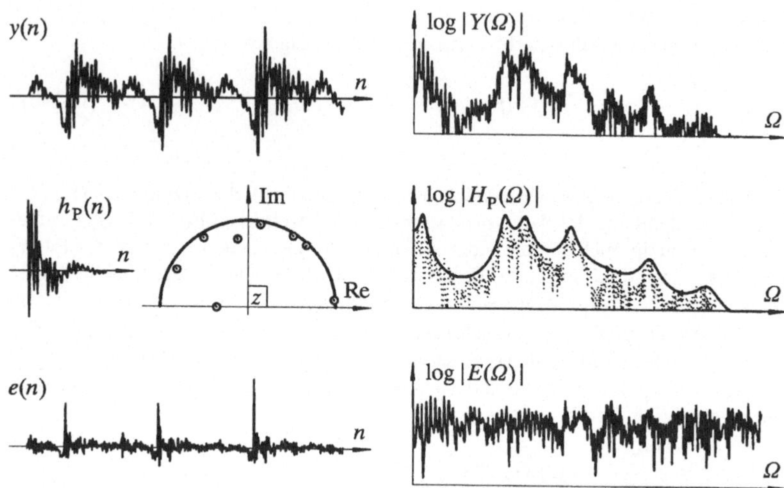

Bild 6.3. Beispiel für die Wirkungsweise der linearen Prädiktion. Sprachsignal $y(n)$: Vokal [i], Abtastfrequenz 16 kHz; gezeichnet 32 ms. Spektrum gezeichnet von 0 bis 8 kHz; Dynamikbereich 40 dB. Filtergrad $k=15$; Kovarianzmethode; relativer Prädiktionsfehler 7,8%; hohe Frequenzen um 10 dB (bei 8 kHz) angehoben. Die Anregungsimpulse für die gezeichneten drei Grundperioden sind im Residualsignal $e(n)$ deutlich zu sehen

$$2\pi \cdot E_P = \int\limits_{-\pi}^{\pi} C^2 \, |G_P(\Omega)|^2 \, |Y(\Omega)|^2 \, d\Omega = \int\limits_{-\pi}^{\pi} \frac{|Y(\Omega)|^2}{|H_P(\Omega)|^2} \, d\Omega \; . \tag{6.26}$$

Wird diese Energie zum Minimum gemacht, so wird gleichzeitig das Integral über den Quotienten aus dem Leistungsspektrum des Signals und dem Leistungsspektrum der Übertragungsfunktion des Filters ein Minimum. Damit erhält das Filter die Tendenz, die *Einhüllende* des Spektrums nachzubilden (Makhoul und Wolf, 1972:59). $E_P(z)$ erhält also einen im wesentlichen flachen Verlauf. Bild 6.3 zeigt hierzu ein Beispiel.

6.3 Rekursive Berechnung der Prädiktorkoeffizienten. Partielle Korrelation (Itakura und Saito, 1968; Markel und Gray, 1976:32, 42f.)

Gegeben sei ein Prädiktorfilter des Grades K. Für dessen Fehlersignal gilt die bekannte Beziehung (6.3), die hier zur genaueren Kennzeichnung etwas erweitert wird:

$$e_V^{(K)}(n) = y(n) + \sum_{i=1}^{K} a_i^{(K)} y(n-i) = \sum_{i=0}^{K} a_i^{(K)} y(n-i) \;; \quad a_0^{(K)} = 1 \;. \qquad (6.27)^8$$

In dieser Gleichung steht der Index K für den (momentanen) Grad des Filters. Der Index V kennzeichnet die Richtung der Prädiktion als *Vorwärtsprädiktion*, d.h., als Prädiktor in Richtung der Zeitachse.

Formal können wir die Prädiktion auch *gegen* die Zeitachse vornehmen. Werden wiederum die gleichen Signalwerte $y(n-i)$, $i=1$ (1) K, herangezogen, so ergibt sich als Zustandsgleichung für das *rückläufige* (bzw. *antikausale*) Prädiktionsfilter:

$$e_R^{(K)}(n) = y(n-K+1) + \sum_{i=1}^{K} b_i^{(K)}y(n-i) = \sum_{i=1}^{K+1} b_i^{(K)}y(n-i) \;; \quad b_{K+1}^{(K)} = 1 \;. \qquad (6.28)$$

Auch diese Rückwärtsprädiktion soll *für den Zeitpunkt n* gelten, obwohl der Abtastwert $y(n-K-1)$ "vorhergesagt" wird. Die Übertragungsfunktionen der beiden nichtrekursiven Filter ergeben sich damit zu

$$A^{(K)}(z) = \sum_{i=0}^{K} a_i^{(K)}z^{-i} \quad \text{mit} \quad a_0^{(K)} = 1 \;;$$

$$\qquad (6.29a,b)$$

$$B^{(K)}(z) = \sum_{i=1}^{K+1} b_i^{(K)}z^{-i} \quad \text{mit} \quad b_{K+1}^{(K)} = 1 \;;$$

wir erhalten als Energie der Fehlersignale

$$E_V^{(K)} = \sum_{n} [e_V^{(K)}(n)]^2 \;; \quad E_R^{(K)} = \sum_{n} [e_R^{(K)}(n)]^2 \;. \qquad (6.30)$$

Diese Beziehungen gelten für jeden Grad K des Filters. Die Berechnung der Energie soll nun mit einem stationären Ansatz wie bei der Autokorrelationsmethode erfolgen. Mit Hilfe einer (noch herzuleitenden) Orthogonalitätsbeziehung läßt sich folgendes zeigen.

- Die beiden Fehlerquadrate $E_V^{(K)}$ und $E_R^{(K)}$ lassen sich bei Verwendung der Autokorrelationsmethode simultan derart minimieren, daß sich für Vor- und Rückwärtsprädiktion die gleichen Koeffizienten ergeben.

- Bei Erhöhung des Filtergrades um 1 auf $(K+1)$ lassen sich die neuen Prädiktorkoeffizienten $a_i^{(K+1)}$ aus den Koeffizienten $a_i^{(K)}$ für den Grad K berechnen.

---

[8] In Anlehnung an die in der Sprachsignalverarbeitung übliche Notation (Markel und Gray, 1976) werden in diesem und den folgenden Abschnitten dieses Kapitels die Vorwärtsprädiktorkoeffizienten mit dem Buchstaben a und nicht, wie sonst in diesem Buch, mit dem Buchstaben g gekennzeichnet.

- Mit dieser rekursiven Berechnungsweise definieren wir eine neue realisierbare Filterstruktur, die *Kreuzgliedstruktur* (engl.: *lattice structure*), die sehr günstige Eigenschaften insbesondere im Hinblick auf die Stabilitätsprüfung aufweist.

6.3.1 Die Orthogonalitätsbeziehung. Gegeben seien zwei Digitalfilter mit den Übertragungsfunktionen $U(z)$ und $V(z)$ in der Schaltung nach Bild 6.4. An ihrem gemeinsamen Eingang soll das Signal $y(n)$ liegen. Die beiden Ausgangssignale $u_y(n)$ und $v_y(n)$ werden miteinander multipliziert und über ein gegebenes Zeitintervall aufsummiert (Bild 6.4). Der dabei entstehende Wert sei als *inneres Produkt* von $U(z)$ und $V(z)$ bezüglich des Signals $y(n)$ definiert (Markel und Gray, 1976:45):

$$< U(z), \ V(z), \ y(n) > \ := \ \sum_{n} u_y(n) \, v_y(n) \ . \tag{6.31}$$

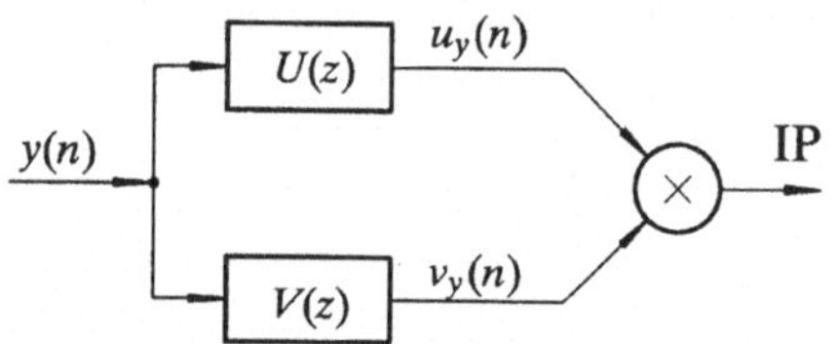

Bild 6.4. Blockschaltbild zur Berechnung eines inneren Produkts nach (6.31)

Diese Darstellung bedeutet zunächst lediglich eine Vereinfachung der Schreibweise.[9] Werden jedoch $U(z)$ und $V(z)$ direkt nach der Grunddefinition (2.1) der z-Transformation als

$$U(z) := \sum_{n=0}^{\infty} u(n) \, z^{-n} \quad \text{und} \quad V(z) := \sum_{n=0}^{\infty} v(n) \, z^{-n} \tag{6.31a}$$

definiert, wobei $u(n)$ und $v(n)$ die Impulsantworten der Filter sind, so ergibt sich nach Umformung von (6.31) das innere Produkt als Produkt der beiden Faltungsprodukte des Eingangssignals $y(n)$ mit den beiden Impulsantworten $u(n)$ und $v(n)$; d.h., mit

$$u_y(n) := \sum_{i=0}^{n} u(i) \, y(n-i) \tag{6.31b}$$

[unter der Bedingung, daß $y(n)$ ein kausales Signal ist] und einer entsprechenden Beziehung für $v_y(n)$ erhalten wir

---

[9] Die Schreibweise wird im Lauf dieses Abschnitts gelegentlich noch weiter vereinfacht, indem a) das Bezugssignal $y(n)$, das bei diesen Betrachtungen stets das gleiche ist, weggelassen wird, oder b) der Index n bzw. die Variable z entfällt. Siehe z.B. (6.32).

$$< U,\ V,\ y > = \sum_{i=0}^{\infty} \sum_{j=0}^{\infty} u(i) \cdot \left[\sum_{n} y(n-i)\, y(n-j) \right] \cdot v(j) \ . \tag{6.32}$$

Sind die beiden Filter $U(z)$ und $V(z)$ nichtrekursiv, so werden die oberen Summationsgrenzen in (6.32) gleich dem Grad der Filter, und die Werte der Impulsantwort ergeben sich in bekannter Weise gleich den Filterkoeffizienten.

Bestehen beide Filter U und V nur aus einer einzelnen Verzögerung um i bzw. j Abtastwerte, so erhalten wir

$$< z^{-i},\ z^{-j},\ y > = \sum_{n} y(n-i)\, y(n-j) = c_{ij} \ . \tag{6.33}$$

Über alle Zeiten aufsummiert[10] ergibt dies

$$< z^{-i},\ z^{-j},\ y > = \sum_{n=-\infty}^{\infty} y(n-i)\, y(n-j) = R(i-j) = R(j-i) \ . \tag{6.34}$$

Damit ist die Beziehung zwischen der Darstellung des inneren Produkts und der Autokorrelationsfunktion hergestellt.

Es ist zu bemerken, daß der Wert des inneren Produkts zweier Filter nicht von der Frequenz, der Zeit, oder der Variablen z abhängt. Er hängt ab vom Eingangssignal y und − sofern nicht die einschränkende Bedingung gelten soll, daß ein stationärer Ansatz vorliegt − von den Summationsgrenzen für n.

Der quadratische Fehler der Vor- und Rückwärtsprädiktion kann ebenfalls in dieser Form als inneres Produkt dargestellt werden:

$$E_{V}^{(K)} = < A^{(K)}(z),\ A^{(K)}(z),\ y > \quad \text{sowie} \quad E_{Rk} = < B^{(K)}(z),\ B^{(K)}(z),\ y > \ . \tag{6.35}$$

Das Fehlerquadrat ergibt sich also in beiden Fällen als inneres Produkt des Filters mit sich selbst. *Dieses wird nie negativ.* [Diese Darstellung ist identisch mit der Formulierung der quadratischen Form (5.73-5.74) in Abschnitt 5.5.4.]

Für den Fall, daß die Übertragungsfunktion $A_{P}^{(K)}(z)$ *des optimierten* Prädiktorfilters das Fehlerquadrat wirklich minimiert, muß jede Änderung eines der Koeffizienten $a_{Pi}^{(K)}$, $i=1$ (1) K, eine Vergrößerung von $E_{P}^{(K)}$, also eine Verschlechterung des Filterverhaltens, mit sich bringen. Es muß also gelten

$$< A_{P}^{(K)}(z) + d_i z^{-i},\ A_{P}^{(K)}(z) + d_i z^{-i},\ y > \ \geq \ < A_{P}^{(K)}(z),\ A_{P}^{(K)}(z),\ y > \ , \tag{6.36}$$

$$i = 1 \ (1) \ K \ ;$$

---

[10] Zur praktischen Berechnung von (6.34) wird man in der Regel verlangen, daß das Signal $y(n)$ *finit*, also *zeitlich bandbegrenzt* ist. Bei zeitveränderlichen Signalen wird dies − wie in Abschnitt 6.2.1 diskutiert − durch eine geeignete Gewichtung erreicht, die erzwingt, daß das Signal y außerhalb vorgegebener Grenzen verschwindet.

hierbei ist d_i ein Zusatzkoeffizient, der als Parallelschaltung eines Filters (mit dem Grad i und einem einzigen von Null verschiedenen Koeffizienten) zu dem bereits optimierten Filter $A_\mathrm{P}^{(K)}(z)$ angesehen werden kann. Da die Bildung des inneren Produkts ein bezüglich der einzelnen Faktoren linearer Vorgang ist, läßt sich die linke Seite von (6.36) als binomische Form zerlegen. Wir erhalten daraus

$$2d_i \cdot \; < A_\mathrm{P}^{(K)}(z),\; z^{-i} > \; + \; d_i^2 \cdot < z^{-i},\; z^{-i} > \; \geq 0 \;. \tag{6.37}$$

Dies gilt für einen beliebigen Wert des Zusatzkoeffizienten d_i und für alle positiven, von Null verschiedenen Werte von i kleiner oder gleich dem Grad K des Filters.

Unter der Voraussetzung, daß $< z^{-i},\; z^{-i}>$ nicht Null wird,[11] läßt sich der Zusatzkoeffizient d_i wählen zu

$$d_i = \frac{< A_\mathrm{P}^{(K)}(z),\; z^{-i} >}{< z^{-i},\; z^{-i} >} \;. \tag{6.38}$$

Durch diese Wahl lassen sich die beiden Terme in (6.37) zusammenfassen; dies ergibt die Bedingung

$$-\left(< A_\mathrm{P}^{(K)}(z),\; z^{-i},\; y(n) > \right)^2 \geq 0 \;. \tag{6.39}$$

Soll demzufolge die optimierte Übertragungsfunktion $A_\mathrm{P}^{(K)}(z)$ vom Grad K den quadratischen Fehler E bezüglich des Eingangssignals $y(n)$ wirklich zu einem Minimum machen, so erfüllt sie notwendig die Bedingung

$$< A_\mathrm{P}^{(K)}(z),\; z^{-i},\; y(n) > \; = 0 \quad \text{für} \quad i = 1\,(1)\,K \;. \tag{6.40a}$$

Eine entsprechende Bedingung läßt sich für die rückläufige Prädiktion erhalten:

$$< B_\mathrm{P}^{(K)}(z),\; z^{-i},\; y(n) > \; = 0 \quad \text{für} \quad i = 1\,(1)\,K \;. \tag{6.40b}$$

$A_\mathrm{P}^{(K)}(z)$ und $B_\mathrm{P}^{(K)}(z)$ sind also bezüglich des Eingangssignals $y(n)$ zu jeder Potenz z^{-i}, $i=1\,(1)\,K$, *orthogonal*.[12]

Diese Bedingung ist auch hinreichend. Ist sie nämlich erfüllt, so gilt für ein beliebiges (nichtrekursives) Filter mit der Übertragungsfunktion $Q(z)$ und dem Grad K (oder kleiner), das zu dem ursprünglichen Filter mit der das Fehlersignal minimierenden Übertragungsfunktion $A_\mathrm{P}^{(K)}(z)$ parallelgeschaltet wird, die Beziehung:

---

[11] Verschwinden dieses inneren Produkts würde bedeuten, daß die Energie des Signals $y(n)$ in dem betrachteten Intervall gleich Null ist.

[12] Für zwei orthogonale Vektoren $\mathbf{a}$ und $\mathbf{b}$ gilt stets $[\mathbf{a}+\mathbf{b}]^2 = \mathbf{a}^2+\mathbf{b}^2$, da das skalare Produkt $\mathbf{a}\cdot\mathbf{b}$ verschwindet.

$$< A_{\mathrm{P}}^{(K)}(z) + Q(z), \; A_{\mathrm{P}}^{(K)}(z) + Q(z), \; y > \tag{6.41a}$$

$$= < A_{\mathrm{P}}^{(K)}(z), \; A_{\mathrm{P}}^{(K)}(z), \; y > \; + \; < Q(z), \; Q(z), \; y > \; \geq \; < A_{\mathrm{P}}^{(K)}(z), \; A_{\mathrm{P}}^{(K)}(z), \; y > \; ,$$

denn das innere Produkt eines reellwertigen Filters mit sich selbst wird nie negativ. Auch hier erhalten wir die gleiche Bedingung für die rückläufige Prädiktion:

$$< B_{\mathrm{P}}^{(K)}(z) + Q(z), \; B_{\mathrm{P}}^{(K)}(z) + Q(z), \; y > \tag{6.41b}$$

$$= < B_{\mathrm{P}}^{(K)}(z), \; B_{\mathrm{P}}^{(K)}(z), \; y > \; + \; < Q(z), \; Q(z), \; y > \; \geq \; < B_{\mathrm{P}}^{(K)}(z), \; B_{\mathrm{P}}^{(K)}(z), \; y > \; ,$$

Nach (6.40) existieren für das Fehlersignal des optimierten Filters die Beziehungen

$$\left. \begin{aligned} < A_{\mathrm{P}}^{(K)}(z), \; z^{-i}, \; y > &= \sum_{n} e_{\mathrm{VP}}^{(K)}(n)\, y(n-i) = 0 \\ < B_{\mathrm{P}}^{(K)}(z), \; z^{-i}, \; y > &= \sum_{n} e_{\mathrm{RP}}^{(K)}(n)\, y(n-i) = 0 \end{aligned} \right\} \; i = 1\,(1)\,K\,. \tag{6.42}$$

Für Verzögerungen zwischen einem und K Abtastwerten werden also das Eingangssignal $y(n)$ und die Fehlersignale $e_{\mathrm{VP}}^{(K)}(n)$ und $e_{\mathrm{RP}}^{(K)}(n)$ durch das Filter *dekorreliert*. Zusammengefaßt:

Die Bedingung (6.8) der Minimierung des Fehlerquadrats kann — bei Verwendung der Autokorrelationsmethode nach (6.22) — ersetzt werden durch die Anwendung der in diesem Abschnitt hergeleiteten Orthogonalitätsbeziehung. (6.43)

Eine geometrische Interpretation der Orthogonalitätsbeziehung wird von Shensa (1981) angegeben und ist in (Alexander, 1986b) ausführlich beschrieben. In Bild 6.5 ist sie für die Rekursion von $K-1=2$ nach $K=3$ angedeutet und wird der Verständlichkeit halber hier auch für $K=3$ erläutert. Gegeben seien die N Abtastwerte $y(n)$, $n=q-N+1\,(1)\,q$; sie lassen sich auffassen als Komponenten eines N-dimensionalen Vektors $y(n)$; in gleicher Weise können wir aus den N um ein Abtastintervall verzögerten Werten (diese laufen dann von $q-N$ bis $q-1$) einen Vektor $y(n-1)$ bilden. Die Vektoren $y(n-1)$ und [in gleicher Weise gebildet] $y(n-2)$, die in der Regel nicht orthogonal zueinander sind, spannen eine Ebene auf, in der sich auch alle Linearkombinationen $a_1\, y(n-1)+a_2\, y(n-2)$ bewegen; der Vektor $y(n)$ liegt in der Regel *nicht* in dieser Ebene, sondern tritt aus ihr heraus. Der Vektor $e(n)$ des Fehlersignals beginnt an einem noch festzulegenden Punkt in der Ebene und endet wegen (6.1) am gleichen Punkt wie $y(n)$. Die Energie des Fehlersignals ergibt sich als das Quadrat der Länge des Vektors $e(n)$. Der Prädiktor ist optimiert, wenn $e(n)$ möglichst kurz wird. Bei der gegebenen Konfiguration wird aber der Vektor $e(n)$ am kürzesten, wenn er senkrecht auf der durch $y(n-1)$ und $y(n-2)$ aufgespannten Ebene steht.

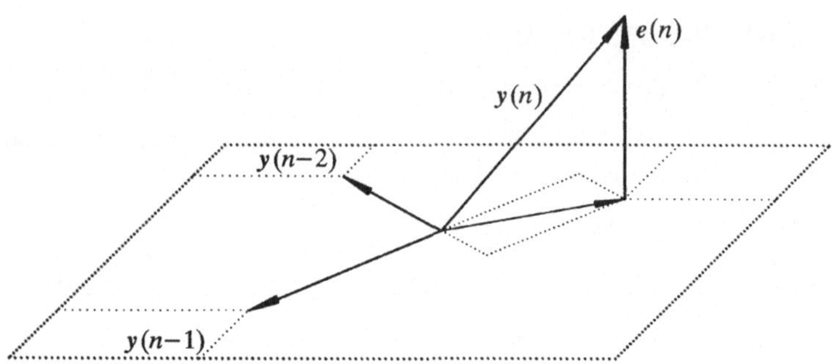

Bild 6.5. Geometrische Interpretation der Orthogonalitätsbeziehung (6.40) für $K=3$. Der Vektor $\mathbf{e}(n)$ steht senkrecht auf der Ebene, die durch die beiden Vektoren $\mathbf{y}(n-1)$ und $\mathbf{y}(n-2)$ aufgespannt wird

Im allgemeinen Fall ($K>3$) wird die Länge des Vektors $\mathbf{e}(n)$ dann ein Minimum, wenn dieser senkrecht auf dem von $\mathbf{y}(n-i)$, $n=1\,(1)\,K-1$, aufgespannten Raum steht. Hieraus folgt sofort (6.40).

6.3.2 Rekursive Berechnung der Prädiktorkoeffizienten.[13] Mit Hilfe des in (6.40) formulierten Orthogonalitätsprinzips lassen sich nun die Prädiktorkoeffizienten rekursiv berechnen. Wir nehmen an, daß das Prädiktorfilter (vorwärts und rückwärts) für den Grad $(K-1)$ bereits gefunden sei. Sowohl $A_{\mathrm{P}}^{(K-1)}(z)$ als auch $B_{\mathrm{P}}^{(K-1)}(z)$ sind damit gegenüber jeder Potenz z^{-i}, $i = 1\,(1)\,K-1$, orthogonal. Dann ist auch jede Linearkombination

$$A^{(K)}(z) = A_{\mathrm{P}}^{(K-1)}(z) + p_K\, B_{\mathrm{P}}^{(K-1)}(z) \tag{6.44}$$

aus den beiden Filtern gegenüber diesen Potenzen von z orthogonal. Es muß nun die eine Linearkombination $A_{\mathrm{P}}^{(K)}(z)$ gesucht werden, die auch gegenüber z^{-K} orthogonal ist. Hieraus ergibt sich die Bedingung

$$< A_{\mathrm{P}}^{(K)}(z),\ z^{-K},\ y >$$

$$= < A_{\mathrm{P}}^{(K-1)}(z),\ z^{-K},\ y > \ + \ p_K \cdot\ < B_{\mathrm{P}}^{(K-1)}(z),\ z^{-K},\ y > \ = 0\,. \tag{6.45}$$

---

[13] Dieser Algorithmus wird auch als Levinson-Durbin-Rekursion bezeichnet (Levinson, 1947; Durbin, 1960; vgl. Makhoul, 1975, sowie Kammeyer und Kroschel, ²1992:308f.).

In den folgenden Berechnungen wollen wir uns auf die Autokorrelationsmethode beschränken, da dort die Hilfswerte c_{ij} nur von der Differenz $|i-j|$ abhängen:

$$c_{ij} = <z^{-i}, z^{-j}, y> = R(|i-j|) \ .$$

In diesem Fall lassen sich die Koeffizienten $b_i^{(K)}$ aus den Koeffizienten $a_i^{(K)}$ errechnen. Aus (6.40a) erhalten wir mit (6.34)

$$<A_{\mathrm{P}}^{(K)}(z), z^{-j}> = \sum_{i=0}^{K} a_i^{(K)} \cdot <z^{-i}, z^{-j}> = \sum_{i=0}^{K} a_i^{(K)} R(i-j) = 0 \qquad (6.46)$$

für $j=1$ (1) K. Da $a_0^{(K)}=1$ ist, folgt daraus sofort das Definitions-Gleichungssystem (6.22) der Autokorrelationsmethode. Gleiches läßt sich für das rückläufige Prädiktionsfilter durchführen; die Substitutionen

$$\mu = K + 1 - j \quad \text{und} \quad m = K + 1 - i$$

ergeben mit (6.46)

$$\sum_{m=1}^{K+1} a_{K+1-m}^{(K)} R(\mu-m) = 0 \quad \text{für} \quad \mu = 1 \ (1) \ K \ . \qquad (6.47)$$

Wählen wir

$$b_m^{(K)} = a_{K+1-m}^{(K)} \quad \text{für} \quad m = 1 \ (1) \ K+1, \qquad (6.48)$$

so erhalten wir als z-Transformierte

$$B^{(K)}(z) = z^{-(K+1)} A^{(K)}(1/z) \ . \qquad (6.49)$$

Soweit $A^{(K)}(z)$ optimiert ist, erfüllt diese Wahl bei Anwendung der Autokorrelationsmethode die Orthogonalitätsbedingung auch für die rückläufige Prädiktion. Die Prädiktorkoeffizienten ergeben sich also für Vor- und Rückwärtsprädiktion gleich bis auf die Reihenfolge, die umgekehrt ist. Dies führt dann auch auf eine (6.44) entsprechende Rekursion für $B(z)$, wenn der Grad des Filters von $(K-1)$ auf K erhöht wird:[14]

$$B_{\mathrm{P}}^{(K)}(z) = z^{-1} \cdot \left[p_K A_{\mathrm{P}}^{(K-1)}(z) + B_{\mathrm{P}}^{(K-1)}(z) \right] \ . \qquad (6.50)$$

Das Fehlerquadrat wird für beide Prädiktionsrichtungen gleich:

---

[14] Das Auftauchen von z^{-1} in dieser Gleichung ist schon deshalb einleuchtend, da bei jeder Erhöhung des Grades um 1 der rückläufig vorhergesagte Abtastwert um ein Abtastintervall später erscheint, während sich am Zeitpunkt des vorwärts vorhergesagten Abtastwertes nichts ändert. Siehe hierzu auch die Definition (6.28).

$$E_{\mathrm{VP}}^{(K)} = E_{\mathrm{RP}}^{(K)} = E_{\mathrm{P}}^{(K)} \, . \tag{6.51}$$

Bleibt noch die Berechnung von p_K. Dieser Koeffizient wird in der Fachliteratur als *Reflexionskoeffizient* oder *partieller Korrelationskoeffizient* (*PARCOR-Koeffizient*) bezeichnet. Er errechnet sich direkt aus (6.45), wenn das Orthogonalitätsprinzip auch auf $A_{\mathrm{P}}^{(K-1)}(z)$ und $B_{\mathrm{P}}^{(K-1)}(z)$ angewendet wird. Außer in z^0 und z^{-K} sind diese beiden Übertragungsfunktionen zueinander in allen Termen orthogonal. Hierdurch reduzieren sich die (durch die inneren Produkte definierten) Doppelsummen in (6.45) auf einfache Summen:

$$<A_{\mathrm{P}}^{(K-1)}(z),\, B_{\mathrm{P}}^{(K-1)}(z)> \; = \; < 1,\, B_{\mathrm{P}}^{(K-1)}(z)> \; = \; <A_{\mathrm{P}}^{(K-1)}(z),\, z^{-K}> \; . \tag{6.52}$$

Ebenso sind die Fehlerquadrate zu vereinfachen, da A_{P} und B_{P} auch gegen sich selbst orthogonal sind:

$$\begin{aligned}
E_{\mathrm{VP}}^{(K-1)} &= \; <A_{\mathrm{P}}^{(K-1)}(z),\, A_{\mathrm{P}}^{(K-1)}(z)> \; = \; < 1,\, A_{\mathrm{P}}^{(K-1)}(z)> \; ; \\
E_{\mathrm{RP}}^{(K-1)} &= \; <B_{\mathrm{P}}^{(K-1)}(z),\, B_{\mathrm{P}}^{(K-1)}(z)> \; = \; <z^{-K},\, B_{\mathrm{P}}^{(K-1)}(z)> \; .
\end{aligned} \tag{6.53}$$

Damit läßt sich (6.45) zu einer Bestimmungsgleichung für p_K umformen:

$$p_K = -\;\frac{<A_{\mathrm{P}}^{(K-1)}(z),\, z^{-K}>}{E_{\mathrm{RP}}^{(K-1)}} \; . \tag{6.54}$$

(Die Formel wird im folgenden für die Autokorrelationsmethode noch vereinfacht.)

Weiterhin ist der rückläufige Prädiktor K-ten Grades gegen alle rückläufigen Prädiktoren niedrigeren Grades orthogonal:

$$<B_{\mathrm{P}}^{(K)}(z),\, B_{\mathrm{P}}^{(i)}(z)> \; = 0 \quad \text{für} \quad i < K \, . \tag{6.55}$$

Dies folgt direkt aus (6.46), wo für Verzögerungen $j=1$ (1) K die Orthogonalität zwischen dem Fehlersignal $e(n)$ und dem verzögerten Signal $y(n-j)$ festgestellt wird. Nun gilt (6.46) auch für eine (gewichtete) Summe von Signalen $y(n-j)$, $j=1$ (1) K; damit ist (6.55) für alle Prädiktorpolynome gültig, die nur Potenzen von z zwischen z^{-1} und z^{-K} enthalten. Alle Vorwärtsprädiktoren scheiden aus, da dort das Glied mit z^0 nicht verschwindet. Beim Rückwärtsprädiktor verschwindet das Glied mit $z^{-(K+1)}$ für alle Prädiktoren, deren Grad kleiner als K ist. Damit gilt (6.55) dort für $i=0$ (1) $K-1$. Dies ermöglicht die Bestimmung des Vorwärtsprädiktors K-ten Grades aus den Rückwärtsprädiktoren niedrigerer Grade; wir erhalten zunächst [siehe auch (6.61)]:

$$A_{\mathrm{P}}^{(K)}(z) = p_K B_{\mathrm{P}}^{(K-1)}(z) + A_{\mathrm{P}}^{(K-1)}(z)$$

$$= p_K B_{\mathrm{P}}^{(K-1)}(z) + p_{K-1} B_{\mathrm{P}}^{(K-2)}(z) + A_{\mathrm{P}}^{(K-2)}(z)$$

$$= p_K B_{\mathrm{P}}^{(K-1)}(z) + p_{K-1} B_{\mathrm{P}}^{(K-2)}(z) + \ldots + p_1 B_{\mathrm{P}}^{(0)}(z) + A_{\mathrm{P}}^{(0)}(z)$$

$$= p_K B_{\mathrm{P}}^{(K-1)}(z) + p_{K-1} B_{\mathrm{P}}^{(K-2)}(z) + \ldots + p_1 B_{\mathrm{P}}^{(0)}(z) + 1$$

und hieraus

$$A_{\mathrm{P}}^{(K)}(z) = 1 + \sum_{i=1}^{K} p_i B_{\mathrm{P}}^{(i-1)}(z) \quad \text{bzw.} \quad A_{\mathrm{P}}^{(K)}(z) - 1 = \sum_{i=1}^{K} p_i B_{\mathrm{P}}^{(i-1)}(z) \ . \tag{6.56}$$

Aus (6.55) und (6.56) folgt mit Hilfe von (6.52) unmittelbar

$$<A_{\mathrm{P}}^{(K)}(z) - 1, \, A_{\mathrm{P}}^{(K)}(z) - 1 > \, = \sum_{i-1}^{K} p_i^2 E_{\mathrm{RP}}^{(i-1)} \ . \tag{6.57}$$

Das innere Produkt läßt sich nach den Gesetzen der Binomialrechnung zerlegen:

$$<A_{\mathrm{P}}^{(K)} - 1, \, A_{\mathrm{P}}^{(K)} - 1 > \, = \, < A_{\mathrm{P}}^{(K)}, \, A_{\mathrm{P}}^{(K)} > \, + \, < 1, \, 1 > \, - \, 2 < A_{\mathrm{P}}^{(K)}, \, 1 > \ . \tag{6.58}$$

Da $< 1, 1, y(n) >$ die Energie E_y des Signals $y(n)$ selbst ist, folgt hieraus mit (6.53) und (6.55)

$$\sum_{i=1}^{K} p_i^2 E_{\mathrm{RP}}^{(i-1)} = E_{\mathrm{VP}}^{(K)} + E_y - 2 E_{\mathrm{VP}}^{(K)} = E_y - E_{\mathrm{VP}}^{(K)} \ . \tag{6.59a}$$

Das gleiche gilt für den Prädiktor vom Grad $K-1$:

$$\sum_{i=1}^{K-1} p_i^2 E_{\mathrm{RP}}^{(i-1)} = E_y - E_{\mathrm{VP}}^{(K-1)} \ . \tag{6.59b}$$

Gleichung (6.59b) von (6.59a) subtrahiert ergibt

$$E_{\mathrm{VP}}^{(K)} = E_{\mathrm{VP}}^{(K-1)} - p_K^2 E_{\mathrm{RP}}^{(K-1)} \tag{6.60a}$$

bzw. für die Autokorrelationsmethode, da $E_{\mathrm{VP}}^{(K)} = E_{\mathrm{RP}}^{(K)} = E_{\mathrm{P}}^{(K)}$,

$$E_{\mathrm{P}}^{(K)} = (1 - p_K^2) \, E_{\mathrm{P}}^{(K-1)} \ . \tag{6.60b}$$

Die Initialisierungsbedingungen für den "Prädiktor" 0. Grades lauten

$$A^{(0)}(z) = 1 \quad \text{und} \quad B^{(0)}(z) = z^{-1} \ . \tag{6.61}$$

Die Fehlerquadrate ergeben sich für diesen "Prädiktor" bei Verwendung der Autokorrelationsmethode zu

$$E_V^{(0)} = \, < A^{(0)}, \, A^{(0)} > \; = c_{00} = R(0) \; ;$$
$$E_R^{(0)} = \, < B^{(0)}, \, B^{(0)} > \; = c_{11} = R(0) \; .$$

$$(6.62a,b)$$

Den ersten Reflexionskoeffizienten erhalten wir mit (6.54) zu

$$p_1 = \frac{-c_{10}}{E_{R0}} = \frac{-R(1)}{R(0)}$$

$$(6.63)$$

und das Fehlerquadrat für diesen Prädiktor:

$$E_{VP}^{(1)} = E_V^{(0)} - p_1^2 \, E_R^{(0)} = (1 - p_1^2) R(0) \; .$$

$$(6.64)$$

Bei der weiteren Erhöhung des Grades bedienen wir uns der Formeln (6.54), (6.44), (6.50) und (6.62). Die neuen Prädiktorkoeffizienten $a_{Pi}^{(K)}$ gehen aus den alten Prädiktorkoeffizienten $a_{Pi}^{(K-1)}$ mit (6.44) hervor:

1	(6.16)	Ist das Signal $y(n)$ zeitlich nicht bandbegrenzt oder zeitvariant, so muß mit geeigneter Gewichtung ein finites Signal daraus gemacht werden.
2	(6.20)	Es werden die $k+1$ ersten Autokorrelationskoeffizienten $R(0)$ bis $R(k)$ berechnet.
3	(6.61)	Damit erhalten wir auch sofort den Prädiktor 0. Grades und den zugehörigen "Prädiktionsfehler".
4	(6.66)	Aus den Prädiktoren und dem Prädiktionsfehler für den Grad $K-1$, beginnend bei $K=1$, wird der Reflexionskoeffizient p_K berechnet.
5	(6.65)	Mit dem Reflexionskoeffizienten p_K und dem Prädiktorpolynom des Grades $K-1$ wird das Vorwärtsprädiktorpolynom $A_{PK}(z)$ des Grades K bestimmt,
6	(6.48)	ebenso der zugehörige Rückwärtsprädiktor $B_{PK}(z)$.
7	(6.60)	Abschließend wird der Prädiktionsfehler E_{PK} für den Grad K berechnet.
8		Die Schritte 4 bis 7 werden wiederholt, bis der gewünschte Filtergrad k erreicht ist.

Bild 6.6. Ablauf der Bestimmung der Prädiktorkoeffizienten nach der PARCOR-Methode

$$a_{P0}^{(K)} = 1 \; ;$$

$$a_{Pi}^{(K)} = a_{Pi}^{(K-1)} + p_K b_{Pi}^{(K-1)} = a_{Pi}^{(K-1)} + p_K a_{P,K-i}^{(K-1)} \; ; \tag{6.65}$$

$$a_{PK}^{(K)} = p_K \; .$$

Im Falle der Autokorrelationsmethode ergibt sich der Reflexionskoeffizient wie folgt:

$$p_K = - \frac{\displaystyle\sum_{i=0}^{K-1} a_{Pi}^{(K-1)} \cdot R(K-i)}{E_P^{(K-1)}} \; . \tag{6.66}$$

Der Gesamtablauf des Filterentwurfs nach der PARCOR-Methode ist in Bild 6.6 zusammengestellt.

Da der Prädiktionsfehler immer positiv bleiben muß, ist das Ergebnis nur dann sinnvoll, wenn alle Reflexionskoeffizienten betragsmäßig unter 1 bleiben. Ansonsten wäre das Prädiktionsfilter nicht mehr stabil.

6.4 Stabilitätsprüfung. Kreuzglied- und Leiterstrukturen

6.4.1 Stabilitätsprüfung. Bei der rekursiven Berechnung der Prädiktorkoeffizienten ergibt sich der letzte Prädiktorkoeffizient $a_K^{(K)}$ stets als Wert des Reflexionskoeffizienten p_K. Wie sich anhand der Umwandlung der Kaskadenform (2.27) in die Direktform (2.23) der Übertragungsfunktion zeigen läßt, errechnet sich der letzte Prädiktorkoeffizient a_k nach der Gesamtberechnung jedoch auch als Produkt sämtlicher Nullstellen des inversen Filters:

$$a_k = \prod_{i=1}^{k} z_{0i} \; . \tag{6.67}$$

Damit das zugehörige rekursive Filter stabil wird, ist zu verlangen, daß alle Nullstellen des inversen Filters innerhalb des Einheitskreises liegen. Eine notwendige Stabilitätsbedingung für das Filter des Grades k lautet daher

$$|a_k^{(k)}| = |p_k| < 1 \quad \text{oder} \quad [a_k^{(k)}]^2 = p_k^2 < 1 \; . \tag{6.68}$$

Allein für sich ist diese Bedingung *nicht* hinreichend. Es läßt sich aber zeigen, daß sie hinreichend ist, wenn auch das Prädiktorfilter des Grades $(k-1)$ stabil ist. Für dieses Filter wiederum ist es eine notwendige Stabilitätsbedingung, daß der letzte Koeffizient $a_{k-1}^{(k-1)}$ betragsmäßig kleiner als 1 ist; hinreichend wird die Bedingung dann, wenn auch das Filter $(k-2)$-ten Grades stabil ist. Aus dieser Rekursion folgt als notwendige und hinreichende Bedingung für die Stabilität des Prädiktorfilters k-ten Grades:

$$|p_i| < 1 \quad \text{bzw.} \quad p_i^2 < 1 \; ; \quad i = k \, (-1) \, 1 \; . \tag{6.69}$$

Das Filter ist also stabil, wenn alle Reflexionskoeffizienten betragsmäßig kleiner als 1 sind.

Anders formuliert: Zu jedem beliebigen stabilen digitalen Filter des Grades k existiert (mindestens) eine Kombination $\{x(n), y(n)\}$ aus Ein- und Ausgangssignal, für die die Energie

$$E[x(n)] = \sum_n [x(n)]^2$$

bei gegebenem Ausgangssignal $y(n)$ in Abhängigkeit von den gegebenen Filterkoeffizienten ein Minimum wird; d.h., diese Kombination $\{x, y, E, g_i\}$ befriedigt das Gleichungssystem (6.22). Damit befriedigt sie auch die Orthogonalitätsbeziehung, insbesondere (6.60b). Wird nun einer der Reflexionskoeffizienten betragsmäßig größer oder gleich 1, so folgt daraus in (6.60) ein negativer Wert für die Energie des zugehörigen Residualsignals. Bei Verwendung dieses Filters als rekursives Filter würde dies bedeuten, daß ein Signal $y(n)$ mit von Null verschiedener (Pseudo-)Energie E_y selbst dann entstehen könnte, wenn am Eingang − Realisierbarkeit vorausgesetzt − dem Filter ebenfalls Energie entzogen würde. Dies widerspricht jedoch der Stabilitätsbedingung (1.10) und ist daher Indikator für Instabilität des Filters.[15]

Bedingung (6.69) schafft ein bequem nachprüfbares Stabilitätskriterium für beliebige rekursive digitale Filter. Wir gehen aus von der Direktstruktur, die für den rekursiven Teil durch die Koeffizienten $g_i = a_i^{(k)}$, $i=1 \, (1) \, k$, realisiert ist. Aus diesem Filter werden durch Umkehrung der in Abschnitt 6.3.2 durchgeführten Berechnungen die Reflexionskoeffizienten p_i, $i=1 \, (1) \, k$, ermittelt. Liegen diese alle betragsmäßig unter 1, so ist das Filter stabil. Die Berechnung der Reflexionskoeffizienten erfolgt durch Reduktion des Grades des Filters unter Umkehrung von (6.65), (6.50) und (6.44). Wir erhalten unter Verwendung von (6.49)

$$p_K = a_K^{(K)} \; ; \tag{6.70}$$

---

[15] Dieser Stabilitätstest wurde erstmals von Jury (1961) auf Übertragungsfunktionen digitaler Filter angewendet. Er basiert auf Arbeiten von Schur (1917) und Cohn (1922) und wird deshalb auch als *Schur-Cohn-Test* bezeichnet. Das Thema wird in (Vaidyanathan und Mitra, 1987) ausführlich diskutiert. Die Anwendung auf Stabilitätsprüfungen im Bereich analoger Filter ist ggf. über die Bilineartransformation möglich.

$$A^{(K-1)}(z) = \frac{A^{(K)}(z) - p_K z^{-K} A^{(K)}(1/z)}{1 - p_K^2} \; ; \tag{6.71}$$

$$B^{(K-1)}(z) = \frac{- p_K A^{(K)}(z) + z^{-K} A^{(K)}(1/z)}{1 - p_K^2} \; ; \tag{6.72}$$

bzw. in einzelnen Koeffizienten ausgedrückt

$$a_i^{(K-1)} = \frac{a_i^{(K)} - p_K a_{K-i}^{(K)}}{1 - p_K^2} \; ; \quad i = 1\ (1)\ K-1 \; ; \quad a_0^{(K-1)} = 1 \; ; \tag{6.73a}$$

$$b_i^{(K-1)} = \frac{- p_K a_i^{(K)} + a_{K-i}^{(K)}}{1 - p_K^2} \; ; \quad i = 1\ (1)\ K-1 \; ; \quad b_K^{(K-1)} = 1 \; . \tag{6.73b}$$

Damit können wir die Koeffizienten des rein rekursiven Filters in Reflexionskoeffizienten umwandeln. Bei einem beliebigen rein rekursiven Filter des Grades k mit den Filterkoeffizienten g_i, $i=1\ (1)\ k$, bilden diese das Prädiktorpolynom k-ten Grades.

6.4.2 Kreuzglied- und Leiterstrukturen (Gray und Markel, 1973). Aus den Bestimmungsgleichungen für p_K (wobei der in Abschnitt 6.2.4 eingeführte Index P zur Kennzeichnung eines bereits optimierten Filters ab hier nicht mehr benötigt wird)

$$A^{(K)}(z) = A^{(K-1)}(z) + p_K B^{(K-1)}(z) \tag{6.44}$$

$$B^K(z) = z^{-1} \cdot [\, p_K A^{(K-1)}(z) + B^{(K-1)}(z) \,] \tag{6.50}$$

lassen sich die Definitionsgleichungen für eine realisierbare Filterstruktur ableiten. Durch Erweitern dieser Gleichungen mit $E_V^{(k)}(z)/A^{(k)}(z)$ erhalten wir für die Erhöhung des Grades von $(i-1)$ auf i:

$$\begin{aligned}
\frac{A^{(i)}(z)\, E_V^{(k)}(z)}{A^{(k)}(z)} &= \frac{A^{(i-1)}(z)\, E_V^{(k)}(z)}{A^{(k)}(z)} + \frac{p_i B^{(i-1)}(z)\, E_V^{(k)}(z)}{A^{(k)}(z)} \; ; \\[2ex]
\frac{z\, B^{(i)}(z)\, E_V^{(k)}(z)}{A^{(k)}(z)} &= \frac{p_i A^{(i-1)}(z)\, E_V^{(k)}(z)}{A^{(k)}(z)} + \frac{B^{(i-1)}(z)\, E_V^{(k)}(z)}{A^{(k)}(z)} \; .
\end{aligned} \tag{6.74a,b}$$

[Die Übertragungsfunktion $A^{(k)}(z)$ ist bekanntlich die Übertragungsfunktion $A(z)$ des gesamten inversen Filters vom Grad k, und die z-Transformierte $E_V^{(k)}(z)$ repräsentiert das Fehlersignal bei Vorwärtsprädiktion nach k Stufen, also das Fehlersignal

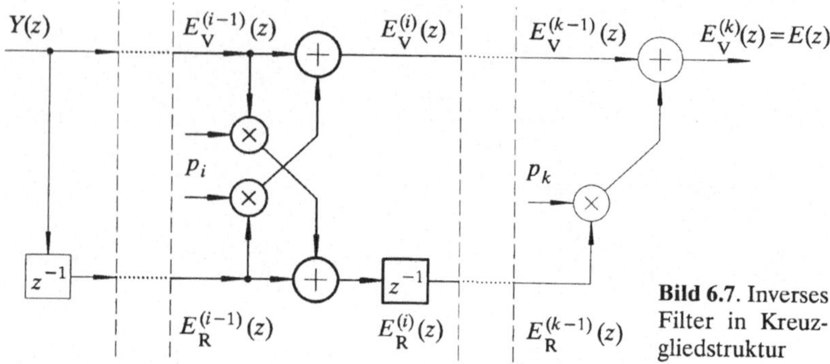

Bild 6.7. Inverses Filter in Kreuzgliedstruktur

$e(n)$ bzw. seine z-Transformierte $E(z)$ am Ausgang des gesamten inversen Filters.] Hieraus ergibt sich eine realisierbare Struktur. Für den Prädiktor 0. Grades erhalten wir

$$\frac{z\,B^{(0)}(z)\,E_V^{(k)}(z)}{A^{(k)}(z)} = \frac{A^{(0)}(z)\,E_V^{(k)}(z)}{A^{(k)}(z)} = \frac{E(z)}{A(z)} = Y(z) \tag{6.75}$$

und entsprechend für den Prädiktor k-ter Ordnung, wobei k der Gesamtgrad des Filters ist,

$$\frac{A^{(k)}(z)\,E_V^{(k)}(z)}{A^{(k)}(z)} = E_V^{(k)}(z) = E(z)\,. \tag{6.76}$$

Allgemein seien die internen Signale des Filters bzw. ihre z-Transformierten definiert als

$$E_V^{(i)}(z) := Y(z) \cdot A^{(i)}(z) \quad \text{sowie} \quad E_R^{(i)}(z) := Y(z) \cdot B^{(i)}(z)\,; \tag{6.77}$$

hiervon stellen (6.75) und (6.76) Sonderfälle dar. Legen wir den Filtereingang mit dem Prädiktor 0. Grades zusammen, so ist $y(n)$ das Eingangssignal, und wir realisieren das inverse Filter (Bild 6.7). Für den umgekehrten Weg ist $e_V^{(k)}(n) = e(n)$ das Eingangssignal, und $y(n)$ sowie $e_R^{(k)}(n)$ sind die Ausgangssignale.[16] Um dieses Filter zu erhalten, wird (6.74a) umgedreht und nach $A^{(k-1)}(z)$ aufgelöst, wobei der Über-

---

[16] Das Ausgangssignal $e_R(n)$ des Rückwärtsprädiktors wird bei dieser Realisierung nicht verwendet. In anderem Zusammenhang ergeben sich jedoch Anwendungen für $e_R(n)$, auf die wir in Abschnitt 6.5 zurückkommen.

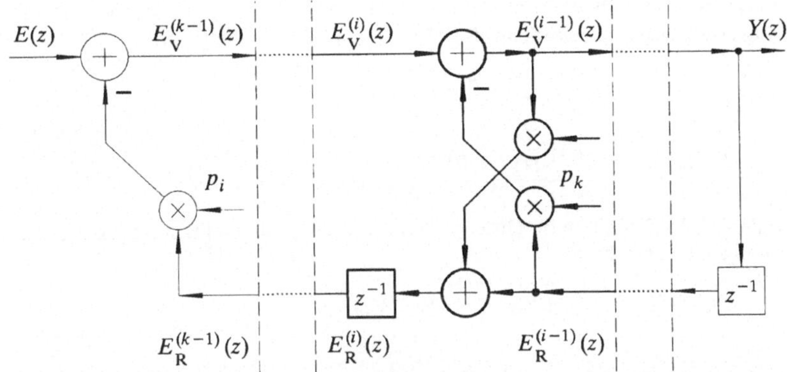

Bild 6.8. Rekursives Filter in Kreuzgliedstruktur. Das Ausgangssignal $e_R(n)$ des Rückwärtsprädiktors wird nicht berechnet

sichtlichkeit halber wieder auf die vereinfachte Darstellung von (6.44) und (6.50) übergegangen wird:

$$A^{(i-1)}(z) = A^{(i)}(z) - p_i B^{(i-1)}(z) ;$$

$$z\,B^{(i)}(z) = p_i A^{(i-1)}(z) + B^{(i-1)}(z) .$$

(6.78a,b)

Daraus ergibt sich die rekursive Kreuzgliedstruktur von Bild 6.8. Ein Nachteil gegenüber der Direkt- oder Kaskadenstruktur ist die Notwendigkeit von zwei Multiplizierern je Stufe; hiermit wird der Multiplikationsaufwand gegenüber den elementaren Strukturen verdoppelt. Vorteil ist die leichte Stabilitätsprüfung und insbesondere im Hinblick auf zeitvariante Systeme die Tatsache, daß Interpolation zwischen den Koeffizienten stabiler Filter stets wieder zu stabilen Filtern führt.

Die Kreuzgliedstruktur läßt sich auch als Wellendigitalfilter definieren. Hierauf wird in Kap. 9 näher eingegangen.

Um die Zahl der Multiplizierer reduzieren zu können, müssen wir sie zunächst noch einmal verdoppeln. Ein Skalierungsfaktor s wird in jede Filterstufe derart eingefügt, daß

$$A_s^{(i)}(z) := A^{(i)}(z) \cdot s_i ; \quad B_s^{(i)}(z) := B^{(i)}(z) \cdot s_i ; \quad s_k = 1 ,$$

(6.79a,b)

hiermit wird

$$A_s^{(k)}(z) = A^{(k)}(z) = A(z) .$$

Diese zunächst willkürlich erscheinende Maßnahme ermöglicht es, auch in die Längszweige Multiplizierer einzufügen.[17] Durch Einsetzen in (6.78),

$$\frac{A_s^{(i-1)}(z)}{s_{i-1}} = \frac{A_s^{(i)}(z)}{s_i} - \frac{p_i B_s^{(i-1)}(z)}{s_{i-1}} \; ;$$

$$\frac{z B_s^{(i)}(z)}{s_i} = \frac{p_i A_s^{(i-1)}(z)}{s_{i-1}} + \frac{B_s^{(i-1)}(z)}{s_{i-1}} \; ,$$

$$(6.80\text{a,b})$$

ergibt sich die Definition für Gitterstrukturen (Kreuzglied- und Leiterstrukturen) in der allgemeineren Form zu

$$A_s^{(i-1)}(z) = \frac{s_{i-1}}{s_i} A_s^{(i)}(z) - p_i B_s^{(i-1)}(z) \; ;$$

$$\frac{s_{i-1}}{s_i} z B_s^{(i)}(z) = p_i A_s^{(i-1)}(z) + B_s^{(i-1)}(z) \; .$$

$$(6.81\text{a,b})$$

Aus dieser Form erhalten wir mit $s_i = 1$, $i = 1\,(1)\,k$, die Kreuzgliedstruktur, wie sie in Bild 6.8 gezeigt ist.

Eine verwandte Struktur ergibt sich, wenn die Gleichung für $B_s^{(i)}(z)$ in (6.81) nicht in Abhängigkeit von $A_s^{(i-1)}(z)$, sondern in Abhängigkeit von $A_s^{(i)}(z)$ angesetzt wird:

$$A_s^{(i-1)}(z) = \frac{s_{i-1}}{s_i} A_s^{(i)}(z) - p_i B_s^{(i-1)}(z) \; ;$$

$$\frac{s_{i-1}}{s_i} z B_s^{(i)}(z) = \frac{s_{i-1}}{s_i} p_i A_s^{(i)}(z) + (1-p_i^2) B_s^{(i-1)}(z) \; .$$

$$(6.82\text{a,b})$$

Wählen wir dann noch die Skalierungsglieder so, daß gilt

$$s_{i-1} = (1+p_i)\, s_i \quad \text{und} \quad s_k = 1 \; ,$$

$$(6.83\text{a,b})$$

so ergibt sich aus (6.82)

$$A_s^{(i-1)}(z) = (1+p_i) A_s^{(i)}(z) - p_i B_s^{(i-1)}(z) \; ;$$

$$z B_s^{(i)}(z) = p_i A_s^{(i)}(z) + (1-p_i) B_s^{(i-1)}(z) \; .$$

$$(6.84\text{a,b})$$

Diese Struktur wurde in der Sprachsignalverarbeitung als Grundstruktur für ein Vokaltraktmodell verwendet (Kelly und Lochbaum, 1962). Wir bezeichnen sie als *Leiterstruktur* (*ladder structure*, Bild 6.9). Gegenüber der Zwei-Multiplizierer-Kreuzgliedstruktur (*lattice*, Bild 6.8) ist der Aufwand an Multiplizierern verdoppelt. Beide Gleichungen des Systems (6.84) haben jedoch den Term

---

[17] Diese Maßnahme entspricht dem Zwischenschalten eines idealen Übertragers beim Wellendigitalfilter; siehe Abschnitt 9.2.

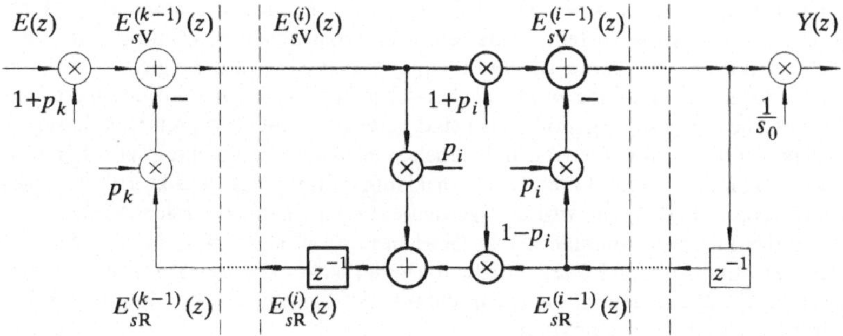

Bild 6.9. Leiterstruktur mit 4 Multiplizierern je Stufe (Kelly und Lochbaum, 1962)

$$T^{(i)}(z) = p_i \left[A_s^{(i)}(z) - B_s^{(i-1)}(z) \right] \tag{6.85}$$

gemeinsam, so daß sie vereinfacht werden können:

$$A_s^{(i-1)}(z) = A_s^{(i)}(z) + T^{(i)}(z) \; ; \; z\,B_s^{(i)}(z) = B_s^{(i-1)}(z) + T^{(i)}(z) \ . \tag{6.86a,b}$$

Damit ergibt sich eine Kreuzgliedstruktur mit nur mehr einem Multiplizierer je Stufe (*Ein-Multiplizierer-Kreuzgliedstruktur*; Bild 6.10) sowie einer abschließenden Amplitudenkorrektur

$$\frac{1}{s_0} = \frac{1}{\displaystyle\prod_{i=1}^{k} (1 + p_i)} \ . \tag{6.87}$$

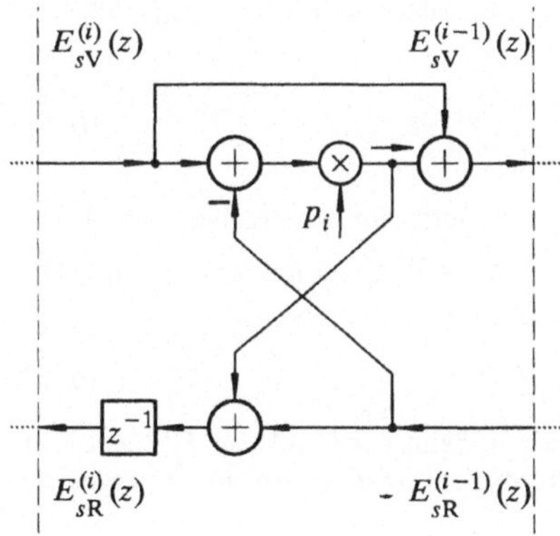

Bild 6.10. Kreuzgliedstruktur mit einem Multiplizierer je Stufe. Gezeichnet: 1 Stufe

6.4.3 Einbinden des nichtrekursiven Teils in die rekursive Kreuzgliedstruktur. Die Umwandlung des rekursiven Teils wurde bereits im vergangenen Abschnitt gezeigt. Den nichtrekursiven Teil können wir im Prinzip getrennt davon auf die gleiche Weise in die Kreuzgliedstruktur überführen, wobei sich jetzt allerdings Koeffizienten ergeben können, die betragsmäßig größer als 1 sind, sofern das Filter nicht minimalphasig ist. Wollen wir den nichtrekursiven Teil jedoch in die Kreuzgliedstruktur des rekursiven Teiles einbinden, so muß hierfür der rückläufige Strang des Prädiktorfilters angezapft werden. Das Signal wird dort gewichtet und in einem zentralen Addierer am Ende des Filters aufsummiert. Die Gewichtungskoeffizienten q_i für die Anzapfpunkte werden aus den Filterkoeffizienten d_i der nichtrekursiven Direktstruktur berechnet. Gegeben sei hierfür ein gemischt rekursiv-nichtrekursives Filter des Grades k mit der Übertragungsfunktion

$$H(z) = \frac{D(z)}{G(z)} = \frac{D^{(k)}(z)}{A^{(k)}(z)} \; ; \tag{2.23}$$

hierbei soll wie üblich gelten

$$D^{(k)}(z) = \sum_{i=0}^{k} d_i^{(k)} z^{-i} \quad \text{sowie} \quad A^{(k)}(z) = G(z) \; . \tag{6.88a,b}$$

Der rekursive Teil sei bereits in Zwei-Multiplizierer-Kreuzgliedstruktur gemäß (6.78) realisiert, d.h., in (6.81) ist $s_i = 1$, $i = 1\,(1)\,k$. Den letzten Koeffizienten spalten wir dann wie beim rekursiven Teil ab:

$$D^{(k)}(z) = d_k^{(k)} z^{-k} + \sum_{i=0}^{k-1} d_i^{(k)} z^{-i} \; . \tag{6.89}$$

Dies wird in Beziehung mit dem rückläufigen Prädiktor gebracht; mit $a_0 = b_{k+1}^{(k)} = 1$ erhalten wir

$$z\,B^{(k)}(z) = z^{-k} A^{(k)}(1/z) = z^{-k} + \sum_{i=0}^{k-1} a_{k-i}^{(k)} \cdot z^{-i} \; . \tag{6.90}$$

Multiplizieren wir $z B^{(k)}(z)$ mit $d_k^{(k)}$, und subtrahieren wir das Ergebnis von $D^{(k)}(z)$, so wird ein Glied abgespaltet, und der Grad von $D^{(k)}(z)$ erniedrigt sich um 1. Dies ergibt eine Bestimmungsgleichung für das Restfilter $D^{(k-1)}(z)$:

$$D^{(k-1)}(z) = D^{(k)}(z) - q_k z\,B^{(k)}(z) \; . \tag{6.91}$$

Mit dieser Gleichung, die für jeden Grad gilt, kann der Grad von $D^{(i)}(z)$ bis auf Null reduziert werden. Der Gewichtungskoeffizient der i-ten Anzapfung ergibt sich dann zu

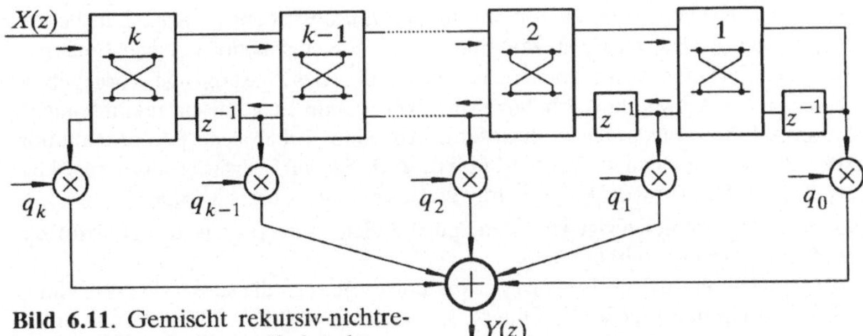

Bild 6.11. Gemischt rekursiv-nichtrekursives Filter in Kreuzgliedstruktur

$$q_i = d_i^{(i)} , \quad i = k \ (-1) \ 0 , \tag{6.92}$$

und der nichtrekursive Teil des Filters präsentiert sich wie folgt:

$$D(z) = D^{(k)}(z) = \sum_{i=0}^{k} q_i z B^{(i)}(z) . \tag{6.93}$$

Die zugehörige Struktur ist in Bild 6.11 angegeben. Die Übertragungsfunktion des Filters wird dann

$$H(z) = \frac{\displaystyle\sum_{i=0}^{k} q_i z B^{(i)}(z)}{A^{(k)}(z)} . \tag{6.94}$$

In der allgemeineren Form mit Skalierungsfaktoren, insbesondere im Fall der Ein-Multiplizierer-Kreuzgliedstruktur, erhalten wir die Übertragungsfunktion

$$H(z) = \frac{\displaystyle\sum_{i=0}^{k} q_{si} z B_s^{(i)}(z)}{A^{(k)}(z)} . \tag{6.95}$$

Hieraus folgt mit (6.79) sofort

$$q_{si} = q_i / s_i . \tag{6.96}$$

Damit haben wir zwei neue Strukturen von Digitalfiltern kennengelernt, die wegen ihrer günstigen arithmetischen Eigenschaften eine bedeutende Rolle spielen. Die Struktur von Bild 6.11 ist hinsichtlich der Zahl der Zustandsspeicher kanonisch. Ebenso kommt sie, sofern die Ein-Multiplizierer-Form gewählt wird, mit der geringstmöglichen Zahl von Multiplizierern aus.

6.4.4 Die lineare Prädiktion und der Entwurf von Entzerrerfiltern. In Kap. 5, insbesondere in Abschnitt 5.8, wurde im wesentlichen der Entwurf nichtrekursiver Entzerrerfilter diskutiert. Sind keine Vorschriften hinsichtlich des Phasenganges vorgegeben, so läßt sich der Aufwand oft erheblich verringern, wenn ein gemischt rekursiv-nichtrekursives Filter verwendet wird. Sofern nicht eine Tschebyscheff-Approximation gewählt wird, bietet sich die lineare Prädiktion als Entwurfsverfahren für den rekursiven Teil an. Der Entwurf kann in drei Schritten durchgeführt werden.

- Soll das Filter einen ausgewiesenen Sperrbereich besitzen, so ist dieser abzutrennen und getrennt zu behandeln.
- Ausgangspunkt für den Entwurf des rekursiven Teils ist die spektrale Darstellung der Wunschfunktion $H_W(\Omega)$. Ohne Umweg über eine (fiktive) Impulsantwort lassen sich die Autokorrelationskoeffizienten mit Hilfe der bekannten Beziehung

$$R(d) = \text{IDFT}\{|H_W(m)|^2\} \tag{6.97}$$

(Schroeder und Atal, 1962) direkt aus dem Leistungsspektrum der Wunschfunktion berechnen, sofern diese im Frequenzbereich in numerischer Form dargestellt werden kann. Mit den Autokorrelationskoeffizienten kann dann sofort die Berechnung der Prädiktor- oder PARCOR-Koeffizienten erfolgen.
- Nach der Bestimmung des rekursiven Teils verbleibt als Rest-Wunschfunktion bzw. Rest-Amplitudengang

$$|H_{WT}(\Omega)| = \left|\frac{H_W(\Omega)}{H_P(\Omega)}\right| ; \tag{6.98}$$

diese Wunschfunktion bildet die Grundlage für den Entwurf des nichtrekursiven Teils des Filters. Der Entwurf muß ggf. mit verschiedenen Filtergraden für den rekursiven Teil wiederholt werden, um die insgesamt günstigste Konfiguration zu ermitteln.

6.5 Allpässe und linearphasige Filter in Kreuzgliedstruktur

Bei der bisherigen Behandlung digitaler Filter in Kreuzgliedstruktur haben wir stets das Fehlersignal $e_R(n)$ der Rückwärtsprädiktion unberücksichtigt gelassen. Durch Hinzunahme des − in Kreuzgliedstruktur ohnehin realisierten − kompletten Rückwärtsprädiktors lassen sich weitere Filterstrukturen mit interessanten Eigenschaften bilden.

Erinnern wir uns: soll das rekursive Filter $H_P^{(k)}(z)=1/A^{(k)}(z)$ stabil sein, so stellt das inverse Filter $A^{(k)}(z)$ ein Minimalphasensystem (ohne Nullstellen auf dem Einheitskreis) dar. Das zugehörige inverse rückläufige Prädiktionsfilter $B^{(k)}(z)$ ist wegen (6.48-6.49) ein Maximalphasensystem mit gleichem Amplitudengang. Da somit die Nullstellen von $A^{(k)}(z)$ und $B^{(k)}(z)$ bezüglich des Einheitskreises spiegelbildlich zueinander liegen,

$$z_{0B} = 1 / z_{0A}^* \; ; \tag{6.99}$$

läßt sich aus dem Minimal- und dem Maximalphasenfilter in der inversen Kreuzgliedstruktur nach Bild 6.7 nun leicht ein linearphasiges Filter des Grades $2k$ konstruieren,

$$H_L^{(2k)}(z) = H_M^{(k)}(z) + z^{-k} H_m^{(k)}(z) = B^{(k)}(z) + z^{-k} A^{(k)}(z) \; . \tag{6.100}$$

Der umgekehrte Weg der Zerlegung eines linearphasigen Filters in die Kreuzgliedstruktur mit (6.70-6.73) führt allerdings *nicht* zu einer Trennung von Minimal- und Maximalphasenanteil; dies muß mit einer der von Abschnitt 5.7 her bekannten Methoden erfolgen, wobei Nullstellen auf dem Einheitskreis nur in gerader Vielfachheit auftreten dürfen.

Wichtiger als diese Zusammensetzung eines linearphasigen Filters aus Minimal- und Maximalphasenanteil ist die Verwendung des inversen Rückwärtsprädiktors beim rekursiven Filter. Berechnen wir aus dem Eingangssignal $e_V(n)$ das rückläufige Fehlersignal $e_R^{(k)}(n)$, so ergibt die gesamte Filterstrecke einen Allpaß, denn jetzt gilt

$$z_{0B} = 1 / z_P^* \; , \tag{6.101}$$

weil die Nullstellen von $A^{(k)}(z)$ in die Pole des rekursiven Filters $H_P^{(k)}(z)$ übergegangen sind. Hiermit gelingt es, die günstigen Eigenschaften der Kreuzgliedstruktur auf Allpässe zu übertragen. Besonders vorteilhaft ist die Ein-Multiplizierer-Kreuzgliedstruktur; sie kommt mit minimalem Rechenaufwand aus; das Skalierungsglied s_0 [siehe (6.86)] wird hier nicht benötigt, da der rückläufige Zweig des Filters bereits vor diesem Glied beginnt (vgl. Bild 6.9).

Im folgenden wollen wir noch einige Beispiele für Filterrealisierungen von Allpässen in Kreuzgliedstruktur kennenlernen. [Wie in den übrigen Kapiteln dieses Buches sei nun wieder $x(n)$ das Eingangssignal des Filters und $y(n)$ das Ausgangssignal.]

Mit (6.70-6.73) läßt sich der Allpaß elegant in die Kreuzgliedstruktur zerlegen. Zunächst wird der rekursive Teil in die Kreuzgliedstruktur umgewandelt. Nimmt man dann aber nicht das Ausgangssignal des rein rekursiven Filters, sondern das rückläufige Fehlersignal als Ausgangssignal des Gesamtfilters, so ergibt sich unmittelbar der gewünschte Allpaß. Die Zerlegung erfolgt stufenweise; einmalige Anwendung von (6.70-6.73) zerlegt $H_A^{(k)}(z)$ in eine Kreuzgliedzelle 1. Grades und das Allpaßfilter $H_A^{(k-1)}(z)$ vom Grad $k-1$. Bild 6.12 zeigt die drei bekanntesten Varianten. Die Viermultipliziererstruktur (Gray und Markel, 1975a,b; mittleres Bild) geht aus der durch (6.82) definierten Struktur hervor, indem die Skalierungsfaktoren s_i zu

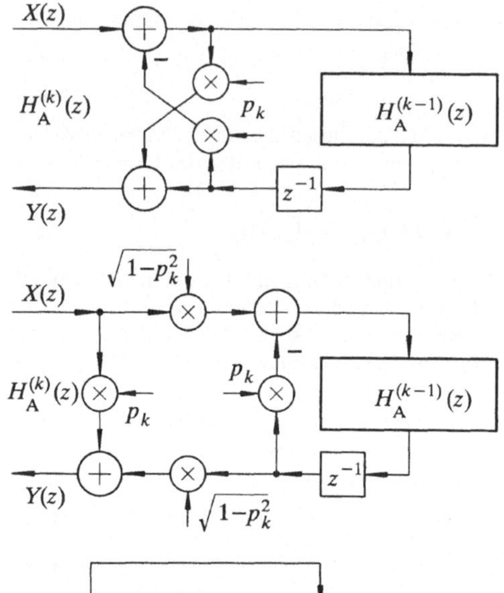

Bild 6.12. Elemente von Allpaßfiltern in verschiedenen Kreuzgliedstrukturen (Regalia et al., 1988). (Oben) Zwei-Multipliziererstruktur, (unten) Ein-Multipliziererstruktur; (Mitte) Skalierte Vier-Multipliziererstruktur (Leiterstruktur)

$$s_{i-1} = s_i \cdot \sqrt{1 - p_i^2} \quad \text{und} \quad s_k = 1 \tag{6.102}$$

gewählt werden. Die Struktur ist identisch mit der durch (6.84) definierten Kelly-Lochbaum-Struktur; der Unterschied in den Koeffizienten ergibt sich durch die verschiedene Definition der Skalierungsfaktoren in (6.102) und (6.83). Die Skalierung (6.102) bietet besondere Vorteile bei der Implementierung mit begrenzter Wortlänge von Koeffizienten und Signalen.

Mit einem Allpaßfilter 2. Grades in Kreuzgliedstruktur läßt sich ein Notch-Filter besonders günstig realisieren (Regalia et al., 1988). Für ein Notch-Filter 2. Grades in Allpaßstruktur gilt bekanntlich

$$H_{N2}(z) = \frac{1 + H_{A2}(z)}{2} \; ; \tag{3.61}$$

der Allpaß 2. Grades in Kreuzgliedstruktur hat die Übertragungsfunktion

$$H_{A2}(z) = \frac{p_2 z^2 + p_1(1+p_2)z + 1}{z^2 + p_1(1+p_2)z + p_2} \; . \tag{6.103}$$

Hieraus folgt mit (3.17a,b) für $r_P \approx 1$:

$$p_2 = r_P^2 \; ; \quad p_1 = \frac{-\cos\phi_P \cdot (1+r_P^2)}{2r_P} \approx -\cos\phi_P \; . \tag{6.104a,b}$$

Für Polradien nahe an 1 lassen sich Polradius und -winkel unabhängig voneinander einstellen. Bild 6.13 zeigt die Struktur des Filters, Bild 6.14a ein Beispiel.

An der Struktur in Bild 6.13 sehen wir die Ähnlichkeit dieser Anordnung mit einer elektrischen Übertragungsleitung, von der eine ausgangsseitig leerlaufende (oder kurzgeschlossene) Stichleitung abzweigt. In Kap. 9 (Wellendigitalfilter) wird diese Struktur eingehender behandelt.

Das zu dem Notch-Filter komplementäre Filter erhalten wir durch Subtraktion der Allpaß-Übertragungsfunktion:

$$H_{R2}(z) = \frac{1 - H_{A2}(z)}{2} \; ; \tag{6.105}$$

Dieses Filter stellt ein pseudopassives Resonanzfilter dar (bei der Resonanzfrequenz wird der Amplitudengang exakt Eins!), das darüber hinaus die normierten Kreisfrequenzen $\Omega = 0$ und $\Omega = \pi$ vollkommen unterdrückt (vergleiche Übungsaufgabe 3.3). Bild 6.14b zeigt ein Beispiel.

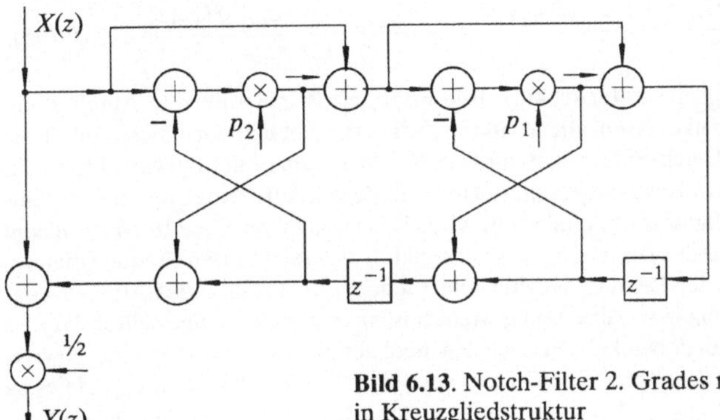

Bild 6.13. Notch-Filter 2. Grades mit einem Allpaß in Kreuzgliedstruktur

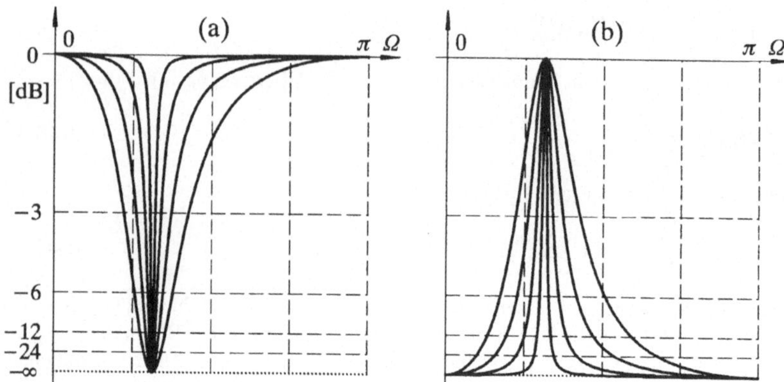

Bild 6.14. **(a)** Amplitudengang eines Notch-Filters für verschiedene Koeffizienten-werte: $p_1 = -0{,}5556$; p_2: 0,95; 0,88; 0,75; 0,6; **(b)** Amplitudengang des hierzu komplementären pseudopassiven Resonanzfilters. Mit p_2 wird die Bandbreite des Filters eingestellt (niedrigster Wert entspricht größter Bandbreite); p_1 stellt die Frequenz der Antiresonanz ein. Die Skaleneinteilung ist in dB eingezeichnet; das Bild selbst stellt im linearen Maßstab die jeweilige Energie des Ausgangssignals dar

Durch Linearkombination des Notchfilters und des dazu komplementären pseudopassiven Resonanzfilters läßt sich ein sehr einfaches abstimmbares Equalizerfilter aufbauen, das es gestattet, selektiv ein einzelnes Frequenzband anzuheben oder abzusenken (Regalia und Mitra, 1987b; Regalia et al., 1988):

$$H_{\mathrm{EQ2}}(z) = \frac{H_{\mathrm{N2}}(z) + c_{\mathrm{EQ}} H_{\mathrm{R2}}(z)}{1 + c_{\mathrm{EQ}}} = \frac{1 + c_{\mathrm{EQ}} + (1 - c_{\mathrm{EQ}}) H_{\mathrm{A2}}(z)}{1 + c_{\mathrm{EQ}}} \; . \qquad (6.106)$$

Bild 6.15a zeigt die Filterstruktur, Bild 6.15b ein Beispiel für den Amplitudengang. Ist der Allpaß in Kreuzgliedstruktur realisiert, so behält auch dieses Filter die Eigenschaft des Notch-Filters, daß mit dem Koeffizienten p_1 der Polwinkel (und damit die Notch- bzw. Resonanzfrequenz) und mit dem Koeffizienten p_2 der Polradius (und damit die Bandbreite) eingestellt wird. Der zusätzliche Equalizer-Koeffizient c_{EQ} gibt den Grad der Anhebung bzw. Absenkung des selektierten Frequenzbandes an, wobei wegen der Pseudopassivität und Pseudoverlustfreiheit des Allpasses das Maß der Anhebung bzw. Absenkung wiederum nicht von den eingestellten Werten für Polradius und Polwinkel abhängt. Zu beobachten ist allerdings eine gewisse Abhängigkeit der Bandbreite des Filters vom Equalizerkoeffizienten c_{EQ}. Dies ist auch plausibel, da für $c_{\mathrm{EQ}} \rightarrow 0$ das Equalizerfilter in jedem Fall in das Notchfilter

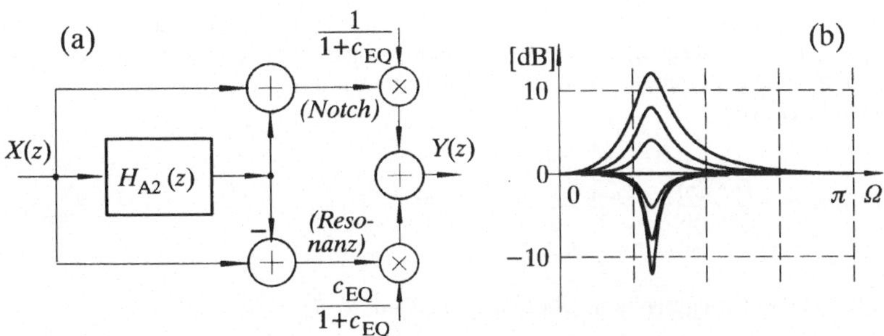

Bild 6.15. (**a**) Struktur des Equalizer-Filters von Regalia und Mitra (1987b), das aus dem Notch-Filter von Bild 6.13 durch partielle Überbrückung entsteht; (**b**) Amplitudengang für verschiedene Werte des Equalizer-Koeffizienten $c_{EQ}=4$; 2,5; 1,6; 1, 0,625; 0,4; 0,25. Für $c_{EQ}>1$ wird das selektierte Frequenzband angehoben. Kennwerte des Notch-Filters wie in Bild 6.14: $p_1=-0{,}5556$; $p_2=0{,}75$

übergeht, während mit der Zusatzbedingung $H(\Omega=0)=1$ des Equalizers das pseudo-passive Resonanzfilter erst im Grenzfall für $c_{EQ}\rightarrow\infty$ erreicht werden kann. Der Effekt läßt sich dadurch kompensieren, daß bei Veränderung des Wertes von c_{EQ} der Koeffizient p_2 mit angepaßt wird. Für $c_{EQ}=1$ ist der Allpaß überbrückt, und wir erhalten den Frequenzgang für alle Frequenzen exakt zu Eins.

Die Filterstruktur von Mitra et al. (1977) erlaubt es, die Übertragungsfunktion eines beliebigen digitalen Filters in einer der rekursiven Zwei-Multiplizierer-Kreuzgliedstruktur ähnlichen Weise zu realisieren, in der allerdings im Gegensatz zu der Struktur in Bild 6.8 die beiden Koeffizienten nicht mehr gleich sind (Bild 6.16). Diese "Pseudo-Kreuzgliedstruktur" besitzt dann auch nicht mehr die günstigen arithme-

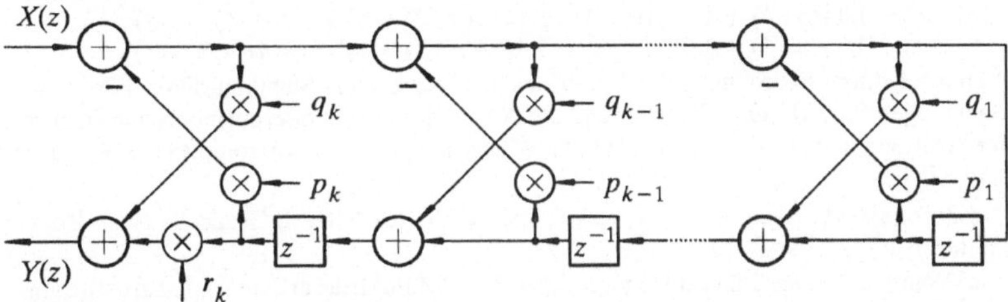

Bild 6.16. Pseudo-Kreuzgliedstruktur von Mitra et al. (1977) für ein beliebiges digitales Filter

tischen Eigenschaften, die der echten Kreuzgliedstruktur, bedingt durch (6.69), zu eigen sind. Das Ausgangssignal wird wie beim Allpaß am Ausgang des Rückwärtsprädiktors abgenommen. Liegt die Übertragungsfunktion $H(z)$ des Filters in der Form (2.23) vor,

$$H(z) \;=\; \frac{D^{(k)}(z)}{G^{(k)}(z)} \;=\; \frac{\displaystyle\sum_{i=0}^{k} d_i^{(k)}\, z^{-i}}{\displaystyle\sum_{i=0}^{k} g_i^{(k)}\, z^{-i}}\;, \qquad g_0^{(k)} = 1\;, \tag{2.23}$$

so lautet die Zerlegung beim Übergang von K auf $K-1$:

$$p_K = g_K^{(K)}\;; \qquad q_K = d_0^{(K)}\;; \qquad r_K = \left\{ \begin{array}{ll} d_K^{(K)} & K = k \\[4pt] 1 & K < k \end{array}\right.\;; \tag{6.107a-c}$$

$$d_i^{(K-1)} \;=\; \frac{d_{i+1}^{(K)} - q_K g_{i+1}^{(K)}}{r_K - p_K q_K}\;; \tag{6.108a}$$

$$g_{i+1}^{(K-1)} \;=\; g_{i+1}^{(K)} - p_K d_i^{(K-1)}\;; \qquad g_0 = 1\;. \tag{6.108b,c}$$

Die (etwas umfangreiche) Herleitung kann hier aus Platzgründen nicht behandelt werden; sie ist bei (Mitra et al., 1977) nachzulesen. Realisieren wir mit dieser Struktur einen Allpaß, so wird generell

$$d_0^{(K)} = g_K^{(K)} \quad \text{und damit} \quad p_K = q_K \quad \text{sowie} \quad r_k = 1\;, \tag{6.109}$$

und wir erhalten die Zerlegung (6.70-6.73), die zu einer echten Kreuzgliedstruktur führt. Bei nichtrekursiven sowie rein rekursiven Filtern ergeben sich jedoch die jeweiligen Direktstrukturen.

Übungsaufgaben zu Kapitel 6

6.1 Stabilitätsprüfung. Gegeben seien die Filter

a) $y(n) - 1{,}8\,y(n-1) + 1{,}58\,y(n-2) - 1{,}458\,y(n-3) + 0{,}6237\,y(n-4) = x(n)$,

b) $y(n) - 1{,}8\,y(n-1) + 1{,}62\,y(n-2) - 1{,}458\,y(n-3) + 0{,}6561\,y(n-4) = x(n)$.

Prüfen Sie durch Berechnung der Reflexionskoeffizienten die Stabilität dieser Filter nach. Überzeugen Sie sich durch Berechnung der Nullstellen des Nennerpolynoms von $H(z)$ von der Richtigkeit Ihrer Aussage (Anleitung: Beide Filter haben ein komplexes Polpaar bei $z_{\mathrm p} = \pm 0{,}9j$).

6.2 Kreuzgliedstruktur. Gegeben sei ein rein rekursives Filter 2. Grades mit den Koeffizienten g_1 und g_2; es sei $d_0 = 1$.

a) Wandeln Sie das Filter allgemein in die Zwei-Multiplizierer-Kreuzgliedstruktur um.

b) Bestätigen Sie Ihr Ergebnis, indem Sie die Kreuzgliedstruktur 2. Grades einer direkten Strukturuntersuchung mit dem in Abschnitt 2.6 beschriebenen Matrizenverfahren unterziehen.

c) Wo liegen die geometrischen Örter für $p_1 = const$ und $p_2 = const$ in der z-Ebene? Was läßt sich allgemein über die Empfindlichkeit der Pollage gegenüber Koeffizientenänderungen sagen? Wohin bewegen sich die Pole, wenn Sie die Koeffizienten ändern?

d) Stellen Sie anhand eines einfachen Beispiels ($g_1 = 0$; $g_2 = 0,81$) fest, daß bei Runden Grenzzyklen auftreten können. Nehmen Sie hierfür $y(-1)=10$ und $y(-2)=0$ sowie ganzzahlige Zahlendarstellung an. Betrachten Sie auch die Momentanwerte der Koeffizienten (vgl. Abschnitt 4.1.3).

e) Weisen Sie durch einfache Überlegung nach, daß bei Kreuzgliedstrukturen Grenzzyklen durch einfaches Betragsabschneiden bei der Multiplikation sicher unterbunden werden können.

f) Erweitern Sie das Filter zu einem Allpaß 2. Grades. Weisen Sie nach, daß die in c) gewonnenen geometrischen Örter auch für die Nullstellen des Allpasses gelten.

6.3 Kreuzgliedstruktur. Gegeben sei ein Filter 2. Grades mit $g_1 = -1$; $g_2 = 0,5$; $d_0 = d_1 = d_2 = 1$.

a) Wo liegen Pole und Nullstellen?

b) Wandeln Sie den rekursiven Teil in die Zwei-Multiplizierer-Kreuzgliedstruktur um.

c) Berechnen Sie die ersten Werte (ca. 8 Werte) der Impulsantwort des rein rekursiven Filters in beiden Strukturen und überzeugen Sie sich, daß die Werte übereinstimmen.

d) Gliedern Sie nun auch den nichtrekursiven Teil in die Kreuzgliedstruktur ein.

e) Berechnen Sie aus den in c) erhaltenen Werten einige Werte der Impulsantwort des gesamten Filters in beiden Strukturen und überzeugen Sie sich davon, daß die Ergebnisse übereinstimmen.

f) Wandeln Sie den rekursiven Teil in die Ein-Multiplizierer-Kreuzgliedstruktur um. Wie lautet der abschließende Skalierungsfaktor?

g) Gliedern Sie auch hier den nichtrekursiven Teil in die Filterstruktur ein. Überzeugen Sie sich durch Berechnen der ersten Werte der Impulsantwort von der Richtigkeit Ihrer Rechnung.

h) Können bei der gemischt rekursiv-nichtrekursiven Kreuzgliedstruktur die Koeffizienten des nichtrekursiven Teils unabhängig von denen des rekursiven Teils geändert werden? Wenn nein, wie müßte die Struktur geändert werden, um diese Eigenschaft zu erreichen?

6.4 Notch-Filter 2. Grades. Bei einer digitalen Aufzeichnung mit der Abtastfrequenz 10 kHz soll die Netzfrequenz (50 Hz) restlos unterdrückt werden; bei 55 Hz soll die Dämpfung nur noch 3 dB betragen. In Übungsaufgabe 3.2.c-d haben Sie ein Filter bestimmt, das die Aufgabe erfüllt. Dieses Filter soll nun mit Hilfe eines Allpasses in Kreuzgliedstruktur realisiert werden.

a) Aus welchem Teil des in Aufgabe 3.2.c berechneten Filters haben Sie den Allpaß gewonnen? Führen Sie diesen Teil in die Kreuzgliedstruktur über und stellen Sie das Gesamtfilter zusammen.

b) [Sofern Sie Zugang zu einem Rechner haben:] Überzeugen Sie sich davon, daß das Filter die gewünschte Funktion erbringt. Programmieren Sie zu diesem Zweck die Filterstruktur und betreiben Sie das Filter mit einer Sinusschwingung der Frequenz 50 Hz. [Anmerkung: Bei einer Abtastfrequenz von 10 kHz hat diese Schwingung eine Periode von genau 200 Abtastwerten.]

c) Ab welcher Periode wird die Schwingung von d) hinreichend (z.B. mit 40 dB Dämpfung) unterdrückt?

d) Überzeugen Sie sich durch Betreiben des Filters mit anderen Frequenzen, daß nur die Schwingung von 50 Hz restlos unterdrückt wird.

Lösungen zu den Übungsaufgaben

6.1.a. Reflexionskoeffizienten: $p_4=0{,}623700$; $p_3=-0{,}548839$; $p_2=0{,}247646$; $p_1=-1{,}059412$; Filter instabil. Pole bei $z_{P1,2}=\pm 0{,}9j$; Restpolynom nach Ausdividieren durch $(z^2+0.81)$: $H_R(z)=z^2-1{,}8z+0{,}77$; weitere Pole bei $z_{P3}=0{,}7$; $z_{P4}=1{,}1$.

6.1.b. Reflexionskoeffizienten: $p_4=0{,}656100$; $p_3=-0{,}486399$; $p_2=0{,}337832$; $p_1=-0{,}984094$; Filter stabil. Pole bei $z_{P1,2}=\pm 0{,}9j$; Restpolynom nach Ausdividieren durch $(z^2+0.81)$: $H_R(z)=z_2-1{,}8z+0{,}81$; weitere Pole bei $z_{P3,4}=0{,}9$ (Doppelpol).

6.2.a. Wir erhalten

$$p_2 = g_2^{(2)} \ ; \quad p_1 = \frac{g_1^{(2)}(1-p_2)}{1-p_2^2} = \frac{g_1^{(2)}}{1+g_2^{(2)}} \ . \tag{6.110}$$

6.2.b. Ausgangspunkt ist Bild 6.8, das direkt das gesuchte Filter darstellt, wenn man die punktiert gezeichneten Linien wegläßt und $k=2$ sowie $i=1$ setzt. Außerdem sei $E(z)=X(z)$; damit wird (Variable z aus Gründen der einfacheren Schreibweise nicht ausgeschrieben):

$$Y = E_V^{(0)} \ ; \quad E_R^{(0)} = z^{-1}Y \ ; \quad Y = E_V^{(1)} - p_1 z^{-1} Y \ ;$$

$$E_V^{(1)} = X - p_2 E_R^{(1)} \ ; \quad E_R^{(1)} = z^{-1} \cdot [\,z^{-1}Y + p_1 E_R^{(0)}\,] \ .$$

Hieraus läßt sich durch fortgesetzte Elimination (einfacher als direkter Matrixansatz) das Nennerpolynom der Übertragungsfunktion berechnen:

$$Q(z) = \frac{1}{1 + p_1(1+p_2)z^{-1} + p_2 z^{-2}} \ . \tag{6.111}$$

6.2.c. Da $p_2=g_2$, erhalten wir für $p_2=$const konzentrische Kreise um den Ursprung. Für $p_1=$const gilt mit (6.111)

$$\frac{g_1}{1+g_2} = p_1 = const$$

und mit $z_P=u_P+jv_P$ sowie (3.17)

$$-2u_P = p_1 \cdot [\,1 + u_P^2 + v_P^2\,] \ ;$$

dies führt auf Kreise als geometrische Örter für die Pollage in Abhängigkeit von p_1 (Bild 6.17). Die Bestimmungsgleichung hierfür lautet

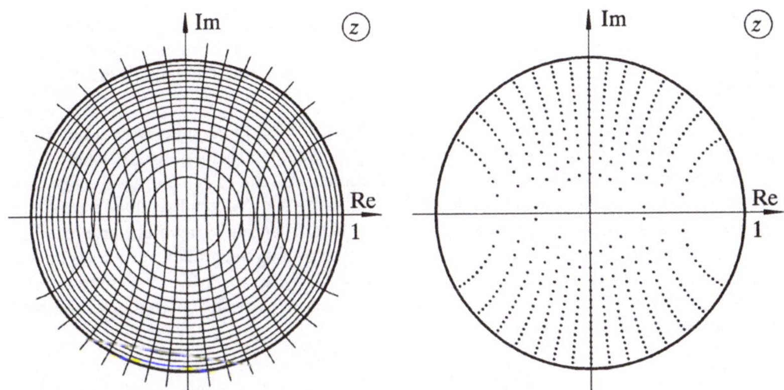

Bild 6.17. Mögliche Lage der Pole bei einem Digitalfilter 2. Grades in Kreuzglied-struktur und Quantisierung der beiden Koeffizienten auf je 4 bit. Der Koeffizient p_2 ist ohne Vorzeichen quantisiert, da negative Werte stets zu reellwertigen Polen führen

$$(u + \frac{1}{p_1})^2 + v^2 = \frac{1 - p_1^2}{p_1^2} \quad \text{für } p_1 \neq 0 ; \qquad u = 0 \quad \text{für } p_1 = 0 . \qquad (6.112)$$

Für $p_1 < 0$ befinden sich die Kreise in der rechten Halbebene, für $p_1 > 0$ in der linken. Für $p_1 = 0$ erhalten wir $u_P = 0$, also die imaginäre Achse der z-Ebene (Bild 6.17).

Es ist leicht nachzuweisen, daß alle Kreise für $p_1 = $const den Einheitskreis der z-Ebene senkrecht schneiden. Somit beeinflußt eine Änderung von p_1 bei geringer Bandbreite nur den Polwinkel und läßt den Radius unverändert, ebenso wie Änderung von p_2 nur den Radius beeinflußt. Dies gilt um so besser, je näher die Pole am Einheitskreis liegen. Wir haben diese Eigenschaft beim Entwurf des Notch-Filters von Abschnitt 6.5 bereits ausgenutzt.

6.2.d. Bei dem gegebenen Beispiel wird $p_1 = 0$; damit werden Direktstruktur und Kreuz-gliedstruktur hier identisch. Das Ausgangssignal wird für gerade n Null; für ungerade n erhalten wir

n	$y(n)$	$[y(n)]_Q$	$[y(n-2)]_Q$	$[p_2]_Q$
1	$-8{,}1$	-8	10	0,8
3	6,48	6	-8	0,75
5	$-4{,}86$	-5	6	0,83333
7	4,05	4	-5	0,8
9	$-3{,}24$	-3	4	0,75
11	2,43	2	-3	0,66667
13	$-1{,}62$	-2	2	1
15	1,62	2	-2	1

Der Momentanwert von $[p_2]_Q$ kann den Wert 1 erreichen, aber nicht überschreiten, da grundsätzlich bei Runden der Momentanwert des Koeffizienten höchstens bis zur nächsthöheren ganzen Zahl anwachsen kann. Dies genügt aber, um einen stabilen Grenzzyklus der Periode 4 hervorzurufen.

6.2.e. Bei der Kreuzgliedstruktur haben alle Addierer nur 2 Summanden, wovon nur einer unmittelbar, d.h. ohne weitere dazwischenliegende Addition, mit einem Koeffizienten multipliziert wurde. Es kann also nicht der Fall vorkommen, daß durch das Betragsabschneiden zweier Produkte und die anschließende Differenzbildung dem System Pseudoenergie zugeführt wird. Noch einfacher ist dies bei Bildung der Koeffizienten-Momentanwerte $[p_i]_Q$ zu sehen. Durch Betragsabschneiden können diese betragsmäßig nie größer werden als im unquantisierten Zustand. Da die Stabilitätsbedingung (6.69) für jeden Koeffizienten einzeln gilt, ändert sich auch nichts an der Stabilität, wenn einer der Koeffizienten momentan Null wird. Bei Betragsabschneiden gilt also stets

$$[p_i]_Q \leq p_i \; ,$$

so daß ein im unquantisierten Betrieb stabiles Filter auch bei arithmetischen Ungenauigkeiten und Betragsabschneiden stabil (und damit grenzzyklusfrei) bleibt.

6.2.f. Die Allpaß-Übertragungsfunktion lautet

$$H_{2A}(z) = \frac{p_2 z^{-2} + p_1(1+p_2)z + 1}{z^{-2} + p_1(1+p_2)z + p_2} \; ;$$

wie für jeden Allpaß 2. Grades mit $|H_A(\Omega)| = 1$ gilt also $d_1 = g_1$; damit ist auch der geometrische Ort für Pole und Nullstellen bezüglich p_1 der gleiche. Für den Nullstellenradius ergibt sich

$$r_0^2 = \frac{d_2}{d_0} = \frac{1}{p_2} \; ,$$

also der gleiche geometrische Ort wie für die Pole.

Dieser Nachweis ist unnötig, denn: die Allpaßeigenschaft des Filters in Kreuzgliedstruktur (siehe Bild 6.13; dort ist der komplette Allpaß in Einmultiplizierer-Kreuzgliedstruktur gezeichnet) ist strukturinhärent garantiert. Für jeden Pol ist die entsprechende Nullstelle spiegelbildlich zum Einheitskreis und damit auf dem gleichen Typ von geometrischem Ort gelegen.

6.3.a. Pole bei $r_P = 0.7071$; $\phi_P = \pm 45°$.

6.3.b. $p_1 = -0,66667$; $p_2 = 0,5$.

6.3.c. $h_P(n) = \{1; 1; 0,5; 0, -0,25; -0,25; -0,125; 0, 0,0625; 0,0625; 0,3125; 0; ...\}$

6.3.d. Es ist

$$\mathbf{d}^{(2)} = (d_0^{(2)} \; d_1^{(2)} \; d_2^{(2)})^T \; ;$$

$$\mathbf{b}^{(2)} = (b_1^{(2)} \; b_2^{(2)} \; b_3^{(2)})^T = (g_2^{(2)} \; g_1^{(2)} \; g_0^{(2)})^T = (0,5 \; (-1) \; 1)^T \; .$$

Hieraus mit (6.91), (6.73)

$$q_2 = d_2^{(2)} = 1 \; ; \quad d_0^{(1)} = d_0^{(2)} - q_2 b_1^{(2)} = 0,5 \; ;$$

$$d_1^{(1)} = d_1^{(2)} - q_2 b_2^{(2)} = 2 \; ; \quad d_2^{(2)} - q_2 b_3^{(2)} = 0 \; .$$

$$g_1^{(1)} = b_1^{(1)} = \frac{-2}{3} \; ; \quad g_0 = b_2^{(1)} = 1 \; ; \quad q_1 = 2 \; ; \quad d_0^{(0)} = q_0 = \frac{11}{6} \; .$$

6.3.e. $h(n) = \{1; \; 2; \; 2,5; \; 1,5; \; 0,25; \; -0,5; \; -0,625; \; -0,375; \; -0,0625; \; 0,125;$
$\qquad\qquad 0,15625; \; 0,09375; \; 0,015625; \; -0,03125; \; ... \} \; .$

6.3.f. Mit (6.83) wird $s_2 = 1$; $\; s_1 = s_2(1+p_2) = 1,5$; $\; s_0 = s_1(1+p_1) = 0,5$. Der abschließende Skalierungsfaktor wird $1/s_0 = 2$.

6.3.g. Mit (6.96) ergibt sich $q_{s2} = 1$; $\; q_{s1} = \frac{4}{3}$; $\; q_{s0} = \frac{11}{3}$.

Der abschließende Skalierungsfaktor $1/s_0$ ist in den nach (6.96) modifizierten Koeffizienten des nichtrekursiven Teils implizit enthalten und kann daher entfallen.

6.3.h. Die Koeffizienten des nichtrekursiven Teils hängen grundsätzlich von denen des rekursiven Teils ab. Wenn beide unabhängig voneinander realisiert werden sollen, so muß der nichtrekursive Teil einzeln implementiert (in Kreuzgliedstruktur möglich) und dem rekursiven vor- oder nachgeschaltet werden.

6.4. Der Allpaß nach Übungsaufgabe 3.2.d hatte die Koeffizienten

$$g_1 = -1,9927429 \; ; \quad g_2 = 0,9937267 \; .$$

Dies ergibt

$$p_1 = -0,9995065604 \; ; \quad p_2 = 0,9937266843 \; .$$

Schaltbild: siehe Bild 6.13. Die Lösungen der Teilaufgaben b)-d) sind bereits in der Lösung zu Übungsaufgabe 3.2 angegeben. Bei Gleitkommarealisierung ergaben sich hinsichtlich der Rechengenauigkeit keine Unterschiede zwischen den einzelnen Strukturen.

7. Filter mit reduziertem Aufwand unter Veränderung der Abtastfrequenz

Bei einem abgetasteten Signal, das im Frequenzbereich auf f_G bandbegrenzt ist, muß die Abtastfrequenz mehr als

$$f_T = 2f_G$$

betragen, damit das Abtasttheorem erfüllt ist. Ist im Verlauf der Filterung ein Tiefpaß oder Bandpaß vorgesehen, dessen Grenzfrequenz f_B beträgt, so müßte das Ausgangssignal aber nur mehr mit $f_T = 2f_B$ abgetastet sein (siehe Bild 7.1).

Der Rechenaufwand digitaler Filter kann − insbesondere bei nichtrekursiven Filtern − mehr als quadratisch mit der Abtastfrequenz steigen. Dies hat folgende Gründe.

- Die Zahl der auszuführenden Rechenoperationen je Sekunde ist bei sonst gleichen Parametern der Abtastfrequenz direkt proportional.
- Bei frequenzselektiven Filtern ist − über den Daumen gepeilt − der Filtergrad bei sonst gleichen Spezifikationen umgekehrt proportional zur Breite des Übergangsbereichs. Dies gilt wenigstens für linearphasige Filter. Da in z aber *die normierte Frequenz* Ω die Parameter des Filters bestimmt, ist die Breite des Übergangsbereichs in Ω der Abtastfrequenz umgekehrt proportional, so daß bei sonst gleichen Anforderungen der Filtergrad in etwa proportional zur Abtastfrequenz steigt (Bellanger, [3]1987a; vgl. Abschnitt 5.6.2).
- Dementsprechend steigt der Aufwand an *Rechenoperationen* etwa quadratisch mit der Abtastfrequenz. Jedoch werden bei steigender Abtastfrequenz auch die arithmetischen Operationen selbst aufwendiger. Schon allein wegen der geometrischen Gegebenheiten in der z-Ebene sinkt bei steigender Abtastfrequenz der Abstand benachbarter Pole und Nullstellen. Die Erhöhung des Grades tut ein übriges. Wird der Rechenaufwand nicht als Zahl der Rechenoperationen, sondern als *Zahl der insgesamt zu verarbeitenden Bits* je Zeiteinheit angegeben (Crochiere und Oppenheim, 1975:591), so wächst er mehr als quadratisch mit der Abtastfrequenz.

Es liegt daher im Interesse der Realisierung, die Abtastfrequenz möglichst niedrig zu halten.

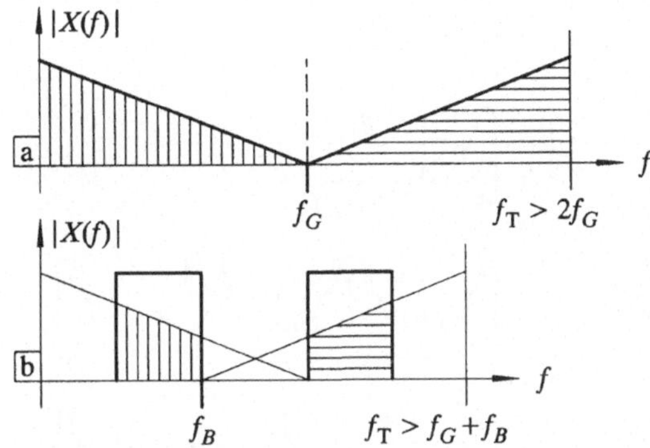

Bild 7.1a,b. Zur Wahl der Abtastfrequenz (Schüßler, 1973). Abtastung mit niedrigstmöglicher Frequenz (**a**) ohne Filterung, (**b**) bei Filterung mit einem frequenzselektiven Filter (Beispiel: Bandpaß). (f_G) Obere Grenzfrequenz des Signals; (f_B) obere Grenzfrequenz des Filters

Wie niedrig kann man aber die Abtastfrequenz wählen? Die Komponenten von Aliasverzerrungen müssen im Sperrbereich bleiben (Schüßler, 1973:80; siehe Bild 7.1):

$$f_{T\,min} = f_G + f_B \; . \tag{7.1}$$

Wird die Abtastfrequenz digital verändert, so kann man störende Komponenten ganz heraushalten und die Abtastfrequenz auf $2f_B$ erniedrigen.

In Abschnitt 7.1 wird zunächst das Prinzip der digitalen Veränderung der Abtastfrequenz vorgestellt. Dies führt auf die *Interpolatorfilter*, die in Abschnitt 7.2 näher behandelt werden. Hierzu gehört auch die Veränderung der Abtastfrequenz um den Faktor 2, die mit Hilfe eines *Halbbandfilters* besonders günstig zu realisieren ist. Abschnitt 7.3 beschäftigt sich mit mehrstufigen Anordnungen zur Veränderung der Abtastfrequenz und einigen weiteren Filterstrukturen, die die dort gewonnenen Erkenntnisse benutzen. Abschnitt 7.4 präsentiert ein Beispiel; in Abschnitt 7.5 schließlich wird nochmals die Frage der Wahl der Abtastfrequenz diskutiert.

Filter unter Veränderung der Abtastfrequenz (engl.: *multirate digital filtering*) werden bei Crochiere und Rabiner (1983), Bellanger ([3]1987a), sowie Vaidyanathan (1990, 1993) umfassend behandelt. An weiteren wichtigen Publikationen sind als Auswahl zu nennen: Schafer und Rabiner (1973), Crochiere und Rabiner (1981), Oetken und Schüßler (1973) sowie Oetken (1978).

7.1 Prinzip der Erhöhung und Erniedrigung der Abtastfrequenz um einen ganzzahligen Faktor ("decimation" und "interpolation")

7.1.1 Erhöhung um einen ganzzahligen Faktor. Diese Operation, im Englischen als *"interpolation"* bezeichnet (was den tatsächlichen Sachverhalt nur teilweise trifft), läuft

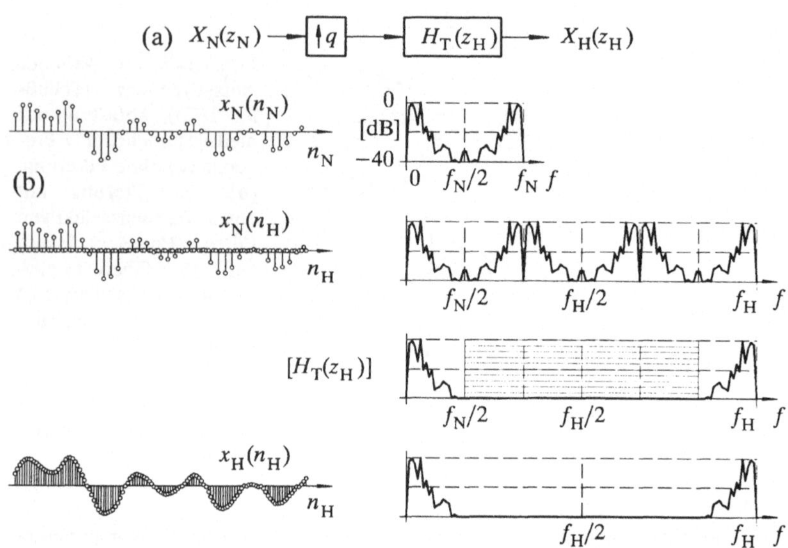

Bild 7.2a,b. Erhöhung der Abtastfrequenz um einen ganzzahligen Faktor q. (a) Blockschaltbild; (b) Beispiel für $q=3$: (Links) Signalausschnitt; (rechts) Spektrum. (Oben) Eingangssignal $x_N(n_N)$, abgetastet mit der (niedrigeren) Abtastfrequenz f_N; (Mitte) Signal $x_N(n_H)$ mit der Abtastfrequenz f_H nach Zwischenschalten von (jeweils zwei) Nullwerten sowie Anwendung eines (idealen) Tiefpasses $H_T(z_H)$ mit der Grenzfrequenz $f_N/2$; (unten) Ausgangssignal, mit der höheren Abtastfrequenz f_H abgetastet und tiefpaßgefiltert

wie folgt ab (Bild 7.2). Gegeben sei ein mit der (niedrigen) Abtastfrequenz $f_T = f_N$ abgetastetes Signal $x_N(n_N)$, dessen Abtastfrequenz um den (ganzzahligen) Faktor q auf f_H erhöht werden soll:

$$f_H = q \cdot f_N \quad \text{für} \quad x(n) = x_N(n_N) \rightarrow x_H(n_H) . \tag{7.2}$$

Zwischen benachbarte Abtastwerte des Signals $x(n)$ werden zunächst Nullwerte derart eingestreut, daß sich ergibt

$$x_N(n_H) = \begin{cases} x(q \cdot n_N) & n_H = q \cdot n_N \,; \quad n_N = 0 \,(1) \,... \\ 0 & \text{ansonsten} . \end{cases} \tag{7.3}$$

Damit ist die Abtastfrequenz zunächst um den Faktor q erhöht. Mit dem Satz über die Indexänderung der Eingangsfolge bei der z-Transformation [siehe (2.14)] ergibt sich

$$X_N(z_H^q) = X(z_N) \tag{7.4}$$

als die z-Transformierte des Signals $x_N(n_H)$, und die neue normierte Frequenz Ω_H wird

$$\Omega_H = \Omega_N/q \ . \tag{7.5}$$

Durch die Erhöhung der Abtastfrequenz werden also q Riemannsche Blätter der z_N-Ebene auf ein Riemannsches Blatt der z_H-Ebene abgebildet. Damit taucht das Spektrum des Eingangssignals mehrmals im Spektrum des Signals $x_N(n_H)$ auf (Bild 7.2). Die unerwünschten Komponenten oberhalb der Frequenz $f_N/2$ müssen durch ein nachgeschaltetes Tiefpaßfilter entfernt werden; als Ausgangssignal des Tiefpasses ergibt sich dann das ''hochabgetastete'' Signal $x_H(n_H)$, dessen Spektrum mit dem des Eingangssignals in der gewünschten Weise übereinstimmt.

7.1.2 Erniedrigung um einen ganzzahligen Faktor. Dieser im Englischen (wiederum nicht ganz zutreffend) als *''decimation''* bezeichnete Vorgang läuft wie folgt ab (Bild 7.3). Gegeben sei das Signal $x(n) = x_H(n_H)$, das mit der Abtastfrequenz $f_T{=}f_H$ abgetastet sein soll. Da normalerweise nicht vorauszusetzen ist, daß dieses Signal das Abtasttheorem für die niedrigere Abtastfrequenz $f_N = f_H/q$ erfüllt, muß das Signal

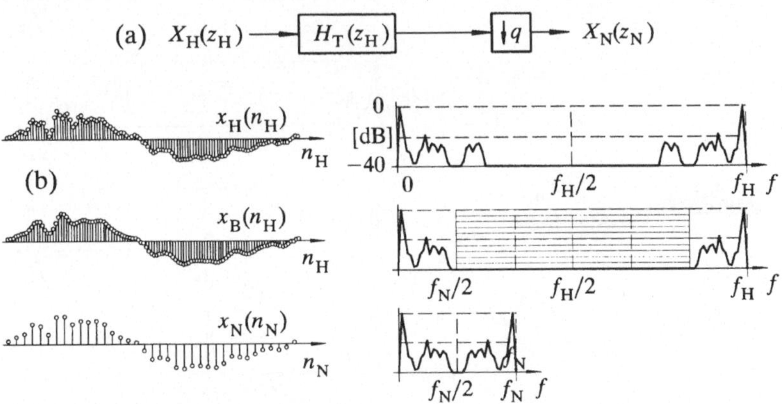

Bild 7.3a,b. Erniedrigung der Abtastfrequenz um einen ganzzahligen Faktor q. **(a)** Blockschaltbild; **(b)** Beispiel für $q{=}3$: (Links) Signalausschnitt; (rechts) Spektrum. (Oben) Eingangssignal $x_H(n_H)$, abgetastet mit der (höheren) Abtastfrequenz f_H; (Mitte) Signal $x_B(n_H)$ mit der Abtastfrequenz f_H nach Anwendung eines (idealen) Tiefpasses $H_T(z_H)$ mit der Grenzfrequenz $f_N/2$; (unten) gleiches Signal, jetzt mit der niedrigen Abtastfrequenz f_N abgetastet

zur Vermeidung von Aliasverzerrungen zuerst durch einen Tiefpaß mit der Grenzfrequenz $f_B \leq f_N/2$ gefiltert werden; hierbei entstehe das Signal $x_B(n_H)$. Im Anschluß daran wird die Abtastfrequenz durch Weglassen von jeweils $q-1$ Abtastwerten erniedrigt:

$$x_N(n_N) = x_B(n_H = q \cdot n_N) \; ; \quad n_N = 0 \, (1) \, \dots \, . \tag{7.6}$$

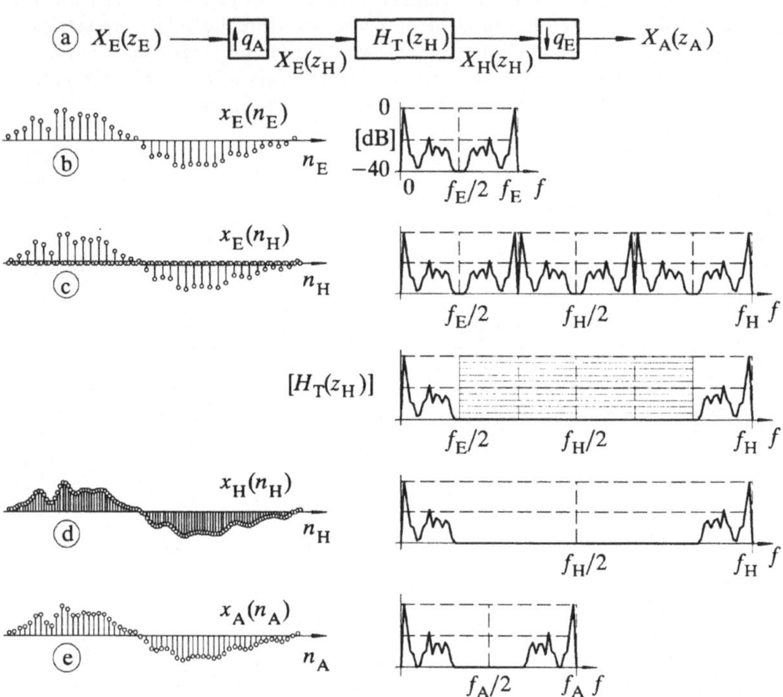

Bild 7.4a-d. Veränderung der Abtastfrequenz um einen Faktor $q = q_A/q_E$ (q_A, q_E ganzzahlig). (**a**) Blockschaltbild; (**b-e**) Beispiel $q=3/2$: (Links) Signalausschnitt; (rechts) Spektrum. (**b**) Eingangssignal $x_E(n_E)$; (**c**) Signal $x_N(n_H)$ mit der Abtastfrequenz f_H nach Zwischenschalten von (jeweils zwei) Nullwerten; (**d**) Signal $x_H(n_H)$ nach Anwendung eines (idealen) Tiefpasses mit der Grenzfrequenz $f_E/2$; (**e**) Ausgangssignal: gleiches Signal, nunmehr mit der Abtastfrequenz f_A abgetastet

7.1.3 Veränderung der Abtastfrequenz um einen Faktor $q=q_A/q_E$ (Bild 7.4). Dieser allgemeinere Fall beinhaltet sowohl eine Erhöhung als auch eine Erniedrigung der Abtastfrequenz. Es sei angenommen, daß q_E und q_A ganzzahlig sind. Dann wird zunächst die Abtastfrequenz f_E des Eingangssignals um den Faktor q_A auf f_H erhöht, wobei das Tiefpaßfilter die unerwünschten spektralen Komponenten unterdrückt. Anschließend erfolgt durch einfaches Weglassen von jeweils q_E-1 Abtastwerten die Erniedrigung der Abtastfrequenz um den Faktor q_E auf f_A. Bei dieser Art der Veränderung der Abtastfrequenz muß das Tiefpaßfilter nur *einmal* angewendet werden; es ist auf die jeweils niedrigere der beiden Grenzfrequenzen $f_A/2$ und $f_E/2$ einzustellen.

7.2 Entwurf von Interpolationsfiltern

Prinzipiell kann das gleiche Tiefpaßfilter für jede der in Abschnitt 7.1 genannten Arten der Veränderung der Abtastfrequenz Anwendung finden, da die Grenzfrequenz in jedem Fall $f_N/2$ beträgt (f_N ist die niedrigste der beteiligten Abtastfrequenzen). Werden nichtrekursive Filter eingesetzt, so können sie bei der Erniedrigung der Abtastfrequenz stets, beim Erhöhen der Abtastfrequenz unter bestimmten Bedingungen mit der Abtastfrequenz $f_T=f_N$ betrieben werden; hierdurch läßt sich der Rechenaufwand erheblich reduzieren.

Bei der Erhöhung der Abtastfrequenz – und nur dieser Fall soll im folgenden weiter betrachtet werden – unterscheiden wir zwischen folgenden drei Filtertypen:

1) *Einfache Tiefpaßfilter*. Diese entfernen die unerwünschten spektralen Komponenten ohne Rücksicht auf die Signalform. Rekursive Filter sind möglich. Durch die Phasenverzerrungen kann die Form des hochabgetasteten Signals von der des ursprünglichen Signals abweichen. Werden rekursive Filter verwendet, so müssen sie stets mit der *höheren* der beiden Abtastfrequenzen, d.h., mit $f_T=f_H$ betrieben werden.

2) *Tiefpaßfilter, die den idealen Signalverlauf im Sinne eines Fehlerkriteriums optimal annähern* und die unerwünschten Spektralkomponenten entfernen. Filter dieser Art entsprechen grob der Ausgleichsrechnung in der numerischen Mathematik. Annähernd linearphasige rekursive Filter mit Laufzeitausgleich durch Allpässe oder aber nichtrekursive linearphasige Filter beispielsweise mit Tschebyscheffverhalten erfüllen diesen Zweck. Wird ein rekursives Filter verwendet, so muß es wiederum stets mit der höheren der beiden Abtastfrequenzen betrieben werden. Ist das Filter nichtrekursiv, so muß es mit der Abtastfrequenz betrieben werden, mit der das Ausgangssignal abgetastet ist.

3) *Die eigentlichen Interpolatorfilter*. Abtastwerte, die an Stützstellen des mit f_N abgetasteten Signals liegen, bleiben unverändert. Dies bedingt eine zusätzliche Zeitvorschrift für die Impulsantwort (Schafer und Rabiner, 1973; Oetken et al., 1975; Vaidyanathan und Nguyen, 1987b):

$$h_{0I}(n_H = m \cdot q) = 0 \quad \text{für} \quad m = 1\,(1)\,\ldots \quad \text{sowie} \quad h_{0I}(0) = 1 \,. \tag{7.7}$$

Im folgenden wollen wir uns auf diese Filter beschränken, und nur sie seien als *Interpolatorfilter* im strengen Sinn bezeichnet. Rekursive Tiefpaßfilter erfüllen diese Bedingung prinzipiell nicht. Interpolatorfilter können deshalb nur als Transversalfilter realisiert werden. Die Bedingung (7.7) verlangt nicht die Linearphasigkeit des Filters. Jedoch erfüllen nur die linearphasigen Filter den eigentlichen Zweck dieser Art von Interpolation, nämlich ein Signal zu erzeugen, dessen Kurvenform der des ursprünglichen (d.h., des nichtabgetasteten analogen) Signals möglichst ähnlich wird. Da beim Hochabtasten mit einem derartigen Filter die Abtastwerte des ursprünglichen Signals $x_N(n_N)$ nicht verändert werden, kann das Filter mit verringertem Rechenaufwand betrieben werden. Es ist leicht einzusehen, daß sich linearphasige Interpolatorfilter nur in Grundform 1 realisieren lassen.

7.2.1 Idealer Interpolator.[1] Die ideale Interpolation im oben angegebenen Sinn wird durch das ideale Tiefpaßfilter geleistet, also durch ein Tiefpaßfilter mit Amplitudengang 1 im Durchlaßbereich und 0 im Sperrbereich und dem Phasengang Null oder exakter Linearphasigkeit (Küpfmüller, 1974). Das ideale digitale Tiefpaßfilter hat, wie sich durch Anwendung der Fourierapproximation leicht zeigen läßt, die folgende Impulsantwort:

$$h_{0\text{IT}}(n) = \frac{\sin\frac{\pi n}{q}}{\frac{\pi n}{q}} \; ; \quad n = -\infty \; (1) \; \infty \; . \tag{7.8}$$

Dieses Filter ist aber nicht realisierbar, da die Impulsantwort zeitlich nicht begrenzt ist. Eine realisierbare Näherung ergibt sich durch Abschneiden der Impulsantwort beispielsweise für $n=K$:

$$h_{0K}(n) = \frac{\sin\frac{\pi n}{q}}{\frac{\pi n}{q}} \; ; \quad n = -K \; (1) \; K \; . \tag{7.9}$$

Dem jedoch entspricht die Übertragungsfunktion

$$H_{0K}(\Omega) = 1 + 2 \sum_{n=1}^{K} h_{0K}(n)\cos n\Omega \; , \tag{7.10}$$

was nichts anderes ist als die nach K Gliedern abgebrochene Approximation des idealen Tiefpasses durch die Fourierreihe. Gemäß Abschnitt 5.5.1 ersehen wir hieraus zweierlei:

- Sofern die obere Grenzfrequenz der Wunschfunktion beim Entwurf genau auf $\Omega=\pi/q$ gelegt wird, führt die Fourierapproximation – und damit auch die modifizierte Fourierapproximation – des idealen Tiefpasses auf ein Interpolatorfilter.

---

[1] Wo nicht ausdrücklich anders vermerkt, sind in diesem Abschnitt die Variablen z und n auf die jeweils *höhere* der beteiligten Abtastfrequenzen bezogen.

- Da der ideale Tiefpaß ein frequenzselektives Filter ist, wird er durch die Fourier-approximation schlecht approximiert, wenn die Impulsantwort nach einer endlichen Zahl von Werten einfach abgeschnitten wird. Allerdings kann die modifizierte Fourierapproximation oder eine andere Entwurfsmethode, in die sich die Bedingung (7.7) einbauen läßt (beispielsweise die Eigenwertmethode, Abschnitt 5.5.4) eine spürbare Verbesserung bringen.

7.2.2 Lagrangeinterpolation. Generell führt jede aus der numerischen Mathematik bekannte lineare Interpolationsformel (d.h., eine Formel, bei der jeder interpolierte Wert dargestellt wird als gewichtete Summe der ursprünglichen Funktionswerte an den gegebenen Stützstellen) auf ein Interpolatorfilter. Die Lagrangeinterpolation ist bekannt als eine Polynominterpolation, die unter gewissen Voraussetzungen den hier gewünschten Eigenschaften sehr nahe kommt.

Wenn das Eingangssignal $x(n)$ gleichförmig abgetastet ist (und dies soll hier als gegeben angenommen werden), so kann die Lagrangeinterpolation in vereinfachter Form angesetzt werden (Abramowitz und Stegun, 1965:878; Bronstein und Semendjajew, [25]1991:755):

$$f(n+p) = \sum A_i^{(N)}(p)\, f(n-i) + R_{N-1} \ . \tag{7.11}$$

Hierbei ist $f(n+p)$ der zu interpolierende Wert; p berechnet sich in Bruchteilen des Abstandes benachbarter Abtastwerte des Eingangssignals. Die Zahl N (die Ordnung der Lagrangeinterpolation) gibt an, wieviele Abtastwerte des Eingangssignals zur Interpolation herangezogen werden. Die Lagrangekoeffizienten ergeben sich zu

$$A_i^{(N)}(p) = \frac{(-1)^{i+N/2}}{(\frac{N-2}{2}+i)!\,(\frac{N}{2}-i)!\,(p-i)} \cdot \prod_{m=1}^{N} (p - m + \frac{N}{2}) \ ,$$

$$i = -\frac{N-2}{2}\ (1)\ \frac{N}{2} \tag{7.12a}$$

für gerade Werte von N; für ungerade Werte von N erhalten wir

$$A_i^{(N)}(p) = \frac{(-1)^{i+\frac{N-1}{2}}}{(\frac{N-1}{2}+i)!\,(\frac{N-1}{2}-i)!\,(p-i)} \cdot \prod_{m=1}^{N} (p - m + \frac{N-1}{2}) \ ,$$

$$i = -\frac{N-1}{2}\ (1)\ \frac{N-1}{2} \ . \tag{7.12b}$$

Bei numerischen Interpolationsaufgaben kann der Rest R_{N-1} vernachlässigt werden, wenn der Grad des Interpolators hoch genug ist. Bei digitalen Interpolatorfiltern wird der Rest stets vernachlässigt; hier ist das Kriterium ein anderes, weil nicht

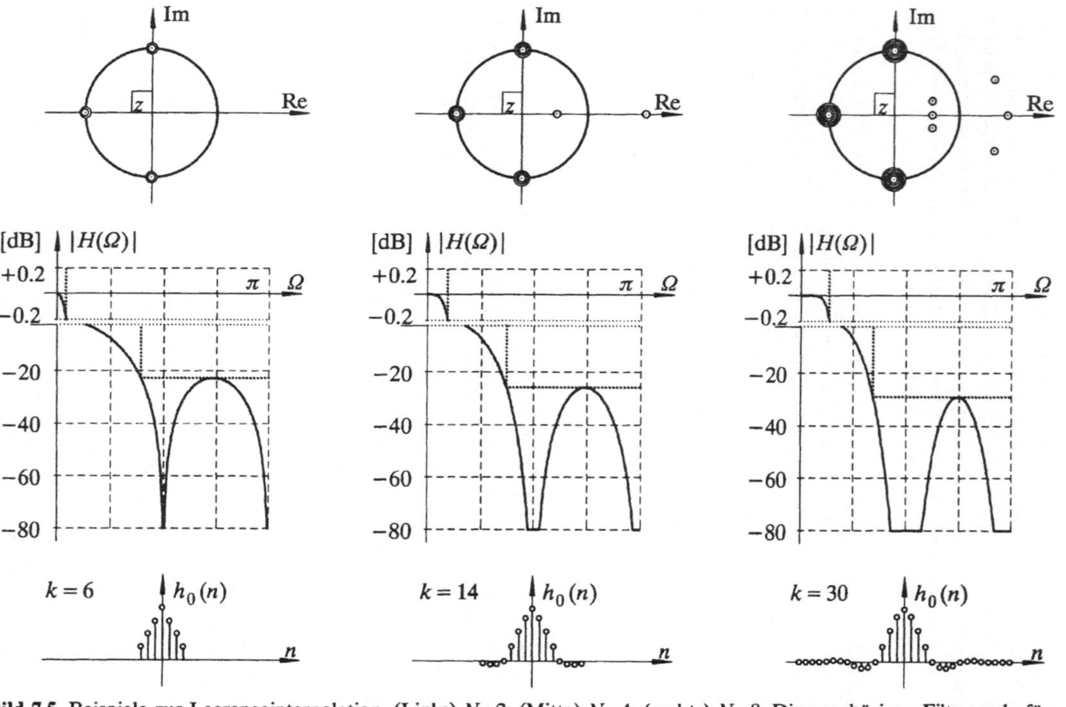

Bild 7.5. Beispiele zur Lagrangeinterpolation. (Links) $N=2$; (Mitte) $N=4$; (rechts) $N=8$. Die zugehörigen Filtergrade für $q=4$ sind neben der Impulsantwort eingetragen. In der Rubrik "Bereiche" gibt die erste Zahl die Grenzfrequenz an (bezogen auf $\Omega=2\pi$), die zweite Zahl stellt die maximale Durchlaß– bzw. minimale Sperrdämpfung in dB dar

die Wiedergabetreue der Interpolation im Zeitbereich, sondern eine möglichst gute Frequenzselektivität unter Einhaltung der Bedingung (7.7) verlangt wird.

Wie erhalten wir nun aus der Interpolationsformel ein linearphasiges Digitalfilter? Dies ist unter folgenden Einschränkungen möglich.

- Der Wert p darf sich bei geradem N nur zwischen 0 und 1, bei ungeradem N nur zwischen $-0,5$ und $0,5$ bewegen.
- Bei ungeradem N muß auch q ungerade sein, da (7.12b) sonst für $p=-0,5$ und $p=+0,5$ auf widersprüchliche Filterkoeffizienten führen würde.

Es sei daran erinnert, daß die Interpolatorbedingung (7.7) nicht die Linearphasigkeit des Filters verlangt. Mit der Lagrangeinterpolation lassen sich auch Filter realisieren, die (7.7) einhalten, aber nicht linearphasig sind. Solche Filter werden u.a. bei Schafer und Rabiner (1973) diskutiert. Sie erfordern weniger Einschränkungen bei Anwendung der Interpolationsformeln.

Im folgenden soll die Ermittlung des Filters aus den Lagrangekoeffizienten an einem Beispiel erläutert werden (Bild 7.5), und zwar für $q=4$ und $N=4$. Für $N=4$ ergeben sich die Interpolationskoeffizienten

$$
A_{-1}^{(4)} = \frac{-p\,(p-1)\,(p-2)}{6} \; ; \qquad A_0^{(4)} = \frac{(p^2-1)\,(p-2)}{2} \; ;
$$

$$
A_1^{(4)} = \frac{-p\,(p+1)\,(p-2)}{2} \; ; \qquad A_2^{(4)} = \frac{p\,(p^2-1)}{6} \; .
$$

$$(7.13)$$

Für $q=4$ ist an folgenden Stellen zu interpolieren:

$$
p = 0;\ 0,25;\ 0,5;\ 0,75;\ 1 \; .
$$

Die Impulsantwort werde im folgenden in den Einheiten des kürzeren Abtastintervalls, also in n_{H}, ausgedrückt. Die Kennung der Ordnung der Interpolation wird der Einfachheit halber weggelassen. Für $p=0$ gilt zunächst

$$
A_0 = 1 \; ; \quad A_{-1} = A_1 = A_2 = 0
$$

und damit

$$
h_0\,(n_{\mathrm{H}}{=}0) = 1 \; ; \quad h_0\,(4) = h_0\,(-4) = h_0\,(-8) = 0 \; ;
$$

für $p=0,25$ erhalten wir aus (7.13) bzw. aus einer Tabelle der Lagrangekoeffizienten (z.B. Abramowitz and Stegun, 1964:903):

$$
h_0\,(5) = A_{-1}\,(0,25) = -\frac{7}{128} \; ; \qquad h_0\,(1) = A_0\,(0,25) = \frac{105}{128} \; ;
$$

$$
h_0\,(-3) = A_1\,(0,25) = \frac{35}{128} \; ; \qquad h_0\,(-7) = A_2\,(0,25) = -\frac{5}{128} \; .
$$

Für $p=0,5$ ergeben sich die noch fehlenden Werte $h_0(6)$ und $h_0(2)$. Damit ist die Impulsantwort des Filters (als Grad ergibt sich $k=14$) komplett berechnet; den Rest erhalten wir wegen der Linearphasigkeit aus Symmetriegründen; die Berechnung kann außerdem anhand der übrigen Werte für $p=0,5$ und 0,75 leicht nachgeprüft werden (hierbei ergeben sich erwartungsgemäß keine Widersprüche). Bild 7.5 Mitte zeigt das Filter für $N=4$ und $q=4$. Das Filter besitzt durch die Mehrfachnullstellen eine ausgezeichnete Dämpfung bei Vielfachen der niedrigen Abtastfrequenz f_N; allerdings sind die Übergangsbereiche verhältnismäßig breit. Dies zeigt sich auch für das Filter 30. Grades, das sich bei Verwendung von $N=8$ ergibt (Bild 7.5 rechts).

Ist N nicht zu groß, so ist der Nenner von (7.12a,b) auch keine allzu große Zahl. Da der Term $(p-i)$ im Nenner immer gegen einen der Faktoren im Zähler gekürzt werden kann, ist der Nenner nicht von p abhängig. Da keiner der Filterkoeffizienten den Betrag 1 überschreitet, lassen sich die Filter mit geringen Koeffizientenwortlängen exakt realisieren. Für das Filter in Bild 7.5 Mitte benötigen wir beispielsweise nur Koeffizienten von 8 bit Wortlänge.

Einige einfache Sonderfälle seien noch kurz betrachtet. Interpolation 0. Ordnung ($N=1$) führt auf einen digitalen Spalttiefpaß vom Grad $q-1$:

$$h_{0L0}(n) = \tfrac{1}{q} \quad \text{für} \quad n = -\frac{q-1}{2} \;\; (1) \;\; \frac{q-1}{2} \tag{7.14}$$

mit der Übertragungsfunktion

$$H_{0L0}(\Omega) = \frac{1}{q} \; \frac{\sin\frac{q\Omega}{2}}{\sin\frac{\Omega}{2}} \; . \tag{7.15}$$

Dieses Interpolatorfilter führt nur für ungeradzahlige Werte des Faktors q auf Interpolatorfilter der Grundform 1. Die Interpolation ist naturgemäß nicht besonders gut.

Der Interpolator 1. Ordnung (linearer Interpolator; $N=2$) wird

$$h_{0L1}(n) = \frac{1}{q} \left[1 - \frac{|n|}{q} \right] ; \quad n = -(q-1) \;\; (1) \;\; q-1 \; ; \tag{7.16}$$

er besitzt die Übertragungsfunktion

$$H_{0L1}(\Omega) = \frac{1}{q} \left[\frac{\sin\frac{q\Omega}{2}}{\sin\frac{\Omega}{2}} \right]^2 . \tag{7.17}$$

Die Lagrangeinterpolation ist nicht optimal bezüglich der Unterdrückung von Aliasverzerrungen. Sie liefert zufriedenstellende Ergebnisse, wenn das Originalsignal bereits überabgetastet ist.

Wertvoll ist die Lagrangeinterpolation dann, wenn ein nicht gleichförmig abgetastetes Signal in ein gleichförmig abgetastetes verwandelt werden soll. In diesem Fall muß sie in der allgemeinen Form angesetzt werden. Der Ansatz wird dadurch zwar komplizierter, läßt sich im Prinzip aber ebenso wie bei gleichförmiger Abtastung handhaben. Auf eine Darstellung wird hier verzichtet; in diesem Zusammenhang sei jedoch auf den Algorithmus von McClellan und Parks (siehe Abschnitt 5.6.2) verwiesen, der eine solche Form der Lagrangeinterpolation verwendet.

7.2.3 Entwurf von Interpolatorfiltern mit Hilfe einer modifizierten Tschebyscheffapproximation. Eine Verbesserung des Frequenzverhaltens gegenüber der Lagrangeinterpolation läßt sich durch Interpolationsfilter mit Tschebyscheffverhalten erzielen.

Tschebyscheff-Filter sind prinzipiell keine Interpolatorfilter, da das Alternantentheorem (5.116-5.117) und die Zeitbedingung (7.7) für das Interpolatorfilter nur in bestimmten Fällen miteinander verträglich sind. Dies zeigt sich beispielsweise daran, daß die Abstände der Nulldurchgänge in der Impulsantwort des Tschebyscheff-Tiefpasses nicht notwendigerweise gleich sind. Die Einhaltung der Bedingung (7.7) kann jedoch dadurch erzwungen werden, daß nach erfolgtem Entwurf − beispielsweise mit dem Algorithmus von McClellan und Parks (siehe Abschnitt 5.6.2) − einfach jeder Abtastwert $h_0(n)$ für $n=m{\cdot}q$ (m ganzzahlig und $\neq 0$) zu Null gesetzt wird (Schafer und Rabiner, 1973):

$$h_0(\pm m \cdot q) = 0 \; ; \quad m = 1 \, (1) \; \frac{k}{2q} \; . \tag{7.18}$$

Dies hat den Effekt einer additiv überlagerten Störung des Frequenzgangs durch ein Kammfilter mit der Übertragungsfunktion

$$H_K(\Omega) = -2 \sum_{i=1}^{k/q} h_0(i) \, \cos{(iq\,\Omega)} \tag{7.19}$$

und bringt eine gewisse Verschlechterung des Verhaltens mit sich. Wie sich zeigt, ist die Verschlechterung sehr geringfügig, wenn Durchlaß- und Sperrdämpfung beim Entwurf gleich groß angesetzt werden und außerdem der Grad des Filters gleich

$$k = K \cdot 2q - 2 \tag{7.20}$$

gewählt wird; damit erreichen wir, daß der erste (im Filter nicht mehr realisierte) Wert nach Ablauf der finiten Impulsantwort mit einem der Nullwerte nach (7.7) zusammenfällt. Die Verschlechterung kann allerdings drastische Ausmaße annehmen, wenn das Filter bezüglich seiner Dämpfungseigenschaften in Durchlaß- und Sperrbereich unsymmetrisch dimensioniert wurde (siehe das Beispiel in Bild 7.6).

Beispiel. Das Entwurfsbeispiel von Abschnitt 5.2.3 soll als Interpolatorfilter realisiert werden. Als Prototyp diene der Entwurf mit dem Algorithmus von Parks und McClellan (1972a,b); dort war ein Filtergrad von $k=84$ angegeben. Damit (7.20) eingehalten wird, wird das Filter zunächst mit einem Grad $k=86$ erneut entworfen; die maximale Abweichung im Durchlaßbereich beträgt nunmehr 0,121 dB, die minimale Sperrdämpfung 61,6 dB. Durch Erzwingen der Interpolatorbedingung (7.7) mit $q=4$ ergibt sich das Filter, wie es in Bild 7.6 gezeichnet ist; dieses Filter wird völlig unbrauchbar.

Damit das Erzwingen der Interpolatorbedingung gemäß (7.18) zu brauchbaren Ergebnissen führt, müssen die Anforderungen in Durchlaß- und Sperrbereich gleich gemacht werden; außerdem müssen Durchlaß- und Sperrgrenze symmetrisch zur halben Abtastfrequenz f_N liegen (dies war im ersten Entwurf bereits der Fall). Neuentwurf des Filters mit

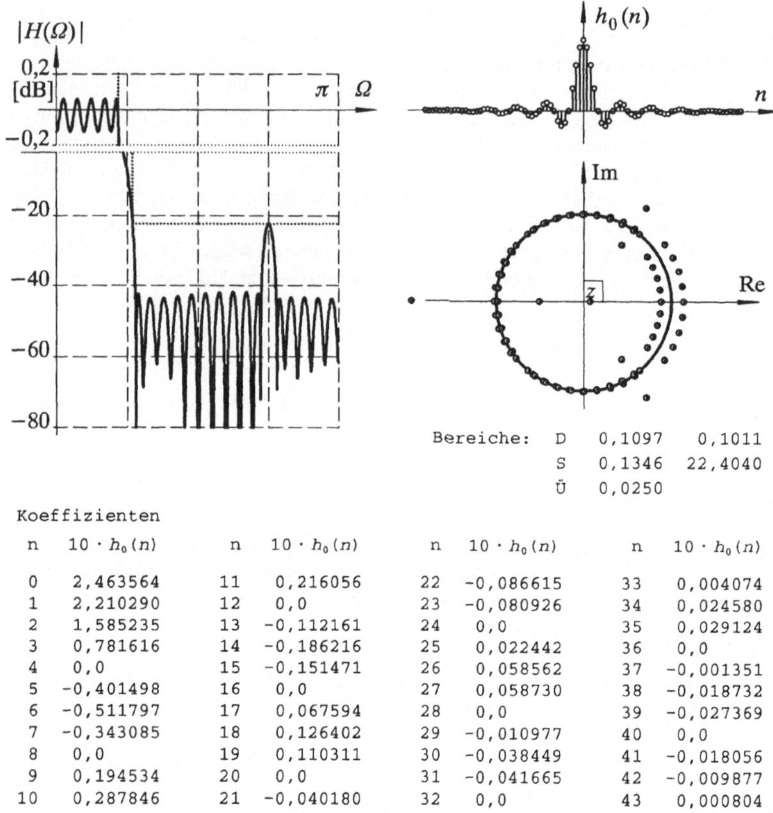

Bereiche: D   0,1097   0,1011
             S   0,1346   22,4040
             Ü   0,0250

Koeffizienten

n	$10 \cdot h_0(n)$	n	$10 \cdot h_0(n)$	n	$10 \cdot h_0(n)$	n	$10 \cdot h_0(n)$
0	2,463564	11	0,216056	22	-0,086615	33	0,004074
1	2,210290	12	0,0	23	-0,080926	34	0,024580
2	1,585235	13	-0,112161	24	0,0	35	0,029124
3	0,781616	14	-0,186216	25	0,022442	36	0,0
4	0,0	15	-0,151471	26	0,058562	37	-0,001351
5	-0,401498	16	0,0	27	0,058730	38	-0,018732
6	-0,511797	17	0,067594	28	0,0	39	-0,027369
7	-0,343085	18	0,126402	29	-0,010977	40	0,0
8	0,0	19	0,110311	30	-0,038449	41	-0,018056
9	0,194534	20	0,0	31	-0,041665	42	-0,009877
10	0,287846	21	-0,040180	32	0,0	43	0,000804

Bild 7.6. Entwurf von Interpolatorfiltern mit dem Algorithmus von Parks und McClellan (siehe Abschnitt 5.6.2) bei verschiedener Anforderung an Durchlaß- und Sperrdämpfung. Umwandlung eines Tiefpaßfilters ($k=86$; $\delta_D=0{,}15$ dB; $\delta_S=61{,}6$ dB) in ein Interpolatorfilter durch Nullsetzen jedes q-ten Koeffizienten nach (7.18); im Bild: $q=4$. Hier ist eine Verschlechterung der Sperrdämpfung um fast 40 dB festzustellen; im ganzen ist das Filter unbrauchbar. In der Rubrik "Bereiche" gibt die erste Zahl die Grenzfrequenz an (bezogen auf $\Omega=2\pi$), die zweite Zahl stellt die maximale Durchlaß- bzw. minimale Sperrdämpfung in dB dar

dem Grad $k=86$ ergibt eine maximale Abweichung im Durchlaßbereich von 0,029 dB und eine minimale Sperrdämpfung von 49,3 dB. Die Werte der Impulsantwort $h_0(n)$ an den Stellen $\pm mq$ werden deutlich kleiner als die übrigen Werte; daß sie nicht völlig verschwinden, ist auf Rechenungenauigkeiten zurückzuführen (Schüßler, persönl. Kommunikation). Anwendung von (7.18) verschlechtert die Sperrdämpfung auf 49,05 dB.

Soll die ursprüngliche Anforderung einer Mindestsperrdämpfung von 60 dB auch für das Interpolatorfilter eingehalten werden, muß der Grad des Filters erhöht werden. Wegen (7.20) kommen Werte von $k=94$, 102, 110, ... in Frage. Für $k=110$ erhalten wir eine Sperrdämpfung von 60,1 dB, aber nur 59,5 dB nach Anwendung von (7.18); für $k=118$ ergibt sich eine Sperrdämpfung von 62,4 dB. Der gleiche Wert $k=118$ wurde im übrigen bei Anwendung der Fourierapproximation mit einem modifizierten Kaiserfenster erreicht (die von sich aus auf ein Interpolatorfilter führt; siehe Abschnitt 5.5.2). In allen Filtern ist die Forderung im Durchlaßbereich massiv übererfüllt.

7.2.4 Weitere Entwurfsverfahren. Eine alternative Lösung wird von Chu und Burrus vorgeschlagen (1983, 1984). Zur Unterdrückung von Aliasverzerrungen in mehrstufigen Anordnungen sind nicht notwendigerweise überall Tiefpaßfilter erforderlich. Mit anderen Filtertypen, z.B. mit Kammfiltern, läßt sich eine hinreichende Dämpfung der Aliasverzerrungen oft mit weniger Aufwand erreichen. Eventuelle lineare Verzerrungen im Durchlaßbereich lassen sich nach erfolgter Herunterabtastung durch ein i.a. wenig aufwendiges Entzerrerfilter beseitigen.

In eine ähnliche Richtung weist das Entwurfsverfahren von Oetken (Oetken und Schüßler, 1973; Oetken, 1978; Oetken et al., 1975, 1979; Crochiere und Rabiner, 1981). Gesucht wird dort ein Interpolatorfilter, mit dem die Abtastfrequenz eines (in normierter Darstellung) auf $\Omega_{NG}<\pi$ bandbegrenzten Signals erhöht werden soll. Das Signal besitzt damit in digitaler Darstellung bei Abtastung mit der Abtastfrequenz f_N keine Spektralanteile zwischen den normierten Frequenzen Ω_{NG} und $2\pi-\Omega_{NG}$. Bei der Erhöhung der Abtastfrequenz um den Faktor q $[q>2]$ muß somit nicht der gesamte Spektralbereich zwischen dem ersten auftretenden Aliasanteil und $\Omega_H=\pi$ gesperrt werden; vielmehr kann der Sperrbereich dort unterbrochen werden, wo das hochabgetastete Signal keine Spektralanteile besitzt, so daß sich die folgende Wunschfunktion für das Interpolatorfilter ergibt:

$$H_W(\Omega)=\begin{cases} q & 0 \le \Omega_H \le \dfrac{\Omega_{NG}}{q} & \text{[Durchlaßbereich]} \\[2ex] 0 & \dfrac{m\cdot(2\pi-\Omega_{NG})}{q} \le \Omega_H \le \dfrac{m\cdot(2\pi+\Omega_{NG})}{q} & \text{[Sperr-} \\ & & \text{bereich]} \\ & m = 1\ (1)\ q/2\ ; \quad \Omega_H \le \pi & \\[2ex] \text{beliebig} \quad \text{ansonsten}\ . & & \text{[Übergangsbereiche]} \end{cases}$$

$$\hspace{13cm}(7.21)$$

Damit treten Übergangsbereiche auch zwischen den einzelnen Sperrbereichen auf. Der Filteraufwand kann insbesondere dann reduziert werden, wenn das ursprüngliche Signal bereits überabgetastet ist und der Übergangsbereich entsprechend breit gemacht werden kann. Für $q=2$ ist (7.21) nicht anwendbar, da außer dem ohnehin vorhandenen Übergangsbereich zwischen Durchlaß- und Sperrbereich kein weiterer Übergangsbereich in das Frequenzband $\Omega_H \leq \pi$ fällt.

Auf das Beispiel von Abschnitt 5.2.3 angewendet, kann der Bereich zwischen $\Omega_H = 0,72\pi$ und $0,78\pi$, also umgerechnet zwischen 14400 Hz und 15600 Hz, freigegeben werden. Der Grad des Tiefpaßfilters (siehe Abschnitt 5.6) reduziert sich dadurch von 84 auf 82; bei Anwendung eines Interpolatorfilters (siehe Abschnitt 7.2.3) kann der Grad von 118 auf 110 reduziert werden. Bild 7.7 zeigt den Amplitudengang dieses Filters.

Oetken definiert weiterhin ein Kriterium für die optimale Interpolation derart, daß die mittlere quadratische Abweichung zwischen dem interpolierten Wert $y(n)$ und dem gewünschten Wert $y_W(n)$, also dem idealen Verlauf des interpolierten Signals, ein Minimum wird. Der Ansatz führt auf ein lineares Gleichungssystem für die gesuchten Filterkoeffizienten. Die Prozedur steht im Rahmen der Programmsammlung des IEEE zur Verfügung (Oetken et al., 1979); Bild 7.8 zeigt ein Beispiel für $q=4$.

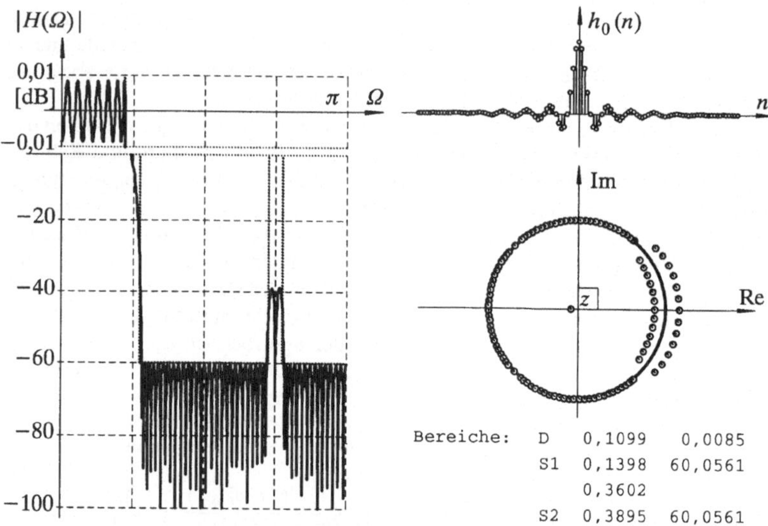

Bild 7.7. Interpolatorfilter für die Aufgabe von Abschnitt 5.2.3 mit Freigabe des Übergangsbereichs zwischen $0,72\pi$ und $0,78\pi$; Grad $k=110$. (D) Durchlaßbereich; (S1, S2) Sperrbereiche. In der Rubrik ”Bereiche” gibt die jeweils erste Zahl die Grenzfrequenz an (bezogen auf $\Omega = 2\pi$), die zweite Zahl stellt die maximale Durchlaß- bzw. minimale Sperrdämpfung in dB dar. Im Übergangsbereich zwischen den beiden Sperrbereichen sinkt die Dämpfung des Filters auf rund 38 dB

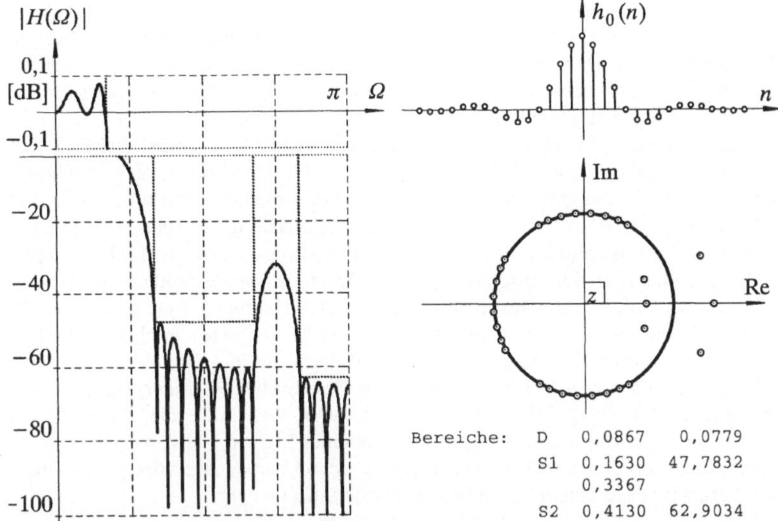

Bild 7.8. Optimales Interpolatorfilter nach Oetken und Schüßler (1973). Beispiel für $\Omega_{NG}=0{,}7\pi$; $q=4$; $k=30$. Koeffizienten nach Oetken und Schüßler (1973). Im Übergangsbereich zwischen den beiden Sperrbereichen sinkt die Dämpfung auf rund 31 dB. Die Darstellung des Amplitudengangs wurde auf 0 dB bei $\Omega=0$ normiert. Zeichenerklärung siehe Unterschrift zu Bild 7.7

7.2.5 Das Halbbandfilter. Ein einfacher und zugleich wichtiger Fall der Änderung der Abtastfrequenz ist gegeben für $q=2$. Filter, die hier der Bedingung (7.7) genügen, werden *Halbbandfilter* genannt. Erstmals von Bellanger et al. (1974) vorgeschlagen, stellen derartige Filter eine besonders aufwandsgünstige Lösung zur Änderung der Abtastfrequenz dar.

Das Halbbandfilter ist ein linearphasiges Tiefpaßfilter in Grundform 1 mit der Grenzfrequenz $\Omega_G=\pi/2$ (*Grenzfrequenz* sei hier als die Mitte des Übergangsbereichs verstanden). Sofern das Filter die Bedingung (7.7) einhält, wird die Übertragungsfunktion punktsymmetrisch zu $\Omega=\pi/2$, die Dämpfung beträgt dort genau 6 dB, und die Impulsantwort $h_0(n)$ wird Null für alle geraden Werte von n (ausgenommen $n=0$). Jeder zweite Wert des Ausgangssignals wird also unverändert vom Eingang übernommen.

Prinzipiell lassen sich Halbbandfilter mit den gleichen Entwurfsmethoden entwerfen wie andere Interpolatorfilter auch (siehe die Beispiele in Bild 7.10). Eine spezielle Klasse von Halbbandfiltern wird von Goodman und Carey (1977) angegeben (Bild 7.9). Diese Filter weisen einen bezüglich des Aufwandes optimal breiten Übergangsbereich (von $\Omega=\pi/4$ bis $\Omega=3\pi/4$) auf; im Durchlaß- und Sperrbereich werden die Dämpfungswerte sehr günstig. Darüber hinaus lassen sich diese Filter mit geringer Koeffizientenwortlänge realisieren.

Vaidyanathan und Nguyen (1987b) modifizierten den Algorithmus von McClellan und Parks (1973) mit einem "TRICK" (sic!) speziell für den Entwurf von Halbbandfiltern. Ihr Verfahren geht von der zyklisch zeitveränderlichen Struktur nach Bild 7.13 aus (siehe Abschnitt 7.3.1). In dieser Struktur zerfällt das Halbbandfilter $H_H(z)$ in zwei Teilfilter. Im einen Teil-"Filter" $H_{H1}(z)=1$ werden die Werte des Eingangssignals unverändert an den Ausgang durchgeschleust; das zweite Teilfilter $H_{H2}(z)$ enthält alle von Null verschiedenen Koeffizienten des Halbbandfilters außer $h_{H0}(0)$. Beide Teilfilter können mit der Abtastfrequenz des Eingangssignals, also mit der halben Abtastfrequenz des Ausgangssignals betrieben werden. Das zweite Teilfilter stellt, für sich allein betrachtet, ebenso wie das Gesamtfilter ein linearphasiges Filter dar, allerdings in Grundform 2, also mit ungeradem Grad und einer Nullstelle bei $z=-1$. Dieses Teilfilter kann also auch mit einem gängigen Entwurfsverfahren für linearphasige Filter entworfen werden. Da es mit der halben Abtastfrequenz betrieben wird, wird es in einem z_N-Bereich entworfen, für den gilt

$$z_N = z^2 \; ; \tag{7.22}$$

die Anforderungen werden festgelegt durch

$$H_{H2}(\Omega_N) = H_H(\Omega) - 1 \; ; \quad \Omega = 0 \dots \pi/2 \; . \tag{7.23}^2$$

Ist k_H der Grad, und ist $\Omega_{HD}=\pi-\Omega_{HS}$ die obere Durchlaßgrenze des Halbbandfilters, so ist $H_{H2}(z_N)$ zu entwerfen als ein Filter mit dem Grad $k_H/2$ in Grundform 2 mit nur einem zu spezifizierenden Bereich, nämlich dem Durchlaßbereich, der sich von $\Omega_N=0$ bis $\Omega_N=2\Omega_{HD}$ erstreckt. Der Sperr-"Bereich" reduziert sich auf die (in Grundform 2 zwangsweise vorhandene) Nullstelle bei $z_N=-1$. Durch Umkehrung von (7.22) und (7.23) ergibt sich dann das Halbbandfilter.

Dieser "Trick" von Vaidyanathan und Nguyen (1987b), der nur für Halbbandfilter funktioniert, erzwingt die exakte Einhaltung der Interpolatorbedingung (7.7) und ist genauer (und außerdem im Entwurf schneller) als der direkte Entwurf mit dem Algorithmus von McClellan und Parks mit anschließender Anwendung von (7.18). Der "Trick" ist nicht an den Algorithmus von McClellan und Parks gebunden; er funktioniert beispielsweise auch für die Eigenwertmethode (Abschnitt 5.5.5). Bild 7.11 zeigt den Entwurf des Filters von Bild 7.10 (unten) als Beispiel.

---

^{2} Man beachte, daß die Übertragungsfunktion $H_{H0}(z)$ des Halbbandfilters im Durchlaßbereich um den Wert 2 pendelt, wenn $h_{H0}(0)$ den Wert 1 annimmt.

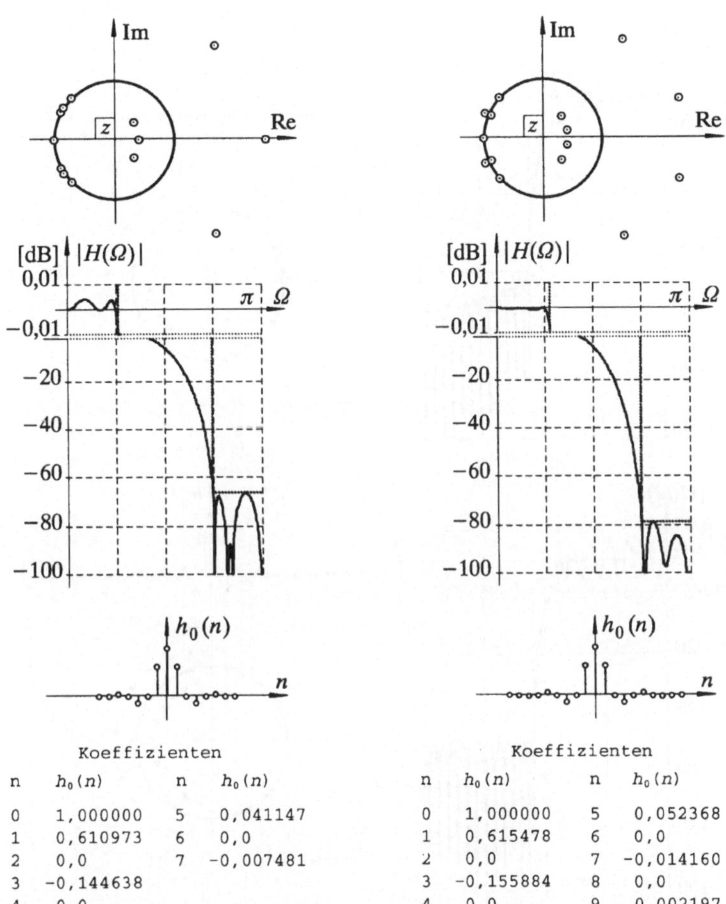

Koeffizienten

n	$h_0(n)$	n	$h_0(n)$
0	1,000000	5	0,041147
1	0,610973	6	0,0
2	0,0	7	-0,007481
3	-0,144638		
4	0,0		

Koeffizienten

n	$h_0(n)$	n	$h_0(n)$
0	1,000000	5	0,052368
1	0,615478	6	0,0
2	0,0	7	-0,014160
3	-0,155884	8	0,0
4	0,0	9	0,002197

Bild 7.9. Halbbandfilter nach Goodman und Carey (1977) mit geringem Aufwand. Bei allen Filtern reicht der Durchlaßbereich bis $\Omega=\pi/4$; der Sperrbereich beginnt bei $\Omega=3\pi/4$. In Halbbandfilterketten sind diese Filter daher nicht für den Betrieb mit der niedrigsten der vorkommenden Abtastfrequenzen geeignet. In ganzzahliger Darstellung kommen die Filter mit geringen Wortlängen aus. (Links) $k=14$, $\delta_S=66$ dB, Wortlänge 10 bit; (rechts) $k=18$, $\delta_S=79$ dB, Wortlänge 14 bit. Die Darstellung des Amplitudengangs wurde auf 0 dB bei $\Omega=0$ normiert

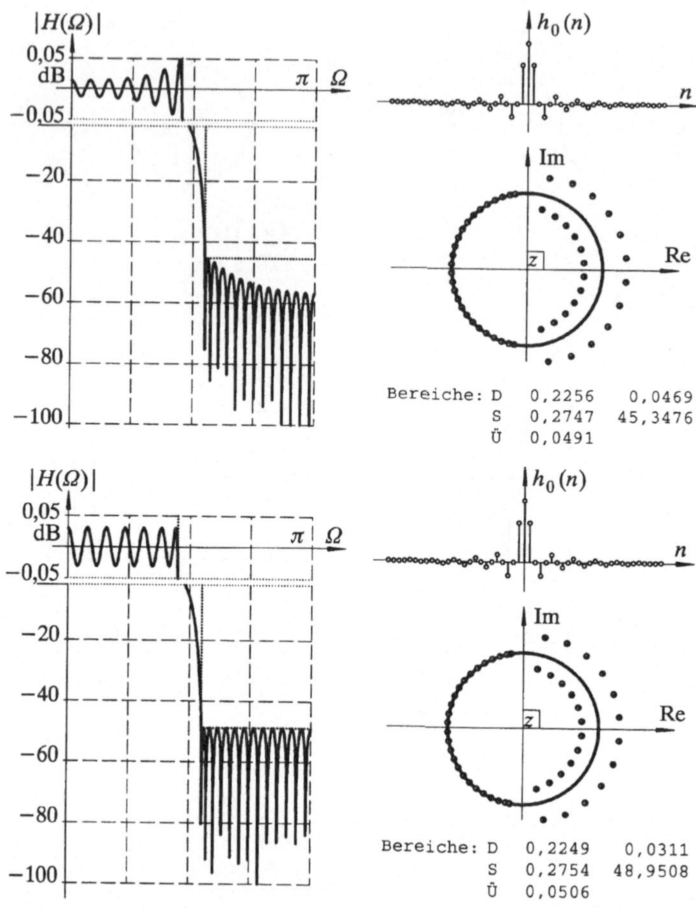

Bild 7.10. Halbbandfilter (Grad $k=50$). (Oberes Bild) Modifizierte Fourierapproximation (modifiziertes Kaiserfenster; $\alpha=3,4$; Sockelhöhe $s=0,035$); (unteres Bild) Entwurf nach Vaidyanathan und Nguyen (1987b); die Sperrgrenze wurde so gewählt, daß sie mit dem Wert übereinstimmt, wie er sich bei der modifizierten Fouriertransformation (oberes Bild) ergibt. Die Darstellung des Amplitudengangs geht von einem Richtwert von $|H(\Omega)|=2$ (für 0 dB) im Durchlaßbereich aus [entsprechend $h_0(0)=1$]. Rubrik "Bereiche": siehe Unterschrift zu Bild 7.7

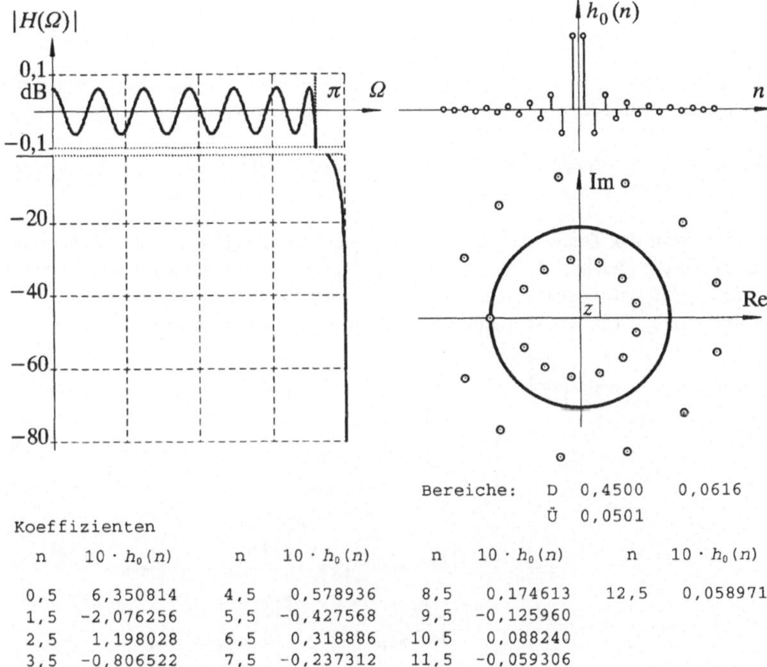

Bereiche: D 0,4500 0,0616
Ŭ 0,0501

Koeffizienten

n	$10 \cdot h_0(n)$	n	$10 \cdot h_0(n)$	n	$10 \cdot h_0(n)$	n	$10 \cdot h_0(n)$
0,5	6,350814	4,5	0,578936	8,5	0,174613	12,5	0,058971
1,5	-2,076256	5,5	-0,427568	9,5	-0,125960		
2,5	1,198028	6,5	0,318886	10,5	0,088240		
3,5	-0,806522	7,5	-0,237312	11,5	-0,059306		

Bild 7.11. Entwurf des Teilfilters $H_{H2}(z)$ eines Halbbandfilters ($k=25$) mit dem
"Trick" von Vaidyanathan und Nguyen (1987b). Das Filter hat keinen explizit aus-
gewiesenen Sperrbereich, nur eine einzelne Nullstelle bei $\Omega=\pi$. Das hieraus ent-
stehende Halbbandfilter ist in Bild 7.10 unten abgebildet

7.3 Zeitvariante Strukturen. Polyphasenprinzip und IFIR-Filter

*7.3.1 Realisierung des Tiefpaßfilters bei der Erhöhung der Abtastfrequenz in zyklisch zeit-
varianter Form* (Bild 7.12-7.13). Die folgenden Überlegungen gelten für jedes bei der
Erhöhung der Abtastfrequenz eingesetzte nichtrekursive Tiefpaßfilter, gleichgültig,
ob es die Bedingung (7.7) für das Interpolatorfilter einhält oder nicht.

Unter Zugrundelegung der höheren Abtastfrequenz f_H präsentiert sich das Inter-
polatorfilter des Grades k als gewöhnliches Tiefpaßfilter mit der Zustandsgleichung

$$x_{\mathrm{H}}(n_{\mathrm{H}}) = \sum_{i=-k/2}^{k/2} h_{0\mathrm{I}}(i)\, x_{\mathrm{N}}(n_{\mathrm{H}}-i) \; . \tag{7.24}$$

Da die Abtastwerte von $x_{\mathrm{N}}(n_{\mathrm{H}})$ aber nur für $n_{\mathrm{H}}=m{\cdot}q{\cdot}n_{\mathrm{N}}$, m ganzzahlig, von Null verschieden sind, können wir das Filter auch wie folgt ansetzen:

$$x_{\mathrm{H}}(n_{\mathrm{H}}) = \sum_{i=-k/2}^{k/2} h_{0\mathrm{I}}(i)\, x_{\mathrm{N}}(n_{\mathrm{H}}-i) = \sum_{i=-k/2}^{k/2} h_{0\mathrm{I}}(q{\cdot}i+m)\, x(\tfrac{n_{\mathrm{H}}-m}{q}) \; ; \tag{7.25}$$

$$m = n_{\mathrm{H}} \,\%\, q \; .$$

[Hierbei steht das Zeichen % für die Modulorechnung; vgl. (4.22).] Dies bedeutet, daß jeweils die gleichen Abtastwerte von $x(n)$ für die Berechnung von q Abtastwerten von $x_{\mathrm{H}}(n_{\mathrm{H}})$ herangezogen werden. Unter Zugrundelegung der niedrigeren Abtastfrequenz f_{N} erhalten wir damit das Filter in zyklisch zeitvarianter Form:

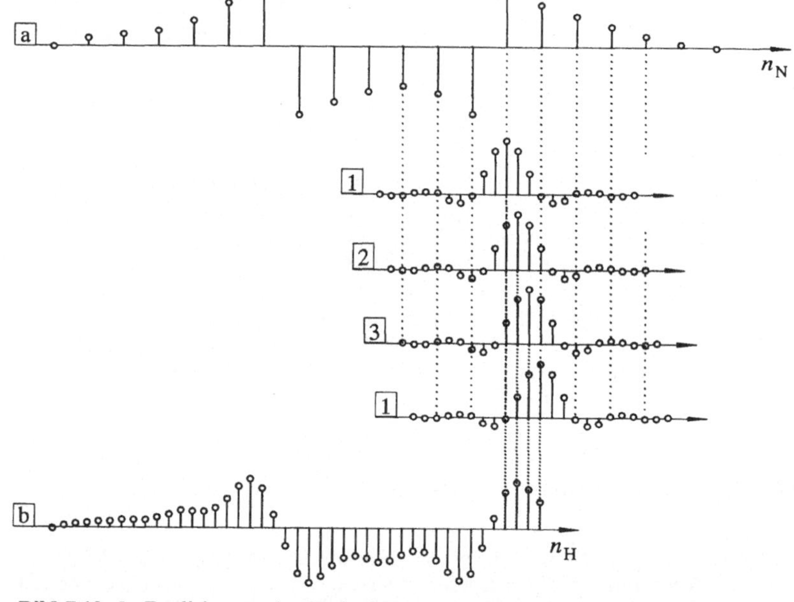

Bild 7.12a,b. Realisierung des Tiefpaßfilters zur Erhöhung der Abtastfrequenz in zyklisch zeitvarianter Form. (**a**) Eingangssignal; (**b**) Ausgangssignal nach Hochabtasten ($q=3$); (**1-3**) Lage der Impulsantwort des Filters (bezogen auf das Eingangssignal) sowie innerer Zustand des Filters

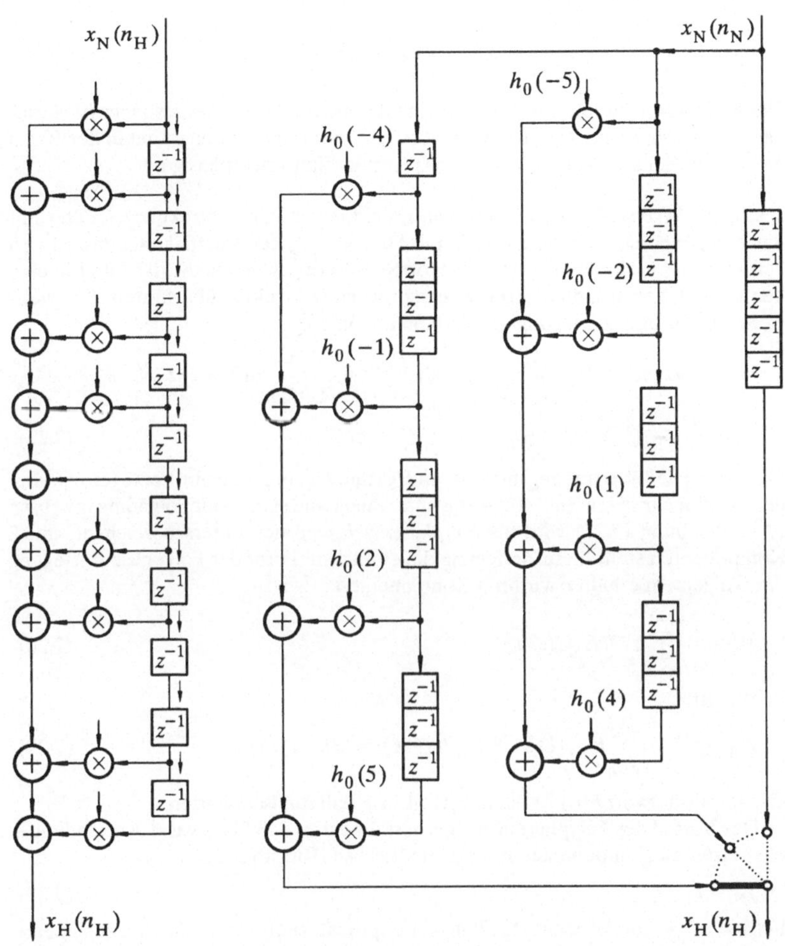

Bild 7.13. Filterstruktur für ein Interpolatorfilter bei Erhöhung der Abtastfrequenz. Die Bedingung (7.7) ist eingehalten, d.h. $h_0(0)=1$ sowie $h_0(m\cdot q)=0$. Im Beispiel ist $q=3$ und $k=10$. (Links) Direktstruktur; (rechts) Realisierung als zyklisch zeitvariante Struktur. Die Variable z bezieht sich auf die höhere Abtastfrequenz, also $z=z_H$

$$x_{\mathrm{H}}(q{\cdot}n_{\mathrm{N}}+m) = \sum_{i=-k/2q}^{k/2q} h_{0\mathrm{I}}(q{\cdot}i+m)\, x_{\mathrm{N}}(n_{\mathrm{N}}-i) \ . \tag{7.26}$$

Das Filter kann deshalb eingangsseitig mit der niedrigeren Abtastfrequenz f_{N} betrieben werden, und alle Zweige laufen ebenfalls mit f_{N}. Die Zweige sind in der Regel nicht mehr linearphasig, auch wenn das Gesamtfilter linearphasig ist.

7.3.2 Das Polyphasenprinzip.[3] Gegeben sei ein beliebiges nichtrekursives Filter mit der Übertragungsfunktion $H(z)$. Durch Umordnung der Koeffizienten lassen sich Teilübertragungsfunktionen in Form von Subfiltern gewinnen, die das Filter in eine der zyklisch zeitvarianten Struktur entsprechende Struktur überführen. Beispielsweise gilt für eine Zerlegung in $q=2$ Komponenten:

$$H(z) = H_0(z) + H_1(z) = \sum_{\ell=0}^{K} h(2\ell)\, z^{-2\ell} + z^{-1} \sum_{\ell=0}^{K} h(2\ell+1)\, z^{-2\ell}$$

$$= H_{\mathrm{S0}}(z^2) + z^{-1} H_{\mathrm{S1}}(z^2) \ ; \quad K = k/2 \ . \tag{7.27}$$

Die beiden Teilübertragungsfunktionen H_{S0} und H_{S1} besitzen nur Verzögerungsglieder mit einer geraden Zahl von Abtastintervallen und sind somit Polynome in z^2 bzw. z^{-2}. Gleichung (7.27) wird als *Polyphasenzerlegung* des Filters bezeichnet; mit 2 Komponenten stellt diese Zerlegung die einfachste Form der Polyphasenzerlegung dar. Allgemein erhalten wir für q Komponenten

$$H(z) = \sum_{m=0}^{q-1} z^{-m} H_{\mathrm{S}m}(z^q) \ ; \tag{7.28}$$

hierbei ist

$$H_{\mathrm{S}m}(z^q) = \sum_{\ell=0}^{K} h_{\mathrm{S}m}(\ell)\, z^{-\ell q} \ ; \quad h_{\mathrm{S}m}(\ell) = h(n=\ell{\cdot}q+m) \ . \tag{7.29}$$

Die Impulsantwort $h(n)$ ist damit zerlegt in q Teilimpulsantworten.

Der Vorteil des Polyphasenprinzips besteht darin, daß für gewisse Anwendungen die einzelnen Komponenten mit der niedrigeren Abtastfrequenz

$$f_{\mathrm{N}} = f_{\mathrm{T}}\, /\, q \tag{7.30}$$

betrieben werden können. Das Polyphasenprinzip stellt somit eine Verallgemeinerung der zyklisch zeitvarianten Struktur dar.

Die Komponente zur Veränderung der Abtastfrequenz ist so definiert (siehe auch die Abschnitte 7.1.1-7.1.3), daß sie im Fall der Erniedrigung der Abtastfrequenz um

---

[3] Dieser Abschnitt folgt in der Darstellung im wesentlichen dem Übersichtsaufsatz von Vaidyanathan (1990).

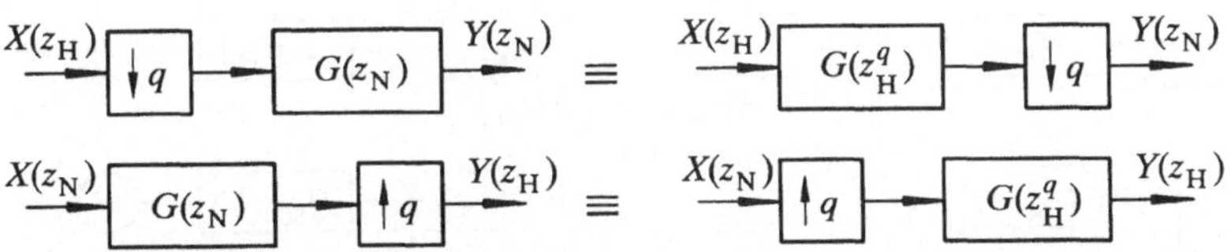

Bild 7.14. Veränderung der Abtastfrequenz mit Hilfe von Polyphasen-Filterkomponenten. Die Stufe zur Veränderung der Abtastfrequenz läßt sich durch das Filter "durchschleusen". Das Verhältnis der beteiligten Abtastfrequenzen beträgt $q=f_\mathrm{H}/f_\mathrm{N}$

den Faktor q jeweils $q-1$ Abtastwerte ausläßt und im Fall der Erhöhung der Abtastfrequenz jeweils $q-1$ Nullwerte zwischen die einzelnen Abtastwerte des Eingangssignals einschiebt. Wie aus dem Satz über die Indexänderung in der z-Transformation und der Beziehung (7.4) folgt, kann diese Komponente durch ein Filter, das entsprechend dem Polyphasenprinzip (7.29) aufgebaut ist, "durchgeschleust" werden (Bild 7.14). Dies bietet die Möglichkeit, generell bei Erhöhung wie auch Erniedrigung der Abtastfrequenz, auch wenn kein Interpolatorfilter verwendet wird, das Filter mit einer niedrigeren Abtastfrequenz zu betreiben.

Beim Herunterabtasten wird die Gesamtzahl der Rechenoperationen durch die Verwendung des Polyphasenkonzepts nicht verringert; somit ergibt sich kein Vorteil, wenn das Filter beispielsweise als Computersimulation realisiert ist und es nur darauf ankommt, die Gesamtzahl der Rechenoperationen möglichst klein zu halten. Anders sieht es jedoch aus, wenn das Filter unter Echtzeitbedingungen aufgebaut und in allen Zustandsspeichern streng getaktet ist; ein Aufbau des Filters beispielsweise in Direktstruktur erzwingt die Taktung mit der höheren Abtastfrequenz f_H, wobei ein Abtastwert des Ausgangssignals innerhalb einer Taktperiode T_H berechnet sein muß und das System dann über das restliche Intervall $(q-1)\cdot T_\mathrm{H}$ unbeschäftigt ist, da die Abtastwerte des Ausgangssignals nur in den längeren Intervallen $T_\mathrm{N}=q\cdot T_\mathrm{H}$ anfallen. Der Aufbau in Polyphasenstruktur erlaubt es, auch unter Echtzeitanforderungen die einzelnen Komponenten mit der niedrigeren Abtastfrequenz f_N zu betreiben (Bild 7.15 links).

Bei der Erhöhung der Abtastfrequenz führt der Polyphasenansatz direkt auf die zyklisch zeitvariante Struktur, wie sie für ein Interpolatorfilter in Bild 7.13 dargestellt ist (Bild 7.15 rechts).

Bei der Veränderung der Abtastfrequenz um einen Faktor $q=q_\mathrm{A}/q_\mathrm{E}$ sieht die Standardlösung zunächst die Erhöhung der Abtastfrequenz um den Faktor q_A auf die Zwischenabtastfrequenz $f_\mathrm{H}=q_\mathrm{A}\cdot f_\mathrm{E}=q_\mathrm{E}\cdot f_\mathrm{A}$ vor; bei dieser Abtastfrequenz wird das Filter eingesetzt; anschließend wird die Abtastfrequenz durch Weglassen von jeweils $q_\mathrm{E}-1$ Abtastwerten auf den Ausgangswert erniedrigt.

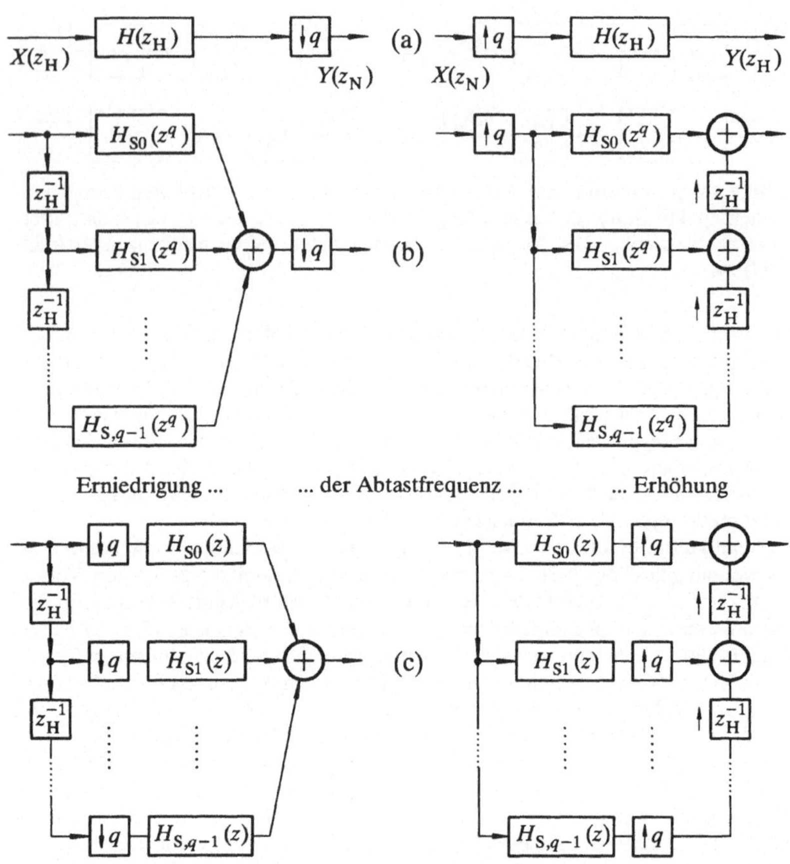

Bild 7.15a-c. Herleitung der Polyphasenstruktur zur Erniedrigung bzw. Erhöhung der Abtastfrequenz. **(a)** Grundanordnung; **(b)** Grundanordnung in Polyphasenstruktur; **(c)** Polyphasenstruktur nach "Durchschleusen" der Komponenten zur Veränderung der Abtastfrequenz. Die Variable z bezieht sich auf die niedrigere, z_H auf die höhere der beteiligten Abtastfrequenzen. (Links) Erniedrigung der Abtastfrequenz; alle Zweige können mit der niedrigeren Abtastfrequenz betrieben werden; (rechts) Erhöhung; die Struktur (c) führt unmittelbar auf die zeitvariante Struktur von Bild 7.13

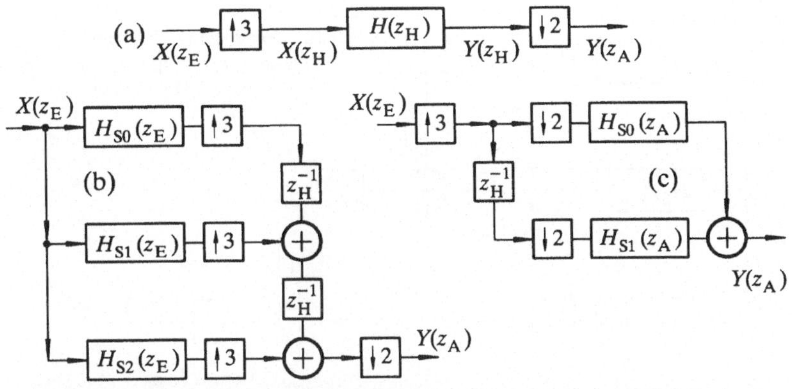

Bild 7.16a-c. Einsatz des Polyphasenprinzips bei Änderung der Abtastfrequenz um einen nicht ganzzahligen Faktor. (**a**) grundsätzliche Anordnung; (**b**) Polyphasenprinzip beim Hochabtasten auf die Zwischenfrequenz f_H; (**c**) Polyphasenprinzip beim Herunterabtasten am Ausgang. Beispiel: $q=q_A/q_E=3/2$

Ist das Filter nichtrekursiv aufgebaut, so kann es mit der Abtastfrequenz f_A des Ausgangssignals betrieben werden; durch konsequente Anwendung der zyklisch zeitvarianten Struktur läßt sich (ohne Berücksichtigung eventueller Linearphasigkeit des Filters) die Zahl der Rechenoperationen auf k/q_E pro Abtastwert des Ausgangssignals reduzieren, wenn k der Grad des Filters ist. Durch Einsatz einer Polyphasenstruktur läßt sich diese Zahl an Operationen zwar wiederum nicht reduzieren; die einzelnen Komponenten laufen aber dann mit der niedrigstmöglichen Abtastfrequenz $f_N=f_E/q_E=f_A/q_A$ und füllen auch bei einer Hardwarerealisierung mit strenger Echtzeitanforderung und getakteten Zustandsspeichern die zur Verfügung stehenden Zeitintervalle optimal aus.

Die Struktur ist in den Bildern 7.16 bis 7.18 anhand eines Beispiels mit $q_A=3$ und $q_E=2$ hergeleitet (siehe auch Abschnitt 7.1.3). Ohne zusätzliche Maßnahmen können wir das Filter zunhst entweder eingangsseitig oder ausgangsseitig in Polyphasenstruktur realisieren (Bild 7.16). Mit der Beziehung

$$z^{-1} = z^{-3} z^2 \qquad\qquad (7.31)$$

lassen sich die Verzögerungsglieder, die in jedem Fall mit der höheren Zwischenabtastfrequenz f_H laufen, unter vorübergehender Verletzung des Kausalitätsprinzips nach beiden Seiten über die Komponenten zur Veränderung der Abtastfrequenz hinausschieben und an den Anfang bzw. das Ende des Filters setzen (Bild 7.17); Gleiches gilt für die Summationsglieder. Damit folgen die beiden Komponenten zur

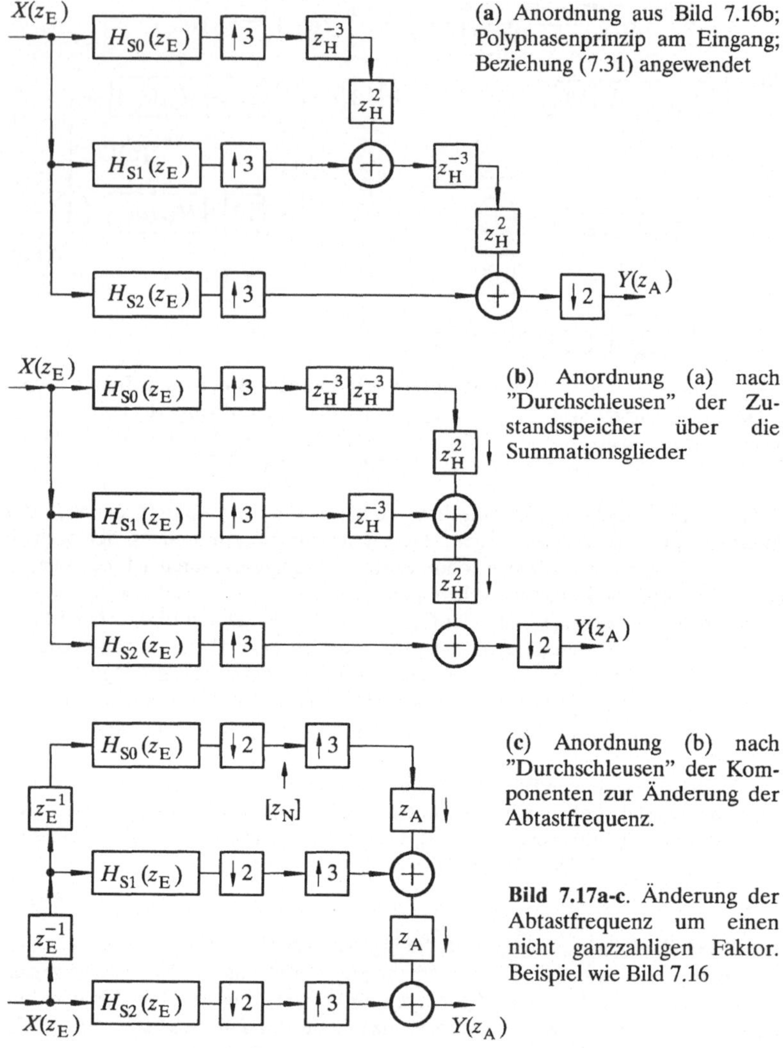

(a) Anordnung aus Bild 7.16b; Polyphasenprinzip am Eingang; Beziehung (7.31) angewendet

(b) Anordnung (a) nach "Durchschleusen" der Zustandsspeicher über die Summationsglieder

(c) Anordnung (b) nach "Durchschleusen" der Komponenten zur Änderung der Abtastfrequenz.

Bild 7.17a-c. Änderung der Abtastfrequenz um einen nicht ganzzahligen Faktor. Beispiel wie Bild 7.16

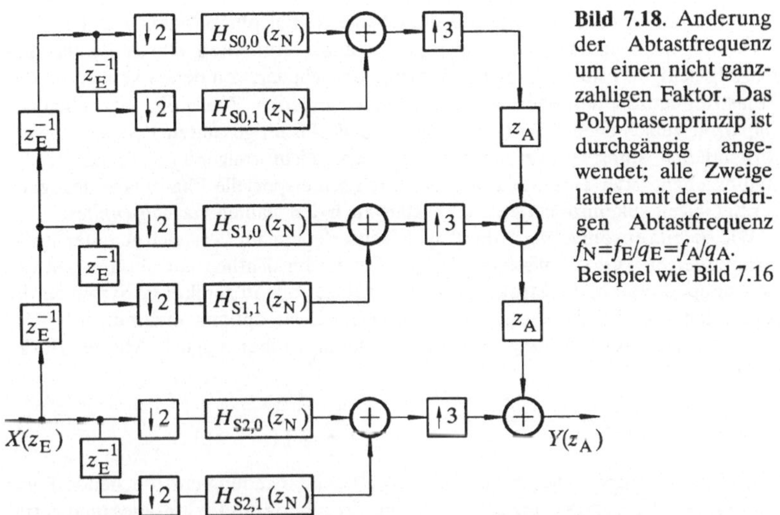

Bild 7.18. Änderung der Abtastfrequenz um einen nicht ganzzahligen Faktor. Das Polyphasenprinzip ist durchgängig angewendet; alle Zweige laufen mit der niedrigen Abtastfrequenz $f_N = f_E/q_E = f_A/q_A$. Beispiel wie Bild 7.16

Änderung der Abtastfrequenz unmittelbar ohne Zwischenoperationen aufeinander und können in ihrer Reihenfolge vertauscht werden; die Zwischenabtastfrequenz wird aber dann nicht mehr f_H, sondern die niedrigstmögliche Abtastfrequenz

$$f_N = \frac{f_E}{q_E} = \frac{f_A}{q_A} = \frac{f_H}{q_A \cdot q_E} \, . \tag{7.32}$$

Nun stellt aber die in jeder Polyphasenkomponente vorhandene Kombination aus Filter und Komponente zur Erniedrigung der Abtastfrequenz eine Anordnung dar, wie sie bei der Erniedrigung der Abtastfrequenz eingesetzt wird (Bild 7.15 links). Diese Anordnung kann wiederum in eine Polyphasendarstellung zerlegt werden, wobei wir dann eine zweistufige Polyphasendarstellung erhalten (Bild 7.18). Diese enthält

$$M = q_A \cdot q_E \tag{7.33}$$

Zweige, die mit der niedrigstmöglichen Abtastfrequenz f_N laufen. Die negative Verzögerung, die hier im Ausgangszweig liegt [ist $q = q_A/q_E < 1$, so liegt sie im Eingangszweig], ist durch Hinzufügen von Verzögerungsgliedern an anderer Stelle leicht zu kompensieren; wir müssen es dann allerdings in Kauf nehmen, daß sich die Gesamtverzögerung des Filters um $q_A - 1$ Abtastwerte vergrößert.

Auf den ersten Blick mag es den Anschein haben, die Struktur von Bild 7.18 verletze das Abtasttheorem. Doch dies ist nicht der Fall. Erfolgt die Umabtastung direkt in einem Schritt, so liegen am Eingang des Filters f_H Abtastwerte je Sekunde. Aus

(7.32-7.33) ist leicht zu ersehen, daß alle Zweige des Polyphasenfilters nach Bild 7.18 zusammen auch genau f_H Abtastwerte je Sekunde verarbeiten. Durch die ein- und ausgangsseitige Positionierung der Verzögerungsglieder, von denen keines mit der Abtastfrequenz f_N betrieben wird, erhalten wir in jedem Zweig eine bezüglich der Signalzeit verschiedene Positionierung, so daß alle im gesamten Polyphasenfilter vorhandenen Abtastwerte zusammen genau ein gleichförmig mit f_H abgetastetes Signal ergeben; jeder einzelne Zweig ist durch seine spezielle Phasenlage bezüglich der Signalzeit gekennzeichnet. Dies erklärt auch den Namen *Polyphasenfilter*.

Wie bereits erwähnt, bietet die Polyphasenzerlegung im Vergleich zu einer strukturoptimierten Direktrealisierung keine Vorteile hinsichtlich der Gesamtzahl der Rechenoperationen; die Struktur erlaubt es aber, auch in getakteten Systemen die vorhandene Zeit für die einzelnen Rechenoperationen optimal auszunutzen.

Eine Polyphasenzerlegung ist auch für rekursive Filter möglich. Mit der Beziehung

$$z - z_\mathrm{P} = \frac{z^2 - z_\mathrm{P}^2}{z + z_\mathrm{P}} = \frac{z^3 - z_\mathrm{P}^3}{z^2 + z_\mathrm{P} z + z_\mathrm{P}^2} = \frac{z^4 - z_\mathrm{P}^4}{(z + z_\mathrm{P})(z^2 + z_\mathrm{P}^2)} = \dots \tag{7.34}$$

läßt sich der rekursive Teil in eine der Polyphasendarstellung entsprechende Form umwandeln; die Zusatzterme führen zu einer Erhöhung des Filtergrades im nichtrekursiven Teil, lassen sich aber mit diesem zusammen unabhängig vom rekursiven Teil in die Polyphasendarstellung überführen. Ist ein Polyphasenfilter rekursiv, so ist der rekursive Teil in allen Komponenten identisch. Selbstverständlich läßt sich auch für die Polynomdarstellung der Übertragungsfunktion des Filters eine Zerlegung entsprechend (7.34) finden, so daß der Nenner nicht in Faktoren zerlegt werden muß.

Wir haben in diesem Abschnitt das Polyphasenprinzip anhand des Beispiels der Veränderung der Abtastfrequenz kennengelernt. Die Einsatzmöglichkeiten für Polyphasennetzwerke gehen jedoch weit darüber hinaus. Der größte Gewinn liegt im Bereich der Filterbänke, wo ganze Netzwerke beinahe mit dem gleichen Rechenaufwand realisiert werden können, den sonst ein einzelnes Teilfilter beansprucht. Filterbänke dieser Art nutzen den Modulationssatz der z-Transformation und besitzen damit eine im internen Bereich partiell komplexe Darstellung. Wir kommen hierauf in Abschnitt 8.3 kurz zurück. Eine eingehende Diskussion der Anwendungen des Polyphasenprinzips jedoch würde den Rahmen dieses Buches sprengen; der Leser sei auf die Originalliteratur verwiesen (Bellanger und Daguet, 1974; Bellanger et al., 1976; Vary, 1979; Vary und Heute, 1980; Göckler, 1981; Heute und Vary, 1981; Crochiere und Rabiner, 1981, 1983; Vary und Wackersreuther, 1983; Vaidyanathan, 1990, 1993).

7.3.3 Mehrstufige Anordnungen zur Veränderung der Abtastfrequenz. Grundsätzlich kann jede Erhöhung oder Erniedrigung der Abtastfrequenz um einen ganzzahligen Faktor q in mehreren Stufen erfolgen, sofern q keine Primzahl ist. In einer solchen mehrstufigen Anordnung müssen nur an das Filter, das mit der niedrigsten Abtastfrequenz arbeitet (bei Erhöhung der Abtastfrequenz ist dies das erste Filter, bei Erniedrigung das letzte), hohe Anforderungen bezüglich der Breite des Übergangsbereichs gestellt werden. Alle anderen Filter besitzen breite Übergangsbereiche und können entsprechend aufwandsarm realisiert werden. Eine solche Lösung ist aufwandsgünstiger als die Veränderung der Abtastfrequenz um den Faktor q in einem Schritt. Neben der verringerten Rechenaufwand sind Filter niedrigeren Grades auch weniger empfindlich gegen Koeffizientenänderungen (Crochiere und Rabiner, 1975).

Besonders günstig ist der Fall für $q=2^m$ (m ganzzahlig); hier kann die Verarbeitung mit einer Kette von m Halbbandfiltern erfolgen. Bereits die zweite (bzw. zweitletzte) Stufe erlaubt einen Übergangsbereich von $\Omega=\pi/4$ bis $\Omega=3\pi/4$ und kann daher beispielsweise mit einem der aufwandsarmen Filter von Goodman und Carey (1977) realisiert werden.

Beim Entwurf frequenzselektiver Filter mit Veränderung der Abtastfrequenz — soweit diese irgendwann im Verlauf der Filterung *erniedrigt* wird — wird eine zusätzliche Größe verlangt, nämlich die Mindestdämpfung δ_A für Aliasverzerrungen;[4] diese ist nicht notwendigerweise mit der Mindestsperrdämpfung δ_S identisch. Da Aliasverzerrungen nach der Filterung in den *Durchlaßbereich* des Filters fallen, können sie sich dort je nach Anwendung unangenehmer oder auch weniger unangenehm auswirken als ungenügend gedämpfte Anteile des Signals im Sperrbereich.

In einer mehrstufigen Anordnung genügt es, die minimale Sperrdämpfung in jeder Stufe einzuhalten; da die Stufen in Kaskade geschaltet sind und sich somit die Sperrdämpfungen addieren, ist die minimale Sperrdämpfung unter dieser Bedingung auch im Gesamtfilter eingehalten. Im Durchlaßbereich sind die Verhältnisse ungünstiger; hier addieren sich die Durchlaßdämpfungen. Ist eine maximale Durchlaßdämpfung spezifiziert, so sind die Durchlaßdämpfungen der einzelnen Stufen entsprechend kleiner zu fordern:

$$\delta_D = \sum_{m=1}^{M} \delta_{Dm} \; ; \tag{7.35}$$

hierbei ist M die Zahl der Stufen. Die Anforderungen an das Filter sind im Durchlaßbereich jedoch häufig milder als im Sperrbereich (siehe das Entwurfsbeispiel von Abschnitt 5.2.3), so daß bei Verwendung aufwandsgünstiger Interpolatorfilter die Anforderungen im Durchlaßbereich entsprechend übererfüllt sind.

Muß die Abtastfrequenz um einen nicht ganzzahligen Faktor q_A/q_E verändert werden, und lassen sich die beiden Abtastfrequenzen f_E und f_A in Faktoren zerlegen,

---

[4] Mintzer und Liu (1978) fordern bei Anwendungen für schmalbandige Bandpaßfilterungen Werte für δ_A, die in der Größenordnung der Rundungsfehler für die Multiplikation (bei geringstmöglicher Koeffizientenwortlänge) liegen.

so empfiehlt es sich, eine Anordnung zu wählen, in der die Abtastfrequenz abwechselnd erhöht und erniedrigt wird.

Beispiel. Für ein größeres Korpus von Sprachaufzeichnungen war es notwendig, Sprachdaten von der Abtastfrequenz $f_E = 44{,}1$ kHz auf $f_A = 16$ kHz umabzutasten. Die Faktorenzerlegung (in Vielfachen des größten gemeinschaftlichen Teilers 100 Hz) ergibt $441 = 3 \cdot 3 \cdot 7 \cdot 7$ und $160 = 2 \cdot 2 \cdot 2 \cdot 2 \cdot 2 \cdot 5$. Die Umsetzung in einem Schritt würde prinzipiell die Erhöhung der Abtastfrequenz auf das kleinste gemeinschaftliche Vielfache, also $(441 \cdot 160 \cdot 0{,}1 = 7056)$ kHz verlangen und ist auf jeden Fall unökonomisch, auch wenn das Filter als Polyphasennetzwerk realisiert wird. Hiermit wird eine mehrstufige Lösung erforderlich, die dann besonders aufwandsgünstig ist, wenn die Abtastfrequenzen der Zwischensignale möglichst niedrig werden, andererseits aber möglichst auch nicht unter 32 kHz fallen; in dieser Anordnung ist in allen Zwischenstufen der Übergangsbereich sehr breit und der Grad des Filters entsprechend niedrig. Die Anforderungen an das Filter in diesem Beispiel: obere Durchlaßgrenze 7,4 kHz; untere Sperrgrenze 8,6 kHz; minimale Sperrdämpfung und Mindestdämpfung für Aliasverzerrungen $\delta_S = \delta_A = 96$ dB (entspricht der Auflösung von 16 bit des verwendeten Analog-Digital-Wandlers). Die gewählte Lösung ist in Tabelle 7.1 zusammengestellt. Da die Abtastfrequenz $f_E = 44{,}1$ kHz des Eingangssignals wesentlich höher liegt als die Abtastfrequenz $f_A = 16$ kHz des Ausgangssignals, sind nur an die letzte Filterstufe die vollen Selektionsanforderungen zu stellen. Die übrigen Filter sind so ausgelegt, daß bei minimalem Rechenaufwand keine Aliasverzerrungen in den Durchlaßbereich des Gesamtfilters fallen. Alle Filter wurden mit dem Algorithmus von McClellan und Parks (1973; Abschnitt 5.6.2) entworfen. Auf die Angabe einer maximalen Durchlaßdämpfung wurde verzichtet, aber der durchgängige Einsatz von Interpolatorfiltern verlangt. Als maximale Durchlaßdämpfung ergab sich bei der Anordnung von Tabelle 7.1 ein Wert von weniger als 0,1 dB; dies wurde als zulässig angesehen.

Schritt	Faktor	von kHz	über kHz	nach kHz	f_D kHz	f_S kHz	Filtergrad
1	2/3	44,1	88,2	29,4	8,0	21,4	32
2	2	29,4		58,8	8,0	21,4	26 [Halbband]
3	5/7	58,8	294,0	42,0	8,0	34,0	52
4	2	42,0		84,0	18,0	24,0	82 [Halbband]
5	2	84,0		168,0	21,0	63,0	22 [Halbband]
6	2/7	168,0	336,0	48,0	42,0	126,0	22 [Halbband]
7	1/3	48,0		16,0	7,4	8,6	154

Tabelle 7.1. Beispiel für den Entwurf eines mehrstufigen linearphasigen Filters zur Veränderung der Abtastfrequenz eines Sprachsignals von 44,1 kHz auf 16 kHz. Entwurfsparameter: obere Durchlaßgrenze 7,4 kHz; untere Sperrgrenze 8,8 kHz; Mindestsperrdämpfung sowie Mindestaliasdämpfung 96 dB. (f_D) obere Durchlaßgrenze, (f_S) untere Sperrgrenzen der Zwischenstufen; (von ... über ... nach) Abtastfrequenzen an Ein- und Ausgang der jeweiligen Stufe. Alle Filter sind als Interpolatorfilter realisiert

7.3.4 Mehrstufige Anordnungen ohne Änderung der Abtastfrequenz. IFIR-Filter. Ein einfacher Vorschlag zur Erhöhung der Selektivität eines Filters stammt von Kaiser und Hamming (1977) und sieht vor, das gleiche Filter als Subfilter mehrmals hintereinander in Kaskade zu schalten. In diesem Fall enthält die Gesamtübertragungsfunktion nur Mehrfachnullstellen und -pole und wird damit bezüglich des Rechenaufwandes nicht mehr optimal. Ein derartiger Entwurf kann jedoch beispielsweise dann von Vorteil sein, wenn ein Signalprozessor eingesetzt wird, dessen Speicherkapazität nicht ausreicht, alle Koeffizienten des für die konkrete Aufgabe vorgesehenen Filters zu speichern, der es aber gestattet, mehrere identische Subfilter geringeren Grades im Zeitmultiplex zu betreiben. Eine weitere Einsatzmöglichkeit ist dann gegeben, wenn die Anforderungen an den Durchlaßbereich eines Filters erheblich milder sind als an den Sperrbereich; da sich bei Kaskadenschaltung die Durchlaßdämpfungen ebenso addieren wie die Sperrdämpfungen, können die Anforderungen hinsichtlich Durchlaß- und Sperrdämpfung des Subfilters ausgewogener sein als beim Gesamtfilter.

Der Entwurf wird jedoch nur dann ausgewogener, wenn sich bei der ursprünglichen Spezifikation die Anforderungen an den Durchlaß- und an den Sperrbereich erheblich unterscheiden. Bei unserem Entwurfsbeispiel von Abschnitt 5.2.3 war die Forderung: $\delta_D=0{,}3$ dB [0,15 dB bei Einsatz eines linearphasigen Filters; siehe Abschnitt 5.6.2]; $\delta_S=60$ dB. Dies führt bei Einsatz des Algorithmus von McClellan und Parks zu einem Gewichtungsfaktor von 17,1 zu Lasten des Sperrbereichs und damit zu einem unausgewogenen Entwurf (die Folgen z.B. bei Einsatz eines Interpolatorfilters wurden ausführlich diskutiert). Aufbau als Kaskade zweier identischer Filter verlangt für das einzelne Subfilter Werte von $\delta_D=0{,}15$ dB [0,075 dB für den Algorithmus von McClellan und Parks] bzw. $\delta_S=30$ dB. Dies ergibt einen Gewichtungsfaktor von 3,68 zu Lasten des Durchlaßbereiches und führt damit wieder zu einem unausgewogenen Entwurf und zu einem entsprechend hochgradigen Subfilter ($k=56$).

Der Aufwand zur Realisierung nichtrekursiver frequenzselektiver Filter hängt wesentlich von der Breite des Übergangsbereichs ab [vgl. die Faustformeln zur Abschätzung des Filtergrades beim Entwurf, Abschnitt 5.6.3]. In absoluten Frequenzwerten ist der Übergangsbereich durch das Toleranzschema festgelegt; in Ω jedoch ist er der Abtastfrequenz umgekehrt proportional, so daß bei Erniedrigung der Abtastfrequenz und gleichbleibender Spezifikation in absoluten Frequenzwerten der Grad des Filters sinkt.

Überlegungen dieser Art führten zur Entwicklung der IFIR-Filter[5] (Neuvo, Dong und Mitra, 1984). Ausgangspunkt ist ein nichtrekursives Filter mit der Impulsantwort $h_F(n)$ und der zugehörigen Übertragungsfunktion $H_F(z)$. Einfügen von $q-1$ Nullwer-

---

[5] Diese Abkürzung steht für *Interpolated Finite Impulse Response Filters;* sinngemäß übersetzt müßte dies *interpolierte nichtrekursive Filter* heißen. Da diese Übersetzung nach Ansicht des Verfassers nicht sehr glücklich ist, wird im folgenden die englische Abkürzung verwendet.

ten zwischen die Abtastwerte der Impulsantwort führt zu einem Filter mit der Impulsantwort

$$h'_F (i) = \begin{cases} h_F (i/q) & i = q \cdot n \\ 0 & \text{ansonsten} . \end{cases} \qquad (7.36)$$

Das Filter besitzt damit die Übertragungsfunktion

$$H'_F (z) = H(z^q) \qquad (7.37)$$

und ist somit ein Filter, das von Entwurf und den Eigenschaften her für die niedrigere Abtastfrequenz $f_N = f_T/q$ ausgelegt ist. Diesem Filter (das in der Originalarbeit als *Formfilter* bezeichnet ist) in Reihe nachgeschaltet wird ein zweites Filter mit der Übertragungsfunktion $G(z)$, das die Aufgabe eines Anti-Alias-Filters übernimmt und unerwünschte Komponenten unterdrückt. Die Gesamtübertragungsfunktion wird damit

$$H(z) = H(z^q) \cdot G(z) . \qquad (7.38)$$

Die IFIR-Struktur kann insbesondere bei schmalbandigen und steilflankigen Tief- und Bandpässen zu erheblicher Reduktion des Aufwandes führen.

Im folgenden sei die Funktionsweise anhand des Entwurfsbeispiels von Abschnitt 5.2.3 näher erläutert (Bild 7.19-7.20). Ein digitales Filter läßt sich dann und nur dann als IFIR-Filter realisieren, wenn alle Bereiche, in denen das Filter nicht sperrt (also Durchlaß- und Übergangsbereiche) in ein Frequenzband der Breite und Lage

$$\Delta\Omega = \Omega_O - \Omega_U \le \frac{\pi}{q} ; \quad \Omega_U = \frac{\ell\pi}{q} ; \quad 0 \le \ell \le q-1 . \qquad (7.39)$$

passen. Ist eine solche Realisierung möglich, so stellt der Wert q einen Entwurfsparameter dar, der zwischen 2 und einer oberen Grenze q_{max} [für die (7.39) gerade noch erfüllt ist] variieren kann. Je nach Wert von q kann der Entwurf effektiver oder weniger effektiv ausfallen.

In unserem Beispiel von Abschnitt 5.2.3 ist die maßgebliche Größe die untere Sperrgrenze $f_S = 5,6$ kHz. Bei einer Abtastfrequenz von 40 kHz ist eine IFIR-Struktur mit $q=2$ oder $q=3$ möglich. Aus didaktischen Gründen (der Entwurf selbst wird nicht optimal) soll im folgenden das Filter für $q=3$ realisiert werden.

Die erste Stufe, das Formfilter, wird in einer z_N-Ebene für die Abtastfrequenz $f_N = (40$ kHz$)/3 = 13,333$ kHz spezifiziert. Dort vergrößert sich der Übergangsbereich in Ω_N auf das Dreifache des ursprünglichen Wertes, so daß ein Filter mit dem Grad $k_1 = 30$ die Spezifikation erfüllt (Bild 7.19 oben). Dieses wird nun mit der ursprünglichen Abtastfrequenz von 40 kHz, aber entsprechend (7.36) mit jeweils zwei Nullwerten zwischen jedem Wert der Impulsantwort betrieben. Dadurch wandern Durchlaß- und Sperrgrenze auf die geforderten Werte von 4,4 bzw. 5,6 kHz; durch die Unterabtastung im Formfilter entsteht jedoch ein zusätzlicher Durchlaßbereich zwischen $(13,333 \pm 5,6)$ kHz, also von 7,333 bis 18,933 kHz (Bild 7.19

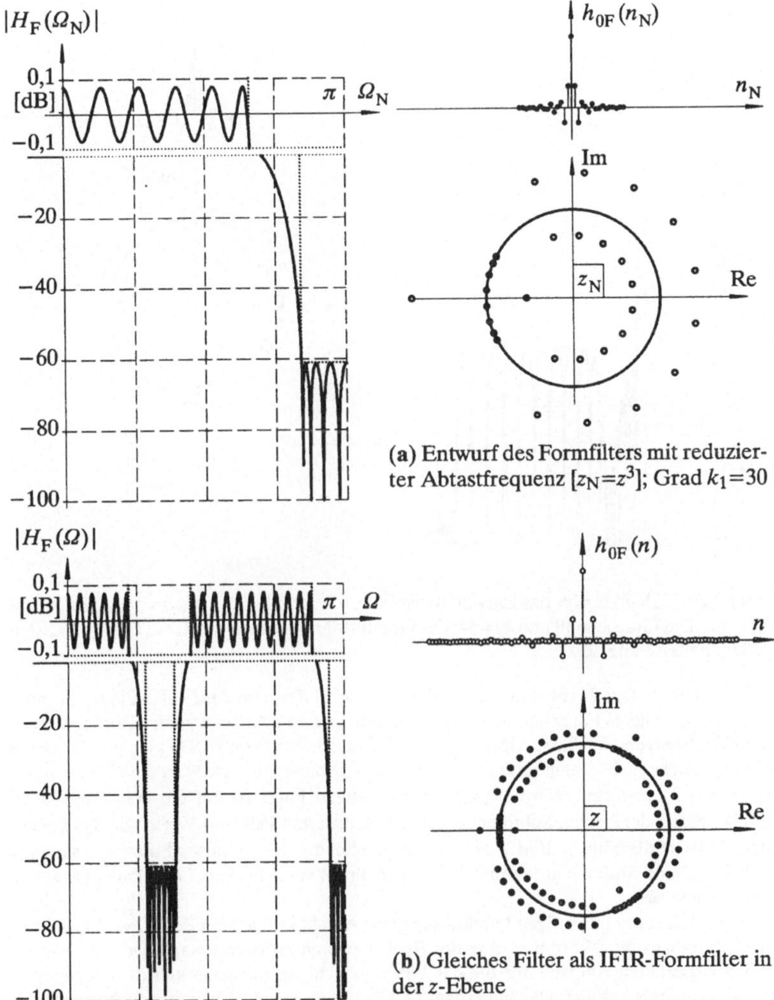

(a) Entwurf des Formfilters mit reduzierter Abtastfrequenz $[z_N=z^3]$; Grad $k_1=30$

(b) Gleiches Filter als IFIR-Formfilter in der z-Ebene

Bild 7.19a,b. IFIR-Filter für das Entwurfsbeispiel von Abschnitt 5.2.3 mit $q=3$; erste Stufe (Formfilter). Weitere Einzelheiten siehe Text

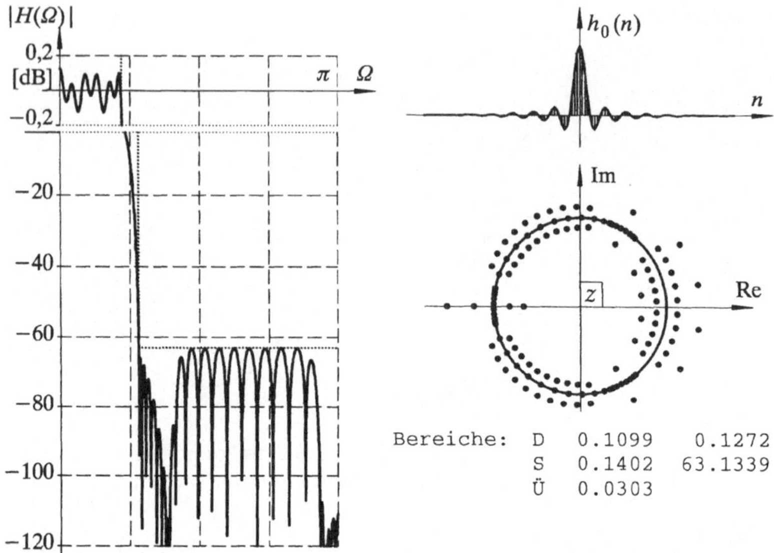

Bild 7.20. IFIR-Filter für das Entwurfsbeispiel von Abschnitt 5.2.3 mit $q=3$ und Einzelstufen mit dem Grad $k_1=30$ und $k_2=34$; das Gesamtfilter hat dann den Grad $k=124$. Weitere Einzelheiten siehe Text

unten). Dieser Durchlaßbereich ist in der zweiten Stufe, dem Anti-Alias-Filter, zu unterdrücken. Für dieses Filter lauten die Spezifikationen damit wie folgt: obere Durchlaßgrenze 4,4 kHz; Sperrbereich 7,333...18,933 kHz; der Bereich zwischen 18,933 kHz und 20 kHz ist als zusätzlicher Übergangsbereich freigegeben. Für diese Aufgabe wird ein Filter mit dem Grad $k_2=34$ benötigt. Wie bei jedem mehrstufigen Filter ist auf die maximale Durchlaßdämpfung der beiden Subfilter zu achten; in unserem Fall sind Werte von $d_1=0,08$ dB und $d_2=0,07$ dB günstig. Bild 7.20 zeigt die Kenndaten des gesamten Filters (Gesamtgrad $k=124$). Beide Stufen wurden mit dem Algorithmus von McClellan und Parks (Abschnitt 5.6.2) entworfen.

Gegenüber der einstufigen Dircktlösung von Abschnitt 5.6.2 mit dem Grad $k=84$ bringt dieser Entwurf eine Verminderung des Rechenaufwandes (wenn man davon absieht, daß bei der speziellen Aufgabe, für die das Filter gedacht ist. nur jeder vierte Abtastwert des Eingangssignals anfällt). Das linearphasige Filter vom Grad 84 benötigt 42 Multiplikationen je Abtastwert. In der vorliegenden linearphasigen IFIR-Struktur werden in der ersten Stufe 15, in der zweiten Stufe 17, insgesamt also 32 Multiplikationen je Abtastwert benötigt. Unter Berücksichtigung der speziellen Aufgabe der Erhöhung der Abtastfrequenz und der damit verbundenen Möglichkeit, das Filter in zyklisch zeitvarianter Struktur zu realisieren, wird dieser Entwurf ineffektiv.

Die andere realisierbare IFIR-Struktur mit $q=2$ führt direkt auf die in Abschnitt 7.4.1 vorgestellte zweistufige Lösung "1" mit der zusätzlichen Möglichkeit, die zweite Stufe als Halbbandfilter zu implementieren. Diese Lösung stellt sich insgesamt als effizienter heraus.

Die IFIR-Struktur ist aufwandsgünstig bei schmalbandigen Tief- und vor allem Bandpässen. Als Entwurfsverfahren läßt sich prinzipiell jeder Algorithmus einsetzen. Auch der Einsatz rekursiver Filter ist möglich, wenn sie entsprechend (7.34) umgeformt werden.

Neuvo et al. (1984, 1987) sowie Saramäki et al. (1988) geben Varianten an, die eine weitere Reduktion des Rechenaufwandes gestatten. Ist das Filter sehr schmalbandig und der Übergangsbereich in der zweiten Stufe entsprechend breit, so kann dort eine multipliziererfreie Struktur, beispielsweise ein Spalttiefpaßfilter, gewählt werden. Dieses verursacht allerdings durch seinen nicht konstanten Frequenzgang lineare Verzerrungen im Durchlaßbereich des Gesamtfilters, die jedoch dadurch abgefangen werden können, daß sie bei der Festlegung der Wunschfunktion für das Formfilter berücksichtigt werden. Für weitere Varianten, beispielsweise IFIR-Filter mit mehr als zwei Stufen, sei auf die zitierten Originalarbeiten verwiesen.

7.4 Beispiel: Entwurf eines mehrstufigen Tiefpaßfilters und Aufwandsvergleich verschiedener Entwurfslösungen (vgl. Abschnitt 5.2.3)

Gegeben sei das Entwurfsbeispiel aus Abschnitt 5.2.3. Dort war zur Erhöhung der Abtastfrequenz eines Signals von 10 auf 40 kHz das zugehörige Anti-Alias-Filter mit folgenden Spezifikationen zu entwerfen: obere Durchlaßgrenze 4,4 kHz; untere Sperrgrenze 5,6 kHz; maximale Durchlaßdämpfung 0,3 dB; minimale Sperrdämpfung 60 dB. Im folgenden sollen zwei zweistufige Lösungen entworfen und dann alle bisher in diesem Buch entworfenen Varianten hinsichtlich des benötigten Rechenaufwandes verglichen werden.

7.4.1 Zweistufige Realisierungen mit Halbbandfiltern. Das Filter führt eine Erhöhung der Abtastfrequenz um den Faktor 4 durch und kann deshalb als eine zweistufige Kette realisiert werden. Die erste Filterstufe erhöht die Abtastfrequenz von 10 auf 20 kHz und unterliegt den gegebenen Spezifikationen. Der Algorithmus von McClellan und Parks liefert zwei Varianten:

- ein Tiefpaßfilter vom Grad 42, das beide Dämpfungsvorgaben gerade einhält (maximale Abweichung im Durchlaßbereich 0,125 dB; minimale Sperrdämpfung 61,4 dB). Wegen der unsymmetrischen Anforderungen in Durchlaß- und Sperrbereich sind alle Koeffizienten des Filters von 0 verschieden [*"zweistufige Anordnung 1"*];
- ein echtes Halbbandfilter vom Grad 55 mit einer Durchlaßabweichung von 0,0084 dB und einer Mindestsperrdämpfung von 60,228 dB; 27 Koeffizienten nehmen den Wert 0 an. Zum Entwurf kann das Verfahren von Vaidyanathan und Nguyen (1987b) eingesetzt werden [*"zweistufige Anordnung 2"*; Bild 7.21].

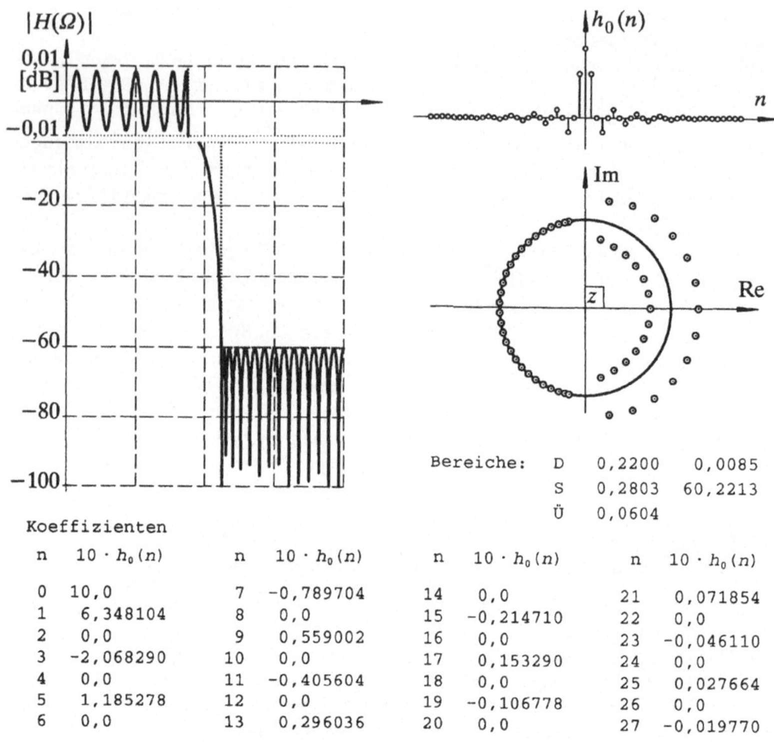

Bereiche: D   0,2200   0,0085
            S   0,2803   60,2213
            Ü   0,0604

Koeffizienten

n	$10 \cdot h_0(n)$	n	$10 \cdot h_0(n)$	n	$10 \cdot h_0(n)$	n	$10 \cdot h_0(n)$
0	10,0	7	-0,789704	14	0,0	21	0,071854
1	6,348104	8	0,0	15	-0,214710	22	0,0
2	0,0	9	0,559002	16	0,0	23	-0,046110
3	-2,068290	10	0,0	17	0,153290	24	0,0
4	0,0	11	-0,405604	18	0,0	25	0,027664
5	1,185278	12	0,0	19	-0,106778	26	0,0
6	0,0	13	0,296036	20	0,0	27	-0,019770

Bild 7.21a. Aufwandsgünstigste Realisierung des Entwurfsbeispiels von Abschnitt 5.2.3: Erste Stufe (Erhöhung der Abtastfrequenz von 10 auf 20 kHz); Halbbandfilter vom Grad 54, entworfen mit dem Algorithmus von McClellan und Parks in der Variante von Vaidyanathan und Nguyen (1987b). In der Rubrik "Bereiche" nennt die erste Zahl die Grenzfrequenz (bezogen auf $\Omega=2\pi$), die zweite Zahl stellt die maximale Durchlaß- bzw. minimale Sperrdämpfung in dB dar. Wegen $h_0(0)=1$ entspricht die 0-dB-Marke dem Wert $|H_0|=2$

Die zweite Stufe wird realisiert als Halbbandfilter. Da die erste Stufe bereits alle Frequenzen von 5,6 kHz bis 14,4 kHz gesperrt hat, genügt ein Halbbandfilter, dessen Sperrbereich bei 14,4 kHz beginnt; aus Symmetriegründen endet dann der Durchlaßbereich bei 5,6 kHz. Die Anforderungen werden erfüllt von einem Halbbandfilter nach Goodman und Carey (1977) vom Grad 18 (Mindestsperrdämpfung 79,5 dB; siehe Bild 7.9 rechts) oder aber von einem Halbbandfilter des Grades $k=14$, entworfen mit dem Verfahren von Vaidyanathan und Nguyen (1987b), mit einer Mindestsperrdämpfung von 63,4 dB. Letzteres Filter soll im

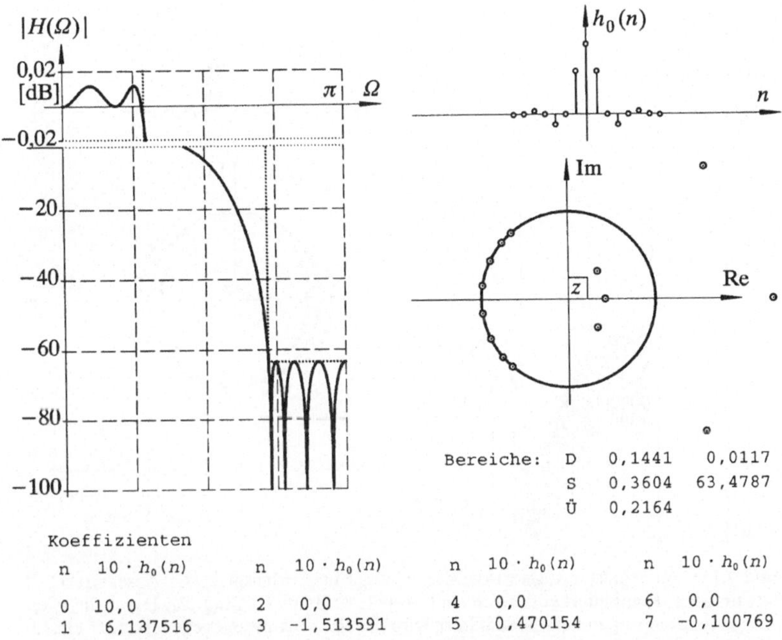

Koeffizienten

n	$10 \cdot h_0(n)$	n	$10 \cdot h_0(n)$	n	$10 \cdot h_0(n)$	n	$10 \cdot h_0(n)$
0	10,0	2	0,0	4	0,0	6	0,0
1	6,137516	3	-1,513591	5	0,470154	7	-0,100769

Bild 7.21b. Aufwandsgünstigste Realisierung des Entwurfsbeispiels von Abschnitt 5.2.3: zweite Stufe (Erhöhung der Abtastfrequenz von 20 auf 40 kHz); Halbbandfilter vom Grad 14, entworfen mit dem Algorithmus von McClellan und Parks in der Variante von Vaidyanathan und Nguyen (1987b). Die Darstellung des Amplitudengangs wurde auf 0 dB bei $\Omega=0$ normiert

folgenden weiter verwendet werden. Eine Mindestaliasdämpfung δ_A muß nicht angegeben werden, da die Abtastfrequenz bei dieser Aufgabe nicht erniedrigt wird. Wie der Aufwandsvergleich im nächsten Abschnitt zeigt, ist dieser Entwurf der günstigste.

Bild 7.21a-c zeigt die Gesamtübertragungsfunktion der zweistufigen Anordnung "2" mit zwei Halbbandfiltern. Kombiniert ergibt sich ein Filter vom Grad 122, das die Interpolatorbedingung (7.7) einhält. Da beide Teilfilter in Reihe geschaltet sind, enthält das Gesamtfilter sämtliche Nullstellen.

7.4.2 Aufwandsvergleich. Aus früheren Abschnitten liegen die folgenden Entwürfe vor:

- *Cauer-Tiefpaß* (Abschnitt 5.2.3) vom Grad 7. Bei einer Realisierung in Kaskadenstruktur ist der Rechenaufwand insofern verringert, als die Nullstellen auf dem Einheitskreis lie-

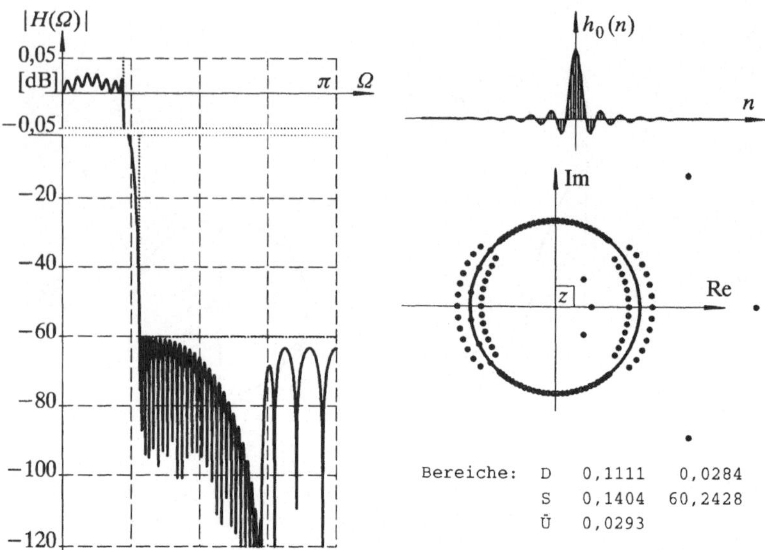

Bild 7.21c. Aufwandsgünstigste Realisierung des Entwurfsbeispiels von Abschnitt 5.2.3: Gesamtfilter. Kombiniert ergibt sich ein Interpolatorfilter vom Grad 122. Durch die zweistufige Realisierung mit Halbbandfiltern wird der Rechenaufwand gegenüber der einstufigen Realisierung um mehr als zwei Drittel vermindert

gen (damit wird $d_2=1$) und somit im nichtrekursiven Teil nur drei Multiplikationen pro Abtastwert anfallen.

- *Einstufiges nichtrekursives Interpolatorfilter* vom Grad 118, entworfen mit modifizierter Fourierapproximation (Abschnitt 5.5.2) oder mit dem Algorithmus von McClellan und Parks und anschließendem Erzwingen der Interpolatorbedingung (Abschnitt 7.2.3);
- *Einstufiges nichtrekursives linearphasiges Tiefpaßfilter* vom Grad 84, entworfen mit dem Algorithmus von McClellan und Parks (1973);
- *Einstufiges nichtrekursives Minimalphasenfilter* vom Grad 70 (Pei und Lu, 1986; Abschnitt 5.7.3).

Tabelle 7.2 zeigt den Aufwandsvergleich der verschiedenen Realisierungen in Multiplikationen je Abtastwert. Bei allen Realisierungen nichtrekursiver Filter ist der Rechenaufwand für die zyklisch zeitvariante Struktur angegeben (die überall dort als abgeknickte Direktstruktur realisiert ist, wo dies möglich ist), beim rekursiven Cauertiefpaß für die Kaskadenstruktur. Koeffizienten, die Eins werden, gehen in die Rechnung nicht ein (insbesondere auch $h_0(0)$ bei den Halbbandfiltern).

Tabelle 7.2. Aufwandsvergleich für verschiedene Realisierungen des Filters von Abschnitt 5.2.3. Strukturen: (K) Kaskade; (D) Direkt; (A) "abgeknickte" Direktstruktur. Stufen: (rek) rekursiver Teil; (n'r) nichtrekursiver Teil; (T1-T4) Teilfilter (durchgezählt) in zyklisch zeitvarianter Struktur nach Bild 7.13; (FFT) schnelle Fouriertransformation, $N=128$ und 512 (siehe Text); (HBF) Halbbandfilter. Der Aufwand (in Multiplikationen) ist auf einen Abtastwert des ursprünglichen Signals bezogen ($f_T=10$kHz)

Filter	Stufen	Struktur	f_T kHz	Aufwand Stufe	Stufe	Teil	Gesamt
TP $k=84$ direkt[*]	–	A	40	43			172
IFIR direkt[*]; $k_1=30$	1 –	A	40	15		60	
$q=3$; $k_2=34$	2 –	A	40	17		68	128
Interpolator	T1	–	10	1		1	
$k=118$	T2+4	D	10	30		60	
	T3	A	10	15		15	76
Minimalphasenf.	T1–3	D	10	18		54	
$k=70$	T4	D	10	17		17	71
Tiefpaß	T1	A	10	11		11	
$k=84$	T2+4	D	10	21		42	
	T3	A	10	10		10	63
Schnelle Faltung	FFT	–	–	–			43
$k=84$; $N=512$; $p=437$							
Cauer $k=7$	rek	K	40	7		28	
	n'r	K	40	3		12	40
Zweistufig "1"	1 T1	A	10	11	11		
Tiefpaß $k=42$	1 T2	A	10	10	10	21	
HBF $k=14$	2 T1	–	20	0	0		
	2 T2	A	20	4	8	8	29
Zweistufig "2"	*1 T1*	*A*	*10*	*0*	*0*		
HBF $k=54$	*1 T2*	*A*	*10*	*14*	*14*	*14*	
HBF $k=14$	*2 T1*	*–*	*20*	*0*	*0*		
	2 T2	*A*	*20*	*4*	*8*	*8*	*22*

[*] Zum Vergleich ist auch der Aufwand für einen linearphasigen Tiefpaß des Grades $k=84$ sowie für eine zugehörige IFIR-Realisierung $q=3$ (nicht optimal; die optimale IFIR-Lösung mit $q=2$ führt auf die zweistufigen Lösungen "1" oder "2") angegeben, wenn auch bei der höheren Abtastfrequenz alle Abtastwerte des Eingangssignals von Null verschieden sein können (TP direkt, IFIR direkt)

Außerdem ist der Rechenaufwand für eines der nichtrekursiven Filter ($k=84$) bei Einsatz der schnellen Faltung berechnet. Laut Tabelle 4.2 schneidet hier ein Transformationsintervall $N=512$ am günstigsten ab. Wegen der eingangsseitig um den Faktor 4 niedrigeren Abtastfrequenz kann bei der Hintransformation ein Transformationsintervall von $N=128$ eingesetzt werden (siehe Bild 7.2); dies ist bei der Berechnung des Aufwandes berücksichtigt.

Hinsichtlich des Rechenaufwandes schneidet die zweistufige Anordnung 2, die zwei echte Halbbandfilter verwendet, mit Abstand am besten ab, obwohl diese Lösung die verlangten Filterspezifikationen im Durchlaßbereich bei weitem übererfüllt. Es folgen die zweistufige Anordnung 1 (Tiefpaßfilter und Halbbandfilter) und der rekursive Cauertiefpaß. Die einstufigen nichtrekursiven Filter erfordern den höchsten Rechenaufwand, wobei die schnelle Faltung etwas weniger Operationen erfordert als die direkte Realisierung in der zyklisch zeitvarianten Struktur.

7.5 Nochmals zur Wahl der Abtastfrequenz

Wie hoch ist die Abtastfrequenz eines Signals zweckmäßig zu wählen? Wenn wir diese Frage in etwas breiterem Rahmen betrachten, so müssen wir notgedrungen auch die "Umwelt" des signalverarbeitenden Systems mit in Erwägung ziehen, d.h., die spezielle Anwendung, für die das System eingesetzt werden soll, und die zugehörige Umgebung im Analogbereich. Gegeben sind hierbei drei Problemstellungen mit durchaus verschiedenen Anforderungen: 1) Analog-Digital- und Digital-Analogwandlung; 2) digitale Signalspeicherung; sowie 3) die eigentliche Signalverarbeitung und Filterung.

Signalspeicherung. Zur Minimierung des Speicherplatzes bei gespeicherten digitalen Signalen ist es immer zweckmäßig, die Abtastfrequenz so niedrig wie möglich zu wählen. Bei Signalen mit Tiefpaßcharakter, d.h., mit Spektralanteilen zwischen 0 und f_G, ist gemäß dem Abtasttheorem eine Mindestabtastfrequenz von $f_T=2f_G$ notwendig. Bei Signalen mit Bandpaßcharakter kann die Abtastfrequenz im Grenzfall auf $2 \cdot (f_o - f_u)$ erniedrigt werden, wenn f_o und f_u die Grenzfrequenzen sind, zwischen denen das Signal spektrale Anteile besitzt.

Analoge Vor- und Nachverarbeitung. Vor der Analog-Digital-Wandlung und nach der Digital-Analog-Wandlung sind auf analoger Seite stets Anti-Alias-Filter einzusetzen, die im analogen Fall als Tiefpaß- oder Bandpaßfilter realisiert sind. Vor der Analog-Digital-Wandlung soll sichergestellt werden, daß das zu wandelnde Signal im Frequenzbereich bandbegrenzt ist und unerwünschte Aliasverzerrungen in der digitalen Darstellung vermieden werden. Das analoge Signal am Ausgang des Digital-Analog-Wandlers kann Aliasanteile bis zu einem Mehrfachen der Abtastfrequenz enthalten; diese sind auf analoger Seite zu entfernen.

Es ist nicht zweckmäßig, mit der Abtastfrequenz bei der Analog-Digital-Wandlung und insbesondere bei der Digital-Analog-Wandlung bis an die Grenze des Möglichen herunterzugehen, weil dann die Anforderungen an das (analoge) Anti-Alias-Filter zu hoch werden. Weil sie nicht linearphasig realisiert werden können, besitzen frequenzselektive analoge Filter mit steilen Flanken in der Nähe der oberen Grenzfrequenz hohe Gruppenlaufzeiten (vgl. das rekursive Cauerfilter in Bild 5.3, das aus einem analogen Filter abgeleitet ist) und damit erhebliche Phasenverzerrungen; außerdem sind sie empfindlich gegen Bauelementetoleranzen. Günstiger ist es, den Aufwand für das Anti-Alias-Filter auf die analoge und die digitale Seite zu verteilen. Dies erfolgt im einfachsten Fall dadurch, daß die Abtastfrequenz, mit der gewandelt wird, ein ganzzahliges Vielfaches der Abtastfrequenz ist, mit der das Signal gespeichert bzw. verarbeitet werden soll. An das analoge Anti-Alias-Filter sind dann nur noch ähnliche Anforderungen zu stellen wie an die zweite Stufe einer digitalen Halbbandfilterkette; d.h., ist $f_H = q \cdot f_T$ die Abtastfrequenz, mit der gewandelt wird, so hat bereits für $q=2$ das analoge Filter seine obere Durchlaßgrenze höchstens bei $f_H/4$ und seine untere Sperrgrenze frühestens bei $3f_H/4$, also 1,5 Oktaven über der Durchlaßgrenze. Das frequenzselektive Filter hoher Flankensteilheit wird dann auf der digitalen Seite eingesetzt, wo es linearphasig implementiert werden kann. Diese als *Oversampling* bezeichnete Technik wird beispielsweise bei Compact-Disk-Abspielgeräten fast durchweg eingesetzt. Auf der digitalen Seite kann ein eventuell im Durchlaßbereich von Eins abweichender Amplitudengang des analogen Anti-Alias-Filters noch ausgeglichen werden (Steiglitz, 1978; Fettweis und Khalil, 1980; Steffen et al., 1981; Jackson, 1986).

Signalverarbeitung. Der Gesichtspunkt der Wahl der Abtastfrequenz für die Filterung eines Signals ist in den vergangenen Abschnitten hinreichend diskutiert worden. Offen blieb dabei aber die Frage von Fehlern bei Messungen an digitalen Signalen, insbesondere bei den recht häufigen Amplituden- oder Frequenzmessungen. In Abschnitt 1.1.2 und später hatten wir gesehen, daß der im Prinzip gleiche Vorgang — die Wandlung einer kontinuierlichen Variablen in die diskrete Darstellung je nachdem, ob es sich um die unabhängige oder die abhängige Variable handelt, durchaus verschiedenen Gesetzen folgen kann. Die Quantisierung der unabhängigen Variablen, die *Abtastung*, richtet sich nach dem Abtasttheorem; die Quantisierung der abhängigen Variablen (die den Namen *Quantisierung* beibehält), richtet sich nach den Anforderungen an die Genauigkeit der Signaldarstellung und an den Störabstand. Werden jetzt an einem digitalen Signal Messungen durchgeführt, so kommt es häufig vor, daß die unabhängige Variable des Signals zur abhängigen Variablen der Messung wird; damit genügt die Genauigkeit, die das Abtasttheorem von der Darstellung dieser Variablen verlangt, nicht mehr. Einfachstes Beispiel ist die Messung der Frequenz eines digitalen Signals aus dem Zeitverlauf durch Bestimmung der Abstände benachbarter Nulldurchgänge. Für die Darstellung eines sinusförmigen Signals müssen lediglich mehr als zwei Werte je Periode vorliegen; bei der Frequenzmessung mit diesem Verfahren müßten wir also im Grenzfall eine Meßungenauigkeit von 50% hinnehmen.

Bei derartigen Aufgaben bleibt also nichts anderes übrig, als das Signal (zumindest lokal) massiv überabzutasten. Es wäre allerdings äußerst aufwendig und wenig sinnvoll, in einem solchen Fall das gesamte Signal mit einer so hohen Frequenz abzutasten, daß die Anforderungen an die Meßgenauigkeit überall erfüllt werden. Wenn dieser Aufwand betrieben werden muß, dann nicht bei der Speicherung und schon gar nicht bei der Analog-Digital-Wandlung, sondern nur lokal (und vorübergehend) bei der Messung. Zwei praktische Beispiele sollen diese Aussage verdeutlichen.

1) Zu messen sei die Grundperiode eines Sprachsignals derart, daß Meßfehler, die durch die digitale Darstellung entstehen, nicht mehr hörbar werden. Da die Wahrnehmungsgrenze des menschlichen Gehörs für Meßfehler bei der Grundfrequenzbestimmung im Fall eines streng periodischen Signals bei ungefähr 0,5% liegt, ist die Messung auf 0,5% genau auszuführen. Die Sprachgrundfrequenz variiert üblicherweise zwischen 50 und 500 Hz (Hess, 1983). Gemessen wird der Abstand zweier benachbarter Wendepunkte im Ausgangssignal eines Laryngographen.[6] Eine Meßgenauigkeit von 0,5% bedingt mindestens 200 Abtastwerte je Periode über den ganzen Bereich der Grundfrequenz. Im ungünstigsten Fall ($F_0 = 500$ Hz) würde dies eine Abtastfrequenz von 100 kHz für das Sprachsignal bedingen. Das Abtasttheorem verlangt aber für stimmhafte Sprachsignale je nach Qualität eine Abtastfrequenz zwischen 8 und 20 kHz. Gelöst werden kann dieses Problem, indem das Sprachsignal und das Ausgangssignal des Laryngographen mit einer Abtastfrequenz von 16 kHz gespeichert werden; bei der Messung wird dann durch lokale Interpolation mit einem Interpolatorfilter die gewünschte Meßgenauigkeit erreicht (Hess und Indefrey, 1987).

2) Zu untersuchen seien Echosignale von Fledermäusen. Es ist wohlbekannt, daß diese Tiere Signale mit Frequenzen in der Umgebung von 80 kHz aussenden und anhand der empfangenen Echos aufgrund von Frequenzverschiebungen durch den Dopplereffekt Gegenstände, insbesondere Hindernisse und Beutetiere, akustisch wahrnehmen können. Ein (Beute-)Insekt, das mit den Flügeln schlägt, erzeugt ein Echosignal mit zeitveränderlicher Frequenz. Diese Frequenz und ihr zeitlicher Verlauf seien mit digitalen Mitteln zu messen.

Für die Messung interessant ist das Signal in einem Spektralbereich zwischen 70 und 90 kHz, also innerhalb einer Bandbreite von rund 20 kHz. Zur digitalen Speicherung reicht im Grenzfall unabhängig von der tatsächlichen Signalfrequenz eine Abtastfrequenz von rund 40 kHz aus. Die Frequenzänderungen durch den Dopplereffekt überschreiten selten Werte von einigen Prozent, so daß für eine vernünftige Messung im Zeitbereich auch wieder einige Abtastwerte je Periode verfügbar sein müssen, um die gewünschte Genauigkeit zu erreichen.

Denkbar ist die folgende Anordnung. Das Signal wird zunächst mit einer hinreichend hohen Frequenz (beispielsweise 200 kHz) gewandelt und digital eingegeben. Im digitalen Bereich wird es durch Bandpaßfilterung zunächst auf den interessierenden Frequenzbe-

---

[6] Der *Laryngograph* (Fourcin und Abberton, 1971; hier nach Hess, 1983) mißt den elektrischen Leitwert des Kehlkopfes als Funktion der Zeit; dieser variiert mit den einzelnen Schwingungen der Stimmbänder.

reich (z.B. 70-90 kHz) bandbegrenzt und anschließend durch gezielte Unterabtastung in einen tieferen Frequenzbereich transferiert. Verringern wir beispielsweise die Abtastfrequenz ohne Anwendung eines Anti-Alias-Filters nach erfolgter Bandpaßfilterung einfach durch Weglassen von jeweils zwei von drei Abtastwerten um einen Faktor $q=3$ von 200 auf 66,7 kHz, so erscheint das Nutzsignal nunmehr in einem Frequenzbereich um 13,3 kHz (d.h., von 3,3 bis 23,3 kHz) und genügt nach wie vor dem Abtasttheorem. Da die Frequenzänderungen vergleichsweise langsam erfolgen (auch ein schneller Flügelschlag des Insekts erfolgt selten mit mehr als 800 Hz) und bei der Veränderung der Abtastfrequenz voll erhalten bleiben, kann die Messung nunmehr in diesem tieferen Frequenzbereich erfolgen; auch dort können dann die Nulldurchgänge oder ähnliche ausgezeichnete Punkte des Signals mit genügender Genauigkeit lokal interpoliert werden. Wollte man die Frequenzänderungen hinreichend genau direkt messen, so wären Abtastfrequenzen von 800 kHz und mehr vonnöten.

8. Komplexe Signale und Filter

Reale Signale sind reell. Die gesamte Theorie der digitalen Filter einschließlich der z-Transformation erlaubt jedoch die Verarbeitung komplexer Signale und den Einsatz von Filtern mit komplexen Koeffizienten. In manchen Fällen kann durch die Anwendung komplexwertiger Systeme der Rechenaufwand gesenkt oder das Systemverhalten verbessert werden.

Filter mit komplexen Koeffizienten sind schon seit längerem bekannt (Crystal und Ehrman, 1968; Boite und Leich, 1973; Bonnerot et al., 1978), gelangen aber erst in jüngerer Zeit verstärkt zum Einsatz, seit Möglichkeiten gefunden wurden, sie auch für reelle Signale zu verwenden.

Komplexe Filter und die daraus abgeleiteten reellwertigen Strukturen besitzen besonders günstige Werte für die Empfindlichkeit gegenüber Koeffizientenänderungen und kommen daher mit geringen Koeffizientenwortlängen aus. Diese Eigenschaft läßt sich auch in Verbindung mit reellen Signalen gewinnbringend verwenden.

Filterungsaufgaben, bei denen die Punkte $z=1$ und $z=-1$ im Sperrbereich liegen, lassen sich mit Hilfe *komplexer Signale* aufwandsgünstig lösen. Dies gilt insbesondere für den Einsatz schmalbandiger Bandpässe. In diesem Fall kann das Signal im Verlauf der Filterung mit einer Frequenz abgetastet werden, die nur noch von der Bandbreite des Bandpasses und nicht mehr von seiner Bandmittenfrequenz oder seiner oberen Durchlaßgrenze abhängt.

Mit dem komplexen rekursiven Filter 1. Grades und dem komplexen Allpaßfilter 1. Grades werden in Abschnitt 8.1 die zwei wichtigsten Bausteine komplexer Filter vorgestellt; in diesem Abschnitt wird auch der Einsatz dieser Filter bei reellen Signalen besprochen. Abschnitt 8.2 behandelt das analytische Signal und seine Gewinnung mit Hilfe der diskreten Hilberttransformation. In Abschnitt 8.3 schließlich werden Möglichkeiten zur aufwandsgünstigen Realisierung schmalbandiger Bandpaßfilter mit komplexen Signalen unter Zuhilfenahme des Prinzips der spektralen Rotation (Modulationssatz der z-Transformation) diskutiert; hierzu gehören auch Filterbänke in Polyphasenstruktur (vgl. Abschnitt 7.3.2).

8.1 Komplexe Filter für reelle (und komplexe) Signale

Die Empfindlichkeit der Übertragungsfunktion eines digitalen Filters gegen Ungenauigkeiten der Koeffizientendarstellung stellt eines der grundsätzlichen Probleme der Realisierung digitaler Filter dar (siehe Abschnitt 4.1.1). Gemäß (4.18) ist diese Empfindlichkeit bei einem rekursiven Filter in Direktstruktur umgekehrt proportional der Distanz zwischen allen an der jeweiligen Struktur beteiligten Polen. Dieser Tatbestand liefert ein starkes Argument dafür, rekursive Filter höheren Grades in Bausteine 1. und 2. Grades aufzuspalten. Aber auch noch beim Filter 2. Grades macht sich dieser Umstand je nach Struktur drastisch bemerkbar, sobald komplexe Pole in der Nähe der reellen Achse auftreten.

Sind komplexe Koeffizienten zugelassen, so können komplexe Pole in gleicher Weise wie reelle Pole mit Filtern 1. Grades realisiert werden. Die genannten Schwierigkeiten mit der Empfindlichkeit der Koeffizienten fallen damit weg.

8.1.1 Das Filter 1. Grades mit komplexen Koeffizienten. Von Interesse ist hier vor allem das rein rekursive Filter, und auf dieses soll unsere Betrachtung beschränkt bleiben. Das Filter sei gegeben durch die Zustandsgleichung ($d_0=1$)

$$\mathbf{y}(n) = \mathbf{x}(n) - \mathbf{g}_1\, \mathbf{y}(n-1) \; ; \tag{8.1}$$

hierbei seien die Signale und der Koeffizient komplex:[1]

$$\mathbf{y}(n) = y_R(n) + jy_I(n) \; ; \quad \mathbf{x}(n) = x_R(n) + jx_I(n) \; ; \quad \mathbf{g}_1 = g_{1R} + jg_{1I} \; . \tag{8.2}$$

Bild 8.1a zeigt die Struktur dieses Filters. Werden die komplexen arithmetischen Operationen in reelle zerlegt, so ergeben sich zwei simultane Zustandsgleichungen für Real- und Imaginärteil des Ausgangssignals:

$$y_R(n) = x_R(n) - g_{1R}y_R(n-1) + g_{1I}y_I(n-1) \; ;$$
$$y_I(n) = x_I(n) - g_{1R}y_I(n-1) - g_{1I}y_R(n-1) \; ; \tag{8.3a,b}$$

dies führt auf die Struktur in Bild 8.1b sowie die Übertragungsfunktion

$$\mathbf{H}_1(z) = \frac{z}{z + \mathbf{g}_1} \; ; \tag{8.4}$$

der Pol des Filters liegt bei

$$z_P = -\mathbf{g}_1 = -g_{1R} - jg_{1I} \; . \tag{8.5}$$

---

[1] Komplexe Signale und Koeffizienten werden hier mit den gleichen Symbolen gekennzeichnet wie reelle, zur Vermeidung von Verwechslungen werden diese Symbole aber fett gedruckt. z-Transformierte, Übertragungsfunktionen und Frequenzgänge werden dann fett gedruckt, wenn die zugehörigen Signale komplex werden. Soweit notwendig, erhalten darüber hinaus die verschiedenen Größen eine zusätzliche Indizierung: ”H” steht für Halbbandfilter, ”B” für Hilbertfilter, ”A” für Allpaß, ”R” für Realteil, ”I” für Imaginärteil, ”G” für den geraden Anteil, ”U” für den ungeraden Anteil, ”C” für analytisches Signal (Abschnitt 8.2), ”K” für ein komplexes Teilfilter; zusätzlich bei Übertragungsfunktionen ”P” für ein rein rekursives Filter (Prädiktorfilter), ”1” für ein Filter 1. Grades und ”2” für ein Filter 2. Grades.

Bild 8.1a-c. Rein rekursives Filter 1. Grades mit komplexen Koeffizienten. **(a)** Grundstruktur mit komplexen Rechenoperationen; **(b)** zugehörige Struktur mit reellwertigen Rechenoperationen; **(c)** Struktur für den Betrieb mit reellen Signalen (entspricht der gekoppelten Struktur)

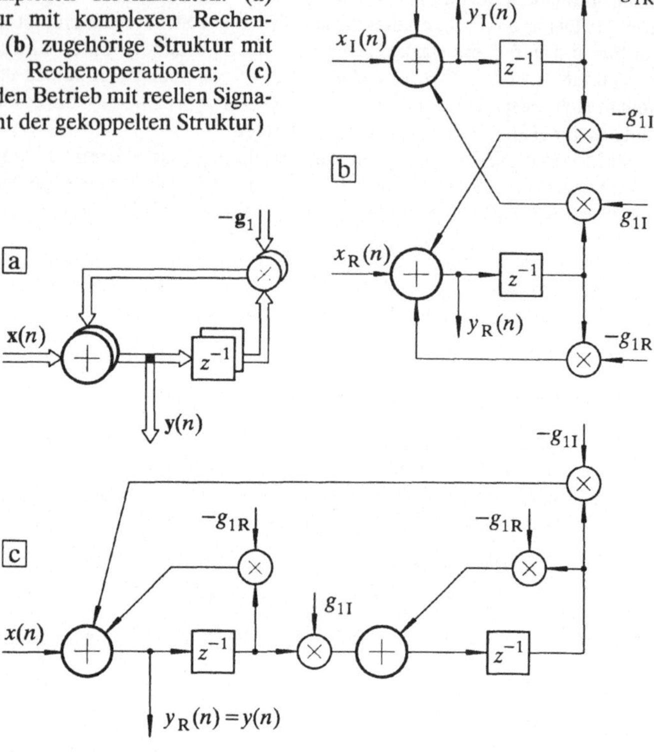

Dementsprechend lautet die Stabilitätsbedingung wie beim reellwertigen Filter

$$|g_1| < 1 . \tag{8.6}$$

Das komplexe Filter 1. Grades kann auch für reelle Signale eingesetzt werden. In diesem Fall verschwindet $x_I(n)$, und vom Ausgangssignal $y(n)$ wird nur der Realteil weiterverwendet. Aus den z-Transformierten der beiden Zustandsgleichungen (8.3a,b) erhalten wir

$$Y_R(z) = X_R(z) - g_{1R}\, Y_R(z)\, z^{-1} + g_{1I}\, Y_I(z)\, z^{-1} ;$$
$$Y_I(z) = X_I(z) - g_{1R}\, Y_I(z)\, z^{-1} - g_{1I}\, Y_R(z)\, z^{-1} ; \tag{8.7a,b}$$

sowie nach kurzer Umrechnung eine Übertragungsfunktion für den Betrieb mit reellen Signalen:

$$H_1(z) = \frac{Y_R(z)}{X(z)} = \frac{1 + g_{1R}\, z^{-1}}{1 + 2g_{1R}\, z^{-1} + (g_{1R}^2 + g_{1I}^2)\, z^{-2}} \; ; \tag{8.8}$$

Für ein reelles Signal ergibt sich also ein Filter 2. Grades, das nunmehr ein komplexes Polpaar bei

$$z_{P1,2} = -(g_{1R} \pm jg_{1I}) \tag{8.9}$$

besitzt. Offensichtlich wird bei dieser Betriebsart mit reellen Signalen der konjugiert komplexe Pol bei z_P^* ergänzt. Hierauf wird im folgenden noch einzugehen sein.

Dieses Filter (Bild 8.1c) stellt nichts anderes dar als die bereits in den Abschnitten 3.2.2 und 4.1.1 vorgestellte *gekoppelte Struktur* [mit dem Ausgang Y_1 nach (3.29a)]. Damit ist auch geklärt, warum sich die gekoppelte Struktur hinsichtlich der Empfindlichkeit der Koeffizienten so völlig anders verhält als solche Filterstrukturen 2. Grades, die auf reellwertigen Filtern basieren (siehe die Diskussion in Abschnitt 4.1.1). Da die Koeffizienten Real- und Imaginärteil des Poles darstellen, ist die Empfindlichkeit der Pollage gegen Koeffizientenänderungen im gesamten Einheitskreis konstant. Numerische Probleme können bei Pollagen in der Nähe der reellen und imaginären Achse nur dadurch auftreten, daß dort Real- und Imaginärteil des Koeffizienten sehr verschieden groß werden und im Betrieb des Filters daher Zahlen addiert und subtrahiert werden müssen, die sich um mehrere Größenordnungen unterscheiden. Dies kommt jedoch in anderen Filterimplementierungen ebenfalls vor und hängt zudem stets auch von den Augenblickswerten der Signale ab.

Eine Variante dieses Filters ergibt sich, wenn die komplexe Multiplikation nicht durch vier reelle Multiplikationen und zwei Additionen, sondern durch drei reelle Multiplikationen und fünf Additionen ausgeführt wird, von denen allerdings zwei nur den Koeffizienten $\mathbf{g}_1$ betreffen und daher umgangen werden können. Sind $w_i = u_i + jv_i$ [$i = 1, 2$] zwei komplexe Zahlen, so beträgt ihr Produkt

$$\begin{aligned}
w_1 w_2 &= (u_1 + jv_1)(u_2 + jv_2) \\
&= u_1 u_2 - v_1 v_2 + j(u_1 v_2 + v_1 u_2) \\
&= u_1(u_2 + v_2) - v_2(u_1 + v_1) + j(v_2(u_1 + v_1) + v_1(u_2 - v_2)) \; .
\end{aligned} \tag{8.10}$$

In der Form (8.10) müssen nur drei Multiplikationen ausgeführt werden, da der Term $v_2 \cdot (u_1 + v_1)$ zweimal vorkommt. Stellt w_1 in der Realisierung den aktuellen Signalwert $\mathbf{y}$ dar, dann ist $w_2 = \mathbf{g}_1$, und die zwei Koeffizientensummen

$$u_1 + v_2 = g_{1R} + g_{1I} := c_1 \quad \text{sowie} \quad u_2 - v_2 = g_{1R} - g_{1I} := c_2$$

werden als neue Filterkoeffizienten direkt implementiert; damit ist das Filter mit drei Multiplikationen und drei Additionen realisiert (Bild 8.2):

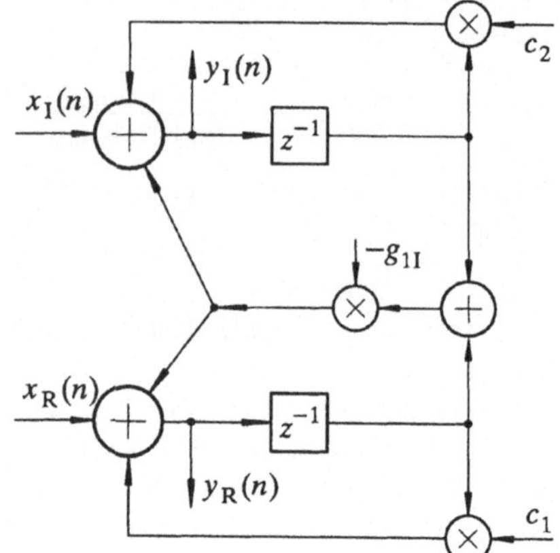

Bild 8.2. Rein rekursives Filter 1. Grades mit komplexen Koeffizienten: Realisierung der komplexen Multiplikation durch drei reelle Multiplikationen und 3 Additionen

$$\mathbf{y} \cdot \mathbf{g}_1 = y_R \cdot c_1 - (y_R + y_I) \cdot g_{1I} + j\left[(y_R + y_I) \cdot g_{1I} + y_I \cdot c_2\right]. \tag{8.11}$$

Das reellwertig betriebene komplexe Filter unterscheidet sich von einem von Haus aus reellen rein rekursiven Filter durch das Vorhandensein einer zusätzlichen Nullstelle auf der reellen Achse [siehe auch (3.29a)] bei

$$z_0 = -g_{1R} \,. \tag{8.12}$$

[Diese Nullstelle hat den gleichen Realteil wie der Pol, liegt also auf dem Schnittpunkt der Verbindungsgeraden zwischen den beiden Polen des reellwertigen Filters nach (8.8) mit der reellen Achse.] Hierdurch wird vor allem der Verstärkungsfaktor des Filters und − je nach Pollage − das Verhalten bei tiefen oder hohen Frequenzen beeinflußt. Der Verstärkungsfaktor V_R an der Resonanzstelle, also der Wert des Amplitudenganges an der Stelle $\Omega = \phi_P$, ergibt sich im Unterschied zu (3.23) nunmehr zu

$$V_{R2} = \frac{\sqrt{1 - 2g_{1R}\cos\phi_P + g_{1R}^2}}{(1 - r_P) \cdot \sqrt{1 - r_P\cos(2\phi_P) + r_P^2}} \,. \tag{8.13}$$

Wie aus Bild 3.8 ersichtlich, ist der maximale Verstärkungsfaktor des rein rekursiven reellen Filters 2. Grades an der Resonanzstelle außer vom Polradius in hohem Maße auch vom Polwinkel abhängig; dies ergibt sich aus dem multiplikativen Einfluß des konjugiert komplexen Pols. Beim komplexen Filter 1. Grades, wo nur ein Pol da ist, beträgt der Verstärkungsfaktor an der Resonanzstelle, d.h., für $\Omega = \phi_P$ unabhängig vom Polwinkel stets

$$V_{R1K} = \frac{1}{1 - r_{\mathrm{P}}} \; . \tag{8.14}$$

Die Nullstelle bei $z_0 = -g_{1R}$ sorgt dafür, daß diese Eigenschaft des komplexen Filters auch beim reellwertigen Betrieb annähernd erhalten bleibt. Des weiteren wird durch die Nullstelle weitgehend verhindert, daß – wie beim reellwertigen Filter zu beobachten – bei Polen weitab vom Einheitskreis oder bei geringen Polwinkeln das Maximum der Verstärkung aus der Resonanzstelle heraus in Richtung auf die reelle Achse hin verschoben wird. Bild 8.3 zeigt für verschiedene Pollagen die Frequenz, bei der das Maximum der Verstärkung auftritt, und den Verstärkungsfaktor V_R an dieser Stelle. Die Darstellung ist die gleiche wie in Bild 3.9 für das rein rekursive Filter, und der Vergleich der beiden Bilder zeigt das unterschiedliche Verhalten. Mit Ausnahme der unmittelbaren Umgebung der reellen Achse ist die Resonanzverstärkung bei dem Filter nach Bild 8.3 nur noch vom Polradius, nicht mehr vom Polwinkel abhängig. Für $\phi_{\mathrm{P}} = 0$ oder π wird ein Pol durch die Nullstelle kompensiert, so daß sich das Filter auf ein reelles Filter 1. Grades reduziert.

Unter welchen Bedingungen läßt sich nun mit diesem Filter die Übertragungsfunktion eines rein rekursiven reellen Filters 2. Grades (d.h., ohne die Nullstelle) herstellen? Um diese Frage zu beantworten, müssen wir überprüfen, wie sich die

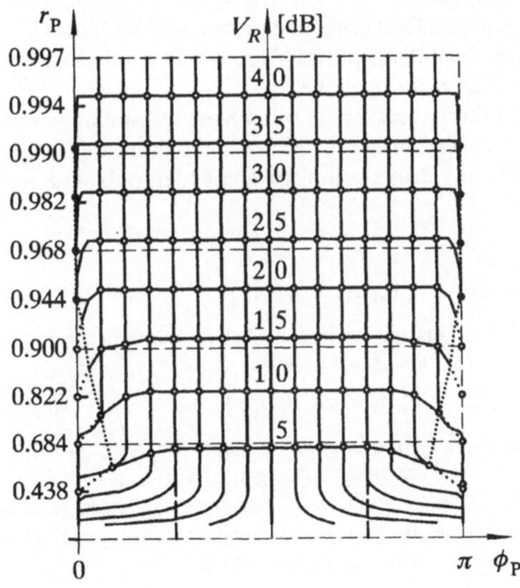

Bild 8.3. Eigenschaften der Resonanz komplexer rekursiver digitaler Filter 1. Grades bei reellwertigem Betrieb. Aufgetragen ist über dem Polwinkel ϕ_{P} für verschiedene Polradien r_{P} die normierte Frequenz Ω, bei der das Maximum des Amplitudenganges auftritt, sowie der Verstärkungsfaktor V_R bei dieser Frequenz ($d_0 = 1$) in Abhängigkeit vom jeweiligen Polradius. Der Maßstab bei den Polradien ist so gewählt, daß der gleiche Verstärkungsabfall (bezogen auf die normierte Frequenz $\pi/2$) stets durch die gleiche Distanz zwischen den Kurven abgebildet wird

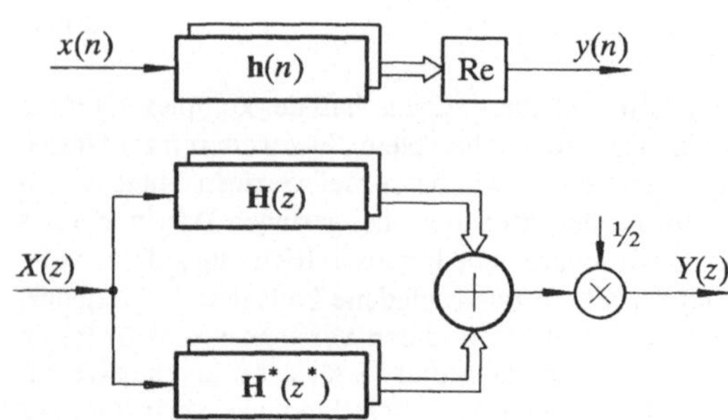

Bild 8.4. Reellwertiger Betrieb von Filtern mit komplexen Koeffizienten: (oben) Realisierung im Zeitbereich; (unten) äquivalente komplexe Filterstruktur im Frequenzbereich. Im Gegensatz zu reellen Filtern ist die Darstellung in Zeit- und Frequenzbereich hier nicht strukturell identisch

Unterdrückung des Imaginärteils $y_I(n)$ des Ausgangssignals auf die Übertragungsfunktion auswirkt. Allgemein gilt (Bild 8.4)

$$h(n) = \text{Re}[\mathbf{h}(n)] \; ; \quad H(z) = \frac{\mathbf{H}(z) + \mathbf{H}^*(z^*)}{2} \; ; \tag{8.15a,b}$$

das reellwertige Filter mit der Übertragungsfunktion $H(z)$ ergibt sich also im Frequenzbereich als Parallelschaltung zweier komplexer Teilfilter $\mathbf{H}(z)$ und $\mathbf{H}^*(z^*)$, deren Koeffizienten konjugiert komplex zueinander sind. Das konjugiert komplexe Teilfilter $\mathbf{H}^*(z^*)$ − das nicht explizit realisiert ist, sondern durch die Bildung des Realteils implizit hinzutritt − liefert den in $\mathbf{H}(z)$ gegenüber dem Filter 2. Grades fehlenden Pol; die Nullstelle ergibt sich ebenfalls implizit infolge der Parallelschaltung. Hierauf wird im nächsten Abschnitt noch einzugehen sein.

Zu beachten ist also bei diesen Filtern, daß die (graphischen) Darstellungen im Zeitbereich (Realteilbildung) und im Frequenzbereich (Parallelschaltung des konjugiert komplexen Filters in der z-Ebene) strukturell nicht mehr identisch sind; vgl. Bild 8.4 und 8.5.

Herleitung von (8.15a,b). Ist

$$\mathbf{x}(n) = a(n) + jb(n) = a_\text{G}(n) + a_\text{U}(n) + j\,[\,b_\text{G}(n) + b_\text{U}(n)\,]$$

ein komplexes Signal, das in Real- und Imaginärteil sowie zusätzlich jeweils in den geraden und ungeraden Anteil zerlegt ist, so lautet seine z-Transformierte

$$\mathbf{X}(z) = A(z) + jB(z) = A_\text{G}(z) - B_\text{U}(z) + j\,[\,A_\text{U}(z) + B_\text{G}(z)\,] \; . \tag{8.16}$$

Diese Beziehung ist als *Zuordnungssatz der z-Transformation* bekannt (in Abschnitt 2.1.1 nicht behandelt, weil wir dort stets von reellen Signalen ausgingen). Die z-Transformierten $A(z)$ und $B(z)$ der Teilsignale $a(n)$ und $b(n)$ sind komplex, während $A_\text{G}(z), A_\text{U}(z), B_\text{G}(z)$ und $B_\text{U}(z)$ jeweils reell sind. Ferner gelten für das Rechnen mit konjugiert komplexen Zahlen die folgenden wohlbekannten elementaren Rechenregeln [c, a und b jeweils komplex]:

$$c = a \pm b \;\to\; c^* = a^* \pm b^* \; ;$$
$$c = a \cdot b \;\to\; c^* = a^* \cdot b^* \; ; \qquad c = a \,/\, b \;\to\; c^* = a^* \,/\, b^* \; . \tag{8.17a-c}$$

Hiermit folgt aus (8.16) [vgl. auch Übungsaufgabe 2.2]

$$\mathbf{X}^*(z) = A^*(z) + jB^*(z) = A_G(z) - B_U(z) - j\,[\,A_U(z) + B_G(z)\,] \; ;$$
$$\mathbf{X}^*(z^*) = A^*(z^*) + jB^*(z^*) = A_G(z) + B_U(z) + j\,[\,A_U(z) - B_G(z)\,] \; . \tag{8.18a,b}$$

Ist nun $H(z)=H_G(z)+jH_U(z)$ die Übertragungsfunktion eines Filters mit reellwertigen Koeffizienten, so wird durch das Weglassen des konjugiert komplexen Teilfilters in der komplexen Realisierung entsprechend (8.16) die Impulsantwort des Filters dadurch komplex, daß ein Imaginärteil $b(n)$ hinzutritt,

$$\mathbf{h}(n) = h_G(n) + h_U(n) + j\,[\,b_G(n) + b_U(n)\,] \; . \tag{8.19}$$

Im Spektralbereich ergibt dies

$$\mathbf{H}(z) = H_G(z) - B_U(z) + j\,[\,H_U(z) + B_G(z)\,] \; ;$$
$$\mathbf{H}^*(z^*) = H_G(z) + B_U(z) + j\,[\,H_U(z) - B_G(z)\,] \; ; \tag{8.20a,b}$$

hieraus folgt (8.15) unmittelbar.

Gehen wir vom rein rekursiven, reellen Filter 2. Grades mit der Übertragungsfunktion $H_{2P}(z)$ aus, so können wir dieses mit Hilfe einer Partialbruchzerlegung in die komplexe Form überführen (der Einfachheit halber sei d_0 zu 1 angenommen):

$$H_{2P}(z) = \frac{z^2}{z^2 + g_1 z + g_2} = \frac{z^2}{(z + \mathbf{g}_1)(z + \mathbf{g}_1^*)}$$

$$= 1 + \frac{\mathbf{a}}{z + \mathbf{g}_1} + \frac{\mathbf{a}^*}{z + \mathbf{g}_1^*} \; . \tag{8.21}$$

Hierbei ist jedoch zwingend erforderlich, daß die Pole komplex bleiben, da die Partialbruchzerlegung in dieser Form nur gilt, wenn die Pole verschieden sind. Der Zählerkoeffizient $\mathbf{a}$ ergibt sich zu

$$\mathbf{a} = a_R + ja_I = -g_{1R} + j \cdot \frac{g_{1R}^2 - g_{1I}^2}{2 g_{1I}} \; . \tag{8.22}$$

Das grundsätzliche Implementierungsproblem bei Polen nahe der reellen Achse macht sich hier dadurch bemerkbar, daß für $g_{1I} \to 0$ der Imaginärteil a_I des Zählerkoeffizienten $\mathbf{a}$ gegen Unendlich strebt. Umgehen läßt sich diese Schwierigkeit nur dadurch, daß wir – so abwegig dies im ersten Moment auch aussieht – bei einer Realisierung komplexer Pole nahe der reellen Achse den Koeffizienten $\mathbf{a}$ wie in (8.8) bei Eins belassen und die dann auftretende reelle Nullstelle $z_0 = -g_{1R}$ durch einen zusätzlichen Pol an der gleichen Stelle kompensieren. Abgesehen davon, daß hierbei der Rechenaufwand verringert wird (eine komplexe Multiplikation wird ersetzt durch eine reelle), bewegen sich alle Koeffizienten im Bereich zwischen -1 und $+1$, und die Empfindlichkeit der Lage der Pole gegen Koeffizientenänderungen bleibt für alle Teilfilter im gesamten Einheitskreis konstant.

8.1.2 Einsatz von Filtern mit komplexen Koeffizienten bei reellwertigen Ein- und Ausgangssignalen. Gegeben sei ein Filter vom Grad k mit reellen Koeffizienten. Der Einfachheit halber sei angenommen, daß die Pole alle verschieden sind, so daß eine Partialbruchzerlegung in Blöcke 1. Grades vorgenommen werden kann:

$$H(z) = \frac{\sum\limits_{i=0}^{k} d_i \, z^{-i}}{\sum\limits_{i=0}^{k} g_i \, z^{-i}} = d_0 + \sum_{i=1}^{k_{\mathrm{R}}} \frac{c_i}{z-z_{\mathrm{PR}i}} + \sum_{i=1}^{k_{\mathrm{K}}} \frac{\mathbf{c}_i}{z-z_{\mathrm{PK}i}} + \sum_{i=1}^{k_{\mathrm{K}}} \frac{\mathbf{c}_i^*}{z-z_{\mathrm{PK}i}^*} \; ; \qquad (8.23)$$

$$k_{\mathrm{R}} + 2k_{\mathrm{K}} = k \; ; \quad g_0 = 1 \; .$$

Hierbei sind $z_{\mathrm{PR}i}$ die reellen Pole; $z_{\mathrm{PK}i}$ stellt die eine Hälfte der komplexen Pole dar; $z_{\mathrm{PK}i}^*$ sind die zugehörigen konjugiert komplexen Pole. Mit dieser Zerlegung läßt sich $H(z)$ gemäß (8.15) in zwei komplexe Teilfilter aufspalten; wir erhalten

$$\mathbf{H}(z) = d_0 + \sum_{i=1}^{k_{\mathrm{R}}} \frac{c_i}{z-z_{\mathrm{PR}i}} + \sum_{i=1}^{k_{\mathrm{K}}} \frac{\mathbf{c}_i}{z-z_{\mathrm{PK}i}}$$

$$= d_0 + \sum_{i=1}^{k_{\mathrm{R}}} \frac{c_i}{z-g_{1,i}} + \sum_{i=1}^{k_{\mathrm{K}}} \frac{\mathbf{c}_i}{z-\mathbf{g}_{1,i}} \qquad (8.24)$$

als Übertragungsfunktion des komplexen Teilfilters vom Grad

$$k' = k_{\mathrm{R}} + k_{\mathrm{K}} \; ; \qquad (8.24\mathrm{a})$$

das zugehörige konjugiert komplexe Filter $\mathbf{H}^*(z^*)$ wird nicht realisiert, sondern ergibt sich implizit, wenn man von dem komplexen Ausgangssignal nur den Realteil nimmt. Bild 8.5 zeigt diese Realisierung in der Parallelstruktur.

Grundsätzlich kann $\mathbf{H}(z)$ jetzt in jeder beliebigen Struktur implementiert werden. Insbesondere ist es möglich, von der Parallelstruktur auf die Direktstruktur, die Kaskadenstruktur oder die Kreuzgliedstruktur überzugehen. Die komplexen Direktstrukturen sind ebenso aufgebaut wie die reellen. Die komplexe Kaskadenstruktur kann ausschließlich mit Filterbausteinen 1. Grades (je nach Pol und Nullstelle reell oder komplex) aufgebaut werden; sämtliche internen Signale sind allerdings komplex, so daß es sich empfiehlt, die reellen Filterbausteine an den Anfang oder das Ende der Kaskade zu legen, da dort dann mit reellen Signalen gearbeitet werden kann. Bei der Kreuzgliedstruktur lautet die Zerlegung in Erweiterung von (6.70-6.73) mit der dort verwendeten Nomenklatur (Gray und Markel, 1973; Vaidyanathan et al., 1987; siehe auch die Darstellung in Bild 8.7):

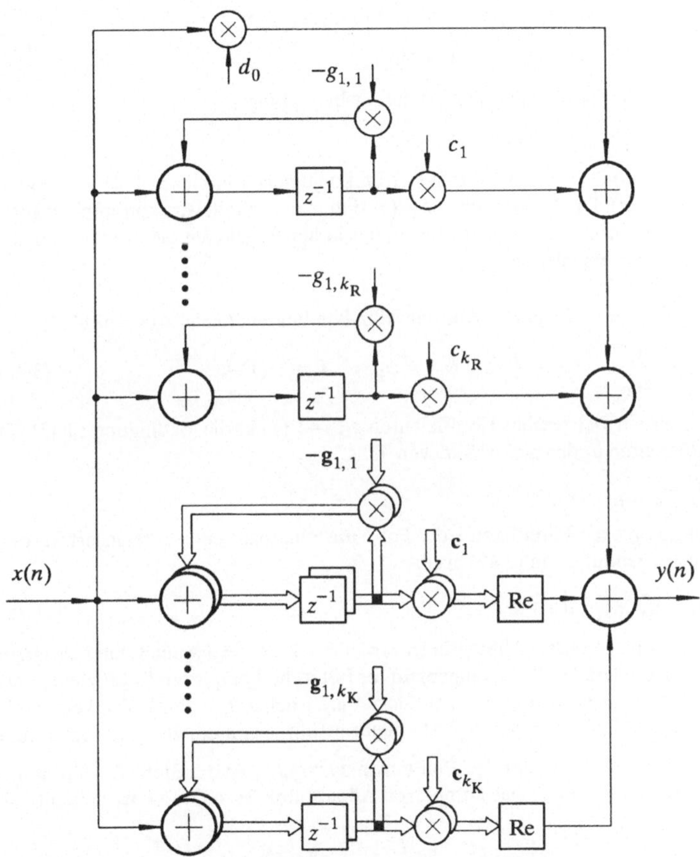

Bild 8.5. Komplexes Filter in Parallelstruktur. (k_R) Zahl der reellen Pole; (k_K) Zahl der komplexen Pole. Gezeichnet: Realisierung im Zeitbereich (Verzögerungsglieder allerdings durch z^{-1} gekennzeichnet); vgl. Legende zu Bild 8.4

$$\mathbf{p}_K = \mathbf{a}_K^{(K)} \; ; \tag{8.25a}$$

$$\mathbf{A}^{(K-1)}(z) = \frac{\mathbf{A}^{(K)}(z) - \mathbf{p}_K\, z^{-K}\,[\mathbf{A}^{(K)}(1/z^*)]^*}{1 - |\mathbf{p}_K|^2} \; ; \tag{8.25b}$$

$$\mathbf{B}^{(K-1)}(z) = \frac{-\,\mathbf{p}_K\, \mathbf{A}^{(K)}(z) + z^{-K}\,[\mathbf{A}^{(K)}(1/z^*)]^*}{1 - |\mathbf{p}_K|^2} \; ; \tag{8.25c}$$

mit der nach wie vor geltenden Stabilitätsbedingung

$$|\mathbf{p}_i| < 1 \; ; \quad i = 1\ (1)\ k \; . \tag{8.26}$$

$\mathbf{H}(z)$ hat − bis auf die nicht realisierten konjugiert komplexen Pole − die gleichen Pole wie $H(z)$. Die Nullstellen von $\mathbf{H}(z)$ sind in der Parallelstruktur implizit gegeben; der nichtrekursive Teil von $\mathbf{H}(z)$ ist daher in der Regel vom nichtrekursiven Teil des Filters $H(z)$ verschieden.

8.1.3 Komplexe Allpaßfilter. Aus der Allpaßbedingung (siehe Abschnitt 3.3)

$$z_{0i} = \frac{1}{z_{\mathrm{P}i}^*} \; ; \quad r_{0i} = \frac{1}{r_{\mathrm{P}i}} \; ; \quad \phi_{0i} = \phi_{\mathrm{P}i} \; ; \quad i = 1\ (1)\ k \; , \tag{3.42a-c}$$

erhielten wir bei reellen Koeffizienten g_i, i=1 (1) k, die Bedingung (3.43) für die Koeffizienten d_i des nichtrekursiven Teils:

$$d_i = g_{k-i} \; ; \quad d_k = 1 \; . \tag{3.43}$$

Beim komplexen Filter kann jedes Pol-Nullstellenpaar einzeln realisiert werden; direkte Anwendung von (3.42) ergibt

$$\mathbf{d}_i = \mathbf{g}_{k-i}^* \; ; \quad \mathbf{d}_k = 1 \; . \tag{8.27}$$

Gegenüber reellen Allpaßfiltern erhält der komplexe Allpaß einen zusätzlichen Freiheitsgrad dadurch, daß allgemein für Filter mit komplexen Koeffizienten $H_{\mathrm{A}}(\Omega)$ für $\Omega=0$ nicht reell sein muß, sondern einen beliebigen Phasenwinkel annehmen kann. Die Allpaßbedingung (3.41) bleibt erfüllt, wenn ein zusätzlicher Drehfaktor $e^{j\psi_{\mathrm{A}}}$ eingeführt wird, der den Phasenwinkel von H_{A} an der Stelle $\Omega=0$ festlegt. Die Übertragungsfunktion des komplexen Allpaßfilters vom Grad k wird damit

$$\mathbf{H}_{\mathrm{A}}(z) = \frac{e^{j\psi_{\mathrm{A}}} \cdot \sum\limits_{i=0}^{k} \mathbf{g}_{k-i}^*\, z^{-i}}{\sum\limits_{i=0}^{k} \mathbf{g}_i\, z^{-i}} = \frac{e^{j\psi_{\mathrm{A}}} \cdot \sum\limits_{m=0}^{k} \mathbf{g}_m^*\, z^{m}}{\sum\limits_{m=0}^{k} \mathbf{g}_{k-m}\, z^{m}} = \frac{e^{j\psi_{\mathrm{A}}} \cdot z^{-k}\, \mathbf{G}^*(1/z^*)}{\mathbf{G}(z)} \; . \tag{8.28}$$

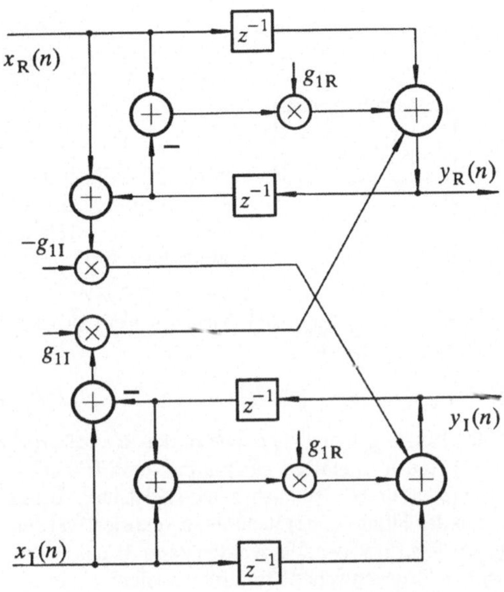

Bild 8.6. Komplexes Allpaßfilter 1. Grades mit einer komplexen Multiplikation; [Drehfaktor $\exp(j\psi_A)$ zu Eins angenommen]

Der Drehfaktor $e^{j\psi_A}$ läßt die Pole und Nullstellen des Allpasses unverändert und bewirkt lediglich eine additive konstante Phasendrehung aller Frequenzen um den konstanten Wert ψ_A. Er ist damit für den Betrieb dieses Filters als Allpaß an sich ohne Belang. Von entscheidender Bedeutung wird ψ_A allerdings, wenn der Allpaß Teil einer komplementären Filterweiche ist (siehe die Diskussion in Abschnitt 9.5). Die Phasenfunktion des gesamten Allpasses wird entsprechend (3.46)

$$\phi_{AK}(\Omega) = -\psi_A + \sum_{i=1}^{k} \arctan \frac{(1 - r_{Pi}^2)\sin(\Omega - \phi_{Pi})}{(1 + r_{Pi}^2)\cos(\Omega - \phi_{Pi}) - 2r_{Pi}}. \tag{8.29}$$

Auch für das komplexe Allpaßfilter existiert eine Struktur, die mit einer komplexen Multiplikation je Pol-Nullstellenpaar auskommt. Bild 8.6 zeigt den Aufbau eines derartigen Filters 1. Grades, Bild 8.7 die Zerlegung in die Zweimultiplizierer-Kreuzgliedstruktur nach (8.25), jeweils für $\psi_A = 0$.

Komplexe Allpaßfilter erlangen wegen der günstigen numerischen Konditionierung zunehmend Bedeutung (Vaidyanathan et al., 1987; Regalia et al., 1988). Insbesondere lassen sich damit komplementäre Weichenfilter aufbauen (siehe auch die

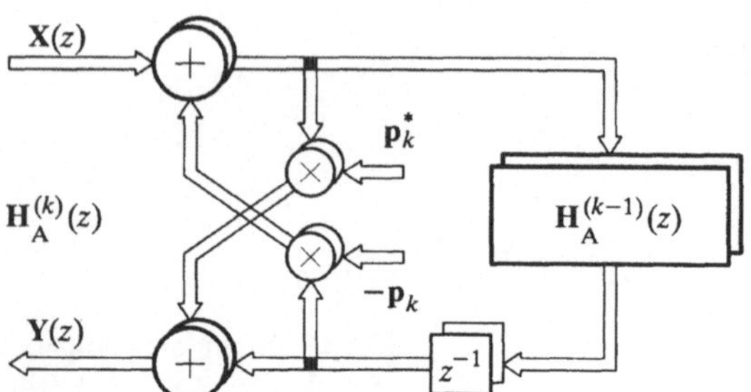

Bild 8.7. Allpaßfilter in Kreuzgliedstruktur. Gezeichnet: Zerlegung der 1. Stufe

Abschnitte 3.3.4 und 6.5). Setzt man die beiden gekoppelten Allpässe aus (3.58-3.59) so an, daß sie zueinander konjugiert komplex werden,

$$H_{A1}(z) = \mathbf{H}_A(z) \; ; \quad H_{A2}(z) = \mathbf{H}_A^*(z^*) \, , \tag{8.30}$$

und betreibt man sie mit dem reellen Eingangssignal $x(n)$, so wird der Realteil $y_1(n)$ des komplexen Ausgangssignals $y(n)$ zum Imaginärteil $y_2(n)$ allpaß- und leistungskomplementär [was sich anhand von (3.55) und (3.56) leicht zeigen läßt]. Der Vorteil dieser Anordnung besteht darin, daß das Filter $H_{A2}(z)$ nicht mehr realisiert werden muß, sondern daß eine Schaltung nach (8.15) verwendet werden kann. Die Struktur ist identisch mit der Realisierung von Brückenwellendigitalfiltern (Fettweis et al., 1974; Abschnitt 9.5) durch komplexe Bausteine. Aufgrund dieser Analogie sehen wir auch sofort, daß Filter dieser Art *strukturinhärent pseudopassiv* sind. Das erklärt auch die günstigen Eigenschaften bezüglich der Koeffizientenquantisierung (Fettweis, 1972b). In Abschnitt 9.5 werden wir im Rahmen der Diskussion der Brückenwellendigitalfilter auf diese Frage zurückkommen.

8.2 Das analytische Signal

8.2.1 Definition. Gegeben sei ein reelles Signal $x_R(n)$. Für dessen z-Transformierte gilt nach dem Zuordnungssatz der z-Transformation [in Abschnitt 2.1 nicht behandelt; vgl. Abschnitt 8.1.1] auf dem Einheitskreis, also für $z=\exp(j\Omega)$:

$$X_R(z=e^{j\Omega}) := X_R(\Omega) = X_R^*(-\Omega)$$

$$= X_G(\Omega) + jX_U(\Omega) = \mathbf{Z}\{x_G(n) + x_U(n)\} \, , \tag{8.31}$$

wobei X_G der gerade Anteil, X_U der ungerade Anteil von $X_R(\Omega)$ ist. Insbesondere gilt also

$$X_G(\Omega) = X_G(-\Omega) \quad \text{sowie} \quad X_U(\Omega) = -X_U(-\Omega) \, . \tag{8.32}$$

Drehen wir die Phase des Signals $x_R(n)$ unter Beibehaltung des Amplitudenspektrums für alle Frequenzen um 90°, so erhalten wir ein Signal $x_I(n)$ mit dem Spektrum

$$X_I(\Omega) = X_U(\Omega) - jX_G(\Omega) \,, \qquad\qquad (8.33)$$

wobei diesmal X_U gerade und X_G ungerade ist. Stellen wir daraus ein komplexes Signal $x_C(n)$ wie folgt zusammen:

$$x_C(n) := x_R(n) + jx_I(n) \,, \qquad\qquad (8.34)$$

so erhalten wir das Spektrum

$$X_C(\Omega) = X_R(\Omega) + jX_I(\Omega) \,;$$

dies ergibt

$$X_C(\Omega)\Big|_{\Omega \geq 0} = X_G(\Omega) + jX_U(\Omega) + jX_U(\Omega) + X_G(\Omega) = 2\big[\,X_G(\Omega) + jX_U(\Omega)\,\big]\,;$$

$$X_C(\Omega)\Big|_{\Omega < 0} = X_G(\Omega) - jX_U(\Omega) + jX_U(\Omega) - X_G(\Omega) = 0 \,. \qquad (8.35a,b)$$

Entsprechend der Definition in kontinuierlichen Systemen wird das Signal $x_C(n)$ als das *analytische Signal* bezeichnet. Es läßt sich — verglichen mit dem ursprünglichen Signal $x_R(n)$ — mit der halben Abtastfrequenz abtasten, da $X_C(\Omega)$ im Bereich negativer Frequenzen verschwindet. Die Zahl der Abtastwerte verringert sich dabei allerdings nicht, da ein komplexes Signal je Stützstelle *zwei* Werte benötigt.

8.2.2 Berechnung des analytischen Signals. Das Hilbert-Filter. Im kontinuierlichen Bereich wird die Phasendrehung um ±90° unter Beibehaltung des Amplitudenspektrums mit Hilfe der *Hilberttransformation* durchgeführt (siehe z.B. Marko, [2]1982:118):

$$x_I(t) = -\frac{1}{\pi} \int_{-\infty}^{\infty} \frac{x_R(\tau)\,d\tau}{t - \tau} \;; \qquad x_R(t) = \frac{1}{\pi} \int_{-\infty}^{\infty} \frac{x_I(\tau)\,d\tau}{t - \tau} \;; \qquad (8.36a,b)$$

Die (ideale) Hilberttransformation, ebensowenig exakt realisierbar wie der ideale Tiefpaß, wird digital mit einem nichtkausalen Filter unendlich hohen Grades ausgeführt, dessen Koeffizienten sich aus der Wunschfunktion

$$H_{WB}(\Omega) = j\,\mathrm{sgn}(\Omega) \,, \quad -\pi \leq \Omega \leq \pi \,, \qquad\qquad (8.37)$$

grundsätzlich durch Fourierapproximation bestimmen lassen:

$$h_{0B}(n) = \int_{-\pi}^{0} j\,e^{jn\Omega}\,d\Omega + \int_{0}^{\pi} -j\,e^{jn\Omega}\,d\Omega = \frac{2}{\pi n}\sin^2(\pi n/2) \;; \quad h_{0B}(0) = 0 \,. \quad (8.38)$$

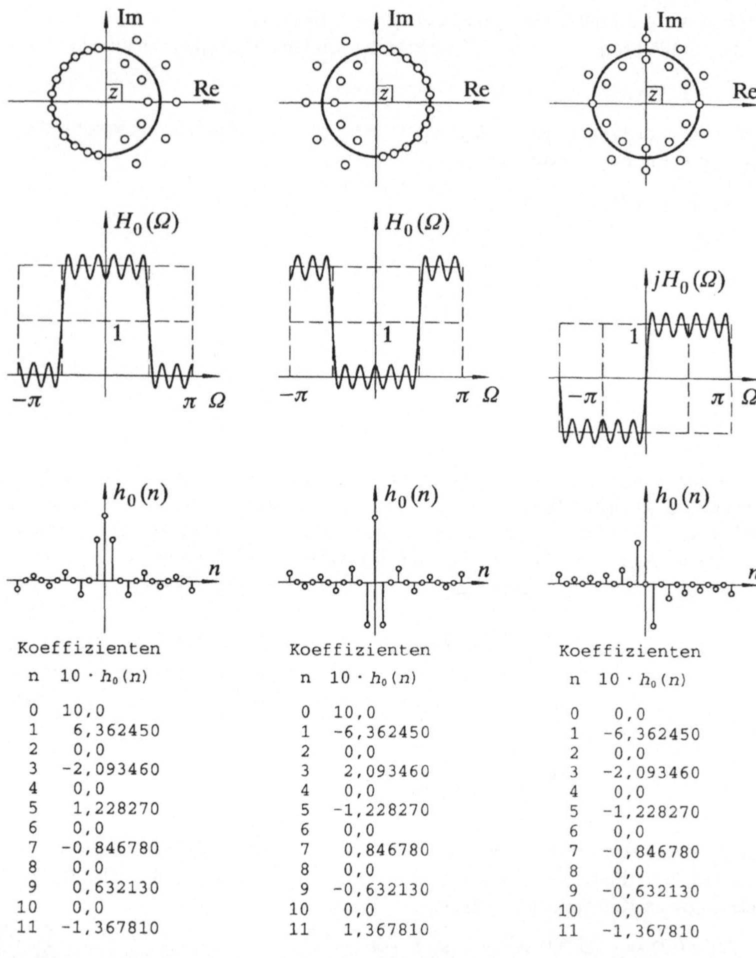

Koeffizienten

n	$10 \cdot h_0(n)$
0	10,0
1	6,362450
2	0,0
3	-2,093460
4	0,0
5	1,228270
6	0,0
7	-0,846780
8	0,0
9	0,632130
10	0,0
11	-1,367810

Koeffizienten

n	$10 \cdot h_0(n)$
0	10,0
1	-6,362450
2	0,0
3	2,093460
4	0,0
5	-1,228270
6	0,0
7	0,846780
8	0,0
9	-0,632130
10	0,0
11	1,367810

Koeffizienten

n	$10 \cdot h_0(n)$
0	0,0
1	-6,362450
2	0,0
3	-2,093460
4	0,0
5	-1,228270
6	0,0
7	-0,846780
8	0,0
9	-0,632130
10	0,0
11	-1,367810

Bild 8.8. Vom Halbbandfilter zum Hilbertfilter. (Links) Halbbandfilter, $k=22$, Entwurf nach Vaidyanathan und Nguyen (1987b). (Mitte) Hieraus durch spektrale Rotation um $z_r = -1$ entwickeltes Hochpaßfilter; (rechts) Aus dem Halbbandfilter entwickeltes Hilbertfilter. Aus Gründen der graphischen Darstellung wurde eine schlechte Approximation mit starken Welligkeiten des Frequenzganges gewählt

Punktsymmetrie der Übertragungsfunktion um $\Omega=0$ ist für die Phasendrehung um 90° zwingend erforderlich. In Grundform 1 oder 2 kann ein Hilbertfilter also nicht realisiert werden. Wird das Filter in Grundform 4 realisiert, so wird die Übertragungsfunktion auch punktsymmetrisch zu $\Omega=\pi$; diese Grundform ist daher für Hilbertfilter ideal geeignet. Grundform 3 ist auch möglich (McClellan und Parks, 1973; Rabiner und Schafer, 1974), liefert aber schlechtere Ergebnisse.

Der Entwurf eines Hilbertfilters ist dem eines linearphasigen Tiefpasses sehr ähnlich.[2] Die Fourierapproximation und die modifizierte Fourierapproximation lassen sich anwenden; außerdem sieht der Algorithmus von Parks und McClellan (siehe Abschnitt 5.6.2) eine Entwurfsmöglichkeit für Hilbertfilter vor.

Verhältnismäßig einfach läßt sich ein Hilbertfilter in zwei Schritten aus einem Halbbandfilter (Tiefpaß oder Hochpaß) entwickeln (Bild 8.8):

1) Der Koeffizient $h_{0H}(0)$ des Halbbandfilters wird zu Null gesetzt. Dies ist gleichbedeutend mit einer Subtraktion des Wertes 1 von der Übertragungsfunktion $H_{0H}(\Omega)$ des Halbbandfilters und zwingt zudem ein Nullstellenpaar in $\Omega=\pm\pi/2$.

2) Durch spektrale Rotation mit $\alpha=\pi/2$ (siehe Abschnitt 8.3) wird die Sprungstelle der Übertragungsfunktion in die Frequenzen $\Omega=0$ und π gedreht. Dies ist gleichbedeutend mit einer Multiplikation der Filterkoeffizienten mit der Folge

$$\exp\left(\frac{jn}{2}\right) = \{\ 1,\ j,\ -1,\ -j,\ \dots\ \}\ . \tag{8.39}$$

Hält das zugrundeliegende Halbbandfilter die Bedingung (7.7) ein, so läßt sich daraus ein Hilbertfilter mit reellwertigen Koeffizienten ableiten. Ein Beispiel ist in Bild 8.8 (rechts) gezeigt.

Da das analytische Signal mit der halben Abtastfrequenz $f_C=f_T/2$ abgetastet werden kann, genügt es, die Hilberttransformierte nur für jeden zweiten Wert, d.h., für $n=2n_C$ (n_C ganzzahlig) zu berechnen. Ebenso kann jeder zweite Wert des ursprünglichen Signals $x(n)$ bei der Bildung des analytischen Signals wegfallen.

8.2.3 Veränderung der Abtastfrequenz beim analytischen Signal. Die Betrachtungen sollen auf den Fall des Halbbandfilters beschränkt bleiben; für andere Filter lassen sie sich in entsprechender Weise anstellen. Aufgrund von (8.35) entstehen unerwünschte spektrale Komponenten durch Aliasverzerrungen beim Hochabtasten eines analytischen Signals um den Faktor 2 nicht im Bereich zwischen $\Omega=\pi/2$ und $\Omega=3\pi/2$,

---

[2] Aus Platzgründen beschränkt sich die Diskussion hier auf den Fall nichtrekursiver Hilbertfilter. Diese sind u.a. bei Herrmann (1969b) sowie bei Rabiner und Schafer (1974) ausführlich diskutiert. Ein Alternativvorschlag (Steffen, 1982a), anwendbar auf finite Signale, sieht ein nichtkausales rekursives Filter vor, das mit der Methode von Czarnach (1983) realisiert wird. Weiterhin existieren Entwurfsverfahren für rekursive Hilbertfilter, deren Phasengang den idealen Phasengang optimal im Tschebyscheff'schen Sinn approximiert (Steffen, 1982b).

sondern zwischen $\Omega=\pi$ und $\Omega=2\pi$. Durch spektrale Rotation um $\Omega_r=-\pi/2$ wird nun der Durchlaßbereich des Halbbandfilters um $90°$ gedreht und erstreckt sich damit von $\Omega=0$ bis $\Omega=\pi$. Sofern Bedingung (7.7) erfüllt ist, folgt daraus für den Real- und Imaginärteil der Koeffizienten $h_{0HC}(n)=h_{0R}(n)+jh_{0I}(n)$ des komplexwertigen Halbbandfilters aus den Koeffizienten $h_{0H}(n)$ des reellwertigen Halbbandfilters:

$$h_{0HR}(n) = \begin{cases} 1 & n = 0 \\ 0 & n \neq 0 \; ; \end{cases}$$

$$jh_{0HI}(n) = \begin{cases} (-1)^{(n+1)/2} \cdot h_{0H}(n) & n \text{ ungerade} \\ 0 & n \text{ gerade} . \end{cases} \qquad (8.40a,b)$$

Das Filter $jh_{0I}(n)$ stellt ein Hilbertfilter dar. Die Interpolatorbedingung (7.7) ist also auch für das komplexwertige Halbbandfilter eingehalten; die Koeffizienten dieses Filters sind bis auf $h_{0HC}(0)$ rein imaginär. Es sei noch darauf hingewiesen, daß beim analytischen Signal wegen (8.35) die z-Ebene entlang der *positiv* reellen Achse aufgeschlitzt ist; damit läuft Ω hier von 0 bis 2π, nicht wie beim reellwertigen Signal von $-\pi$ bis $+\pi$.

Die Rückwandlung des (mit minimaler Abtastfrequenz f_C abgetasteten) analytischen Signals in ein reelles Signal läuft darum wie folgt ab.

1) Bei der Rückwandlung des analytischen Signals $x_C(n_C)$ in das reellwertige Signal $x(n)$ muß die ursprüngliche Abtastfrequenz $f_T=2f_C$ wiederhergestellt werden. Für gerade Werte von n ($n=2n_C$) kann dabei der Realteil von $x_C(n_C)$ unverändert übernommen werden.

2) Für ungeradzahlige Werte von n wird $x(n)$ aus dem Imaginärteil von $x_C(n_C)$ durch Hilberttransformation interpoliert.

8.3 Konsequenz des Modulationssatzes der z-Transformation; spektrale Rotation

8.3.1 Realisierung schmalbandiger Filter mit Hilfe spektraler Rotation. Der Modulationssatz der z-Transformation lautet (siehe Abschnitt 2.1)

$$Z\{b(n) = C^n f(n)\} = F(\tfrac{z}{C}) . \qquad (2.7)$$

Dieser Satz gilt insbesondere auch dann, wenn C komplex ist. Er kann nun dazu benutzt werden, Signale gezielt zu verzerren. Lineare Verzerrungen im weiteren Sinn entstehen, wenn $|C|=1$, C selbst aber komplex ist; für $C=\exp(j\alpha)$ beispielsweise ergibt dies

$$Z\{e^{j\alpha n}f(n)\} = F(\tfrac{z}{e^{j\alpha}}) = F(z \cdot e^{-j\alpha}) , \qquad (8.41)$$

In diesem Fall wird eine *Rotation* in der z-Ebene (*spektrale Rotation*) durchgeführt. Die dabei entstehenden (Modulations-)Verzerrungen sind linear, denn es gilt nach wie vor das Superpositionsprinzip. Der Einheitskreis der z-Ebene wird auf sich selbst abgebildet.

Mit Hilfe der spektralen Rotation lassen sich Hochpässe und schmalbandige Bandpaßfilter aufwandsgünstig realisieren. Der einfachste Fall (vgl. Bild 8.8 Mitte) ist gegeben für den Hochpaß:

$$\alpha = \pi \;, \quad \text{also für} \quad b(n) = (-1)^n x(n) \;. \tag{8.42}$$

$B(z)$ geht aus $X(z)$ durch Drehung der z-Ebene um $180°$ hervor; die Frequenz $\Omega_x = \pi$ wird in $\Omega_b = 0$ verwandelt und umgekehrt. Hiermit kann der Aufwand für Hochpässe und Bandpässe gesenkt werden, sofern deren untere Durchlaßgrenze oberhalb von $\Omega = 3\pi/4$ liegt.

Die spektrale Rotation mit $\alpha = -\Omega_m$ bildet die Bandmittenfrequenz Ω_m eines Bandpasses auf die Frequenz Null ab. Das zugehörige Signal

$$x_K(n) = x(n) \exp(-j\Omega_m n) \tag{8.43}$$

wird in der Regel komplex. Sofern der Frequenzgang bzw. die Wunschfunktion des Bandpasses zur Bandmittenfrequenz Ω_m symmetrisch gemacht werden kann [Amplitudengang: achsensymmetrisch; Phasengang: punktsymmetrisch; dies stimmt *nicht* mit der Definition eines symmetrischen Bandpasses im Sinne von (5.29) oder (5.35) überein], läßt sich die Bandpaßfilterung von $x(n)$ ersetzen durch die Tiefpaßfilterung von $x_K(n)$ mit Hilfe eines Tiefpasses mit reellen Koeffizienten (Bild 8.9). Ist diese Bedingung nicht einzuhalten, so werden die Koeffizienten des Filters komplex. Wie häufig bei digitalen Filtern (vgl. das Beispiel in Abschnitt 7.4.1), kann der Rechenaufwand jedoch durch gezielte Übererfüllung der Anforderungen an das Fil-

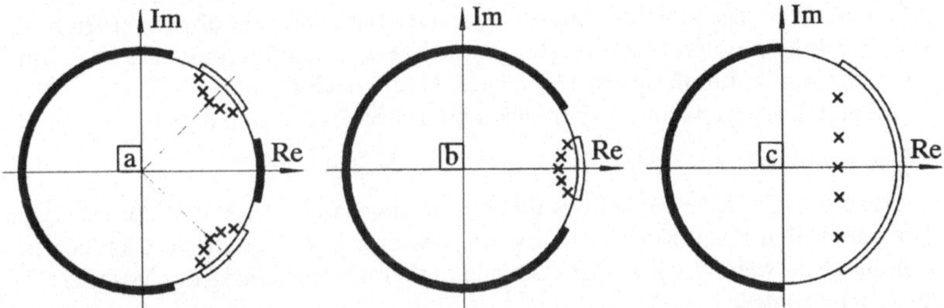

Bild 8.9a-c. Zur Wahl der Abtastfrequenz bei schmalbandigen Bandpässen unter Benutzung komplexer Signale. **(a)** Bandpaß, **(b)** zugehöriger Tiefpaß bei Verwendung eines komplexen Signals, **(c)** Tiefpaß bei komplexem Signal nach weiterer Reduktion der Abtastfrequenz

ter reduziert werden; im vorliegenden Fall beispielsweise wird eine Reduktion des Rechenaufwandes auf die Hälfte dadurch ermöglicht, daß durch Übererfüllung der Spezifikationen ein Filter mit reellen (anstelle von komplexen) Koeffizienten eingesetzt wird.

Die Rückwandlung des Ausgangssignals $y_K(n)$ des Tiefpasses erfolgt zunächst durch spektrale Rotation um Ω_m :

$$y(n) = y_K(n)\,\exp(j\Omega_m n)\;. \tag{8.44}$$

Das komplexe Signal $y(n)$ enthält nur Spektralanteile im Durchlaßbereich des Bandpasses um $\Omega = +\Omega_m$; insbesondere enthält es keine Anteile um $\Omega = -\Omega_m$. Somit ist $y(n)$ das zu dem gewünschten Ausgangssignal $y(n)$ gehörige analytische Signal $y_C(n)$, aus dem $y(n)$ in bekannter Weise gewonnen werden kann.

Durch Kombination von spektraler Rotation und einem Filter mit komplexen Koeffizienten unter Veränderung der Abtastfrequenz lassen sich schmalbandige Bandpaßfilter mit verringertem Aufwand realisieren. Denkbar ist hier folgende Anordnung.

1) Das Bandpaßfilter habe die Durchlaß- und Sperrgrenzen $\Omega_{D+}, \Omega_{D-}, \Omega_{S+}$ und Ω_{S-}. Die Bandmittenfrequenz kann damit festgelegt werden zu

$$\Omega_m = \frac{\Omega_{D+} + \Omega_{D-}}{2}\;. \tag{8.45}$$

2) Die Abtastfrequenz des Eingangssignals $x(n)$ wird durch (in Reihe geschaltete) Halbbandfilter so lange erniedrigt, daß die obere Sperrgrenze Ω_{S+} des Bandpasses, bezogen auf die jeweilige Abtastfrequenz, gerade noch kleiner als π bleibt.

3) Das Signal $x(n)$ wird multipliziert mit

$$c(n) = \exp\left(-j\Omega_m n\right)\;;$$

hierbei entstehe das komplexe Signal $x_K(n)$. Der Bandpaß geht über in einen komplexen Tiefpaß mit den Durchlaßgrenzen $\pm\Omega_{DT}$ und den Sperrgrenzen Ω_{ST+} und Ω_{ST-}; die Bandmittenfrequenz Ω_m verschiebt sich nach $\Omega = 0$.

4) Durch Festlegen einer einheitlichen Sperrgrenze und -dämpfung

$$\Omega_{ST} = \min\left(\Omega_{ST+},\ -\Omega_{ST-}\right)\;;\quad \delta_S = \min\left(\delta_{S+},\ \delta_{S-}\right)$$

werden die Anforderungen an das Filter zwar übererfüllt; das Filter läßt sich dann aber mit reellen Koeffizienten realisieren. Dieser Schritt ist selbstverständlich nur dann möglich, wenn die jeweilige Anwendung die Übererfüllung der Vorgaben für das Filter gestattet.

5) Durch erneuten Einsatz von (reellen) Halbbandfiltern wird die Abtastfrequenz von $x_K(n)$ so lange erniedrigt, daß Ω_{ST} gerade noch kleiner als π bleibt.

6) Mit der in 5) gewonnenen niedrigstmöglichen Abtastfrequenz wird nun das Signal gefiltert. Es entsteht das Signal $y_K(n)$.

7) Durch Umkehrung der Schritte 5) und 3) wird das analytische Signal $y_C(n)$ gewonnen. Da hier $\Omega_{S+} < \pi$ ist, gilt unmittelbar

$$y(n) = \text{Re } y_C(n) \ . \tag{8.46}$$

Falls notwendig, kann durch Umkehrung von Schritt 2 die Abtastfrequenz auf den ursprünglichen Wert erhöht werden.

8.3.2 Aufwandsgünstige Filterbänke mit Polyphasennetzwerken (Heute und Vary, 1980; Vary und Heute, 1981; Vaidyanathan, 1990, 1993). Als einfachstes Beispiel sei entsprechend (7.27) gegeben ein Filterpaar mit den (reellen) Übertragungsfunktionen

$$H_0(z) \quad \text{sowie} \quad H_1(z) = H_0(-z) \ ; \tag{8.47}$$

dieses Filter sei in einer Polyphasenstruktur mit $q=2$ realisiert, so daß wir erhalten

$$H_0(z) = H_{0S0}(z^2) + z^{-1} H_{0S1}(z^2) \ ; \tag{8.48}$$

hieraus ergibt sich sofort

$$H_1(z) = H_{0S0}(z^2) - z^{-1} H_{0S1}(z^2) \ ; \tag{8.49}$$

Wir erhalten hier also zwei Filter mit ungefähr dem gleichen Aufwand, wie er für eines der beiden Filter allein notwendig ist. Aus (8.47) folgt für den Frequenzgang der beiden Filter (unter der Bedingung, daß die Filterkoeffizienten reell sind)

$$H_0(\Omega) = H_1(\pi+\Omega) = H_1(\pi-\Omega) \ ; \tag{8.50}$$

Hiermit lassen sich beispielsweise zwei Bandpässe mit den Bandmittenfrequenzen Ω_0 und $(\pi-\Omega_0)$ oder eine Tiefpaß-Hochpaß-Kombination realisieren. Allerdings stellt diese Kombination in der Regel keine Filterweiche oder gar eine allpaß- oder leistungskomplementäre Brückenschaltung dar, auch wenn die beiden Realisierungen durchaus Ähnlichkeiten miteinander aufweisen.

Ist $H_0(\Omega)$ auf Frequenzen $0<\Omega<\pi/2$ bandbegrenzt, so kann das zugehörige Ausgangssignal $y_0(n)$ mit der halben Abtastfrequenz $f_T/2$ abgetastet werden. Die Übertragungsfunktion $H_1(\Omega)$ ist damit auf das Frequenzband (in realen Frequenzen) $f_T/4<f<f_T/2$, also auf $\pi/2<\Omega<\pi$ bandbegrenzt. Auch hier genügt das zugehörige Ausgangssignal $y_1(n)$ dem Abtasttheorem, wenn es mit $f_T/2$ abgetastet ist; es belegt dann allerdings ebenso wie $y_0(n)$ ein Frequenzband $0 \le f < f_T/4$ und muß ggf. wieder in den ursprünglichen Frequenzbereich verschoben werden. Unter dieser Prämisse erhalten wir zwei Filter für den halben Rechenaufwand, der für eines der beiden Filter unter Beibehaltung der ursprünglichen Abtastfrequenz notwendig gewesen wäre (Bild 8.10). Herunterabtasten der beiden Ausgangssignale y_0 und y_1 ist jedoch nur dann möglich, wenn die Frequenzbänder, die die beiden Ausgangssignale belegen, strikt getrennt sind. Ist dies nicht erfüllt, so entstehen bei der Erniedrigung der Abtastfrequenz in den beiden Kanälen irreversible Aliasverzerrungen.

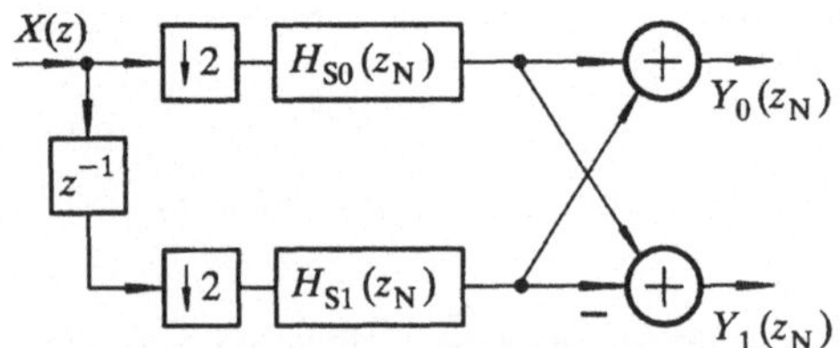

Bild 8.10. Filterbank entsprechend (8.47) in Polyphasenstruktur ($q=2$) mit Erniedrigung der Abtastfrequenz in den beiden Kanälen. Die Struktur am Ausgang stellt eine inverse diskrete Fouriertransformation für $N=2$ dar

Das Prinzip läßt sich erweitern. Mit $q>2$ und einer Polyphasenzerlegung nach (7.28) ist der Aufbau einer Filterbank möglich, wenn die Übertragungsfunktionen der einzelnen Kanäle die Beziehung

$$H_\ell(z) = H_0\left(z \cdot \exp\frac{-2\pi j\ell}{q}\right) \tag{8.51}$$

erfüllen; damit geht $H_\ell(z)$ aus $H_0(z)$ durch spektrale Rotation um den Winkel

$$a_\ell = 2\pi\ell \ / \ q \tag{8.52}$$

hervor. In der Polyphasendarstellung nach (7.28) erhalten wir

$$H_\ell(z) = \sum_{m=0}^{q-1} H_{Sm}\left(z^q \exp\frac{-2\pi j\ell q}{q}\right) \cdot z^{-m} \exp\frac{2\pi j\ell m}{q}$$

$$= \sum_{m=0}^{q-1} \left[z^{-m} H_{Sm}(z^q)\right] \cdot \exp\frac{2\pi j\ell m}{q} = \mathrm{IDFT}_q\left\{z^{-m} H_{Sm}(z^q)\right\} . \tag{8.53}$$

Die ausgangsseitige Verknüpfung der Polyphasenzweige ist mit der inversen diskreten Fouriertransformation (IDFT) identisch. Wir erhalten also sämtliche Kanäle der Filterbank, indem wir das Eingangssignal über das in Polyphasenstruktur mit q Zweigen realisierte Filter schicken und am Ausgang die einzelnen Kanalsignale mit Hilfe der IDFT zusammenfügen (Bild 8.11). Der Zusatzaufwand für die Berechnung aller Kanäle beträgt also genau eine IDFT pro Abtastwert des Gesamt-Ausgangssignals. Ist q eine ganzzahlige Potenz von 2 (oder eine andere faktorisierbare Zahl), so kann eine schnelle Fouriertransformation angesetzt werden.

Sind die einzelnen Kanalübertragungsfunktionen wiederum auf ein Frequenzband f_T/q bandbegrenzt, so kann die Abtastfrequenz der Ausgangssignale auf den Wert f_T/q erniedrigt werden; hiermit läßt sich die ganze Filterbank mit einem Anteil von $1/q$ des Rechenaufwandes realisieren, der für eines der Teilfilter unter Beibehaltung der ursprünglichen Abtastfrequenz notwendig wäre. Hinzu kommt allerdings der Aufwand, der für die Durchführung der spektralen Rotation, also der Multiplikation entsprechend (8.52) anfällt; dieser wird in der Polyphasendarstellung von der

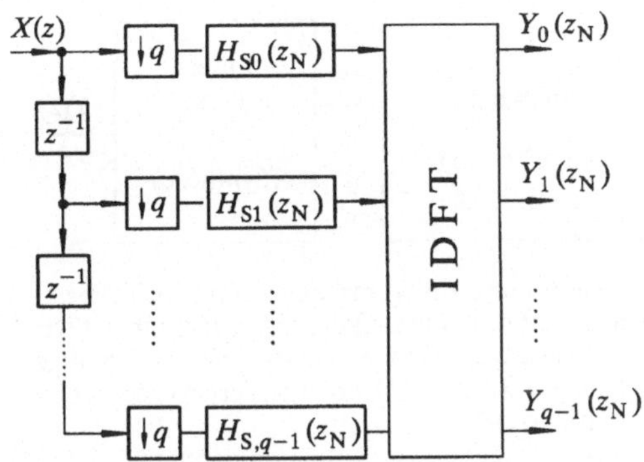

Bild 8.11. Polyphasen-Filterbank für q gleich breite Kanäle im Frequenzbereich $0 \leq f \leq f_T$. Die Erniedrigung der Abtastrate ist nur dann möglich, wenn die Übertragungsfunktionen der einzelnen Kanalfilter auf Frequenzbänder der Breite f_T/q begrenzt sind. [Es gilt $z_N = z^q$]

ausgangsseitigen IDFT übernommen. Die einzelnen Kanalübertragungsfunktionen können reelle oder komplexe Ausgangssignale ergeben. Sind die Signale komplex, so erhalten wir insgesamt q Kanäle im Frequenzband zwischen 0 und f_T; sind sie reell, so erhalten wir $q/2+1$ Kanäle im Frequenzband zwischen 0 und $f_T/2$; die Kanäle $\ell=0$ und – sofern q gerade ist – $\ell=q/2$, die von Haus aus reell sind, bleiben für sich; alle übrigen Kanäle werden paarweise so zusammengefaßt, daß für jedes Paar

$$\ell_1 + \ell_2 = q$$

gilt. Bild 8.11 zeigt die Blockstruktur des Filters, Bild 8.12 Frequenzgang und Bereichslage der Kanäle in Ω schematisch für $q=8$, komplexe Ausgangssignale und ein Filter H_0 mit Tiefpaßcharakter.

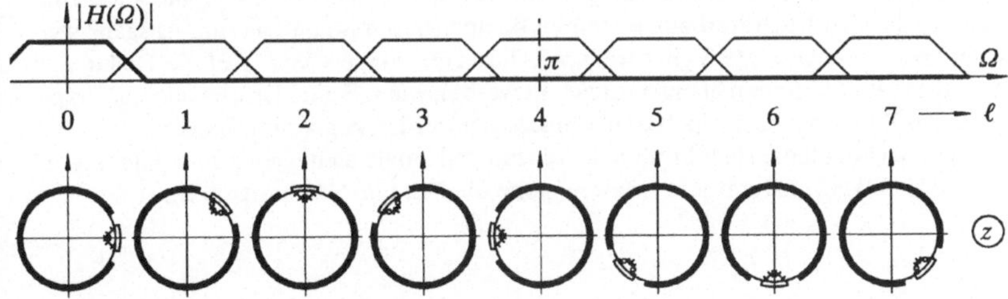

Bild 8.12. Schematische Darstellung der Durchlaßbereiche einer Filterbank mit $q=8$ Kanälen und komplexen Ausgangssignalen. Das ursprüngliche Filter (dick eingezeichnet; $\ell=0$) hat Tiefpaßcharakter

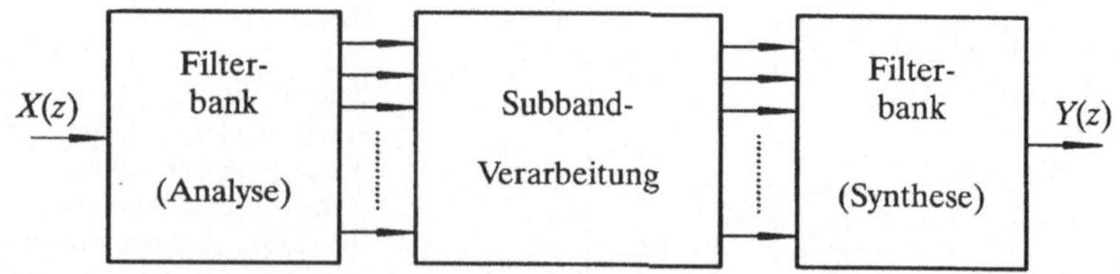

Bild 8.13. Blockdiagramm einer Anordnung zur Verarbeitung eines Eingangssignals $x(n)$ in Teilbändern (Subbändern). Die beiden Filterbänke zur Analyse (Zerlegung) und Synthese (Wiederzusammensetzen) können so aufeinander abgestimmt werden, daß Aliasverzerrungen weitgehend kompensiert werden (Crochiere und Rabiner, 1983; Vaidyanathan, 1990)

Bei der Erniedrigung der Abtastfrequenz in den einzelnen Kanälen auf den Wert f_T/q spielen Aliasverzerrungen eine erhebliche Rolle. Auch wenn in der Implementierung die Abtastfrequenz in den einzelnen Kanälen erniedrigt ist, muß das Gesamtfilter in jedem Kanal die volle Selektivität über das gesamte ursprüngliche Frequenzband besitzen. Eine häufige Anwendung von Polyphasenfiltern ist die Spektralanalyse (Vaidyanathan, 1990); hier ist i.a. die Einhüllende des Ausgangssignals in den einzelnen Kanälen von Interesse, und es ist nicht notwendig, daraus ein Gesamtsignal zu rekonstruieren; damit kann ein gewisser Betrag von Aliasverzerrungen in Kauf genommen werden. Ist es dagegen notwendig, das durch die Filterbank in Subbänder zerlegte Signal zu verarbeiten und nachher mit einer entsprechenden Synthese-Filterbank (siehe die schematische Darstellung in Bild 8.13) wieder zusammenzusetzen, so müssen Aliasverzerrungen unbedingt vermieden werden. Bei besonderer gegenseitiger Abstimmung von Analyse- und Synthesefilterbank ist es möglich, die bei der Zerlegung des Eingangssignals in Subbänder entstehenden Aliasverzerrungen in der Synthesefilterbank restlos zu kompensieren, so daß das am Ausgang wieder zusammengesetzte Signal frei von Aliasverzerrungen wird. Auf die Diskussion muß aus Platzgründen ebenso verzichtet werden wie auf eine Erörterung der Frage, wie das Polyphasenprinzip dazu herangezogen werden kann, Filterbänke zu konstruieren, bei denen die Bandbreiten der einzelnen Kanäle nicht gleich sind. Hier sei auf die einschlägige Literatur verwiesen (siehe die Liste in Abschnitt 7.3.2).

9. Wellendigitalfilter

Im Unterschied zu den bisher behandelten digitalen Filtern gehen Wellendigitalfilter (WDF) nicht von einer Übertragungsfunktion aus, sondern von einer realisierten elektrischen *Filterschaltung* (*Referenzfilter*). Hierbei werden die Schaltelemente (analoger) linearer passiver Netzwerke, insbesondere Reaktanzfilter, einzeln durch digitale Netzwerke simuliert.

Das Konzept der Wellendigitalfilter wurde von Fettweis (1971a) entwickelt. Begründet wurde die Notwendigkeit dieser Filter vornehmlich damit, daß bei den digitalen Filtern in den (damals) üblichen Strukturen das Skalierungsproblem (Koeffizientenwortlänge usw.; siehe Abschnitt 4.1) als ungelöst im Raum stand. In analogen Systemen existiert zwar in Form der Bauelementetoleranzen ein ähnlich gelagertes Problem; realisierte Reaktanzfilter sind jedoch − wenn die Synthese gut ist − in dieser Richtung optimiert, und mit dem Konzept der Wellendigitalfilter gelingt es, diese günstigen Eigenschaften in den digitalen Bereich zu übernehmen (Fettweis, 1971a).

Über Wellendigitalfilter existiert eine reichhaltige, wenn auch sehr weit gestreute Literatur. Eine zusammenhängende Darstellung des gesamten Gebiets − einschließlich einer ausführlichen Bibliographie − liegt seit 1986 vor (Fettweis, 1986b); in diesem Kapitel werden wir der Darstellung in (Fettweis, 1986b) weitgehend folgen. In Abschnitt 9.1 wird das Prinzip der Wellendigitalfilter erklärt. Abschnitt 9.2 stellt die wesentlichen Bauelemente vor; Abschnitt 9.3 beschäftigt sich mit dem Zusammenschalten der Bauelemente und den dazu notwendigen Adaptoren, während Abschnitt 9.4 Grundregeln für Aufbau und Struktur von Wellendigitalfiltern sowie ein praktisches Beispiel behandelt. Abschnitt 9.5 schließlich präsentiert die Brückenwellendigitalfilter, eine Filterstruktur auf der Grundlage analoger Brückenschaltungen.

Eine ausführliche Diskussion der Theorie der Wellendigitalfilter würde den Rahmen dieses Buches sprengen. Die Darstellung in diesem Kapitel kann und will nur eine erste Einführung sein; sie beabsichtigt jedoch, möglichst viele Bezugspunkte zwischen den Wellendigitalfiltern und "gewöhnlichen" Digitalfiltern aufzuzeigen.

9.1 Grundsätzlicher Aufbau eines Wellendigitalfilters

Ausgangspunkt von Wellendigitalfiltern ist das beidseitig beschaltete analoge Filter nach Bild 9.1a. Es stellt das *Referenzfilter* für das hieraus zu entwickelnde Wellendigi-

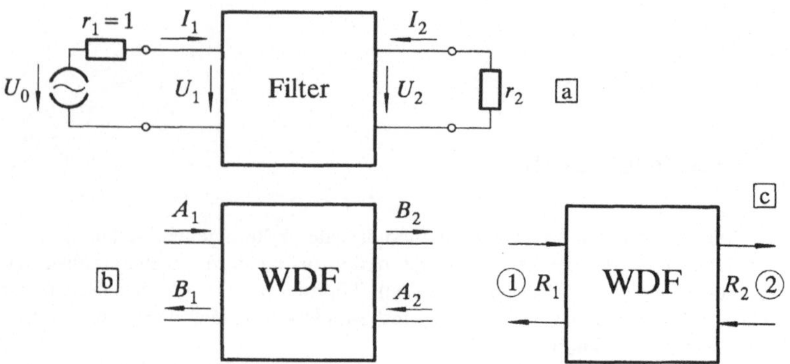

Bild 9.1a-c. (a) Betriebsanordnung für ein beidseitig beschaltetes Filter (nach Saal und Entenmann, [3]1993); (b) symbolische Darstellung eines Wellendigitalfilters mit den ein- und auslaufenden Wellen; (c) symbolische Darstellung als Mehrtorschaltung mit den einzelnen Torwiderständen

talfilter dar. Für die WDF-Darstellung verwenden wir jedoch nicht Spannungen und Ströme, sondern ein- und auslaufende *Spannungswellen*[1] (Bild 9.1b,c):

$$a_k(n) = u_k(n) + R_k\, i_k(n) \ ,$$
$$b_k(n) = u_k(n) - R_k\, i_k(n) \ ; \quad k = 1,\ 2 \ . \tag{9.1a,b}$$

Aus (9.1) erhalten wir die Klemmengrößen

$$u_k(n) = \frac{a_k(n) + b_k(n)}{2} \ , \quad i_k(n) = \frac{a_k(n) - b_k(n)}{2R_k} \ ; \quad k = 1,\ 2 \ . \tag{9.2a,b}$$

Diese Darstellung soll gleichermaßen für Augenblicksgrößen $[a, b, u, i]$ wie auch für Effektivwerte bzw. im Frequenzbereich $[A, B, U, I]$ gelten,

$$A_k = U_k + R_k I_k \ , \qquad B_k = U_k - R_k I_k \ ;$$
$$U_k = \frac{A_k + B_k}{2} \ , \qquad I_k = \frac{A_k - B_k}{2R_k} \ ; \quad k = 1,\ 2 \ . \tag{9.3a-d}$$

R_k ist der dem jeweiligen Tor zugeordnete Bezugswiderstand (*Torwiderstand*). Im Verlauf der weiteren Diskussion erfolgt die Darstellung – wie schon in den früheren

---

[1] Die Definition der WDF-Darstellung kann auch auf Strom- oder Leistungswellen basieren. Strom- und Spannungswellen führen zu identischen Filtern (Fettweis, 1986b, 1988). Leistungswellendigitalfilter, die hiervon etwas abweichen, sind in der Darstellung und in ihrer Anwendbarkeit weniger flexibel (Fettweis, 1988). Aus Platzgründen bleiben sie hier unbehandelt.

Kapiteln – ausschließlich im Frequenzbereich bzw. der z-Ebene. Definiert wird das Filter in der (pseudo-)analogen w-Ebene, die aus Abschnitt 5.1 bereits bekannt ist. Die Verbindung zur z-Ebene erfolgt über die *Bilineartransformation*,

$$z = -\frac{w+1}{w-1}\;;\quad w = u + jv = \frac{z-1}{z+1}\,. \tag{5.13}$$

Durch die Verwendung der Bilineartransformation ist es nicht möglich, die Frequenzen der w-Ebene linear auf die Frequenzen der z-Ebene abzubilden. Diese an anderer Stelle (Abschnitt 5.1.3) bereits erwähnte prinzipielle Schwierigkeit besteht auch für Wellendigitalfilter.

Beim Aufbau eines Wellendigitalfilters muß jedes Schaltelement der zu modellierenden analogen Schaltung einzeln in die WDF-Darstellung übertragen werden. Wichtigstes Prinzip hierbei ist die Trennung des *Maßes einer Impedanz* einerseits vom *Frequenzverhalten* andererseits. Die Schaltelemente – sofern es sich im analogen Bereich um Eintore handelt – werden als *WDF-Eintore* (Zweipole) dargestellt, wobei die WDF-Struktur des Eintors nur das Frequenzverhalten des jeweiligen Schaltelements nachbildet. Zahlenwerte von Impedanzen werden ausschließlich bei einer normierten festen Frequenz (üblich ist hier die normierte Kreisfrequenz des Wertes Eins in der w-Ebene, die in analogen Systemen auch als Eckfrequenz für den normierten Tiefpaß herangezogen wird) angegeben, die für die gesamte Filterbeschreibung gilt. Sie gehen in Form der *Torwiderstände* in das Filter ein.

Die Art und Weise, in der die einzelnen Schaltelemente zu einem elektrischen Netzwerk zusammengeschaltet sind, wird im Wellendigitalfilter nachgebildet durch die zwischengeschalteten *Adaptoren*. Diese haben außerdem die Aufgabe, die Torwiderstände so aneinander anzupassen, daß die Bauelemente zusammengeschaltet werden können. Die Schaltelemente, Quellen und Adaptoren bilden die Bausteine des Wellendigitalfilters. Der Zusammenbau erfolgt dann nach den folgenden, hier vorweggenommenen Regeln (Bild 9.2; Abschnitt 9.4.1):

- Jedes Tor eines Bausteins kann nur mit genau einem Tor eines anderen Bausteins verbunden werden. Der Torwiderstand muß an beiden Toren gleich sein.
- Die Tore müssen so zusammengeschaltet werden, daß die Wellen von einem Tor zum anderen fließen, d.h., der Eingang (mit der einlaufenden Welle) des einen Tores muß stets mit dem Ausgang (auslaufende Welle) des anderen Tores verbunden werden und umgekehrt.

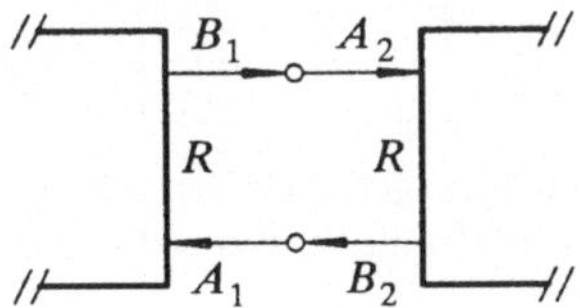

Bild 9.2. Zusammenschaltung von Wellendigitalfilterbausteinen

Die in Abschnitt 2.6 angegebene Beschreibungsmethode mit Hilfe von Signalfluß-
graph und -matrix läßt sich prinzipiell auch auf Wellendigitalfilter anwenden, ist je-
doch kaum praktikabel, da Wellendigitalfilter eine stark vermaschte Struktur mit
sehr vielen Knoten besitzen. Jedoch läßt sich hier bausteinweise eine der analogen
Netzwerktheorie entsprechende Matrixdarstellung angeben, aus der die Übertra-
gungsfunktion des Filters gewonnen werden kann.

9.2 Bauelemente von Wellendigitalfiltern

9.2.1 Elementare Eintorschaltungen (Zweipole) (Fettweis, 1971a; Bild 9.3)

Induktivität. Mit der bekannten Beziehung $U(w)=wLI(w)$ ergibt sich unter Ver-
wendung der Bilineartransformation (5.13)

$$U(z) = LI(z) \cdot \frac{z - 1}{z + 1} \ . \tag{9.4}$$

und hieraus umgeformt

$$z \cdot [U(z) - LI(z)] = - [U(z) + LI(z)] \ . \tag{9.5}$$

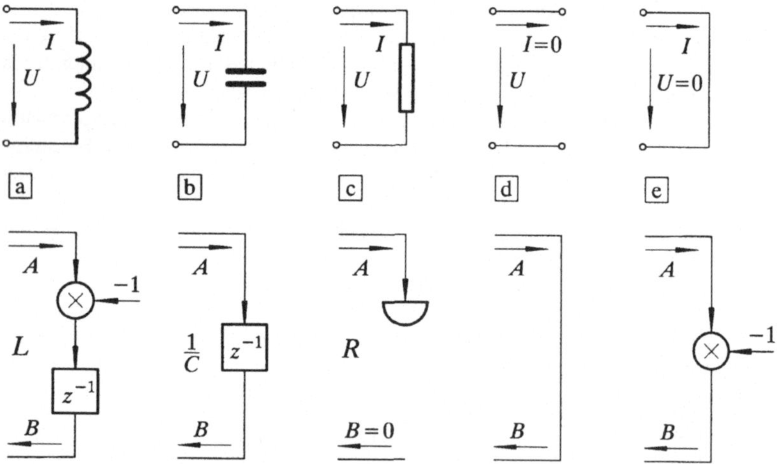

Bild 9.3a-e. Elementare Eintorschaltungen (oben) und die zugehörige Darstellung
als Bausteine von Wellendigitalfiltern (unten). (**a**) Induktivität; (**b**) Kapazität; (**c**)
Ohm'scher Widerstand; (**d**) Leerlauf; (**e**) Kurzschluß

Wird der Bezugswiderstand R des Eintors bei der Kreisfrequenz Eins gerade zu L angenommen, so folgt daraus

$$z \cdot B_L(z) = -A_L(z) \quad \text{oder} \quad B_L(z) = -z^{-1} \cdot A_L(z) \ . \tag{9.6}$$

Eine beliebige Spule kann also dargestellt werden durch ein Verzögerungsglied (1 Abtastwert) sowie eine Vorzeichenumkehr (Bild 9.3a). Die Induktivität L der Spule geht in den Torwiderstand des zugehörigen WDF-Bausteins ein.

Kapazität. Hier ist

$$U(w) = \frac{I(w)}{wC} \ ,$$

und wir erhalten in gleicher Weise (Bild 9.3b) mit dem Torwiderstand $R=1/C$

$$B_C(z) = z^{-1} \cdot A_C(z) \ . \tag{9.7}$$

Ohmscher Widerstand. Hier ist $U(w)=RI(w)$; diese Beziehung gilt unverändert auch in der z-Ebene, so daß sich ergibt

$$A_R(z) = U(z) + RI(z) = 2U(z) \quad \text{sowie} \quad B_R(z) = U(z) - RI(z) = 0 \ . \tag{9.8}$$

Der Ohmsche Widerstand stellt also eine Senke für die Spannungswelle dar (Bild 9.3c). Der Torwiderstand wird gleich R.

Spannungsquelle (mit Innenwiderstand). Hier gilt (Polung beachten!)

$$U(w) = U_0(w) + RI(w)$$

gleichermaßen in der w-Ebene und der z-Ebene; dies ergibt

$$B_R(z) = U_0(z) \ . \tag{9.9}$$

B_R wird unabhängig von A_R. Der Torwiderstand ist wieder gleich R.

Leerlauf und Kurzschluß. Bei Leerlauf ist $I(w)=0$ und demzufolge

$$B_0(z) = A_0(z) \ . \tag{9.10}$$

Bei Kurzschluß ergibt sich mit $U(w)=0$ entsprechend

$$B_K(z) = -A_K(z) \ . \tag{9.11}$$

Die Gleichungen (9.10-9.11) gelten für jeden Torwiderstand R.

Die behandelten elementaren Eintore weisen keine Addierer oder Multiplizierer auf; ist die Impedanz des analogen Eintors frequenzabhängig, so enthält der zugehörige WDF-Baustein ein Verzögerungsglied.

9.2.2 Elementare Zweitorschaltungen (Vierpole)

Idealer Übertrager (Bild 9.4). Bei gegebener Windungszahl W gilt

$$U_1 = WU_2 \ ; \quad I_2 = -WI_1 \ ; \quad R_1 = W^2 R_2 \ . \tag{9.12a-c}$$

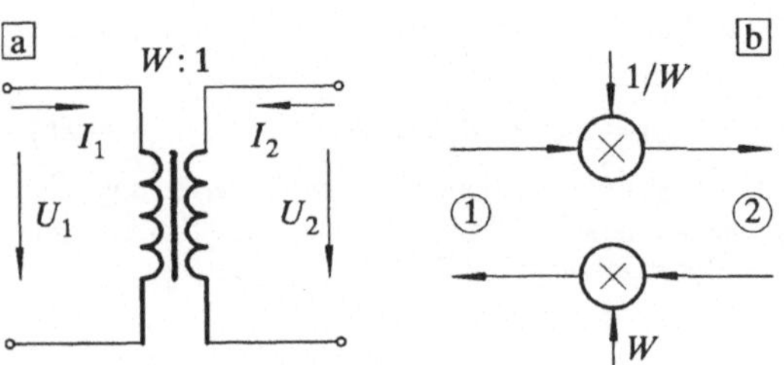

Bild 9.4a,b. Idealer Übertrager: Prinzipschaltbild (**a**) und Realisierung als WDF-Baustein (**b**)

Mit (9.2) ergibt sich

$$A_1 + B_1 = W(A_2 + B_2) ; \quad A_1 - B_1 = -W(A_2 - B_2) ; \qquad (9.13a,b)$$

hieraus folgt

$$B_2 = \frac{A_1}{W} ; \quad B_1 = WA_2 . \qquad (9.14a,b)$$

Im Unterschied zu analogen Systemen ist der ideale Übertrager bei Wellendigitalfiltern sehr leicht zu realisieren. Er dient zur Skalierung und zur Anpassung des Impedanzniveaus. Er arbeitet (bei einer Hardwarerealisierung z.B. mit einem Signalprozessor) arithmetisch praktisch "kostenfrei", wenn $W = 2^k$ gewählt wird (k ganzzahlig positiv oder negativ), da dann statt der Multiplikation eine Verschiebeoperation um k bit ausreicht. Die Torwiderstände ergeben sich gemäß (9.12c) zu R_1 bzw. R_2; hierbei liegt allerdings über (9.12c) nur das Verhältnis der Torwiderstände fest, nicht jedoch ihr genauer Wert.

Gyrator (Umsetzer Spannung-Strom; Bild 9.5). Der Gyrator ist definiert durch

$$U_1 = RI_2 ; \quad U_2 = -RI_1 . \qquad (9.15a,b)$$

Damit erhalten wir

$$A_1 = R(I_2 + I_1) , \quad B_1 = R(I_2 - I_1) ,$$
$$A_2 = R(I_2 - I_1) , \quad B_2 = R(-I_1 - I_2) \qquad (9.16a\text{-}d)$$

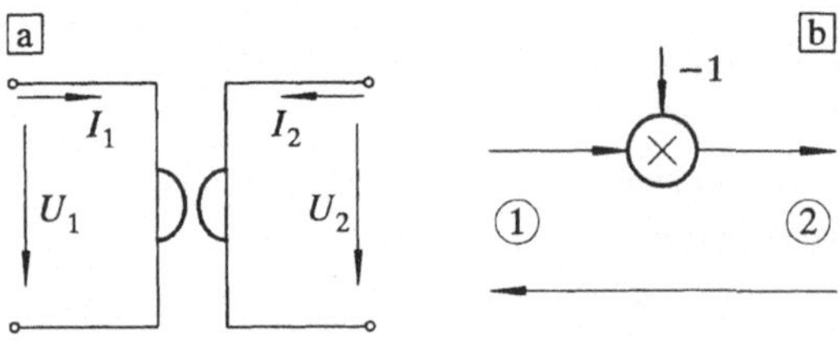

Bild 9.5a,b. Gyrator: Prinzipschaltbild (**a**) und Realisierung als Wellendigitalfilterbaustein (**b**)

und daraus

$$B_1 = A_2 \; ; \quad B_2 = -A_1 \; . \tag{9.17a,b}$$

Der Torwiderstand ergibt sich gleich dem Gyratorwiderstand R. In der WDF-Darstellung liegt dieser zahlenmäßig nicht fest, muß jedoch stets an beiden Toren gleich sein.

Elementarleitung (Einheitsleitung; unit element, Bild 9.6). Dieses im analogen Bereich vor allem in der Mikrowellentechnik gebräuchliche Bauelement läßt sich bei Wellendigitalfiltern universell einsetzen, da die im Analogen bestehenden Realisierungsbedingungen, die dort die Anwendung auf höhere Frequenzen beschränken, im Digitalen nicht existieren. Die analoge Elementarleitung besteht aus einem homogenen, verlustfreien Leitungsstück mit der Laufzeit $T/2$ (wobei T gleich dem Abtastintervall des digitalen Signals ist) und dem Wellenwiderstand R_W; sie wird beschrieben durch die Zweitorgleichungen (Schüßler, [3]1991b:374; Fettweis, 1971a; Kittel, 1972)

$$U_1 = U_2 \cosh \frac{sT}{2} - R_W I_2 \sinh \frac{sT}{2} \; ;$$

$$I_1 = \frac{U_2}{R_W} \sinh \frac{sT}{2} - I_2 \cosh \frac{sT}{2} \; . \tag{9.18}$$

Mit (9.3) erhalten wir nach kurzer Umrechnung

$$B_2 = A_1 \exp \frac{-sT}{2} \; ; \quad B_1 = A_2 \exp \frac{-sT}{2} \; . \tag{9.19}$$

Die Umsetzung in die WDF-Darstellung erfolgt direkt durch Übergang aus s in die z-Ebene mit (2.50):

$$B_2 = A_1 z^{-1/2} \; ; \quad B_1 = A_2 z^{-1/2} \; . \tag{9.20a,b}$$

Der Torwiderstand wird an beiden Toren gleich dem Wellenwiderstand R_W des analogen Referenzelements; er liegt auch in der WDF-Darstellung zahlenmäßig fest.

Wegen ihrer einfachen Struktur ist die Elementarleitung für den Bau von Wellendigitalfiltern besonders geeignet. Neben den bereits erwähnten Filtern aus der Mikrowellentechnik läßt sie sich auch dann einsetzen, wenn ein LC-Filter in Abzweig- oder Brückenschaltung als Referenzfilter dient (siehe Abschnitt 9.4.3).

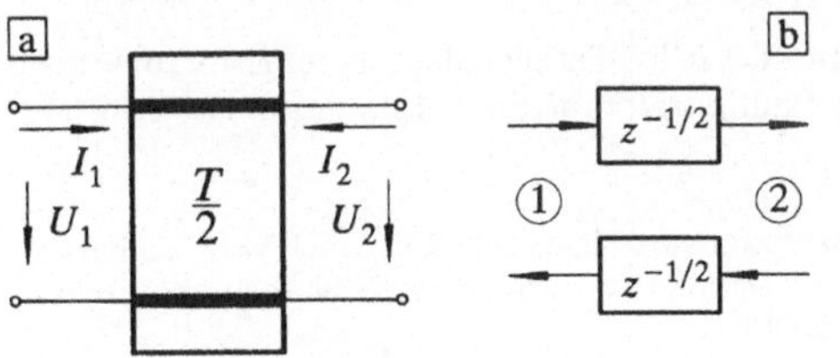

Bild 9.6a,b. Einheitsleitung **(a)** und zugehöriger WDF-Baustein **(b)**

9.3 Adaptoren (Fettweis und Meerkötter, 1975b)

Beim Zusammenschalten von Eintoren (Zweipolen) und Zweitoren (Vierpolen) werden *Adaptoren* verwendet. Die Funktion dieser Adaptoren ist die folgende: 1) Berücksichtigung der Art der Zusammenschaltung (Parallel, Serie); 2) Anpassung der Bezugswiderstände der zusammenzuschaltenden Bausteine.

Tore dürfen nur dann miteinander verbunden werden, wenn die Bezugswiderstände gleich sind. Zur Eingliederung eines Eintors in eine bestehende Filterschaltung (Zweitor!) ist damit generell ein Dreitoradaptor notwendig.[2]

9.3.1 Mehrtorparalleladaptor. Um ein Eintorelement parallel in eine Zweitorschaltung eingliedern zu können, muß ein Dreitorparalleladaptor angewendet werden (Bild 9.7). Im Prinzip kann der Adaptor auch eine von 3 abweichende Zahl von Toren enthalten (mindestens jedoch 2). Enthält er mehr als 2 Tore, so spricht man von einem Mehrtorparalleladaptor. Aus den Kirchhoffschen Regeln folgt allgemein für K Tore:

$$U_1 = U_2 = \dots = U_K \quad \text{sowie} \quad I_1 + I_2 + \dots + I_K = 0 \ . \tag{9.21}$$

Hieraus ergibt sich

$$B_k = A - A_k \ , \quad k = 1\,(1)\,K \quad \text{mit} \quad A = \sum_{i=1}^{K} c_i A_i \tag{9.22a,b}$$

sowie den Koeffizienten

$$c_k = \frac{2 G_k}{\displaystyle\sum_{i=1}^{K} G_i} \ ; \quad G_k = \frac{1}{R_k} \ , \quad k = 1\,(1)\,K \ . \tag{9.22c,d}$$

In einer der Streumatrix bei analogen Leitungsnetzwerken (siehe z.B. Schüßler, [3]1991b:369) entsprechenden Darstellung läßt sich dies auch in Matrizenform schreiben (hier für $K=3$):

$$\begin{bmatrix} B_1 \\ B_2 \\ B_3 \end{bmatrix} = \begin{bmatrix} c_1-1 & c_2 & c_3 \\ c_1 & c_2-1 & c_3 \\ c_1 & c_2 & c_3-1 \end{bmatrix} \cdot \begin{bmatrix} A_1 \\ A_2 \\ A_3 \end{bmatrix} \ . \tag{9.23}$$

Bild 9.8 zeigt die allgemeine Struktur des K-Tor-Paralleladaptors für $K=3$. Im Prinzip werden für einen K-Tor-Adaptor K Multiplizierer benötigt. Einer davon ist jedoch redundant, da

---

[2] Die Symboldarstellung der Adaptoren wurde in den verschiedenen Veröffentlichungen von Fettweis mehrmals geändert. Die hier verwendete Symbolik folgt im wesentlichen der Darstellung in (Fettweis, 1986b).

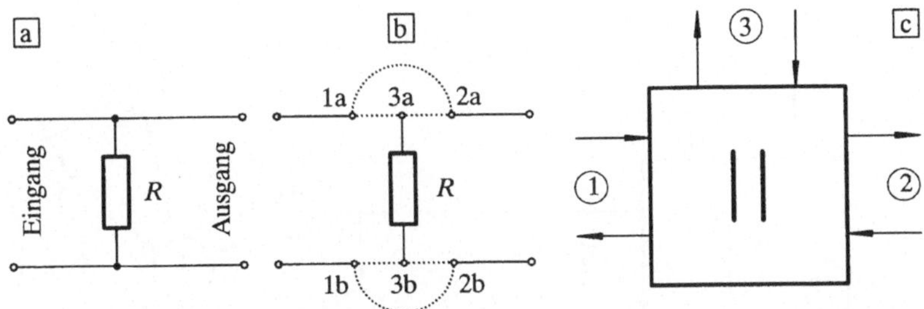

Bild 9.7a-c. Parallelschaltung eines Eintorelements. **(a)** Ursprüngliche Schaltung; **(b)** Verdeutlichung der Notwendigkeit eines Dreitoradaptors; **(c)** zugehöriges WDF-Schaubild (siehe auch Fußnote 2)

$$\sum_{i=1}^{K} c_k = 2 \tag{9.24}$$

ist. In diesem Fall wird ein Tor (beispielsweise das Tor K) von den anderen Toren *abhängig*, und wir erhalten

$$A = 2A_K - \sum_{k=1}^{K-1} c_k \, (A_k - A_K) \; . \tag{9.25}$$

Für den wichtigsten Fall des Dreitoradaptors ergibt (9.25) die in Bild 9.8c aufgezeichnete Struktur. Es ist hierbei von der Struktur her unerheblich, an welches Tor des Adaptors das Eintor geschaltet wird, oder welches Tor das abhängige ist (im folgenden sei dies stets Tor 3). Aus (9.25) ergeben sich die Definitionsgleichungen für den Dreitorparalleladaptor mit Tor 3 als abhängigem Tor:

$$B_1 = (c_1-1)A_1 + c_2 A_2 + (2-c_1-c_2)A_3 = B_3 - A_1 + A_3$$
$$B_2 = c_1 A_1 + (c_2-1)A_2 + (2-c_1-c_2)A_3 = B_3 - A_2 + A_3 \tag{9.26a-c}$$
$$B_3 = c_1 A_1 + c_2 A_2 + (1-c_1-c_2)A_3$$

oder in Matrixdarstellung

$$\begin{bmatrix} B_1 \\ B_2 \\ B_3 \end{bmatrix} = \begin{bmatrix} c_1-1 & c_2 & 2-c_1-c_2 \\ c_1 & c_2-1 & 2-c_1-c_2 \\ c_1 & c_2 & 1-c_1-c_2 \end{bmatrix} \cdot \begin{bmatrix} A_1 \\ A_2 \\ A_3 \end{bmatrix} . \tag{9.27}$$

Sind zwei Torwiderstände gleich, so läßt sich eine vereinfachte Struktur angeben, die mit nur einem Multiplizierer auskommt. In diesem Fall ist das Tor als abhängig zu wählen, dessen Torwiderstand von dem der übrigen Tore abweicht. Auf die Darstellung wird aus Platzgründen verzichtet.

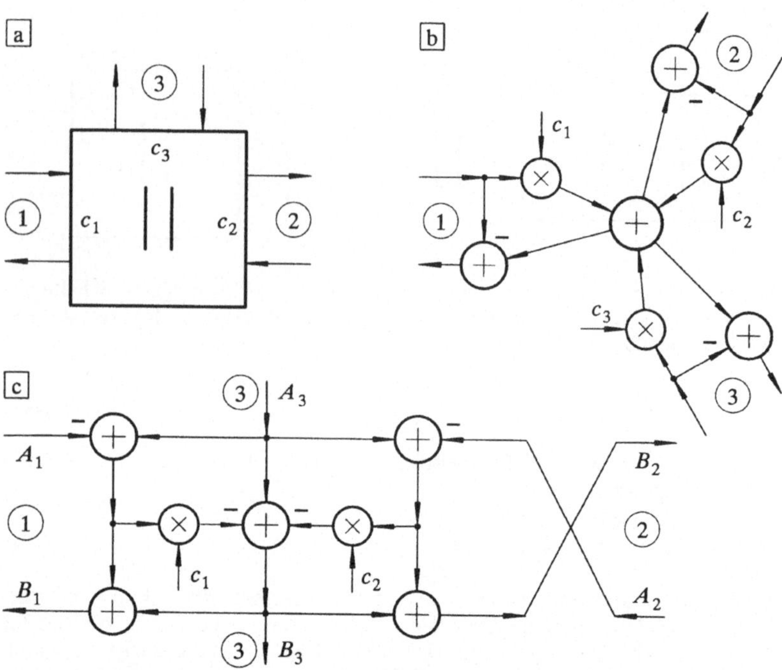

Bild 9.8a-c. Dreitorparalleladaptor. **(a)** Symboldarstellung (siehe auch Fußnote 2); **(b)** allgemeine Struktur mit 3 Multiplizierern; **(c)** Realisierung mit 2 Multiplizierern; Tor 3 ist abhängig. Die Symboldarstellung in (a) bezieht sich auf die allgemeine Struktur; ein abhängiges Tor kann dadurch gekennzeichnet werden, daß dort kein Koeffizient angegeben ist. Die Ausgänge am zentralen Addierer der Struktur von (b) führen gleiche Signale; diese Darstellung wurde nur aus Gründen der Übersichtlichkeit gewählt

9.3.2 Mehrtorreihenadaptor (Bild 9.9). Für einen K-Tor-Reihenadaptor gilt

$$I_1 = I_2 = \ldots = I_K \quad \text{sowie} \quad U_1 + U_2 + \ldots + U_K = 0 \, . \tag{9.28a,b}$$

Damit läßt er sich wie folgt definieren:

$$B_k = A_k - s_k A \; ; \quad A = \sum_{i=1}^{K} A_i \; ; \quad s_k = \frac{2R_k}{\displaystyle\sum_{i=1}^{K} R_i} \, , \quad k = 1\,(1)\,K \, . \tag{9.29a-c}$$

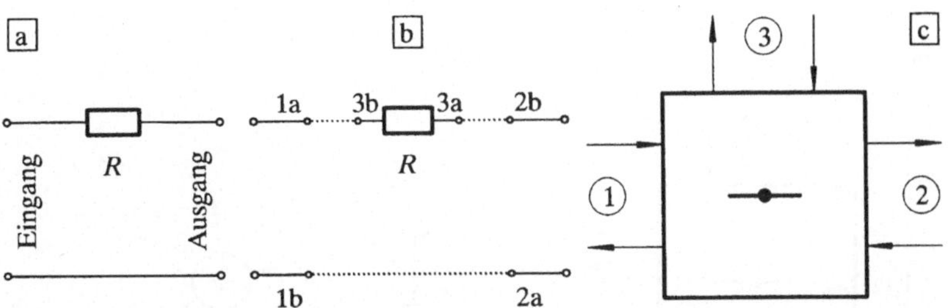

Bild 9.9a-c. Reihenschaltung eines Eintorelements. **(a)** ursprüngliche Schaltung; **(b)** Verdeutlichung der Notwendigkeit eines Dreitoradaptors; **(c)** zugehöriges WDF-Schaubild (siehe auch Fußnote 1)

In Matrixdarstellung lautet dies

$$\begin{bmatrix} B_1 \\ B_2 \\ B_3 \end{bmatrix} = \begin{bmatrix} 1-s_1 & -s_1 & -s_1 \\ -s_2 & 1-s_2 & -s_2 \\ -s_3 & -s_3 & 1-s_3 \end{bmatrix} \cdot \begin{bmatrix} A_1 \\ A_2 \\ A_3 \end{bmatrix} \quad \text{für } K = 3 . \tag{9.30}$$

Da (9.24) auch hier gilt, läßt sich wieder ein Tor abhängig machen und damit ein Multiplizierer einsparen. In diesem Fall sind die Größen B_k, $k=1$ (1) $K-1$, mit (9.29) auszurechnen, und B_K wird

$$B_K = -A - \sum_{k=1}^{K-1} B_k . \tag{9.31}$$

Die zugehörige Struktur für einen Dreitorreihenadaptor (allgemein und mit abhängigem Tor) ist aus Bild 9.10 ersichtlich. Aus (9.29) und (9.31) folgt

$$\begin{aligned} B_1 &= A_1 - s_1 (A_1+A_2+A_3) ; \\ B_2 &= A_2 - s_2 (A_1+A_2+A_3) ; \\ B_3 &= - (B_1+B_2+A_1+A_2+A_3) = (s_1+s_2-2) (A_1+A_2) + (s_1+s_2-1) A_3 . \end{aligned} \tag{9.32a-c}$$

Die zugehörige Matrixdarstellung lautet

$$\begin{bmatrix} B_1 \\ B_2 \\ B_3 \end{bmatrix} = \begin{bmatrix} 1-s_1 & -s_1 & -s_1 \\ -s_2 & 1-s_2 & -s_2 \\ s_1+s_2-2 & s_1+s_2-2 & s_1+s_2-1 \end{bmatrix} \cdot \begin{bmatrix} A_1 \\ A_2 \\ A_3 \end{bmatrix} . \tag{9.33}$$

Sind zwei der Torwiderstände gleich, so existiert wie beim Paralleladaptor eine vereinfachte Struktur mit nur einem Multiplizierer. Auf die Darstellung wird wieder verzichtet.

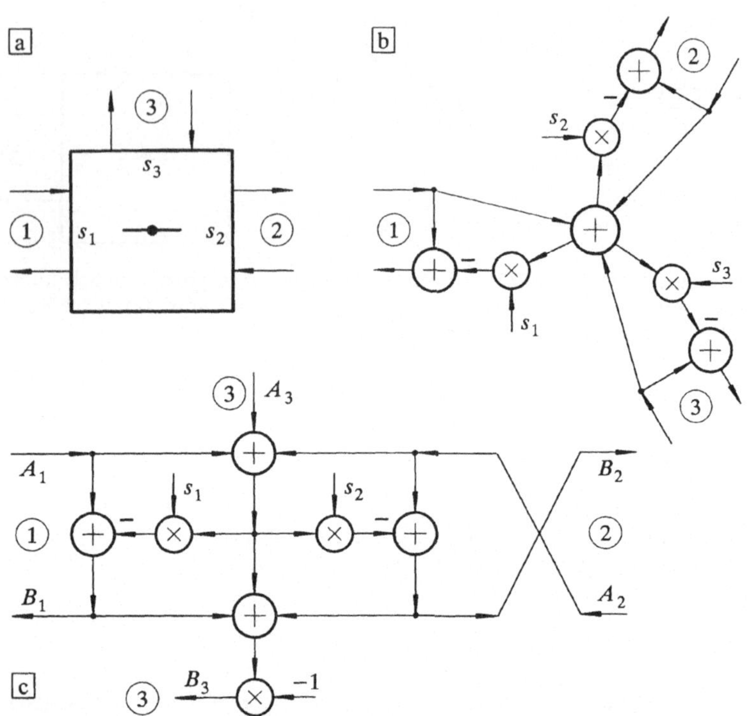

Bild 9.10a-c. Dreitorreihenadaptor. **(a)** Symboldarstellung, **(b)** allgemeine Struktur
mit 3 Multiplizierern; **(c)** Realisierung mit 2 Multiplizierern; Tor 3 abhängig. Die
Symboldarstellung in (b) bezieht sich auf die allgemeine Struktur; ein abhängiges
Tor kann z.B. dadurch gekennzeichnet werden, daß dort kein Koeffizient angege-
ben ist. Die Ausgänge am zentralen Addierer der Struktur von (a) führen gleiche
Signale; diese Darstellung wurde nur aus Gründen der Übersichtlichkeit gewählt

Reihen- und Paralleladaptoren sind aus Addierern und Multiplizierern aufge-
baut. Sie besitzen keine Verzögerungsglieder. Sind die Torwiderstände positiv und
reell, so sind auch alle Koeffizienten positiv und reell; aufgrund von (9.24) − dies gilt
auch für den Reihenadaptor − sind alle Koeffizienten wertemäßig auf den Bereich
zwischen 0 und +2 beschränkt.

Es ist auf jeden Fall zu empfehlen, die Adaptoren nicht in der allgemeinen Struk-
tur aufzubauen, sondern nur die Strukturen mit abhängigem Tor zu verwenden (Bild

9.8c, 9.10c). Abgesehen von dem verringerten Aufwand garantieren nur diese Strukturen, daß die Gültigkeit von (9.24) auch bei quantisierten Koeffizienten erzwungen wird. Nur dann, wenn (9.24) in allen Adaptoren eines Wellendigitalfilters eingehalten ist, ist das Filter *strukturinhärent pseudopassiv* und behält diese Eigenschaft auch bei Quantisierung der Koeffizienten.

9.3.3 Reflexionsfreie Adaptoren. Beim Zusammenschalten von Wellendigitalfiltern sind fast durchweg Adaptoren in Kette zusammenzuschalten. Bei einem gewöhnlichen Adaptor, wie in Abschnitt 9.3.1 und 9.3.2 vorgestellt, besteht zwischen jedem Eingang und jedem Ausgang des Adaptors eine verzögerungsfreie Verbindung (Bild 9.11). Schaltet man zwei Adaptoren zusammen, so führt dies zu einer verzögerungsfreien gerichteten Schleife, die das Filter unrealisierbar macht. In diesem Fall muß an einem der Adaptoren die Verbindung zwischen dem betroffenen Eingang und Ausgang unterbrochen werden. Zu diesem Zweck dienen *reflexionsfreie* Adaptoren.

Reflexionsfreier Paralleladaptor. An dem (als beliebig angenommenen) Tor m sei die Verbindung zwischen A_m und B_m innerhalb des Adaptors unterbrochen. In diesem Fall gilt

$$c_m = 1 \ , \quad \text{d.h.} \quad G_m = \sum_{\substack{i=1 \\ i \neq m}}^{K} G_i \ . \tag{9.34}$$

Damit vereinfacht sich (9.22) zu

$$c_k = \frac{G_k}{G_m} \ , \quad k = 1 \ (1) \ K \ . \tag{9.35}$$

Da c_m den Wert 1 annimmt, benötigt dieser Adaptor einen Multiplizierer weniger.

Als Beispiel diene der Dreitorparalleladaptor. Wählt man hier das reflexionsfreie Tor so, daß es nicht das abhängige Tor ist (beispielsweise sei $m=2$, also Tor 2 reflexionsfrei, Tor 3 abhängig), so ergibt sich aus (9.26) mit $c_2=1$

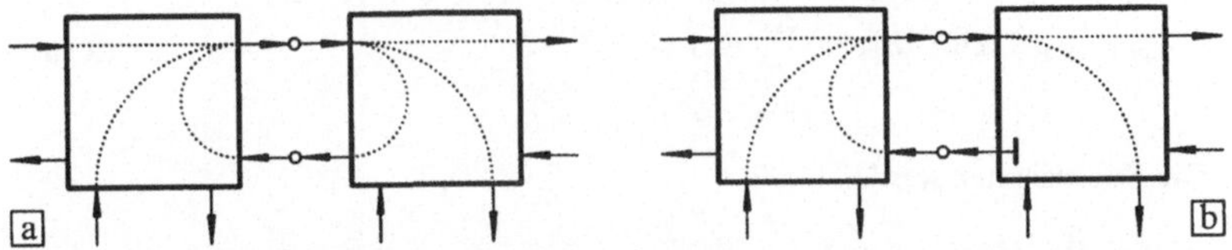

Bild 9.11a,b. Verzögerungsfreie gerichtete Schleifen beim Zusammenschalten von Adaptoren (**a**) und ihre Vermeidung durch die Verwendung eines reflexionsfreien Adaptors (**b**). Aus Gründen der Übersichtlichkeit ist der Signalfluß nur von und nach den Toren eingezeichnet, die an der Schleife beteiligt sind

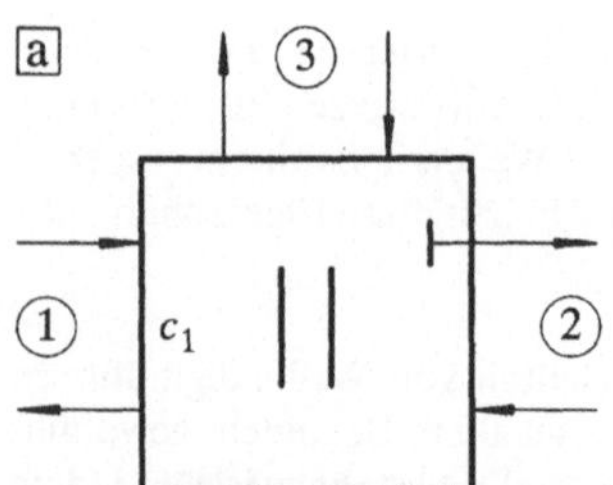

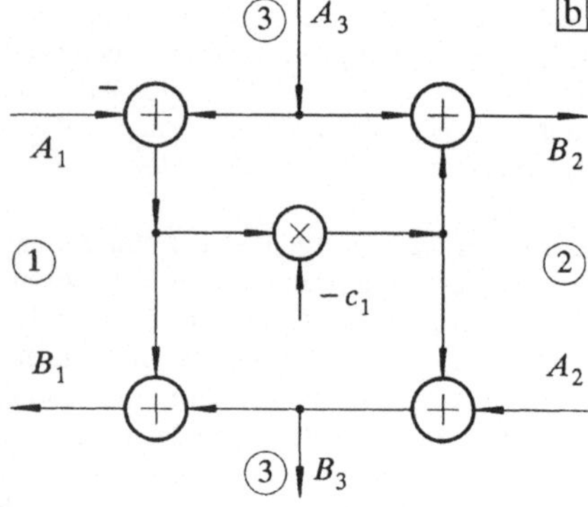

Bild 9.12a,b. Dreitorparalleladaptor mit reflexionsfreiem Tor. (a) Schaltsymbol, (b) Realisierung. Tor 2 ist reflexionsfrei, Tor 3 abhängig

$$
\begin{aligned}
B_1 &= (c_1-1)A_1 + A_2 + (1-c_1)A_3 &&= -c_1(A_3-A_1) + A_3 + A_2 - A_1 \;; \\
B_2 &= c_1 A_1 + (1-c_1)A_3 &&= -c_1(A_3-A_1) + A_3 \;; \\
B_3 &= c_1 A_1 + A_2 - c_1 A_3 &&= -c_1(A_3-A_1) + A_2 \;.
\end{aligned}
\tag{9.36a-c}
$$

Zwischen Ein- und Ausgang von Tor 2 besteht somit keine Verbindung mehr. Bild 9.12 zeigt die Struktur dieses Adaptors. Aufgrund von (9.24) und (9.36) ergibt sich sofort, daß ein Adaptor immer nur *an einem Tor* reflexionsfrei sein kann. Die Matrixdarstellung lautet

$$
\begin{pmatrix} B_1 \\ B_2 \\ B_3 \end{pmatrix}
=
\begin{pmatrix}
c_1-1 & 1 & 1-c_1 \\
c_1 & 0 & 1-c_1 \\
c_1 & 1 & -c_1
\end{pmatrix}
\cdot
\begin{pmatrix} A_1 \\ A_2 \\ A_3 \end{pmatrix} .
\tag{9.37}
$$

Reflexionsfreier Reihenadaptor. Ein Reihenadaptor wird am Tor m reflexionsfrei, wenn

$$
s_m = 1 \;, \quad \text{d.h.} \quad R_m = \sum_{\substack{i=1 \\ i \neq m}}^{K} R_i \;.
\tag{9.38}
$$

Die Koeffizienten werden hierbei

$$
s_k = \frac{R_k}{R_m} \;, \quad k = 1\,(1)\,K \;.
\tag{9.39}
$$

Beispiel: Dreitorreihenadaptor; Tor 3 abhängig; Tor 2 reflexionsfrei, also $m=2$; $s_2=1$. Damit hängt B_2 nicht mehr von A_2 ab. Wir erhalten

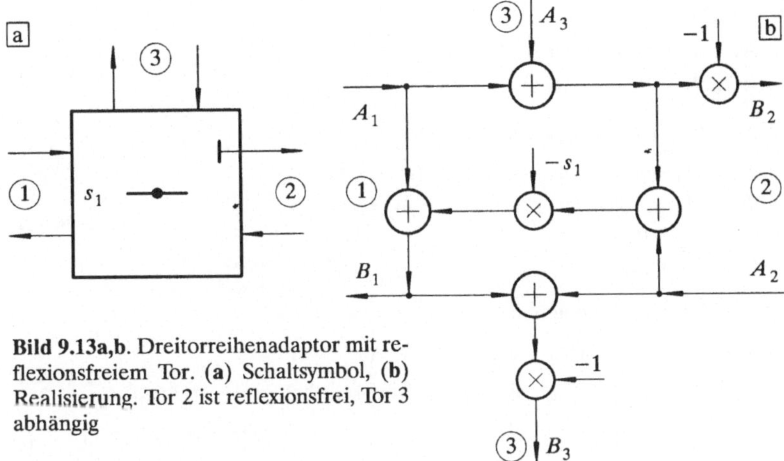

Bild 9.13a,b. Dreitorreihenadaptor mit reflexionsfreiem Tor. **(a)** Schaltsymbol, **(b)** Realisierung. Tor 2 ist reflexionsfrei, Tor 3 abhängig

$$B_1 = A_1 - s_1 (A_1 + A_2 + A_3) \; ;$$
$$B_2 = -(A_1 + A_3) \; ;$$
$$B_3 = (s_1 - 1)(A_1 + A_2) + s_1 A_3 = -(B_1 + B_2 + A_1 + A_2 + A_3) = -(B_1 + A_2) \; ;$$

(9.40a-c)

und in Matrixdarstellung

$$\begin{bmatrix} B_1 \\ B_2 \\ B_3 \end{bmatrix} = \begin{bmatrix} 1-s_1 & -s_1 & -s_1 \\ -1 & 0 & -1 \\ s_1-1 & s_1-1 & s_1 \end{bmatrix} \cdot \begin{bmatrix} A_1 \\ A_2 \\ A_3 \end{bmatrix} . \tag{9.41}$$

Im Prinzip ist es möglich, einen reflexionsfreien Adaptor in der allgemeinen Struktur (Bild 9.8b bzw. 9.10b) oder der Struktur mit abhängigem Tor (Bild 9.8c bzw. 9.10c) zu realisieren, indem dort c_m bzw. s_m zu 1 gewählt wird. Jedoch ist — abgesehen von dem verringerten Aufwand — nur bei den Strukturen nach den Bildern 9.12 und 9.13 die Reflexionsfreiheit strukturinhärent garantiert, und nur mit diesen Strukturen läßt sich beim direkten Zusammenschalten von Adaptoren eine geordnete Reihenfolge der Rechenoperationen herstellen.

9.3.4 Zweitoradaptor. Änderung des Bezugswiderstandes bei gleichem U und I. Beim Zweitorparalleladaptor werden 2 Tore mit den Bezugswiderständen R_1 und R_2 parallel geschaltet:

$$U_1 = U_2 = U \; ; \quad I_1 = -I_2 = I \; . \tag{9.42a,b}$$

Dies ergibt

$$A_1 = U + R_1 I, \qquad B_1 = U - R_1 I,$$
$$A_2 = U - R_2 I, \qquad B_2 = U + R_2 I.$$

(9.43a-d)

Hieraus folgt nach einiger Umformung

$$B_2 = A_1 + p(A_2 - A_1) = pA_2 + (1-p)A_1,$$
$$B_1 = A_2 + p(A_2 - A_1) = -pA_1 + (1-p)A_2,$$
$$p = \frac{R_1 - R_2}{R_1 + R_2};$$

(9.44a-c)

und in Matrixdarstellung

$$\begin{pmatrix} B_1 \\ B_2 \end{pmatrix} = \begin{pmatrix} -p & 1+p \\ 1-p & p \end{pmatrix} \cdot \begin{pmatrix} A_1 \\ A_2 \end{pmatrix}.$$

(9.45)

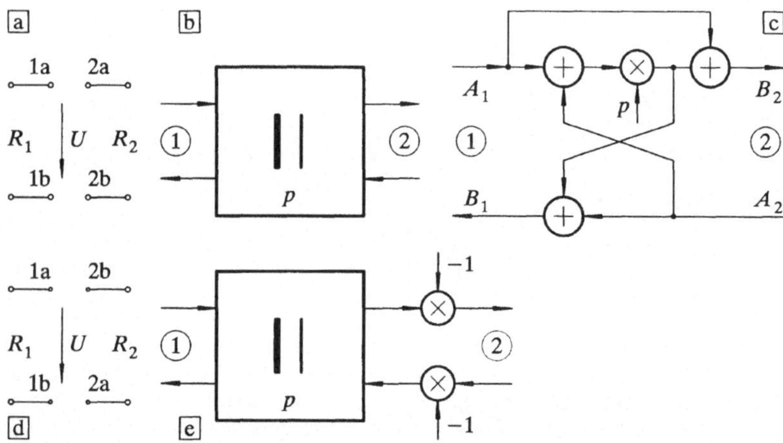

Bild 9.14a-e. Zweitoradaptor. (**a**) Parallelschaltung zweier Bauteile; (**b**) WDF-Symbol, (**c**) Realisierung, (**d**) Reihenschaltung zweier Bauteile, (**e**) Realisierung dieses Adaptors entsprechend (b) und (c). Das Schaltsymbol des Zweitoradaptors wurde in den verschiedenen Publikationen mehrmals geändert. Das hier gezeichnete Symbol (Fettweis, 1986b) geht vom Paralleladaptor aus. Da der Adaptor bidirektional betrieben werden kann, ist zu kennzeichnen, welches Tor als Tor 1 im Sinne von Teilbild (c) anzusehen ist. Dies erfolgt dadurch, daß der Strich des Paralleladaptorsymbols auf der Seite von Tor 1 dicker gezeichnet ist als auf der Seite von Tor 2

Die Struktur des Zweitoradaptors (Bild 9.14) stimmt mit der von Abschnitt 6.4.2 her bekannten Ein-Multiplizierer-Kreuzgliedstruktur überein und stellt somit ein wichtiges Bindeglied zwischen Wellendigitalfiltern und den in früheren Abschnitten behandelten "gewöhnlichen" digitalen Filtern dar.

Der Zweitoradaptor läßt sich auch als *Reihenadaptor* auslegen; hier erhalten wir entsprechend

$$U_1 = -U_2 = U \; ; \quad I_1 = I_2 = I \; . \tag{9.46}$$

Bis auf einige Vorzeichen stimmt diese Bedingung mit der des Paralleladaptors überein; in WDF-Darstellung ergibt sich

$$\begin{aligned}
A_1 &= U + R_1 I \, , & B_1 &= U - R_1 I \, , \\
A_2 &= -U + R_2 I \, , & B_2 &= -(U + R_2 I) \, .
\end{aligned} \tag{9.47a-d}$$

Damit ist einfach

$$A_{2p} = -A_{2s} \, , \quad B_{2p} = -B_{2s} \, . \tag{9.48a,b}$$

A_p und B_p stellen die Kenngrößen des Paralleladaptors; A_s und B_s die des Reihenadaptors dar. Hiermit ist der Zweitorreihenadaptor auf den Zweitorparalleladaptor zurückgeführt. In der Praxis wird durchweg die Realisierung als Paralleladaptor verwendet.

9.3.5 Äquivalenzen zwischen Adaptoren. Bei allen Adaptoren werden nicht Widerstände, sondern Verhältnisse von Widerständen realisiert. Sämtliche Koeffizienten sind also invariant gegenüber Änderungen des Impedanzniveaus, sofern diese in gleicher Weise auf alle Tore durchgreifen. An allen Toren besteht somit die Möglichkeit, ideale Übertrager einzubauen oder wegzulassen. Auch Gyratoren können bei Wellendigitalfiltern beliebig eingesetzt werden. Im einzelnen ergeben sich u.a. folgende Äquivalenzen.

1) Ein Eintor ist gegenüber Änderungen des Impedanzniveaus invariant (Bild 9.15).

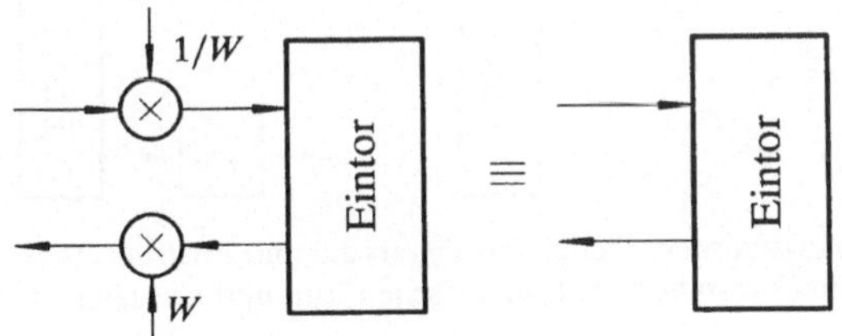

Bild 9.15. Äquivalenzen von Wellendigitalfiltern. Das Eintor ist gegenüber Änderungen des Impedanzniveaus invariant

Bild 9.16. Aquivalenzen von Wellendigitalfiltern. Ein idealer Übertrager läßt sich durch einen Adaptor "hindurchschieben"

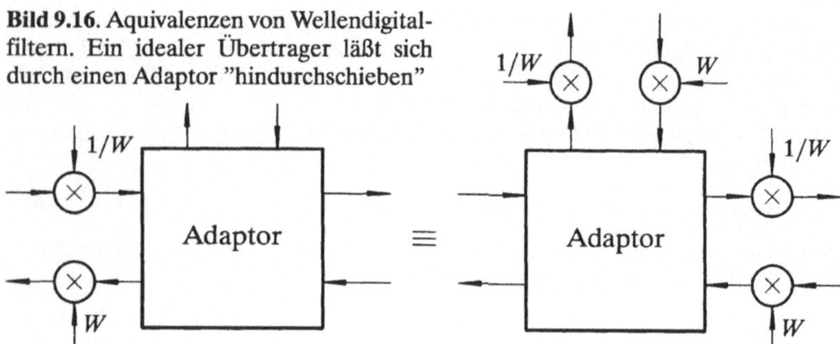

2) Ein idealer Übertrager läßt sich durch einen Adaptor "hindurchschieben" (Bild 9.16).

3) Verzögerungsglieder an Ein- oder Ausgang eines Eintores können in der in Bild 9.17 angegebenen Weise verschoben werden.

4) Jede Schaltung läßt sich mit Hilfe der (bei Wellendigitalfiltern in der Regel ohne weiteres exakt realisierbaren) Äquivalenztransformationen der analogen Netzwerktheorie in die zugehörige duale Schaltung umwandeln (Fettweis, 1973).

Die ersten beiden Äquivalenzen sind selbsterklärend. Fall 3) betrifft insbesondere Schaltungen mit Elementarleitungen und erlaubt es, wie im Fall gewöhnlicher Digitalfilter Verzögerungen um *ganze* Taktperioden einzusetzen. Die Aussage kann auf Mehrtore ausgedehnt werden; ist dabei der Filterausgang mit erfaßt, so bedeutet dies das Hinzufügen oder Wegnehmen einer konstanten Verzögerung beim Ausgangssignal.

Als Besonderheit für den Fall 4) ist es notwendig, eine Möglichkeit für die Umwandlung von Parallel- in Reihenadaptoren und umgekehrt zu schaffen. Definiert waren die Adaptoren durch

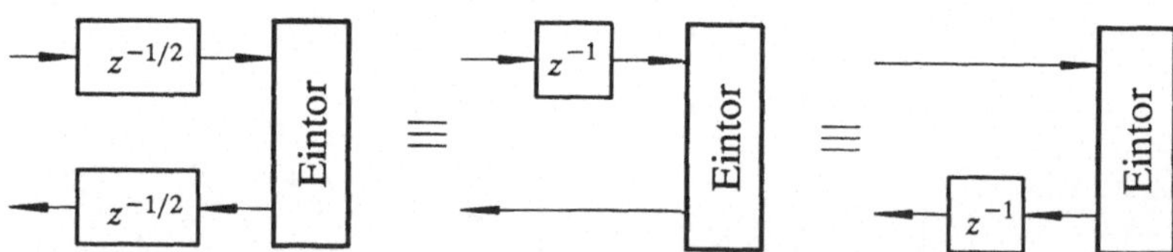

Bild 9.17. Verschieben von Verzögerungsgliedern zwischen Ein- und Ausgang eines Eintores. Wichtig ist, daß die Gesamtverzögerung zwischen Ein- und Ausgang erhalten bleibt

(Paralleladaptor) $\qquad B_k = -A_k + \displaystyle\sum_{i=1}^{K} c_i A_i\,;$ $\hfill (9.22)$

(Reihenadaptor) $\qquad B_k = A_k - s_k \displaystyle\sum_{i=1}^{K} A_i\,.$ $\hfill (9.29)$

Substituiert man nun

$$A_k' = c_k A_k \quad \text{sowie} \quad B_k' = c_k B_k\,, \quad k = 1\,(1)\,K\,, \hfill (9.49)$$

so folgt daraus für den Paralleladaptor (Bild 9.18a)

$$B_k' = -A_k' + c_k \sum_{i=1}^{K} A_i' = -\left[A_k' - c_k \sum_{i=1}^{K} A_i'\right]\,; \hfill (9.50)$$

Bild 9.18a,b. Umwandlung Parallel-Reihenadaptor (**a**) und umgekehrt (**b**)

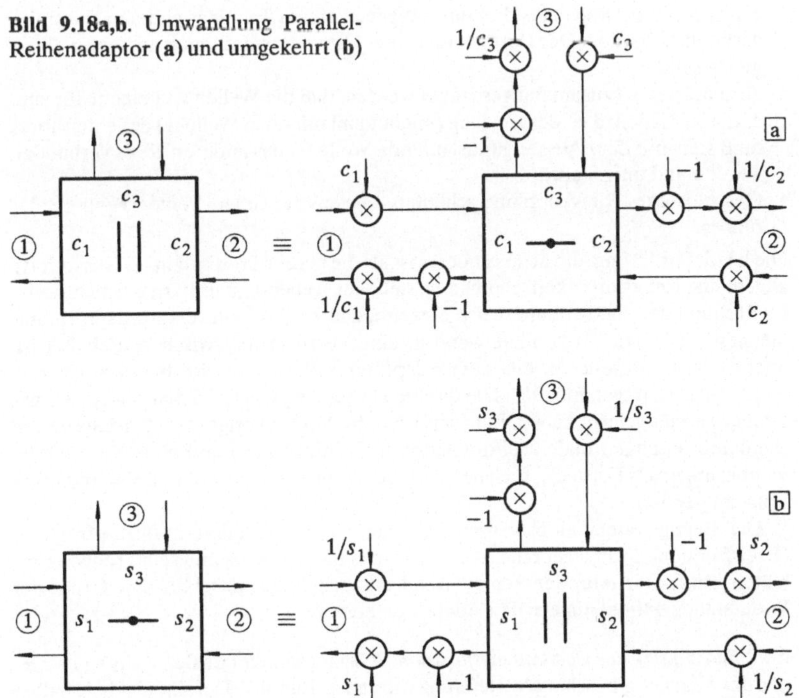

damit ist er in einen Reihenadaptor umgewandelt; an allen Toren muß ein idealer Übertrager (der sich ggf. durchschieben läßt) sowie ein Gyrator zwischengeschaltet werden. Die Umwandlung Reihenadaptor in Paralleladaptor erfolgt ebenso; mit

$$A_k'' = \frac{A_k}{s_k} \,, \qquad B_k'' = \frac{B_k}{s_k} \,, \qquad k = 1 \ (1) \ K \,, \tag{9.51}$$

erhalten wir (Bild 9.18b)

$$B_k'' = - \left[A_k'' - \sum_{i=1}^{K} s_i A_i'' \right] . \tag{9.52}$$

9.4 Aufbau und Struktur von Wellendigitalfiltern

9.4.1 Zusammenbau von Wellendigitalfiltern aus den Bausteinen. Der Zusammenbau eines Wellendigitalfilters erfolgt nach folgenden Regeln (siehe auch Bild 9.2).

- Jedes Tor eines Bausteins darf nur mit genau einem Tor eines anderen Bausteins verbunden werden. Der Bezugswiderstand (Torwiderstand) muß an beiden Toren gleich sein.
- Tore müssen so zusammengeschaltet werden, daß die Wellen von einem Tor zum anderen fließen, d.h., der Eingang (mit der einlaufenden Welle A) des einen Tores muß stets mit dem Ausgang (auslaufende Welle B) des anderen Tores verbunden werden und umgekehrt.
- Geschlossene Rückkopplungsschleifen dürfen nur über Verzögerungsglieder führen.

Die letzte Forderung, die nichts anderes ist als die bereits in Abschnitt 2.7 diskutierte allgemeine Realisierbarkeitsbedingung, stellt bei Wellendigitalfiltern ein nichttriviales Problem dar. Sie bedeutet beispielsweise, daß zwei Adaptoren nur dann zusammengeschaltet werden können, wenn a) eine Verzögerung zwischengeschaltet ist, oder b) das betroffene Tor eines der Adaptoren reflexionsfrei ist. In der Praxis sind beide Realisierungen möglich. Die direkte Umsetzung von LC-Schaltungen, wie wir sie hier kennengelernt haben, führt auf Form b). Form a) ergibt sich bei Einsatz von Elementarleitungen und Zweitoradaptoren und führt meist auf günstigere Implementierungen als Form b). Auch bei der Umsetzung von Leerlauf und Kurzschluß ist Vorsicht geboten.

Die Bezugswiderstände werden bei einer festen normierten Bezugsfrequenz (Kreisfrequenz 1) angegeben. Über die Art des Bauelements und sein Frequenzverhalten gibt die Struktur der elementaren Eintorschaltung Aufschluß. Die Größe der Widerstände geht allein aus den Adaptoren hervor.

9.4.2 Berechnung der Übertragungsfunktion. Ausgangspunkt der Betrachtung ist wieder das beidseitig beschaltete Referenzfilter nach Bild 9.1. Der Einfachheit halber sei $r_2=r_1=R$ angenommen. Von diesem Filter stellen wir entsprechend der Theorie der analogen Leitungsnetzwerke (siehe z.B. Schüßler, [3]1991b:369f.) die *Streumatrix* **S** auf:

$$\begin{pmatrix} B_1 \\ B_2 \end{pmatrix} = \begin{pmatrix} S_{11} & S_{12} \\ S_{21} & S_{22} \end{pmatrix} \cdot \begin{pmatrix} A_1 \\ A_2 \end{pmatrix} ; \quad \text{also} \quad S = \begin{pmatrix} S_{11} & S_{12} \\ S_{21} & S_{22} \end{pmatrix} . \qquad (9.53)^3$$

Die Übertragungsfunktion des Filters (von Tor 1 nach Tor 2) wird damit

$$H = \frac{B_2}{A_1} = S_{21} . \qquad (9.54)$$

Das Filter kann bidirektional betrieben werden; in Gegenrichtung läßt sich in gleicher Weise eine Übertragungsfunktion definieren, die den Wert S_{12} annimmt und wirksam wird, wenn eine Welle A_2 in das rechte Tor des Filters eingespeist wird. S_{11} und S_{22} stellen die *Reflektanzen* der Streumatrix dar; sie geben an, welcher Anteil der einlaufenden Welle A ans gleiche Tor zurückgeworfen wird. Die *Betriebsdämpfung* des Filters ist definiert als

$$\alpha := -\ln|S_{21}| \quad \text{oder [in dB]} \quad \alpha_{[dB]} := -20\lg|S_{21}| . \qquad (9.55)$$

Selbstverständlich sind alle diese Größen frequenzabhängig. Für eine passive analoge Schaltung ist die Betriebsdämpfung bei reellen Frequenzen, also auf der imaginären Achse der w-Ebene, stets ≥ 0. Dies gilt auch für das Wellendigitalfilter, da die Eigenschaft der (Pseudo-)Passivität beim Übergang in den digitalen Bereich erhalten bleibt.

Wir können nun grundsätzlich die Übertragungsfunktion des Filters berechnen, indem wir den Koeffizienten S_{21} der Streumatrix bestimmen. Als weiteres Hilfsmittel steht uns die *Betriebskettenmatrix* **T** zur Verfügung [auch als *Kaskadenmatrix* bezeichnet (Schüßler, [3]1991b:372)]:

$$\begin{pmatrix} A_1 \\ B_1 \end{pmatrix} = \begin{pmatrix} T_{11} & T_{12} \\ T_{21} & T_{22} \end{pmatrix} \cdot \begin{pmatrix} A_2 \\ B_2 \end{pmatrix} ; \quad \text{also} \quad T = \begin{pmatrix} T_{11} & T_{12} \\ T_{21} & T_{22} \end{pmatrix} . \qquad (9.56)$$

Bei Kettenschaltung von Zweitoren werden die zugehörigen Betriebskettenmatrizen miteinander multipliziert. Das einer LC-Abzweigschaltung zugehörige Wellendigi-

---

[3] In der Theorie der analogen Leitungsnetzwerke basiert die Streumatrix **S** auf *Leistungswellen* (siehe hierzu auch Fußnote 1, während wir bei Wellendigitalfiltern entsprechend (9.1) *Spannungswellen* verwenden. Dies führt zu einer modifizierten Streumatrix **S'**, wenn die externen Widerstände ungleich sind. Ist $r_1=r_2$, so werden auch die beiden Streumatrizen gleich, d.h., **S'**=**S**. Dieser Fall wird im folgenden vorausgesetzt, und wir schreiben der Einfachheit halber **S** und nicht **S'**. Der Fall ungleicher externer Widerstände ist bei Fettweis (1986b:282) diskutiert.

talfilter beispielsweise (siehe das Beispiel im nächsten Abschnitt) enthält im Hauptzweig zwischen Ein- und Ausgang eine Kaskade von Adaptoren, von denen Eintorschaltungen abzweigen. Zunächst müssen wir die Übertragungsfunktionen dieser Eintore berechnen (Abschnitt 9.4.3) und sie dann in den jeweiligen Adaptor im Hauptzweig eingliedern; für jede dieser Kombinationen aus Adaptor mit abgezweigtem Eintor können wir dann eine Betriebskettenmatrix aufstellen. Multiplikation dieser Betriebskettenmatrizen liefert die Betriebskettenmatrix des gesamten Filters. Der Vergleich von (9.54) und (9.56) ergibt (wieder für $r_1=r_2=R$)

$$H = S_{21} = 1 / T_{22} \; . \tag{9.57}$$

Ist die Übertragungsfunktion in geschlossener Form ermittelt, so kann selbstverständlich daraus ein digitales Filter in beliebiger Struktur aufgebaut werden.

Die Strukturen von Wellendigitalfiltern sind ebenso zahlreich wie die ihnen zugrundeliegenden analogen Referenzfilter. Aus Platzgründen können sie (mit Ausnahme der Brückenwellendigitalfilter, Abschnitt 9.5) hier nicht diskutiert werden. Von besonderem Interesse sind neben den klassischen LC-Abzweigschaltungen die aus der Mikrowellentechnik bekannten (und beispielsweise auch in der Sprachsignalverarbeitung verwendeten) Kettenschaltungen von Elementarleitungen verschiedener Wellenwiderstände (stückweise homogene Leitung); ihre WDF-Realisierung führt unmittelbar auf die in Abschnitt 6.4.2 hergeleitete rekursive Kreuzgliedstruktur.

9.4.3 Übertragungsfunktion von Eintoren. Die Übertragungsfunktion H_E eines Eintores ist definiert als der Quotient der auslaufenden Welle B und der einlaufenden Welle A. Ist R der Bezugswiderstand und Z die tatsächliche (frequenzabhängige) Impedanz des Eintores, so gilt für Spannung und Strom

$$U = Z \cdot I \; ;$$

mit (9.3) folgt daraus

$$H_E := \frac{B}{A} = \frac{U - RI}{U + RI} = \frac{ZI - RI}{ZI + RI} = \frac{Z - R}{Z + R} \; . \tag{9.58}$$

Der Wert R ist stets reell.

Diese wichtige Definition ermöglicht uns einen direkten Brückenschlag zwischen der WDF-Darstellung und der "konventionellen" Darstellung digitaler Filter, wie sie in den vergangenen Kapiteln verwendet wurde. Ein digitales Filter in üblicher Struktur mit einem Eingang und einem Ausgang und den dort anliegenden Signalen $x(n)$ und $y(n)$ bzw. $x(z)$ und $Y(z)$ entspricht topologisch als WDF einem Eintor mit Eingangswelle A und Ausgangswelle B; wir erhalten durch direkten Vergleich zwischen (9.58) und (2.22)

$$H_E = \frac{B}{A} = \frac{Z - R}{Z + R} = H(z) = \frac{Y(z)}{X(z)} \; , \tag{9.59}$$

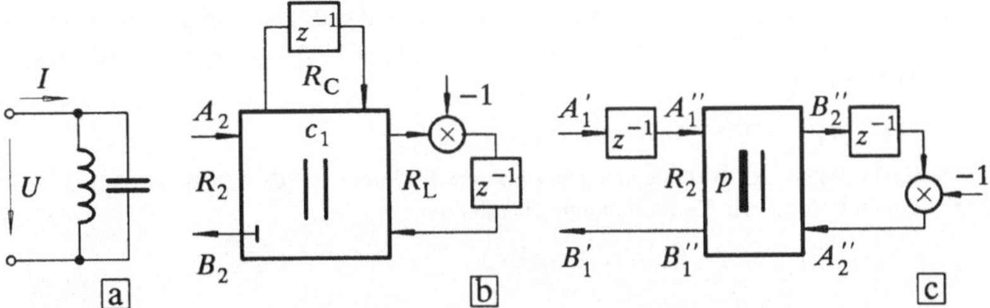

Bild 9.19a-c. Umwandlung von verlustfreien Eintoren in Allpaßstrukturen durch Verwendung von Zweitoradaptoren und Elementarleitungen, gezeigt am Beispiel des Parallelschwingkreises. **(a)** Referenzschaltung; **(b)** herkömmliche WDF-Struktur; **(c)** äquivalente Struktur mit Elementarleitung

d.h., auch die Übertragungsfunktionen sind in beiden Fällen gleich definiert.

Ist ein (analoges) Eintor verlustfrei, so ist Z ein Blindwiderstand und damit rein imaginär. In diesem Fall besitzt H_E auf dem Einheitskreis den konstanten Betrag 1 und stellt eine Allpaß-Übertragungsfunktion dar. Mit (9.59) wird es möglich, für verlustfreie Eintore in WDF-Konfigurationen beliebige Allpaßstrukturen einzusetzen.

Da sich, wie wir von Abschnitt 6.4 und 6.5 her wissen, jeder Allpaß insbesondere auch in die Kreuzgliedstruktur überführen läßt, bedeutet dies im WDF-Bereich, daß u.a. jedes Eintor, das nur aus Reaktanzen besteht und somit nach (9.58) eine Allpaß-übertragungsfunktion besitzt, als eine Kette von Elementarleitungen und Zweitoradaptoren aufgebaut werden kann; das zugehörige Referenzfilter besteht dann aus einer Kette von Elementarleitungen mit verschiedenen Wellenwiderständen. Diese Struktur ist im analogen Bereich, speziell in der Mikrowellentechnik, als *Richards-Struktur* bekannt (Fettweis, 1986b:283).

Als Beispiel hierzu soll die Umwandlung eines in eine LC-Abzweigschaltung eingegliederten Parallelschwingkreises dienen (Bild 9.19a). In WDF-Struktur sei dieser zunächst realisiert durch einen reflexionsfreien Paralleladaptor mit der Kapazität (Torwiderstand R_C) an Tor 1 und der Induktivität mit dem Torwiderstand R_L am (abhängigen) Tor 3 (Bild 9.19b). Das reflexionsfreie Tor 2 sei mit dem Rest der Schaltung verbunden; dort beträgt der Bezugswiderstand gemäß (9.34)

$$R_2 = \frac{R_C R_L}{R_C + R_L} \ . \tag{9.60}$$

Von diesem Tor her gesehen bildet die gesamte Schaltung ein Eintor, dessen Übertragungsfunktion folglich als

$$H_E = B_2 / A_2 \tag{9.61}$$

anzusetzen ist. Wir berechnen sie, indem wir zunächst mit (9.37) den Adaptor bestimmen. Die Schaltelemente an Tor 1 und 3 werden berücksichtigt durch die Zusatzbedingungen (9.7) und (9.6),

$$A_1 = z^{-1} B_1 \quad \text{sowie} \quad A_3 = -z^{-1} B_3 \; ;$$

die Bezeichnungen der Wellengrößen beziehen sich hierbei auf den Adaptor. Aus diesen Beziehungen können wir H_E berechnen; wir erhalten

$$H_E = \frac{B_2}{A_2} = \frac{z^{-1} \cdot (1-2c_1) + z^{-2}}{1 + z^{-1} \cdot (1-2c_1)} \; , \tag{9.62}$$

also, wie zu erwarten war, die Übertragungsfunktion eines Allpasses. Der Adaptorkoeffizient c_1 ergibt sich mit (9.35) zu

$$c_1 = \frac{G_1}{G_2} = \frac{R_L}{R_C + R_L} \; . \tag{9.63}$$

Die Umsetzung der Allpaßübertragungsfunktion in eine Kreuzgliedstruktur ergibt eine Kette von zwei Elementarleitungen mit zwischengeschaltetem Zweitoradaptor und kurzgeschlossenem Leitungsende. Unter Verwendung der in Bild 9.17 vorgestellten Äquivalenzbeziehung erhalten wir die Struktur von Bild 9.19c. Auch diese Schaltung bildet wieder ein Eintor. Der Zweitoradaptor mit dem Koeffizienten p ergibt sich aus (9.45); die schaltungsgegebenen Zusatzbedingungen lauten

$$A_1'' = A_1' z^{-1} ; \quad B_1'' = B_1' ; \quad A_2'' = B_2'' z^{-1} \; .$$

Hieraus erhalten wir die Übertragungsfunktion des Eintores zu

$$H_E = \frac{B_2}{A_2} = \frac{p z^{-1} + z^{-2}}{1 + p z^{-1}} \; , \tag{9.64}$$

also eine Allpaßübertragungsfunktion, die zu der Übertragungsfunktion in (9.62) strukturell gleich ist. Die beiden Schaltungen sind also äquivalent; durch Koeffizientenvergleich erhalten wir

$$p = 1 - 2c_1 = 1 - \frac{2R_L}{R_C + R_L} = \frac{R_C - R_L}{R_C + R_L} \; . \tag{9.65}$$

Setzt man auch die Bezugswiderstände am Eingang beider Schaltungen als gleich an, so ergibt sich am Tor 2 des Zweitoradaptors der Bezugswiderstand zu

$$R_{22} = \frac{R_L^2}{R_C + R_L} \; . \tag{9.66}$$

Die kurzgeschlossene Elementarleitung am Tor 2 des Zweitoradaptors entspricht einer Induktivität, deren Torwiderstand durch (9.66) bestimmt ist.

Gleiches läßt sich für einen Reihenschwingkreis durchführen; sind die Bezugswiderstände der beteiligten Schaltelemente wieder R_L und R_C, so nimmt der Bezugswiderstand am

Eingang der Schaltung (also am Tor 2 des reflexionsfreien Reihenadaptors) den Wert $R_L + R_C$ an; der Koeffizient des Zweitoradaptors wird

$$p = \frac{R_L - R_C}{R_L + R_C} \; . \tag{9.67}$$

die Elementarleitung am Tor 2 des Zweitoradaptors läuft leer und wird somit einer Kapazität äquivalent.

9.4.4 Nochmals zur Frage der (Pseudo-)Verlustfreiheit (vgl. Abschnitt 3.3.2). Verlustfreie analoge Schaltungen bestehen grundsätzlich aus Reaktanzen (Kapazitäten und Induktivitäten). Weitere verlustfreie Bauelemente sind: der ideale Übertrager, der Gyrator und insbesondere auch die Elementarleitung. Wellendigitalfilter, deren Referenzfilter verlustfrei sind, sind *pseudoverlustfrei*. Sie besitzen zwei bemerkenswerte Eigenschaften (Fettweis, 1972b).

Wenn eine analoge Schaltung verlustfrei ist, muß sie die Wirkleistung, die sie an einem Tor übernommen hat, auch wieder abgeben, da sie selbst keine Energie verbrauchen und (im stationären Fall) auch keine speichern kann. Die Leistungsabgabe kann an jedem der beiden Tore geschehen. Die Übertragungsfunktion von der Welle A_1 zur Welle B_2 ist durch die Betriebseigenschaften des Filters festgelegt; die an A_1 übernommene Energie, die nicht über die Welle B_2 abgegeben wird, wird zwangsläufig über das Tor 1 reflektiert. Betrachten wir B_1 als Ausgang eines zweiten Filters, so ist dieses zu dem ursprünglichen Filter *leistungskomplementär*, d.h. in der Schreibweise der Streumatrix,

$$|S_{11}|^2 + |S_{21}|^2 = 1 \; ; \quad \text{ebenso} \quad |S_{12}|^2 + |S_{22}|^2 = 1 \; . \tag{9.68}$$

Diese Beziehung, die auch als Gesetz von Feldtkeller (Feldtkeller, 1962; Fettweis, 1986b:283) bekannt ist, gilt bei einem Wellendigitalfilter immer dann, wenn es (pseudo-)verlustfrei ist. Die beiden Ausgänge zusammengenommen stellen also eine Weichenschaltung dar.

Die zweite Eigenschaft betrifft die Empfindlichkeit der Übertragungsfunktion gegen Koeffizientenänderungen. Wir gehen von der (Pseudo-)Passivität der Schaltung aus, die auch bei Quantisierung der Koeffizienten erhalten bleiben soll (vgl. die Diskussion in Abschnitt 9.3.1-2). Die Betriebsdämpfung dieses Filters stellt eine nichtnegative Funktion dar; sie kann nur dann den Wert 0 annehmen, wenn das Filter verlustfrei ist. Mit (9.55) ergibt sich die Betriebsdämpfung für $w=jv$ in Abhängigkeit von einem beliebigen Filterkoeffizienten c zu

$$a(jv, c) = -\ln |S_{21}| = -\frac{1}{2} \ln \left[S_{21}(jv, c) \cdot S_{21}(-jv, c) \right] \geq 0 \; . \tag{9.69}$$

Da α eine nichtnegative Funktion ist, fällt ein Dämpfungsminimum immer auch mit einem Minimum der Funktion $\alpha(jv, c)$ selbst zusammen. Ist also irgendwo $\alpha=0$, so hat $\alpha(j\nu, c)$ an der gleichen Stelle zwangsläufig ein Minimum. Da wir α in der Form (9.69) differenzieren können, folgt somit hieraus

$$\frac{\partial a}{\partial c} = 0 \quad \text{für} \quad \alpha = 0 \quad \text{sowie} \quad \frac{\partial a}{\partial c} \approx 0 \quad \text{für} \quad \alpha \approx 0 . \tag{9.70a,b}$$

Die Empfindlichkeit des Filters gegen Koeffizientenänderungen ist demnach bei schwacher Dämpfung, also im Durchlaßbereich, sehr gering. Dies impliziert auch ein insgesamt günstigeres Verhalten bezüglich des Rundungsrauschens (Fettweis, 1972a; siehe auch Abschnitt 4.1.4). Auch dieses Ergebnis gilt für alle digitalen Filter, die strukturinhärent pseudopassiv und -verlustlos sind.

9.4.5 Beispiel: Implementierung eines Tiefpasses als Wellendigitalfilter. In diesem Abschnitt soll als ein Beispiel das Filter von Abschnitt 5.2.3 in einer dem Filterkatalog entnommenen LC-Abzweigschaltung als Wellendigitalfilter realisiert werden. Als Aufgabe dient also wieder das Beispiel des Tiefpasses, der bei der Erhöhung der Abtastfrequenz eines Signals von 10 auf 40 kHz benötigt wird. Die Anforderungen: obere Durchlaßgrenze 4400 Hz; untere Sperrgrenze 5600 Hz; maximale Durchlaßdämpfung 0,3 dB; minimale Sperrdämpfung 60 dB; der Filterkatalog (Saal und Entenmann, [3]1993) liefert hierzu als eine der möglichen Realisierungen das Cauerfilter C07-25-53 mit dem Grad 7. In Abschnitt 5.2.3 wurden die zugehörigen Pole und Nullstellen in der pseudoanalogen w-Ebene dem Filterkatalog entnommen, in die z-Ebene transformiert und dort zur Synthese des Filters in Direktstruktur verwendet.

Für die Implementierung dieses Filters als Wellendigitalfilter benötigen wir die Struktur des Filters als LC-Abzweigschaltung sowie die Größe der Schaltelemente, d.h., die Größe der beteiligten Induktivitäten und Kapazitäten. Der Filterkatalog gibt hierzu eine Abzweigschaltung als π-Schaltung mit Parallelschwingkreisen in den Längszweigen und Kapazitäten in den Querzweigen an (Bild 9.20). In normierter Darstellung (Durchlaßgrenze $\nu_D=1$; externe Widerstände $r_e=r_a=1$) erhalten wir

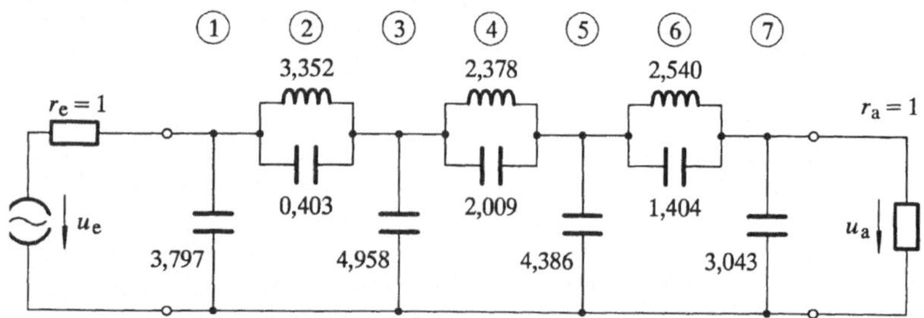

Bild 9.20. Cauerfilter C07-25-53 in LC-Abzweigschaltung nach Saal und Entenmann ([3]1993). Die angegebenen Werte betreffen Induktivitäten und Kapazitäten nach der Entnormierung; sie entsprechen den in die w-Ebene transformierten Filterspezifikationen (Abtastfrequenz $f_T=40$ kHz; obere Grenzfrequenz des Durchlaßbereichs $f_D=4,4$ kHz; damit obere Durchlaßgrenze $\nu_D=0,360022$ in w

Bild 9.21. Struktur einer der möglichen Implementierungen der Schaltung von Bild 9.20 als Wellendigitalfilter

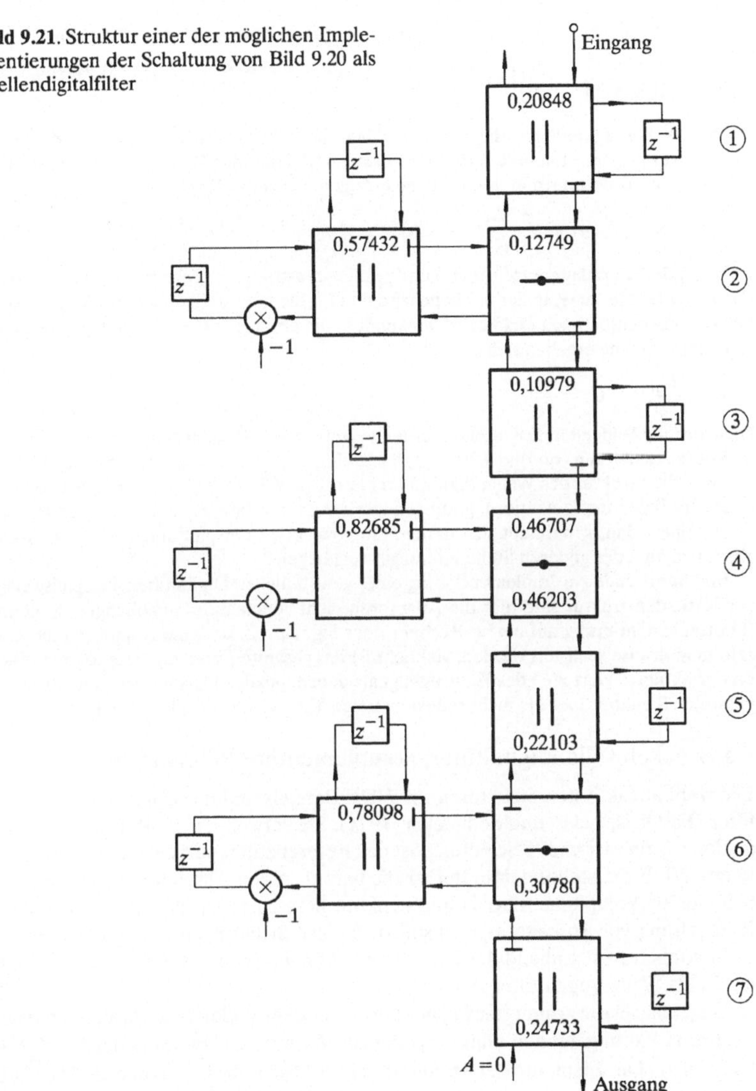

$$C_{n1} = 1,366827 \; ; \quad L_{n2} = 1,206729 \; ; \quad C_{n2} = 0,144916 \; ; \quad C_{n3} = 1,785018 \; ;$$
$$L_{n4} = 0,855957 \; ; \quad C_{n4} = 0,723126 \; ; \quad C_{n5} = 1,578996 \; ; \quad L_{n6} = 0,914283 \; ;$$
$$C_{n6} = 0,505514 \; ; \quad C_{n7} = 1,095606 \; .$$

Da bei Wellendigitalfiltern die w-Ebene über die Bilineartransformation starr mit der z-Ebene verbunden ist, muß die Entnormierung und damit die Anpassung an die tatsächlichen Filteranforderungen in der w-Ebene erfolgen. Nach (5.14) gilt

$$v_D = \tan \frac{\Omega_{zD}}{2} = \tan \frac{\pi \cdot f_D}{f_T} = 0,360022 \; ,$$

wobei f_D die Durchlaßgrenze (in Hz) und f_T die Abtastfrequenz (ebenfalls in Hz) darstellt. Die Durchlaßgrenze v_D in der w-Ebene wird nun für die notwendige Tiefpaß-Tiefpaß-Reaktanztransformation nach (5.15-5.16) verwendet. Die entnormierten Schaltelemente L_i und C_i in der w-Ebene ergeben sich zu

$$L_i = \frac{L_{ni}}{v_D} \; ; \quad C_i = \frac{C_{ni}}{v_D} \; .$$

Die externen Widerstände r_e und r_a werden weiterhin zu 1 [1 Ω] angenommen.

Mit der Schaltung von Bild 9.20 liegt gleichzeitig − bis auf einige verbleibende Freiheitsgrade − die Struktur des Wellendigitalfilters fest. Bild 9.21 zeigt eine der möglichen Strukturen. In dieser Implementierung müssen alle Adaptoren bis auf einen reflexionsfrei sein; dieser eine Adaptor befindet sich in dem hier gewählten Beispiel in der Mitte, er könnte aber auch an jeder anderen Stelle im Längszweig liegen.

Im Unterschied zur Implementierung eines gewöhnlichen Digitalfilters beispielsweise in der Kaskadenstruktur sind hier die Adaptoren nicht voneinander unabhängig. So können (bei Implementierung auf einem Rechner oder Signalprozessor) die Adaptoren nicht einzeln modulweise realisiert werden; vielmehr ist das gesamte Filter durchzuprogrammieren, da der aktuelle Wert $x(n)$ des Eingangssignals augenblicklich bis zum Ausgang und in der gesamten Struktur über die nicht reflexionsfreien Tore wieder zum Eingang läuft.

9.5 Brückenwellendigitalfilter; komplementäre Filterweichen

Die wohl attraktivsten Strukturen im WDF-Bereich sind die Brückenwellendigitalfilter (Fettweis, Levin und Sedlmeyer, 1974). Sie verwenden als Referenzfilter eine analoge symmetrische X-Schaltung; ist das Referenzfilter verlustfrei, so geht daraus in der WDF-Darstellung unmittelbar die bereits in den Abschnitten 3.3.4 und 8.1.3 behandelte komplementäre Allpaßstruktur hervor. Liegt das Referenzfilter als X-Schaltung vor, so kann man es sofort in diese Struktur umwandeln, sofern man nicht vorzieht, z.B. anhand der Formeln von Gazsi (1985) das Filter in der w-Ebene direkt als Wellendigitalfilter zu entwerfen.

Gegeben sei die symmetrische, beidseitig mit dem Widerstand R_0 abgeschlossene Brückenschaltung mit den Längsimpedanzen Z_ℓ und den Querimpedanzen Z_q (Bild 9.22 links). Die Elemente der Streumatrix [die Abschlußwiderstände sind beidseitig gleich] ergeben sich zu

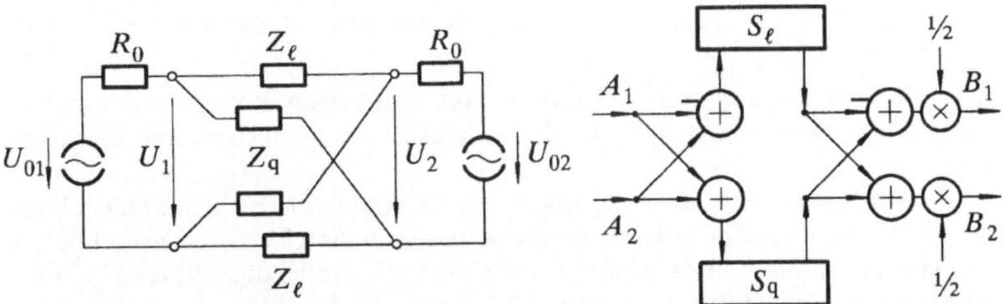

Bild 9.22. Symmetrische Brückenschaltung (links) und zugehöriges Brückenwellendigitalfilter (rechts)

$$S_{11} = S_{22} = \frac{S_q + S_\ell}{2} \;; \quad S_{21} = S_{12} = \frac{S_q - S_\ell}{2} \;; \qquad (9.71a,b)$$

$$S_\ell = \frac{Z_\ell - R_0}{Z_\ell + R_0} \;; \qquad S_q = \frac{Z_q - R_0}{Z_q + R_0} \;. \qquad (9.72a,b)$$

Hiermit können wir die WDF-Darstellung sofort formulieren:

$$2B_1 = S_\ell \cdot (A_1 - A_2) + S_q \cdot (A_1 + A_2) \;;$$
$$2B_2 = S_\ell \cdot (A_2 - A_1) + S_q \cdot (A_1 + A_2) \;. \qquad (9.73a,b)$$

Hieraus ergibt sich das Wellendigitalfilter von Bild 9.22 (rechts); die beiden Reflektanzen S_ℓ und S_q sind Eintore. Sind die Brückenimpedanzen Z_ℓ und Z_q des Referenzfilters verlustfrei, so stellen S_ℓ und S_q Allpaßübertragungsfunktionen dar. In diesem Fall erhalten wir die (zweifach) komplementäre Filterweiche, die in Abschnitt 3.3.4 in anderem Zusammenhang bereits diskutiert wurde.

Die Realisierung von Weichenfiltern mit Allpässen ist besonders dann vorteilhaft, wenn mit geringen Koeffizientenwortlängen gearbeitet werden muß. Wird der Allpaß in einer der speziellen Strukturen (Direktstruktur nach Bild 3.18 oder 8.6; Kreuzgliedstruktur nach Bild 6.13 oder 8.7) realisiert, so ist die Allpaßeigenschaft *strukturinhärent*; d.h., der Allpaß bleibt exakt ein Allpaß, auch wenn die Koeffizienten massiv quantisiert werden. In der Kreuzgliedstruktur oder der Kaskadenstruktur ist die Stabilität des Allpasses auch bei Quantisierung der Koeffizienten leicht zu garantieren; alle genannten Strukturen lassen sich darüber hinaus grenzzyklusfrei aufbauen. Wo die Realisierung eines Filters oder einer Filterweiche mit Hilfe eines komplementären Allpaßpaares – sei es reell oder komplex – möglich ist, bietet sie eine optimale Alternative bezüglich der numerischen Konditionierung der Aufgabe.

Bereits mehrmals wurden in diesem Buch Weichenschaltungen auf Allpaßbasis angesprochen (Abschnitte 3.3.2, 6.5, 8.1.3). Im folgenden soll diese Frage nochmal zusammenhängend thematisiert werden. Zu diesem Zweck seien die Ergebnisse der früheren Abschnitte zu diesem Thema kurz zusammengefaßt, zunächst für Allpässe mit reellen Koeffizienten:

- Die Übertragungsfunktion eines verlustfreien analogen Eintores (Zweipoles) geht in der WDF-Darstellung in eine Allpaß-Übertragungsfunktion über (Abschnitte 3.3, 9.4.3).
- Die WDF-Darstellung eines Eintors ist topologisch identisch mit der Darstellung eines "konventionellen" digitalen Filters, und auch die Übertragungsfunktionen sind gleich definiert. Damit besteht die Möglichkeit, Wellendigitalfilter und "konventionelle" Digitalfilter zu mischen (Abschnitte 9.4.3, 2.2.1).
- Die WDF-Struktur aus Elementarleitungen und Zweitoradaptoren (Richards-Struktur) und die Kreuzgliedstruktur sind identisch. Die Kreuzgliedstruktur gehört damit zu den Wellendigitalfiltern. Dies bedeutet andererseits, daß beliebige Bausteine von Kreuzgliedstrukturen (z.B. Zweimultiplizierer-, Viermultiplizierer- oder skalierte Viermultipliziererstruktur) als Zweitoradaptoren in Wellendigitalfiltern eingesetzt werden können (Abschnitte 6.4, 6.5, 9.3.4).
- Komplementäre Allpaß-Filterweichen und Brückenwellendigitalfilter sind identisch. Diese Strukturen sind zuerst als Wellendigitalfilter entwickelt (Fettweis et al., 1974) und dann unter Ausnutzung der Eintor-Äquivalenz (9.59) in die allgemeine Digitalfilter-Darstellung übernommen worden (Neuvo und Mitra, 1984; vgl. Abschnitt 3.3.4).
- Die Allpaßeigenschaft wird u.a. von folgenden Strukturen inhärent garantiert: Strukturen 1. und 2. Grades nach Mitra und Hirano (1974) sowie Allpaß-Direktstruktur (Abschnitt 3.3.1); Kreuzgliedstruktur (Abschnitt 6.5); Schaltung als WDF-Eintor (Abschnitt 9.4.3). Bis auf die Allpaß-Direktstruktur (für $k>2$) sind die genannten Strukturen auch pseudoverlustfrei.
- Die Frequenzselektivität digitaler Filter in Brücken-WDF-Struktur ergibt sich aufgrund von Phasenverschiebungen der Ausgangssignale der beiden Allpässe. Der Typ des Filters wird also durch die Differenz des Phasenzuwachses zwischen den beiden Allpaßfiltern und damit durch den Gradunterschied $\Delta k = |k_2 - k_1|$ der Allpässe bestimmt. Ist $\Delta k = 1$, so erhalten wir eine Tiefpaß-Hochpaß-Weiche, für $\Delta k = 2$ eine Bandpaß-Bandsperre-Weiche, usw. (Abschnitt 3.3.4).
- Die beiden Ausgangssignale einer Filterweiche in Brücken-WDF-Struktur stehen zueinander in Quadratur (Abschnitt 3.3.4).

Wie in jeder Parallelstruktur enthalten beide Komponenten einer Filterweiche sämtliche Pole beider Allpässe. Die Nullstellen ergeben sich implizit und für die beiden Komponenten verschieden (Bild 9.23).

Brückenwellendigitalfilter und komplementäre Filterweichen lassen sich auch aus komplexen Allpässen aufbauen (vgl. Abschnitt 8.1.3). Wählt man die beiden beteiligten Allpässe der Filterweiche so, daß sie zueinander konjugiert komplex werden,

$$H_{A1}(z) = \mathbf{H}_A(z) \; ; \quad H_{A2}(z) = \mathbf{H}_A^*(z^*) \; , \tag{8.30}$$

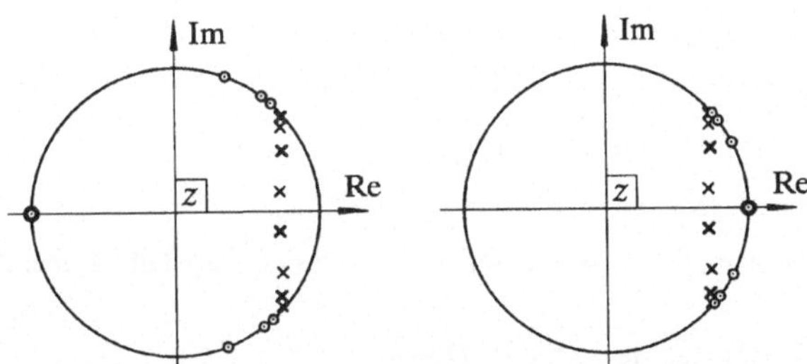

Bild 9.23. Lage der Pole und Nullstellen für ein Cauer-Tiefpaßfilter 8. Grades (Entwurfsbeispiel nach Abschnitt 5.2.3) [links] und für das zugehörige allpaß- und leistungskomplementäre Filter [rechts]. Das Filter hat (entsprechend dem Aufbau des analogen Referenzfilters) eine Doppelnullstelle bei $z=-1$ bzw. $z=+1$

und betreibt man sie mit dem reellen Eingangssignal $x(n)$, so wird der Realteil $y_1(n)$ des komplexen Ausgangssignals $\mathbf{y}(n)$ zum Imaginärteil $y_2(n)$ allpaß- und leistungskomplementär. Der Vorteil dieser Anordnung besteht darin, daß das Filter $H_{A2}(z)$ nicht mehr realisiert werden muß, sondern daß eine Schaltung [entsprechend (8.15)] verwendet werden kann:

$$y_1(n) = \mathrm{Re}\,[\mathbf{y}(n)] \;; \qquad y_2(n) = \mathrm{Im}\,[\mathbf{y}(n)] \;;$$

$$H_1(z) = \frac{\mathbf{H}_A(z) + \mathbf{H}_A^*(z^*)}{2} \;; \qquad H_2(z) = \frac{\mathbf{H}_A(z) - \mathbf{H}_A^*(z^*)}{2} \;. \qquad (9.74\text{a-d})$$

Wegen (8.30) ist der Grad der beiden komplexen Allpaßfilter gleich; der Gesamtgrad des Filters wird gerade. Nur das Filter $\mathbf{H}_A(z)$ muß realisiert werden.

Welche Filter lassen sich nun in die Brücken-WDF-Struktur überführen? Beantworten wir diese Frage aus dem Blickwinkel der analogen Netzwerktheorie, so sind dies alle Filter, die sich als X-Schaltung realisieren lassen. Die Frage läßt sich aber auch ohne Zuhilfenahme der analogen Netzwerktheorie behandeln (Gazsi, 1985; Regalia und Mitra, 1987a). Gegeben sei in der pseudoanalogen w-Ebene (dort ist der Nachweis einfacher) ein passives Filter von Grad k mit der Übertragungsfunktion

$$H_1(w) = D(w)/G(w) \;; \qquad (9.75\text{a})$$

Die folgende Herleitung wurde von Regalia und Mitra (1987a) für analoge Filter aufgestellt, gilt aber ebenso für den digitalen Fall. D und G seien Polynome mit reellen Koeffizienten. Hierzu soll (sofern es überhaupt existiert) ein leistungskomplementäres Filter

$$H_2(w) = Q(w)/G(w) \qquad (9.75\text{b})$$

gefunden werden, für das dann entsprechend (3.56) gelten muß

$$|H_1(jv)|^2 + |H_2(jv)|^2 = 1 \quad \text{mit} \quad w = u + jv \; ; \tag{9.76}$$

Erweitern wir (9.76) auf die ganze w-Ebene (vgl. Abschnitt 5.3.1), so erhalten wir

$$H_1(w)\,H_1(-w) + H_2(w)\,H_2(-w) = 1 \quad \text{oder}$$

$$D(w)\,D(-w) + Q(w)\,Q(-w) = G(w)\,G(-w) \; . \tag{9.77}$$

Wir nehmen nun an, daß sowohl $D(w)$ als auch $Q(w)$ gerade Funktionen in w sind, d.h.,

$$D(w) = D(-w) \quad \text{sowie} \quad Q(w) = Q(-w) \; ;$$

dann können wir (9.77) wie folgt umformen:

$$D^2(w) + Q^2(w) = G(w)\,G(-w) \quad \text{oder}$$

$$[D(w) + jQ(w)]\,[D(w) - jQ(w)] = G(w)\,G(-w) \; . \tag{9.78}$$

Da $H_1(w)$ und $H_2(w)$ als stabil angenommen sind, darf $G(w)$ auf der imaginären Achse keine Nullstellen besitzen. Ebensowenig darf $G(w)$ reelle Nullstellen besitzen, da diese dann auch gleichzeitig Nullstellen von $D(w)$ und $Q(w)$ sein müßten; wir gehen aber beim Ansatz (9.75) davon aus, daß die Polynome $D(w)$ und $G(w)$ zueinander teilerfremd sind. Die Nullstellen von (9.78) müssen also in Quadrupeln erscheinen:

$$G(w)\,G(-w) = \prod_{i=1}^{k/2} (w - w_{0i})(w + w_{0i})(w - w_{0i}^*)(w + w_{0i}^*) \; ; \tag{9.79}$$

auf $G(w)$ entfallen aus Stabilitätsgründen die Nullstellen in der linken Halbebene:

$$G(w) = \prod_{i=1}^{k/2} (w + w_{0i})(w + w_{0i}^*) \; . \tag{9.80}$$

Wenn wir die gleichen Nullstellen auf die Faktoren der linken Seite von (9.78) verteilen, so ergibt sich aus der Tatsache, daß die beiden Faktoren zueinander konjugiert komplex sind

$$D(w) + jQ(w) = \beta \prod_{i=1}^{k/2} (w - w_{0i})(w + w_{0i}) \; ;$$

$$D(w) - jQ(w) = \frac{1}{\beta} \prod_{i=1}^{k/2} (w - w_{0i}^*)(w + w_{0i}^*) \; . \tag{9.81a,b}$$

Der Faktor β wurde zunächst willkürlich eingeführt, wir erhalten aber

$$\frac{1}{\beta} = \beta^* \; ; \quad \text{damit gilt} \quad \beta := e^{j\theta_A} \, , \tag{9.82}$$

und β übernimmt die Rolle des bei komplexen Allpässen vorgesehenen Drehfaktors. Hiermit können wir die beiden Filter $H_1(w)$ und $H_2(w)$ zu einem komplexen Gesamtfilter zusammensetzen; nach Kürzen gemeinsamer Faktoren ergibt sich

$$\frac{D(w) + jQ(w)}{G(w)} = e^{j\theta}{}_A \prod_{i=1}^{k/2} \frac{w - w_{0i}}{w + w_{0i}^*} = \mathbf{H}_{A1}(w) \; ;$$

$$\frac{D(w) - jQ(w)}{G(w)} = e^{-j\theta}{}_A \prod_{i=1}^{k/2} \frac{w - w_{0i}^*}{w + w_{0i}} = \mathbf{H}_{A2}(w) = \mathbf{H}_{A1}^*(w^*) \; .$$

$$(9.83\text{a,b})$$

$\mathbf{H}_{A1}(w)$ und $\mathbf{H}_{A2}(w)$ sind die beiden komplexen Allpaßfunktionen, aus denen sich die Filterweiche zusammensetzt. Hiermit ist also (nach Anwendung der Bilineartransformation) nachgewiesen, daß jedes pseudopassive Filter geraden Grades, dessen Zählerpolynom eine gerade Funktion in w ist, in die komplexe Brücken-WDF-Struktur zerlegt werden kann. Wie uns ein Rückblick auf die charakteristische Funktion der klassischen frequenzselektiven Filter (Abschnitt 5.3.1-5.3.2) zeigt, erfüllen alle Potenz-, Tschebyscheff- und Cauer-Tiefpässe geraden Grades diese Bedingung. Auf die z-Ebene angewendet bedeutet dies sinngemäß, daß diese Zerlegung auf alle Filter geraden Grades angewendet werden kann, deren nichtrekursiver Teil linearphasig ist. Dies ist für die genannten Tiefpässe (und alle durch Allpaßtransformation daraus hergeleiteten Filter) der Fall; dort befinden sich alle Nullstellen auf dem Einheitskreis.

Eine entsprechende Beziehung läßt sich herleiten, wenn zu einem geraden Zählerpolynom $D(z)$ ein leistungskomplementäres Filter existiert, dessen Zählerpolynom eine *ungerade* Funktion in w ist (oder umgekehrt); in diesem Fall ergibt sich die bekannte Zerlegung in zwei reelle Allpaßkomponenten. Die reelle Brücken-WDF-Struktur läßt sich damit u.a. herstellen für alle klassischen Tiefpässe *ungeraden* Grades (Gazsi, 1985).

Es bleibt die Frage, auf welche Weise die Pole der Filter $H_1(z)$ und $H_2(z)$ auf die Allpaßfunktionen aufgeteilt werden. Wie Gazsi (1985) für den Fall reeller Allpaßfunktionen nachwies, müssen die Pole, wenn sie in geordneter Reihenfolge (nach steigendem oder fallendem Polwinkel sortiert) vorliegen, den beiden Allpässen in alternierender Reihenfolge zugeordnet werden. Gleiches gilt, wenn die Zerlegung zu komplexen Allpässen führt (Regalia et al., 1988). Sind die Pole von $H_1(z)$ also explizit bekannt, so kann eine Brücken-WDF-Struktur, sofern realisierbar, sofort aufgebaut werden.

Für die komplexe Struktur fehlt noch die Berechnung des Drehfaktors $e^{j\psi}{}_A$, der bei der Implementierung eine entscheidende Rolle spielt. Um ihn zu ermitteln, setzen wir die Gleichung (9.83), die nach Anwendung der Bilineartransformation in der z-Ebene entsprechend vorliegt,

$$\frac{D(z) + jQ(z)}{G(z)} = e^{j\psi_A} \prod_{i=1}^{k/2} \frac{-z_{Pi}^* z + 1}{z - z_{Pi}} = \mathbf{H}_{A1}(z) \; ;$$

$$\frac{D(z) - jQ(z)}{G(z)} = e^{-j\psi_A} \prod_{i=1}^{k/2} \frac{-z_{Pi} z + 1}{z - z_{Pi}^*} = \mathbf{H}_{A2}(z) = \mathbf{H}_{A1}^*(z^*) \, ,$$

$$(9.84\text{a,b})$$

für $z=1$ an:

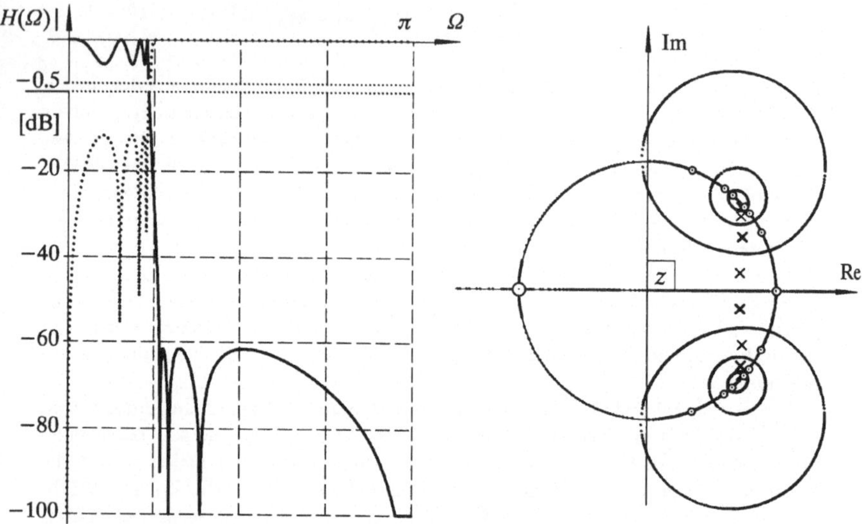

Bild 9.24. Komplementäre Filterweiche mit Cauer-Filter 8. Grades in Brücken-WDF-Struktur. Realisiert ist das Entwurfsbeispiel von Abschnitt 5.2.3. (Links) Amplitudengang des Filters (durchgezogen) und des Komplementärfilters (punktiert); (rechts) Pol-Null-stellen-Diagramm. Die Pole, die zu $H_{A1}(z)$ gehören, sind dick eingezeichnet. Die eingezeichneten Trajektorien sind die Orte, die die Nullstellen des Filters $H_1(z)$ in Abhängigkeit vom Drehfaktor annehmen. Beim Drehwinkel $\psi_A = -67{,}91934°$ stellt $H_1(z)$ das gesuchte Filter dar; wird ψ_A um genau 90° weitergedreht, so ergibt sich das komplementäre Filter. Die Bewegung der Nullstellen bei variierendem Drehfaktor ist kompliziert: sie bewegen sich entweder auf dem Einheitskreis oder auf den eingezeichneten Trajektorien (einschließlich der gesamten reellen z-Achse). Bewegen sich zwei Nullstellen auf dem Einheitskreis aufeinander zu, so steigt die Empfindlichkeit der Nullstelle gegenüber Änderungen des Drehfaktors, um ein Maximum zu erreichen, wenn die Nullstellen zusammenfallen und anschliesend den Einheitskreis im rechten Winkel verlassen. Hiervon ist insbesondere auch die Doppelnullstelle bei $z = -1$ betroffen. Die Änderungen des Drehfaktors erfolgten bei der Erstellung dieses Bildes *nicht* in konstanten Schritten

$$e^{j\psi_A} \prod_{i=1}^{k/2} \frac{1 - z_{Pi}^*}{1 - z_{Pi}} = \mathbf{H}_{A1}(z{=}1) = H_1(z{=}1) + jH_2(z{=}1) \ . \qquad (9.85a,b)$$

Da die Übertragungsfunktionen der Filter für $z{=}1$ bekannt sind, läßt sich hieraus der Drehfaktor sofort errechnen.

Als ein Beispiel zeigt Bild 9.24 die Übertragungsfunktion einer Brücken-WDF-Struktur für ein Cauer-Tiefpaß-Filter vom Grad $k{=}8$. Das Filter erfüllt die Spezifikation des Entwurfsbeispiels von Abschnitt 5.2.3; da dort ein Cauer-Filter vom Grad 7 ausreicht, ist das hier (aus didaktischen Gründen gewählte Filter überdimensioniert. Das Filter wurde so ausgewählt, daß die Durchlaß- und Sperrdämpfungen des Entwurfs erhalten bleiben, das Filter aber einen schmaleren Übergangsvereich aufweist. Im Filterkatalog (Saal und Entenmann, [3]1993) ist es als Cauer-Filter C08-25c-60 aufgeführt und besitzt eine normierte obere Sperrgrenze $v_S{=}1{,}1763$. Das Bild zeigt insbesondere die Abhängigkeit der Realisierung vom Drehfaktor $e^{j\psi_A}$, die sich [experimentell bei der Erstellung von Bild 9.24] als kritisch herausstellt. Dies ist anhand (9.85) plausibel zu machen. Das verwendete Cauer-Filter hat ein Dämpfungsminimum bei $z{=}1$ und eine doppelte Nullstelle bei $z{=}-1$. Dies bedeutet $H_1(z{=}1){=}1$ sowie $H_2(z{=}1){=}0$; entsprechend muß gelten $H_2(z{=}-1){=}1$ sowie $H_1(z{=}-1){=}0$. Eine kleine Ungenauigkeit des Drehfaktors wirkt sich voll auf die Übertragungsfunktion aus, die für $z{=}1$ bzw. $z{=}-1$ eine Nullstelle besitzt. Die Tatsache, daß das Filter eine Doppelnullstelle bei $z{=}-1$ aufweist, verschlimmert die Situation derart, daß eine Änderung des Drehfaktors um $0{,}01°$ die Doppelnullstelle in $z{=}-1$ so aus ihrer Lage fortbewegt, daß das Filter im Sperrbereich nicht mehr richtig funktioniert. Nicht ohne Grund arbeiten die Entwurfsbeispiele in den Originalveröffentlichungen (Vaidyanathan et al., 1987; Regalia et al., 1988) mit Cauer-Filtern geraden Grades, deren Nullstellen ausschließlich komplex sind; diese Filter (in unserem Fall wäre dies C08-25a-60) sind allerdings im Filterkatalog nicht verzeichnet, da sie sich im analogen Bereich aus schaltungstechnischen Gründen einer einfachen Realisierung entziehen. Bei Filtern ungeraden Grades existiert das Problem nicht, da bei reellen Allpässen der Drehfaktor nur die Werte ± 1 annehmen kann.

Die Anwendungsmöglichkeiten für Brückenwellendigitalfilter sind vielfältig. Neben frequenzselektiven Filtern können Entzerrerfilter oder Notch-Filter realisiert werden (vgl. die Diskussion in den Abschnitten 3.3.5 und 6.5). Eine weitere Anwendung ist gegeben in Form der *fehlabgestimmten* Brückenwellendigitalfilter (Ansari, 1985a; Renfors et al., 1991); hier erhalten wir

$$\begin{aligned} H_1(\Omega) &= a \cdot H_{A1}(\Omega) + (1{-}a) \cdot H_{A2}(\Omega) \ ; \\ H_2(\Omega) &= (1{-}a) \cdot H_{A1}(\Omega) - a \cdot H_{A2}(\Omega) \ . \end{aligned} \qquad (9.86)$$

Diese Filter, auf deren Diskussion aus Platzgründen verzichtet wird, sind nicht mehr zur Klasse der frequenzselektiven Filter zu zählen; es entstehen Filter mit mehreren Durchlaßbereichen, in denen der Amplitudengang einen von Eins verschiedenen Wert annimmt, oder allgemeinere, den Entzerrerfiltern zuzurechnende Strukturen.

Ausgewählte Literatur

Abramowitz M., Stegun I. A. (1964): *Handbook of mathematical functions* (Dover Publ., New York) [7.2]

Achilles D. (1978): *Die Fouriertransformation in der Signalverarbeitung* (Springer, Berlin) [0.1; 2.3; 2.4]

Agarwal R. C., Burrus C. S. (1975): "New recursive digital filter structures having very low sensitivity and roundoff noise." IEEE Trans. CAS-22, 921-927 [2.2; 4.1.3; 4.1.4]

Alexander S. T. (1986a): *Adaptive signal processing: theory and applications* (Springer, New York) [6.]

Alexander S. T. (1986b): "Fast adaptive filters: A geometrical approach." IEEE ASSP Magazine 3, 18-28 [6.3]

Alkhairy A. S., Christian K. G., Lim J. S. (1993): "Design and characterization of optimal FIR filters with arbitrary phase." IEEE Trans. SP-41, 559-572 [5.5.2; 5.8]

Allen J. (1975): "Computer architecture for signal processing." Proc. IEEE 63, 624-633 [4.2.1]

Allen J. B. (1979): "FASTFILT – an FFT based filtering program." **DSP Programs** 3.1 [0.3; 2.4]

Ansari R. (1985a): "Multilevel IIR digital filters." IEEE Trans. CAS-32, 337-341 [3.3.1; 5.8; 9.5]

Ansari R. (1985b): "Elliptic filter design for a class of generalized halfband filters." IEEE Trans. ASSP-33, 1146-1150 [5.3; 7.2]

Ansari R., Liu B. (1985): "A class of low-noise computationally efficient recursive digital filters with applications to sampling rate alterations." IEEE Trans. ASSP-33, 90-97 [7.2]

Antoniou A. (1979): *Digital filters: analysis and design* (McGraw-Hill, New York) [0.1]

Antoniou A., Rezk M. G. (1980): "A comparison of cascade and wave fixed-point digital filter structures." IEEE Trans. CAS-27, 1184-1194 [2.5; 4.1.1; 9.4]

Diese Zusammenstellung enthält neben dem im Text referierten Schrifttum auch eine Auswahl von weiterführenden Publikationen. Die Titel sind grob nach den Abschnitten des Buches klassifiziert, auf die sie sich beziehen. Zusätzlich sind folgende Kategorien angegeben: Lehrbücher und Tutorien allgemein [0.1]; Bibliographien oder Übersichtsartikel mit größeren Bibliographien [0.2]; Algorithmen, Programme und -listen [0.3]; Filterkataloge [0.4]; Analog-Digital-Wandler [1.2.2]. Fett gedruckte Kürzel (z.B. **ISCAS**) dienen der Platzersparnis; der vollständige Eintrag findet sich unter dem Namen des Kürzels. Weitere Literatur findet sich u.a. in folgenden Zeitschriften: IEEE Transactions on Circuits and Systems (CAS); IEEE Transactions on Signal Processing (SP) [bis 1990 ... on Acoustics, Speech, and Signal Processing (ASSP)]; Intern. Journal of Circuit Theory and Applications; Signal Processing; Archiv für Elektronik und Übertragungstechnik (AEÜ).

Atal B. S. (1974): "Effectiveness of linear prediction characteristics of the speech wave for automatic speaker identification and verification." J. Acoust. Soc. Am. *55*, 1304-1312 [5.7]

Atal B. S., Hanauer S. L. (1971): "Speech analysis and synthesis by linear prediction of the speech wave." J. Acoust. Soc. Am. *50*, 637-655 [6.2]

Auer E. (1988): *Analyse und Unterdrückung von Grenzzyklen und Überlauf in digitalen Systemen* (Diss., Inst. f. Netzwerk- und Systemtheorie, Stuttgart) [4.1.2; 4.1.3]

Avenhaus E. (1971): *Zum Entwurf digitaler Filter mit minimaler Speicherwortlänge für Koeffizienten und Zustandsgrößen*. Ausgewählte Arbeiten über Nachrichtensysteme, Band 13; hrsg. von W. Schüßler (Universität Erlangen-Nürnberg) [4.1.1]

Avenhaus E. (1972a): "On the design of digital filters with coefficients of limited word length." IEEE Trans. AU-*20*, 206-212 [4.1.1]

Avenhaus E. (1972b): "A proposal to find suitable canonical structures for the implementation of digital filters with small coefficient wordlength." Nachrichtent. Z. *25*, 377-382 [2.5; 4.1.1]

Azizi S. A. (1981): *Entwurf und Realisierung digitaler Filter* (Oldenbourg, München) [0.1; 2.5; 4.1.4]

Barnes C. W., Fam A. T. (1977): "Minimum norm recursive digital filters that are free of overflow limit cycles." IEEE Trans. CAS-*24*, 569-574 [4.1.2]

Barnes C. W., Tran B. N., Leung S. H. (1985): "On the statistics of fixed-point roundoff error." IEEE Trans. ASSP-*33*, 595-606 [4.1.3]

Bauer P. H., Leclerc L.-J. (1991): "A computer-aided test for the absence of limit cycles in fixed-point digital filters." IEEE Trans. SP-*39*, 2400-2409 [4.1.3]

Beauchamp K., Yuen C. (1980): *Data acquisition for signal analysis* (George Allen & Unwin, London) [1.2.2]

Bellanger M. G. (1977): "Computation rate and storage estimation in multirate digital filtering with halfband filters." IEEE Trans. ASSP-*25*, 344-346 [7.2]

Bellanger M. G. (^{3}1987a, ^{1}1980): *Traitement numérique du signal*. Théorie et prâtique. Collection CNET-ENST (Masson, Paris) [0.1; 0.3; 2.5; 4.1.1; 5.3; 7.; 9.]

Bellanger M. G. (1987b): *Adaptive digital filter and signal analysis* (Marcel Dekker Inc., New York) [0.1; 6.]

Bellanger M. G., Bonnerot G. (1978): "Premultiplication scheme for digital FIR filters with application to multirate filtering." IEEE Trans. ASSP-*26*, 50-55 [7.2]

Bellanger M. G., Bonnerot G., Coudreuse M. (1976): "Digital filtering by polyphase network: Application to sample-rate alteration and filter banks." IEEE Trans. ASSP-*24*, 109-114 [7.3.2]

Bellanger M. G., Daguet J. L. (1974): "TDM-TFM transmultiplexer: digital polyphase and FFT." IEEE Trans. COM-*22*, 1199-1205 [7.3.2]

Bellanger M. G., Daguet J. L., Lepagnol G. P. (1974): "Interpolation, extrapolation, and reduction of computation speed in digital filters." IEEE Trans. ASSP-*22*, 231-235 [7.2; 7.3]

Bender A. (1988): "Einsatz von PCs in der Meß- und Automatisierungstechnik." Elektronik (10./13.5.), 144-152 [4.2.1]

Bergland G. D. (1968): "A fast Fourier transform algorithm for real-valued series." Commun. ACM *11*, 703-710 [2.4.1; 4.3]

Bergland G. D. (1969): "A guided tour of the fast Fourier transform." IEEE Spectrum (6), 41-50 [2.4.1; 4.3]

Bergland G. D., Dolan M. T. (1979): "Fast Fourier transform algorithms." **DSP Programs** 1.2 [0.3; 2.4.1; 4.3]

Blackman R. B. (1965): *Linear data smoothing and prediction in theory and practice* (Addison-Wesley, Reading, MA, USA) [5.5.2]

Blahut R. E. (1985): *Fast algorithms for digital signal processing* (Addison-Wesley, Reading, MA, USA) [0.3; 4.]

Böhme J. F. (1993): *Stochastische Signale* (Teubner, Stuttgart; Studienbücher Elektrotechnik, ISBN 3-519-06160-0) [0.1; 1.1]

Boite R. (1971): The Bayard-Bode relations for digital filters. In 1971 Symposium on Digital Filtering (Imperial College of Science and Technology, London) [5.7]

Boite R., He X.-L., Renard J.-P. (1988): "On the floating point realization of digital filters." Proc. European Signal Processing Conf., 1501-1504 [4.1.3]

Boite R., Leich H. (1973): On digital filters with complex coefficients. In Network and signal theory; ed. by J. K. Swirzynski and J. O. Scanlan (Peter Peregrinus, London), 344-351 [8.1]

Boite R., Leich H. (1981): "A new procedure for the design of high-order minimum-phase FIR digital or CCD filters." Signal Proc. 3, 101-108 [5.7]

Boite R., Leich H. (1982): *Les filtres numériques.* Collection CNET-ENST (Masson, Paris) [0.1]

Bonnerot G., Coudreuse M., Bellanger M. G. (1978): "Digital signal processing in the 60-channel transmultiplexer." IEEE Trans. COM-26, 698-706 [8.2]

Bose N. K., Brown D. P. (1991): "On limit cycles in N-order direct form digital filters." Circuits, Systems, and Signal Processing 10, 153-161 [4.1.3]

Boudreaux G. F., Parks T. W. (1983): "Thinning digital filters: a piecewise exponential approximation approach." IEEE Trans. ASSP-31, 105-113 [5.5.4]

Brigham E. O. (1974): *The fast Fourier transform* (Prentice-Hall, Englewood Cliffs, NJ, USA) [0.1; 2.4.1]

Bronstein I. N., Semendjajew K. A. (^{25}1991; ^{1}1957): *Taschenbuch der Mathematik.* (Nauka, Moskau; Teubner, Stuttgart; ISBN 3-8154-2000-8) [0.1]

Büttner M., Schüßler H. W. (1976): "On structures for the implementation of the distributed arithmetic." Nachrichtent. Z. 29, 471-477 [4.2.2]

Burg J. P. (1967): Maximum entropy spectral analysis. In *Modern spectrum analysis;* ed. by D. G. Childers (IEEE Press, New York), 34-43 [6.2; 6.3]

Burnside D., Parks T. W. (1993): "Accelerated design of FIR filters in the complex domain." **ICASSP-93** (3), 81-84 [5.6]

Burrus C. S. (1972): "Block realization of digital filters." IEEE Trans. AU-20, 230-235 [4.1.2]

Burrus C. S., Parks T. W. (1970): "Time domain design of recursive digital filters." IEEE Trans. AU-18, 137-141 [5.3]

Burrus C. S., Parks T. W. (1984): *DFT/FFT and convolution algorithms* (Wiley, New York) [0.1; 0.3; 2.4.1; 4.3]

Burrus C. S., Soewito A. W., Gopinath R. A. (1992): "Least squared error FIR filter design with transition bands." IEEE Trans. SP-40, 1327-1340 [5.5.4; 5.6]

Butterweck H. J. (1975): "Suppression of parasitic oscillations in second-order digital filters by means of controlled rounding." AEÜ 29, 371-374 [3.2; 4.1.3]

Butterweck H. J., Lucassen F. H. R., Verkroost G. (1986): "Subharmonics and other quantization effects in periodically excited recursive digital filters." IEEE Trans. CAS-*33*, 958-964 [4.1.3]

Butterweck H. J., Meer A. C. P. van, Verkroost G. (1984): "New second-order digital filter sections without limit cycles." IEEE Trans. CAS-*31*, 141-147 [3.2; 4.1.3]

Butterweck H. J., Ritzerfeld J. H., Werter M. J. (1988): *Finite wordlength effects in digital filters — a review* (EUT Rept. 88-E-205, University of Technology, Eindhoven) [0.2; 4.1]

Butterweck H. J., Ritzerfeld J., Werter M. (1989): "Finite wordlength effects in digital filters." AEÜ 43, 76-89 [0.2; 4.1; 4.1.1]

Cadzow J. A. (1974): "Digital notch filter design procedure." IEEE Trans. ASSP-*22*, 10-15 [3.3.5]

Cappellini V., Constantinides A. G., Emiliani P. (1978): *Digital filters and their applications* (Academic Press, London) [0.1]

Carvalho J. de, Hanson J. V. (1981): "Efficient real-time interpolation for D/A conversion." Electron. Lett. *17*, 733-735 [7.5]

Cauer W. (1931): *Siebschaltungen* (VDI-Verlag, Berlin) [5.2]

Chan D. S. K., Rabiner L. R. (1973): "Theory of roundoff noise in cascade realizations of finite impulse response digital filters." Bell Syst. Tech. J. *52*, 329-345 [4.1.4]

Chan Yuk-Hee, Siu Wan-Chi (1992): "On the realization of discrete cosine transform using the distributed arithmetic." IEEE Trans. CAS-I-*39*, 705-712 [4.2.2]

Chandra S., Lin W. C. (1974): "Experimental comparison between stationary and nonstationary formulations of LP applied to voiced speech analysis." IEEE Trans. ASSP-*22*, 403-415 [6.2]

Charalambous C., Antoniou A. (1980): "Equalization of recursive digital filters." Proc. Inst. Elec. Eng. (IEE) *127*, 219-225 [5.2; 5.5.4]

Chen Tsuhan, Vaidyanathan P. P. (1991): "Design of IFIR eigenfilters." **ISCAS-91**, 264-276 [5.5.2; 5.5.4; 7.3.4]

Chen Xiangkun, Parks T. W. (1986): "Design of optimal minimum-phase FIR filters by direct factorization." Signal Proc. *10*, 369-383 [5.7]

Chen Xiangkun, Parks T. W. (1990): "Design of IIR filters in the complex domain." IEEE Trans. ASSP-*38*, 910-920 [5.3]

Childers D. G., Skinner D. P., Kemerait R. C. (1977): "The cepstrum: a guide to processing." Proc. IEEE *65*, 1428-1443 [5.7]

Chit N. N., Mason J. S. (1991): "Complex Chebyshev approximation for FIR digital filters." IEEE Trans. SP-*39*, 49-54 [5.5.4; 5.6]

Chu S., Burrus C. S. (1983): "Optimum FIR and IIR multistage multirate filter design." Circuits, Systems, and Signal Proc. *2*, 361-386 [7.2]

Chu S., Burrus C. S. (1984): "Multirate filter designs using comb filters." IEEE Trans. CAS-*31*, 913-924 [7.2]

Chua L. O., Lin T. (1990): "Chaos and fractals from third-order digital filters." Circuit Theory and Applic. *18*, 241-255 [4.1.2]

Churkin J. I., Jakowlew C. P., Wunsch G. (1966): *Theorie und Anwendung der Signalabtastung* (Berlin) [0.1; 2.3]

Claasen T. A. C. M., Mecklenbräuker W. F. G. (1978): "On the transposition of linear time-varying discrete-time networks and its application to multirate filtering." Philips J. Res. *23*, 78-102 [7.]

Claasen T. A. C. M., Mecklenbräuker W. F. G., Peek J. B. H. (1973): "Some remarks on the classification of limit cycles in digital filters." Philips Res. Rep. *28*, 297-305 [4.1.3]

Claasen T. A. C. M., Mecklenbräuker W. F. G., Peek J. B. H. (1974): "Frequency domain criteria for the absence of zero-input limit cycles in nonlinear discrete-time systems, with applications to digital filters." IEEE Trans. CAS-22, 232-239 [4.1.3]

Claasen T. A. C. M., Mecklenbräuker W. F. G., Peek J. B. H. (1976): "Effect of quantization and overflow in recursive digital filters." IEEE Trans. ASSP-*24*, 517-529 [4.1.2]

Cohn A. (1922): "Über die Anzahl der Wurzeln einer algebraischen Gleichung in einem Kreise." Mathemat. Z. *14*, 110-148 [6.4]

Constantinides A. G. (1967/68): "Frequency transformations for digital filters." Electron. Lett. *3*, 487-489; *4*, 115-116 [5.1]

Constantinides A. G. (1970): "Spectral transformations for digital filters." Proc. IEE (London) *117*, 1585-1590 [5.1]

Cooklev T., Nishihara A. (1993): "Maximally flat FIR filters." **ISCAS-93**, 96-99 [5.5.2; 5.8]

Cooley J. W., Tukey J. W. (1965): "An algorithm for the machine calculation of complex Fourier series." Math. Computation *19*, 287-301 [2.4.1]

Crochiere R. E. (1972): "Digital ladder structures and coefficient sensitivity." IEEE Trans. AU-*20*, 240-246 [4.1.1; 6.4]

Crochiere R. E. (1973): "Computational methods for sensitivity analysis of digital filters." Quart. Prog. Rept., Res. Lab. Electron., MIT, Cambridge, MA, USA *109*, 113-123 [4.1.1]

Crochiere R. E. (1974): *Digital network theory and its application to the analysis and design of digital filters* (PhD Diss., Dept. of Electr. Eng., MIT, Cambridge, MA) [2.6; 4.1.1]

Crochiere R. E. (1975): "A new statistical approach to the coefficients word length problem for digital filters." IEEE Trans. CAS-22, 190-196 [4.1.1]

Crochiere R. E. (1979): "A general program to perform sampling rate conversion of data by rational ratios." **DSP Programs** 8.2 [0.3; 7.1]

Crochiere R. E., Oppenheim A. V. (1975): "Analysis of linear digital networks." Proc. IEEE *63*, 581-594 [0.1; 2.2; 2.6; 2.7; 4.1.1; 7.1]

Crochiere R. E., Rabiner L. R. (1975): "Optimum FIR digital filter implementations for decimation, interpolation, and narrow-band filtering." IEEE Trans. ASSP-*23*, 444-456 [7.2]

Crochiere R. E., Rabiner L. R. (1981): "Interpolation and decimation of digital signals — a tutorial review." Proc. IEEE *69*, 300-331 [0.2; 7.; 7.2; 7.3.2]

Crochiere R. E., Rabiner L. R. (1983): *Multirate digital signal processing* (Prentice Hall, Englewood Cliffs, NJ, USA) [0.1; 7.; 7.3.2]

Croisier A., Esteban D. J., Levilion M. E., Riso V. (1973): Digital filter for PCM encoded signals; United States Patent # 3,777,130 [4.2.2]

Crooke A. W., Craig J. W. (1972): "Digital filters for sample-rate reduction." IEEE Trans. AU-*20*, 308-315 [7.2]

Crystal T. H., Ehrman L. (1968): "The design and applications of digital filters with complex coefficients." IEEE Trans. AU-*16*, 315-320 [8.1]

Czarnach R. (1982): "Recursive processing by noncausal digital filters." IEEE Trans. ASSP-*30*, 363-370 [3.5]

Czarnach R., Schüssler W., Röhrlein G. (1982): "Linear phase recursive digital filters for special applications." **ICASSP-82**, 1825-1828 [3.5]

Darlington S. (1950): "Realization of a constant phase difference." Bell Syst. Tech. J. *29*, 94-104 [8.2]

Darlington S. (1978): "Simple algorithms for elliptic filters and generalizations thereof." IEEE Trans. CAS-25, 975-980 [5.3]

Deczky A. G. (1969): "General expression for the group delay of digital filters." Electron. Lett. 5, 663-665 [2.5]

Deczky A. G. (1972): "Synthesis of recursive digital filters using the minimum p-error criterion." IEEE Trans. AU-20, 257-263 [5.3; 5.8]

Deczky A. G. (1974a): "Recursive digital filters having equiripple group delay." IEEE Trans. CAS-21, 131-134 [3.3.1; 5.8]

Deczky A. G. (1974b): "Equiripple and minimax (Chebyshev) approximations for recursive digital filters." IEEE Trans. ASSP-22, 98-111 [5.3; 5.8]

Deczky A. G. (1979): "Program for minimum-p synthesis of recursive digital filters." **DSP Programs** 6.2 [0.3; 5.3; 5.8]

Dehner G. F. (1975a): "On the design of digital Cauer filters with coefficients of limited word length." AEÜ 29, 165-168 [4.1.1; 4.1.4; 5.3]

Dehner G. F. (1975b): "A contribution to the optimization of round-off noise in recursive digital filters." AEÜ 29, 505-510 [4.1.4]

Dehner G. F. (1976): "On the noise behaviour of digital filter blocks of second order." AEÜ 30, 394-398 [3.2; 4.1.4]

Dehner G. F. (1979a): "Program for the design of recursive filters." **DSP Programs** 6.1 [0.3; 2.2; 5.3]

Dehner G. F. (1979b): "On the design of efficient recursive digital filters." AEÜ 33, 86-90 [2.2; 5.3]

Deprettere E., Dewilde P. (1980): "Orthogonal cascade realization of real multiport digital filters." Circuit Theory and Applications 8, 245-277 [6.4; 9.4]

Diepold K., Pauli R. (1991): "Schur parametrization of symmetric indefinite matrices based on a circuit-theoretic model." AEÜ 45, 375-385 [6.4]

Digital Signal Processing Committee (ed.) (1979): *Programs for Digital Signal Processing* (IEEE Press, New York, ISBN 0-87942-128-2) [0.3]

Doetsch W. (1967): *Anleitung zum praktischen Gebrauch der Laplace-Transformation und der z-Transfomation* (Oldenbourg, München) [2.1]

Dolan M. T., Kaiser J. F. (1979): "An optimization program for the design of digital filter transfer functions." **DSP Programs** 6.3 [0.3; 5.5.2]

DSP Programs → *Programs for Digital Signal Processing;* ed. by Digital Signal Processing Committee, IEEE ASSP Society (IEEE Press, New York 1979, ISBN 0-87942-128-2) [0.3]

Durbin J. (1960): "The fitting of time series models." Revue de l'Inst. Int. de Statistique 28, 233-243 [6.2]

Duttaroy S. C., Patney R. K. (1978): "Roundoff noise properties of second-order digital notch filters." Circuit Theory and Applications 6, 183-202 [3.3.1; 3.3.5; 4.1.4]

Ebert P. M., Mazo J. E., Taylor M. G. (1969): "Overflow oscillations in digital filters." Bell Syst. Tech. J. 48, 2999-3020 [4.1.2]

Ebert S., Heute U. (1983): "Accelerated design of linear or minimum phase FIR filters with a Chebyshev magnitude response." Proc. IEE (London), part G 130, 257-270 [5.6; 5.7]

Eichen B. (1986): "NEC's μPD77230 digital signal processor." IEEE Micro, 60-69 [4.2.1]

Ellacott S., Williams J. (1976): "Linear Chebyshev approximation in the complex plane using Lawson's algorithm." Math. Comput. 30, 35-44 [5.6]

Er M. H. (1991): "Robust notch filter design." **ISCAS-91**, 272-275 [3.3.5; 6.5]

Evans J. B. (1993): "An efficient FIR filter architecture." **ISCAS-93**, 627-630 [4.2.3]

Feldtkeller R. (1962): *Einführung in die Vierpoltheorie der elektrischen Nachrichtentechnik* (Hirzel, Stuttgart) [9.3.4; 9.4]

Fettweis A. (1971a): "Digital filter structures related to classical filter networks." AEÜ *25*, 79-89 [5.1; 9.]

Fettweis A. (1971b): "A general theorem for signal-flow networks, with applications." AEÜ *25*, 557-561 [2.6]

Fettweis A. (1972a): "On the connection between multiplier wordlength limitation and roundoff noise in digital filters." IEEE Trans. CT-*19*, 486-491 [4.1.1; 4.1.4]

Fettweis A. (1972b): "Pseudopassivity, sensitivity, and stability of wave digital filters." IEEE Trans. CT-*19*, 668-673 [1.3; 2.5; 3.3.2; 4.1.1; 9.; 9.3.4]

Fettweis A. (1973): "Reciprocity, inter-reciprocity, and transposition in wave digital filters." Circuit Theory and Applications *1*, 323-337 [2.6; 9.]

Fettweis A. (1974a): "Wave digital filters with reduced number of delays." Circuit Theory and Applications *2*, 319-330 [9.4]

Fettweis A. (1974b): "On properties of floating-point roundoff noise." IEEE Trans. ASSP-*22*, 149-151 [4.1.3; 4.1.4]

Fettweis A. (1975): "Canonic realization of ladder wave digital filters." Circuit Theory and Applications *3*, 321-332 [9.4; 9.5]

Fettweis A. (1976): "Realizability of digital filter networks." AEÜ *30*, 90-96 [2.7; 9.4]

Fettweis A. (1981): "Principles of complex wave digital filters." Circuit Theory and Applications *9*, 119-134 [8.1; 9.]

Fettweis A. (1985): "Digital circuits and systems." IEEE Trans. CAS-*31*, 31-48 [0.2]

Fettweis A. (1986a): "The role of passivity and losslessness in digital filter design." **ISCAS-86**, 448-452 [2.5; 3.3.2; 8.1; 9.3.4; 9.4]

Fettweis A. (1986b): "Wave digital filters: theory and practice." Proc. IEEE *74*, 270-327 [0.1; 0.2; 9.]

Fettweis A. (1988): "Passivity and losslessness in digital filtering." AEÜ *42*, 1-8 [3.3.2; 9.3.4]

Fettweis A. (1990a): "Design of orthogonal and related digital filters by network theory approach." AEÜ *44*, 65-74 [5.1; 5.3; 9.4]

Fettweis A. (1990b): *Elemente nachrichtentechnischer Systeme* (Teubner, Stuttgart; Studienbücher Elektrotechnik, ISBN 3-519-06131-7) [0.1; 1.2]

Fettweis A. (1991): "The role of passivity and losslessness in multidimensional digital filtering: new challenges." **ISCAS-91**, 112-115 [3.3.2; 9.3.4]

Fettweis A., Khalil A. (1980): "Optimal low-sensitivity anti-aliasing and conversion filters." IEEE Trans. CAS-*27*, 559-566 [7.5]

Fettweis A., Levin H., Sedlmeyer A. (1974): "Wave digital lattice filters." Circuit Theory and Applic. *2*, 203-211 [3.3.4; 6.5; 9.5]

Fettweis A., Meerkötter K. (1975a): "Suppression of parasitic oscillations in wave digital filters." IEEE Trans. ASSP-*22*, 239-246 [4.1.3; 9.4]

Fettweis A., Meerkötter K. (1975b): "On adaptors for wave digital filters." IEEE Trans. ASSP-*23*, 516-525 [9.3]

Fliege N. (1991): "FIR half-band bandpass filters." **ISCAS-91**, 256-259 [7.2]

Foxall T. G., Ibrahim A. A., Hupe G. J. (1977): "Minimum-phase CCD transversal filters."
IEEE J. SC-*12*, 638-642 [3.4; 5.7]

Frantz G. A., Kun-Shan Lin, Reimer J. B., Bradley J. (1986): "The Texas Instruments
TMS320C25 digital signal microcomputer." IEEE Micro (December), 10-28 [4.2.1]

Franz N. (1988): "Digitaler Signalprozessor fär Hochleistungs-Anwendungen. Der
MB86232 erreicht Zykluszeiten von 75 ns." Elektronik (14), 51-55 [4.2.1]

Friedlander B. (1982): "Lattice filters for adaptive processing." Proc. IEEE *70*, 829-867
[0.1; 6.4]

G-AE Subcommittee on Measurement Concepts (1967): "What is the fast Fourier Trans-
form?" IEEE Trans. AU-*15*, 45-55 [0.3; 2.4.1]

Gazsi L. (1984): *Reference manual for FALCON program* (Lehrst. f. Nachrichtentechnik,
Ruhruniversität, Bochum) [0.3; 9.4]

Gazsi L. (1985): "Explicit formulas for lattice wave digital filters." IEEE Trans. CAS-*32*,
68-88 [3.3.4; 5.3; 8.1; 9.5]

Geçkinli N. C., Yavuz D. (1978): "Some novel windows and a concise tutorial comparison
of window families." IEEE Trans. ASSP-*26*, 501-507 [5.5.2]

Gerwen P. J. van, Mecklenbräuker W. F. G., Verhoeckx N. A. M., Snijders F. A. M., Essen
H. A. van (1975): "A new type of digital filter for data transmission." IEEE Trans.
COM-*23*, 222-234 [4.2.3]

Göckler H. (1980): A general approach to the design of sampled-data FIR filters with opti-
mum magnitude and minimum phase. In *Signal processing: theory and applications.* Pro-
ceedings of the First European Signal Proc. Conf., Lausanne, Sept. 1980; ed. by M. Kunt
and F. de Coulon (North-Holland Publishing Company, Amsterdam), 679-685 [3.4; 5.7]

Göckler H. (1981): "Design of recursive polyphase networks with optimum magnitude and
minimum phase." Signal Proc. *3*, 365-376 [3.4; 7.3.2]

Göckler H. (1989): *Universell durchstimmbare Digitalfilter für Anwendungen im Audiobereich*
(Diss., Univ. Erlangen–Nürnberg) [4.1, 5.8]

Gold B., Jordan K. L. (1969): "A direct search procedure for designing finite duration im-
pulse response filters." IEEE Trans. AU-*17*, 33-36 [5.5.2]

Gold B., Rader C. M. (1967): "Digital filter design techniques in the frequency domain."
Proc. IEEE *55*, 149-171 [5.3]

Gold B., Rader C. M. (1969): *Digital processing of signals* (McGraw-Hill, New York) [0.1;
3.2; 4.1.1]

Golden R. M., Kaiser J. F. (1964): "Design of wideband sampled-data filters." Bell Syst.
Tech. J. *43*, 1533-1546 [5.5.2]

Goodman D. J., Carey M. J. (1977): "Nine digital filters for decimation and interpolation."
IEEE Trans. ASSP-*25*, 121-126 [7.2]

Gray A. H. jr. (1980): "Passive cascaded lattice filters." IEEE Trans. CAS-*27*, 337-344 [6.4]

Gray A. H. jr., Markel J. D. (1973): "Digital lattice and ladder filter synthesis." IEEE Trans.
AU-*21*, 491-500 [6.4; 8.1]

Gray A. H. jr., Markel J. D. (1975): "A normalized digital filter structure." IEEE Trans.
ASSP-*23*, 268-277 [6.4]

Gray A. H. jr., Markel J. D. (1976): "A computer program for designing digital elliptic fil-
ters." IEEE Trans. ASSP-*24*, 529-538 [0.3; 5.3]

Gray A. H. jr., Markel J. D. (1979): "Linear prediction analysis programs (AUTO–
COVAR)." **DSP Programs** 4.1 [0.3; 6.2]

Green B. D., Turner L. E. (1988): "New limit cycle bounds for digital filters." IEEE Trans. CAS-*35*, 365-374 [4.1.3]

Gregorian R., Temes G. C. (1978): "Design techniques for digital and analog all-pass circuits." IEEE Trans. CAS-*25*, 981-988 [3.3.1; 5.8]

Grenander U., Szegö G. (1948): *Toeplitz forms and their applications* (Univ. of Califormia Press, Berkeley) [6.3]

Grenez F. (1983): "Design of linear- or minimum-phase FIR filters by constrained Chebyshev approximation." Signal Proc. *5*, 325-332 [5.6; 5.7]

Grenier Y. (1983): "Time-dependent ARMA modeling of nonstationary signals." IEEE Trans. ASSP-*31*, 899-911 [6.2; 6.3]

Haase J., Auer E., Höfer K., Lüder E. (1986): "A high speed parallel architecture for recursive digital filtering." AEÜ *40*, 241-246 [4.2.3]

Haberstumpf G., Möhringer P., Schüßler H. W., Steffen P. (1981): "On anti-aliasing filters with Chebyshev behavior in the passband." AEÜ *35*, 489-493 [7.5]

Hamming R. W. (1983): *Digital filters* (Prentice-Hall, Englewood Cliffs, NJ, USA) [0.1]

Harris F. J. (1978): "On the use of windows for harmonic analysis with the discrete Fourier transform." Proc. IEEE *66*, 51-83 [5.5.2]

Haug K. (1979): *Ein Verfahren zur Ermittlung aller äquivalenten Strukturen digitaler Filter* (Diss., Universität Stuttgart) [2.6; 4.2.3]

Haug K., Lüder E. (1982): "Determination of all equivalent and canonic second-order digital filter structures." AEÜ *36*, 436-442 [2.6; 4.2.3]

Hauk W., Wrzesinsky R. (1990): "Zum Prädiktionsproblem in der digitalen Signalverarbeitung." Frequenz *44*, 111-117 [6.2]

Helms H. D. (1961): Generalizations of the sampling theorem and error calculations (PhD Thesis, Princeton University, Princeton, NJ) [2.3]

Helms H. D. (1967): "Fast Fourier transform method of computing difference equations and simulating filters." IEEE Trans. AU-*15*, 85-90 [2.4.1; 4.3]

Helms H. D. (1968): "Nonrecursive digital filters: Design methods for achieving specifications on frequency response." IEEE Trans. AU-*16*, 336-342 [5.5.2]

Helms H. D. (1971): "Digital filters with equiripple or minimax responses." IEEE Trans. AU-*19*, 87-93 [5.5.2; 5.6]

Helms H. D., Kaiser J. F., Rabiner L. R. (1975): *Literature in digital signal processing* (IEEE Press, New York) [0.2]

Herrmann O. (1969a): "Quadraturfilter mit rationalem Übertragungsfaktor." AEÜ *23*, 77-84 [8.2]

Herrmann O. (1969b): "Transversalfilter zur Hilberttransformation." AEÜ *23*, 581-585 [8.2]

Herrmann O. (1970): "Design of nonrecursive digital filters with linear phase." Electron. Lett. *6*, 328-329 [5.6]

Herrmann O., Rabiner L. R., Chan D. S. K. (1973): "Practical design rules for optimum finite response lowpass digital filters." Bell Syst. Tech. J. *52*, 769-799 [5.4; 5.5.2]

Herrmann O., Schüssler H. W. (1970): "Design of nonrecursive digital filters with minimum phase." Electron. Lett. *6*, 329-330 [5.7]

Hess W. J. (1983): *Pitch determination of speech signals*. Algorithms and devices (Springer, Berlin) [7.5]

Hess W. J., Indefrey H. (1987): "Accurate time-domain pitch determination of speech signals by means of a laryngograph." Speech Commun. *6*, 55-68 [7.2; 7.5]

Heute U. (1975a): *Über Realisierungsprobleme bei nichtrekursiven Digitalfiltern.* Ausgewählte Arbeiten über Nachrichtensysteme, Band 20; hrsg. von H. W. Schüßler (Universität Erlangen Nürnberg) [3.5; 4.1.1]

Heute U. (1975b): "Hardware considerations for digital FIR filters, especially with regard to linear phase." AEÜ *29*, 116-120 [3.5; 4.1.1]

Heute U. (1978): "A general FIR filter structure and some special cases." AEÜ *32*, 501-502 [2.2; 3.5]

Heute U. (1979): "Subroutine for finite wordlength FIR filter design." **DSP Programs** 5.4 [0.3; 5.4]

Heute U., Vary P. (1981): "A digital filter bank with polyphase network and FFT hardware: Measurements and applications." Signal Proc. *3*, 307-319 [2.4.1; 7.3.2]

Higgins R. J. (1983): *Electronics with digital and analog integrated circuits* (Prentice-Hall, Englewood Cliffs, NJ, USA) [1.2.2]

Higgins R. J. (1990): *Digital signal processing in VLSI* (Prentice-Hall, Englewood Cliffs, NJ, USA) [1.2.2]

Hirano K., Nishimura S., Mitra S. K. (1974): "Digital notch filters." IEEE Trans. ASSP-22, 964-970 [3.3.5]

Höfer K. (1985): *Schnelle Algorithmen zur multipliziererfreien, rekursiven digitalen Signalverarbeitung* (Diss., Universität Stuttgart) [4.2.3]

Honig M. L., Messerschmitt D. G. (1984): *Adaptive filters* (Academic Press, New York) [0.1; 6.]

Hwang S. Y. (1974): "Realization of canonical digital networks." IEEE Trans. ASSP-22, 27-39 [2.2]

ICASSP → *IEEE International Conference on Acoustics, Speech, and Signal Processing (ICASSP)* [Inst. of Elec. and Electronics Engineers (IEEE), New York]

Ikehara M., Funaishi M., Kuroda H. (1991): "Design of all-pass networks using Remez algorithm." **ISCAS-91**, 364-366 [3.3.1; 5.6; 5.8]

ISCAS → *Proc. IEEE International Symposium on Circuits and Systems (ISCAS)* (IEEE, New York)

Itakura F., Saito S. (1968): Analysis-synthesis telephony based on the maximum likelihood method. In *Proceedings of the 6th International Congress on Acoustics, Tokyo 1968* (American Elsevier, New York) [6.2; 6.3]

Jackson L. B. (1969): An analysis of limit cycles due to multiplication rounding in recursive digital filters. In *Proc. 7th Allerton Conf. on Circuit and System Theory* (IEEE, New York) [4.1.3]

Jackson L. B. (1970a): "Roundoff-noise analysis for fixed-point digital filters realized in cascade or parallel form." IEEE Trans. AU-*18*, 107-122 [4.1.3; 4.1.4]

Jackson L. B. (1970b): "On the interaction of roundoff noise and dynamic range in digital filters." Bell Syst. Tech. J. *49*, 159-194 [4.1.2; 4.1.4]

Jackson L. B. (1975): "On the relationship between digital Hilbert transformers and certain low-pass filters." IEEE Trans. ASSP-*23* (C), 381-383 [7.2; 8.2]

Jackson L. B. (1976): "Lower bounds on the roundoff noise from digital filters in cascade or parallel form." **ISCAS-76**, 638-641 [4.1.4]

Jackson L. B. (^{2}1989, ^{1}1986): *Digital filters and signal processing* (Kluwer, Boston) [0.1]

Jackson L. B., Kaiser J. F., McDonald H. S. (1968): "An approach to the implementation of digital filters." IEEE Trans. AU-*16*, 413-421 [4.2.1]

Jackson L. B., Lemay G. J. (1990): "A simple Remez exchange algorithm to design IIR filters with zeros on the unit circle." **ICASSP-90**, 1333-1335 [5.3; 5.6]

Jaeger R. C. (1982a-c): "Tutorial: Analog data acquisition technology; (I) digital-to-analog conversion; (II) analog-to-digital conversion; (III) sample and hold, instrumentation amplifiers, and analog multiplexers." IEEE Micro (May, August, November) [1.2.2]

Jayant N. S., Noll P. (1984): *Digital coding of waveforms*. Principles and applications to speech and video (Prentice-Hall, Englewood Cliffs, NJ, USA, ISBN 0-13-211913-7) [1.1; 1.2.2; 2.3; 4.1.4; 7.5]

Jerri A. J. (1977): "The Shannon sampling theorem - its various extensions and applications." Proc. IEEE *65*, 1575-1596 [2.3]

Jing Z. (1987): "A new method for digital all-pass filter design." IEEE Trans. ASSP-*35*, 1557-1564 [5.8]

Jury E. I. (1961): "A stability test for linear discrete systems using a simple division." Proc. IRE *49*, 1948-1949 [6.4]

Jury E. I. (1964): *Theory and application of the z-transform method* (John Wiley, New York) [0.1; 2.1]

Justice J. H. (1979): "Analytic signal processing in music computation." IEEE Trans. ASSP-*27*, 670-684 [8.2; 8.3]

Kailath T. (1974): "A view of three decades of linear filtering theory." IEEE Trans. IT-*20*, 146-181 [0.2; 6.]

Kailath T. L. (ed.) (1977): *Linear least-squares estimation*. Benchmark papers in electrical engineering and computer science *17* (Dowden, Hutchinson, Ross, Stroudsburg, PA) [6.]

Kaiser J. F. (1963): Design methods for sampled data filters. In *Proc. 1st Allerton Conf. on Circuit and System Theory* (IEEE, New York), 221-236 [5.5.2]

Kaiser J. F. (1964): A family of window functions having nearly ideal properties (Unpubl. Memorandum, Bell Labs., Murray Hill, NJ) [5.5.2]

Kaiser J. F. (1966): Digital filters. In *System analysis by digital computers;* ed. by F.F.Kuo and J.F.Kaiser (John Wiley & Sons, Inc., New York), 218-285 [0.2; 1.1; 2.5; 4.1.1; 5.1; 5.5.2]

Kaiser J. F. (1974): "Nonrecursive filter design using the I_0-sinh window function." **ISCAS-74**, 20-23 [5.5.2]

Kaiser J. F. (1976): "On the limit cycle problem." **ISCAS-76**, 642-645 [4.1.3]

Kaiser J. F., Hamming R. W. (1977): "Sharpening the response of the symmetric nonrecursive filter by multiple use of the same filter." IEEE Trans. ASSP-*25*, 415-422 [5.4; 7.3.4]

Kaiser J. F., Helms H. D. (1979): *Supplement to literature in digital signal processing* (IEEE Press, New York) [0.2]

Kammeyer K. D. (1977): "Quantization error analysis of the distributed arithmetic." IEEE Trans. CAS-*24*, 681-698 [4.1.2; 4.1.4; 4.2.2]

Kammeyer K. D. (1979): *Analyse des Quantisierungsfehlers bei der verteilten Arithmetik*. Ausgewählte Arbeiten über Nachrichtensysteme Nr. 29; ed. by H. W. Schüßler (Universität Erlangen-Nürnberg) [4.2.2]

Kammeyer K. D., Kroschel K. (^{2}1992, ^{1}1989): *Digitale Signalverarbeitung*. Filterung und Spektralanalyse (Teubner, Stuttgart; Studienbücher Elektrotechnik, ISBN 3-519-06122-8) [0.1; 2.1; 6.3]

Kamp Y., Wellekens C. J. (1983): "Optimal design of minimum-phase FIR filters." IEEE Trans. ASSP-*31*, 922-926 [5.7]

Kaneko T. (1973): "Limit-cycle oscillations in floating-point digital filters." IEEE Trans. AU-*21*, 100-106 [4.1.3]

Kelly J. L., Lochbaum C. C. (1962): "Speech synthesis." In *Congress report, 4th International Congress on Acoustics, Copenhagen 1962;* ed. by A.K. Nielsen (Harlang and Toksvig, Copenhagen) [6.4]

Kim C. W., Ansari R. (1986): "Approximately linear-phase IIR filters using all-pass sections." **ISCAS-86**, 661-664 [3.3.1; 5.3]

Kittel L. (1972): "Simulation von Leitungsnetzwerken am Analogrechner." AEÜ *26*, 171-181 [9.2]

Kloker K. L. (1986): "The Motorola DSP56000 digital signal processor." IEEE Micro (December), 29-48 [4.2.1]

Knowles J. B., Edwards R. (1965): "Effect of a finite-word-length computer in a sampled-data feedback system." Proc. IEE (London) *112*, 1197-1207 [4.1.1]

Knowles J. B., Olcayto E. M. (1968): "Coefficients accuracy and digital filter response." IEEE Trans. CT-*15*, 31-41 [4.1.1]

Kobayashi T., Imai S. (1990): "Complex Chebyshev approximation for IIR digital filters using an iterative weighted least-square technique." **ICASSP-90** (Paper D3.12), 1321-1324 [5.3; 5.5.4]

Kormylo J. J., Jain V. K. (1974): "Two-pass recursive digital filter with zero phase shift." IEEE Trans. ASSP-22, 384-387 [3.5]

Kroschel K. (1974): *Statistische Nachrichtentheorie, 2. Teil: Nachrichtenschätzung* (Springer, Berlin) [0.1; 6.2]

Ku W. H., Ng S. M. (1975): "Floating-point coefficient sensitivity and roundoff noise for recursive digital filters realized in ladder structures." IEEE Trans. CAS-22, 927-936 [4.1.4]

Küpfmüller K. (^{4}1974): Die Systemtheorie der elektrischen Nachrichtenübertragung (Hirzel, Stuttgart) [0.1; 2.3; 5.1]

Kunt M. (1980): *Traitement numérique des signaux.* Traité d'Electricité, vol.20 (Editions Georgi, St.Saphorin) [0.1; 1.1]

Laakso T. I., Nguyen T. Q., Koilpillai R. D. (1993): "Designing allpass filters using the eigenfilter method." **ICASSP-93** (3), 77-80 [5.5.4; 5.8]

Laakso T. I., Zeng B. (1992): "Limit cycles in floating-point implementations of recursive filters - a review." **ISCAS-92**, 1816-1819 [4.1.3]

Lacroix A. (1973): "Systemidentifikation mit dem Prony-Verfahren." Regelungst. und Prozeßdatenv. *21*, 150-157 [5.3; 6.2]

Lacroix A. (1976): "Limit cycles in floating point digital filters." AEÜ *30*, 277-284 [4.1.3]

Lacroix A. (1978a): Theory and application of discrete time transmission lines. In *Proc. Intern. Conf. on Digital Signal Processing, Florence 1978;* ed. by V. Cappellini (Florenz), 17-28 [9.2]

Lacroix A. (1978b): "Discrete time equivalent of the uniform transmission line." **ISCAS-78**, 767-771 [9.2]

Lacroix A. (^{2}1985, ^{3}1988, ^{1}1980): *Digitale Filter.* Eine Einführung in zeitdiskrete Signale und Systeme (Oldenbourg, München, ISBN 3-486-21402-0) [0.1; 2.5; 3.2; 4.1; 9.]

Lacroix A. (1988): "Floating-point signal processing − arithmetic roundoff-noise, and limit cycles." IEEE Int.Symp.Circuits Syst., 2023-2030 [0.2; 4.1.3]

Lacroix A. (1989): "Der Fehler bei der Quantisierung von Signalen in Gleitkomma-Zahlendarstellung mit endlicher Mantissen- und Exponenten-Wortlänge." AEÜ *43*, 257-260 [4.1.3]

Lacroix A., Höptner N. (1979): "Simulation of digital filters with the aid of a univeral program system." Frequenz *33*, 14-24 [0.3; 4.1.3]

Lacroix A., Witte K. H. (1980): *Zeitdiskrete normierte Tiefpässe* (Dr. Alfred Hüthig, Heidelberg) [0.4; 5.3]

Lang M. (1992): "Optimal weighted phase equalization according to the $L\infty$-norm." Signal Processing *27*, 87-98 [5.8]

Lang M. (1993): *Ein Beitrag zur Phasenapproximation mit Allpässen* (Diss., Univ. Erlangen−Nürnberg)

Lang M., Bamberger J. (1993): "Nonlinear phase FIR filter design with minimum LS error and additional constraints." **ICASSP-93** (3), 57-60 [5.5.2; 5.8]

Lang M., Laakso T. I. (1992): "Design of allpass filters for phase approximation and equalization using LSEE error criterion." **ISCAS-92**, 2417-2420 [3.3.1; 5.8]

Le Roux J., Gueguen C. (1977): "A fixed point computation of partial correlation coefficients." IEEE Trans. ASSP-*25*, 257-259 [6.3; 6.4]

Lee D. T. L., Morf M., Friedlander B. (1981): "Recursive square-root ladder estimation algorithms." IEEE Trans. ASSP-*29*, 627-641 [0.2; 6.3; 6.4]

Lee W. S. (1974): "Optimization of digital filters for low roundoff noise." IEEE Trans. CAS-*21*, 424-431 [4.1.4]

Leeb F., Henk T. (1989): "Simultaneous amplitude and phase approximation for FIR filters." Circuit Theory and Applic. *17*, 363-374 [5.3]

Leistner P., Parks T. W. (1975): "On the design of FIR digital filters with optimum magnitude and minimum phase." AEÜ *29*, 270-274 [5.7]

Leuthold P. (1967): "Filternetzwerke mit digitalen Schieberegistern." Philips Res. Rep. (Suppl.) *5* [4.2.3]

Lev-Ari H., Kailath T., Cioffi J. (1984): "Least-squares adaptive lattice and transversal filters: A unified geometric theory." IEEE Trans. IT-*30*, 222-236 [6.3; 6.4]

Levinson N. (1947): "The Wiener RMS (root-mean-square) error criterion in filter design and prediction." J. Math. Phys. *25*, 261-278 [6.2; 6.3]

Liang J. K., Figueiredo R. J. P. de (1985): "A design algorithm for optimal low-pass nonlinear phase digital filters." Signal Proc. *8*, 3-21 [5.7]

Liberatore A., Manetti S. (1980): "On the sensitivity analysis of digital filters." Circuit Theory and Applications *8*, 161-166 [4.1.1]

Lim Y. C. (1986): "Frequency-response masking approach for the synthesis of sharp linear phase digital filters." IEEE Trans. CAS-*33*, 357-364 [4.2.3; 5.7]

Lim Y. C. (1990): "Design of discrete-coefficient-value linear phase FIR filters with optimum normalized peak ripple magnitude." IEEE Trans. CAS-*37*, 1480-1486 [4.2.3]

Lim Y. C., Parker S. R. (1983): "FIR filter design over a discrete powers-of-two coefficient space." IEEE Trans. ASSP-*31*, 583-591 [4.2.3]

Lin Ing-Song, Mitra S. K. (1993): "Fast FIR filtering algorithms based on overlapped block structure." **ISCAS-93**, 363-366 [7.3; 7.3.4]

Lin Wei, Tantaratana S., Franks L. E. (1991): "Multiplier-free FIR filters based on multiple step-size delta modulation." **ISCAS-91**, 488-490 [4.2.3]

Liu B. (1971): "Effect of finite word length on the accuracy of digital filters – a review." IEEE Trans. CT-*18*, 670-677 [0.2; 4.1.1; 4.1.3]

Liu B., Ansari R. (1985): "A class of low-noise computationally efficient recursive digital filters, with applications to sampling rate alterations." IEEE Trans. ASSP-*33*, 90-97 [4.1.4; 7.2]

Liu B., Kaneko T. (1969): "Error analysis of digital filters realized with floating-point arithmetic." Proc. IEEE *57*, 1735-1747 [4.1.3; 4.1.4]

Liu B., Peled A. (1975): "Heuristic optimization of the cascade realization of fixed-point digital filters." IEEE Trans. ASSP-*23*, 464-473 [4.1.2; 4.1.4]

Lücker R. (1980): *Grundlagen digitaler Filter.* Nachrichtentechnik, Band 7; hrsg. von H. Marko (Springer, Berlin) [0.1; 2.6; 4.1.2]

Lücker R., Thielmann H. (1977): "Strukturierte Matrizendarstellung zur Analyse und Synthese linearer zeitdiskreter Netzwerke." AEÜ *31*, 26-32 [2.6]

Lüder E. (1982a): Equivalent digital filters and some of their applications. In *Proc. 1982 Summer School on Circuit Theory*, Prague (SSCT-82) (Akademie der Wissenschaften, CSSR, Prag) [2.6; 3.3.1]

Lüder E. (1982b): "Increased speed in digital filters without multipliers." AEÜ *36*, 345-348 [4.2.3]

Lüder E. (1983): "Design and optimization of digital filters without multipliers." AEÜ *37*, 299-302 [4.2.3]

Lüder E. (1984): "Digital filters without multipliers and a decreased number of additions." **ISCAS-84**, 1006-1009 [4.2.3]

Lüder E. (1986): "Linear digital signal processing with coefficients represented by sums of products." AEÜ *40*, 229-232 [4.2.3]

Lüder E., Höfer K. H. (1982): "Fast digital filters without multipliers." AEÜ *36*, 275-278 [4.2.3]

Makhoul J. (1975): "Linear prediction: a tutorial review." Proc. IEEE *63*, 561-580 [0.1; 6.]

Makhoul J. (1981): "On the eigenvectors of symmetric Toeplitz matrices." IEEE Trans. ASSP-*29*, 868-872 [6.3]

Makhoul J., Wolf J. J. (1972): *Linear prediction and the spectral analysis of speech* (Report No. 2304, Bolt Beranek and Newman Inc., Cambridge, MA, USA) [6.2]

Malvar H. S., Staelin D. H. (1988): "Optimal FIR pre- and postfilters for decimation and interpolation of random signals." IEEE Trans. COM-*36*, 67-74 [7.2; 7.5]

Markel J. D., Gray A. H. jr. (1973): "On autocorrelation equations as applied to speech analysis." IEEE Trans. AU-*21*, 69-79 [6.2; 6.3]

Markel J. D., Gray A. H. Jr. (1975a): "Roundoff noise characteristics of a class of orthogonal polynominal structures." IEEE Trans. ASSP-*23*, 473-486 [4.1.3; 6.3; 6.4]

Markel J. D., Gray A. H. jr. (1975b): "Fixed-point implementation algorithms for a class of orthogonal polynomial filter structures." IEEE Trans. ASSP-*23*, 486-494 [0.3; 6.4]

Markel J. D., Gray A. H. jr. (1976): *Linear prediction of speech.* Communications and Cybernetics, vol.12 (Springer, Berlin) [0.1; 6.]

Marko H. (^{2}1982): *Methoden der Systemtheorie* (Springer, Berlin) [0.1; 2.1; 2.3; 3.4; 8.2]

Martin M. A. (1959): "Frequency domain applications to data processing." IRE Trans. on Space Electron. and Telemetry 5, 33-41 [5.5.2]

Martinez H. G., Parks T. W. (1978): "Design of recursive digital filters with optimum magnitude and attenuation poles on the unit circle." IEEE Trans. ASSP-26, 150-156 [5.6]

Martinez H. G., Parks T. W. (1979): "A class of infinite-duration impulse response digital filters for sampling rate reduction." IEEE Trans. ASSP-27, 154-162 [7.2]

McCallig M. T., Leon B. J. (1978): "Constrained ripple design of FIR digital filters." IEEE Trans. CAS-25, 893-902 [5.6]

McClellan J. H. (1973): *On the design of one-dimensional and two-dimensional FIR digital filters* (PhD Diss., Rice University, Houston, TX) [5.6]

McClellan J. H., Parks T. W. (1973): "A unified approach to the design of optimum FIR linear phase digital filters." IEEE Trans. CT-20, 697-701 [5.6; 8.2]

McClellan J. H., Parks T. W., Rabiner L. R. (1973): "A computer program for designing optimum FIR linear phase digital filters." IEEE Trans. AU-21, 506-526 [5.6; 8.2]

McClellan J. H., Parks T. W., Rabiner L. R. (1979): "FIR linear phase filter design program." **DSP Programs** 5.1 [0.3; 5.6]

Meerkötter K. (1989): "On the relation between duration and bandwidth of discrete-time signals." AEÜ 43, 149-152 [2.3; 2.5]

Messerschmitt D. G. (1980): "A class of generalized lattice filters." IEEE Trans. ASSP-28, 198-204 [6.4]

Meyer R. A., Burrus C. S. (1975): "A unified analysis of multirate and periodically time-varying digital filters." IEEE Trans. CAS-22, 162-168 [7.2; 7.3]

Meyer R. A., Burrus C. S. (1976): "Design and implementation of multirate digital filters." IEEE Trans. ASSP-24, 53-58 [7.2]

Meyer-Eppler W. (^{2}1969, ^{1}1959): *Grundlagen und Anwendungen der Informationstheorie.* (2. Aufl. mit einer Erweiterung von G. Heike) (Springer, Berlin) [2.3]

Mian G. A., Nainer A. P. (1982): "A fast procedure to design equiripple minimum-phase FIR filters." IEEE Trans. CAS-29, 327-331 [5.7]

Mills W. L., Mullis C. T., Roberts R. A. (1978): "Digital filter realizations without overflow oscillations." IEEE Trans. ASSP-26, 334-338 [4.1.2]

Mintzer F. (1982): "On half-band, third-band and Nth band FIR filters and their design." IEEE Trans. ASSP-30, 734-738 [7.2]

Mintzer F., Liu B. (1978): "The design of optimal multirate bandpass and bandstop filters." IEEE Trans. ASSP-26, 534-543 [7.2; 7.3]

Mitra S. K., Burrus C. S. (1977): "A simple efficient method for the analysis of structures of digital and analog systems." AEÜ 31, 33-36 [2.6]

Mitra S. K., Hirano K. (1974): "Digital all-pass networks." IEEE Trans. CAS-21, 688-700 [3.3.1]

Mitra S. K., Hirano K., Nishimura S., Sugahara K. (1990): "Design of digital bandpass/bandstop filters with independent tuning characteristics." Frequenz 44, 117-121 [5.2; 5.8]

Mitra S. K., Kamat P. S., Huey D. C. (1977): "Cascaded lattice realization of digital filters." Circuit Theory and Applications 5, 3-11 [6.5]

Mitra S. K., Neuvo Y., Roivainen H. (1990): "Design of recursive digital filters with variable characteristics." Intern. Journ. of Circuit Theory and Applications 18, 107-119 [5.2]

Mitra S. K., Regalia P. A., Vaidyanathan P. P. (1986): "Bounded complex transfer function, and its application to low sensitivity filter design." **ISCAS-86**, 452-455 [3.3.2; 4.1.1]

Mitra S. K., Sagar A. D. (1975): "Nested realization of digital filters." AEÜ *29*, 69-73 [2.2]

Mitra S. K., Sherwood R. J. (1972): "Canonic realizations of digital filters using the continued fraction expansion." IEEE Trans. AU-*20*, 185-194 [2.2]

Mitra S. K., Sherwood R. J. (1973): "Digital ladder networks." IEEE Trans. AU-*21*, 30-36 [2.2; 6.4]

Moon P. R., Martens G. O. (1980): "A digital filter structure requiring only m-bit delays, shifters, inverters, and m-bit adders plus simple logic circuitry." IEEE Trans. CAS-*27*, 901-908 [4.2.3]

Moorer J. A. (1983): "The manifold joys of conformal mapping: applications to digital filtering in the studio." J. Audio Eng. Soc. *31*, 826-841 [5.8; 6.5]

Morris R. (1983): *Digital signal processing software* (DSPS Inc., Ottawa) [0.3]

Mou Zhi-Jian (1993): "Minimal structures for symmetric FIR filters of arbitrary length." IEEE Trans. SP-*41*, 1790-1808 [3.5; 4.2.1]

Mou Zhi-Jian, Duhamel P. (1987): "Fast FIR filtering: algorithms and implementations." Signal Processing, 377-384 [4.2]

Mou Zhi-Jian, Duhamel P. (1991): "Short-length FIR filters and their use in fast nonrecursive filtering." IEEE Trans. SP-*39*, 1322-1332 [4.1.1; 4.1.2]

Nakamura S., Mitra S. K. (1982): "Design of FIR digital filters using tapped cascaded FIR subfilters." Circuits, Systems and Signal Processing *1*, 43-56 [7.3.4]

Neirynck J., Vinckenbosch C. (1979): "Design and properties of canonic symmetric digital filters by Schur parametrisation." **ISCAS-79**, 360-363 [6.4]

Neuvo Y., Dong Cheng-Yu (1984): "Interpolated finite impulse response filters." IEEE Trans. ASSP-*32*, 563-570 [7.3.4]

Neuvo Y., Mitra S. K. (1984): "Complementary IIR digital filters." **ISCAS-84**, 234-237 [3.3.4; 9.5]

Neuvo Y., Rajan G., Mitra S. K. (1987): "Design of narrow-band FIR bandpass digital filters with reduced arithmetic complexity." IEEE Trans. CAS-*34*, 409-419 [7.3.4]

Nguyen T. Q. (1991): "The eigenfilter for the design of linear-phase filters with arbitrary magnitude response." **ICASSP-91** (Paper D8.3), 1981-1984 [5.5.4]

Nguyen T. Q. (1993): "The design of arbitrary FIR digital filters using the eigenfilter method." IEEE Trans. SP-*41*, 1128-1139 [5.5.4]

Nussbaumer H. J. (^{2}1985, ^{1}1981): *Fast Fourier transform and convolution algorithms* (Springer, Berlin) [2.4.1; 4.2.1]

Nyquist H. (1928): "Certain topics in telegraph transmission theory." Trans. AIEE *47*, 617-664 [2.3]

Oetken G. (1978): *Ein Beitrag zur Interpolation mit digitalen Filtern.* Ausgewählte Arbeiten über Nachrichtensysteme, Band 20; hg. von H. W. Schüßler (Universität Erlangen) [7.2]

Oetken G. (1980): "Entwurf von digitalen Filtern zur Interpolation periodisch nichtäquidistanter Abtastwerte." AEÜ *34*, 250-258 [7.2]

Oetken G., Parks T. W., Schüssler H. W. (1975): "New results in the design of digital interpolators." IEEE Trans. ASSP-*23*, 301-309 [7.2]

Oetken G., Parks T. W., Schüssler H. W. (1979): "A computer program for digital interpolator design." **DSP Programs** 8.1 [0.3; 7.2]

Oetken G., Schüßler H. W. (1973): "On the design of digital filters for interpolation." AEÜ *27*, 471-476 [7.2]

Oppenheim A. V. (1970): "Realization of digital filters using block floating-point arithmetic." IEEE Trans. AU-*18*, 130-136 [4.2.1]

Oppenheim A. V., Mecklenbräuker W. F. G., Mersereau R. M. (1976): "Variable-cutoff linear phase digital filters." IEEE Trans. CAS-*23*, 199-203 [3.5; 5.2]

Oppenheim A. V., Schafer R. W. (1975): *Digital signal processing* (Prentice Hall, Englewood Cliffs, NJ, USA) [0.1; 2.6; 4.1.1; 5.7]

Oppenheim A. V., Schafer R. W. (1989): *Discrete-time signal processing.* Prentice-Hall Signal Processing Series; ed. by A. V. Oppenheim (Prentice-Hall, Englewood Cliffs, NJ, USA) [0.1; 2.1; 2.3; 2.6; 2.4.1; 5.7; 8.2]

Oppenheim A. V., Weinstein C. J. (1972): "Effects of finite register length in digital filtering and the fast Fourier transform." Proc. IEEE *60*, 957-976 [2.4.1; 4.1.1]

Ormsby J. F. A. (1961): "Design of numerical filters with applications to missile data processing." J. ACM *8*, 440-466 [5.5.2]

Othmer F. F., Gaissmaier B., Unbehauen R. (1972): "Einfache Formeln für die Phasen- und Gruppenlaufzeit digitaler Filter." AEÜ *26*, 391-393 [2.5]

Owenier K. A. (1976): "Optimization of wave digital filters with reduced number of multipliers." AEÜ *30*, 387-393 [9.4]

Papamarkos N., Vachtsevanos G. (1991): "On the design of 1-D IIR digital filters with coefficients of finite wordlengths." Circuit Theory and Applic. *19*, 217-228 [4.1.1; 5.3]

Papoulis A. (1962): *The Fourier integral and its applications* (McGraw-Hill, New York) [2.3]

Papoulis A., Bertran M. S. (1972): "Digital filtering and prolate functions." IEEE Trans. CT-*19*, 674-681 [5.5.2]

Parker S. R., Hess S. F. (1971): "Limit-cycle oscillations in digital filters." IEEE Trans. CT-*18*, 687-697 [4.1.3]

Parks T. W., McClellan J. H. (1972a): "Chebychev approximation for nonrecursive digital filters with linear phase." IEEE Trans. CT-*19*, 189-194 [0.3; 5.6]

Parks T. W., McClellan J. H. (1972b): "A program for the design of linear phase finite impulse response digital filters." IEEE Trans. AU-*20*, 195-199 [0.3; 5.6]

Parks T. W., Rabiner L. R., McClellan J. H. (1973): "On the transition width of finite impulse response digital filters." IEEE Trans. AU-*21*, 1-4 [5.6]

Paulus E. (1980): "Structures for implementing FIR-filters with an adjustable frequency response." Signal Proc. *2*, 239-252 [2.2; 5.2; 5.7]

Pei Soo-Chang, Jaw Sy-Been (1989): "Modifications to the Liang, McClellan and Parks computer program for designing optimal recursive multirate digital filters." IEEE Trans. CAS-*36*, 311-315 [5.6; 7.2]

Pei Soo-Chang, Lu Shen-Tan (1986): "Design of minimum-phase FIR digital filters by differential cepstrum." IEEE Trans. CAS-*33* (C), 570-572 [5.7]

Pei Soo-Chang, Shyu Jong-Jy (1988): "Design of Hilbert transformers and differentiators by eigenfilters." IEEE Trans. CAS, 1457-1461 [5.5.4; 5.8; 8.2]

Pei Soo-Chang, Shyu Jong-Jy (1991a): "Design of FIR filters and allpass phase equalizers with prescribed magnitude and phase responses by two real Chebyshev approximations." **ISCAS-91**, 260-263 [5.5.4; 5.8]

Pei Soo-Chang, Shyu Jong-Jy (1991b): "Relationships among digital one/half band filters, low/high order differentiations and discrete/differentiating Hilbert transformers." **ICASSP-91** (Paper D2b.12), 1657-1660 [7.2; 8.2]

Pei Soo-Chang, Shyu Jong-Jy (1992): "Eigen-approach for designing FIR filters and all-pass phase equalizers with prescribed magnitude and phase response." IEEE Trans. CAS-II-*39*, 137-146 [5.5.4; 5.8]

Peled A., Liu B. (1976): *Digital signal processing.* Theory, design, and implementation (Wiley, New York) [0.1]

Powell S. R., Chau P. M. (1991): "A technique for realizing linear phase IIR filters." IEEE Trans. SP-*39*, 2425-2435 [3.5; 4.1.3]

Preuss K. (1987): "A novel approach for complex Chebyshev-approximation with FIR-filters using the Remez exchange algorithm." **ICASSP-87** (2), 872-875 [5.6]

Preuss K. (1989): "On the design of FIR filters by complex Chebyshev approximation." IEEE Trans. ASSP-*37*, 702-712 [5.6]

Prony R. (1795): "Essai expérimental et analytique sur les lois de la dilatabilité des fluides élatiques et sur celles de la force expansive de la vapeur de l'eau et de la vapeur de l'alcool, à différentes températures." J. de l'Ecole Polytechnique (Paris) *1*, 24-76 [5.3; 6.2]

Quatieri T. F. jr., Oppenheim A. V. (1981): "Iterative techniques for minimum phase signal reconstruction from phase or magnitude." IEEE Trans. ASSP-*29*, 1187-1193 [3.4]

Rabiner L. R. (1971): "Techniques for designing finite-duration impulse-response digital filters." IEEE Trans. COM-*19*, 188-195 [5.6]

Rabiner L. R. (1972): "Linear program design of finite impulse response (FIR) digital filters." IEEE Trans. AU-*20*, 280-288 [5.6]

Rabiner L. R. (1979): "FFT subroutines for sequences with special properties." **DSP Programs** 1.3 [0.3; 2.4.1]

Rabiner L. R., Cooley J. W., Helms H. D., Jackson L. B., Kaiser J. F., Rader C. M., Schafer R. W., Steiglitz K., Weinstein C. J. (1972): "Terminology in digital signal processing." IEEE Trans. AU-*20*, 322-337 [0.2]

Rabiner L. R., Crochiere R. E. (1975): "A novel implementation for narrow-band FIR digital filters." IEEE Trans. ASSP-*23*, 457-464 [7.3]

Rabiner L. R., Gold B. (1975): *Theory and application of digital signal processing* (Prentice Hall, Englewood Cliffs, NJ, USA) [0.1; 1.; 2.5]

Rabiner L. R., Gold B., McGonegal C. A. (1970): "An approach to the approximation problem for nonrecursive digital filters." IEEE Trans. AU-*18*, 83-106 [5.5.2]

Rabiner L. R., Graham N. Y., Helms H. D. (1974): "Linear programming design of IIR digital filters with arbitrary magnitude function." IEEE Trans. ASSP-*22*, 117-123 [5.3]

Rabiner L. R., Kaiser J. F., Herrmann O., Dolan M. T. (1974): "Some comparisons between FIR and IIR digital filters." Bell Syst. Tech. J. *53*, 305-331 [5.3; 5.5.2]

Rabiner L. R., Kaiser J. F., Schafer R. W. (1974): "Some considerations in the design of multiband finite-impulse response digital filters." IEEE Trans. ASSP-*22*, 462-472 [5.6]

Rabiner L. R., McClellan J. R., Parks T. W. (1975): "FIR digital filter design techniques using weighted Chebyshev approximation." Proc. IEEE *63*, 597-610 [3.5; 5.6]

Rabiner L. R., Schafer R. W. (1971): "Recursive and nonrecursive realizations of digital filters designed by frequency sampling techniques." IEEE Trans. AU-*19*, 200-207 [5.5.2]

Rabiner L. R., Schafer R. W. (1974): "On the behavior of minimax FIR digital Hilbert transformers." Bell Syst. Tech. J. *53*, 363-390 [8.2]

Rabiner L. R., Steiglitz K. (1970): "The design of wide-band recursive and nonrecursive digital differentiators." IEEE Trans. AU-*18*, 2045 [5.4; 5.8]

Rader C. M., Gold B. (1967): "Digital filter design techniques in the frequency domain." Proc. IEEE *55*, 149-171 [5.3]

Ramstad T. A., Saramäki T. (1990): "Multistage, multirate FIR filter structures for narrow transition-band filters." **ISCAS-90**, 2017-2021 [7.3]

Rao B. D. (1992): "Floating point arithmetic and digital filters." IEEE Trans. SP-*40*, 85-95 [4.1.1; 4.1.3]

Rao S. K., Kailath T. (1984): "Orthogonal digital filters for VLSI implementation." IEEE Trans. CAS-*31*, 933-945 [4.2.1; 6.4]

Regalia P. A. (1991): "An improved lattice-based adaptive IIR notch filter." IEEE Trans. SP-*9*, 2124-2128 [3.3.5; 6.5]

Regalia P. A. (1992): "Stable and efficient lattice algorithms for adaptive IIR filtering." IEEE Trans. SP-*40*, 375-388 [6.5]

Regalia P. A., Mitra S. K. (1987a): "Low-sensitivity active filter realization using a complex all-pass filter." IEEE Trans. CAS-*34*, 390-399 [3.3.1; 3.3.2; 4.1.1; 8.1]

Regalia P. A., Mitra S. K. (1987b): "Tunable digital frequency response equalization filters." IEEE Trans. ASSP-*35*, 118-120 [5.2; 6.5]

Regalia P. A., Mitra S. K., Fadavi-Ardekani J. (1986): "Complex coefficient digital filters." **ISCAS-86**, 1109-1112 [8.1]

Regalia P. A., Mitra S. K., Vaidyanathan P. P. (1988): "The digital all-pass filter: A versatile signal processing building block." Proc. IEEE *76*, 19-37 [3.3.1; 3.3.4; 5.8; 6.5; 8.1; 9.5]

Reitwiesner G. W. (1960): Binary arithmetic. In *Advances in computers EF. Alt* (Academic Press, London), Vol.1, 232-313 [4.2.3]

Remez E. Ya. (1957): General computation method of Chebyshev approximation (Translation # 4491, Atomic Energy, Kiev, USSR), 1-85 [5.6]

Renfors M., Mitra S. K., Regalia P. A., Neuvo Y. (1991): "Weighted complementary IIR digital filters." **ISCAS-91**, 136-139 [3.3.4; 5.8; 9.5]

Renfors M., Saramäki T. (1986): "A class of approximately linear-phase digital filters, composed of all-pass subfilters." **ISCAS-86**, 678-681 [3.3.1; 5.3]

Renfors M., Saramäki T. (1987a,b): "Recursive N^{th}-band digital filters - part I: design and properties; part II: design of multistage decimators and interpolators." IEEE Trans. CAS-*34*, 24-39, 40-51 [7.2; 7.3]

Reng R. L., Schüssler H. W. (1992): "Measurement of aliasing distortions and quantization noise in multirate systems." **ISCAS-92**, 1-4 [2.3; 4.1.4; 7.2]

Roberts R. A., Mullis C. T. (1987): *Digital signal processing* (Addison-Wesley Publ. Comp., Reading, MA, USA) [0.1]

Rohling H., Schürmann J. (1980): "Diskrete Fensterfunktionen für die Kurzzeitspektralanalyse." AEÜ *34*, 7-15 [5.5.2]

Rohling H., Schürmann J. (1983): "Discrete time window functions with arbitrarily low sidelobe level." Signal Proc. *5*, 127-138 [5.5.2]

Rubinfield L. P. (1975): "A proof of the modified Booth-algorithm for multiplication." IEEE Trans. COM-*23*, 1014-1015 [4.2.2]

Saal R. (1985): "Activities on network theory and circuit design in Europe." IEEE Trans. CAS-*31*, 124-133 [0.2]

Saal R. (^{3}1993, ^{1}1979): *Handbuch zum Filterentwurf – Handbook of filter design.* Unter Mitarbeit von W. Entenmann (A. Hüthig, Heidelberg) [0.1; 0.4; 5.2; 9.4]

Samueli H. (1989): "An improved search algorithm for the design of multiplierless FIR filters with power-of-two coefficients." IEEE Trans. CAS-*36*, 1044-1047 [4.2.3]

Sandberg I. W. (1967): "Floating-point roundoff accumulation in digital filter realizations." Bell Syst. Tech. J. *46*, 1775-1791 [4.1.4]

Saramäki T. (1984): "A class of linear-phase FIR filters for decimation, interpolation, and narrow-band filtering." IEEE Trans. ASSP-*32*, 1023-1036 [3.5; 7.2]

Saramäki T. (1985a): "Design of digital filters with maximally flat passband and equal-ripple stopband magnitude." Circuit Theory and Applications *13*, 269-286 [5.3; 5.6]

Saramäki T. (1985b): "On the design of digital filters as a sum of two all-pass filters." IEEE Trans. CAS-*32* (C), 1191-1193 [3.3.1; 3.3.4; 3.4; 9.5]

Saramäki T. (1987): "Design of FIR filters as a tapped cascaded interconnection of identical subfilters." IEEE Trans. CAS-*34*, 1011-1029 [7.3.4]

Saramäki T. (1991): "A systematic technique for designing selective multiplier-free FIR filters." **ISCAS-91**, 484-487 [4.2.3]

Saramäki T. (1992): "An efficient Remez-type algorithm for the design of optimum IIR Filters with arbitrary partially constrained specifications." **ISCAS-92**, 2577-2580 [5.3; 5.6]

Saramäki T., Mitra S. K. (1992): "Multiple branch FIR filters for sampling rate conversion." **ISCAS-92**, 1007-1010 [7.1; 7.2]

Saramäki T., Neuvo Y. (1984): "Digital filters with equiripple magnitude and group delay." IEEE Trans. ASSP-*32*, 1194-1200 [3.3.1; 5.3; 5.8]

Saramäki T., Neuvo Y., Mitra S. K. (1988): "Design of computationally efficient interpolated FIR filters." IEEE Trans. CAS-*35*, 70-88 [3.5; 7.2; 7.3.4]

Saramäki T., Renfors M. (1987): "A novel approach to the design of IIR filters as a tapped cascaded interconnection of identical all-pass subfilters." **ISCAS-87**, 629-632 [3.3.1; 7.3.4]

Saramäki T., Yu Tian-Hu, Mitra S. K. (1987): "Very low sensitivity realization of IIR digital filters using a cascade of complex allpass structures." IEEE Trans. CAS-*34*, 876-885 [3.3.4; 8.1; 9.5]

Schafer R. W., Rabiner L. R. (1973): "A digital signal processing approach to interpolation." Proc. IEEE *61*, 692-702 [7.2]

Schmidt C. E., Rabiner L. R. (1977): "A study of techniques for finding the zeros of linear phase FIR digital filters." IEEE Trans. ASSP, 96-98 [5.7]

Schroeder M. R. (1981): "Direct (nonrecursive) relations between cepstrum and predictor coefficients." IEEE Trans. ASSP-*29*, 297-301 [3.4; 5.7; 6.4]

Schroeder M. R., Atal B. S. (1962): "Generalized short–time power spectra and autocorrelation functions." J. Acoust. Soc. Am. *34*, 1679–1683 [2.5; 6.2.4]

Schüßler H. W. (1968): "Zur allgemeinen Theorie der Verzweigungsnetzwerke." AEÜ 22, 361-367 [2.2]

Schüssler H. W. (1972): "On structures for nonrecursive digital filters." AEÜ *26*, 255-258 [2.2; 3.5]

Schüßler H. W. (1973): *Digitale Systeme zur Signalverarbeitung* (Springer, Berlin) [0.1; 3.5; 5.3; 7.]

Schüssler H. W. (1976): "A stability theorem for discrete systems." IEEE Trans. ASSP-*24*, 87-89 [2.2; 2.5]

Schüßler H. W. (^{2}1988): *Digitale Signalverarbeitung, Band I − Analyse digitaler Signale und Systeme* [2. Aufl. zu Schüßler, 1973, Kap. 1-3] (Springer, Berlin) [0.1; 0.2; 2.; 3.]

Schüßler H. W. (^{3}1991a, ^{1}1981): *Netzwerke, Signale und Systeme. Band I − Systemtheorie linearer elektrischer Netzwerke* (Springer, Berlin, ISBN 3-540-10524-7) [0.1; 1.2; 2.5]

Schüßler H. W. (^{3}1991b, ^{1}1984): *Netzwerke, Signale und Systeme. Band II − Theorie kontinuierlicher und diskreter Signale und Systeme* (Springer, Berlin, ISBN 3-540-13118-3) [0.1; 1.2; 2.5; 4.1.2]

Schüssler H. W., Kolb H. J. (1982): "Variable digital filters." AEÜ *36*, 229-237 [5.4; 5.8]

Schüssler H. W., Möhringer P., Steffen P. (1982): "On partly digital anti-aliasing filters." AEÜ *36*, 349-355 [1.2.2; 7.5]

Schüssler H. W., Steffen P. (1988): Some advanced topics in filter design. In *Advanced topics in signal processing*; ed. by J.S. Lim and A. V. Oppenheim (Prentice-Hall, Englewood Cliffs, NJ, USA) [5.6; 5.7]

Schüssler H. W., Steffen P. (1990): "On the design of allpasses with prescribed group delay." **ICASSP-90**, 1313-1316 [5.3; 5.8]

Schüssler H. W., Weith J. (1987): "On the design of recursive Hilbert transformers." **ICASSP-87**, 876-879 [8.2]

Schüssler H. W., Winkelnkemper W. (1970): "Variable digital filters" AEÜ *24*, 524-525 [5.2]

Schulist M. (1990): "Improvements of a complex FIR filter design algorithm." Signal Proc. *20*, 81-90 [5.6; 5.8]

Schulist M. (1993): "FIR filter design with additional constraints using complex Chebyshev approximation." Signal Proc. *33* [5.6; 5.8]

Schur I. (1918): "Über Potenzreihen, die im Innern des Einheitskreises beschränkt sind." J. für reine und angew. Mathematik *148*, 122-145 [6.4]

Sedlmeyer A. (1974): "Berechnung von Wellendigitalfiltern mittels Filterkatalog." Nachrichtent. Z. *27*, 302-304 [9.4]

Seitzer D. (1977): *Elektronische Analog-Digital-Umsetzer* (Springer, Berlin) [1.2.2]

Shannon C. E. (1948): "A mathemathical theory of communication." Bell Syst. Tech. J. *27*, 623-656 [2.3]

Shannon C. E. (1949): "Communication in the presence of noise." Proc. IRE *37*, 10-21 [2.3]

Sheingold D. (ed.) (1986): *Analog-digital conversion handbook* (Prentice-Hall, Englewood Cliffs, NJ, USA) [1.2.2]

Shensa M. J. (1981): "Recursive least squares lattice algorithms: A geometrical approach." IEEE Trans. AC-*26*, 695-702 [6.3]

Shindo A., Sasajima Y., Takahashi T., Aoyama T., Ono S. (1979): "Nonlinear phase FIR filter design techniques." **ISCAS-79**, 9-12 [5.7]

Shpak D. J., Antoniou A. (1990): "A generalized Remez method for the design of FIR digital filters." IEEE Trans. CAS-*37*, 161-174 [5.6]

Sorensen H. V., Jones D. L., Heideman M. T., Burrus C. S. (1987): "Real-valued fast Fourier transform algorithms." IEEE Trans. ASSP-*35*, 849-863 [0.3; 2.4.1; 4.3]

Stearns S. D., David R. A. (1987): *Signal processing algorithms* (Prentice-Hall, Englewood Cliffs, NJ, USA, ISBN 0-13-809435-7) [0.3]

Steffen P. (1982a): "Closed form design of recursive digital Hilbert transformers: exact phase and Chebyshev behaviour of the magnitude." AEÜ *36*, 304-310 [8.2]

Steffen P. (1982b): "A new approach to the design of discrete Hilbert transformers with exact magnitude and Chebyshev behaviour of the phase." AEÜ 36, 443-446 [8.2]

Steffen P., Schüssler H. W., Möhringer P. (1981): "On optimum anti-aliasing filters." AEÜ 35, 185-191 [7.5]

Steiglitz K. (1970): "Computer-aided design of recursive digital filters." IEEE Trans. AU-18, 123-129 [5.3]

Steiglitz K. (1978): "An efficient method for generating unaliased samples of certain signals." IEEE Trans. ASSP-26, 338-342 [7.5]

Steiglitz K. (1981): "Design of FIR digital phase networks." IEEE Trans. ASSP-29, 171-176 [3.4; 5.5.4; 5.8]

Steiglitz K., Parks T. W., Kaiser J. F. (1992): "METEOR: a constraint-based FIR filter design program." IEEE Trans. SP-40, 1901-1908 [0.3; 5.6]

Stens R. L. (1983): "A unified approach to sampling theorems for derivatives and Hilbert transforms." Signal Proc. 5, 139-151 [2.3; 8.2]

Stockham T. G. jr. (1966): High speed convolution and correlation. In *Proc. Spring Joint Computer Conf.* AFIPS Conf. Proceedings, vol. 28 (Spartan, Washington D.C.), Vol.28, 229-233 [2.4.1; 4.3]

Strobach P. (1985): *Schnelle adaptive Algorithmen zur ordnungsrekursiven Kleinste-Quadrate-Schätzung autoregressiver Parameter* (Diss., Univ. der Bundeswehr, München) [0.3; 6.3]

Strobach P. (1986): "Pure order-recursive least-squares ladder algorithms." IEEE Trans. ASSP-34, 880-897 [6.3]

Strobach P. (1990): *Linear prediction theory.* Springer Series in Information Sciences 21; ed. by M. R. Schroeder (Springer, Berlin) [0.1; 6.]

Szczupak J., Mitra S. K. (1975): "Detection, location, and removal of delay-free loops in digital filter configurations." IEEE Trans. ASSP-23, 558-562 [2.7]

Szczupak J., Mitra S. K., Fadavi-Ardekani J. (1987): "Realization of structurally LBR digital allpass networks." **ISCAS-87**, 633-636 [3.3.1; 3.3.4; 3.3.5]

Szegö G. (1959): *Orthogonal polynomials* (American Math. Soc. Coll., New York) [6.3]

Takebe T., Nishikawa K., Yamamoto M. (1980): "Complex coefficient digital allpass networks and their applications to variable delay equalizer design." **ISCAS-80**, 605-608 [5.8; 8.1]

Tang P. T. P. (1988): "A fast algorithm for linear complex Chebyshev approximations." Math. of Comp. 51, 721-739 [5.6; 5.8]

Taylor F. J. (1983): *Digital filter design handbook* (Marcel Dekker, New York) [0.1; 5.]

Tellegen B. O. H. (1952): "A general network theorem, with applications." Philips Res. Rep. 7, 259-269 [2.6]

Thiele L. (1976): "On the sensitivity of linear state space systems." IEEE Trans. CS, 481-485 [4.1.1]

Thiran J. P. (1971a): "Recursive digital filters with maximally flat group delay." IEEE Trans. CT-18, 659-664 [5.3]

Thiran J. P. (1971b): "Equal-ripple delay recursive digital filters." IEEE Trans. CT-18, 664-669 [5.3; 5.8]

Tribolet J. M. (1977): "A new phase unwrapping algorithm." IEEE Trans. ASSP-25, 170-177 [2.7]

Tufts D. W., Francis J. T. (1970): "Designing digital lowpass filters: comparison of some methods and criteria." IEEE Trans. AU-18, 487-494 [5.2]

Tufts D. W., Rorabacher D. W., Mosier W. E. (1970): "Designing simple, effective digital filters." IEEE Trans. AU-*18*, 142-158 [5.4]

Turner L. E., Bruton L. T. (1979): "Elemination of zero-input limit cycles by bounding the state transition matrix." Circuit Theory and Applications *7*, 97-111 [4.1.3]

Turner L. E., Bruton L. T. (1980): "Elimination of granularity and overflow limit cycles in minimum norm recursive digital filters." IEEE Trans. CAS-*27*, 50-53 [4.1.2]

Tustin A. (1947): "A method of analyzing the behaviour of linear systems in terms of time series." J. IEE (London) *94*, 130-142 [5.1]

Ullrich U. (1979): "Roundoff noise and dynamic range of wave digital filters." Signal Processing *1*, 45-64 [4.1.4; 9.4]

Unbehauen R. (1970): "Zur Synthese digitaler Filter." AEÜ *24*, 306-313 [5.3]

Unbehauen R. (1972): "Determination of the transfer function of a digital filter from the real part of the frequency response." AEÜ *26*, 551-557 [2.5]

Unbehauen R. (1973): "Approximation of a phase characteristic by the transfer function of a digital filter." Circuit Theory and Applications *1*, 149-159 [2.5; 3.4]

Unbehauen R. (1988): *Synthese elektrischer Netzwerke und Filter* (Oldenbourg, München) [0.1]

Unbehauen R. (^{5}1990): *Systemtheorie* (Oldenbourg, München) [0.1; 2.3]

Vaidyanathan P. P. (1985a): "A unified approach to orthogonal digital filters and wave digital filters based on LBR two-pair extraction." IEEE Trans. CAS-*32*, 673-686 [3.3.2; 3.4; 9.3.4; 9.4]

Vaidyanathan P. P. (1985b): "Optimal design of linear-phase FIR digital filters with very flat passbands and equiripple stopbands." IEEE Trans. CAS-*32*, 904-917 [5.6]

Vaidyanathan P. P. (1990): "Multirate digital filters, filter banks, polyphase networks, and applications: a tutorial." Proc. IEEE *78*, 56-93 [0.2; 7.; 7.3]

Vaidyanathan P. P. (1993): *Multirate systems and filter banks.* Prentice Hall Signal Processing Series; ed. by A. Oppenheim (Prentice-Hall, Englewood Cliffs, NJ, USA) [0.1; 7.]

Vaidyanathan P. P., Liu V. (1987): "An improved sufficient condition for the absence of limit cycles in digital filters." IEEE Trans. CAS-*34*, 319-322 [4.1.3]

Vaidyanathan P. P., Mitra S. K. (1984): "Low passband sensitivity digital filters: A generalized viewpoint and synthesis procedures." Proc. IEEE *72*, 404-423 [3.3.2; 4.1.1; 9.3.4; 9.4]

Vaidyanathan P. P., Mitra S. K. (1985): "Passivity properties of low-sensitivity digital filter structures." IEEE Trans. CAS-*32*, 217-224 [3.3.2; 4.1.1]

Vaidyanathan P. P., Mitra S. K. (1987): "A unified structural interpretation of some well-known stability tests for linear systems." Proc. IEEE *75*, 478-497 [0.2; 6.4; 8.1]

Vaidyanathan P. P., Mitra S. K. (1988): "Polyphase networks, block digital filtering LPTV systems, and alias-free QMF banks: a unified approach based on pseudocirculants." IEEE Trans. ASSP-*36*, 381-391 [7.3.2]

Vaidyanathan P. P., Mitra S. K., Neuvo Y. (1986): "A new approach to the realization of low sensitivity IIR digital filters." IEEE Trans. ASSP-*34*, 350-361 [3.3.2; 4.1.1]

Vaidyanathan P. P., Nguyen T. Q. (1987a): "Eigenfilters: a new approach to least-squares FIR filter design and applications including Nyquist filters." IEEE Trans. CAS-*34*, 11-23 [5.5.4]

Vaidyanathan P. P., Nguyen T. Q. (1987b): "A 'TRICK' for the design of FIR half-band filters." IEEE Trans. CAS-*34* (C), 297-300 [5.5.4; 5.6; 7.2]

Vaidyanathan P. P., Regalia P. A., Mitra S. K. (1987): "Design of double-complementary IIR digital filters using a single complex allpass filter, with multirate applications." IEEE Trans. CAS-34, 378-389 [3.3.1; 3.3.4; 7.2; 8.1; 9.5]

Vary P. (1979): "On the design of digital filter banks based on a modified principle of polyphase." AEÜ 33, 293-298 [7.3.2]

Vary P., Heute U. (1980): "A short-time spectrum analyzer with polyphase-network and DFT." Signal Proc. 2, 55-65 [2.4.1; 7.3.2]

Vary P., Wackersreuther G. (1983): "A unified approach to digital polyphase filter banks." AEÜ 37, 29-34 [7.3.2]

Vích R. (1964): z-Transformation − Theorie und Anwendung (VEB-Verlag Technik, Berlin) [0.1; 2.1]

Vích R. (1987): Z transform − theory and applications (D. Reidel, Dordrecht) [0.1; 2.1]

Viswanathan R., Makhoul J. (1979): "Efficient lattice methods for linear prediction." DSP Programs 4.2 [0.3; 6.2; 6.3]

Wanhammar L. (1980): "Implementation of wave digital filters using distributed arithmetic." Signal Proc. 2, 253-260 [4.2.2; 9.4]

Wegener W. (1978): "On the design of wave digital lattice filters for short coefficient wordlength and optimal dynamic range." IEEE Trans. CAS-25, 1091-1098 [4.1.2; 6.4; 9.4; 9.5]

Weinstein C., Oppenheim A. V. (1969): "A comparison of roundoff noise in floating point and fixed point digital filter realizations." Proc. IEEE 57, 1181-1183 [4.1.3; 4.1.4]

Wiener N. (1949): Extrapolation, interpolation, and smoothing of stationary time series, with engineering applications (Technology Press and Wiley, New York) [0.1; 6.2]

Wong Ping Wah (1991): "Quantization and roundoff noises in fixed-point FIR digital filters." IEEE Trans. SP-39, 1552-1563 [4.1.4]

Wunsch G. (1962): "Über einige Verallgemeinerungen des Abtasttheorems und seine Anwendungen in der Systemtheorie." Nachrichtentechnik 13, 380-382 [2.3]

Wunsch G. (ed.) (1986): Handbuch der Systemtheorie (Akademie-Verlag, Berlin) [0.1; 2.3]

Yegnanarayana B. (1981): "Speech analysis by pole-zero decomposition of short-time spectra." Signal Proc. 3, 5-17 [5.7]

Yu Wen-Shyong, Fong I-Kong, Chang Kuang-Chiung (1992): "An L1-approximation based method for synthesizing FIR filters." IEEE Trans. CAS-II-39, 578-581 [5.6]

Zeng B., Neuvo Y. (1991a): "Design of direct-form FIR filters with discrete-valued digital filters." ISCAS-91, 152-155 [5.5.2; 5.8]

Zeng B., Neuvo Y. (1991b): "Analysis of floating point roundoff error using dummy multiplier coefficient sensitivities." IEEE Trans. CAS-38, 590-601 [4.1.3]

Zurmühl R., Falk M. (1984): Matrizen und ihre technischen Anwendungen. Teil 1: Grundlagen (Springer, Berlin, ISBN 3-540-12848-4) [2.6]

Namen- und Sachregister (einschließlich Abkürzungsverzeichnis)